第一次世界大戦とその影響

軍事史学会編

目次

第一篇　第一次世界大戦研究の現段階――研究動向と考察――

第二篇　第一次世界大戦と海軍

第三篇　第一次世界大戦と陸軍

第四篇　第一次世界大戦の諸相

書評

巻頭言

第一次世界大戦

フィリップ・トウル
河合利修 訳

第一次世界大戦は、同盟国であるドイツ、オーストリア・ハンガリー、トルコと連合国であるロシア、フランス、イギリス、日本という、拮抗した二つの集団の戦いであった。両陣営の兵力が均衡していたことにより、戦争が膠着状態になる傾向は強まった。そして、この膠着状態により、当事国の経済は疲弊し、政治システムは弱体化した。

一九世紀は機械工学の黄金時代であり、これは第一次世界大戦の道筋を決定した。鉄道は何百万もの兵士を動員し、戦場にとどめることができたが、動員計画により政治家が一九一四年七月の危機へ対応するために利用できる時間は短くなった。いったん戦闘が始まったら、大量の兵士を効果的に管理することはできず、いたるところで指揮の明白な失敗がみられた。一国を動員し続けるためには、国内で宣伝活動が必要であったようだが、これはパリ講和会議における調停を複雑化した。会議での関係国の希望が過大かつ矛盾に満ちていたためである。チェコ、ポーランド、ルーマニアやその他の国々の野心を、ドイツ、ハンガリー、オーストリアを激怒させることなく、満たすことはできなかった。また、ウッドロー・ウィルソンをはじめとした連合国の理想主義者の希望を満たすためには、戦費を国民に負担するよう求めなければならなかった。イギリスの場合、大恐慌がなければ、アメリカから借りた戦費を一九八四年まで支払うはずになっていたのだ。

二〇年後、第二次世界大戦が始まった際、電子工学ははるかに進歩し、戦場の形態は新しくなった。特に、戦場における通信技術は大きく改善された。一九一四年から一八年までは、敵の塹壕に対する攻撃が始まったら、通常、現場との連絡は途切れ、司令官は部隊を指揮することができなくなり、結果を待つしかなかった。一六年のユトランド沖海戦では、シェール提督とジェリコー提督に指揮された艦隊の規模があまりに大きかったため、提督も何隻かの艦船がどこに位置するかわからなかった。一方、三九年までに無線電信は革命的進歩を遂げ、それまでより容易に部隊を指揮できるようになったため、第二次世界大戦における指揮官の名声は高まった。

第一次世界大戦は航空機とその他の技術の発展を加速させたが、その政治的遺産は混乱をもたらした。大戦によって、オーストリア・ハンガリー帝国、オスマン帝国そしてドイツ帝国は徐々に衰えた。瓦礫の中から出現した小国は弱く不安定であり、また御し難かった。東欧では政治的空白が生じ、ドイツやソ連のような無慈悲な勢力はこの空白を喜んで埋めようとした。ロシアの共産化は、以後六五年もの間、国際政治に影を落とした。当時はそれほどわからなかったが、フランスとイギリスは非常に弱体化し、枢軸国が現状を脅かした一九三〇年代には国際秩序を維持することはできなくなっていた。世界一の経済大国としてのアメリカの地位は確認されたが、アメリカが世界のリーダーとしての責任を進んで担うのは、第二次世界大戦が終結してからである。

ヨーロッパの威信は、一九一四年から一八年までの衝撃により、永久に傷ついた。しかしながら、結果はもっと悲惨なものになったかもしれなかった。ドイツは一四年、条約に違反して、ベルギーとルクセンブルグを攻撃した。しかしながら、民主主義国の勝利により、国際法は支持され、国際連盟が創設され、力の均衡は維持された。民主主義の灯は消えなかったのである。ドイツがもし勝利していたら、ドイツはヨーロッパ大陸を支配し、アメリカを思想的に孤立させたであろう。勝利の代償は悲劇的なほど高かったが、敗北していたら、さらに高い代償を支払うことになったであろう。

特集にあたり

近現代日本と四つの「開国」

黒沢文貴

はじめに

二〇一四年は、第一次世界大戦の開戦一〇〇年であると同時に、第二次世界大戦（当時の日本流にいえば、第二次欧州大戦、第二次欧州戦争）の勃発から七五周年にもあたる節目の年であった。そこで本稿では、徳川日本を開国させたアメリカの東インド艦隊司令長官ペリーの来航から今日にまでいたる日本近現代史の長期にわたる変遷を、四つの「開国」という視点からとらえ直すことによって、第一次世界大戦と第二次世界大戦（太平洋戦争）の両戦争が、日本をとりまく国際環境の変化と国内体制の変革とにおよぼした影響がどのようなものであったのかに関する若干の考察をおこなうことにしたい(1)。

一　近現代日本と四つの「開国」

ペリー来航時の日本および東アジア世界の経験は、まさに「文明の衝突」と呼ぶにふさわしいものであった。東アジア世界には伝統的に、いわゆる華夷秩序と称される中国を中心とするゆるやかな階層的秩序（中華帝国秩序）が存在していた。徳川日本はそうした秩序の周辺に位置し、鎖国もしくは大君外交体制と呼ばれる日本を中心とする独自の地域的国際秩序を形成していた。そうした一九世紀の東アジア世界に、ウェストファリア体制と呼ばれる西洋国際秩序が遭遇したのである。それは、主権国家を国際関係の基本単位とする異質の原理をもつ国際体系であり、その波及の衝撃は、国際関係のあり方のみならず、東アジア各国の国のかたちをも変えずにはおかなかった。

こうして一九世紀中葉に西洋諸国が東アジア、そして日本にその影響力を拡大しはじめて以来、日本の国内体制はそうした国際環境の波動を受けて、大きな変化を繰り返してきた。しかしそれは、なにも幕末維新期に限られたものではなく、冷戦崩壊後の現在にまでみられる現象である。そこでまず、国際環境の変動と国内体制の変化との連関性を、幕末維新から現在にいたる国際環境の変動と日本の対外政策との関係性を軸に概観してみると、おおむね四つの時期に分けることができる。

第一は、ペリーの来航（一八五三年）に象徴される幕末維新期から第一次世界大戦までの時期である。徳川幕府にかわり成立した明治新政府（一八六八年）は、「万国対峙」と「文明開化」、そして「富国強兵」のスローガンのもと西洋国際秩序への参入をめざした。

不平等条約の改正問題と朝鮮半島支配をめぐる問題（安全保障問題）の解決、それらの解決をとおした西洋先進諸国との対等な国家間関係の構築と日本の国家的独立の保持とが基本的な政治・外交課題となり、日清戦争（一八九四～九五年）と日露戦争（一九〇四～〇五年）の勝利によってその目的は達成された。またそれは、日本における西洋をモデルとする近代国家の形成が、結果的には、海外に植民地や利権を有する帝国主義国への転化の過程でもあったことを示している。

第二は、第一次世界大戦の終結（一九一八年）から太平洋戦争（第二次世界大戦）における日本の敗戦（一九四五年）にいたる期間である。世界初の国家総力戦という第一次世界大戦の悲惨な戦争体験を経て、西洋国際秩序を律する基本原則が大きく転換し、それに見合う新たな国際関係の構築がはかられた時期である。

戦争の違法化や民族自決原則の提唱、相互依存的な国際経済秩序の形成、そして国際連盟の創設や海軍軍縮、さらに不戦条約の締結などに結実する、大戦後の新しい平和な世界の構築をめざすそれらの動きは、日本においては一般的に帝国主義的な「旧外交」から「新外交」への変化として認識され、国際連盟の常任理事国となった日本には、そうした新しい潮流を実現していく責務が生まれた。それゆえ一九二〇年代には、大戦末期に首相となった原敬の外交理念を継承した、幣原喜重郎外務大臣に代表されるいわゆる「国際協調」外交が展開された。

たとえば、一九三〇年に日英米の間で締結されたロンドン海軍軍縮条約はその大きな成果であり、第二次世界大戦以前においてもっとも政党内閣らしい内閣と評される民政党内閣を率いた浜口雄幸首相（一九二九〜三一年）と幣原外相は、条約締結は世界が武力に訴える冒険時代から相互信頼と共存共栄の安定時代に到達した、人類の文明に一新紀元を画するものと、その崇高な理念を高らかに謳いあげたのであった。

しかし一九三〇年代に入ると、中国における国家統一の動きとその背後にある中国ナショナリズムの台頭、さらにロシア革命によって誕生したソ連の極東における軍事的存在感の増大など、東アジア国際関係の変化に触発されて、そうした新しい国際秩序の原理原則に対抗し、それとは異なる国際秩序の構築を求める外交路線が、日本においては軍部を中心に勢力を増すことになった。

とくに日本陸軍には、第一次世界大戦が国家総力戦という新しい戦争形態になったことに大きな衝撃を受け、総力戦を経験しなかった日本ではあるが、将来の戦争が国家総力戦になると予想される以上、それに備えて日本も国家総力戦体制の構築に向けて準備をしなければならず、そのためには国内体制の変革とともに、東アジア国際関係も自給自足圏の形成をめざして再編成しなければならないと考える中堅将校たちが台頭してきた。

彼らのそうした政策志向が、やがて満州事変（一九三一年）と日中戦争（一九三七年、東亜新秩序）、そして大東亜共栄圏の構築をめざす太平洋戦争（一九四一年）へとつながる昭和戦前期の歴史の一側面としてあった[2]。

なお第一次世界大戦後の国際関係は、自由貿易を軸とする経済的相互依存性を深めようとするものであったが、おりしも一九二九年に起こった世界恐慌にともなう国際経済関係の変調（いわゆるブロック経済の進行）が、くしくもそうした陸軍中堅将校たちの地域主義的な自給自足圏の形成という政策志向の実現を後押しすることにもなったのである。

さらに第一次世界大戦後に形成された国際秩序に異を唱える動きは、日本のみならずドイツやイタリアなど西洋諸国においても台頭し、英米などの「持てる国」と日独伊の「持たざる国」との対抗として陣営化し、やがて世界は次の世界大戦へと向かうことになる。一九三七年にはじまった日中戦争と三九年に勃発した第二次欧州大戦とが、一九四一年十二月の日本海軍によるハワイ真珠湾のアメリカ艦隊への攻撃を機に結びつき、文字どおり世界大戦へと発展したのである。

いずれにせよ、昭和戦前期の日本が対外的に志向した「東亜新秩序」や「大東亜共栄圏」の源流のひとつには、第一次世界大戦が明らかにした自給自足圏を形成しなければ戦争の勝利が見込めないという、戦争形態の変化に対する日本軍部の強い危機感があったのである。

第三は、第二次世界大戦の終結とその後の米ソを中心とする冷戦時代である。当該期の日本外交には、アメリカの強い影響下にあって、西側陣営の一員としての役割が求められた。

他方、国際連合の成立と展開に象徴されるように、第一次世界大戦後に提起された新しい国際秩序の原理原則が、さらに大規模かつ悲惨な総力戦としての第二次世界大戦を経験することによって、人道・人権の視点とともに、あらためて国際的にその重要性が再認識された。そして日本も、そうした第一次世界大戦以降の平和な国際社会の構築をめざす秩序原理を内包した、「平和主義」「基本的人権の尊重」「国民主権」を基本原則とする新しい憲法を制定した。それは「平和を愛する諸国民の公正と正義に信頼」して日本国民の安全と生存を保持しようとするものであり、そうした理念のもと国連中心主義を外交の基本路線のひとつとして志向させることになった。なお新しい憲法草案の起草が、戦前に国際協調外交を推進した幣原喜重郎の内閣総理大臣在任時におこなわれたことにも留意したい(3)。

また一九五一年に締結されたサンフランシスコ平和条約にもとづき翌五二年四月に主権を回復し、占領状態を脱して国際社会に復帰した日本は、その後西洋先進諸国の仲間入りをめざすことになる。そして六〇年代から七〇年代にかけて、自衛隊を保持しながらも必要最小限度の防衛費しか支出しないという軽武装路線のもとで高度経済成長を成し遂げ「経済大国」になることによって、再び西洋先進諸国の仲間入りを果たすという目的を達成することになった。たとえば、一九七五年にはじまる先進国首脳会議（西側の主要民主主義国のG5からやがて

Ｇ７、Ｇ８へ）に日本ははじめからアジア唯一の国として参加したのである。

なお、そのような軽武装路線を可能にした背景には、沖縄を含む国内に基地を提供する代わりにアメリカの軍事力の庇護のもとに日本をおくという日米安全保障条約の存在と、さらには冷戦構造があるがゆえに事実上逆に、日本の安全保障に直接的にかかわる危機的事態が抑止されていた（つまり自衛隊が個別的自衛権の名のもとに対外活動を展開する現実可能性がきわめて低かった）という、日本をとりまく国防環境の存在があったのである。

さらに国内政治においては、高度経済成長を主導した自由民主党が一貫して政権を担うというやや変則的な政治体制（いわゆる五五年体制もしくは自民党優位体制）ではあったが、民主的な議会政治の仕組みが作られた。日本社会党など革新政党や反対党の主張をも巧みに取り入れた政治運営を自民党内閣がおこなうことによって、一九七〇年代には一億総中流社会と呼ばれるような経済的に高度に平準化された国民生活（社会）が実現した。

最後の第四は、その冷戦構造の崩壊にともなう国際秩序の流動化が、依然として収束していない現在までの時期である。核兵器の恐怖の均衡から脱却し、平和な新しい国際秩序の構築がめざされたが、その新しい国際秩序の確かな姿はまだみえていない。とりわけ二〇〇一年の九・一一以後、国際秩序と安全保障環境は混沌としており、とくに東アジアには冷戦構造の残滓がいまだに存在している。

他方では、経済のグローバル化、地球環境問題の発生、民族紛争や宗教対立の多発、古典的な国家間の戦争とは異なる新しい戦争・紛争のかたち、そして破綻国家の存在にともなう諸問題など、地球規模もしくは各国・各国際機関が力を合わせて問題に対処する原理原則と枠組みの構築とが求められている。それに応じて日本においても、政治・経済・軍事など多くの分野における「国際化」の必要性が認識された。

とくに一九九一年に湾岸戦争が勃発する一方、国際連合の平和維持活動（ＰＫＯ）が「開国」の第四期の初期に「平和構築」の観点から積極的に推進されると、それまでの日本の平和主義が「一国平和主義」と認識され、それからの脱却と「国際貢献」が叫ばれるようになった。

そして九・一一後の安全保障環境の大きな変化が「国

際貢献」の方向性を加速させ、日本政治における保革対立の衰退と議会の多数を保守政党が占めるなかで、それまで憲法解釈上禁止されてきた集団的自衛権を認める閣議決定がなされ（二〇一四年）、日本の平和主義は大きく変質しはじめることになった。

以上みてきたように、近現代日本には大きな国際環境の変動が、たんなる外交政策の変化にとどまらず、国内体制そのものの大きな変動に結びつくという歴史的特徴をみいだすことができる。それらの現象を仮に「開国」と呼ぶとするならば、これまでみてきた時期区分からも明らかなように、近現代日本には四つの「開国」期があったといえるのである。

二　第一と第三の「開国」、第二と第四の「開国」の類似性

そこで、あらためてそれら四つの「開国」期を比較してみると、明治維新と敗戦・占領改革という大きな変動を経験した「第一の開国」と「第三の開国」とが、歴史的経験としてはきわめて類似したものであったことがわかる。

すなわち両時期には、文字どおり国内体制は大転換し、国家としての新たなスタートが、いわばゼロから切られることになった。両時期の外交目標も端的にいえば、国際社会から早く一人前の国家として認められ、西洋先進諸国の仲間入りを果たすことにあった。その際、前者では「軍事」と「文明化」が、後者では「経済」と「民主化」が、そのための大きな手段であった。

他方、「第二の開国」と「第四の開国」も、きわめて似たような関係にあるといえる。それまで支配的であった国際秩序が両時代には大きな転換を余儀なくされ、それゆえ日本外交にも、それに見合う外交構想力と新しい国際秩序形成への真摯な参画とが求められた。

しかし、そもそも新しい国際秩序をどのようなものとして構想するのか、またいかなる要件をどのように備えれば、その新しい体制への移行をスムーズにおこなうことができるのか。為政者・知識人・国民の間には、そうした基本的課題について、必ずしも認識の一致がなされていたわけではなかった。

しかも前の時代に築かれた内外政の成果のすべてを否定したり、無視するわけにもいかず、それらを相応に前

提にしなければならなかったのであり、それに加えて前時代の原理原則や価値を良しとする認識も依然として存在していた。このように新しい時代にふさわしい国内体制の構築の模索は、かなり困難な状況のなかなされなければならなかったのである。

さらに国内体制の変化に大きな影響をおよぼす新しい国際秩序のあり方そのものが、「第二の開国」期には、原理原則は明確ではあったがいまだ定着途上にあったし、また「第四の開国」期には依然として模索中で不透明であり、その意味で、「第一の開国」と「第三の開国」の両時期に比して、基本的には、相対的に不安定な状態にあった(ある)といえる。

したがって「第二の開国」期と「第四の開国」期においては、日本外交のあり様のみならず、転換をはかった(あるいははかりつつある)新しい国内体制そのものも、きわめて困難な状況におかれることになった。国際秩序の不安定さが、確かな国内体制の再構築にも負の影を落としていたからである。また前時代の成功体験が、ある種の残滓としてまさに負の遺産となり、新たな秩序変動への適応を阻害する要因として働く側面もあったのである。

ちなみに、「第二の開国」期と「第四の開国」期における新たな国内体制構築の試みが、いかに困難であるのかに関しては、たとえば「第二の開国」期にいったんは形成された「大正デモクラシー体制」もしくは「一九二五年体制」が、それなりの強度をもちながらも最終的には崩壊し、昭和戦前期のいわゆる「ファシズム体制」もしくは「一九四〇年体制」に移行したことにもあらわれている[4]。

また「第二の開国」期における国内体制が、前半の一九二〇年代と後半の三〇年代とでは大きく異なっていたように、それは、世界恐慌や中国の北伐など国際環境の変動を受けて国内体制変革の志向性が変化したことを示している。第一次世界大戦後に掲げられた平和な国際社会の構築という理想主義が、各国間の利害対立を基調とする帝国主義時代に逆戻りしたかのような現実主義に取って代わられたのであり、それが国内体制の「大正デモクラシー体制」(「一九二五年体制」)から「昭和ファシズム体制」(「一九四〇年体制」)への変動を生みだす基底にあった。そして「昭和ファシズム体制」下では、極端な国家主義(超国家主義)と愛国主義、軍国主義とが密接に絡み合いながら跋扈したのである。

そうした「第二の開国」期の様相を参考にするとき、「第四の開国」期においても、当初は冷戦崩壊後の新しい平和な国際秩序の形成が語られていた時代から「テロ」や各国間の利害対立が強調される時代への国際関係の変化をみいだすことができる。国際経済面でも経済がグローバル化する一方で、域内もしくは二国間での自由貿易の促進というある種地域主義的な動きもみられる。そしてそうした変化に連動するかのように、日本国内においては近年、愛国心や国家主義の強調、戦後の平和主義への懐疑の深まりなどをみてとることができるのであり、そこにおいても「第二の開国」期と「第四の開国」期の類似性を認めることができるのかもしれない。

三　「大国」「小国」としての日本
——おわりにかえて——

以上述べてきたように、ペリー来航から現在にいたる近現代日本のあり様と、国際秩序と日本との関係は、おおむね四つの時期区分のもとに概観することができる。そうした約一六〇年におよぶ日本近現代史をみるとき、第二次世界大戦の終戦前後におけるそれぞれ二つずつの「開国」の組み合わせ、すなわち「第一の開国」と「第二の開国」、「第三の開国」と「第四の開国」の組み合わせが、あたかも歴史的循環を示すように類似していることにも、さらに気がつく。それゆえ現在の内外体制の変動状況を理解するうえで、第二次世界大戦前の二つの「開国」の推移を考察することは有益だと思われるが、その点の考察は紙幅の関係上、主として別稿に譲ることにしたい[5]。

そこで最後に、四つの「開国」期における日本のあり様の変化について、「大国」「小国」という視座から若干の考察をおこない、本稿を終えることにしたい。すなわち、「第一の開国」期と「第三の開国」期の日本は、国家発展のモデルを他国に求め、国際社会における地位の上昇を追い求める、いわば発展途上の「小国」としてあった。それに対して「第二の開国」期と「第四の開国」期には、それぞれ前の時代における発展の成果を受けて、すでに国際社会に一定の存在感を示し、影響をおよぼしうる「大国」として、日本はその国際的地位を占めていた。

そうした国際社会におけるいわば立ち位置の違いが、日本の国際認識の主たる対象と内容、そして国家体制の変革にも大きな影響を与えたであろうことは、容易に推察しうるところである。したがって、そうした「開国」のそれぞれの段階における日本のあり様の違いに着目することは、近現代日本の国際認識と国家体制の変革を考察するうえで重要なことと思われる。

また、そうした「大国」か「小国」かという日本の立ち位置の変化は、逆に日本をみる諸外国の眼差しにも相応の変化をうながしたであろうし、そうした諸外国の対日認識の変化を受けて、さらに日本自身の国際認識が変化するという、国際認識上の相互作用もしくはある種の循環構造が存在したのではないかとも思われる。

なお第二次世界大戦終戦以前の二つの「開国」期における日本のあり様の変化に注目するという点からいえば、さらに親西洋から反西洋への基本的な時代思潮の変化という、近代日本の「西洋」評価もしくは西洋近代との距離感の違いにも留意する必要があろう。つまり、国家発展のモデルを西洋近代にみいだしていた「第一の開国」期から、もはや西洋近代が単純にはモデルになりえず、むしろ反西洋とくに反英米（それとは対照的な親独、それゆえ単純な反西洋ではない）への思想潮流を強め、独自の国家発展モデル（日本主義、アジア主義的な）の追求へと傾斜していく「第二の開国」後半の昭和戦前期への変化が、第二次世界大戦終結以前の近代日本の国際認識の底流（基本的枠組み）を規定するものとして、西洋の「大国」と「小国」への眼差し、そしてアジア諸国に対する眼差しにも大きな影響をおよぼしていたと思われるからである。

とくに「第二の開国」後半の昭和戦前期には、対外的に「敵」を創出し、それに対応して国家主義と愛国心とを強めていくことによって新たな国家体制を形成していくという側面があったが、その点でも国際環境の変化と国内体制変革の試みとの連関性を、あらためて指摘しうるのである。

註

（1）本稿は、黒沢文貴「はじめに」（黒沢文貴『二つの「開国」と日本』東京大学出版会、二〇一三年）に加筆修正を施したものである。

（2）黒沢文貴『大戦間期の日本陸軍』（みすず書房、二〇〇〇年、オンデマンド版、二〇一一年）、黒沢『二つの

「開国」と日本』第四章を参照。

(3) 幣原喜重郎については、黒沢文貴『大戦間期の宮中と政治家』(みすず書房、二〇一三年)第三部第三章を参照。

(4) 酒井哲哉『大正デモクラシー体制の崩壊——内政と外交——』(東京大学出版会、一九九二年)、黒沢『大戦間期の日本陸軍』を参照。

(5) 黒沢『二つの「開国」と日本』参照。

特別寄稿

第一次世界大戦の問題点

中井晶夫

一　現代史の起点としての第一次世界大戦

(一)　近代と現代

今日、近現代史という言葉が一般に用いられている。その場合、いつ近代が終り現代になったのかは、いろいろな説があるが、第一次世界大戦前後の時代とする説がもっとも多い。だが、歴史学は過去を対象とする学問であるから、現代は歴史とはならない。政治学が現代を論じることはできるが、歴史学にはなりえない。なぜなら、五、六〇年も経ない時代は、研究のための史料(ことに文書館史料)が公開されていないからという説も今日なお有力である。

それでも、過ぎ去ったばかりの過去を現代史の対象としたのは、第二次世界大戦直後の西ドイツであった。大戦の終了とナチスの崩壊によって、今後は「新しい始まり」とし、過去との断絶が決意されたからである。一九世紀後半から、帝政ドイツ、第一次世界大戦、ワイマール共和国、ナチスの支配とその滅亡を、身をもって体験した、二〇世紀最大の歴史家の一人とされるフリードリヒ・マイネッケ(Friedrich Meinecke)は、一九四六年「ドイツの破局」と題する論文を世に問うた。[1] この表題からも、大戦後の時代と過去との連続を全く認めようとしない決意がうかがえる。事実、同年九月には、「現代資料研究所」、五〇年には、「ナチス時代のドイツ研究所」が設立され、五二年には、それが「現代史研究所」と改称されて今日に至っている。この場合、「現代史」とは、ナチス時代からさかのぼって、第一次世界大戦前から、一八七〇年の帝政ドイツの成立までの時代を対象とするものである。[2]

（二）「現代」の特色

現代には、近代とは異なる特色が当然幾つかあげられる。それらは第一次世界大戦と密接な関係をもっている。まずナショナリズムの変質である。近代ことに一九世紀は、民族の自由を標榜する健全なナショナリズムが認められた。だが現代に入ると、それが「負」の特色として現れた。ファシズムや全体主義への変質である。次に、近代の「市民社会」は、現代の「大衆社会」へと移行した。市民には、啓蒙思想の影響の下、共通の「良識」が備わっており、それ故、民主主義の多数決原理による決定は「より良きもの」とされた。大衆となると、そこには付和雷同の徒も現れる。多数決が必ずしも「良い」とは限らなくなった。そこからファシズムや全体主義の成立も可能となったのである。次に戦争についても、近代の国民戦争（national war）から、全体戦争（total war）への変質が認められる。後者は「総力戦」とも訳されるが、第一次世界大戦にあっては、戦闘は軍隊のみならず、国民全体に及ぶものとなった。戦中の日本での、「銃後も戦場だ」との標語は、これを如実に示すものであろう。

二　大戦前の体験と考察

（一）　事件史から社会史、文化史、心性史へ

今日まで多くの世界大戦史を見ると、まず初めになされたのは、ランケ史学の伝統にしたがった、知りうる限りの史料にもとづいて、大戦の原因、経過、そして終結と、時代順に見ていく事件史の記述であった。だが、これとは別に、時代の横の断面を考察する記述も次に現れる。『イタリア・ルネサンスの文化』の名著を世に問うたヤーコプ・ブルクハルト（Jacob Burckhardt）の流儀にしたがって、世界大戦期の社会、文化、人間の考察である。ブルクハルト自身も、その晩年期にあたる一九世紀末の時代を、自らの体験にもとづいて鋭い考察を行っている。彼の遺著『世界史的考察』の中では、独仏戦争の後に、ドイツ帝国の成立を見た一八七〇年以後の時代を、経済の発展による表面上の繁栄の中に、「文明化された野蛮」「単純化する恐るべき人びと」を見、人間が理想とした自由から権力国家の出現を目の当たりにして、すでに次に到来する悲劇を予想したのである。(3)マイネッケは、このブルクハルトを「われわれの問題を、早くもその最初の出現において、同時代のどんな思想家も及ばぬほど、鋭く捉えていた」と称えている。(4)

（二）　オトフリート・ニッポルトの戦前体験

同時代のドイツについて、スイスの国際法学者オトフリート・ニッポルト（Otfried Nippold）も、権力国家の伸長を喜び、戦争を歓迎するドイツ人の心性を描いている。彼は、一八六四年ドイツに生まれたが、父フリードリヒが、ベルン大学教授であったことから、青少年期をスイスで過ごした。大学は、イェーナ大学で国際法を主専攻として学位をとり、一時、外務省に入ったが、プロイセン軍国主義にあきたらず、八九年から三年間、東京の独逸学協会学校（今日の独協大学の前身）で、法律ことに国際法を教えた。不平等条約に苦しんでいた日本にあって、現行国際法の存在理由を、日本の学生に納得させることはできなかった。この体験からも、ニッポルトは、国際法が世界法にまでなり、国家の大小を問わず等しく順守される国際社会を求めたのである。彼は日本を去って後、ドイツには戻らず、スイスに定住し一九〇四年、同国の市民権を得、ベルン大学で国際法を担当した。[5] 〇九年、ドイツを旅行した際、殆どの人びとは戦争が近いことを語っていた。ニッポルトは憂慮のあまりドイツに移り、平和の維持を目的として、同国の国際法学者と語らって、戦争を避けるため、「国際理解のための連盟」を設立し、自らその事務長となった。[6] また一三年には、『ドイツのショーヴィニズム』の書をベルンで出版し、行き過ぎたナショナリズムに警告を発した。[7]

一九一四年八月、ヨーロッパ大戦が勃発すると、彼はスイスに戻り、『ヨーロッパ戦争の原因』を書き始めた。[8] また、その直前までのドイツの状況を『戦争前のドイツにおける私の体験』と題する書にして世に問うている。[9]

ニッポルトによると、ドイツのショーヴィニストとは、「戦争の到来を待ち望む軍部のみならず、全ドイツ派の政治家や帝国主義者たちで、彼らは経済的ないし政治的な理由から、戦争を望むべきもの、あるいは不可避なものと説いた。[10]」

ドイツの一般国民は、もともと平和を好んでいたが、次第にショーヴィニストの訴えに応じるようになった。ニッポルトは言う。「大戦前のドイツで、国民大衆に及ぼす暗示の力の恐ろしさに気づく人はごく僅かであった。ここ二、三〇年の間、『戦争製造人』が、扇動的なスローガンによって、ドイツ民族の魂に戦争を焚き付けたのである。[11]」

この傾向にいち早く気づいた人もいる。ニッポルトは、その稀な一人にアルトゥール・クリステンセン（Arthur Christensen）をあげている。この人物によると、思想というものはたえず流れ、大衆に受け入れられると粗野になり、解りやすいように、単純化される。「暗示」は大衆の意向、思想、意思を変化させ、共通の作用を生むと言う。[12] 同様の指摘を、フリートリヒ・パウルゼン（Friedrich Paulsen）も行っている。すなわち、「過度に刺激されたナショナリズムは、ヨーロッパ全ての民族にとって非常に重大な危険となった。ナショナリズムによって、人間的価値に対する感情を失う危険が生じる。極端に走れば、ナショナリズムは、良心すら破壊し、正と不正、善と悪も、その意義を失う。ひとは他民族がそれを行うと、恥ずべきこと、非人間的なこととするのに、自民族には、他民族に対して、それを行うことをすすめる。[13]」

ドイツ帝国宰相ベートマン・ホルヴェーク（Bethmann Hollweg）も、戦前（一九一二年四月十二日）の議会では、同様な発言をしている。すなわち、

しかし諸君、戦争は、しばしば、政府によっては計画されず、また引き起こされないものである。諸国民が、わめきたてる熱狂的な少数派によって戦争に巻き込まれることも多いのである。（まさにそのとおり。右翼の声）この危険は、今日なお存在し、（まさにそのとおり。左翼の声）しかも、世論、民衆の気分、扇動が、重要で意義を持つようになってからは、以前より増大しているのである。[14]

右の発言から、宰相は戦前には、右翼政治家や軍部とは違った見解の持ち主であったことが判ろう。

三　「七月危機」から開戦までの歩み

（一）　サラエボ事件[15]

一九一四年六月二十八日、オーストリアのハプスブルク家の帝位継承者フランツ・フェルディナンド（Franz Ferdinand）大公は、ゾフィー（Sophie）妃とともに、ボスニアに駐留する二個軍団の観閲をすませた後、予定どおりサラエボ市を公式訪問した。

ボスニアは、ヘルツェゴヴィナとともに、スラヴ系民族が住み、オスマン・トルコ帝国の宗主権の下にあったが、一九〇八年、強引にオーストリア・ハンガリー帝国に併合された地である。また六月二十八日は、中世末期の一三八九年の同日、セルビアのアムゼルフェルト（Amselfeld）の戦いで、セルビアはその独立を失った屈辱の日にあたる。しかし二年前からのバルカン戦争で、ヨーロッパにあるトルコ領を奪回した勝利の喜びにセルビア人は湧きかえっていた。この地のセルビア系の青年たちには、バルカン戦争に義勇軍として参加したものも多かった。セルビア人のナ

ショナリズムが高揚しているこの日の、大公の訪問は、身の安全の上で、それを危惧する声は各所から聞こえてきた[16]。しかし大公は、そのような懸念をものともせず、同地に君臨するかのごとくに赴いたのである。

大公夫妻の車が、市庁舎に向かう途中、爆弾が投じられた。夫妻は無事だったが、侍従武官が負傷した。車はそのまま市庁舎に入り、大公歓迎の会は始まったが、その雰囲気は全く白けたままに終わった。帰途、大公は負傷した将校を見舞うため、往路と異なって、直進した道を右折しようとして、車が一時停止した時、突然、テロ犯人が乗り込んできてピストルで大公夫妻を即死させたのである。

犯人はガブリロ・プリンツィプ（Gavrilo Prinzip）という、十九歳のベオグラード大学の学生であった。セルビア人ではあるが、当時この地はオーストリアに併合されていたから、犯人と犠牲となった大公とは同国籍ということになる。プリンツィプはじめ、この暗殺テロを計画したグループは、サラエボにあった「青年ボスニア」と称する革命派に属していた。この団体は、もともと同地方での農民一揆の仲間であったが、のち民族独立のためには暗殺をいとわぬ過激な集団と化した。テロ行為は、バルカン半島では、一九〇三年のセルビア国王アレクサンダー一世（Alexander I）の暗殺など、数多く現れた政治的表現であった。

彼らは、ボスニアのオーストリア併合を機に、皇帝フランツ・ヨーゼフ一世（Franz Joseph I）やその閣僚、ことにボスニア自治領担当の財務相レオン・ビリンスキー（Leon Bilinski）やボスニア総督オスカル・ポティオレク（Oskar Potiorek）に対して激しい憎悪を抱いた。ただフランツ・フェルディナンド大公に対しては、個人的には憎しみはなかったものの、彼のサラエボ訪問を機に、オーストリアの植民地的支配に抗議するための暗殺の準備を始めたのである。

「青年ボスニア」は、セルビア王国の首都ベオグラードにあった「統一か死か」と称し、敵対グループによって、「黒い手」と呼ばれる秘密結社と連絡をとっていた。彼らは、「黒い手」の指導者で、セルビア陸軍情報部長であったドラグティン・ディミトレビッチ・アピス（Dragutin Dimitrevic Apis）大佐に、フランツ・フェルディナンド大公暗殺の計画を告げるとともに、この成功が国際政局にどんな影響をもたらすかを尋ねている。アピスは冷静な参謀本部将校で、自国の戦力が一九一二年のバルカン戦争等で弱体化したと見、オーストリア・ハンガリー帝国との交戦は全く考えられなかった。アピスは、それでもなお、この暗殺テロを肯定した。すなわち、それが成功しても、国際的にセルビアに不利にはならないし、オーストリア・ハンガリーとの戦争は生じないばかりか、かえって開戦を妨げるであろうと答えた。アピス大佐が、暗殺に賛成した理由は、大公が、ゲルマン人、ハンガリー人のハプスブルク二重帝国から、スラブ人をも組み入れる三元主義による好スラヴ的な政策を主張していたことによる(17)。

大公は、一九一三年十月、ドイツ皇帝ヴィルヘルム二世（Wilhelm II）とコノピシュト（Konopischt）において会見し、さらに皇帝は、オーストリア・ハンガリーの政治家、将軍とも会談を行っていた。これを知ったアピス大佐は大公の政策に皇帝が理解を示したものと信じた。大公の三元主義政策が推進されればセルビアを主力とする南スラブのナショナリズムの力は殺がれてしまうであろう。そこで大公の暗殺によってウィーンの改革派の計画は延期されるであろうし、またそれによって、セルビアと同盟国のロシアの軍備を充実させる時間を稼ごうと思ったのである。

「青年ボスニア」の仲間は、大公のサラエボ訪問を機に、大公とボスニア総督ポティオレクの暗殺を計画していた。ただが彼らは、このテロのための武器を持っていなかったので、ベオグラードにある仲間を通じて、アピス大佐の右腕と言われたヴォイジャ・タンコシッチ（Vojja Tankosic）少佐と連絡を付けた。この少佐は、プリンツィプとその仲間に、ピストル四挺と六個の爆弾を持たせて、セルビアとボスニアとの国境にある「運河」と称する通路を越えてサラエボに運ばせた。しかしこの秘密は、漏れてしまい、セルビアの内務省を通じて、ニコラ・パシッチ（Nicola Pasic）首相の耳に入った。首相は、陸軍参謀本部長と連絡をとり、アピス大佐に問い合わせている。アピスは、かの武器は、オーストリア・ハンガリー領内にある彼の部下の護身のために運ばせたと回答した。だがパシッチはこれに満足せず、さらに陸軍法務官に調査を命じるとともに、陸相もボスニア国境警備部隊に命じて、人間と武器のセルビアからボスニアへの移動を一切禁じ、その警戒にあたらせた。この事情の下、アピスは、プリンツィプとその仲間の暗殺計画を中止させようと決意した。しかし彼らはこれに頑強に反対し、断固、実行に移ったのである。

サラエボ事件ののち、「青年ボスニア」に武器を手配したタンコシッチ少佐は逮捕された。彼は、なぜ彼らに暗殺を促したのかと、尋問されると、「パシッチ首相に反対だから」と答えたという。実は、彼の上司アピス大佐は、パシッチ首相と対立し、事件に先立つ六月十日、クーデタを計画したが、この時は配下の者たちに反対され、不発に終った。その後も、アピスとパシッチとの紛争は終らず、ついに一九一七年六月二十六日、アピスは摂政アレクサンダー暗殺の陰謀の廉で処刑されている。

（二）　オーストリア・ハンガリー帝国の強硬策

サラエボ事件の後、八月初旬に、三国同盟と三国協商に属するヨーロッパの強国がすべて「ヨーロッパ大戦」に突入するまでの一カ月間は「七月危機」と呼ばれている。これらの大国は、何れも「大戦」に発展することを望んでいなかったという。にもかかわらず、「ヨーロッパ大戦」からさらに、「世界大戦」にまで拡大したのは何故なのか。それとも何れかの国が「大戦」への拡大を賭して決戦に挑んだのか。そのためには、強国それぞれの事情を考える必要があろう。

まず「サラエボ事件」の当事国オーストリア・ハンガリー帝国である。

当時、ハプスブルク帝国と称されたオーストリア・ハンガリーは、すでに苔むした衰運に向かう国家であった。一八五九年のイタリア統一戦争に敗れ、六六年には、ドイツ統一をめぐってプロイセンに敗れるという悲運を味わっていた、多くの民族によって構成されるハプスブルク帝国は、ナショナリズムの挑戦によって同国の存在意義が失われたように見えた。ニッポルトは、「この国家が崩壊するとしても、それを防ごうとして、全ヨーロッパが戦争に巻き込まれるより、ましである」と考えている[18]。また老皇帝フランツ・ヨーゼフ一世の姿も、身内の不幸が重なって、国家の衰運を象徴しているかのようであった[19]。事実、帝は、自らが君臨する帝国の未来を暗く描いていた。

右のような悲観主義に対して、積極的にハプスブルク帝国の改革を企図する若い貴族たちも存在した。帝位継承者フランツ・フェルディナンド大公は、前節で記したように、ゲルマン民族とマジャール民族との二元主義によるオーストリア・ハンガリー二重帝国から、さらにスラヴ系の民族にも自治を与えて三元主義による帝国を構想していた。しかし同大公が暗殺された後、それは大公と見解を異にする一連の強硬派に引き継がれた。その代表は外相レオポルト・ベルヒトルト（Leopold Berchtold）や参謀総長フランツ・コンラート・フォン・ヘッツェンドルフ（Franz Conrad von Hötzendorf）であった。彼らは、国家の衰運を空しく待つのでなく、全国民が一致してセルビアに対して勝利の戦闘に従い、それによってハプスブルク家を中心に、帝国の団結維持を計る行動を求めたのである。サラエボ事件後の六月三十日、老皇帝は、初めてベルヒトルト外相を接見した。外相は、「もし我々が弱みを見せたら、西方及び東方の隣国は、我々の無力につけこみ、破壊工作を遂行するでしょう」と述べている[20]。

だが、それに先だって、フランツ・フェルディナンド大公の暗殺が、セルビア政府に直接責任があるか否かを、ウィーンの政府は、秘かに調査にあたっている。外務省から密偵として、七月十日、サラエボに赴いたフリードリヒ・フォン・ヴィースナー（Fridrich von Wiesner）は、もしこの暗殺事件に、セルビア政府が何らかの責任があると判れば、直ちに報告するよう命ぜられていた。ヴィースナーは、十三日、電報で「セルビア政府に、暗殺を指令するとか、計画立案というような共犯関係があるという証拠はない」と報告している。[21]

ところで、一九一四年七月という時期は、ヨーロッパ全体に、一触即発の戦争という危機感が存在していたのであろうか。人々は戦争の危機を感じて恐れていたのであろうか。たしかに、いつかは戦争になるとの予感はあったものの、この時期、何れの外交官も、ヨーロッパの政局は、比較的安定していると見ていた。そして多くの王侯貴族や政府の要人たちは、夏の暑さを避けて、保養地に赴いたのである。

（三）　ドイツ帝国政府の「白紙委任」

サラエボ事件の報は、ドイツ帝国では、同情と怒りの波を巻き起こした。ヴィルヘルム二世は、六月三十日、ウィーン駐在のドイツ大使ハインリヒ・チルスキー（Heinrich Tschirschky）から宿命の報告を受け取った。大使が「ここでは、多くの人々がセルビアと根本的に清算しなければならぬという希望を持っています。」と記した、その欄外に、皇帝は、「今か、それ以外にない。」と記入している。[22]ウィーンの政府は、盟友ドイツの態度に、疑いを持たなかった。オーストリア外相ベルヒトルトは、腹心の官房長アレキサンダー・ホヨス（Alexander Hoyos）伯爵をベルリンに派遣した。ホヨスは、皇帝フランツ・ヨーゼフ一世のヴィルヘルム二世宛ての親書と外相ベルヒトルトの覚書とを携行していた。その目的は、ドイツのオーストリアへの全面的な支援を確認するためであった。

この文書がベルリンにもたらされると、ドイツ皇帝は、七月五日、ベルリン駐在のオーストリア大使ラースロー・セジェーニ（László Szögyeny）を朝食に招いた。食事後、彼は、この問題の場合、オーストリア・ハンガリーは、ドイツの全面的支援をあてにしてよいと確約した。その後、皇帝が宰相ベートマン・ホルヴェークとも合意したことは、ここで何をなすべきかは、オーストリア・ハンガリー政府が自ら決定すべきであり、ドイツはつねに盟友としてオーストリアの側に立つとの二点であった。[23]この決定は、今日、ドイツがオーストリア・ハンガリーに与えた「白紙委任」とされている。これがオーストリアを勇気づけたことは明らかである。ニッポルトは、「白紙委任によって、オーストリアが冒険政策を行い、またドイツが全存在を賭してそれを支持し、全ヨーロッパがその犠牲を引き受けねばならなくなった」と批判している。[24] 皇帝も宰相も、オーストリア・ハンガリーとセルビアとの紛争がヨーロッパ大戦に拡大する危険も意中にあったものの、かつて生じた戦争の危機と同様に、それは避けられ、二国間の紛争に限られると予想していた。その翌日、ヴィルヘルム二世は予定どおり、北海旅行のためキールに向けて出発した。

（四）　オーストリアの対セルビア宣戦布告

オーストリアでは、七日、ハンガリーとの連合閣議で、ロシアとの対決を賭しても、セルビアを徹底的に叩くとの決定を見た。ハンガリー首相シュテファン・ティサ（Stephen Tisza）は、ヨーロッパ戦争に拡大する危険を感じて、慎重論を唱えたが、オーストリア外相ベルヒトルトの強硬論に押し切られたのである。老皇帝も、苦痛に満ちた諦めの様子で、「最後の手段」としての戦争を承認した。[25] これを知ったドイツ政府も、セルビアとの紛争が局地化する希望とともに、それが失敗して、ロシアがオーストリアを攻撃したら、同盟の義務によって、同国を援助すると応じている。

十九日、武力解決を前提とする最後通牒をセルビア政府に送ることが決定された。その強硬な最後通牒は、二十三日に届けられた。それは一〇カ条からなり、四八時間の期限付きで、オーストリア・ハンガリー領内での、あらゆるセルビア民族主義的行動を行わないことのほか、セルビア領内における暗殺犯人に対する司法的調査にオーストリア官憲の参加という条件が含まれていた。オーストリア側としては、セルビアの拒否を予期してのものであった。[26]

この日の三日前から、大統領レイモン・ポアンカレ（Raymond Poincaré）ほか、フランス政府首脳が、ロシアの首都サンクト・ペテルスブルクを訪問していた。親善訪問の目的とともに、仏露軍事同盟の再確認のためでもあった。大統領は、二十一日、同国駐在のオーストリア大使に、「セルビアはロシアの友邦であり、ロシアはフランスを同盟国としている」と、警告していた。しかし、二十三日フランス使節がロシアの首都を離れた直後に、かの最後通牒がセルビアに届いたのである。

（五）　イギリス外相グレイの仲介提案

全世界は、この最後通牒の峻烈な内容に驚愕した。イギリス外相エドワード・グレイ（Edward Grey）は、独立国の主権を犯す、今まで見たことのないものと批評したが、この二国間の紛争に何らかの仲介を考えたのも、外相グレイであった。イギリスは、三国協商に参加してはいたが、軍事同盟には入らず、ドイツとの対立関係も、一九一二年の両国和解の試みは失敗したものの、一四年には、英独両国はともに、帝国主義政策を行いながら、戦争はしないという暗黙の了解はできていたように見えた。

そこでイギリス外相グレイは、七月中に七回にわたって仲介案を提出している。その内容は、ロシアがセルビアに対して、ドイツがオーストリアに対して説得し、二国間の紛争を和解させるもの、次に、オーストリアの最後通牒の期限の延期であるが、この二つは、ドイツの拒否ないし通告の遅れによって不成功に終った。次いで、オーストリア政府がセルビアからの回答を受諾するようにとの勧告である。しかしこの仲介案は拒絶された。

二十五日の夜、オーストリア・セルビア両国は国交を断絶し、ともに動員を行った。

翌二十六日、イギリス外相グレイは、第四回目の、もっとも重要な仲介案を示す。それはロンドンにおいて英露仏独四カ国の大使会議を開き、仲介案を提示するというものであった。グレイは在英駐在のドイツ大使に、これが拒否されれば世界戦争になると警告している。この提案は、ドイツを除く三カ国に受け入れられた。ただドイツ外相ゴットリーブ・フォン・ヤーゴ(Gottlieb von Jagow)のみは、「ヨーロッパの平和のために、他の諸国と協力したいという希望は有するが、このような会議は性格上、あまりにも仲裁裁判的であり、友邦オーストリアを法廷に被告として招くことはできない」と断った[27]。

この時、ニッポルトは、大使会議が開催されなかったことを頗る遺憾に思っている。彼によれば、大使会議は、一九〇七年十月十八日のハーグ国際紛争平和的処理条約の第三条「締約国は、右依頼に関係なく、紛争以外に立つ一国又は数国が事情の許す限り自己の発意をもって周旋又は居中調停仲介を紛争国に提供することを有益にして且希望すべきことと認む」の実行であった。ニッポルトの指摘によれば、一二年十一月、第一回バルカン戦争の後、セルビア、ブルガリア、ギリシャ、モンテネグロのバルカン同盟諸国がトルコと戦って勝利した後、セルビアのさらなる拡大を抑えるため、アルバニアの独立を進めるオーストリアと、セルビアを後援するロシアとの対立から、再び戦争の危機が生じた時、イギリスのグレイ、ドイツのベートマン・ホルヴェークの招請によって、ロンドンで大使会議が開催され、これには仏露伊墺の諸国も参加して、その目的を達した例があった。ニッポルトは言う。これらの大使会議は決して裁判ではなく、仲介である。ヨーロッパ戦争の危機を前にして、そのような理由の反対は、ドイツに誠意がない証拠である、[28]と。

（六）　ロシア帝国政府の総動員令

ロシアには社会的・政治的危機が存在していた。一九〇五年、日露戦争中に「血の日曜日」事件から生じた「第一革命」は、帝国政府側の譲歩的な諸改革によって、危機的状況は若干鎮静化したとはいえ、なお厳然として存在する身分制度、階級対立、ロシア帝政を真っ向から否定する革命運動など、この国家には、大きな社会的・政治的矛盾が目立っていた。当時のロシア政府は一枚岩ではなく、穏健派と強硬派とに分かれていた。ツアーのニコライ二世（Nicholao II）は教養の持主ではあったが、エネルギッシュでなく、一八九九年のハーグの世界平和会議を招聘した人物である。また露仏同盟にもかかわらず、ウィーン及びベルリンとも密接な関係を保とうとした。これは、いとこにあたるドイツ皇帝ヴィルヘルム二世（ふたりは、ヴィリー、ニッキーと呼びあっていた）との往復書簡にも表れている。帝妃アレクサンドラ（Alexandra）も、ドイツのヘッセン大公ルートヴィヒ四世（Ludwig IV）の娘で、イギリスのヴィクトリア（Victoria）女王の孫にあたり、平和を望んでいた。宮廷にとりいって政治にも介入した怪しげな祈禱師グリゴリー・ラスプーチン（Grigorii Rasputin）も平和を主張していた。この穏健派に対して、汎スラヴ主義を求める進歩派は、戦争をも手段とする政治をいとわなかった。その代表的人物は、外相セルゲイ・サゾーノフ（Sergey Sasonow）と参謀総長ニコライ・ヤヌシケヴィチ（Nicolai Januschkevic）であった。ロシアがセルビアに軍事介入することは、疑いなく大きな冒険であった。

全世界は、ロシアがオーストリアの行動を冷静に見るか、セルビアとの同盟のため紛争に入っていくかを注目していた。ロシアは、オーストリアがセルビア領に軍隊を送らず、この両国の紛争をヨーロッパの問題として解決し、セルビアを主権国家として認めるならば、それを待つという態度であった。[29]

七月二十五日、かの最後通牒の日がきた。セルビア政府が、この通牒のうち、重要な一つの部分を拒否したことは、すでに開戦を意味していた。二十六日、オーストリアでは動員が行われ、ウィーンからペテルスブルク宛てには、セルビアに対して討伐遠征を行うが、これは領土の併合を意味するものではないとの保証が送られた。ロシアでは、二十八日、キエフ、オデッサ、モスクワ、カザンで部分動員が発令された。国際法は、動員した国または戦争遂行の国の国境に、隣国が動員するのは当然と認めていた。勿論、この動員令はツァーによって署名されていたが、この間、ペテルスブルクでは、より強硬な「開戦派」が形成されていた。彼らは、七月二十八日オーストリアのベオグラード砲撃を聞くと、直ちに戦闘開始を主張した。七月二十八日夜から二十九日にかけて、サゾーノフ、ニコライ・ニコラエヴィチ（Nicholai Nicholaevich）大公及びヤヌシケヴィチは、ツァーに部分動員を総動員に変えるよう強制した。ツァーは、この日、ヴィリー、すなわちドイツ皇帝宛てに次の電報を打っている。

僕は自分に課せられた強制に抵抗できず、戦争となる措置をとらざるを得なくなった。これがヨーロッパ戦争になる不幸を防ぐため、僕は古い友人の君に、これ以上悪くならないよう、君ができるだけのことをするよう願う。(30)

同日、いとこヴィルヘルム二世から、穏健な政策を要求する電報が届いた。ツァーはこれにより、三人からの心理的圧迫から解放されて、総動員令をいったん取り消した。ところが、その翌日、開戦派は再びツァーに要求して、総動員令の許可を得た。三十日の午後六時のことであった。この総動員が、オーストリアに向けられず、ドイツに対するものであることは明らかであった。それがドイツ参謀本部を硬化させ、皇帝による「戦争の危険状態」の宣言となった。これはロシアの開戦派のために利用され、ツァーに開戦を説得する武器となった。ロシア駐在のドイツ大使フリードリヒ・フォン・プルタレス（Friedrich von Pourtales）は、ドイツ国境におけるロシアの総動員の解除を最後通牒として要求した。外相サゾーノフが拒否すると、ドイツ大使は間もなく宣戦布告をもたらしたのである。八月二日、ロシア皇帝ニコライ二世は宣戦の詔勅を発表した。

フランスは、ロシアとの軍事同盟条約にしたがって、ロシアがドイツに攻撃された場合、全力をロシア支援に向けなければならなかった。ドイツ政府は、八月一日、それに先立って、ロシアとの戦争の際、フランスが中立を守るか否かを問い質すと、フランスは当然これを拒否した。そこでドイツは先んじてフランスに対し宣戦布告し、一九〇五年すでに策定していた「シュリーフェン計画」の実行に移った。すなわち、フランスとロシアに対する二正面戦争において、ドイツ陸軍はフランス軍に対する大胆な包囲作戦を敢行し、他方、オーストリア軍と小規模のドイツ軍がロシア領のポーランドでロシア軍の進撃を食い止めている間に、一気にフランスを短期決戦によって屈服させた後、ロシアに向かい決定的勝利をもたらすものとされたのである。

イギリス政府は、一九〇四年の三国協商を、軍事同盟にまで、発展させなかった。だが八月二日、フランス政府に対し、もしドイツ艦隊がフランス沿岸を攻撃し、またフランス商船を攻撃するため、英仏海峡を横切って北海に進出したら、イギリス艦隊はフランスを守るため、出動すると明言した。その後、ドイツ陸軍がルクセンブルク大公国に侵入し、さらにベルギーの中立を侵すことが明らかになると、外相グレイは、この中立侵犯が、イギリスにとって開戦理由を意味すると明言した。そして四日、ドイツ政府に最後通牒を送り、事実上、これがイギリスの対独宣戦布告となった。

四　結びに、列強の開戦の決意を考える

一九一四年八月一日、ドイツのロシアに対する宣戦布告から、ついには世界大戦にまで拡大する戦闘が始まった。ニッポルトの見解によると、先んじて宣戦布告したオーストリア・ハンガリー帝国、次のドイツ帝国、それに当時戦争を意味する総動員令を発したロシア帝国には、穏健和平派と、彼が「軍国党」と名付けた好戦派との対立があり、後者が勝利して戦争になったとしている。[31] 開戦を決意するに至った列強は、初めは従来の戦争と同様、短期決戦のうちに終るものと考えていた。しかし「ヨーロッパ大戦」となると、当事者たちは、やっとことの重大さに気付く。そこで、この開戦を決意するに至った動機を幾つかの事例によって考察したい。

(一)「予防戦争論(Preventive War)」

必ず戦争になるとの予想とともに、他国からの攻撃に先んじて自国から攻撃すること。ニッポルトは、ヨーロッパ各国の軍備拡張競争は、必ずこの予防戦争論に達すると述べている。[32] 世界大戦前のドイツは、フランスの対独復讐主義、ロシアの汎スラヴ主義による挑戦を理由にして、戦争は必至との見解が強かった。これはすでに、一八七五年、宰相オットー・フォン・ビスマルク(Otto von Bismarck)も、フランスの軍備拡張に対して、「戦争は視界にある」との宣伝をしている。また八六年には、フランス陸相ジョルジュ・ブーランジェ(Georges Boulangor)による復讐主義の宣伝に対しても、さらに一九〇九年のボスニア・ヘルツェゴヴィナをオーストリアが強引に併合した際にも、ドイツで予防戦争論が展開されている。もっとも最近の見解では、フランス人の復讐論よりも、ドイツのほうが、彼らの復讐を叫びたてているという。[33] 七月危機の末、ロシアが

総動員令を発動し、それが、セルビアの援助のためのみならず、ドイツの国境に向けられたことを知ると、ドイツ政府及び軍部は、先んじて「攻撃こそ最大の防御」との当時の各国軍部の見解の下、予防戦争論による開戦を決意するに至った。

(二)「前方脱出論(Flucht nach vorne)」

これは、もはやあとには引けない決死の状況から、流血を覚悟しての前進である。

七月二十三日、オーストリアの参謀総長コンラートは、次のように述べている。「これ(暗殺事件)は、セルビアのオーストリア・ハンガリーに対する宣戦布告である。今度もまた、セルビアの暴力行為に対して譲歩していたら、帝国は、南スラヴ、チェコ、ロシア、ルーマニアの宣伝や、イタリアのイレデンタ(失地回復運動)によって、老帝国は根底から動揺し、その爆発にさらされる。それ故、オーストリア・ハンガリーは、セルビアにあえて戦争しなければならぬ[34]」。この言は、「前方脱出論」の典型的な実例であろう。この決戦に失敗したら、ハプスブルク帝国は崩壊するはずで、事実そのようになった。

当時、総動員は戦争を意味するとされていた。ロシアが総動員令を発して、その大軍がドイツとの国境に進軍しているのを察知したドイツ軍部は、すぐさま「シュリーフェン計画」によって、直ちにフランスへの攻撃を開始した。しかも短期決戦による勝利の必要上、中立国ベルギー領を通過してのフランス侵入を試みたのである。この国際法違反が、イギリスの対独宣戦となり、ドイツの立場を弱くしたが、大戦前には、ニッポルトの要請に応じて、避戦運動に加担した、ベルリン大学教授のヨーゼフ・コーラー[35](Josef Kohler)は、この国際法違反を、緊急事態における「超法規的措置」として是認するに至った[36]。この見解はまさに、「前方脱出論」の適用と言ってよいであろう。

(三)「社会帝国主義論(Social Imperialism)」

ハンス・ウルリヒ・ヴェーラー(Hans - Ulrich Wehler)らの見解で、国家は近代化を進めるにあたって、その産業の発展が、階級対立のみならず、商工農の利害の不一致、都市と農村との格差や緊張等を生み、その結果、国内では現政権への批判攻撃が激しくなる。すると政権側は、国内問題の解決より、むしろ対外緊張を宣伝誇張し、可能ならば戦争による強硬政策をとり、その勝利によって現政権の安定を計ろうとする。つまり、「経済、社会及び政治的ダイナミズムを、外への膨張に向ける。その膨張は、社会・経済及び政治体制の内的な弱みをそらすこと、またその現実的成功によって、国家的威信を高めることにもなる」[37]。この理論は、帝国主義時代のヨーロッパ各国に適用される。さらにヴェーラーは、帝政ドイツについて、フリッツ・フィッシャー（Fritz Fischer）のテーゼと結びつけて、「七月危機」にあっては、国内政治の問題解決のため、冒険的外交政策を手段としたが、そこから生じたロシアの挑戦は、ドイツにとって差し迫った危機と捉えられ、「前方脱出」に至ったとしている[38]。

「社会帝国主義論」にもとづく開戦は、帝政ロシアの軍部及び強硬な外交を主張する一派が、当時のロシア国内で、差し迫った問題解決のため、あえて対オーストリア、さらには、その背後にあるドイツとの戦争に打って出たという解釈もできるであろう。

（四）「力試し論（Kraftprobe,Machtprobe,Blutprobe）」

ニッポルトの見解によると、「サラエボ事件に際して、オーストリアとドイツは『力試し（Kraftprobe）』を行った。つまりロシアが、一九〇八年のように今度も譲歩するか否か、と。これは危険な賭けであった」[39]と。またドイツ政府は、もしロシアが、かの「三帝同盟」以来の、君主制国家としての連帯感から、サラエボ事件にセルビアの責任を認めるならば、オーストリアの行動を黙認するであろう。反対に、もし戦争をも辞さないならば、それはロシアの攻撃性を示すもので、ドイツの開戦の正しさを証明できるとしていた[40]。

ボン大学のクラウス・ヒルデブラント（Klaus Hildebrand）は、その膨大な著書『過ぎ去った帝国』の中で、同じく「力試し論」を展開している。すなわち、サラエボ事件において、ドイツ政府は、今まで外交上守勢にあった地位を改善して攻勢に転じようとした。それはロシア、フランスに対する「力試し（Machtprobe）」であり、オーストリアを前面に立て、ドイツが後ろに控え、ロシア、フランスが譲歩するか否かを見守る。これは冒険（Risico）であり、失敗すればヨーロッパ大戦になる。ドイツの政治家は、存在を賭した試練を成功させねばならないが、いざという場合に備えて、「シュリーフエン計画」をも予め考慮に入れていた。故にドイツには、大戦勃発の先鞭を付けた責任はある[41]、と。これによっても判るように、宰相ベートマン・ホルヴェークはすでに、できれば外交手段で、うまくいかなければ軍事力を使っても良いとの態度になっていた。彼自身の発言、「我々は行動すべきだ。そうでないと、オーストリアは同盟国の価値がなくなる。我々は協商国に楔を入れるべきだ。これは流血の力試し（Blutprobe）だ。もし戦争となるなら一九一四年のほうが一九一六年より良い。引っ込んだらだめだ」[42]、というドイツ政府の公式見解も「力試し論」を明白に示していよう。

註

（1）Friedrich Meinecke, *Die deutsche Katastrophe,* Wiesbaden 1955.

（2）中井晶夫「歴史と現代史」（『現代史研究』四三号、一九九七年十二月）六七頁以降。

（3）Valentin Gitermann, *Jakob Burckhardt als politischer Denker,* Wiesbaden 1957, S. 35-36.

（4）Meinecke, *Die deutsche Katastrophe,* S.10.

（5）ニッポルトの経歴については、次の書を参照。
中井晶夫『ドイツ人とスイス人の戦争と平和』（南窓社、一九九七年）三三頁以降。

（6）Roger Chickering, "A Voice of Moderation in Imperial Germany: The "Verband für internationale Verständigung" 1911-1914", *Journal of Contemporary History,* Vol.8, No.1 (Jan. 1973).

（7）Otfried Nippold, *Der Deutsche Chauvinismus,* Bern 1917.

（8）Otfried Nippold, "Die Wahrheit über die Ursachen des Europäischen Kriege", *Japan, der Beginn des Ersten Weltkrieges und die völkerrechtliche Friedenswahrung,* Herausgegeben von Harald Kleinschmidt und eingeleitet von Akio Nakai, München 2005.
この「大戦原因論」は、戦後、敗戦国ドイツに余りにも過酷な制裁が課せられたためと思われるが、中立国スイス人の見解としても公開されないままになっていた。彼の死後は、甥のベルン大学教授のヴェルナー・コールシュミット(Woerner Kohlschmidt)の私蔵になっていたが、同教授の死後、その原稿がベルン市のブルガー図書館に寄贈され、二〇〇五年に初めて出版となった。

（9）Otfried Nippold, *Meine Erlebnisse in Deutschland vor dem Weltkriege(1909-1914),* Bern 1918.

（10）*Ibid.,* S.4.

（11）Otfried Nippold, *Das Erwachen des deutschen Volkes und die Rolle der Schweiz,* Zürich 1918, S.3.

（12）*Ibid.,* S.3; Arthur Christensen, *Politik und Massenmoral, Zum Verständnisse philosophisch-historischer Grundfrage der modernen Politik,* Leipzig 1912, S.8-10.

（13）Meinecke, *Die deutsche Katastrophe,* S.40-41.

（14）Jost Dürfer, Einleitung: Disposition zum Krieg im wilhelminischen Deutschland, in: Jost Dürfer(hrsg.), *Bereit zum Krieg,* Göttingen 1986, S.9-10.

（15）サラエボ事件については、次の書を参照。
Vladimir Dedijer, *Die Zeitbombe, Sarajebo 1914,* Wien 1967.

（16）J. R. Salis, *Die Ursachen des Ersten Weltkrieges,* Stuttgart 1964, S.23.

（17）Wolfgang Mommsen, Die latente Krise des Deutschen Kaiserreichs 1900-1914, in: Leo Just (hrsg.), *Handbuch der deutschen Geschichte,* Bd.4, S.95; Fritz Fischer, *Griff nach der Weltmacht,* Sonderausgabe, Düsseldorf 1967, S.47.

（18）Nippold, *Die Wahrheit,* S.18.

（19）Adam Wandruszka, *Das Haus Habsburg,* Wien 1956, S.201 f.
帝の弟マクシミリアン（Maximilian）大公は、フランスのナポレオン三世（Napoléon III）の野望に乗せられて、メキシコ皇帝に担ぎあげられ、一八六七年同地で銃殺され、最愛の皇太子ルドルフ（Rudolf）は、八九年に自殺、帝妃エリザベート（Elisabeth）は、九八年、ジュネーヴでイタリア人無政府主義者に銃殺された。

（20）Hellmut Andics, *Der Untergang der Donaumonarchie*, München 1980, S.99.

（21）Dedijer, *Die Zeitbombe*, S.784-85.

（22）Fischer, *Griff nach der Weltmact*, S.48.

（23）Nippold, Die Wahrheit., S.58.

（24）Ibid., S.58.

（25）Andics, *Der Untergang der Donau monarchie*, S.111.

（26）Nippold, Die Wahrheit, S.36.

（27）Fischer, *Der Griff nach der Weltmacht*, S.65 f.

（28）Nippold, Die Wahrheit, S.50 f.

（29）Ibid., S.39.

（30）Ibid., S.42.

（31）Ibid., S.38, S.42 ff.

（32）Ibid., S.26.

（33）ジャン＝ジャック・ベッケール、ゲルト・クルマイヒ『仏独共同通史　第一次世界大戦　上』剣持久木・西山暁義訳（岩波書店、二〇一二年）一〇頁以降。

（34）Dedijer, *Die Zeitbombe*, S.784.

（35）Akio Nakai, *Preußen,die Schweiz, Deutschland aus japanischer Sicht*, München 2014, S.70.

（36）Josef Kohler, *Not kennt kein Gebot*, Leipzig 1915.

（37）Hans - Ulrich Wehler (hrsg.), *Imperialismus*, 3 Aufl., Köln 1976, S.86.

（38）Hans - Ulrich Wehler, *Das Deutsche Kaiserreich 1871 - 1918*, Göttingen 1983, S.197 f.

（39）Nippold, Die Wahrheit, S.39.

（40）ベッケール、クルマイヒ『仏独共同通史　第一次世界大戦　上』七七頁。

（41）Klaus Hildebrand, *Das vergangene Reich,Deutsche Außenpolitik von Bismarck bis* Hitler, Stuttgart 1995, S.302.

（42）*Ibid.*, S.304.

（付記）

本稿は、二〇一三年九月二十八日、軍事史学会例会における報告にもとづくものであるが、当日、第一次世界大戦の諸強国の開戦の動機について結論として述べた後、これと関連して、一九四一年十二月八日、日本の対米英宣戦布告における、その動機に関して、次のように付言することになった。

当時、筆者は中学三年生であった。正午、ラジオで宣戦の詔勅が朗読された後、東條英機首相の放送があった。「只今、宣戦の大詔が渙発せられました。精鋭なる我が陸海軍は、今や決死の戦いを行いつつあります。」と述べた後、過般来、政府は米国政府と折衝を続けてきたが、米国は所謂「ハルノート」を突き付けてきた。即ち「我が軍のシナ大陸、仏領インドシナからの全面的撤兵、南京政府（汪兆銘政権）の否認、三国同盟の破棄」を要求したのである。これは、当時の帝国政府にとって、全面的譲歩、敗退を意味した。東條首相は、一段と声を強めて、「事ここに至りましては」と独特のアクセントで述べ、開戦のやむなきに至ったことを、全国民に訴えたのである。これは、今、考えると「前方脱出論」にあたると言えよう。この決死の前進に失敗すれば、「大日本帝国」の崩壊に至る運命であった。

次に日本海軍の開戦への決意である。その最高首脳部は、以前から米国との戦争に否定的であった。ことに一九四〇年の頃、米内光政海相、山本五十六次官、井上成美軍務局長の三人は、「三国同盟」に反対、またこの同盟から生じうる米国との戦争に断固反対の態度を堅持していた。永野修身軍令部総長はじめ他の海軍首脳部も、開戦には消極的な態度であったが、四一年の時点で、米国太平洋艦隊と日本海軍との艦艇比率は、十対七としても、「帝国海軍」の伝統的な卓越した作戦と訓練によって勝算ありとするも、彼我の工業力の差から時が経つにつれ、その戦力の差は大きくなり、日本は決定的に不利になる。しかも米国とは必然的に戦わねばならぬ運命とすれば、「戦機は今」と言わざるを得ない。これが永野らの開戦理由とすれば、「予防戦争論」が唱えられたことになろう。

次に山本五十六連合艦隊司令長官の、開戦にあたって真っ先に行うべき真珠湾攻撃の動機である。山本は、以前、近衛文麿首相に、対米戦になれば、「六カ月や一年は暴れて見せる」と語った。これは短期決戦の意思表明であり、そのためには、真珠湾にある米国艦隊を一気に撃滅する方策が必要なのである。山本の「暴れて見せる」の言葉は、必勝を約束したものではない。それは真珠湾の米国艦隊の壊滅に成功するか否か、また米国がこの攻撃に対して、どう出るかが問題なのである。それ故これは冒険であり、一か八かの賭であるから、「力試し論」が唱えられたと言えるのではないか。

第一次世界大戦期のドイツ帝国

ゲルハルト・ヒルシュフェルト
尾崎修治　訳

一八九〇年、若き皇帝ヴィルヘルムⅡ世（Wilhelm II）が、ドイツ帝国の初代宰相のオットー・フォン・ビスマルク（Otto von Bismarck）を罷免したとき、ドイツ外交政策の基本路線が変わり、そのことが欧州列強間の政治的関係性をも変化させることになった。かねがねビスマルクは、ドイツという国は領土に関しては「充足している」と明言していたが、今やドイツ帝国は英仏との植民地獲得競争に参入し、強力な艦隊を建造して「世界強国」をめざすようになったのである。九八年に始まったドイツの建艦計画は、最強の海洋国家イギリスへの挑戦となった。ドイツの膨張政策はさらに、ツァーリのロシアとのあいだにも少なからぬ緊張を生み出し、ロシアは九二～九四年にフランスとの軍事協定を締結するに至った。これによりドイツは、東西からの二正面戦争の脅威にさらされることになったのである。

二〇世紀初頭になると、イギリスもまたフランス、ロシアと手を結んだ。それによってヨーロッパでは二大陣営が相対立し、双方が相手側を脅威と見ることになった。そうしたなか、密室で策動を練る当時のヨーロッパ列強諸政府が何より恐れていたのは、列強としての体面や地位を失うことであり、その時々の同盟関係に亀裂を生じさせることであった。その怖れこそが原動力となって、一九〇五年、一一年のモロッコ事件から一二～一三年のバルカン戦争を経て一四年へと至る国際的危機の連鎖がひき起こされたのである。

一九一四年六月二十八日、サラエヴォでオーストリア＝ハンガリー帝国の帝位継承者が暗殺された。それに対してオーストリアが、実行犯のボスニア生まれのセルビア人テロリストの黒幕と見られたセルビア王国の解体を狙って動き出すと、ドイツ政府はオーストリアに対してその行動を無条件に支持することを確約した。両国の政府内には、セルビアから独立国家としての地位を奪う計画が浮上していたのである。皇帝ヴィルヘルムⅡ世はそうした狙いに優柔不断な態度を示しつつも、ウィーンへの「白紙の委任」を伝えた電報の端には後日、次のような走り書きをしていた。「今しかない。セルビアは排除されなければならない。しかも迅速に」。ドイツ政府は、オーストリアの決断がぎりぎりになって揺らぐのではないかと懸念していたが、七月二十三日、オーストリア政府はセルビアに最後通牒を送りつけた。その条件は、交渉の決裂を狙って厳しい内容が盛り込まれたものであった。しかしその苛酷な条件ゆえに国際的な世論の目には、今やセルビアよりもオーストリア＝ハンガリー帝国が侵略者と映るようになり、そのことがドイツ政府をとりわけいらだたせることになった。実際のところ、二日後のセルビアの回答は譲歩的なものであり、オーストリアとドイツの策動をすべて土台から掘り崩しかねないものであった。

そうしたなか、ドイツの宰相テオバルト・ベートマン＝ホルヴェーク（Theobald Bethmann Hollweg）がオーストリアに自制を説き始めたように、状況を沈静化させようとする試みもあったが、それは政治指導に介入してきたドイツ軍部に阻まれ、結局七月二十八日、オーストリア＝ハンガリー帝国はセルビアに対する戦争を開始した。すると予想された通りにロシアがオーストリアに対して動員を開始した。そこでドイツ政府は、オーストリアへの動員はドイツの安全にとっても脅威であると宣言することで、ロシアがドイツに対しても動員を始めるように仕向けた。つまり、開戦が既定路線となった段階で、ドイツ陸軍参謀本部の参謀総長ヘルムート・フォン・モルトケ（Helmuth von Moltke　小モルトケ）のみならず宰相ベートマン＝ホルヴェークにとっても、ドイツをロシアによる侵略行動の被害者に仕立て上げることが重要だったのである。これによってドイツは国内からの支持、とくにドイツ社会民主党の支持を最大限に得ながら、戦争を始めることができたのであった。ドイツは七月三十一日、ロシアに対して動員の撤回を求めた最後通牒を突きつけ、それに対してロシアが返答を怠ると、八月一日に動員を開始し、ロシアに宣戦布告した。ドイツは、フランスとロシア双方を相手にする二正面戦争に直面していたため、参謀本部の戦争計画〔一九〇五年にシュリーフェン（Alfred von Schlieffen）伯爵によって規定された〕は、まずフランスを攻めて同国を打ち負かし、その後に、動員に時間のかかるロシアを中欧同盟軍が迎え撃つことを想定していた。その計画に従い、ドイツは八月三日にフランスに宣戦布告することになった。そしてその翌日には、ドイツ軍はパリに向かって進撃を開始し、その道程で中立国ベルギーとの国境を越え、それによりイギリスがドイツに宣戦布告することは避けられなくなった。イギリスの参戦はベートマン＝ホルヴェークやドイツの世論を憤慨させたが、いずれにせよ、この海の世界強国の参戦は（ドイツはイギリスを上回るほど多くの艦船を建造できていなかった）、ひとつの戦争を大戦争へと転化させる運命的な帰結をもたらすものであった。

　戦争勃発を取り巻くこれらの諸事件に対するドイツ国民の反応は、最近の研究によれば、いわゆる「八月の高揚」と呼ばれる国民の一体化や愛国的熱狂といったイメージよりはるかに複雑であったことが示されてきている。「八月の高揚」は実際には当時の保守派メディアによってつくられた神話であり、政治的理由からのちの時代まで（ナチスによるものも含め）受け継がれたのであった。セルビアへの最後通牒を、保守的なブルジョアジーがかなりの熱狂で迎えたのは事実である。しかしそれはすぐに、ロシアの動員の知らせによって不安な緊張感に取って代わられた。現在の歴史家たちは、戦争勃発に際してドイツ人は、それぞれの社会層、性別、年齢、地域、そして感情的傾向（自尊心、熱狂、恐怖、嫌悪、好奇心、高揚感、自信、怒り、虚勢、不安、笑いと絶望）によって異なる経験をした（ジェフリー・バーフェイ（Jeffrey Verhey））という見方に同意している。農村住民や下層の労働者が戦争を支持していなかったことからすれば、「戦争の高揚」が全般的なものであったとは言えないであろう。

　ドイツでも他の参戦諸国と同様に、社会民主党を含む挙国一致体制が成立した。これまで常に反対派の側にいた社会民主党は、七月二十九日の時点でもなお、起こり得る戦争に反対するデモを組織していた。それが今や「われわれは危機に際して祖国を見捨てるつもりはない」という言葉が社会民主党の信条となり、八月四日には、同党の代議員全員が戦時公債と、帝国議会の休会を含む緊急戦時法を承認した。包囲された都市のなかの団結を意味する「城内平和」が宣言され、皇帝は「もはや党派はない。ドイツ人がいるのみ！」と宣言した。突如として、限りない一致と社会的調和が出現したのであった。

　戦争の最初の数カ月、ドイツの知識人と芸術家が新しい国民的精神を宣伝し、それはブルジョアジーのみならず、社会層を超えてかなりの賛同を得た。戦争の勃発を新時代の夜明けと見る者もいた。数多くの芸術家――アウグスト・マッケ（August Macke）、フランツ・マルク（Franz Marc）、オットー・ディクス（Otto Dix）、マックス・ベックマン（Max Beckmann）といった画家など――が志願したが、それは戦争の結果に期待してというよりも、芸術上の新たな刺激を求めてのことであった。オットー・ディクスは、前線での体験には、今まで知られていなかった過激な美の本質があるという確信を、戦後に次のように述べていた。「戦争とは恐ろしいものだ。しかしそれは力強い何かでもある。そのことを私は決して否定できない。人間とは何か、を真に知るためには、この抑制から解き放たれた状況下の人間たちの姿を見なければならない」。かの有名な社会学者マックス・ウェーバー（Max Weber）はのちにドイツの戦争指導への批判者になるが、一九一四年八月の戦争勃発の際にはこう叫んでいた。「成功の如何にかかわらず、この戦争は真に偉大で素晴らしい。」

この戦争の高揚は、ドイツ軍の進撃が順調に見え、アルザスとベルギーで最初の勝利をあげたことで一層強まることになった。ベルリンやハンブルクの「赤い」労働者街のいくつかにおいてさえ、ときおり国旗がはためいたほどであった。まさに、ドイツが防衛のための「正義の戦争」を戦っているのだと広く信じられていたのであった。一九一四年には、これまで召集された経験もない男たちがかなり数多く志願した。そのなかにはいまだ召集年齢に達していない者もおり、とりわけそうした若者たちは愛国的崇拝の対象となった。それはちょうど、一八一三年の対ナポレオン解放戦争において、プロイセンの君主政のもとに集まった志願兵の神話の再現であった。とはいえ、第一次世界大戦期のプロイセン邦では、最初の一〇日間で二六万人もの男たちが志願したものの、そのうちの一四万三〇〇〇人はそのときすでに公式に徴兵されていた者だった。また、社会層的には上層・中産層に偏っていた。志願兵の数そのものも、犠牲心に満ちたドイツの若者たちを描いた新聞のプロパガンダが与えた印象よりもずっと少なかった。一九一四年から一八年のあいだに戦争で闘った一三〇〇万人のドイツ人の大多数は徴集兵として戦ったのであり、彼らの大半はすでに戦前に兵役についていた予備兵であった。

開戦当初から、現実の戦争とならんで「言葉の戦争」が存在し、新聞は愛国的な宣言や詩的な高揚感で満たされていた。この戦争に「神の御望み」という神学的正当性を与えたのは、国家宗教のルター派だけではなく、カトリックの団体や組織も同様に、国家的大義に奉仕していた。カトリックは、この戦争を支えることが、彼らの国家への忠誠を証明する好機と見るようになっていたが、それは、彼らがビスマルクによる宗教闘争によって数十年にわたりプロイセン・ドイツ国家から疎外され続けた結果でもあった。二大宗派の聖職者によるおびただしい数の説教のなかで、兵士が国のために死ぬことはキリストによる死の犠牲になぞらえられた。

国粋主義的な発言や言説は、他にもさまざまな分野に現れた。一九一四年の十月初め、九三人の学者、作家や芸術家が「文化的世界へのアピール」と題する宣言に署名した。彼らは、敵国のプロパガンダによるドイツ非難に反論することで、「生存をかけた苦闘を強いられた、わがドイツの純粋な目的を汚さんとする敵の嘘と中傷に立ち向かい」、ドイツおよび中立国の世論に影響を与えようとした。しかし、ベルギーと北フランスへ侵攻した際の、ドイツ兵によるる国際法違反は否定し得ないものであった。そのなかには、人質の射殺や、有名なルーヴァン大学図書館の破壊も含まれていたのである。「九三人のアピール」はドイツの外の、とくに中立国のアカデミズムからきわめて否定的な評価を受けた。とくに各国の学者たちの怒りを買ったのは、「ドイツの軍国主義がなければ、ドイツ文化は遥か昔に地球上から消し去られていただろう」とする、軍国主義と文化を結びつけた主張であった。

ドイツの学者と大学人、芸術家の宣言はその帰結として「精神の戦争」という、知識人や学者のあいだの国際的な分断を生みだし、それは戦争が終わったのちも長く残り続けることになった。知識人の多くにとって「国民の利益」は、「国民的戦時社会」構築に向け他のあらゆる利益に優先されるべきものであった。そうした知識人たちの言説から生まれたのが、「ドイツ文化」のロマン主義的解釈であった。それはドイツ文化を内面的・精神的・道徳的なものと特徴づけ、そのドイツ文化と対立するのが粗雑につくられた西欧的な「文明」であるとする考え方であった。知識人たちはとりわけ、西欧諸国民の特質とされていたデモクラシーや物質主義、商業主義といった理念を拒絶した。こうした考えは「一九一四年の理念」と呼ばれ、教養ブルジョアジーから少なからぬ支持を得ていた。

第一次世界大戦のそうした性格ゆえに、大戦中のさまざまな事件にはたえず意味づけがなされ、戦争の原因や国民的な戦争目的も頻繁に解釈し直された。そうしたプロセスを制御することが、プロパガンダの最も重要な役割であり、各方面で速やかに活用され、効果を発揮するようになっていった。ドイツでは、本国での軍の最高機関である軍管区副司令官の指揮のもとに、メディアの監視と統制がおこなわれた。それに加えて一九一五年初めには、ドイツ最高軍司令部（OHL）がベルリンに検閲局を設置し、それがのちの戦時報道局となった。しかし検閲には明らかな限界があった。例えば、日々故郷と前線のあいだでやりとりされていた野戦郵便について、ドイツ軍の検閲官はごく一部しか検査できなかった。中立国の出版物も依然として入手することができた。休暇中の兵士が戦場から持ち帰る情報を統制するにも限界があった。長引く戦争でひとびとの負担が増すほど、国のプロパガンダによって、彼らの払った犠牲を割に合うものと信じさせることはできなくなっていった。戦争開始から三年が過ぎ、数百万人の死者が出たあとになって、ドイツの戦時統制経済の確立に重要な役割を果たしたヴァルター・ラーテナウ（Walther Rathenau）でさえ、「われわれは今なお、なぜ戦ってきたのかを知らない」と語っていたのである。

当初、ドイツ軍による西部での戦争は多かれ少なかれシュリーフェン・プランに沿って進んだ。ベルギーの軍隊と民兵による予想以上の抵抗があったものの、最終的にベルギーは敗北し、国土のほとんどが占領された。またその過程で多数の町や村が破壊され、数千人の市民が処刑された。しかしその後ドイツ軍では、兵員が不足するとともに補給路が伸び切ってしまい、結果としてドイツの戦争計画はフランス北部のマルヌの戦いで挫折することになった。そこから生じた西部戦線での膠着状態は直ちに敗北を意味したわけではなかったが、まさに回避しようとしていた二正面戦争にドイツが直面することになったという点で大きな後退を意味していた。

東部では、ロシアの二つの軍がドイツ領の東プロイセンのかなりの部分を一時的とはいえ占領する事態が生じていた。それはロシアの動員速度を過小評価していたことの結果であった。ドイツ最高軍司令部を指揮する小モルトケは引退していたパウル・フォン・ヒンデンブルク（Paul von Hindenburg）を呼び戻し、その参謀長にエーリッヒ・ルーデンドルフ（Erich Ludendorff）を据えて東部のドイツ軍の指揮にあたらせた。ヒンデンブルク指揮下の東プロイセンの第八軍は、一九一四年八月二十六日から三十日にかけてロシア第二軍の包囲と壊滅に成功し、一四万人のロシア兵が捕虜となるか、殺されることになった。

この「タンネンベルクの戦い」はドイツにとって大戦全体のなかで最も劇的な勝利であり、過酷な損失を被っていた西部戦線とのコントラストゆえに急速に神話化されていった。この名称は、戦場から数マイル離れた史跡、中世末にドイツ騎士団が異教徒であったリトアニア人に敗北した場所から取って付けられたものであった。これにより、いまや歴史が逆転し、野蛮人が近代ドイツに撃退されたのだという含意が与えられた。ヒンデンブルクは「救国の英雄」という伝説的な名声を得た。最後のロシア兵が東プロイセンから追い出された九月十二日に総司令部は、タンネンベルクにおいて、マルヌでの敗北は相殺されたのだと発表した。ヒンデンブルクとルーデンドルフは、戦争の方針について日増しに強い政治的な力・影響力をおよぼすようになっていった。とはいえ、東部で早期に勝利できると思える根拠は何もなかった。

大戦勃発後のすべての参戦諸国では、戦勝後を見すえて、戦争の政治的・領土的目的についての論議が始まっていた。ドイツでの議論は国粋主義的な全ドイツ連盟の指導者ハインリッヒ・クラッス（Heinrich Class）による過激な覚書がきっかけとなった。それはベルギーと北フランスの広範囲にわたる併合を始めとする、西欧および東欧における領土の拡張を求めていた。そのほかにも数多くの「綱領」や「講和構想」が加わり、さらに一九一五年春には、ドイツの五つ（のちに六つ）の主要経済団体が同様の覚書を発表するに至った。そうした「産業家」による要求と並んで、国粋主義的な大学教授たちもいわゆる「知識人の請願」を発表し、穏健さとは程遠い戦争目的をかかげた。

そうした一連のドイツの戦争目的のひとつが、ドイツ政府の「九月綱領」であった。これは一九六〇年代に初めて発見され、当時、ドイツの歴史家のあいだで激しい議論の対象となった。綱領に含まれる「講和条約の際のドイツの暫定的政治方針」という文書には、宰相ベートマン＝ホルヴェークの署名が、彼がマルヌの戦いの結果を知る前の一九一四年九月九日の日付で記されている。そして、この文書のなかでベートマン＝ホルヴェークはとりわけ、ベルギーをドイツの属国とし、フランスを二流国に引き下げること、さらにドイツを盟主とする中欧経済連合の結成と、ドイツに領土的に組み込まれたアフリカ植民地帝国の設立を要求していた。歴史家たちのあいだでは長らく、この綱領がドイツ帝国主義の歴史を解明する鍵となる史料なのか、それとも単に政府レベルでの多様な意見の「公式の妥協」にすぎないのかといったことが議論されてきた。その答えが何であろうと、ドイツの政治についての根本的な問いは、なぜドイツはあらゆる犠牲を払ってまで、大戦末期に至ってもなお、ヨーロッパにおける覇権を得るための「勝利の講和」を求め続けたのかということである。

戦争目的についての議論は一九一六年八月、ヒンデンブルクとルーデンドルフの指導のもとで始まる第三次最高軍司令部の時代に過激さを増すことになった。その頃には政府の指導者も、最高軍司令部がとくに東部で推し進めようとするあからさまな併合政策に、あえて異議を唱えなくなっていた。当時、保守的ブルジョアジーのあいだでも広く共有されていた併合要求は、大規模な「民族による土地の再分配」を目的とし、とりわけポーゼンおよび西プロイセン両州に、ポーランド人を排除したドイツ人入植地域を設立することを企図していた。ほかに戦争目的の自由主義的変種も存在したが、いずれの計画もこの大戦の結果としては実現され得なかった。それでもなお注意すべき点は、第一次世界大戦期にドイツで構想された中・東欧の支配計画の根底に、「民族浄化」を通じて拡張を進めるという「哲学」があったということである。これはのちに過激な人種主義者の計画の根本要素となり、生物学的決定論と結びつき、生存圏や東部入植を求めるナチの理念に道を開くことになる。

ドイツ最高軍司令部では、西部戦線での失敗のあとひどく動揺していた小モルトケに代わり、エーリヒ・フォン・ファルケンハイン(Erich von Falkenhayn)が指揮官に就任した。それにともないドイツの戦争計画が見直され、対ロシア戦が最優先とされることになった。そしてその狙いは、たとえロシアを完全には打倒できなくても、ドイツ軍が西部の敵との戦いにふたたび集中できる程度に弱体化させることにおかれた。その実践がドイツとオーストリア＝ハンガリー帝国同盟軍による一九一五年夏の攻勢であり、それによってロシア軍をガリシアから、さらにロシア領ポーランドの大半から駆逐した。この攻勢はロシア軍の勢力を削ぐことには失敗したものの、東部戦線は東に三〇〇㎞移動し、リガから始まってルーマニアを北から南へのびるものになった。

西部戦線でのドイツ軍は、地勢的条件を最大限に利用するために防御戦に徹した。彼らは深い塹壕を掘り、敵の砲撃に備え、コンクリートで防備を強化した数多くの掩蔽壕を前線に沿って構築した。ドイツ軍と異なり、（占領地奪還の要請から）防御戦術を取りにくかった連合国側は、一九一五年にドイツ軍に一連の攻撃をしかけたものの、ドイツ側の防御体制はそれをはね返すに十分強固だった。同年四月二十二日、ドイツ軍はイープルで化学兵器（塩素ガス）を使用した。それはドイツも調印したハーグ陸戦協定で禁じられていたが、二正面戦争を打開しなければならない状況下で、あらゆる手段が正当化されたのであろう。しかし毒ガスは期待していたような突破口にはならず、しかも連合国と中立国の世論を憤激させるという思わぬ代償を生んだ。とはいえ連合国側もまた、必要な報復という正当化をおこなって有害なガスを使用した。武力の無制限の行使への禁忌は守られなかったのである。

　ドイツの海上戦略は大戦初期からほぼ完全に頓挫していた。というのは、ドイツ帝国海軍の艦船の数はすべての等級で大英帝国海軍に凌駕されており、さらにイギリス海軍省が、ドイツの近海ではなく遠海を封鎖する戦略を取ったため、自国近海での決戦に持ちこむというドイツ側の計画も無効になっていたためである。しかし一九一四年秋、ドイツの潜水艦が連合国側の巡洋艦数隻の撃沈に成功した。作戦を担当した将校オットー・ヴェッディンゲン（Otto Weddingen）艦長は大戦初期の英雄となった。そして、この思いがけない成功が英国艦隊のみならず、イギリスに向かうあらゆる船舶（中立国のものも含めた）に対する潜水艦攻撃の幕を開いたのである。とはいえ、この攻撃はイギリス経済を麻痺させるには至らなかった。さらに一五年五月の「ルシタニア（*Lusitania*）」号の惨事、すなわちキュナード汽船会社の船がアイルランド南方沖で沈められ、一二七人のアメリカ人を含む一、一九八人の生命が失われた事件の後になると、ドイツ側は、アメリカを連合国側で参戦させることを怖れ、無制限の潜水艦攻撃を一時停止せざるを得なくなったのであった。

　この戦争が起きたとき、明確に長期戦を予測していた政治家はまれであった。政治家たちは、動員にともなっておこなわれるであろう経済の統制、例えば戦時に重要になる製品の輸出制限、食糧や肥料の輸入を円滑に進めるための措置などにより、短期間の軍事行動には十分に対応できると信じていた。そもそも中欧列強の総人口と国民総生産は、それぞれ連合国側の四六％と六一％でしかなく、ドイツ、とくにオーストリア＝ハンガリー帝国にとって、このひとたび陥ってしまった長期戦を維持することは難しかった。しかしながら、すでに一九一四年十月末には軍需品の供給危機が顕在化したため、戦場の兵士も政治家も、長期戦にそなえた経済の再編の必要性を認識することになったのである。

戦時経済の計画で、ドイツが抱えた最大の問題のひとつは、連邦国家であることに起因する、その非中央集権的性格にあった。兵器から補給に至るまで、軍需生産はすべてプロイセン陸軍省の管轄下にあり、しかもプロイセン陸軍省は、ドイツの二五の軍管区に権力を行使する国内軍事行政と責任を分担していたからである。国家の要請に協力しつつ私的な企業活動をおこなったいわゆる戦時会社も、そのプロイセン陸軍省内に新設された戦時原料局によって管理された(同局を指揮したのは、後にヴァイマル共和国外務大臣になる有力な企業家ヴァルター・ラーテナウであった)。第三次最高軍司令部は一九一六年、細分化されていた経済計画の権限を新設された戦時庁にゆだねたが、この機関でさえ、すべての軍需生産を完全にコントロールすることはできなかった。つまりドイツの産業を軍需生産へ動員する取り組みは、せいぜい部分的に成功したにすぎなかったと言えるであろう。

ドイツでは、すべての生産のなかで軍需生産の占める割合が他の主要参戦国よりも高かった(一九一七年では四六%)。例えば「標準的な銃(standard gun)」で比べると、八万丁を生産したドイツがやはりトップであった。他方で一七年のドイツの国内総生産は、一三年のレベルの七六%まで落ちており(一九年には六八%)、このことはドイツ経済がどれほど労働力と資源を戦争に振り向けたのかを示している。とりわけ農業への打撃は大きく、一七年から一八年の生産量は戦前の六〇%の水準に落ち込んだ。原因は、農家に使える馬や機械が減少したこと、さらに農業労働力のみならず飼料や化学肥料も不足したことにあった。ドイツ経済はこれまで輸入に頼ってきた製品の不足を、自国での生産でまかなおうとした。イギリスによる海上封鎖のせいで、不足した食糧を輸入で埋め合わせることは困難になっていたからである。「代用」という言葉がさかんに使われ、いかに代わりの食物や原料で間に合わせるのかを説いた文献がはやった。東欧で広大な地域を占領したことも、この問題の解決にはならなかった。さらにこの状況は、政府による官僚主義的で非効率的な経済の統制によって一層悪化した。例えば一四年には食糧の供給確保のために最高価格が設定されたが、それは食糧の絶対的な不足に対処し得るものではなかった。最終的に国家による統制経済は行き詰まり、その結果、大戦期のドイツ人は消費レベルの大きな低下を経験することになったのである。

かのヴェルダンとソンムの戦いが起きた一九一六年、ドイツへの二正面戦争の圧力は、その解決策を見いだせぬまままさらに強まっていた。ファルケンハインは西部戦線で先手を打つために、ヴェルダンを守る堅固な堡塁群に集中的な攻撃を加える決断をした。フランス軍に大きな打撃を与えることで、イギリスとの同盟に亀裂が生じることを期待したのである。しかし二月から十月まで長引いた戦闘の結果、ドイツ軍にはフランス側に劣らぬほどの死傷者が出ただけでなく、敵軍に決定的な心理的打撃を与えることもできなかった。むしろフランス軍側ではこのヴェルダン戦が祖国防衛の戦いと見なされるようになったことで士気が高まり、最終的には緒戦で失った土地をすべて奪還することに成功した。他方、ソンムの戦いでは、ヴェルダンとは対照的にドイツ軍が防御にまわった。この戦いでは大戦中最大の人的・物的損害が生じたが、その原因は明らかに英仏側、とくに状況の決定的打開を狙ったイギリス軍の失策にあった。とはいえ連合国側が六〇万人超、ドイツ側も四〇万人もの犠牲を被り、その恐ろしい流血の結果、西部戦線におけるドイツの軍勢は二度と回復することはなかった。

その西部戦線での戦いにドイツ軍が追われていた一九一六年六月、東部ではロシア軍がアレクセイ・ブルシーロフ（Aleksei Brusilov）の指揮のもとカパラチア戦線で攻勢に出た。この攻撃でロシアは決定的な戦局の転換をもたらすことはできなかったが、一五年にドイツ・オーストリア同盟軍に奪われた領土の回復には成功した。他方、ドイツ・オーストリア側にとっては状況が厳しくなるなか、一六年秋に協商国側で参戦したばかりのルーマニアを即座に打倒できたことは唯一の好材料であった。とはいえドイツは、予備兵力の減少と深刻な弾薬の不足、さらに弱体化したオーストリア＝ハンガリー帝国で拡大する独立運動に直面し、大規模な作戦に取り組むことが困難になりつつあった。

当時ドイツ側が強いストレスにさらされていたことは、ソンムの戦いのあいだ中、攻勢をかける連合国側の破壊的な暴力を非難する主張が、兵士の手紙のなかでも、報道のなかでも絶え間なく繰り返されていたことのなかに現れている。その奇妙に防御的に聞こえる言説はやがて、ドイツ本国を守るための最良の方法は、敵の領土内における「前方での防御」、つまりラインよりもソンムで防衛することにあるという強い確信へとつながっていった。さらにそうした論理から、ドイツに恒久的な安全が達成されるまで、言い換えれば完全な勝利をつかむまで戦争を続行すべきだという考え方も生じることになったのである。

ソンムの戦いはドイツ人にとって、ほかにも注目すべき別の意味を持っていた。ドイツ軍は、連合国側の砲撃の結果膨大な損失を被ったことをきっかけに、「突撃部隊」という、前線を経験した将校に率いられた連隊直属の小集団を展開させる新しい戦術を生みだした。その戦闘をもとに作家のエルンスト・ユンガー（Ernst Jünger）が後年、戦時期の回想『鋼鉄の嵐（*Storm of Steel*）』のなかで、戦場における新しい英雄像を描いてみせたのである。それは、産業化された戦闘の恐怖や苦難にも心を乱されないストイックな戦士の姿であり、その極度に軍国主義的かつアンチ・ブルジョア的な兵士像は、ヴァイマル共和国期の国粋主義的文学にも入り込み、さらにナチスに賞賛された政治的・準軍事的組織の「戦士」イメージにもその痕跡を残すことになった。

ドイツ大洋艦隊は一九一六年五月三十一日、偵察を装いつつイギリスへ向け出撃した。しかしドイツの策略に気づいていた英国艦隊が追撃を開始し、ノルウェー沿岸とユトランド半島のあいだの海域で両軍による交戦となり、甚大な被害が生じた。大戦中唯一の大海戦となったこのユトランド沖の戦いで、イギリスは排水量約一一万トンにおよぶ艦船と七、七八四人を失い、ドイツ側もそれぞれ六万トン、三、〇九三人の損害を被った。ドイツ海軍は当初こうした戦果をあげたものの、艦船の数量でイギリスの後塵を拝し続けたため、その後はもっぱら港にひきこもることになり、結局大英帝国海軍にとってドイツの戦闘艦が脅威になることはなかった。ドイツ海軍に残された唯一の可能性が潜水艦作戦であった。

ドイツ陸軍がヴェルダン要塞を攻略できず、一九一六年の戦闘で多大な損失を被った結果、最高軍司令部ではファルケンハインが更迭され、ヒンデンブルクとルーデンドルフによる二頭指導体制が成立した。「影の絶対権力者」であったルーデンドルフのためには、第一兵站総監というポストも新たにつくられた。宰相ベートマン＝ホルヴェークの政府がこの二人を任命したのは、彼らの軍事指導に期待したというよりも、「タンネンベルクの勝利者」としての国民的人気が、戦争への支持をつなぎとめるのに役立つと信じたためであった。この第三次最高軍司令部は同年八月から一八年十月末まで続き、その間この両指導者が、大戦の帰趨を左右する軍事・外交の基本的な判断を下し、無制限潜水艦作戦や一八年の東部での「講和条約の押しつけ」、フィンランドからカフカースに至る東ヨーロッパの占領、そして一八年春の大攻勢などがおこなわれていったのであった。

第三次最高軍司令部は、帝国での国民の動員を強化し、総力戦の要求に経済を適合させるための一連の処置も講じた。その主要なものが、ドイツの軍需生産の包括的な再構築をめざしたヒンデンブルク計画であった。この計画は、武器・軍備の生産の拡大・強化や工場の新設、さらにヨーロッパの占領地域からの労働者の強制移送を含む労働者への統制強化といった無数の指針を含んでいたが、その多くは実効性に欠けていた。また、新たに決定された男性の兵役期間の拡大、女性による労働奉仕の義務化などの施策は、ドイツの強力な労働組合運動の抗議にあい、結局軍事行政の側も組織労働者や社会民主党の合意を取り付けざるを得なくなった。それでもなお、当時の軍部の権力強化の試みはマックス・ウェーバーによれば、軍部による独裁政治と言ってよい段階に達しており、その軍の優位の結果として、一九一七年には宰相ベートマン＝ホルヴェークが、一八年には外務大臣のリヒャルト・フォン・キュールマン（Richard von Kühlmann）が辞職を強いられることになったのである。

さらに、もうひとつの運命的決定が第三次最高軍司令部の成立直後に下された。ドイツの政治指導者と軍部が反ユダヤ主義勢力の要求に屈し、一九一六年十一月一日、プロイセン陸軍省がすべてのユダヤ人兵士の調査を始めたのである。それ以前から反ユダヤ主義諸団体は執拗に、ドイツのユダヤ人が兵役や国民の義務から逃げているという説の証明を試みていた。彼らは戦争の行く末を尻目に、ユダヤ人の「忌避者」を攻撃するキャンペーンを張るとともに、戦時経済の組織化においてもユダヤ人が決定権を握っていると主張し、それを理由にユダヤ人を非難する宣伝をおこなっていた。その後ユダヤ人調査が中止されると、ユダヤ人への攻撃や暴動さえ生じた。そうした出来事は多くのドイツ系ユダヤ人に、彼らが屈辱的に扱われ、差別されていることを痛感させることになった。結局ユダヤ人兵士の調査の正確な結果は公表されなかったが、そのことは反ユダヤ主義的な猜疑心をさらに煽ることになったのである。

現実にはユダヤ人も彼ら以外のドイツ国民と同じような比率で従軍し、戦死したということが、のちの戦時統計委員会の信頼に足る調査によって示された。具体的にはドイツのユダヤ人の約一二％が志願し、三人に一人が勲章を受け、全ユダヤ人兵士の四分の三が前線で戦った（最後の点はとくに反ユダヤ主義者が疑いをかけていた）。さらにユダヤ人兵士の死亡率は約一二％で、これも他の宗派の兵士のそれと一致していた。とはいえ、先述の大戦中のユダヤ人調査が中止されたのは一九一七年二月であったが、その時点ですでに、後々まで続く悪影響が現れていた。調査は、どの国民にも平等に配慮するという国家による約束を傷つけただけでなく、多くのユダヤ人が抱いていた、ドイツ国家の中立性やその社会の安全性への信頼を揺るがせることになった。そして過激な反ユダヤ主義団体には新たな弾みを与えることになった。さらに多くのドイツ人にとって、ユダヤ人はドイツの軍事的敗北の元凶ということになり、そこに「ユダヤ的」ボリシェヴィスムに対する非難も加わった。それゆえ、一六年のユダヤ人調査は、第二次世界大戦における、ドイツおよび全ヨーロッパのユダヤ人の虐殺に直接つながる、近代的反ユダヤ主義の分岐点であったと見なす歴史家もいる。

一九一七年、ドイツの戦争遂行を取り巻く状況が厳しさを増すなかで、それでもルーデンドルフとヒンデンブルクはなお、講和という妥協を模索するより、ヨーロッパにおけるドイツの永続的覇権をもたらすと考えられた勝利の講和を追求し、その実現のためにさらに戦争指導を徹底させていく道を選んだ。東ヨーロッパにドイツ人入植地を含む一大帝国を築くという構想も、第三次最高軍司令部を後ろ盾に結成された祖国党を始めとする広範な国粋主義運動から政治的な支持を得ていた。祖国党の統計上の会員は大戦最後の年で七五万人に及んだ。

第三次最高軍司令部の軍事的な目標は、今こそ二正面戦争を終わりにし、連合国側の物質的優位が取り戻せないほどのバランスになる前に、西部戦線で決定的な戦果を得ることであった。一九一七年二月にドイツ海軍指導部が「無制限潜水艦作戦」の再開を宣言した際、ルーデンドルフとヒンデンブルクはこの作戦によって速やかに戦争を終結させられると固く信じていた。しかもこの時期には、一五年の時点の一〇倍の潜水艦を投入することも可能になっていた。それゆえ海軍指導部も、英国水域に向かう商船の撃沈によりイギリスへの輸入を妨げられれば、アメリカの介入前にイギリスを降伏させることができると考えていた。しかし、大戦のターニング・ポイントと期待されていたこの戦略は、緒戦の成功ののち、イギリスが護送船団方式によって対抗してきたことで、結局失敗に終わった。その誤算の帰結は、ドイツにとって破滅的であった。その後はアメリカの参戦で、もはや軍事的成功はおぼつかなくなったからである。

同じ頃にドイツは、二正面戦争による挟撃を防ぐために再びロシアへの攻勢も計画していた。連合国側のなかではロシアこそがより弱体（ロシア二月革命以降はとくに）と考えられたからである。そしてそれゆえに、西部戦線の方ではより防御に重点をおき、その強化を図ることが必要になった。そこで第三次最高軍司令部は一九一七年二月九日から三月十五日にかけて、コンクリートと鋼鉄によって防備を強化されたジークフリート線まで軍を撤退させた。周到に準備されたこのアルベリッヒ作戦は、大戦中にドイツ軍が取った軍事作戦のなかで最も成功した事例のひとつであった。なぜなら、これによってドイツ側はソンムの戦場を含むアラスとサン＝カンタンのあいだの広大な、危険にさらされやすい突出した戦線を取り除くことができた上、連合国側も作戦の見直しを余儀なくされたからである。ただし、この作戦にともないドイツ軍は、放棄する地域を焦土作戦によって完全に破壊し、その住民をドイツ軍の後衛に強制移送した。ドイツのメディアがこの作戦の緻密さ・徹底性を賞賛し、軍事的必要性という根拠から正当化した一方で、連合国側のプロパガンダでは、ドイツの野蛮な戦争指導のさらなる事例と見なされた。

西部戦線のドイツ軍が、兵力では二対三の不利にあったにもかかわらず、連合国の攻撃に抵抗し続けることができたのは、「深く、柔軟な防御」の原則を実践したためであった。このことは第三次フランドル戦争（ドイツでは第三次イープル戦争、もしくはパッシェンデールの戦いと呼ばれる）においても証明された。この戦いでは、一九一七年七月から十二月にかけて、シックスト・フォン・アルミン（Sixt von Armin）将軍指揮下の第四軍が機関銃を備えたトーチカと大砲によってイギリスの第二軍と第五軍による大規模攻撃の撃退に成功した。兵員の損失はドイツ側が二一万七〇〇〇人であったのに対して、イギリスおよび連合国側では三二万人以上にのぼった。まさに、防御側の優位が示されたのであった。

開戦から三年が経過すると、すべての参戦諸国、とりわけドイツで、戦争による極度の疲労と消耗が広がった。新しい軍事技術が発展したにもかかわらず、両陣営とも決定的な突破には成功しなかった。こうした状況が軍隊の士気におよぼす影響は無視し得ないものであり、ルーデンドルフは一九一六年末、特別な訓練を受けた将校による愛国的教育を軍隊に導入し、ふたたび敢闘精神を呼び覚まそうとしたがうまくいかなかった。むしろ明らかになったのは、開戦当初に見られたドイツ人らしい熱狂の再現は不可能だということであった。犠牲者が膨大な数にのぼり窮乏が広がるなかで、戦争の初期に喧伝された国粋主義者のレトリックに見られたようなひとりひとりの勇気、祖国のための無私の努力といった理想は陳腐なものとなった。そうしたプロパガンダの代わりに、いまや戦時下の極限状況で苦難に耐え抜く力こそが重要となったのである。数多くの兵士と故郷にいる彼らの家族は、もはや「積極的」な戦争目的や、戦場での死を正当化するキリスト教的な言葉にも耳を傾けたいとは思わなくなった。むしろ兵士の死は徐々に、個人的な喪失と見られるようになっていったのである。

「戦争家族」と呼ばれた兵士たちの家族、とりわけ夫や父親が前線にいた女性と子供たちにとって、この戦争は大きな難局を意味した。従軍手当やその他の、戦争の経済的影響を緩和する社会的施策があったとはいえ、一般に家族の収入は減少し、それはとくに戦争未亡人の場合そうであった。さらに戦争の最後の年になると窃盗犯が明らかに増加した。その原因はとくに両親による後見を離れた少年たちであり、彼らは食糧や衣類、その他の生きるために不可欠な物を盗まざるを得なくなっていた。大戦を通じて、治安の悪化や官憲への抵抗、その他の市民的不服従が増加し、それらは最終的には暴動や革命的行動へと発展していった。

第一次世界大戦期のドイツ社会が機能する上で、女性は決定的な貢献を果たした。むろん開戦当初は、従来からあった性別による労働の分担がよく機能していた。家政や看護、ケアの専門職、農作業など、数多くの女性が担っていた伝統的な役割は、彼女たちの愛国的義務として、また男性の役割を補完しても競合はしない、戦争への女性的貢献の一部と見なされていた。男の仕事に従事することで性別の枠組みをはずれた女性も、当初はあくまで、徴兵された男性の補充要員以上のものではないと考えられていた。そのことはとくに、開戦直後の失業を経て軍需工場で働くようになった女性にあてはまることであった。彼女たちは戦争前の時代と同様、男の同僚よりも低い賃金で働いていた。この大戦に女性解放の効果があったはずだという推測は、かなりの程度過大評価されたものである。ドイツでも他のヨーロッパ諸国と同じく、実際に起きたことはせいぜい「貸し与えられていた解放」〔ウーテ・ダニエル（Ute Daniel）〕と言えるものにすぎなかった。たしかに、女性たちは敗戦と革命の結果、選挙権を獲得し、それは多くの他のヨーロッパ諸国と比較しても真の成果と言える。しかし、工場や作業所での社会的現実はむしろ幻滅に値するものであり、しかも戦争終結とともに数多くの女性が、彼女たちが一時的に担っていた「男の」仕事から追い出されたのである。

大戦後半、食糧不足がイギリスによる海上封鎖と戦争の長期化によって悪化の一途をたどり、それは女性たちにとりわけ重荷となった。食糧配給制の導入後、有名な一九一六／一七年の「かぶらの冬」に消費者の経済的困窮は頂点に達した。当時食糧消費は通常の約五〇％にまで落ち込み、大戦最後の二年間には病気と食糧不足による餓死がありふれた日常となった。そうした被害を最も被ったのは老人と年少者であり、戦時における栄養不良が原因の死亡数は総計でおよそ三〇万人におよんだ。

飢餓への抗議、さらにはゼネストが、一九一七年四月、続いて一八年一月にベルリン、ライプツィヒ、ハンブルクを始め数多くの都市でおこなわれた。一八年一月終わりには五〇万人を超える労働者がストライキに参加し、とりわけベルリンの軍需産業に大きな影響をおよぼした。デモはその激しさを増すに従い、政治的傾向を強めていった。それに対して政府は、戒厳状態を強化し、ストライキ指導者を逮捕した上、ベルリンの軍需労働者五万人を軍に召集し前線に送った。そうした弾圧によってストは打ち切られることになったが、それでも上述のような飢餓と全般的絶望、支配者と被支配者のあいだの社会的・政治的格差への抗議の広がりのなかから、革命の萌芽が成長していった。そしてその革命が、大戦の最終段階を規定し、平和への移行を決定づけることになる。

しかしドイツ政府はそうした状況下で、次々に宰相を交代し、あくまで勝利の講和の路線を一九一八年の晩夏まで続行していく方針を取った。それに対して帝国議会では政府とは異なる路線、つまり戦闘行為の終結と国内改革を求める議員の数が増えていった。そうした議員の声が公然と発せられたのは、最左翼からであった。振り返ると、大戦最初の年の一四年十二月には、社会民主党のなかでも「城内平和」に反対する票を投じた議員はカール・リープクネヒト(Karl Liebknecht)ただひとりであったが、その一年後には二〇人もの議員が新たな戦時公債の承認を拒否するようになっていた。そして一七年四月には、社会民主党内の反対派が独立社会民主党（USPD）という新党を結成し、戦争の即時終結を要求するに至ったのである。

他方帝国議会の主流派も、終わりが見えない戦争継続に反対していたが、より穏健なアプローチを取り、和解による戦争終結を求める有名な講和決議を採択するとともに国制の抜本的な改革を求めた。主流派を形成した社会民主党、カトリックの中央党、進歩人民党、国民自由党は帝国議会内に相互協議のための院内連絡委員会を設立した。これらの諸政党は、敗色が濃厚になる前までは第三次最高軍司令部に対して無力であったものの、大戦末期のこうした動きを経て、大戦後のヴァイマル共和国で現れる議会制民主主義の基礎を用意したのであり、共和国時代にはともに「大連合政府」を形成することになる。しかしながら、これらの政党が院内連絡委員会を通じて実現していた最低限の合意は、脆弱なものであった。そのことは、一九一八年三月のブレスト＝リトフスク条約に対する帝国議会での批准をめぐって明らかになった。同条約では、ドイツ軍部がボリシェヴィキのロシアに対してきわめて過酷な講和条件を押しつけていた。それ対して独立社会民主党が条約の批准を拒否したものの、社会民主党は棄権し、他のすべての政党は批准を支持したのであった。ドイツ帝国議会はブレスト＝リトフスク条約を認めたことによって、軍部に、東ヨーロッパでの政治的・経済的な拡大政策を推進する自由を再び与えたのであり、それは長期的に見て致命的な帰結をもたらすことになったのである。

大戦最後の年が始まったとき、ドイツにもまだ希望はあるように見えた。というのは、アレクサンドル・ケレンスキー（Alexander Kerensky）による攻勢の失敗によってロシア軍の戦闘意欲が最後は失望に変わり、一九一七年十二月、ボリシェヴィキは休戦を求めていたからである。ドイツ軍はボリシェヴィキ政府に正式の講和条約への調印を強いるべく、ウクライナとベラルーシの大部分を占領し、そこに親独政府を樹立させた。一八年三月に調印されたブレスト＝リトフスク条約は、ロシア領ポーランドとバルト地域をドイツの支配下におき、ウクライナとフィンランドを事実上ドイツ軍の統制下においた。ロシアはツァーリの帝国時代の、民族的に非ロシアの周縁地域、人口の四分の一を失うことになった。この「勝利の講和」は、ドイツの国粋主義者のサークルのなかに再び楽観論が広がるきっかけとなり、戦争によって最大の成果を得られるに違いないという確信を復活させることになった。

しかし、西部戦線での見通しは、それほど見込みのあるものではなかった。ルーデンドルフは、アメリカから来る兵士と物資が次々と到着するのを目のあたりにして、大きな懸念を抱いていた。そして彼は、アメリカ軍が大戦の決着をつける態勢を整える前に、西部戦線での決戦にすべてを賭ける決心をした。一九一八年三月に開始されたドイツ軍による春の攻勢は英仏両軍の分断を狙い、それによってそれぞれの軍を早期の降伏に追い込むことを企図していた。そのための新しい戦術として、突撃部隊の活用による前線の突破とそれによる敵の後衛での混乱の誘発、歩兵と砲兵隊の綿密な連携なども計画されていた。

この春の攻勢は当初は成功をおさめ、ドイツ軍は三月二十一日から四月五日のあいだに六〇㎞も前進することができた。しかし同時にドイツ側も約二三万人という膨大な損失を被ったため、最後は攻撃を停止せざるを得なかった。そして相変わらず「戦略より戦術」を優先していたルーデンドルフは、もはや前線に沿ったさまざまな拠点から、敵に対する無謀な攻撃を試みることしかできなくなっていた。いずれにせよ、英仏軍をそれぞれ孤立させるという当初の目的は達成できなかった。六月に入ると連合国側の反攻が始まり、七月十八日にはソアソンでフランス軍部隊が、四〇〇台の戦車をともなう周到に準備された攻勢をかけ、最終的にはドイツ軍の士気を崩壊させることに成功した。さらに八月八日にはアミアンで、イギリス軍がやはり戦車をともなった攻撃をしかけ、これが西部戦線での戦争の最後の転換点となった。このとき連合国側はわずか一〇㎞前進したにすぎなかったものの、現実の成果はその数字以上のものであった。なぜなら初めてドイツ兵たちが大量に降伏してきたからである。それゆえこの八月八日という日付は、ルーデンドルフにとって「陸軍の暗黒の日」となった。そしてこの頃にはすでに、大量のアメリカ兵が西部戦線に配置され、他の連合国の戦況にかかわらず軍事行動をおこなう準備を整えていた。こうしたなか、ドイツ軍は絶え間ない圧力にさらされつつ退却するほかなかった。ドイツ兵たちは、失望の数年間を過ごしたあとで、ようやくこの春の大攻勢によって初めは感激したものの、今やふたたび深く幻滅し、意気消沈することになった。いくつかの区域では兵士たちが、もはや無意味と思われた戦争から逃亡する機会をうかがうようになった。実際、大戦の最後の数カ月に、許可なく部隊を離れたドイツ人兵士の数はほぼ一〇〇万人にのぼった。そうした兵士の数を調査してきた歴史家のなかには、それを「軍の隠れたストライキ」と呼ぶ者さえいる。

こうした展開は九月の末頃、ルーデンドルフにパニックを引き起こした。彼は西部戦線の全面的崩壊を怖れ、即時休戦を求めたのである。彼のそうした行動は連合国にとってもまったくの驚きであった。ドイツ陸軍にはなお軍事行動が可能であり、各師団はなお敵の領土内深くにいたからである。しかも連合国側は一九一八／一九年の冬に、ドイツ領内に進攻するための新たな攻勢を計画していた。しかし、より大きな衝撃を受けたのはドイツ国民であった。彼らは今の今まで前線からの美化された報告を伝えられ、最後まで望みを捨てぬよう説かれていたからである。他方でルーデンドルフは、他人を非難することで、早くも自分自身の軍事的失敗の弁明を始めていた。彼の主張はドイツ陸軍、とくにその軍事指導に失敗はなかったというものであり、敗北したのは「マルキシズムに毒された」銃後が陸軍を背後から切りつけ、裏切ったためであるというものであった。この「背後からの一撃」神話が形成されるにあたっては、有力者であるルーデンドルフとヒンデンブルクを始め多くの人物が関与していた。なかでもヒンデンブルクは、ドイツの敗戦原因を調査するために一九年に帝国議会に設置された委員会で、この神話的解釈を主張し、その形成に重要な役割を演じた。

新しい政府は自由主義政治家のバーデン大公国皇太子マクス（Prince Max of Baden）のもとで樹立された。ドイツ帝国最後の宰相となるマクスは十月四日、アメリカ大統領ウッドロー・ウィルソン（Woodrow Wilson）に休戦を依頼し、講和交渉の開始を申し出た。ウィルソンの回答は、ドイツの伝統的支配エリートからの権力剝奪と、暗に皇帝の退位を要求したものであり、保守的な政治家や軍の将校らに戦慄を覚えさせるものであった。この頃ルーデンドルフが再度変心して戦争の継続を主張したものの、もはや時機を逸していた。すでに講和への願望は、大多数の国民のなかであまりにも大きなものになっていた。そしてついに、軍港に停泊中の艦隊の水兵と労働者のなかから革命運動が勃発した。バーデン大公国皇太子マクスは十月二十六日にルーデンドルフを辞職させ、さらに十一月九日には皇帝の退位を布告すると、同時に、自らの宰相の地位を社会民主党政治家のフリードリヒ・エーベルト（Friedrich Ebert）に譲り渡した。

十一月十一日午前十一時に発効した休戦協定は、ドイツにとって戦争再開が不可能となるように規定されていた。その前日、ヴィルヘルムⅡ世はオランダへ亡命し、その後十一月二十八日になってようやく、署名入りの声明のなかで、プロイセン王国の王位（およびそれと結びついたドイツ帝国の皇帝位）を不本意ながら放棄することを宣言した。しかし「帝国」は、その時点ですでに瓦解していたのである。

参考文献

Alan Kramer, *Dynamic of Destruction. Culture and Mass Killing in the First World War* (Oxford: Oxford University Press, 2007).

Annika Mombauer, *Helmuth von Moltke and the Origins of the First World War* (Cambridge: Cambridge University Press, 2001).

Belinda Davis, *Home Fires Burning. Food, Politics, and Everyday Life in World War I Berlin* (Chapel Hill: North Carolina University Press, 2001).

Benjamin Ziemann, *War Experiences in Rural Germany 1914-1923* (Oxford and New York: Berg, 2006).

Bernd Ulrich, *Die Augenzeugen. Deutsche Feldpostbriefe in Kriegs- und Nachkriegszeit, 1914-1933* (Essen: Klartext, 1997).

Carl Schorske, *German Social Democracy, 1905-1917: The Development of the Great Schism, 1905-1917* (Cambridge, Mass: Harvard University Press, 1955).

Christian Geinitz, *Kriegsfurcht und Kampfbereitschaft. Das Augusterlebnis in Freiburg. EineStudiezumKriegsbeginn, 1914* (Essen: Klartext, 1998).

Christopher Clark, *The Sleepwalkers. How Europe went to War in 1914* (London: Allen Lane, 2012).

David Stevenson, *With our backs to the wall. Victory and Defeat in 1918* (London: Penguin, 2011)

Fritz Fischer, *Griffnach der Weltmacht* (Düsseldorf: Droste, 1961).

Gerald Feldman, *Army, Industry and Labor in Gemany 1914-1918* (1966; new ed., Providence and Oxford: Berg, 1992).

Gerald Feldman, *The Great Disorder: Politics, Economics and Society in the German Inflation, 1914-1924* (New York & Oxford: Oxford University Press, 1993).

Gerd Krumeich, *Juli 1914. EineBilanz* (Paderborn: Schöningh, 2013).

Gerhard Hirschfeld, Gerd Krumeich, *Deutschland im Ersten-Weltkrieg* (Frankfurt a. M.: S. Fischer, 2013).

Gerhard Hirschfeld, Gerd Krumeich, Dieter Langewiesche, H. P. Ullmann eds., *Kriegserfahrungen. StudienzurSozial und Mentalitätsgeschichte des ErstenWeltkriegs* (Essen: Klartext, 1997).

Gerhard Hirschfeld, Gerd Krumeich, Irina Renz, eds., *Die Deutschenan der Somme 19140-1914. Krieg, Besatzung, VerbrannteErde* (Essen: Klartext, 2006).

Gerhard Hirschfeld, Gerd Krumeich, Irina Renz eds., *Enzyklopädie Erster Weltkrieg* (New and revised edition, Paderborn, *et al.*: UTB, 2014).

Gerhard Hirschfeld, Gerd Krumeich, Irina Renz eds., *Keinerfühltsichhiermehrals Mensch... Erlebnis und Wirkung des Ersten-Weltkriegs* (Essen: Klartext, 1993).

Holger Afflerbach, *Falkenhayn. PolitischesDenken und Handelnim-Kaiserreich* (Munich: Oldenbourg, 1994).

Holger Herwig, *The First World War. Germany and Austria-Hungary 1914-1918* (London: Arnold, 1997).

Jeffrey Verhey, *The Spirit of 1914. Militarism, Myth and Mobiliza-*

tion in Germany (Cambridge: Cambridge University Press, 2000).
Jörn Leonhard, *Die Büchse der Pandora. Geschichte des Ersten-Weltkriegs* (Munich: Beck, 2014).
Manfred Nebelin, *Ludendorff. Diktatorim Ersten Weltkrieg* (Munich: Siedler, 2011).
Martin Kitchen, *The Silent Dictatorship. The Politics of the German High Command under Hindenburg and Ludendorff* (London: Croom Helm, 1976).
Olaf Jessen, *Verdun 1916. Urschlacht des Jahrhunderts* (Munich: Beck, 2014).
Oliver Janz, *Der Grosse Krieg* (Frankfurt a. M. / New York: Campus, 2013).
Roger Chickering, *Imperial Germany and the Great War, 1914-1918* (Cambridge: Cambridge University Press, 1998).
Roger Chickering, *The Great War and Urban Life in Germany. Freiburg, 1914-1918* (Cambridge: Cambridge University Press, 2007).
Ute Daniel, *The War from Within. German Working Class Women in the First World War* (Oxford and Washington D.C.: Berg, 1996).
Wilhelm Deist, *Militär und Innenpolitik im Weltkrieg 1914-1918*, 2 Vols. (Düsseldorf: Droste, 1970).
Wolfgang Kruse, *Krieg und nationale Integration. EineNeuinterpretation des sozialdemokratischen Burgfriedensschlusses 1914-15* (Essen: Klartext, 1993).

著者註

この論考は、*A Companion to World War I*, ed. by. John Horne (Oxford, *et al.*: Wiley-Blackwell, 2010) に所収された筆者の執筆による章 “Germany” を短縮、改訂したものである。当論稿のための使用を許可してくださった編集者、出版社に感謝する。

イギリスと第一次世界大戦

フィリップ・トウル
河合利修 訳

二〇一四年、イギリスのテレビとラジオでは、第一次世界大戦百周年を記念して、多くの番組が放送された。また、これに関する多数の書籍が出版され、映画も放映された。ここ一五〇年の間で、これほど人々の心を捉え、同時に、歴史的な議論を起こした出来事は他になかった。筆者は、本稿において、第一次世界大戦について広く受け入れられている主張のいくつかに疑問を投げかけ、なぜ現在まで意見の相違を生じさせているのかを説明したい。

筆者が一掃したい幻想は以下のとおりである。すなわち、イギリスやそれ以外の国々では、戦争が始まったとき、戦争は人気があった。誰も戦争が長引くとは思っていなかった。誰も塹壕戦を予想していなかった。イギリスの将校は特に無能で、彼らのせいで多くの大量殺戮が発生した。戦争は比類のないほど人命を損なった。そして、ドイツに課された講和条件は特に過酷であった、という幻想である。(1)

多くの論者は、戦争は当初、人気があったと主張してきた。そうだったかもしれないが、この考えは、ヨーロッパの指導的なインテリが書いた文章に多少はよっている。そのようなインテリたちは一部の特定な立場の人々で、一九一四年における彼らの行動を研究したアメリカ人の歴史家ローランド・ストロンバーグ(Roland N. Stromberg)は、この考え方はそのインテリ集団に特有なものであったと論じている。彼らの興奮、愛国心、そして一四年における戦争への熱気は、倦怠、ロマン主義、そしてブルジョワ社会への嫌悪によってあおられた。(2) ロンドンと他のヨーロッパの首都において行われた戦争支持のデモは、間違った印象を与えてきたかもしれない。今日、デモが社会全体の考えを代弁しているわけではないことは、我々が認めるところである。当時でさえ、のちにイギリス首相になったデヴィッド・ロイド・ジョージ（David Lloyd George）を含むデモの目撃者は、デモの参加者がほとんど若い男性であることを記していた。[3] これは現在、我々がデモと世論について持っている知識と同じである。現代の世論調査からは、年齢が高くなればなるほど、外国への介入、戦争そして過激な変化を望まなくなる、ということがわかっている。[4] 多くの議員によると、戦争が始まる前、有権者は戦争に巻き込まれたくなく、カトリオーナ・ペネル（Catriona Pennell）の最近の研究によると、当時のイギリスの世論は多様で、変化していた。[5] 宣戦布告のあと、大衆は集まり、何十万人もの若いイギリス人が志願したのは確かであった。しかし、これとてもおなじみの現象であり、少なくとも政府が軍隊を戦争に派遣する決断をした最初の時点では、大衆は政府の周りに集まる傾向にあるのである。

戦争は短期間で終わると考えていた人が多かったが、[6] 一九一四年より前に発生したアメリカ南北戦争や日露戦争を研究した軍事専門家や想像力ある作家の中には、そのような考え方をしない者もいた。有名なのは、ポーランド人の銀行家であり、作家でもあったイヴァン・ブロッホ（Ivan S. Bloch）であった。彼は、ヨーロッパで将来起こる戦争は塹壕戦となるであろうと主張したのである。速射の火砲、無煙の発射火薬、有刺鉄線と機関銃は守勢に有利であり、兵士を塹壕に閉じ込めるであろう、というのが彼の基本的な主張であった。軍隊は越えることがほとんどできない射撃地域によって分断され、長期化した戦争は、戦場での勝利よりも経済的破局と革命によって終わるであろう。[7] 数年後に、最も著名なイギリスのSF作家であるH・G・ウェルズ（H. G. Wells）は、『陸の甲鉄艦（*The Land Ironclads*）』という題名の短編を書いたが、ブロッホらが予想したように、ウェルズは膠着状態を破るような「戦車」のようなものが開発されることを予見した。[8]

広く流布している見解とは違い、このような戦いは、イギリス陸軍の多くの軍人、特にイギリス陸軍工兵隊と砲兵隊も予見していた。陸軍の雑誌には、塹壕をいかに奪取し、破壊すべきかについての論文が、一九一四年以前に多く掲載され、また、そのための新しい方法を提唱した論文に対してしばしば賞が授与された。[9] 陸軍工兵で、のちに陸軍大臣になったキッチナー卿（Sir H. H. Kitchener）は閣僚に対して、戦争は数年続き、イギリスは何百万もの兵士を必要とすると発言したが、これは驚くべきことではなかった。[10] 多くの陸軍工兵は、塹壕を奪取するためには、すべての武器をあわせて使用し、そして坑道を掘るなど歴史的に使用された長期にわたる攻囲戦の方法によるべきだ、と確信した。そのうちの一人によると、「現代の条件において、すべての重要な行動は、小規模な攻囲の形態をとるようであるため、勝利を得るためには、工兵が砲火のもとで歩兵と協力して行動しなくてはならない」。戦場における通信を改良することも必要である。「重要なことは、失った機動性をいかに軍が回復するかであるが（中略）、そのためには優れた通信が必要である。決定的な運命、すなわち文明の進歩が戦闘の命令を工兵の手にゆだねるようにますますなったのである。[11]」

多くの陸軍砲兵隊将校は、塹壕は、よく使用されていた榴散弾よりも、重砲や高性能爆薬を発射する榴弾砲によって破壊されるべきだと信じていた。[12]しかしながら、戦争が勃発する前にイギリス陸軍が従事した戦闘は植民地における戦いが主だったため、重砲はあまり使用されていなかった。また、塹壕戦で適切な銃と弾薬が十分製造されるまでには数年かかる。さらに、フランスの戦場で重砲が使用されると、砲撃が地面をはねあげ、それがはなはだしかったため、泥が進撃を妨げてしまった。塹壕への攻撃でそれ以外の方法はなかったのである。特に一九一五年四月の第二次イープルの戦いで、ドイツ軍が突然、化学兵器を使用したのち、化学兵器は、広く使用された。もっとも、第二次イープルの戦いでは、ドイツ軍が望んでいた進展はなかった。[13]ドイツ軍は最初は「ツェッペリン号」で、そして爆撃機で、ロンドンを戦略的に空襲した。イギリスは海軍により守られているという考えに慣れていたイギリス人にとって、空襲はショックであったが、空襲は決定的な戦闘方法とはならなかった。[14]イギリスが開発した戦車も、意図したほどの成果をあげることはできなかった。戦車の信頼性は低く、火砲に対しては脆弱で、でこぼこで泥沼となった地面は前進を阻んだ。[15]

膠着状態は、戦争勃発前にイギリスで「近代の発明が陸軍を素通りしてしまった」ためである、と主張してきた者がいるが、そうではなく、膠着状態はむしろ当時の軍事情勢に特有であり、また、上記のとおり、陸軍工兵隊と砲兵隊が望んだ兵器が与えられなかったためである。[16]いずれにしても、電子工学は機械工学よりはるかに遅れていた。よって、たとえば、丘か遮蔽物に隠れて銃を発射できるような、なだらかに起伏する田園地帯で、敵の火砲をみつけ、そして攻撃するのは、極めて難しかった。イギリスの砲兵隊員は、砲の閃光が雲に反射することから、敵の武器をみつける方法をとうとう発見したが、それにもまた時間を要した[17]。両者とも、偵察のために飛行機を使用することによって対応し、その結果、空中戦が戦争の大きな特徴となった。

機械工学という一九世紀の偉業は、何百万という兵士を動員し、戦場で食料を供給することを可能にした。イギリス軍がフランス軍と戦った主な戦場となったイベリア半島において、ウェリントン公爵(Duke of Wellington)には一八一三年以前、八万人の兵士しかいなかった。第一次世界大戦のイギリス軍の司令官であったダグラス・ヘイグ(Douglas Haig)は最終的に数百万の兵士を手にした[18]。これはイギリス陸軍にとって二つの問題を生じさせた。すなわち、第一に、戦争を遂行しながら、ヨーロッパ大陸諸国の同規模の陸軍と同じように戦うことができるように何百万人もの兵士を訓練しなくてはならなかった。第二に、戦闘が始まったら、機械工学はそのような人数の兵士を統率する助けとはならないことを、他の国の陸軍と同じように、イギリス陸軍も認めなければならなかった。前進する部隊の陰で電信線はほぐれ、通信はすぐに切れた。司令官と尉官の間の通信はすぐに切れた。前進する部隊の陰で電信線はほぐれ、進攻に関する報告を携えた伝書鳩は、目的を達成するのに十分ではなかった。そして、戦場を移動するのに、ラジオはあまりに重く、扱いにくかった。そのため、尉官の中にはこの状況を喜ぶ者もいた。というのは、それにより、上官は介入できなかったのである。ある尉官は、「ショー(すなわち攻撃)がひとたび始まったら、後方にいる上官からの指示を私は個人的に受けない。受けるのは致命的であり、それが致命的なことは何百回にもわたり証明されてきた。現場の人間に決定する権限が与えられなければならない」と述べた[19]。このような状況における司令官の無力さにより、ナポレオン戦争や第二次世界大戦の司令官と比較して、第一次世界大戦のイギリス陸軍の司令官は無能であったという評判を得てしまった[20]。

もう一度指摘するが、陸軍工兵隊はこの問題をすでに予見しており、一九〇八～〇九年には通信隊の大規模な拡張を計画していたのである。不幸にも、工兵隊の提案の多くは拒否されたり、あるいは一部しか認められなかった。彼らの申請が手前勝手な議論として確かに却下されたと、工兵は不満を口にした[21]。戦争が始まると、陸軍はそれに対する代償を支払った。もっともそれは、損害を被ったからというよりは、多くの尉官や兵士が死んでいる間、参謀たちは前線の後ろにある城の中で、豪華な生活をだらだらと送っているというイメージが広がったためであった。重要なのは、彼らは、攻撃が始まったら、結果を待つ以外に何もできないということだった。さらに、軍事史家のブライアン・ボンド（Braian Bond）が指摘するように、第一次世界大戦の四年間でのイギリスの将官の戦死者数は、第二次世界大戦の六年間の四倍にのぼった[22]。将官が前線から遠い安全地帯で隠れていたわけではないのは、明らかである。

大戦略のレベルにおいて、ドイツとオーストリア・ハンガリーにとっては、内線があることが利点となり、一九一四年にはベルギーとフランスの一部を速やかに占領することができた。これらの地域の占領によって、連合国は、失われた領土を取り戻すためにつねに圧力を受けることとなった。内線によりまた、同盟国は軍隊を最も有効な場所に集中でき、この政策はロシアを一七年までに戦争から離脱させた。イギリスは海、あるいは少なくとも海上については支配権を維持していたため、上陸作戦により他の戦線で塹壕に迂回して向かう道を探す者が、イギリス政府内にはつねに存在した。そのように間接的に接近する方法は、一九世紀の初めのフランスとの戦争においてすでに試みられていた。それから、イギリスはカリブ海にあるフランスの豊かな植民地を占領することにより、フランスの経済に打撃を与えようとしたが、フランスの勢力を挫く有効な方法を見つけたのは、ウェリントン公爵がイベリア半島で作戦を開始してからであった[23]。

第一次世界大戦において、イギリス陸軍のほとんどの司令官は、西部戦線に兵力を集中することが、ただ一つの有効な戦略であると信じていた。一九一五年のダーダネルス海峡における上陸作戦が失敗すると、彼らはこれを主にウィンストン・チャーチル（Winston Chuechill）海軍大臣のせいにし、彼らは西部戦線での兵力集中を一層固く信じるようになった[24]。ダーダネルスでの敗北は、軍隊への弾薬の供給が不足したこととも相まって、イギリスの政治に激震をもたらし、海軍軍令部長フィッシャー（John A. Fisher）提督は辞任し、自由党のアスキス（Herbert H. Asquith）首相のもと、保守党との連立政権が成立した[25]。戦略をめぐる軍指導層と政府の対立は、戦争が終わるまで続いた。一六年十二月にアスキスの後に首相となったロイド・ジョージは、ドイツの前線を攻撃して人命を無駄にしたのはダグラス・ヘイグとその他の陸軍司令官であったと信じていた。他方、将官たちは、他の戦線を強化するために、兵力が無駄に使われてしまったと信じていた[26]。しかし、根本的な問題は、戦争が始まる前にすでに形成されていた。つまり、当時の軍事技術では、守勢の方が攻勢よりも強く、ブロッホがはるか以前に予想していたように、戦争が終わる原因の一部は、ワーテルローの戦いのような一回の決定的な陸戦よりも、消耗であった。しかし、このような状況は、当然のごとく、政治家と軍の司令官との間に欲求不満と摩擦をもたらした。(27)

新兵器が陸戦において塹壕戦をもたらしたように、海戦においても非常に慎重な戦術をもたらした。機雷は一九〇四~〇五年の日露戦争において有効性が実証された。〇四年四月に、日本の帝国海軍は旅順港の外に機雷を設置し、旅順を基地としていたロシア太平洋艦隊の旗艦を破壊、カリスマ的なマカロフ(Stepan O. Makarov)提督は戦死した。これにより、ロシア艦隊の士気はくじかれ、港に閉じ込められた。他方、日本の戦艦二隻も旅順港の外で機雷により破壊された。したがって、第一次世界大戦が始まったとき、両陣営は海上の戦力を、機雷とそれまでに有効性が増していた潜水艦の危険にさらさないよう、慎重になっていた。ドイツ大洋艦隊は戦争のほとんどの時期、港に停泊していたし、イギリスの大艦隊はスコットランド北部のスカパフローを根拠地にしていた。イギリスが一六年五月にドイツ大洋艦隊が北海に入ることを無電の傍受で知ったとき、もう一つの発明、すなわち無電が重要な役割を果たした。これは引き続き、二つの主要艦隊によるユトランド海戦につながったが、この海戦は大規模でありながら、勝ち負けのはっきりしない戦いとなった。イギリスは、ドイツよりも多くの戦艦を失ったが、さらに大きな艦隊を保持する一方、ドイツ大洋艦隊は、港に退却した。ドイツは、イギリスを兵糧攻めにより降伏させるために、ますます潜水艦戦に頼るようになった。

戦争の両当事者は、実際、ブロッホが一〇年以上前に予想していたように、敵の経済的・社会的崩壊をもたらすために、近代産業国家が食料と天然資源を輸入に頼っていることを最大限利用しようとした。(28) 戦争の最初から、イギリスは、敵に対して行った海上封鎖が、敵を屈服させ、講和を望ませるようにすると期待していた。他方、イギリスはこれがアメリカに与える影響については慎重にならなければならなかった。なぜなら、アメリカは貿易への妨害に強く抗議したからである。イギリスがアメリカのドイツへの銅輸出を妨げると、輸出業者はヨーロッパの中立国経由で銅をドイツに送った。イギリスは代わりに、銅が敵ではなくて中立国自身に輸出されることが確かになるまで、中立国の船舶を停泊させた。また、イギリスは連合国の戦争遂行のために、アメリカの銅をできるだけ購入することもした。(29) 中立国への影響は劇的であった。一九一一年から一三年まで、オランダは年一〇万七千トンの銅とその合金を輸入し、その九〇パーセントをドイツに再輸出した。一七年までに輸入は四、〇〇〇トン強、一八年には二七三トンにまで落ち込んだ。また、オランダの食糧輸入と再輸出にも同じような減少が見られた。戦前は、毎年、四〇〇万トンの穀物を輸入し、三〇〇万トンをドイツとその同盟国に再輸出していた。しかし、オランダの穀物輸入は一五年までに一〇〇万トン以下、一七年には三八万五千トン以下になった[30]。イギリスにとっては幸運にも、しかしながらヨーロッパの中立国にとってはそうでもなかったが、連合国のためにすべての種類の天然資源と弾丸をアメリカに注文したことは、通常の貿易を阻害されたことへのアメリカのいら立ちを相殺するのに役立った。イギリスが持ちこたえたのは、驚くべきことではなかった。封鎖は、遅く残酷ではあるが、有効な戦闘方法である。ドイツの統計によると、戦前、ドイツは五五三万七九四一トンの穀物を毎年輸入したが、一七年までに輸入は一万八千トンにまで減少した[31]。ドイツ人とオーストリア人は恐ろしいほどの食糧不足を被ったのである。ある統計によると、戦争中、五〇万人ものドイツとオーストリアの民間人が食糧不足で死亡した[32]。

ドイツによる逆封鎖もほとんど成功に近かったが、これは主に新しく、そして議論の的になった潜水艦戦という戦闘方法によった。海洋の慣習によると、敵の商船が捕獲され、そして沈められる前に、その船の乗組員は救出されなくてはならない。しかし、潜水艦の大きさからして、捕えられた乗組員を潜水艦内にとどめさせるということは、明らかに無理であった。さらに、海上に浮上した潜水艦に体当たりする船舶が出てきたため、警告なしに船舶を沈めるという慣行が広まった。これは非常に有効であり、一九一六年までに潜水艦は毎月、何十万トンもの連合国側の船舶を撃沈したのである[33]。これに対抗するために、軍艦が商船を護衛するようになった。しかし、イギリスの海軍省は護送船団を導入するのに消極的であった。その理由としては、商船の速さがまちまちであり、港が混雑することが予想され、そして個々の船団を十分に保護することが難しかったからである。しかし、実際には、海軍の議論はすべて間違いであった。海軍は長距離輸送に携わっていた商船の数と、商船が護衛する戦艦から位置を保つ際に生じる問題を誇張していたのである。とりわけ提督たちは、増加する商船の損失を埋め合わせるための解決策を提示しなかった。飢餓が迫っていた一七年四月までに、海軍軍令部長のジェリコ(John Jellicoe)提督は、政治家の要求に屈せざるをえなかった。しかし、護送船団が試みられると、商船は距離を保つことができることが証明され、ドイツの潜水艦にとって船団の位置を特定するのは、イギリスの海軍省が恐れたよりも、はるかに難しかった[34]。ロイド・ジョージは海軍省が護送船団を導入するのに躊躇したことを軍事顧問が一般的に無能であることの代表例として挙げているのは、無理のないことであった。

これが、しばしば戦争の時代の詩や回想録で取り上げられた戦争の一面であった。そして、これらの詩や回想録は他のどの戦争のものよりも、イギリスで広く読まれた。学校の子供たちは決まって、ジークフリード・サスーン (Siegfried Sassoon)、ウィルフレッド・オーウェン (Wilfred E. S. Owen)、ロバート・グレーブズ (Robert Graves) らの詩を勉強した。戦争に関わったすべての兵士は、上官が無能で無責任であると信じ、絶えず戦争を嫌悪した、という印象を詩人たちは人々に与えている。しかし、これは正しくない。ある作家は回想録で「このような戦争の物語で幻滅はないだろう。(中略) 私に食料と営所を与えられなかった無能な大佐などいなかった。私の運命などには無関心に、死ぬように命令する無頓着な上官もいなかった」と記した[35]。第一次世界大戦の死傷者数は、異常に高いわけでもなかった。イギリスの人口比で考えると、ナポレオン戦争とあまり変わらなかった。一七九三年から一八一五年までに、一二〇〇万人の人口のうち、戦闘で死亡した軍人の数は二一万人であったため、戦死者の対人口比は一対五七となる。第一次世界大戦では、四一〇〇万人の人口のうち、七三万人の軍人が死亡したため、戦死者の対人口比は一対五六であった[36]。第二次世界大戦では、第一次世界大戦の際よりも、人口は多かったにもかかわらず、戦死者数は半数以下であった。

イギリスの人口は、一八世紀と一九世紀前半に急速に増加した。一七〇一年には五八〇万人であったが、一〇〇年後には一一九〇万人とほぼ倍増したのである。一九七二年に出版されたイギリスの人口に関する研究に掲載された図表によると、ナポレオン戦争においては、戦死者を埋め合わせるのに十分足りるほど子供が生まれた[37]。しかし、出生率は一八七〇年以降、人口千人当たり三五人から三〇人に低下し、一九一〇年には二四・七人となった。避妊法が広く使われるようになり、また、児童労働が禁止され、消費物資を求めやすくなったことにより、家族のサイズを縮小化しようという経済的な動機があったことが、この出生率低下をまねいたとする論者もいた[38]。理由のいかんにかかわらず、出生率の低下により、子供の死亡に家族はさらに敏感になった。また、経済的な要因もあった。第一次世界大戦中の将校の死傷者数は特に多かったが、彼らは通常、貴族か中産階級の出であった。戦争が始まる前に、相続税が増税されたが、戦時中、相続税が免除されることはなかった。一四年に相続税による税収は二七〇〇万ポンドであったが、二〇年には四一〇〇万ポンド、二四年には五八〇〇万ポンドとなった。したがって、多くの裕福な家庭は、その子息が戦死するか、あるいは戦争で負傷したことが原因で死亡すると、没落した。これにより、戦争の影響に重要な社会的特徴が加わることになったのである(39)。

イギリスにあるほとんどすべての教会の壁には、二つの世界大戦で亡くなった、その村や町の出身者の名前を記した碑がある。他方、ナポレオン戦争の戦死者の碑はほとんど存在しない。なぜならば、ほとんどの住民は文盲であったため、たとえそのような碑が作られても、名前を読むことができなかったからである。また、ナポレオン戦争の詩はほとんどないか、あるいはまったくなく、第一次世界大戦と比べて回顧録は非常に少なく、そして当然ではあるが、映画や写真は存在しない。第一次世界大戦のイギリス人戦死者の墓は、フランスの田舎に何十マイルにわたり広がって存在し、コモンウェルス戦争墓地委員会がきちんと管理しており、それ以前の戦争の戦死者の墓に比べて、見てすぐわかる。ナポレオン戦争は歴史家の興味をひくのみだが、第一次世界大戦ははるかに多くの人々をひきつけている。第一次世界大戦より前に発生した戦争の死者を記念するために毎年行われる追悼式は存在しない。他方、ロンドンにあるセナタフでは毎年、英霊記念日に、王族や政党党首、軍の指導者層が出席して国の追悼式が開催され、第一次世界大戦とそれ以降に発生した戦争の死者を記念する。そのような追悼式は時代が変わっても色あせることなく、テレビやラジオで全国中継されてきた(40)。

西部戦線で兵士が戦死するその死に方を知って、イギリス国民は特に衝撃を受け、戦慄を覚えた。国民は今や、初めて読み書きができるようになり、新しい全国紙や帰還兵からもたらされる話により、戦場で何が起こっているかを知るようになったのである。戦争が終結する直前の一九一八年、インフルエンザが世界で大流行し、イギリスでは、二二万人が死亡した。しかし、インフルエンザの歴史家によると、ほとんどの人々はインフルエンザを無視した。潜在的に致命的なインフルエンザが人から人に感染することは広く知られていたにもかかわらず、何万もの人々は戦争終結の日に集まった。親あるいは子供が死亡することにより、個々の家族には破滅的な影響がもたらされうるが、インフルエンザによる死者の教会での追悼式はほとんど行われていない。マーク・ホニグスバウム（Mark Honigsbaum）はインフルエンザについての歴史家であるが、インフルエンザで死亡した有名人を除いて、インフルエンザは歴史から消え、二〇一八年に大流行の百周年が記念される可能性は低いと述べている[41]。一方では戦争による大規模かつ非日常的な死があり、他方でインフルエンザによる静かで、ありふれた死があったため、二つは好対照をなしたのである。

第一次世界大戦の戦死者と苦痛がイギリス国民に衝撃を与えたとしたら、戦争がイギリス経済に及ぼした影響も明らかである。すなわち、戦争はイギリスの相対的な衰退を速めたのである。一九世紀の半ばから、世界初の工業国[42]（the First Industrial Nation）は、新しい競争相手、そして最も有力な国としてドイツ、アメリカ、フランスそして日本が挙げられるが、これらの国々によって追い上げられた。これはそれらの国々の人口の増加率を反映したものともいえる。一八二〇年ごろ、フランスの人口は三〇四〇万人で、大国の中で最大であり、二一〇〇万人のドイツ、二〇八〇万人のイギリス、そして九六〇万人のアメリカが続いた。八〇年ごろには、アメリカの人口が五千万人で最も多く、ドイツは四五二〇万人、フランス三七六〇万人、イギリス三五二〇万人であった[43]。七〇年にイギリスは、フランス、ドイツ、イタリアの貿易額を合わせたよりも多くの貿易を行っていたが、ドイツの貿易額とアメリカの貿易額を合わせた額と比較すると、この地位は急速に失われていった。もっとも、ロンドンは世界の金融の中心であり続けた。実際、ロンドンは世界経済の発展のために資金を供給したということができる[44]。

したがって、一九世紀はイギリスにとって、一八一五年以前のナポレオンとの戦いを遂行するために、同盟国を援助することで始まったが、これにより、イギリスは他のヨーロッパ諸国よりも多く負債を抱えた[45]。それから数十年間、イギリスは徐々に立ち直り、第一次世界大戦の初期には、フランス、イタリアそしてロシアの軍事的行動に再び資金を供給した。しかし、一九一七年までに、イギリスはアメリカに経済的にますます依存するようになっていた。ロンドン大学インペリアル・カレッジのキャスリーン・バーク（Kathleen Burk）は「イギリスの経済的地位の弱体化は、第一次世界大戦が発生しなければ、もっとゆっくりとしたものであったろう。大戦は、イギリスとその同盟国にとっては軍事的には勝利であったが、経済的には破滅であった。（中略）それは、イギリスが傑出した地位をアメリカに譲った時期であった。もっとも、両国ともそのときは地位の逆転の結末はわからなかった」と述べている。[46] 二一年までにイギリスは一七億四千万ポンドをその同盟国に貸し、アメリカから九億四千万ポンド借りていた。しかしながら、ロシアがソヴィエト連邦となると、イギリスから借りていた五億六千万ポンドを破棄した。[47] イギリスは同盟国に対してナポレオン戦争の戦費を払うように強いたりはしなかったが、アメリカはそれほど寛大ではなかった。最終的に達した合意によると、イギリスはアメリカに一九八四年まで返済し続けることになった。負債額は四六億ドルに達し、もし大恐慌の際にすべての負債と賠償金の支払いが中止されなければ、利子もあわせると、一一一億ドルに達したであろう。[48] 第二次世界大戦においては、アメリカはもっと寛大になり、賠償金と連合国間の戦時負債が二〇年代と三〇年代に国際経済の問題を悪化させたと理解した。その結果、武器は「武器貸与（lend lease）」により供給され、第二次世界大戦中、イギリスとソ連に対して事実上、武器が与えられたのである。第二次世界大戦の連合国間の負債の問題は、第一次世界大戦のそれよりも少なかったため、四五年以降にドイツが民主主義国家に対して支払った賠償は、科学技術と特に特許の形をとった。[49]

第一次世界大戦後、イギリス経済は不況になり、賃金は下落した。経済史家であるフィリス・ディーン（Phyllis Deane）とW・A・コール（W. A. Cole）は一九六〇年代に書いた著書で、一人あたりの収入は一三年に当時の価格で四八・六ポンドであったが、物価が急騰した二〇～二九年には四七・七ポンドになったことを示した。二人はさらに、戦後の成長率は一九世紀よりもかなり低いと論じたが、しかし「これが戦争によるものと評価することは難しい。なぜならば、二〇世紀のどの二〇年間においても、戦争とその後により影響を受けていない二〇年間というものが存在しないからである」と認めた。[50] 二〇年代において戦時国債の利子は政府支出のほぼ三〇パーセントを占めた。負債の利子は現在価格にして一〇年の二〇二〇万ポンドから二〇年には三億二四八〇万ポンドに増加し、二八年でもまだ三億五一〇万ポンドであった。なお、これと比較して、当時の国防予算は一億二五一〇万ポンドであった。[51] 直接税からの税収は一四年には七四五〇万ポンドであったが、二五年には三億九六〇〇万ポンドに増加した。[52] ほとんどの利子は国内で、戦時国債に投資した人々に再び還流したが、アメリカに支払われた利子もあり、また、戦争のために海外の資産を売却しなくてはならなかったため、イギリスはさらに貧しくなった。統計学者のアーサー・ボーリー（Arthur L. Bowley）は二四年のイギリスの公的負債の内訳として、内国債を国民一人あたり八八ポンド、外国債を一五ポンドと計算した。最後に、新しい産業が国の南部で成長していたが、繊維、石炭そして造船といった産業が集中していた北部の古い工業地帯は、国際競争により大きな打撃を受け、二〇年代と三〇年代をとおして、不況にあった。傑出したイギリス人作家のひとりであるジョージ・オーウェル（George Orwell）により不朽となった、困難と苦しみの時代としてイギリス人が持つイメージを創ったのは、これら北部の工業地帯であった。(53)

一九一九年にドイツに課された講和条件は非常に過酷であり、第二次世界大戦の原因となったと一般的に信じられている。条約への批判は、一九二〇年に出版された『平和の経済的帰結（*The Economic Consequences of the Peace*）』において若い経済学者であったジョン・メイナード・ケインズ（John Maynard Keynes）が最初に人々に広めた。(54) ケインズはパリ講和会議においてイギリス代表団の一員であったが、政府の政策に同意できなかったため辞任し、反対意見を公表するよう友人に促された。(55) その効果は劇的であった。大蔵省の経済専門家であり賠償の専門家でもあったアンドリュー・マクファディアン卿（Sir Andrew McFadyean）は「世論を効果的に形成したのは、これら稀覯本のうちの一冊であり、それがイングランドにおけるすべてのリベラルな考え方に手本を示した」と後に記した。(56) 同じように、リベラルな『デイリー・ニューズ』紙の前編集者A・G・ガーディナー（A. G. Gardiner）は、その本は「大草原の火災のように広がった。それは、祖父の代の『アンクル・トムの小屋』のように読まれた。本は大西洋を渡り、アメリカを興奮させた。ヨーロッパ大陸のすべての言語に翻訳され、中国からペルーまでで議論された。ケインズの評判は世界中に広まった」と論評した。(57)

ケインズは、交渉責任者は政治問題に集中しすぎ、経済はほとんど考慮しなかったと述べた。これは事実であるが、当時の政治家にとっては全く異常なことではなかった。ケインズに好意的な伝記作家のロバート・スキデルスキー（Robert Skidelsky）はそれにより、ケインズは政治的成果を過小評価するようになったことを認めている。交渉責任者のところには、東欧の崩壊した帝国から生まれた新国家の代表が押し寄せ、彼らの国民にとって最良の取引を要請した。しかし、結果はほとんどの代表を失望させるものであった。なぜならば、彼らの願いは相反していたからである。しかしながら、一九一九年に確定された国境線で、第二次世界大戦後に変更されたところ、特にドイツとポーランドの国境に関しては、第二次世界大戦後、国境線が公平に引かれたと主張する者はほとんどいないであろう。大国が戦後の講和会議でそれほど圧力にさらされたことは、それ以降なかった。第二次世界大戦の終わりに、米英ソの戦勝三カ国は戦争当事国が参加する会議なしに、弱小国と敗戦国に対して講和の条件を押し付けたのである。

パリ講和会議は、したがって、戦後処理としては、最も民主的で公開された会議であったが、交渉役をその国民からの大きな圧力にさらすようになった。イギリスでは、戦争に責任があるとするドイツを罰したいとする者から、融和的な戦後処理をめざす者まで、様々な意見があった。法律家や主要政党の政治家を含む幅広い人々は、戦争責任を問う裁判にドイツ皇帝をかけたかった[58]。しかし、のちに議論が最も沸騰するのは、賠償をめぐってであった。調停者は、ドイツがその能力で最大限、ドイツによってひき起こされた損害を補償すべきであると決意した。ケインズは、調停者がドイツの支払い能力を誇張しており、ドイツを罰するよりヨーロッパの経済を復興することに重点をおくべきだと信じていた。ケインズの本はこの主張を弁護し、彼が嘲笑い、ばかにしていたウッドロー・ウィルソン（T. Woodrow Willson）、ジョルジュ・クレマンソー（Georges B. Clemenceau）、ロイド・ジョージを節度なく攻撃した。

敗者に賠償を課すという方法は、一九世紀に発達した。ドイツは、普仏戦争後にフランスに五〇億フランを賠償として課したが、これは戦争のためのすべての支出を賄うのに十分すぎるほどであった。日本は日清戦争後の一八九五年に、清に対して三億六七〇〇万円を要求し、一九〇五年にはロシアに対して賠償を課そうとした[59]。ドイツを含む大国は、義和団事件後、清に対して重い賠償金を払うよう無理強いし、一八年のブレスト・リトフスク条約においてドイツはロシアに対して六〇億マルクを払うことを合意させた。ドイツはしたがって、道義的に、抗議できる立場にはなかった。しかし、ケインズの議論を信じたアメリカ人やイギリス人に勧められて、ドイツは年を経るごとにさらに強く抗議したのである。

連合国が賠償を求めたのは、驚くに値しなかった。西部戦線におけるほとんどの戦いが自国領かあるいはフランス国内で行われたため、フランスは特に辛辣であった。ドイツはフランスの民間人を戦時中にさらって、ドイツの工場で奴隷として働かせ、占領地では多くのフランス人をほとんど飢餓状態においた。[60] ドイツ軍は退却前、あるいは退却中にフランスの炭鉱と産業を意図的に破壊した。ケインズはその苦しみと強制労働を無視して、破壊された家の多くは「古く、不健康で」みすぼらしいという理由で、損害のほとんどを棚に上げた。[61] 一九九九年に出版された自著の中でヘレン・マクフェイル（Helen McPhail）は、その地域の農場は静かであったが、ほぼ一〇〇年たっても危険な砲弾に汚染され、産業界にとって復興するのに何年もかかったことを指摘した。

ロイド・ジョージは、イギリスは戦費をすべて支払うことはできず、一〇〇年前に行ったような同盟国の戦債の支払いは特にできないことを明言した。ロイド・ジョージはウィルソンに「その主な理由は、イギリス国民は自国を犠牲にして一方的な取極めを結ぶことを支持しないからである。（中略）もし一方的な取極めが結ばれたとしたら、それは米英の関係を引き裂き、最終的に憎しみをもたらすことになるであろう。そしてそれは世界の将来にとって災いをもたらすであろう」と述べた。ロイド・ジョージは続けて、イギリスがアメリカから借りた額は、イギリスがその同盟国に貸した額の半分にすぎないと指摘した。[62] ウィルソンは、議会「あるいはこの国の世論」がアメリカへの負債の支払い免除を許すことはほとんどありえず、したがってイギリスが時々示唆したような負債と賠償の帳消しは実行不可能であると返答した。最終的に、負債をどのように返済させるかについて決定したとき、アメリカはイギリスに対して、フランスやイタリアよりも、より厳しい条件を課したのであった。

ケインズの条約への批判は他でも誇張されたが、これが明らかになるためには、二〇年の時間がかかった。条約がドイツ経済に与える影響についてケインズがした恐ろしい予言は、フランスの経済学者のエティエンヌ・マントゥ（Etienne Mantoux）が一九四六年に分析した。マントゥは、ケインズの予言とは反対に、ドイツの輸出は条約によって崩壊せず、一三年には一〇七億七〇〇〇万ライヒスマルクであったが、二九年には九五億七一〇〇万ライヒスマルクまで立ち直ったことを示した。石炭と亜炭の生産は、アルザス・ロレーヌ地方をフランスに、シレジアの一部をポーランドに割譲したにもかかわらず、急激には落ち込まなかった。[63] フランスは、ケインズが主張したようには自国への損害を誇張していたわけではなかった。なぜなら、ケインズの通貨交換レートが間違っていたからであった。[64] 不幸にして、マントゥは戦後結ばれた条約について持たれていた一般的な考え方を変えることはほとんどできず、もっと重要なことには、彼の本がケインズの及ぼした政治的衝撃に変化をもたらすには遅すぎた。その間にも、戦後処理に反対するようドイツ人を扇動するために、アドルフ・ヒットラー（Adolf Hitler）は賠償とヴェルサイユ条約の他の面を利用した[65]。ドイツがロシアの生産性の約半分を奪った一八年のブレスト・リトフスク条約は、ヴェルサイユ条約と比べると「非常に人道的」であったと、ヒットラーは友人に語った[66]。そのような主張は、もしケインズの経済学者としての評判と自信がヴェルサイユ条約全体と特にその経済条項への批判を是認しなければ、笑い草となったであろう。

したがって、パリ講和会議で結ばれた条約への批判は、ケインズの著書の中で考えぬかれて誇張され、失望した見込みの結果によって、主に生じたのであった。戦争の衝撃が大きければ大きいほど、講和に期待されるものも多くなる。講和会議に関わった政治家は完全ではなかったが、それは一八一五年、ナポレオン戦争後の政治家も、一九四五年、第二次世界大戦後の政治家も同じであった。主な違いは、様々な階層の人々が教育を受け、政治に関心を持ったが、日が浅かったため、彼らは政治を白黒はっきりと見てしまい、完全な解決策があると思ってしまうことであった。復讐を望む者もいれば、融和を望む者もいた。また、戦争はヨーロッパのすべての人々をさらに貧しくしてしまったことを悟った者もいたが、経済が改善するように望んだ者が大多数であった。戦前、オーストリア・ハンガリー帝国、ロシア帝国、ドイツ帝国に支配されていた小国は、経済が悪いことを前の支配者のせいにしたが、新しい支配者たちも前の支配者と同じように有能ではないことを、それらの小国はわかった。ヨーロッパは、貿易に不利になる関税によって、さらに分断されてしまったのである。

戦争の余波

第一次世界大戦に関する歴史的議論ほど、長く続き、感情的で、そして分極化したものは、他にほとんどない。批評家にしてみれば、イギリスが戦争を始めることは様々な理由で賢明ではなかった[67]。来るべき戦争の特徴は、だれにも理解されていなかった。軍隊は戦闘を誤って行い、講和条約は必然的に第二次世界大戦につながった。筆者を含むほとんどの研究者にとっては、国際法を支持し、力の均衡を維持し、小国の独立を守るためにも、イギリスが参戦することは必要であった。戦争の特性は、アメリカ南北戦争や日露戦争を研究すれば、誰にとっても明らかであった。

戦闘の形態は軍隊の有能さではなく、当時の科学技術によって決まった。そして、講和条約は、それより以前の条約とも、また、それより後の条約とも同じくらい、公平で妥当なものとなった。

戦争と講和条約に関する議論は現在においても、ある種の情熱をもって行われている。戦間期においては、インテリのエリートの多くが批判的な見解を持っていた。オックスフォード大学ペンブロークカレッジのR・B・マッカラム（R. B. McCallum）は一九四三年に「講和条約が署名されたその時から、私は条約の守護者である。私は、私の政治家の友人たちのほとんどと、そして私より若い世代の人すべてとは、常に不仲であった」と述べた[68]。戦争とその結果を批判する者は最も強硬であったと彼は信じていたが、世論調査が利用されるようになると、ほとんどの人々は批判に耳を貸さなくなったようだった。不十分ではあるが、最初の世論調査は三七年に行われ、講和条約については調査されなかったが、六六パーセントが参戦したのは誤りであったとする考え方を拒否した[69]。一〇年後、ケインズの伝記作家であるスキデルスキーはマントゥの『平和の経済的帰結』に対する批判を激しく拒否した。その理由は、マントゥの批判が「典型的な」フランス人の偏見を反映し、また、彼の議論が「極端なほどに説得力に欠ける」からであった。しかし、マントゥの示した統計については、スキデルスキーが一つも異議を唱えていないことは注目に値する。スキデルスキーによると、大衆を反ヴェルサイユ条約にしたのはケインズではなく、「事実がそのようにし、ケインズはそれを指摘したにすぎなかった」。もちろん、ケインズはそんなに簡単に逃避することはできなかった。少数の人しか講和条約を読んでおらず、ほとんどは新聞や学識のある人物の論評に頼っていたが、ケインズの議論はこうした論評の土台となっていたからである。さらに、マントゥが議論したように、ケインズの著作は事実を中心にするのではなく、講和条約がドイツに与える影響を予想したのであり、それは間違いであったことが後にわかった。スキデルスキーもマントゥの父親が四巨頭の通訳を務めていたため、マントゥが偏見を持っていたと言った。個人的感情がマントゥに影響を与えたのは間違いないが、交渉者がパリでケインズの考えを拒否したそのやり方に怒ったケインズにも、個人的感情は影響したのである。さらに、スキデルスキーによるとケインズはフランス代表団の幾人かを嫌悪し、ドイツ代表と情緒的絆を結んだ[70]。

同じような辛辣な議論が、軍事史においても、何十年も続けて行われてきた。軍事史家ゲーリー・シェフィールド（Gary Sheffield）の『忘れられた勝利（*Forgotten Victory*）』の書評を書いた伝記作家のフランク・マクリン（Frank McLynn）は、無理な推論、不誠実、そして洗練されていない統計の利用を理由に二〇〇一年にシェフィールドを批判した。シェフィールドがヘイグ伯爵を弁護したことにより、シェフィールドは映画「博士の異常な愛情」の中に登場する架空の人物ストレンジラブ博士と道義的に同等となり、それは戦死したすべての人々に対する屈辱であるとした(71)。もし将軍たちが「科学技術は戦争を塹壕戦にするであろうことを知っていたら、彼らはフランスで大規模な陸戦を行うよう政府に助言すべきではなかっただろう」とマクリンは論じた。しかし、イギリスにとって戦争は、ドイツがベルギーとフランスへ侵攻し、フランスが自国領土を防衛できなかったことから、押し付けられたのであった。ヴィルヘルム（Wilhelm）皇帝の大陸支配に屈する以外には、他に選択肢はなかった。より強大なドイツは、ドイツ海洋艦隊によりすでに脅かされていたイギリスの制海権にとって、さらに大きい脅威となったであろう。最後に、マクリンはシェフィールドが「他の集団が典型的でない限り、戦争詩人を『典型的でない』とみなすことができないことを理解していないようである。そして、そのような典型的な集団は見つかっていない」と主張した。実際、当時最も人気のある詩人は現在「戦争詩人」として人気のあるサスーンやオーウェンではなく、人気のあった牧師で、戦争の不毛さを強調するのではなく、連合国の大義を固く支持した「ウッドバイン・ウィリー（Woodbine Willie）」のような人々であった(72)。

議論の感情的な特徴は、歴史的な原因で説明することができる。イギリスの多くのインテリは、戦争勃発時こそ国の戦争遂行に強く献身的に身を投じたが、のちに、恥ずかしく思うようになった。SF小説家のH・G・ウェルズは焦点を完全に変え、国家主義の危険性に警告を発するようになり、世界平和の大義を支持し、残りの人生においては世界政府の樹立のために運動した(73)。〝大英帝国〟の詩人にして小説家のラドヤード・キップリング（J. Rudyard Kipling）は一人息子の死で打ちのめされ、詩と小説の調子を変えた(74)。同じような異変は、パリ講和会議後、政治家と法律家の間で発生した。議会で講和条約について演説した議員のほとんどは、ロイド・ジョージの努力を称賛するか、ささいな批判をするにとどめた。ロバート・セシル卿（Sir Robert Cecil）らは自由主義の大義と国際連盟に賛同し、ドイツ皇帝の裁判と賠償を支持した(75)。そのとき、ケインズの本と他の批評が出てきたため、エリート層の意見は大きく転換した。ロイド・ジョージは、講和条約の間違いとされるものすべての責任を負わされた。

イギリス国教会も同じような道をたどった。一九一四年に当時の大司教ランドル・デーヴィッドソン（Randall T. Davidson）は、イギリスの参戦は正当化されると、しぶしぶながら容認した。彼は戦時中、ときたまイギリスの政策に同意できず、これは私的に首相に伝えられた。例えば、一九一五年に、ドイツが大規模に化学兵器を使用するよう決定した際にも、イギリスは報復すべきではない、とデーヴィッドソンは首相に述べた。彼の戦時中の説教はときどき、ほとんど愛国主義的になったが、戦後、彼と他のイギリス国教徒は平和を維持するために国際連盟を固く信じ、彼らの多くは戦時中の支配層の主張に非常に批判的になった。[76] その要点は、第一次世界大戦の際にデーヴィッドソンの牧師であり、彼の伝記作家であったベル（G. K. A. Bell）・チチェスター主教の著作によく表されている。第二次世界大戦勃発直後に、ベルは国家の大義を称えるように教会に対してかけられた圧力について書いたが、圧力をかけた張本人が、「教会が単に人々の叫びに共鳴したと彼らが考えたり、教会の指導者が政治家と同じ発言を単にしていたり、彼らが聞いた説教が過度に国家の大義の正当化についてであったとしたら」あとで教会を攻撃する最初の人間になるであろうと警告を発した。[77] のちに、ベルは敵の都市に対する地域爆撃に反対する運動を展開、ナチス・ドイツの軍隊に支配されたギリシャ人に食料を支援するべくＯＸＦＡＭ（Oxford Committee for Famine Relief　オックスフォード飢饉救済委員会）設立を助け、そして戦争が終わると、敵指導者の裁判に反対した。当時はこれで、彼は非常に不人気となったが、現在は彼の所信を曲げない勇気と清廉さが称えられている。

イギリスのエリートは第一次世界大戦の衝撃により、あれやこれやとかき乱されてきており、不和は現在も続いている。平和主義に傾いた者は、ナチス政権の特徴から、一九三九年から四五年までの同盟国に対する戦争を批判することはさすがに難しいと考えた。もしかしたら、これによって、彼らはさらに第一次世界大戦に対して敵意をいだくようになっているのかもしれない。明らかに、この議論が収まる気配はない。

註

（1）　これまでに、このような神話を崩そうとしたものとして、Brian Bond, *The Unquiet Western Front: Britain's Role in*

Literature and History (Cambridge: Cambridge University Press, 2002) を参照。

（2） Roland N. Stromberg, *Redemption by War: The Intellectuals and 1914* (Lawrence: Regents Press of Kansas, 1982), p. 182. このような態度の典型的な例として Georges Sorel, *Reflections on Violence* (Glencoe: Free Press, 1950) を参照。

（3） David Lloyd George, *War Memoirs,* Vol.1 (London: Odhams, 1938), p. 39.

（4） Philip Towle, 'Age and support for military intervention: beware the archetypes,' Yougov,〈http://cambridge.yougov.cim/news/2013/10/22〉.

（5） House of Commons Debates (3 August 1914), columns 1833-1884; Philip Towle, *Going to War: British Debates from Wilberforce to Blair* (Basingstoke: Palgrave/Macmillan, 2009), pp. 132-35; Catriona Pennell, *A Kingdom United: Popular Responses to the Outbreak of the First World War in Britain and Iceland* (Oxford: Oxford University Press, 2012).

（6） A. J. P. Taylor, *English History 1914-1945* (Oxford: Clarendon, 1965), p.12. 他方、Hew Strachan, *The First World War: The Call to Arms,* Vol.1 (Oxford: Oxford University Press, 2001), pp. 98-101, p. 173 も参照。

（7） I. S. Bloch, *Is War Now Impossible? Being an Abridgement of The War of the Future in its Technical, Economic and Military Relations* (London: Gregg Revivals, 1991).

（8） H. G. Wells, 'The Land Ironclads,' in: H. G. Wells, *Selected Short Stories* (Harmondsworth: Penguin, 1958), p. 84.

（9） J. F. Cadell, 'Should we reintroduce common shell for use with out field artillery?' *Proceedings of the Royal Artillery Institution* (1905), p. 537; C. N. Buzzard, 'The heavy howitzer in modern warfare,' *ibid.,* p. 561; 'The Rearmament of our artillery,' *United Service Magazine* (May 1905); H. A. Bethell, 'Universal projectiles,' *Proceedings of the Royal Artillery Institution* (1912), p. 371; H. S. Jeudwine, 'Gold Medal Essay 1908,' *Proceedings of the Royal Artillery Institution* (1908), p. 153 .

（10） Ohilip Magnus, *Kitchener: Portrait of an Imperialist* (London: Arrow, 1958), pp. 273-74.

（11） S. A. E. Hickson, 'The role of the Engineers on the field of battle,' *Journal of the Royal Engineers* (January to June 1906), p.238; Hickson, 'Sapping and Mining at Mukden,' *Journal of the Royal Enginees* (June 1907), p. 244; 'Report of the Royal Committee Appointed to Enquire into the Organisation of the Corps of Royal Engineers,' (1906) も参照。

（12） Philip Towle, 'The Russo-Japanese War and British military thought,' *Journal of the Royal United Services Institute* (December 1971), pp. 64-68. 註（9）も参照。

（13） Ulrich Trumpener, 'The road to Ypres: The beginnings of gas warfare in World War 1,' *Journal of Modern History* (September 1975); L. F. Haber, *Gas warfare 1915-1945: The legend and the facts* (London: Bedford College, 1976).

（14） Gavin Roynan, ed., *Home Fires Burning: The Great War Diaries of Georgina Lee* (Stroud: Sutton, 2006).

（15） Gary Sheffield, *The Chief: Douglas Haig and the British Army* (London: Aurum, 2011), pp.189-90.

（16） Taylor, *English History 1914-1945*, p. 8.

（17） Sir Lawrence Bragg, Major-General A. H. Dowson and Lt-Colonel H. H. Hemming, *Artillery Survey in the First World War* (London: Field Survey Association, 1971), p. 17.

（18） Roger Knight, *Britain against Napoleon: The Organization of Victory* (London: Penguin, 2014), p.420.

（19） Graham H. Greenwell, *An Infant in Arms: War Letters of a Company Officer 1914-1918* (London: Allen Lane, 1972 edition, letter of 20 April 1917), p. 179.

（20） Alan Clark, *The Donkeys* (London: Hutchinson, 1961). 訂正する見方として、Sheffield, *The Chief* を参照。

（21） War Office London, *Army Estimates 1909-1910*, p.18; E. Rogers, 'Siege warfare,' *Journal of the Royal Engineers* (January to June 1913).

（22） Bond, *Unquiet Western Front*, pp. 95-96. 第一次世界大戦では七八人の将官が戦死あるいは負傷が原因で死亡したのに対して、第二次世界大戦では二〇人であった。一〇人の将官が、武勲を称えるための最高位の勲章であるヴィクトリア勲章を授与された。

（23） J. W. Fortescue, *British Statesmen of the Great War: 1793-1814* (Oxford: Clarendon Press, 1911).

（24） Sheffield, *The Chief*, pp. 111-12. 後の上陸作戦の評価については E. C. Coleman, *No Pyrrhic Victories: The 1918 Raids on Zeebrugge and Ostend* (Stroud: Spellmont, 2014) を参照。

（25） Lloyd George, *War Memoirs*, Vol. 1, pp. 133-38.

（26） そのような議論を明らかにしたものとして、Nancy Maurice, ed., *The Maurice Case* (London: Leo Cooper, 1972) を参照。

（27） 戦争の終結については、David Stevenson, *With Our Backs to the Wall: Victory and Defeat in 1918* (London: Allen Lane, 2001) を参照。

（28） イギリス海軍の封鎖準備については、Stephen Cobb, *Preparing for Blockade 1885-1914: Naval Contingency for Economic Warfare* (Aldershot: Farnham, 2013) を参照。

（29） Lloyd George, *War Memoirs*, Vol.1, p. 398.

（30） Maurice Parmelee, *Blockade and Sea Power* (London: Hutchinson, 1925), p. 192.

（31） *Ibid.*, p. 204.

（32） Heather Jones, 'The Great War: How 1914-1918 Changed the relationship between war and civilians,' *The RUSI Journal* (August/September 2014), p. 84.

（33） ロイド・ジョージは、毎月ではイギリス船五二万六千トン、一九一六年末までには累積二三〇万トンという数字を挙げた。イギリス海軍退役士官で作家でもあるジョン・ウィントン（John Winton）も同様の数字を挙げている〔Lloyd George, *War Memoirs*, Vol.1, p. 672; John Winton, *Convoy: The Defence of Sea Trade 1890-1990* (London: Michael Joseph, 1983), p.44〕。

（34） Winton, *Convoy*, p. 66.

（35） Greenwell, *An Infant in Arms* by the distinguished military historian, John Terraine, p. xiv の序説を参照。

（36） Towle, *Going to War*, pp. 18-19.

（37） R. M. Williams, *British Population* (London: Heinemann, first published 1972, second edition 1978), p.28, p. 34.

(38) *Ibid.*, pp. 35-36; Arthur L. Bowley, *Some Economic Consequences of the Great War* (London: Thornton Butterworth, 1930), p. 49.

(39) Bowley, *Some Economic Consequences of the Great War,* p. 110.

(40) 英霊記念日に対する人々の態度は変化した。Bond, *Unquiet Western Front,* p. 54, p. 89 を参照。

(41) Mark Honigsbaum, *Living with Enza: The Forgotten Story of Britain and the Great Flu Pandemic of 1918* (London: Macmillan, 2009).

(42) Peter Mathias, *The First Industrial Nation: An Economic History of Britain* (London: Methuen, 1969).

(43) R. C. K. Ensor, *England 1870-1914* (London: Clarendon, 1960), pp. 102-03.

(44) Charles P. Kindleberger, *The World in Depression 1929-1939* (Harmondsworth: Penguin, 1987).

(45) John M. Sherwig, *Guineas and Gunpowder: British Foreign Aid in the Wars with France 1793-1815* (Cambridge Mass.: Harvard University Press, 1969).

(46) Kathleen Burk, *Britain, America and the Sinews of War: 1914-1918* (London: George Allen and Unwin, 1985), p. 1.

(47) T. E. Jessop, *The Treaty of Versailles Was it Just?* (London: Thomas Nelson, 1942), p117.

(48) Edward R. A. Seligman, 'The Cost of the war and how it was met,' *American Economic Review* (December 1919), pp. 739-70; James W. Angell, 'The payment of reparations and inter-ally war debts,' *Foreign Affairs* (October 1925), pp. 85-96.

(49) John Gimbel, *Science, Technology, and Reparations: Exploitation and Plunder in Postwar Germany* (Stanford: Stanford University Press, 1990).

(50) Phyllis Deane and W. A. Cole, *British Economic Growth 1688-1959* (London: Gregg Revivals, 1994), pp. 284-85.

(51) Alan T. Peacock and Jack Wiseman, *The Growth of Public Expenditure in the United Kingdom* (London: George Allen and Unwin, 1961), p. 53, p. 55.

(52) Bowley, *Some Economic Consequences,* p. 110.

(53) See particularly George Orwell, *The Road to Wigan Pier* (Harmondsworth: Penguin, 1962).

(54) John Maynard Keynes, *The Economic Consequences of the Peace* (New York: Harcourt, Brace and Howe, 1920).

(55) Robert Skidelsky, *John Maynard Keynes*, Vol. 1, *Hopes Betrayed: 1883-1920* (London: Macmillan, 1983), pp. 377-78.

(56) Sir Andrew McFadyean, *Reparation Reviewed* (London: Ernest Benn, 1930), p.11.

(57) A. G. Gardiner, *Certain People of Importance* (London: Jonathan Cape, 1926), p. 182.

(58) R. B. McCallum, *Public Opinion and the Last Peace* (London: Oxford University Press, 1944), pp. 33-34.

(59) Giichi Ono, *Expenditures of the Sino-Japanese War* (New York: Oxford University Press, 1922); A. Yarmolinsky, ed., Count Witte, *The Memoirs of Count Witte* (London: William Heinemann, 1921).

(60) Helen McPhail, *The Long Silence: Civilian Life under the*

German Occupation of Northern France 1914-1918 (London: Tauris, 1999).

(61) Keynes, *The Economic Consequences of the Peace,* p. 128.

(62) Harold G. Moulton and Leo Pasvolsky, *War Debts and World Prosperity,* Vol.1 (Port Washington: Kennikat Press, 1971), p. 66に引用されている。

(63) Etienne Mantoux, *The Carthaginian Peace or The Economic Consequences of Mr Keynes* (London: Geoffrey Cumberlege, 1946), p. 86, p. 93.

(64) *Ibid.,* pp. 102-05.

(65) 例えば、David A. Welch, *Justice and the Genesis of War* (Cambridge: Cambridge University Press, 1993), pp. 137-42を参照。

(66) Keynes, *The Economic Consequences of the Peace;* Hugh Trevor-Roper, *Hitler's Table-Talk* (Oxford: Oxford University Press, 1988), p.xxix; John H. W. Wheeler-Bennett, *Brest Litovsk: The Forgotten Peace: March 1918* (London: Macmillan, 1938).

(67) Niall Ferguson, *The Pity of War* (London: Allen Lane, 1998).

(68) McCallum, *Public Opinion,* p. viii.

(69) British Institute of Public Opinion, 'Before the War,' *Public Opinion Quarterly* (Princeton: Princeton University, 1940), p. 77.

(70) Skidelsky, *Keynes,* p. 360, p.361, pp. 397-400.

(71) Frank McLynn, 'Disquiet on the Western Front,' *The Independent Weekend Review* (30 June 2001).

(72) William Purcell, *Woodbine Willie* (London: Hodder and Stoughton, 1962); Bob Holman, *Woodbine Willie: An Unsung Hero of World War 1* (Oxford: Lion, 2013); Woodbine Willie, *Rough Rhymes of a Padre* (London: Hodder and Stoughton, 1918).

(73) Edward Mead Earle, 'H. G. Wells, A British patriot in Search of a World State,' in: Edward Mead Earle, ed., *Nationalism and Internationalism* (New York: Columbia University Press, 1950), pp. 79-121; W. Warren Wager, *H. G. Wells: Journalism and Prophecy: 1893-1946* (London: Bodley Head, 1965).

(74) Edmunds Wilson, *The Wound and the Bow* (London: University Paperbacks, 1961), chapter 2.

(75) McCallum, *Public Opinion*, pp. 54-57.

(76) Bishop G. K. A. Bell, *Randall Davidson, Archbishop of Canterbury* (London: Geoffrey Cumberlege/Oxford University Press, 1950). 特にpp. 740-43, pp. 758-59. 教会がとった方針への当時の批判については、For contemporary criticism of the line taken by the Churches see Sir Alfred Zimmern, *Spiritual Values and World Affairs* (London: Oxford University Press, 1939)を参照。

(77) G. K. A. Bell, *The Church and Humanity 1919-1946* (London: Longmans Green, 1946), p. 23.

アメリカの第一次世界大戦参戦とその第二次世界大戦後への長い影響

フォルカー・R・ベルクハーン
鍋谷郁太郎訳

二〇一四年において多くの書籍、多くの論稿、多くの学会大会そして多くの講演を通じて世界中で思い起こされている第一次世界大戦は、一つの破局であった。その破局の中で、二〇〇〇万人以上の人命が失われ、参戦国の社会は精神的にも経済的にも非常に大きなダメージを受けた。その結果、一九一八年から二八年の間において、ある程度安定した政治・経済状況を再構築することが出来なかった。その後、二九年に大恐慌が始まった。大恐慌が契機となり、ドイツ民族社会主義（ナチス）が台頭し、アドルフ・ヒトラー（Adolf Hitler）という一人の男が政権に就くことになった。ドイツ民族社会主義は、計画的に新たな大戦を準備したのであり、多くの歴史家によって第一次世界大戦の継続形態として見られている。

この戦争は、一九一八年のドイツの敗北を帳消しにするばかりでなく、東欧における「生存圏」をドイツの為に獲得することを意図していた。ヒトラーがこの戦争を意図的に三九年に始め、そして四五年に敗北したことで、六〇〇〇万もの人々が——その中の多くが、女性、子供そして老人であった——命を落とした。二〇世紀後半に一億を超える人々が、脱植民地化を巡る内戦や解放戦争において命を落とさねばならなかったことをさらに考えるならば、二〇世紀は人類史上かつてなかった野蛮な暴力行使の時代であった。

しかしながら、本論文においては、このような暴力行使の政治的原因や結果を分析することに重きが置かれない。むしろ筆者は、一九一四年から一八年の破局を克服しそしてヨーロッパを経済的に安定化させることが試みられた際に、如何なる失敗が犯されたのか、という問題に取り組んでみたいと思う。その失敗とは、第二次世界大戦後に絶対に回避されようとしたものであった。この問題への答えを求めて筆者は、世界経済における二つの世界大戦後のアメリカ合衆国の役割に焦点を当てていきたい。問いかけは次のようなものである。アメリカの政治エリートたちは、一八年以後の時代に犯した誤りを認識していたのだろうか。その誤りとは、彼らが四五年以後に決して繰り返したくなかったものであった。

アメリカは、一九一七年四月に連合国の側に立ってドイツに宣戦布告した。アメリカ大統領ウッドロー・ウィルソン（Woodrow Wilson）は、中欧列強に勝利した後の国際国家システムの新秩序に対する遠大な構想を練り上げていた。それにもかかわらず、ウィルソンは、パリ講和会議で自己の目標を達成することが出来なかった。その代わりに、他の列強、とりわけイギリスとフランスが優位に立つことになった。さらに、ウィルソンは、アメリカ国民や議会多数派を説得して、パリで成し遂げられた合意を承諾させることが出来なかった。アメリカは、敗戦国ドイツとの講和条約を拒否した。ウィルソンの考えに基づいて、世界の諸国家の新たな組織化をアメリカと共に準備しかつ担っていくはずであった国際連盟の制度が、ドイツとの講和文書に入れられていた。その為に、アメリカは二三年になってようやくドイツとの講和条約を締結し、最初の包括的な国際組織である国際連盟への加盟を三〇年代まで引き延ばした。

その背景にあったのは、アメリカの多くの地域で当時有権者の間において、国際政治からの撤退を支持する強い世論が存在したことである。この世論は、一九二〇年の選挙において最終的に勝利することとなった。民主党とウィルソン主義は、敗北した。その後、孤立主義者と世界新秩序に対する懐疑主義者が、ワシントンにおいて政治を決定していくことになった。さらに新たに選ばれたウォーレン・ハーディング（Warren Harding）大統領は、税を下げることと公的支出を削減することを約束した。

このような政治的変革は、戦争で荒廃した西ヨーロッパの再興を考えれば、アメリカの産業界や金融界にとって明らかに大きな問題であった。アメリカは、戦前において産業一等国の地位を既に得ていた。経済は好況を呈し、多くのアメリカの企業家たちは、海外に新たな市場を求めていった。イギリスとフランスからの、そして一九一七年からは自国の軍からの戦時物資の需要によって、生産能力はさらに拡大していった。さらにアメリカは、大戦期に債務国から重要な債権国になった。債権国のアメリカは、イギリスやフランスの戦費調達を借款で援助した。戦争の終結によって、まず第一に非軍事的な物資の生産への転換が必要となった。この転換は、当面まだ比較的強い需要が望めた国内市場において、行なわれたものであった。

しかしながら、国内での比較的強い需要は、直ぐに一時的なものであることが明らかとなった。その結果、アメリカの産業は、新たに海外に販路を求めていくようになる。その時に、戦争で荒廃したヨーロッパが直ぐに視野に入って来た。ヨーロッパにおいては、機械の補充や生産施設の近代化への大規模な需要が存在していた。しかしながら、戦時財政で疲弊していたヨーロッパの銀行には、アメリカの機械の購入に貸し出せる資金が不足していた。その結果として必然的に、アメリカの金融機関に目が向けられることとなった。アメリカの金融機関の準備金は、戦争によって大きく膨らんでいた。

アメリカの銀行家は、ヨーロッパを訪問した。その中でも重要な人物は、フランク・バンダーリップ（Frank Vanderlip）である。彼は、一九一九年までニューヨークの有力銀行ナショナル・シティ・バンク（National City Bank）の会長であり、一九年以降はウォール街の有力者であった。アメリカの銀行家は、一方でヨーロッパにおける破壊の凄まじさを目のあたりにして意気消沈して帰国した。しかし、同時に彼らは、ヨーロッパに存在する商機に魅了された。バンダーリップは、それ故に巨額の借款をヨーロッパの経済的復興のために提供することを提案した。特にスイスの銀行とスウェーデンの銀行を一つに束ねることが出来るならば、金はあった。しかしながら、銀行家は周知のように、慎重な人間たちであった。彼らは、ヨーロッパの状況がどれだけ危ういものであるか、そして支援が失敗するかもしれないことを分かっていた。そうなった場合、銀行家は、自己の資本の多くを失うことになるであろう。従って、銀行家は、ハーディング行政部と議会が借款に対して保証を引き受けてくれる用意があるのではという期待を持って、ワシントン政府を見つめていた。しかし、二つの機関は、保証を引き受ける用意はなかった。さらに世論は、国際社会とは一切関わりを持ちたくないというものであった。さらに借款への保証は、今まさに税の軽減を約束されたアメリカの納税者に対して支払い義務を負わせることを意味していた。結果としてワシントン政府は、ウォール街の提案を速やかに拒否した。巨額の借款は、成立しなかった。

この後ヨーロッパは、次第に経済危機に沈んでいった。この経済危機は、直ちに政治に影響を及ぼしていくようになる。フランスは、ドイツの賠償を強く主張した。その賠償をドイツは、自己の経済問題を考えるならば支払うことが出来ないし、また支払う意志もなかった。ベルリン政府が一九二二年末に支払猶予を請うた時、パリ政府とブリュッセル政府は、物資による賠償を暴力を使って取り立てることを決定し、二三年一月にルールの重要な産業地域を占領した。住民は、それに対して消極的抵抗を行なった。炭坑は操業を停止し、ドイツ経済は深刻な危機に陥った。さらに急速な通貨価値の下落が起こった。十一月には、民主主義的なヴァイマル共和国を一挨によって権威主義的体制に代えようとする企てがあった。それには、アドルフ・ヒトラーも参加していた。しかしながら、その企ては直ぐに潰えた。要するに、政治と経済の新たなる安定化を試みる時期が来たのである。経済と政治の安定化は、二四年にアメリカの銀行家によって練り上げられたドーズ案によって軌道に乗った。ドーズ案によって、秩序付けられそしてドイツの経済力に見合った賠償金が支払われるようになった。これらの状況を見て、アメリカの銀行界や産業界は、自らヨーロッパ、とりわけドイツに戻ろうと思うようになった。

このようにして一九二〇年代中頃、ヨーロッパ、とりわけヴァイマル共和国において好景気が訪れることになった。経済状況が好転する中で、とくに比較的恵まれた境遇にあった会社経営者・商店主や教養市民は、電気機器や自動車といった消費財を購入することが出来た。確かに労働者階級の生活水準は、それほど良くはならなかった。しかしそれでも労働者は、ハリウッド映画が上映されている映画館に以前よりも足を運べるようになった。あるいは、彼らはデパートを訪れ、安価なものを買ったり、バーゲン品を購入したりした。フォード（Ford）やゼネラル・モーターズ（General Motors）は、再びヨーロッパに投資を行なうようになり、値段が手ごろな小型車を供給していった。このようなことが可能になった背景には、アメリカの国内経済が好況を呈し、消費者が家庭用品を分割払いで購入するようになっていることがあった。とりわけアメリカにおいては、「今や経済は持ち直し、リスクを取ることを人々が厭わなくなった」という楽観論が広く支配的であった。その結果、株式市場において、多くの企業の株がどんどん高値で取り引きされていった。

しかしながら直ぐに株式市場は、過熱し過ぎてしまった。取り扱われている株券の多くは、会社自体の実態的価値や将来の可能性と釣り合っていなかった。一九二九年秋に遂に大いなる危機が起こった。アメリカの株式市場は、大暴落した。貯金者は、銀行が準備金を払い尽くす前に自分の貯金を引き出そうと、銀行に殺到した。外国の借款は、引き上げられた。その結果、あっと言う間にヨーロッパでもパニックが発生した。会社は、資金が尽きてしまった。労働者や事務職員は、大量に解雇された。直ぐに危機は、国家にも大きな影響を及ぼし始めた。官吏や事務員たちは、一般労働者同様に給与削減や解雇に怯えることになっていった。

多くの家族の経済的困窮は、政治的急進化に繋がっていく。政治の急進化がとりわけ顕著であったのは、ドイツであった。ドイツではアドルフ・ヒトラー率いるナチ党が、選挙で勝ち進んでいた。一九三三年一月にヒトラーは、遂に高齢のパウル・フォン・ヒンデンブルク（Paul von Hindenburg）大統領によって首相に任命された。ヒトラーは、非常に迅速に民主主義的・議会主義的憲法体制を徹底的に切り崩し、独裁体制を構築することに成功した。ドイツの賠償支払いは、二九年秋のヤング案におけるドーズ案の修正によって既に緩和されていた。その後、ドイツの賠償支払いは、三一年にモラトリアムにより停止された。ヒトラーは、政権掌握して間もなく、自己の政府が賠償金をもはや支払わないであろうと宣言した。

国際的な政治環境によって、ファシズム政党の台頭や急進的共産主義者と右翼急進派の間での内政の両極分解が強まる一方で、ヒトラーは軍備拡張を急いだ。長期的な第一の目標は、武器を生産することで経済を活性化し失業をなくすということだけではなく、これらの武器を征服戦争につぎ込むことであった。まず手始めにヒトラーは、東側にドイツ人の為の「生存圏」を獲得しようとした。ソヴィエト連邦に勝利した後にようやくヒトラーは、第二局面としてイギリスやアメリカと世界強国の地位を巡って戦うことを考えていた。一九三九年九月にヒトラーは、第二次世界大戦を意図的に突然始めた。その際、一八年の敗北の埋め合わせをし、ドイツを当時の国境線の形で再興することだけが重要であった訳ではない。むしろヒトラーは、ドイツ国境をソヴィエト連邦の奥深くまで広げることを意図していた。

ここにおいては第一次世界大戦の長きにわたる影響ではなく、どのようにアメリカが上記のような状況展開に反応していったのかが問題となる。第一次世界大戦におけるのと同様にアメリカは、一九三九年から四〇年においても中立を保っており、四一年十二月八日になってようやく参戦した。真珠湾への奇襲攻撃を受けた後日本にまず宣戦し、ヒトラーが数日後アメリカに宣戦布告を行なった後にドイツと戦争状態に入った。暫くの間ドイツは、ソヴィエト連邦の征服と収奪にかかりっきりであった。激しい戦闘の末、赤軍はドイツ国防軍をモスクワの市門手前で食い止めたばかりでなく、撃退することに成功した。十二月にさらにアメリカの巨大な工業力が全面的に投入された時、侵略的な枢軸国が戦争に敗北するのは、単に時間の問題となった。

このような状況の下で、ワシントン政府の中では一九四二年から戦後に向けての計画が始まった。ここでは筆者は、再度敗北したドイツを一九一八・一九年とは違うように如何に処理しようとしたのかに関して、考察を集中していきたい。ドイツによって引き起こされた戦争に二度も巻き込まれたことや、あるいはさらに大量虐殺に関するニュースが入って来ることによって生じていた憤激を考えれば、ドイツ帝国を今度は完膚なきまでに打ちのめし、そしてこの国の工業力を徹底的に制限しようという意見が出るのは当然であった。この戦略は、四四年秋にケベック（Quebec）で論議されたモーゲンソウ計画（Morgenthau-Plan）に最も明白な形で現れた。しかしながらこの計画への反対は、初めから非常に大きいものがあり、ワシントンにおいては国防省や陸軍省といった強い影響力を持つ省によって主張された。その結果、モーゲンソウの構想は、退けられることになる。その代わりにある戦略が、強い支持を得ていくこととなった。その戦術は、第一次世界大戦の長い影響と一九・二〇年にワシントン政府によって当時追求された政策を考えることなしには理解出来ない。

その既存の工業力を考えれば、ドイツが中心的役割を果たすであろうヨーロッパの再興に際して、有力な政治・経済エリートたちは、巨額の借款の提供を通じて積極的に関与しようとした。その借款に対しては、国家による保証は一九一九・二〇年と同様に拒否された。むしろアメリカ大統領ハリー・トルーマン（Harry Truman）政府は、公的資金によって融資されたヨーロッパ復興プログラムを展開していくつもりであった。そのプログラムは、国務長官ジョージ・C・マーシャル（Geroge C. Marshall）によって、四七年にハーヴァード大学で発表された。このマーシャルプラン借款によって、戦争で傷ついたヨーロッパ経済は、二〇年とは違ってアメリカ人の税金を通して動き始めることとなっただけではない。さらに、次のような期待もあった。その期待とは、アメリカの企業や銀行が――ワシントン政府の公的介入よって意を強くして――、ヨーロッパに戻って来て、復興を私的投資を通じてさらに後押ししてくれるだろう、というものであった。当時始まったソヴィエト連邦に対する冷戦は、その際に補助的な役割を果たしたに過ぎない。マーシャルの基本構想は、以前から練られていたものであり、一八・一九年の経験の長きにわたる影響の結果であった。

マーシャルプランの詳細は、多くの研究によって考察されており、ここで改めて紹介する必要はないだろう。この論考の主眼は、むしろ以下の点にある。つまり、マーシャルプランは、アメリが第一次世界大戦の後に犯した過誤から学んだものであったということである。

参考文献

Klaus Hildebrand, *The Foreign Policy of the Third Reich* (London: 1973).

Klaus Schwabe, *Woodrow Wilson, Revolutionary Germany and Peace-Making, 1918-1919* (Chapel Hill, NC, 1985).

Margaret Macmillan, *Paris 1919. Six Months That Changed the World* (New York: 2002).

Volker R. Berghahn, *American Big Business in Britain and Germany. A Comparative History of Two "Special Relationships" in the 20th century* (Princeton: 2014).

Conan Fischer, *The Ruhr Crisis, 1923-1924* (Oxford: 2003).

William C. McNeil, *American Money and the Weimar Republic* (New York: 1986).

Martin Broszat, *Hitler and the Collapse of Weimar Germany* (New York: 1987).

John K. Galbraith, *The Great Crash 1929* (Harmondsworth: 1961).

Eri Hotta, *Japan 1941* (New York: 2013).

Bernd Greiner, *Die Morgenthau-Legende* (Hamburg: 1995).

Michael Hogan, *The Marshall Plan* (New York: 1987).

一九二〇年代における国際連盟とその支援団体
――「ジュネーヴ精神」と影響力追求のあいだで――

ジャン＝ミシェル・ギウ
松沼美穂
末次圭介　訳

一九二一年六月七日、ジュネーヴで開催された国際連盟支援組織国際連合（Union internationale des associations pour la Société des Nations　以下、支援連合）の第五回大会に集まった代表者を前にして、連盟の事務次長であるフランス人ジャン・モネ（Jean Monnet）は、これらの支援団体によって表現される「理想の力」は「新しい機関（国際連盟）によって最大限活用されるべきだ[1]」と敬意を表した。そして、連盟事務局とこれらの支援団体が「相互に支えあう[2]」よう呼びかけた。連盟の最重要人物の一人が、連盟の支援活動家に向けたこの演説は、国際連盟がその創設期において、支援団体の大きなネットワークに関心を示しており、連盟の大義に反対する人々や無関心な人々を引き付けるうえで頼りにできるだろうと期待していたことを示す。

しかしながら、これらの支援団体が、連盟を「盲目的に弁明する立場[3]」に活動を限定するつもりなどまったくなかったことは、支援連合のパンフレットでも明言されている。連盟を支援する団体はむしろ、前衛あるいは、不可欠な刺激だと自己認識していた。ゆえに、連盟と支援団体との関係は、部分的には誤解に基づいて築かれた側面もあった。前者は後者を、連盟の活動と各国世論との単なる仲介役とみていたのに対して、支援団体は連盟の方向性に実質的な影響力を及ぼすつもりだったからである。もっとも支援連合事務局長テオドル・ルイセン（Théodore Ruyssen）は「純粋に民間の団体の決定と政治的決定とのあいだに厳密な因果関係」を跡付けることは控え、「われわれはここでは不確定要素であって、それを過大評価も無視もすべきでない[4]」と述べている。

本論文で扱おうとするのは、世界的な使命をおびた歴史上はじめての国際機関と、それを支えるために作られた民間団体との、それまでになかった関係である。すべての二国間関係の背後にはしばしば三者間の関係が隠されている。[5]ゆえにわれわれは、各国における動向にも注目することになるだろう。というのも、ジュネーヴに本部を置く国際連盟――純粋に政府間機関である――と連盟を支援する団体との関係の大部分は、各国レベルで展開したからである。支援団体は各国別の基礎の上に組織され、それぞれの国の政策決定者に対してロビー活動を行った。しかしこれらの連盟支援団体は、国際的連合としてまとまることで、トランスナショナルなアクターともなり、国際的な問題において各国政府の公式見解とはかなり距離を置いた(矛盾したとまでは言わなくとも)政策方針を支持することもあった。

トランスナショナル・ヒストリーあるいはグローバル・ヒストリーの発展を受けて、国際連盟の歴史研究はここ二〇年ほどの間に新しい発展をみた。[6]ただしフランス人研究者の貢献は大きくはないが。[7]近年の新しい研究により、国際連盟の失敗と第二次世界大戦を防げなかったこととに主として向けられてきた支配的な言説からの決別が可能となった。連盟の「名誉回復」というわけではないが、新しいアプローチの研究が連盟の歴史の、よりバランスの取れた、より包括的で、ゆえにより複雑な読解を可能にすることは確かである。連盟の支援団体の研究、そしてより大きくはジュネーヴの諸国際機関の誕生と発展において世論が果たした役割を考慮することは、当然この新しい豊かな研究動向に含まれ、さらに研究を深める余地も残されている。本部をまずブリュッセル、次いでジュネーヴに置いた支援連合についての本格的なまとまった研究はまだない。[8]とは言え、各国ごとの状況に関する多くの個別研究を通じて、ヨーロッパ各国および世界のそれ以外の地域で展開された、連盟を支援する活動の重要性について、多くの知見を得ることができる。[9]

以下の研究は、連盟が存在した全期間についても行われる価値があることはもちろんである。しかし、連盟の「黄金時代」ともしばしばみなされる一九二〇年代に考察を限ることで、研究の一貫性と簡潔性が維持できると考えられる。以下では、第一次世界大戦中または戦争直後におけるこれら連盟支援団体の創設を跡付けたうえで、それらがどのように「国際連盟精神」を伝える主要な「スポークスマン」となろうとしたかを明らかにし、次いでそれらがどのように連盟の活動じたいに影響を与えようと試みたかを理解する。

一　国際連盟支援団体の誕生と発展

（一）　国際連盟に先立つ起源

国際連盟を支援する運動は、その正当性、そしてあえて言えばその誇りを、連盟じたいよりも古い起源に見出していた。大戦前に多かれ少なかれ完成度の高い国際機関の計画を推進していた平和主義団体の役割をここで取り上げることはしないが、特筆すべきは、ある種の「国際連盟」の創設に特化した運動が、いくつかの連合国の大国と中立国において、大戦のさなかに生まれたということである。早くも一九一五年五月にイギリスで国際連盟協会（League of Nations Society）が結成され、「国際連盟」の考え方を公に推進することを目指した。一八年の自由国連盟アソシエーション（League of Free Nations Association）の創設がこれに続き、二つの団体は戦争末期に合体して国際連盟連合（League of Nations Union　以下、LNU）となった。アメリカ合衆国では一五年六月に平和強制連盟（League to Enforce Peace　以下、LEP）が結成された。これは元大統領ウィリアム・ハワード・タフト（William Howard Taft）に率いられ、民主党の有力政治家でありウッドロー・ウィルソン（Woodrow Wilson）大統領の友人で顧問でもあるハウス大佐（Colonel House）の後押しを受けていた。まさにこのLEPを前にして、ウィルソン大統領は一六年五月二十七日に重要な演説を行い、そのなかで「国家の世界的な団体」の創設を支持する旨を明らかにしたのである。ところがフランスでは、「国際連盟」の考え方を支持する運動が生まれてくるには一九一六～一七年を待たねばならず、しかもそれはアングロ・サクソン諸国ほどの高まりをみせなかった。その理由は主として国内の意見の分裂だった。人権同盟（Ligue des Droits de l'Homme）の先導の下でようやく、一八年十一月十日に、レオン・ブルジョワ（Léon Bourgeois）を会長として、「国際連盟のためのフランスのアソシエーション」（Association française pour la Société des Nations　以下、AFSDN）が誕生した。

パリ講和会議の交渉のあいだずっと、連合国三大国の支援組織、すなわちアメリカのLEP、イギリスのLNU、フランスのAFSDNは実りの多い協力を行った。三団体は、和平交渉の担当者が陣取るフランス外務省の近くに共同の事務所を構えた。一九一九年一月二十六日から三十一日まで、三団体は、国際連盟を支持する連合国の民間団体の第一回会議を開いた。そこに集まった各国代表は英仏から三〇人、アメリカ六人、イタリアから五人、ベルギー、セルビア、ルーマニア、中国から一人ずつだった。参加者は（とくに制裁について）しばしば考え方を異にしたが、これらの活動家たちは共通の計画を作ることに成功し、同年二月一日にそれを連合国政府に伝達した。

一九一九年二月十四日にウィルソンが発表した国際連盟規約は、連盟支援運動家をおおいに失望させた。フランス人は、人民に十分な重要性が与えられず、理事会において大国に過分な優越権が与えられ、かつ国際的な軍事力がいかなる意味でも想定されていないことを、とりわけ非難した。そこで三月十一日から十三日に、第二回の連合国の国際連盟支援組織の会議がロンドンで開かれ、必要な「改定・修正のノート[10]」を共同で作成することになった。そこにはイギリス、アメリカ、フランス、ユーゴスラヴィア、ギリシャ、ルーマニア、中国からの四八人の代表が集合した。フランスのＡＦＳＤＮは、講和会議でのフランスの主張としてブルジョワが求めたが成功しなかった考え方を、反映させようとした。ブルジョワは、それまでの国際連盟支援組織の二回の会議で投票された決議を反映させることでウィルソン大統領の考えを変えさせようとして、会議に集まった代表に言った。「これらの支援団体がパリとロンドンで開いた会議で、すべての団体すなわちイギリス、アメリカ、イタリア、ベルギー、ルーマニア、ユーゴスラヴィア、中国の団体の代表が満場一致で、われわれの提案を採択した[11]」。

その提案は最終的に、一九一九年四月二十八日に採択された国際連盟規約に取り入れられることはなかった。その結果、国際連盟支援運動のうちに最初の重大な亀裂が生まれた。フランス人運動家は、表向きの満足の裏で、規約が強制的な仲裁の手続きをもたず、国際的軍事力も創設されなかったことに、大きく失望していた。これに対してイギリスの活動家は講和会議において作られた条文におおむね満足しており、実際の運用によって効果が試されるまでは規約の取り決めに関するいかなる新たな議論も拒絶する、という姿勢であった[12]。

（二）　国際連盟支援運動の不均衡な力

一方で、国際連盟を支援する運動は力を増し、一九一九年十二月一日から三日までブリュッセルであらたな国際会議が開かれ、ヨーロッパとアジアのおよそ一五カ国から代表が集まった[13]。ただしアメリカ代表は欠席で対する困難な戦いの最中だったのである。支援連合の創設はブリュッセル会議で決定され、その目的は「国際連盟規約が定めた原則を推進しその適用を追求するために立ち上げられたアソシエーションを、一致した行動のなかに結集させる[14]」こととされた。支援連合には四十余カ国から六〇ほどの団体が集まり、事務局はブリュッセルに置かれた。支援連合の活動の発展はまずもってその事務局長、フランス人哲学者であるテオドル・ルイセンの模範的な献身によるところが大きい。かれは大学でのキャリアを捨てて二一年から三九年までこのポストを務めた。しかし国際連盟を支援する国際的運動の発展は、各国の支部の相対的活力と結び付いていた。議論の余地なくもっとも重要だったのは、イギリスのＬＮＵであった。それは「力をもった機関」であり、国際労働機関（ＩＬＯ）のある代表者によれば、「ほかの団体とはけた違いに有力であり、支援連合での議論を支配していたことは明白だった[15]」。保守党のロバート・セシル（Robert Cecil）卿とヘレニズム学者ジルベール・マレイ（Gilbert Murray）とに率いられたＬＮＵは、両大戦間期のイギリスのもっとも重要な平和主義団体となり、三〇年代初めには四〇万人近い会員を擁した[16]。フランスの国際連盟支援運動は、連盟の理想に奉仕しようとする諸団体のあいだの競合ゆえに、イギリスのような大衆的な運動とは程遠かった。たしかに幾人かの有名人や献身的な活動家——レオン・ブルジョワ、ポール・アペル（Paul Appell）、ジャン・エネシイ（Jean Hennessy）、アンリ・ド・ジュヴェネル（Henri de Jouvenel）、エミル・ボレル（Émile Borel）、ルネ・カサン（René Cassin）、ジェルメヌ・マラテル＝セリエ（Germaine Malaterre-Sellier）など——を引き付けることはできたが[17]。スイス、ベルギー、オランダでも国際連盟支援団体がかなり活発だった一方で、ドイツ、イタリア、あるいは中欧のいくつかの国では、状況ははるかに不利であった。ドイツの国際連盟に対する嫌悪は、国際連盟のためのドイツ連盟（Deutsche Liga für Völkerbund）の存在をさらに困難にした。この団体はドイツの公権力からのみ資金を受け[18]、いずれにせよ「ヴェルサイユ条約の見直し」を求めていたのであるが[19]。チェコスロヴァキアでは、国際連盟を支持する運動は非常に分裂していた。政府はライバル関係にある団体をいくつも立ち上げて互いに競合させ、そもそもそうした団体はナショナリズムへの志向を明らかにしており、国際連盟の業績にはほとんど関心がなかった[20]。

（三）　非公式な「ジュネーヴ社交界」の出現

このような支援組織はその多様性にもかかわらず、支援連合の後援を受けて相互に協力し、一九二〇年代における「精神的武装解除」に大きく貢献した。支援連合が組織した国際会議の非公式な集まりの場で、出身国の指導エリート層や彼らに比較的近い者の多い支援運動家が、少人数で定期的に顔を合わせており、正式な外交ルートの活動と比べてより円滑に対話が進むことも多かった。フランスとドイツの支援運動家のあいだでも同様だった。と言うのも、二一年六月には国際連盟のためのドイツ同盟は支援連合への加盟が認められており、ドイツ側を非常に丁重に扱ったフランスの支援運動家の支援が非常に大きかった。そして二二年のプラハ大会では、フランス代表団はドイツ代表団の面前で、「ドイツが早急に諸国家の共同体の中に受け入れられてほしい」という要望を繰り返し表明した。要望に対しベルンシュトルフ（Bernstorff）伯爵は、「今後の両国間の平和的関係発展に向けて好ましい兆候が示されたこと」に歓迎の意を示した[21]。

支援連合はまた、正真正銘の「ジュネーヴ社交界」の維持にも貢献した。例えば、支援連合の年次会合に合わせ決まって様々な観光・社交イベントを開催し、国際連盟総会の開催時にはジュネーヴで招待会を開くなどの形を取った。一例を挙げると、一九二六年九月十一日ジュネーヴ大劇場で正装の特別公演会が開催され、ピエール・ヴェーバー（Pierre Weber）の一幕ものの劇「ゴンザーガ（Gonzaga、仏語Gonzague）」のほか、バーナード・ショー（Bernard Show）の三幕ものの「反ロマンス的」喜劇『武器と人』が上演され、続けて劇場の大ホワイエではベルグ交響楽団（Orchestre des Bergues）による大舞踏会が催された[22]。

しかし、一九二二年のプラハ大会の最中、支援連合の少数民族問題常任委員会委員長を務めていたイギリス人ウィロビー・ディキンソン（Willoughby Dickinson）の報告中で構想の示された決議案に対し、チェコスロヴァキア、ルーマニア、ユーゴスラヴィア、ポーランドの代表団が自国の主権に対する侵害と判断し、総会最中に退席した事件が物語っているように、支援連合の会議の雰囲気が常に緊張と無縁だったわけではない。調停団を任命したものの、調停に向けた試みはすべて失敗に終わり、会議に居合わせた国際労働機関のオブザーバー、ウィリアム・マーティン（William Martin）は、支援連合の明らかな不手際に対し露骨に遺憾の意を表明した。少数民族問題という極めてセンシティブな問題を、「その国の世論を揺さぶり、国際連盟の基盤を危うくする[23]」ほどのリスクを冒してまでプラハで開催される会議の議題に入れるというのは、政治的センスの根本的欠如の表れにほかならないのではないかと指摘したのである。

二　ジュネーヴの国際機関の貴重な補助組織

（一）支援機関に対する国際連盟および国際労働機関の関心

創設間もない新生の国際連盟は、世論の支持を得る必要性を強く感じていた。広報局長を務めていたフランス人ピエール・コメール（Pierre Comert）は、エリック・ドラモンド（Eric Drummond）国際連盟事務総長を説得し、「（国際連盟を支援する）団体に対し、いわば正式に賛意を示す」ことを目的に、理事会から祝意を表明するよう促した。[24] こうして一九二〇年五月十五日、理事会は支援団体を「最高の補助機関」と位置付け、「心からの敬意と熱烈な祝福の言葉」を表明した。[25]

一九二一年六月六日から十日にかけてジュネーヴで開催された支援連合の第五回大会では、国際連盟事務局とのあいだで正式な関係が締結された。国際連盟事務次長ジャン・モネは大会開催に当たり、支援運動家の代表団を招き入れ「事務局に対し世論の声を伝え続ける」とともに「理事会の議事録、総会における審議、事務局の自主行動を世論に知らせ、啓発活動を行う」という二重の役割を委ねた。[26] 六月九日には支援連合と国際連盟事務局の連絡委員会が結成され、直ちにディオニシオ・アンツィロッティ（Dionisio Anzilotti）、F・Ph・ベイカー（F. Ph. Baker）、エリック・コルバン（Eric Colban）、ウィリアム・ラパード（William Rappard）ら国際連盟事務局のメンバーとの対話が始まり、相互に果たしうる役割について検討が重ねられた。[27]

国際労働機関もまた、国際連盟の支援運動家とのあいだに密接な関係を築き上げ、「彼らの関心を引く（可能性のある）問題について情報提供を行うに当たっても、あるいは『社会情報（*Informations sociales*）』欄に彼らの尽力の結果について記す際にも」彼らの役割に対し「常に満足している」と表明した。[28] 支援連合はまた、国際労働機関の代表者一名の年次大会への出席を取り付けた。平和がもたらす経済的・社会的側面が、国際労働機関の関心事と完全に合致していたからである。

（二）「ジュネーヴの理想」実現に向けた多様な宣伝活動

国際連盟支援組織は、国際連盟の事務局から委ねられた世論との橋渡しという役割を進んで引き受けた。連盟の主導する国際協力活動の成功のためには、世論からの支持が不可欠と考えていたためである。「国際連盟の強みは、連盟そのものに起源があるわけではない。連盟に命を吹き込んだ源泉、すなわち人民の意志に由来するはずである」とウィロビー・ディキンソンは唱えた。[29] この理由から、LNUは大衆集会を繰り返し実施した。地方支部の密接なネットワークを生かし、一九二七年にはイギリス全国で三、六五六回の集会を開催した。[30] フランスでは、予算規模がはるかに小さかったためにＡＦＳＤＮの活動はより小規模にとどまり、開催会議数は二四年に六二回、二五年に八九回、二六年に一三二回であった。

集会に参加した講師は、様々な宣伝手段を活用しようと工夫を凝らすことも多かった。例えばAFSDNは一九二〇年代後半以降映写機を使用し、LNUは二〇年代初めから国際連盟に関する宣伝映画の上映を行っていた。一例として、LNUの教育部が挙げた数字によると、映画「世界戦争とその後（*The World War and after*）」を見たイギリスの児童の数は一〇〇万人に達した[31]。また、LNUは二〇年代後半には毎月BBCのラジオ放送に登場するようになり、フランスでも国際連盟支援大学関係者団体（Groupement universitaire pour la Société des Nations 以下、GUSDN）が複数のラジオ局に番組を提供し、二〇年代末には数々のラジオ番組で国際連盟について「今月の講話」を放送するに至った。

ポスター、冊子、新聞、多種多様なビラなど、紙媒体の宣伝も重要な役割を果たした。しかし、LNUは『ヘッドウェイ（*Headway*）』という内容の濃い機関誌を持ち、一九二〇年代末の時点で購読者が約九万人に達していたのに対し、フランスの支援組織は宣伝用の機関誌と呼べるものを定期刊行物として出版するには至らなかった。

（三）　青年に向けた特別な尽力

また、国際連盟の新たな理想の宣伝に携わった人々は、青年に対し特別な関心の目を向けた。その意味で、「青年は未来を切り開く存在ゆえに、新たな理想を広めるのに最も適任である[32]」と考えていた、ポール・マントゥー（Paul Mantoux）を始めとする国際連盟関係者と彼ら支援者の考えは完全に合致していた。例えば、ピエール・コメールは一九二二年にGUSDNの創設に関わった当時十九歳の若きフランス人ロベール・ランジュ（Robert Lange）の活動を支援した。コメールはパリの国際連盟事務局が使っていた邸宅内の事務室を一時的に彼に貸した。最終的にランジュの活動に全面的な満足の意を示し、国際連盟の活動に対する彼の「積極的協力」が連盟にとってどれほど「貴重」だったか、そしてコメールがどれほど「感謝」したか打ち明けている[33]。GUSDNは欧州各地（チェコスロヴァキア、ブルガリア、イギリス）さらにはアメリカに至るまで数多くの模倣組織を生み出し、二四年四月には国際連盟支援国際大学連盟（Fédération universitaire pour la SDN）が創設された。自然な流れでロベール・ランジュが事務局長になり、後に会長に就任した。大学連盟はパリに本部を置き、計二四カ国に支部が結成された。選抜された学生向けにジュネーヴで夏期研修を開催し、一カ月近くのあいだ参加者に対しジュネーヴの特別な雰囲気に浸かり、国際連盟について網羅した研修を受ける機会を提供するほどだった。二四年八～九月にかけて、四〇〇人ほどの学生が国際連盟の機能に関する入門研修を受講した。名高い大学教授や国際連盟事務局の各部局長などが講師を務めた。そして、国際連盟の年次総会の業務が始まると、受講者はアルフレッド・ツィンメルン（Alfred Zimmern）教授が実施する日次報告を聞き、数多くの正式な代表者が参加する会議を傍聴する機会に恵まれた。この方法は多くの団体に模倣され、支援連合も間もなく二六年にジュネーヴで夏期研修を開始した。講義はフランス語、英語、ドイツ語で実施され、三〇年には二七二人、三一年には二七カ国から二八六人の参加者を集めた（うちフランス人一二六人、イギリス人四五人、ドイツ人一一人）。

三　国際連盟の行く先に影響を及ぼそうとする意思

しかしながら、国際連盟を支援する支援運動家は「ジュネーヴの偉大なる国際連盟が実施する任務について世論を啓発」しようと努める一方で、「国際連盟が様々な機関を通じ、自ら研究・解決に努めることを求められる（可能性のある）問題について自らも研究することで、その任務を円滑にする」ことも願っていた[34]。

（一）国際連盟の議論を先取りし、影響力を及ぼす

支援連合はまず、「新たな問題について事前に非公式な検討を行い、（国際連盟の）総会で正式に議題に挙がるよう準備し促す[35]」ことにより、ジュネーヴに拠点を置く連盟機関の業務をいわば先取りしようとした。支援機関が作成した決議は、国際連盟の官僚機構の中で一定の優先的扱いを受けた。当初は消極的であったものの支援連合の圧力により国際連盟理事会は一九二三年十二月十日、各会合の始めに「民間から受理した提案一覧」を支援連合に通知することを連盟事務局に対し認めた[36]。さらに、国際連盟の年次総会開催に当たって、二三年以降支援連合の代表団は、直近の総会で支援連合が採択した決議文を国際連盟の総会議長および事務総長に手渡すことが認められた。この決議文は提出後、国際連盟総会の『官報』に、「参考情報」として掲載される文書に盛り込まれ発表された。二七年、代表団は支援連合の総会で採択した社会法制関係の決議を国際労働機関の事務所に提出することが認められ、国際労働機関の公刊する雑誌『社会情報』に掲載されるようになった。

国際連盟および国際労働機関が支援連合の活動に関心を抱いていたのは、軍縮、少数民族問題、条約の見直し、国

際経済関係の再編成、欧州連邦の構築など、国際連盟における正式な議論に深い影響を及ぼす大多数の問題に対し、支援連合が影響力を及ぼしていたためである。例えば、一九二八年九月、ハーグで開催された直近の支援連合で採択された決議文をアルフォンス・オラール（Alphonse Aulard）が国際連盟第九回総会の議長に対し提出した際、オラールは委任統治委員会と同じような形の少数民族に関する常任委員会を設けるべきだとする各支援組織の要望を特に強調した。ところが、この要望は、オランダの首席代表者がその数日後に国際連盟総会に提出した類似の決議案を概ね先取りした内容であった[37]。

支援連合は翌年のマドリッド年次大会の場で、列強諸国とのあいだで調印を余儀なくされた不平等条約のくびきからの自国の解放を望んでいた中国代表団が国際連盟の議事に挙げていた、国際連盟規約第一九条の適用および適用不可能となった条約の再検討可能性という厄介な問題に取り組んだ。そして、この問題に対し支援連合が行った議論は、国際連盟第十回総会で特別に関心を引き寄せ、「支援連合の会合に提出された報告書の内容を知ろうと数多くの代表団が（要求し）、国際連盟総会の委員会での議論の場でその内容が（参考にされた）[38]」ほどだった。

（二）各国政府に対する圧力

また、国際連盟を支援する運動家は各国政府に直接圧力を行使し、国際協力を深めるうえで特に好ましいと判断する提案を国際連盟の場で支持するよう働きかけた。例えば、一九三二年二月にジュネーヴで開催された大規模な軍縮会議の開催に向けて、支援連合の会長は各国支援組織に対し、新聞や各団体、労働組合、政党に対し支援連合の立場を周知させるとともに、世論に向けて宣伝活動を行い、特に「必要に応じて繰り返し各国政府に対し綿密な働きかけを行い支援連合の決議案に対する理解を取り付け、次回国際連盟総会に出席する代表団ならびに軍縮会議の政府代表団に対し政府が指示を出す際に可能な限り決議の内容を踏まえるように講じさせる[39]」よう熱心に働きかけた。

一九三一年五月にブダペストで開催された支援連合の第十五回総会で採択されたこの決議では、今後の軍縮会議で軍事費総額の二五％削減を達成し、国際間の平等を実現することが明確に要求に掲げられた。フランスの支援運動家もこの決議案に賛成した事実は、フランスが国際連盟で掲げる理念に「明確に反する」としてフランス外務省を絶えず苛立たせ続けた[40]。ルネ・マッシーリ（René Massigli）に至っては、この決議案が将来、「ドイツおよびハンガリーの公式代表団から、ジュネーヴの我が国の代表団に向けて何度も引き合いに出される[41]」と懸念し、フランス代表団が出発前に外務省と協議を行わなかったことに遺憾の意を示した。さらに、軍縮会議の正式な開会時に、イギリスのロバート・セシル卿は軍縮に関する支援連合の提案を公式に発表することができ、イギリス人フィリップ・ノエル＝ベイカー（Philip Noel-Baker）の証言によると、その提案は「最初から最後まで軍縮会議の議論に支配的な影響を及ぼすに至った[42]」という。

（三）国際連盟の不完全さを補う

支援連合はまた、国際連盟の行動が何らかの限界に直面した数々の問題に対し、自ら対応を試みることもあった。より正式な外交ルートを通じて実施されてきた働きかけが決定的な成果を生まなかった場合に、民間外交という形で補完することを目指した。例えば、関税障壁撤廃の困難打開に向けて一九二七年五月に国際連盟の後援により開催された国際経済会議で採択された勧告を後押しする目的で、支援連合は二八年十月四日から六日にかけてプラハで独自に「国際経済会議」を開催した。この民間会議では、経済・政治的性格をもつ三四ほどの国際団体を代表する約一五〇人の代議員が出席した[43]。国際連盟事務局のアーサー・ソールター（Arthur Salter）経済局長およびＩＬＯのフェルナン・モーレット（Fernand Maurette）研究部長という著名な国際公務員二人が発言し、その演説は新聞紙上で「高く評価された[44]」という。会議の最終決議では、各国政府が経済問題に関して良識に基づく政策を遂行することを確約する国際的な経済協定の締結を力強く要求した（国際連盟の立案する協定の批准、全貿易条約への最恵国待遇条項の盛り込み、協定の全調印国間での事前合意のない一切の新たな関税率引き上げの禁止など[45]）。この第一回会議に引き続き、三〇年六月三日にはジュネーヴで、より議題の絞られた第二回会議が開催されイヴ・ル・トロケ（Yves Le Trocquer）が議長に就任した。その目的は、国際連盟がこれまでになく必要としていた経済分野の活動を改めて支援することであった。

しかし、国際連盟の弱点を補うべく支援連合が特に少数民族問題に力を尽くしたことは確かである。ウィロビー・ディキンソン卿の「積極的で公平な指導[46]」の下に置かれた支援連合の少数問題委員会は、重要な活動を繰り広げた。熱烈な英国国教の信奉者であったディキンソン卿は、世界教会運動に基づく国際協調を強く支持しており、国際的な友愛の理想を追求していた。彼は、少数民族紛争の解決に関する国際連盟規約の規定は不十分だと考え、それゆえこの分野における国際連盟の弱点が、反動的なナショナリズムの発展やさらには戦争に結び付くことを懸念していた[47]。彼の影響下で支援連合は、「外から何らかの動きがある前に、多数民族と少数民族の代表を可能な限り一堂に集め、委員会で自由に意見を述べてもらうよう働きかけた。この対話は、少数民族と多数民族の関係を悪化させることは決してなく、対話が関係改善につながったことが何度もあった[48]」という。例えば、ルーマニアのブルガリア系少数民族とブルガリアのルーマニア系少数民族が対話した一九二八年の事例が挙げられる[49]。

結論

結論としては、国際連盟支援組織は一九二〇年代、いわば「国際連盟の第三の決議機関[50]」の役割を果たしていたと言っても言い過ぎではない。一九一九年の講和会議に南アフリカ代表として参加したヤン・スマッツ（Jan Smuts）将軍は、国際連盟の理事会および総会に匹敵する役割を担っていると考えていたほどである[51]。尽力の程度は国や地域により非常に大きな差があったものの、国際連盟を支援する運動家は、民間団体による活動を通じ「ジュネーヴ精神」にもっとも好意的な世論を盛り上げ導くことに貢献した。単に国際連盟の評判を高めるための活動にとどまらず、連盟による国際協力の発展に特にふさわしいと考えられる対策を進展させ、ジュネーヴの国際連盟機関が対応を迫られると予想される様々な国際問題を先取りして行動しようと努めた。

国際連盟および国際労働機関の側は、こうした支援組織のことを世論レベルでの自らの活動の擁護を担う潜在的補助機関として評価する一方、程度の違いはあれ国の補助金に依存していた支援組織に対し加盟国が期待していたのは、外交政策に関する自国の考え方を仲介する役割であった。この目標は、国際連盟という新しい多国間外交の場を全面的に活用し、あらゆる国家間の誠意に基づく協調の実現にふさわしい外交政策を採用するよう各国政府に対し圧力をかけるという国際連盟支援運動の意思としばしば衝突した。

一九二〇年代には国際関係の漸進的な緊張緩和という状況を反映し、支援組織と各国政府、国連機関との間で一種の暫定協定が生まれたが、三〇年代になると脅威の高まりにより急激にその基盤が脅かされ、支援組織にとって深刻な痛手となった。国際連盟の相次ぐ失敗は数多くの内部対立を引き起こすとともに、組織の会員の少なからぬ部分を失う結果を招いた。

註

（1） Union internationale des associations pour la Société des

Nations（以下、UIASDN）, *Compte rendu des travaux de la Ve Conférence de l'Union internationale des associations pour la Société des Nations,* Bruxelles, 1921, p. 65.

（2） *Ibid.*

（3） Théodore Ruyssen, *Les Associations pour la Société des Nations et leur Union internationale,* Bruxelles, [s.d.], p. 5.

（4） *Ibid.,* p. 7.

（5） Thomas Gomart, «La relation bilatérale: un genre de l'histoire des relations internationales», *Matériaux pour l'histoire de notre temps,* n° 65-66, 2002, pp. 65-68.

（6） 非常に充実した次のレヴュー・エッセイを参照されたい。ただしこのなかでは、国際連盟を支援した組織に関する研究は言及されていない。Susan Pedersen, "Back to the League of Nations," *The American Historical Review,* Vol. 112, No. 4 (October 2007), pp. 1091-117.

（7） 国際関係論のフランス学派による国際連盟研究の成果を挙げておく。Scott G. Blair, *La France et le pacte de la Société des Nations : le rôle du gouvernement français dans l'élaboration du pacte de la Société des Nations, 1914-1919,* thèse de doctorat, Université de Paris 1, 1992; Marie-Renée Mouton, *La Société des Nations et les intérêts de la France (1920-1924),* Berne, Peter Lang, 1995; Pierre Gerbet, Victor-Yves Ghébali, Marie-Renée Mouton, *Le rêve d'un ordre mondial de la SDN à l'ONU,* Paris, Imprimerie nationale, 1996; Jean-Jacques Renoliet, *L'Unesco oubliée : la Société des nations et la coopération intellectuelle, 1919-1946,* Paris, Publications de la Sorbonne, 1999; Christine Manigand, *Les Français au service de la Société des Nations, Berne, Peter Lang, 2003 ; Dzovinar Kevonian, Réfugiés et diplomatie humanitaire. Les acteurs européens et la scène proche-orientale pendant l'entre-deux-guerres,* Paris, Publications de la Sorbonne, Paris, 2004.

（8） 次の先駆的な研究を参照。Thomas R. Davies, "Internationalism in a Divided World: The Experience of the International Federation of League of Nations Societies, 1919-1939," *Peace & Change,* Vol. 37, No. 2 (2012), pp. 227-52.

（9） その歴史的重要性ゆえにイギリスの運動については多くの研究がある。Henry Ralph Winkler, *The League of Nations Movement in Great Britain, 1914-1919* (New Jersey: Rutgers University Press, 1967); Donald S. Birn, *League of nations union 1918-1945* (Oxford : Clarendon Press, 1981); Helen McCarthy, *The British People and the League of Nations: Democracy, Citizenship and Internationalism, c.1918-1945* (Manchester: Manchester University Press, 2011). 当該期の初期についてはまた、国際連盟を支持する運動の英仏比較研究も存在する。Christian Birebent, *Militants de la paix et de la Société des Nations. Les mouvements de soutien à la Société des Nations en France et au Royaume-Uni 1918-1925,* Paris, L'Harmattan, 2007. フランスに関してはJean-Michel Guieu, *Le rameau et le glaive, Les militants français pour la Société des Nations,* Paris, Presses de Sciences-Po, 2008 を、アメリカに関してはWarren F. Kuehl, Lynne K. Dunn, *Keeping the Covenant: American Internationalists and the League of Nations, 1920-1939* (Kent: Kent State Univ. Press, 1997) を、ドイツに関してはJost Düllfer, «De l'internationalisme à l'expansionnisme: la ligue allemande pour la SDN», *Guerres mondiales et conflits contemporains,* n°154, avril 1989, pp. 23-39; Joachim Wintzer, Deutschland und der Völkerbund 1918-1926, Paderborn, Ferdinand Schöningh Verlag, 2006 をそれぞれ参照。日本の国際連盟協会については以下に言及がある。Thomas W. Burkman, *Japan and the League of Nations: Empire and World Order, 1914-1938* (Honolulu: University of Hawaii Press, 2008).

(10) «La conférence interalliée de Londres pour la Société des Nations», *La paix par le droit,* avril 1919, p. 176.

(11) Archives du ministère des Affaires étrangères (以下、AMAE), La Courneuve PA-Bourgeois, Vol. 18, discours de Léon Bourgeois à la conférence plénière du 28 avril 1919.

(12) Lettre de Robert Cecil au colonel Fischer, 3 juin 1919, citée dans Birebent, *Militants de la paix et de la Société des Nations,* p. 67.

(13) ベルギー、中国、スペイン、フランス、イギリス、ギリシャ、イタリア、日本、オランダ、ポルトガル、ロシア、スウェーデン、スイス、ユーゴスラヴィア。

(14) Association française pour la Société des Nations, *Compte-rendu de la troisième conférence des associations des pays alliés et neutres pour la Société des Nations tenue à Bruxelles les 1er, 2 et 3 décembre 1919,* 1920, p. 26.

(15) Archives du BIT (以下、ABIT), Genève, D 600/431/5, Rapport de William Martin adressé à Albert Thomas, Vienne, 24 juin 1923.

(16) Birn, *League of nations union 1918-1945.*

(17) 国際連盟を支援したフランスの運動については以下を参照。Birebent, *Militants de la paix.*

(18) Jost Dülffer, «De l'internationalisme à l'expansionnisme: la ligue allemande pour la Société des Nations», *Guerres mondiales et conflits contemporains,* n° 184, avril 1989, p.26 ; Jean-Michel Guieu, «Les Allemands et la Société des Nations (1914-1926)», *Les Cahiers Irice,* (n° 8), 2011/2, pp. 61-90.

(19) Archives de la SDN (以下、ASDN), Genève, Collection Quidde, Box 130, «Wie arbeitet die Deutsche Liga für Völkerbund ?».

(20) Davies, "Internationalism in a Divided World," pp. 236-37.

(21) *UIASDN, VIe conférence et session du conseil général, Prague 3-7 juin 1922,* Compte rendu des travaux, Bruxelles, 1922, p. 106.

(22) Bibliothèque de documentation internationale contemporaine, Nanterre (以下、BDIC), Fonds Jules Prudhommeaux, F Delta Rés. 718-2 (1), brochure de l'UIASDN, «Deuxième soirée de Gala annuelle à l'occasion de la VIIe Assemblée».

(23) ABIT, D 600/431/1, Lettre de William Martin adressée au BIT, Prague, 6 juin 1922.

(24) AMAE, série ASDN, Vol. 1921, lettre de Pierre Comert à Bertrand Clauzel (SFSDN), Londres, 25 mars 1920.

(25) Ibid., 一九二〇年三月十五日にローマで開催された国際連盟理事会採択決議。

(26) UIASDN, *Compte rendu des travaux de la Ve conférence,* p. 65.

(27) *Ibid.,* p. 66.

（28） ABIT, D 600/431/3, Lettre du BIT à Théodore Ruyssen, 6 octobre 1922.

（29） 原文英語：*“The power of the League will not emanate from the League. It must be drawn from the source that gave it birth, the will of the common people”*：ウィロビー・ディキンソン「死者への債務（Our Debt to the Dead）」より（ロンドン・ヴィクトリア通りのクリスト教会で一九二六年の休戦記念日に行った講演）。Daniel Gorman, “Ecumenical Internationalism: Willoughby Dickinson, the League of Nations and the World Alliance for Promoting International Friendship through the Churches,” *Journal of Contemporary History,* Vol. 45, No. 1 (2010), p. 65 より引用。

（30） Birebent, *Militants de la paix et de la Société des Nations,* p. 88.

（31） *Ibid.,* p. 89.

（32） AMAE, fonds 162, Inventaire III, dossier 32, procès-verbal du IIe congrès de la Fédération universitaire internationale pour la Société des Nations, Genève, 1925.

（33） AMAE, fonds 110, boite 2, dossier 97, lettre de Pierre Comert à Robert Lange, Genève, 16 mai 1923.

（34） Ruyssen, *Les Associations pour la Société des Nations et leur Union internationale,* pp. 5-6. 強調は引用者による。

（35） Émile Borel, «De Lyon à Genève», article paru en juillet 1924 et repris dans É. Borel, *Organiser,* Paris, Librairie Félix Alcan, 1925, p. 31.

（36） «Les associations pour la Société des Nations et la Société des Nations», *Bulletin de l'Union internationale des associations pour la Société des Nations,* （以下、*BUIASDN*）janvier-février 1924, pp. 33-34.

（37） Davies, “Internationalism in a Divided World,” p. 241.

（38） «Les associations pour la Société des Nations et leur union internationale. Raison d'être, activités, résultats acquis», *BUIASDN,* janvier-mars 1930, p. 13.

（39） BDIC, fonds Jules Prudhommeaux, F delta rés. 718/2, UIASDN, Circulaire n°110 bis, «Propagande pour le désarmement», 7 juillet 1931.

（40） AMAE, série ASDN, Vol. 1923, note pour le ministre, 10 juin 1931.

（41） Ibid., dépêche de René Massigli adressée à M. de Beauverger, chargé d'affaires à la Légation de France à Budapest, 22 juin 1931.

（42） Philip Noel-Baker, *The First World Disarmament Conference, 1932–1934, And Why It Failed,* (Oxford: Pergamon Press, 1979), p. 75, cité dans Davies, “Internationalism in a Divided World,” p. 243.

（43） 出席した団体の例として、例えば国際協同組合同盟、国際商工会議所、経済関税行動委員会、国際連盟支援国際大学連盟、普遍的自由貿易推進国際委員会、欧州経済連合、欧州関税連合などが挙げられる。

（44） ABIT, D 600: 431/12, «Rapport sur la conférence économique internationale», 18 octobre 1928, p. 2.

（45） UIASDN, *Conférence économique internationale, Prague, 4, 5, 6 juin 1928,* Résolutions, Bruxelles, [s.d.], p. 3 et suiv.

（46） Ruyssen, *Les Associations pour la Société des Nations et leur*

Union internationale, p. 4.

(47) Gorman, "Ecumenical Internationalism," pp. 69-70.

(48) Ruyssen, *Les Associations pour la Société des Nations et leur Union internationale*, p. 5.

(49) Davies, "Internationalism in a Divided World," p. 245.

(50) Ibid., p. 240.

(51) Ibid. この第三の決議機関は、各国議会の代表者やその他の世論を代表する機関で構成されるべきものと考えられていた。

訳者あとがき

ここに訳出したのは、Jean-Michel Guieu, «La SDN et ses organisations de soutien dans les années 1920 : Entre promotion de l'«esprit de Genève» et volonté d' influence», *Relations internationales*, No. 151 (2012-3), pp. 11-23 の全文である。ただし今回の日本語訳に当たり、筆者による加筆訂正がほどこされた。

英語圏の研究に比べて日本で知られることが少ないフランス語の研究を紹介できるこの機会に、国際関係史でありかつ日本も深くかかわった国際連盟という主題は本誌の読者の関心を引くのではないかという期待から、本論文を翻訳することになった。連盟を支援した欧米の民間団体の活動を取り上げる本研究は、国際関係を国家間関係に限定せずアクターの多様性に注目してトランスナショナルな関係として分析するものである。このような学問的関心は、日本の研究者にも大いに共有されるであろう。

本文でも言及されているように、第二次世界大戦を防げなかったという「失敗」ゆえに必ずしも重要視されてこなかった国際連盟に関して、近年では新たな関心が注がれ研究が活況を呈しており、これは日本でもみられる現象である[1]。連盟と日本との関係という点に関しても常任理事国としての役割だけでなく、広報・啓蒙活動を行った民間団体「国際連盟協会」について先行研究がある。このような研究状況にかんがみて、本論文が日本の研究者の関心に応えるところがあれば、望外の喜びである。

なおタイトルにある「ジュネーヴ精神」とは、特に一九二〇年代後半に、和解と協調に基づいて世界平和を築こうとする国際外交（国際連盟が代表的であるが、その他にも存在した）に携わった人々の主義と目標を指して、当時使われた表現である[2]。

筆者はパリ第一大学准教授で、専門は国際関係史、主な研究対象は国際連盟を中心とする一九世紀末から二〇世紀前半のヨーロッパにおける平和構築過程である。主著に『小枝と剣――国際連盟のためのフランス人運動家[3]――』がある。近年の学術論文の発表や学会運営活動はめざましい。二〇一五年には、人文書の有力な出版社スイユ（Seuil）社による企画「フランス現代史」シリーズの一冊として『平和を勝ち取る――一九一四～一九二九年――』が刊行される予定である。また、これまで欠けていたものが第一次世界大戦百周年を機に刊行される一九一七～一九年の「フランス外交文書[4]（*Documents diplomatiques français*）」の編集委員も務めている。翻訳のための改稿に快くかつ誠実に応じ、訳者のたび重なる質問にその都度ていねいに答えてくれた著者に謝意を表したい。

翻訳に当たっては前半を松沼、後半を末次が訳したうえで、両人が全体を通読し表現の統一などを図った。

（松沼　美穂）

註

（1）最近の日本語の研究として以下を挙げておく。馬路智仁「アルフレッド・ジーマンの国際的福祉社会の構想――ブリティッシュ・コモンウェルス、国際連盟、環大西洋的共同体の思想的連環――」（『国際政治』一六八号、二〇一二年）一六―二九ページ。後藤春美「中国のロシア人女性難民問題と国際連盟――帝国の興亡の陰で――」（木畑洋一・後藤春美編『帝国の長い影――20世紀国際秩序の変容――』ミネルヴァ書房、二〇一〇年）二〇三―二八ページ。後藤春美「イギリス帝国の危機と国際連盟の成立」（池田嘉郎編『第一次世界大戦と帝国の遺産』山川出版社、二〇一四年）二五―五一ページ。篠原初枝『国際連盟――世界平和への夢と挫折――』（中央公論新社、中公新書、二〇一〇年）。旦祐介「コモンウェルスと委任統治――二〇世紀はじめのグローバル化――」（山本正・細川道久編『コモンウェルスとは何か――ポスト帝国時代のソフトパワー――』ミネルヴァ書房、二〇一四年）一六九―九〇ページ。安田佳代『国際政治のなかの国際保健事業――国際連盟保健機関から世界保健機関、ユニセフへ――』（ミネルヴァ書房、二〇一四年）。

（2）Cf., Robert de Traz, *L'esprit de Genève*, Paris, Grasset, 1929.

（3）Jean-Michel Guieu, *Le rameau et le glaive, Les militants français pour la Société des Nations*, Paris, Presses de Sciences-Po, 2008.

（4）Sous la direction de Robert Frank et Gerd Krumeich.

第一篇　第一次世界大戦研究の現段階

――研究動向と考察――

ポスト冷戦期ドイツにおける第一次世界大戦史研究

鍋谷郁太郎

一　前史

ドイツにおける第一次世界大戦史研究は、伝統的な外交政治史のパラダイムを軸に敗戦直後から歴史家たちによって活発に行なわれ始めた。その目的は、ヴェルサイユ条約第二三一条にうたわれたドイツの戦争責任問題に対する免罪を証明することであり、ドイツ戦争責任の弁明論的相対化であった。ドイツ外務省の支援の中で、ヴェルサイユ条約の修正を求める修正主義運動の援護射撃を歴史家たちは担っていく。代表的な歴史家としては、デルブリュック（Hans Delbrück）、ヘルツフェルト（Hans Herzfeld）、ロートフェルス（Hans Rothfels）、ティメ（Friedrich Timme）、ヘレ（Paul Herre）などがあげられる[1]。

第二次世界大戦後のドイツ人にとって、ナチズムの衝撃は大きかった。東西への分裂に伴って、自分たちのアイデンティティーの危機に多くのドイツ人は見舞われた。このような中でドイツ連邦共和国（西ドイツ）における歴史家たちにとって、ドイツ史におけるナチズムの位置付けと評価が大きな課題となった。その目指すところは、近代ドイツ史におけるナチズムとの非連続性の証明であった。つまり、ヒトラーもナチズム体制もドイツ国民国家史の中で例外的な現象であり、ドイツの伝統とはかけ離れたものであることの証明であった。第一次世界大戦も、このような文脈の中で改めて考えられていくことになる。ただし研究の方法論は、それまでと全く変わらない個人中心の伝統的外交政治史と主観的道徳的解釈を組み合わせる歴史主義的なものであった。ヘルツフェルト、リッター（Gerhard Ritter）、マイネッケ（Friedrich Meinecke）、エルドマン（Karl Dietrich Erdmann）、フーバチュ（Walter Hubatsch）といった保守的な歴史家の重鎮たちは、ナチズムを例外的現象としてドイツの過去との非連続性を強く主張すると共に、改めて第一次世界大戦の戦争責任を否定していった[2]。

このような中でハンブルク大学教授であったフィッシャー（Fritz Fischer）が、一九五九年に第一次世界大戦におけるドイツの戦争目的に関する論文を発表し、六一年にはその内容をさらに展開させた『世界強国への道』を世に問うた[3]。この書は膨大な史料に基づく伝統的外交史の方法論による研究であったが、ドイツ歴史学に二〇年代から連綿と続いていた第一次世界大戦責任免責論に対して明白な異議申し立てを行ない、ドイツの戦争責任を証明しようとした。このようなフィッシャーの研究によって、歴史家から政治家までも巻き込んだ大論争、所謂フィッシャー論争が六〇年代前半に展開されることになった。この論争の進む中で、フィッシャーは自己の主張を先鋭化していった。彼の主張を端的にまとめれば、以下のようになる。ドイツ帝国は、イギリスの中立の維持を前提として、一一年以来意図的にヨーロッパ戦争を準備してきた。そして一四年夏に世界帝国の実現を目指して戦争を意図的に起こした。大戦時のドイツの戦争目的は、戦前からの長期にわたる戦争計画の単なる結果である。宰相ベートマン・ホルヴェーク（Bethmann Hollweg）は、明白な侵略プログラムを持っていた。

フィッシャーは、さらにこのような自己のテーゼを次第にナチズムと繋げて考えるようになっていく。彼は、それまでタブーとされてきたドイツ帝国からナチズムへの連続性を以下の二点で強く主張していった。一つは、政治・経済エリートや軍エリート、そして社会エリートにおける連続性である。もう一つは、侵略的外交政策上での連続性である[4]。

フィッシャーのテーゼ全てが、現在において肯定されている訳ではない。ドイツ帝国に第一次世界大戦を起こした主たる責任があるという点は現在において広く受け入れられているが、戦前からの戦争目的の連続性に対しては、多くの歴史家は疑念を表明している。しかし重要なことは、フィッシャーがあくまでも内政を重視しているとはいえ、方法論的には外政の優位に基づく伝統的な実証史学のパラダイムの枠組みの中で自説を展開していった点である[5]。モムゼン（Wolfgang J. Mommsen）が指摘するように、フィッシャー論争とは、結局伝統的方法論に固執する保守的な歴史家ツンフトの「白鳥の歌」であった[6]。

この論争の最大の成果は、モムゼン、ヴェーラー（Hans-Ulrich Wehler）、コッカ（Jürgen Kocka）、リュールップ（Reinhard Rürup）といった「社会構造史（Gesellschaftgeschichte）」派を生み出していったことであろう。社会構造史派は、歴史主義的な分析手法からの決別、つまり方法論的パラダイム転換を高らかにうたった。彼らの主張は、以下の三点にまとめられる。[7]

①　人々の行動を規定する社会経済的な要因を重視する。つまり歴史事象の構造分析が重要である。

②　史料から直接読みとれない歴史的事象の動因や背景を把握するためには、政治学、経済学、社会学といった社会諸科学によって打ち立てられた理論やモデルを歴史研究にも応用することが求められる。つまり、歴史学は歴史社会学（Historische Sozialwissenschaft）を志向するべきである。

③　イデオロギー批判は、歴史学の重要な課題である。同時代の人々が意識していない歴史的事象の隠れたイデオロギー的次元を可能な限り解明していくことが重要である。

フィッシャー論争は、結果として西ドイツ歴史学に一種の方法論的パラダイム転換をもたらした。このような新しいパラダイムに立脚して、社会構造史派はニュアンスの差こそあれ、フィッシャーテーゼを擁護しつつも、政治家や軍人といった個人の思惑や意思を重視する伝統的手法に拘るフィッシャーを乗り越えるべく、ドイツの戦争責任を社会科学的構造分析によって証明しようとする。ヴェーラーやモムゼンといった社会構造史派の中心的歴史家は、第一次世界大戦の構造そのものの社会科学的分析よりも、ドイツ帝国が何故戦争を引き起こしたのかの構造分析に重点を置いた。また、ドイツ帝国からナチズムまでの連続性を強く主張する。[8]

例えば、ヴェーラーの主張を見てみよう。ヴェーラーは、一九一四年七・八月におけるドイツ帝国指導部の政策が、内政改革能力のない帝国の根深い内政的危機からの「前方への逃避」を行なったと考えた。大衆政治の進行と共に強まってくる民主化要求、政治への参加要求、社会的改良の要求といったものに、ドイツ帝国の支配エリートは適切に対処していく能力が欠如しており、その結果として様々な領域で矛盾と不満が高まり、社会的な緊張が肥大化していた。そのような社会的緊張の肥大化による帝国構造の弱体化や崩壊の危険性を予防的に回避するために、戦争を起こして国民の目を外に向けさせてナショナリズムを高揚させることが必要不可欠だった。つまり、第一次世界大戦は、フィッシャーが主張するような長期にわたる戦争計画の結果ではなく、支配エリートが次々に出てくる民主化要求の問題に適切に対処する能力が欠如していた為に起こったとされた。このように考えるヴェーラーは、ドイツ帝国の内政を、政党、利益団体、家族、学校、紛争、社会保障制度、軍と軍備といった様々な次元から多角的に分析を試みている。彼の視点においては、明らかに内政の優位が貫徹されている。[9]

しかし、ナチズムとドイツの過去との連続性・非連続性という問いの中で第一次世界大戦を考えていくというヴェーラーの姿勢は、結局は第二次世界大戦以降のドイツ歴史家ツンフトが提起した議論の枠を超えていなかった。また、その意味では、社会構造史派は、一九二〇年代から連綿と続いていた第一次世界大戦におけるドイツの戦争責任問題からも完全には自由になれていなかった。[10]

ドイツにおける第一次世界大戦史研究が、戦争責任問題という宿痾から解放されるのは、次の世代を待たねばならなかった。次の世代とは、一九四五年から六〇年代生まれの戦後世代であり、社会構造史派の指導を受けると同時にフランスのアナール学派的な社会史の方法論を十分に咀嚼吸収していた歴史家たちである。九〇年にドイツ民主共和国（東ドイツ）の解体とドイツ統一が実現し、九一年にはソ連が消滅した。ポスト冷戦期となる九〇年以降、とりわけ二〇〇〇年以降のドイツ連邦共和国における第一次世界大戦史研究は、急速に質的にも量的にも夥しい成果を生み出しているが、その中心にいるのは、この世代の研究者である。彼らは、アナール的社会史の手法を取り入れながら、大戦の日常に様々な次元で深く切り込んでいく。[11]

本稿は、上記のような研究動向を踏まえて、ポスト冷戦期におけるドイツ連邦共和国での第一次世界大戦史研究の方向性を総括しようという試みである。[12]

二　ポスト冷戦期

一九九〇年代に入って、第一次世界大戦史研究のモノグラフィーの数は飛躍的に増大し、様々な新しい成果が発表されている。その方向性をまとめると、以下の五点に集約される。

① 挙国一致体制の再吟味と脱神話化の進行
② ドイツ占領地区からの一般民間人の強制移住（Deportation）と強制労働（Zwangsarbeit）の実態の解明
③ ナチズムと第一次世界大戦の関係性
④ 戦争捕虜
⑤ 医療と第一次世界大戦

以下、これらに沿って方向性の内容をまとめていくことにする。

（一）　挙国一致体制の再吟味と脱神話化の進行

「城内平和（Burgfriedn）」の名で呼ばれる挙国一致体制の内実が、地域ケーススタディによる銃後社会の研究で明らかにされてきている。ダルムシュタット（Darmstadt）[13]、フランクフルト[14]（Frankfurt a/M）、フライブルク[15]（Freiburg）、ハンブルク[16]（Hamburg）、ミュンヒェン[17]（München）、ミュンスター[18]（Münster）、バンベルク[19]（Bamberg）、ドレースデン[20]（Dresden）といった都市やバイエルン（Bayern）、ウェストファーレン（Westfalen）といった地域における日常生活史や心性史の研究[21]、あるいは一九一四年八月の熱狂を多角的に扱った研究[22]によって、「挙国一致体制」の相対化と脱神話化が加速度的に進んだ。ブルジョア層の一部を除いて、ドイツ国民は戦争に愛国心というよりも、諦念と順応からなる消極的戦争受容という精神状態で対峙していったことが明らかになった。八月熱狂は大都市のブルジョアにおいてだけの現象であり、中小都市においてはほとんど見られなかった。また都市よりも農村においては、戦争への民衆の反応は沈鬱なものがあったことが明らかにされている。農民は、大きな失望をもって八月の宣戦布告を聞いたことが指摘されている。

上記の主張をさらに裏付けるものとして、「城内平和」の中心にあった社会民主党・自由労働組合と一般労働者の間にある乖離も強く指摘されるようになっている。「城内平和」は、決して労働者や社会民主党一般党員そして自由労働組合一般加盟員の意思ではなく、社会民主党指導部が勝手に自らの判断で決定したものに過ぎないのである。従って、「城内平和」の一般化は不可能であるとされた[23]。実際、都市の労働者はパニックに陥り、銀行の前に長蛇の列をなして、取り付けに走った。彼らは、国家の信用がなくなることを恐れて紙幣を硬貨に両替しようとした。また都市の労働者は、ブルジョアの八月の熱狂を尻目に、食料品店に長蛇の列を作り、食料品の買い溜めに走った[24]。

この時期、戦争を積極的に肯定していった知識人の動向研究も多く出ている。大学教授、作家、哲学者、歴史家などの積極的な戦争賛美の実態が明らかにされた[25]。その際考察の中心に置かれたのは、「一九一四年の精神」である。「自由・平等・友愛」をうたった「一七八九年の精神」を超克すると同時にドイツの戦時体制を新しい社会の形成原理と称賛するものと多くの知識人によって提起され、発展させられていった理念である。具体的には、「責任・秩序・権威・祖国への共属性」を強く打ち出し、イギリスやフランスにおけるような民主主義を否定し、「組織化」を全面的に肯定するものであった。それが究極的に目指すものは、挙国一致体制の完成形態である「民族共同体（Volksgemeinschaft）」「民族国家（Volksstaat）」であった。ただし、「一九一四年の精神」が挙国一致体制にどこまで貢献したかは、疑問視されている[26]。

また、大戦期ドイツを軸に民主主義思想を巡る議論を追いながら、民主主義概念理解の変遷を詳細に分析したランクヴェ（Marcus Llanque）の研究も必読文献である。彼によれば戦争によって、大戦中にようやくイギリスやフランスが「西欧民主主義」を代表する国家としてのイメージが連合国の中で出来あがっていくとされる。そして大戦を連合国は、民主主義を守るための戦争と位置付けていく。ドイツ知識人はそれに対して、「西欧民主主義」を超克するものとしての「ドイツ的自由」〔トレルチ（Ernst Troeltsch）〕をあげて反論していくものの、一九一七年七月危機を転換点として自由主義者や社会主義者を軸として西欧型の議会制民主主義への評価が高まっていった。ヴァイマル共和国の政治体制を考えていく上でも、ランクヴェの研究は貴重な示唆を与えてくれる。[27]

前線兵士の戦争体験や心性の研究も、この時期本格化した。野戦郵便、塹壕新聞、兵士の日記といった史料を使った研究が数多く出されると同時に、[28]このような史料の史料集としての刊行も始まっている。[29]特に、ドイツだけで一日平均前線から九九〇万通、家族から六八〇万通が出された野戦郵便に注目が集まっている。膨大な数を処理するために、八、〇〇〇人余りもの職員が野戦郵便部門で働いていた。野戦郵便によって、戦争に対する兵士のアンヴィバレントな姿勢や思いが明らかにされてきている。前線での敵国兵士との交流も、クリスマスといった特別な時期以外にも日常的に頻繁に行なわれており、また戦争初期の頃は可能な限り銃弾を敵兵士に向けて撃たないこともしばしば見られたことが明らかにされてきている。さらに前線兵士には情報が著しく欠如しており、戦争の大局が全く知らされないままに戦わされたことが分かってきている。兵士にとって生き延びることが全てであった。モムゼンに言わせれば、兵士共通の戦争体験は存在せず、あるのは兵士一人ひとりのバラバラな体験だけだとされる。[30]

兵士にとって野戦郵便は、故郷の家族、親戚、友人、恋人たちとの唯一の繋がりの糸であり、軍部から見れば兵士の士気を維持していく重要な手段であった。しかし、それは同時に戦場の赤裸々な状況や厭戦気分を家族に伝える危険な側面を持っていた。軍部は、そのことを認識しており、次第に検閲を強化していく。と言っても、天文学的な数字の野戦郵便を管理することは事実上不可能であったし、第二次世界大戦時と比較しても検閲の緩さは明白であった。もちろん家族を思って辛い体験を書き留めないという兵士の自己抑制、あるいは聖職者・役人からの抑制勧告といったバイアスがかかっていることを前提としてこの史料は読まなくてはいけない。しかし、相対的に自由度が高かった第一次世界大戦期の野戦郵便は、一級史料として歴史家を魅了し続けることであろう。

このような「城内平和体制」の相対化や前線兵士の日常の解明の進展は、「戦争文化（Kriegskultur）」論争の決着にも大きく貢献するものと思われる。「戦争文化」論争とは、この時期にフランスにおいて第一次世界大戦史研究者の間で起こった論争である。簡単に言うならば、兵士や民衆が四年以上にわたる総力戦に「耐え抜いた（Durchhalten）」のは、積極的に戦争を肯定する心性が兵士にあったからか、あるいは国家や軍による強制があったからかを巡る論争である。前者の立場に立つ歴史家は、敵を憎みそして敵を倒したいとする姿勢を「戦争文化」と呼び、民衆や兵士の中に強く存在したと主張する。[31]

しかし、バウアーケンペル（Arnd Bauerkämper）とユーリエン（Elis Julien）は、以下のように「戦争文化」論争を批判する。「戦争文化」論争は極めてフランスらしい議論のための議論であり、突き詰めると両者にはそれほど大きな差は存在しない。それ故にこの論争は基本的にフランス国内に限定され、他の国の歴史家を引き込むことが出来なかった。強制と同意は排除し合うものではなく、つながっている側面を持っており、また拒否と賛同も線引きが難しい。[32] さらにあらゆる賛同は限界と二律背反性を持っている。さらにまた、「戦争文化」に説得力がないとするオッフェンシュタット（Nicolas Offenstadt）は、この文化が如何にして民衆によって獲得され、受容されそして内面化されていったのかを実証的に示すべきであるが、戦争文化論者の歴史家は個別具体的な研究を行なっていないと批判する。[33] 実際ドイツのポスト冷戦期に進展した銃後の日常生活や前線兵士の戦争体験に関する研究を見ても、「戦争文化」論には懐疑的にならざるを得ないと言える。

イギリスやフランスの戦時体制との比較も、この時期進展した分野である。特にフランスとの挙国一致体制の質的相違が明らかにされている。[34] フランスは、一九一四年七月段階で、「自由」「権利」「ヒューマニズム」の為の戦争という大義名分によって、ドイツ社会よりも戦争への高い同意コンセンサスが形成された。フランスの挙国一致体制である「神聖同盟（Union sacrée）」は、一九〇五年の政教分離法によって政治活動から締め出されたアウトサイダー的存在であるカトリックを主たる対象にしたものであった。これに対してドイツの「城内平和」は、長年にわたって祖国なき輩として社会から隔離されていた社会主義者（社会民主党）を体制に統合することを第一に目指していた。フランスにおいて議会制民主主義は大戦中も機能しており、共和国体制そのものが大戦中批判に晒され討論の対象になることはなかった。社会主義者の多くも、共和政支持で一致しており、戦時体制を積極的に支持していった。大戦は、共和政を結果として強固なものとし、不動なものとした。

一方、イギリスに関しては、ドイツやフランスのように一九一四年八月に挙国一致体制は出来あがらず、また四年間を通じても議会主義は正常に機能していたとされた。その結果として、ストゥ（Georges - Henri Soutou）はイギリスの挙国一致体制は一八年まで不完全なままであったとし、それはイギリスの地政学的状況にも由来していると指摘している。[35]

（二）ドイツ占領地区からの一般民間人の強制移住[36]と強制労働の実態の解明

ドイツは敗戦時で、少なくても二五〇万人もの外国人を労働者として動員しており、この数字はヨーロッパ参戦国の中でも突出している。その内訳は、民間人がおよそ一〇〇万人、戦争捕虜が約一五〇万人とされている。[37]強制移住と強制労働の対象になったのは、ドイツによって占領されたベルギーやフランス北部そしてロシア領ポーランドにおける民間人である。その大半は東ヨーロッパ占領地区からの動員であった。戦争を通じて少なく見積もっても五〇万から六〇万のポーランド人が、ドイツで働いていた。ちなみにベルギーからの動員がおよそ一六万人であったことを考えれば、ロシア領ポーランドが労働動員源であったことは明白である。[38]しかし、ナチスによる東欧における民間人の強制追放や強制労働に関する研究の多さに比して、第一次世界大戦期におけるこのテーマに関する研究は、この時期にようやく本格的に始まった。[39]ただし、東ドイツの歴史家は、一九六〇年代にベルギーやロシア領ポーランドにおける強制移住や強制労働の研究を行なっている。だが、次のような問題点が存在した。マルクス主義解釈に立脚することで、第一次世界大戦からドイツ連邦共和国までの連続性を強調し過ぎており、第一次世界大戦の文脈での分析が弱い。その為に、第一次世界大戦期の強制移住や強制労働の特殊性が、明らかになっていない。[40]

ポスト冷戦期における大きな研究成果の一つは、ラーヴェ（Kai Rawe）やヴェスターホーフ（Christian Westerhoff）によってロシア領ポーランドにおける一般民間人に対する強制移住や強制労働の実態が明らかにされたことである。そもそも東部戦線の研究自体が「忘れ去られた戦線」[41]あるいは「歴史研究の継子」[42]と揶揄される程に遅れており、近年ようやく西部戦線とは全くかけ離れた実像に光が当てられ始めている。[43]ロシア領ポーランドにおける一般民間人に対する強制移住や強制労働の実態は、北フランスやベルギーといった西ヨーロッパ占領地域に比べて労働条件の面で圧倒的に過酷であった。それは、戦時捕虜と同じような扱いであったと言っても誇張ではなかった。移動の自由や帰国の自由は認められていなかった。またドイツに来たポーランド人労働者は、自由意思か強制移住かが曖昧なものが大半を占めていた。ベルギーからの強制移住は、国際的な批判を浴びる中で一九一七年六月に中止されたが、ロシア領ポーランドからの強制移住は戦争終結まで継続された。この背景には、スラブ人に対する伝統的な人種偏見が存在した。戦後の補償問題においても、ベルギー人やフランス人にはしかるべき補償が行なわれたが、ロシア領ポーランド人は国家が当時存在しなかったこともあって、かなり不利な扱いを甘受しなければならなかった(44)。

このテーマは、第一次世界大戦の中で出現してくると言われている総力戦体制の分析とも繋がっていく。ヴェスターホーフは、明確に強制移住や強制労働を戦争の総力戦化の一形態として捉えることを強く主張し、次のように言う。「外国人労働者の採用や雇用に関する研究は、総力戦の概念をしかしながらこれまで解釈の糸口としてほとんど使ってこなかった。明白に総力戦に言及している最近の研究も、大半が外国人労働者政策を単に総力戦の一側面としてだけ扱っている。占領東部地域におけるドイツの労働力政策を扱ったこの研究において、強制労働の生成発展を解明するために総力戦の概念が取り込まれている(45)。」

ドイツのロシア領ポーランド占領地は、文民統制区である「ワルシャワ総督府地域（Generalgouvernement Warschau）」と軍の統制下にある「オーバーオスト地区（Ober Ost）」とからなっていた。ヴェスターホーフは、複雑なドイツの労働者政策を分析するために、両地域をドイツにおける総力戦体制化と関連させながら時代を追って詳細に比較検討している。結果として、第三次最高軍司令部が成立する一九一六年晩夏が、労働政策の大きな転換点であったことが示されている。つまり、第三次最高軍司令部による総力戦体制の確立過程の中で、ロシア領ポーランドにおいてそれまでの自由応募制に代わって、強制労働や強制移住が前面に現れてくることになった(46)。ただ、上記の二つの地域における労働政策の差は存在しており、ヴェスターホーフによれば、軍部の統制下にあった「オーバーオスト」こそが「総力戦の実験室(47)（Laboratorium des totalen Krieges）」とされた。ラーヴェもウェスターホーフと問題意識を共有しており、強制移住、帰国の阻止、移動や生活の自由の制限そのものが戦争の総力戦化傾向を明白に現していると主張している(48)。

ナチスの外国人労働者政策との連続性と非連続性という次元でも、多くの研究者によってこの時期に検討が行なわれた。具体的には、一九八〇年代中頃にヘルベルト（Ulrich

Herbert）が提起したヘルベルト・テーゼへの批判という形で研究が進んだ。ヘルベルト・テーゼとは、「第一次世界大戦期ドイツの労働政策は、第二次世界大戦期にナチスによって実践された強制労働の試運転だった」というものである。その理由としてヘルベルトは、ポーランド人などのスラヴ系労働者に対する人種主義的に根拠付けられた高慢さとドイツ側官庁による強制労働の全面化の自動性をあげている。[49]

多くの研究者は、規模、管理、扱い方、組織などのどの側面から見ても、量的にも質的にも両者の間には非連続性の側面が強いと主張し、ヘルベルト・テーゼの問題性を指摘している。例えば、ヴェスターホーフは、強制労働の規模、軍需産業への動員の規模そしてユダヤ人の動員の規模において、ナチスによる外国人労働政策とは質的に大きな非連続性が認められることを指摘する。そして彼は、最大の相違点が暴力の使用の常態化、国際法の無視、人間の尊厳性の無視にあると力説している。[50] ラーヴェは、ナチスによる強制労働との相違点を次の点に求めている。第一次世界大戦において監視員や労働現場の管理者は非人道的な扱いや搾取の体系的システムを構成しておらず、労働者の反抗運動に対する弾圧策も人権侵害や良心の欠落といった点でナチス期が質的にも量的にも圧倒的に過酷であった。[51] さらにオルトメル（Jochen Oltmer）は、二つの世界大戦期の外国人強制労働を次の三点において質的な連続性がないこと強調している。[52]

① 人的そして組織的な連続性はほとんどない。

② 第一次世界大戦期の外国人労働者雇用体験に関する学者及び官公庁による集約的な取り組みは、一九一八年以降行なわれなくなる。その結果、知識の伝承が限られたものになった。

③ 捕虜労働の次元であるが、第一次世界大戦においてロシア人はドイツ本国の農業に大量に動員されたが、ナチスは殺害対象として動員を行なわなかった。

このようなヘルベルト・テーゼ批判に対して、ベルギーにおける強制労働や強制移住の実態を詳細に研究したティール（Jens Thiel）は、むしろ両大戦期ドイツによる外国人労働政策の連続性の側面を強調する。ティールは、第一次世界大戦期におけるベルギー統治を知り尽くした人物がナチスによる占領政策に加わっており、一九四三年に作成されたベルギーと北フランスにおける労働者の募集と動員に関する覚書が第一次世界大戦の経験を強く踏まえたものであることを指摘する。そして、派手な宣伝を使って行なわれた自由意思での就労を目的とした募集から強制移住や強制労働の形での労働義務への段階的移行が、第一次世界大戦におけるモデルを継承したものとティールは結論付けた。[53]外国人労働者動員問題とは次元が異なるが、ホルネ（John Horne）やクラーメル（Alan Kramer）によって戦争犯罪の視点からベルギーや北フランスにおけるドイツ軍による民間人への暴力行為や殺戮行為に改めて光が当てられている。戦後のドイツ戦争責任問題を巡る議論に繋がっていく射程の長い問題設定がなされている。[54]

（三）　ナチズムと第一次世界大戦の関係性

兵士や一般国民の戦争体験が戦後に与えた社会的影響や、彼らの戦争記憶の研究は、この時期盛んに開拓されてきた分野である。戦後の世代間対立抗争の激化や女性の意識変革による家庭内争議の増加、「暴力」の先鋭化や日常化、そして「尖った」民族主義の定着などが指摘されている。記憶の場としての、博物館、戦場、記念碑などを扱った詳細な研究も多数現れている。[55]

その中で、第一次世界大戦の経験や記憶がナチズムと如何なる関係性や連続性があるのかに関してようやく本格的に検討され始めてきた。その際重要なことは、ドイツ人の精神的内面において第一次世界大戦が一九一八年十一月をもって終わっていなかったことである。ヴァインリッヒ（Arndt Weinrich）は、二〇一三年に出た大戦間期の若者文化に関する研究の中で次のように言う。一九一八年十一月の休戦協定あるいは一九年七月二十八日のヴェルサイユ条約調印によって第一次世界大戦は終わっておらず、「文化的動員解除」はその後に始まった。従って、大戦が人々の心の中では一九二〇年代から三〇年代まで継続していると考えるべきであり、その観点に立って大戦間期の戦争記憶や政治文化そして民族主義を考察しなくてはいけない。[56]

実はヴァインリッヒよりも一〇年以上も前にブラント（Susanne Brandt）は、記憶の場としての西部戦線の戦場を扱った研究書の中で、ナチ党機関紙『フェルキッシャー・ベオバハター（*Völkischer Beobachter*）』が一九四〇年六月にフランスとベルギーへの勝利をもって第一次世界大戦に勝利したと宣言していることを既に指摘し、次のように述べている。ナチスは、三三年以降ランゲマルク（Langemarck）の戦いやヴェルダン（Verdun）の戦いを徹底的に利用して、来るべき戦争が第一次世界大戦の延長であることを強く主張していた。[57]同時代のドイツ国民もナチス指導者も、心の中で戦後も長期にわたり戦争状態が継続していたという指摘は重要である。

ナチズムと第一次世界大戦の体験に言及する場合、忘れてならないのは暴力の問題である。シューマン（Dirk Schumann）は、戦間期ドイツにおけるブルジョアの間での暴力受容の実態を追った。シューマンは、帝国時代とヴァイマル時代を分けるものが、政治における暴力の行使が後者において高まったことにあるとする。そして暴力をヴァイマル期の早い段階で行使したのは急進左翼陣営ではなく、ブルジョア階層出身者が多かった義勇軍であったことを指摘して、ブルジョア層における暴力の受容の在り方を分析する。その際、モッセ（Georg L. Mosse）やホブスボーム（Eric Hobsbawm）らによって主張された第一次世界大戦による政治の「粗暴化（Brutalisierung）」テーゼの再吟味が中心に置かれた。シューマンは、ナチズムが第一次世界大戦の体験なくしては生まれなかったことは認めるが、その「粗暴化」の様々な形態と射程の間でこのテーゼを厳密に差異化していくことが重要であると強調する。シューマンの分析によれば、ヴァイマル期におけるブルジョア層間での暴力の受容は戦争体験の直接的結果ではなく、戦後の政治文化の変容の結果として発展してきたものであるとされた。ナチズムの暴力の行使とドイツ国民のそれへの順応を考えるときに、単純に第一次世界大戦の暴力体験を結び付ける演繹法への警鐘として我々は重く受け取るべきであろう。(58)

二〇一〇年に出版されたクルマイヒ（Gerd Kurmeich）編集による論文集『ナチズムと第一次世界大戦』は、まさにタイトル名からしてもこのテーマに関する最大の成果であると言える。この論文集は、〇九年三月にデュッセルドルフ大学で開催されたシンポジウムにおける報告を編集したものである。編者であるクルマイヒは序文の冒頭で改めて、ナチズムの歴史がこれまでほとんどあるいは全く第一次世界大戦を考慮に入れながら書かれてこなかったと明言し、次のように続ける。ドイツの歴史家や世界中の歴史家たちは、最初のドイツの共和国が第一次世界大戦の中で、そして大戦によって生まれたことを真剣に考えていない。当時のドイツ人には、大戦とその結果が非常に強く刻み込まれているのである。(59)

この論文集には二四本の論文が収められているが、全論文に共通することは、ナチス体制の視点から第一次世界大戦を捉え返そうという視点であると言える。つまり、第一次世界大戦からナチズムを演繹的に考察するのではなく、あくまでもナチスが行なった政治・経済・文化・人種といった次元での政策やナチス指導者の発言を踏まえて、第一次世界大戦とナチズムの関係を解き明かそうとしている。ナチズムから見た第一次世界大戦像の再構成を、この論文集は目指しているのである。その中で扱われているテーマは、多岐に及んでいる。ここではその詳細な内容に言及することは字数の関係で出来ないので、代表的なものをあげるに留めたい。

①ヒトラーやゲッペルスにおける第一次世界大戦の意味
②第一次世界大戦と「ユダヤ・ボルシェヴィズム」
③第三帝国期絵画における第一次世界大戦
④第三帝国期映画における第一次世界大戦
⑤塹壕体験とナチズム
⑥ナチスの政策と宣伝における第一次世界大戦の廃疾者
⑦ナチズムにおける第一次世界大戦期の母親像
⑧突撃隊と第一次世界大戦
⑨第三帝国期の将軍たちと第一次世界大戦
⑩ヒトラーユーゲントと前線兵士世代
⑪第一次世界大戦からナチズムへの民族浄化史
⑫第一次世界大戦とナチスの経済政策
⑬第三帝国期医療にとっての第一次世界大戦の意味

いずれも魅力的なテーマであり、ナチズムの研究に新しい次元を切り開いていくことが期待される。

（四）戦争捕虜

強制移住・強制労働あるいはナチズムとの関係性と並んで、これまで本格的な研究がなされてこなかった戦争捕虜の問題が、この時期にようやく光が当てられるようになった。長期消耗戦の総力戦体制の中で、増え続ける戦争捕虜に如何に対処していくかが、参戦国の間で戦争の進行と共に大きな問題となってきた。第一次世界大戦における各国の動員兵士総数の約七分の一に当たる八〇〇万~九〇〇万人が戦争捕虜になったことを勘案すれば、この問題は実は極めて深刻な様相を呈していくと同時に総力戦体制の重要な側面を表しており、これまで本格的に研究されてこなかったことの方が不思議に思えてくる。さらに一九二二年まで戦争捕虜は存続しており、戦後の復員とも絡んでくることを思えば、戦争捕虜問題はこれから本腰を入れて取り組むべきテーマであろう[60]。

ラーヴェは、二〇〇五年に出たルール炭鉱における外国人労働を巡る研究の中で一つの章を割いて、戦争捕虜の労働動員問題を詳細に扱っている。彼の問題関心は、総力戦体制の確立を戦争捕虜の労働動員のシステム化の中に見ようというものである。ロシア領ポーランド人とベルギー人の捕虜を軸に、論が展開されていく。一九一五年初めに労働力不足が顕在化し始めると、捕虜の動員が二月くらいから既に開始され、一八年八月の段階で七万三〇〇〇人がルール炭鉱で働いていた。これはルール炭鉱労働者の一六・四三％に当たる。ラーヴェは、捕虜の労働条件や労働状況、捕虜への人種的な偏見や差別の実態、収容所における生活の実態、捕虜の逃亡やサボタージュの実態、ドイツ民間人との関係などを様々な史料を使って生々しく描き出す。ラーヴェは、戦争捕虜の労働動員なしには総力戦体制を維持出来なかったことを指摘しつつも、軍部がハーグ条約で謳われた戦争捕虜の人権を尊重することに敏感であったこと、そして第二次世界大戦における捕虜への強制労働とは質的に大きな差があったことを力説する。つまりラーヴェは、同じ総力戦体制でも、第一次世界大戦における戦争捕虜の扱いは相対的に人道的であり、捕虜への無慈悲な搾取はなかったとするのである。[61]

二〇〇六年に出版されたオルトメル編集の論文集『第一次世界大戦期ヨーロッパにおける戦争捕虜』は、この時期の戦争捕虜研究の金字塔である。この論文集は、ドイツ、オーストリア・ハンガリー、ロシア、イギリス、フランスといったヨーロッパ参戦各国の捕虜の実態や対処の仕方の進展状態を実証的に分析している。[62] また、戦後の捕虜返還問題にも革命ロシアを軸に光を当てており、捕虜問題が戦争中だけの問題ではなかったことを改めて認識させられる。[63]

ドイツのケースを、この論文集に収められているオルトメルの研究を基に見てみよう。戦争開始時では、短期決戦を前提にしていたこともあり、一八七〇年のプロイセン・フランス戦争をモデルとして一五万人程度の捕虜をドイツ政府は見込んでいた。従って、収容所構想もなく、極めて楽観的な思惑が支配的であった。しかし、戦争が長期戦化する中で、一九一八年十月までに二五〇万人の捕虜をドイツ政府は収容することになってしまった。戦前の予想の何と一七倍にも及ぶ数である。内訳はロシア兵が一四三万四五二九人と圧倒的に多く、全体の五六・九％を占めた。その次にくるのはフランス兵で五三万五四一一人（二一・二三％）、そしてイギリス兵一八万五三二九人（七・三五％）、ルーマニア兵一四万七九八六人（五・八七％）、イタリア兵一三万三二八七人（五・二九％）と続く。二五〇万人のうち五〇万人は逃亡か死亡、あるいは捕虜交換の要員になったとされる。

ドイツにおける戦争捕虜政策の転換点は、一九一五年にあるとされる。開戦後の失業増加が解消されて、逆に労働力不足が顕著になってきたのである。それまでも確かに捕虜を労働に動員していたが、目的は捕虜の規律化と秩序化であり、動員先も沼地や荒蕪地の開拓といったものであった。この年の九月の時点で、ドイツの戦争捕虜の数は既に一三二万人を数えた。ドイツ政府は、この年五月に農業や工場への捕虜の動員を決定する。十月には収容所不足の代案として、農村動員捕虜の農村宿泊を許可していく。収容所よりも遥かに食料事情も良く、また自由のある暮らしをおくった捕虜は多かったと言われる。十二月の段階で捕虜収容所にいるのは、労働不能者や下士官のみになった。一六年八月一日の段階で、一六〇万人の戦争捕虜のうちの九〇%に当たる一四五万人が戦時経済労働に動員された。農村では七五万人以上の捕虜が、工場では三三万人以上の捕虜が働いていた。一七年九月になると、前者の数は八五万人、後者の数は三九万人にさらに増加した。農村に動員された捕虜の七五%は、ロシア人だった。スラヴ人に対する人種的偏見や差別の一端を窺える。この段階において、戦争捕虜はドイツ戦時経済における労働者の一五%以上を占めるまでになった。まさに、捕虜の労働なくしては、ドイツ戦時経済体制は維持していけない状況が確立していたのである。捕虜労働とは、総力戦体制を支える重要な柱と位置付けられる。

（五）医学と第一次世界大戦

第一次世界大戦は、物的消耗戦と同時に人的消耗戦でもあった。ドイツだけでも戦死者数約二〇〇万人、負傷者数約四〇〇万人を数えた[64]。このような大量の死者や負傷者と直接対峙し、そして彼らに対して処置を行なっていくのは、言うまでもなく医者であった。機関銃、地雷、毒ガス、戦車といった新兵器によるそれまで見たことのない怪我や多発する前線兵士の精神疾患に対する治療の必要性から、この時期に医学はあらたな展開を迎える。ポスト冷戦期のドイツにおいて、第一次世界大戦中の医療の発展や総力戦体制下における医者の言説の研究が歴史家によって本格的に始まった。

一九九六年に出版されたエッカルト（Wolfgang U. Eckart）とグラートマン（Christoph Gradmann）の編集による論文集『医学と第一次世界大戦』は、その出発点とも言える。序文において編者は、「第一次世界大戦の医学史は、これまでせいぜい断片的に研究されてきたテーマであった」と述べ、ドイツ歴史学界におけるこのテーマに対する体系的な取り組みが決定的に欠けていたことを指摘している[65]。この論文集は一七本の論文を所収しており、テーマは多岐に及んでいる。ここでは全てに言及出来ないが、幾つか内容を紹介してみたい。前線で多発する兵士の「戦争ヒステリー」を追ったレルネル（Paul Lerner）は、医者の治療の目的が結局は国家に奉仕する意思の復活にあったことを明らかにする[66]。シュリヒ（Thomas Schlich）は、大戦において輸血治療システムが完成し本格的に使われ出したことを指摘しつつも、ドイツやオーストリアの医学界においては輸血への懐疑的な態度が残っていたことを示唆する[67]。グラートマンは、毒ガスによる負傷への治療法とドイツ軍にとっての毒ガス戦の意味を追っている[68]。ハーン（Susanne Hahn）は、銃後における自殺問題を扱う。戦前においては医学界で個人病理の問題として説明されてきた自殺は、戦争が進行していくに連れて社会ダーヴィニズム的視点で解釈されていくようになっていく[69]。エッカルトは、ドイツの医者が占領ロシアを発疹チフス治療の実験室として見ていた経緯を解き明かしている[70]。

二〇〇〇年代に入ると、この分野で様々な次元からの研究成果が出版されていく。〇七年に出版されたミヒル（Sussane Michl）の研究は、大戦中に緊張関係が高まっていく健康維持の言説と大いなる健康リスクである戦争の関係を、ドイツとフランスの医者の議論の中で比較分析した。その際、性衛生と戦争のノイローゼが主たる対象となる。考察の中心に置かれるのは、あくまでも個人の身体への戦争の影響と、個人の身体の将来的な治療の可能性と予測に関する大戦における医者の思考様式である。しかし、ドイツにおいては、個人の身体を超えて「民族の身体」という観念が強く出てくる。ミヒルは、大戦下のドイツとフランスの両国家において医者が病人の治療人としてよりも、健常者や非健常者の教育者そして助言者として出現してきたことを強調している[71]。

二〇一二年に出たヘルメス（Maria Hermes）の研究書は、ドイツだけでも六〇万人の精神病患者が出た第一次世界大戦の意味を、精神医学の文脈で追ったものである。その際、著者は以下の四つの問を軸に論を展開していく[72]。

① 精神病患者に対する医者による診察において、戦争は如何なる意味を持ったのか。
② 精神病の発生に対する戦争の影響を、医者はどのように考えたのか。
③ 戦争の進行と精神病は関係があるのか。
④ 医者は、戦争における精神の健全さをどのように解釈したのか。

二〇一〇年にクヴィンケルト（Rabette Quinkert）、ラウ（Philipp Rauh）そしてヴィンクラー（Ulrike Winkler）によって編集された論文集『戦争と精神医学　一九一四年～一九五〇年』には、第一次世界大戦で精神的障害を負った退役軍人がナチス体制下でどのような評価を受けどのような扱われ方をしたのか、そして彼らがナチスを如何に見ていたのかを追った興味深い一二本の論文が収められている。クロウターメル（Jason Crouthamel）は、退役軍人のノイローゼの原因を戦争ではなくて、十一月革命に求める考えをナチス時代の医者が公式に認めたことを指摘する。精神的に病んだ退役軍人がナチス体制の中で孤立化していくものの、大戦を美化するナチスのプロパガンダに執拗に噛みついていたことを、彼は明らかにしている[73]。ラウは、ナチスの安楽死政策（T４政策）の対象者となった最大の人々が精神分裂病患者であり、精神病を患っていた退役軍人の多くが犠牲者となったことを明らかにしている。安楽死政策の犠牲者の六〇・五%は、当時治療が困難視されていた精神分裂病患者であり、精神を患っている退役軍人の多くがこの症状であった。ラウは、ナチス時代の安楽死の判断に第一次世界大戦の参加者であるという事実が考慮されていないことを強調している。[74]

野戦病院における志願看護婦の研究も始まっている。シュテルツレ(Astrid Stölzle)は、志願看護婦の出自、志願看護婦と軍部との関係、共同生活の中での人間関係を巡るいざこざ、男性患者との関係、生活状況、休暇と健康管理、給与体系などを詳細に分析している。[75] 総力戦体制の中で、志願看護婦の存在をどのように位置付けていくのかが、今後の課題となるであろう。

この分野においては、今後以下の二点の研究が進められる必要があると思われる。

① 兵士個人が前線における仲間の大量死をどのように戦中・戦後に受け止めていったのか。そして、その精神的なトラウマは、戦後社会の心性にどのような形で現れてくるのか。

② 兵士個人が、そして銃後にいた民間人一人ひとりが、戦争による自分自身や身内の精神疾患や身体障害者化そして死を如何に理解し、自己の中で受容していったのか。

このような研究は、戦争支持が自発的か強制的かを巡る「戦争文化」論争に一石を投じていくことになる。

三　展　望

ドイツ連邦共和国においては一九四五年以降、第一次世界大戦は「忘れられた戦争」であった。ナチズム体制やナチスが引き起こした第二次世界大戦のインパクトのもの凄さが、国民の意識から第一次世界大戦を吹き飛ばしてしまった感があった。二〇〇八年にフランスとドイツで第一次世界大戦を経験した最後の兵士が死亡した。フランスでは大々的に報道されたのに対して、ドイツでは注目されずに終わった。[76] このことは、ドイツ国民意識における第一次世界大戦の比重が如何に軽いのかの証である。

ドイツの歴史学においても、この感は否めない。一九八〇年代に入るまでフィッシャー論争を例外として、現代史の研究は第二次世界大戦とナチズム体制に集中していた。八〇年中頃から、第一次世界大戦が本格的に歴史研究の俎上にようやく載るようになり、九〇年以降になると社会史的な方法論による研究が加速度的に増加し始めていく。二〇〇〇年に入ると、その傾向はさらに強まっていっている。

大戦勃発百周年を迎えた一四年は、ドイツ国内で二〇〇冊を超える第一次世界大戦史研究が刊行されており、もはや一人の力では全ての方向性を捉え切ることは不可能に近くなってきている。

現在の時代区分論においては、第一次世界大戦は近代から現代への転換点と捉えられている。その際、総力戦体制というものが、現代システムを作りあげる原動力となった。総力戦体制は第一次世界大戦の経過の中で形成発展されていくが、第二次世界大戦は最初から総力戦体制を前提にしている。この点に、両大戦の大きな相違点が存在している。第一次世界大戦が、時代区分論を考える上で第二次世界大戦よりも重要であると言われる所以である。

従って、第一次世界大戦史研究においては、総力戦体制が作られる前提、進行状況、完成状態などを様々な次元から考察することが重要である。ドイツは総力戦体制が最も体系的に形成されていった国であり、考察対象としては最も良いモデルを提供してくれている。本稿で取り上げた五つのテーマは、いずれも総力戦体制を考える上で、広い次元を提供してくれている。さらに、二つの世界大戦を「現代の三〇年戦争」として連続性を強調する捉え方を再考するヒントにもなると思われる。(77)

註

（1）Wolfgang Jäger, *Historische Forschung und politische Kultur in Deutschland. Die Debatte 1914-1980 über den Ausbruch des Ersten Weltkrieges* (Göttingen, 1984), 44-51. ヴァイマル共和国時代におけるドイツ人歴史家による第一次世界大戦研究の詳細な動向については、以下を参照。*Ibid.*, 68-88. 修正主義運動に関しては以下を参照。Ulrich Heinemann, *Die verdrängte Niederlage. Politische Öffentlichkeit und Kriegsschuldfrage in der Weimarer Republik* (Göttingen, 1983), 95-154.

（2）Jäger, *Historische Forschung*, 106-17.

（3）Fritz Fischer, *Griff nach der Weltmacht. Die Kriegszielpolitik des kaiserlichen Deutschland 1914/1918* (Düsseldorf, 1961). フリッツ・フィッシャー『世界強国への道　全2巻』村瀬復興雄監訳（岩波書店、一九七二―一九八三年）。

（4）Jäger, *Historische Forschung*, 132-38.

（5）*Ibid.*, 138.

（6）Wolfgang J. Mommsen, *Der grosse Krieg und die Historiker. Neue Wege der Geschichtesschreibung über den Ersten Weltkrieg* (Essen, 2002)[Mommsen 1], 10.

（7）Jäger, *Historische Forschung*, 157-58. ゲオルク・G・イッガース『20世紀の歴史学』早島瑛訳（晃洋書房、一九九六年）六九―七二頁。

（8）第一次世界戦期を扱った社会構造史派の研究もある。コッカは、第一次世界大戦期ドイツにおける階級構造の変化を、マルクス主義の階級理論のモデルを批判的に使いながら分析した。Jürgen Kocka, *Klassengesellschaft im*

Krieg 1914-1918 (Göttingen, 1973).

（9） Jäger, *Historische Forschung,* 170-72. Cf.Hans-Ulrich Wehler, *Das Deutsche Kaiserreich 1871-1918*(Göttingen, 1973). ハンス＝ウルリヒ・ヴェーラー『ドイツ帝国　一八七一―一九一八年』大野英二・肥前榮一訳（未来社、一九八三年）。この書を巡る論争に関しては以下を参照。木谷勤「西ドイツにおける『社会史』と伝統史学。ヴェーラー『ドイツ帝国　一八七一―一九一八年』をめぐる論争の紹介」（『歴史評論』三五四号、一九七九年）三〇―四四頁。

（10） ドイツ史における連続性の問題は、一九八〇年代に「ドイツ特殊な道論争（Sonderweg-Debatte）」という激しい議論を引き起こした。この論争は、イギリスの二人の研究者ブラックボーン（David Blackbourn）とイリー（Geoff Eley）が一九八〇年に出版した著書の中で、非連続性をイギリス近代史との比較の中で主張したことに端を発している。ドイツ以外の欧米各国の研究者を巻き込んだ激しい議論が展開された。この論争に関して、はさしあたって以下の最新の論考を参照。HelmutWalser Smith, „Jenseits der Sonderweg-Debatte", in: Sven Oliver Müller/Connelius Torp(Hg.), *Das Deutsche Kaiserreich in der Kontroverse* (Göttingen, 2009), 31-51. なお、ブラックボーンとイリーの問題の書は翻訳がある。ブラックボーン／イリー『現代歴史叙述の神話　ドイツとイギリス』望田幸男訳（晃洋書房、一九八三年）。

（11） Gerd Kurmeich, „Kriegsgeschichte im Wande"[Kurmeich 2], in: Gerhard Hirschfeld/G. Kurmeich/Irina Renz(Hg.), *Keiner fühlt sich hier mehr als Mensch...*(Essen, 1993) [Hirschfeld 1], 14-17. 一つの転換点になったのは、一九八〇年に出版されたフォンデュング（Klaus Vondung）編集による論文集『戦争体験』である。序論の中でフォンデュングは、フィッシャーのテーゼでは一九一四年八月にヨーロッパ各国で見られた戦争への熱狂というものを説明出来ないと明白に言い切った。もっとも、掲載されている論文のテーマは、第一次世界大戦における文学、芸術、映画、マスコミといった分野であり、兵士や民間人の日常生活や心性までは射程に入っていない限界が感じられることは否めない。Klaus Vondung(Hg.), *Kriegserlebnis. Der Erste Weltkrieg in der literarischen Gestaltung und symbolischen Deutung der Nationen* (Göttingen, 1980), 12.

（12） 一九九〇年以降まで射程に入れたドイツにおける第一次世界大戦史研究の動向をまとめたものとしては、以下のものをあげておく。Mommsen 1; W. J. Mommsen, *Die Urkatastrophe Deutschlands. Der Erste Weltkrieg 1914-1918* (Stuttgart, 2002)[Mommsen 2], 14-21. 木村靖二「公共圏の変容と転換――第一次世界大戦下のドイツを例に――」（『岩波講座　世界歴史23　アジアとヨーロッパ　一九〇〇年代―二〇年代』岩波書店、一九九九年）一八三―二〇六頁。また二〇一一年には、イギリスとフランスにおける第一次世界大戦史研究の動向論文もドイツで出た。ドイツとの比較が行なわれており、問題関心の大きな違いが浮き彫りになっていて、非常に興味深くまた刺激的である。Wencke Meteling, „Neue Forschungen zum Ersten Weltkrieg. Englische- und französichsprachige Studien über Deutschland, Frankreich und Großbritannien", *Geschichte und*

Gesellschaft, 37-4(2011), 614-48. フランスにおける第一次世界大戦史研究に関してはさらに以下を参照。平野千果子「フランスにおける第一次世界大戦研究の現在：国民史の再考から植民地へ」（『思想』一〇六一号、二〇一二年）七—二七頁。

(13) Michael Stöcker, *Augusterlebnis 1914 im Darmstadt. Legende und Wirklichkeit* (Darmstadt, 1994).

(14) Christoph Regulski, *Klippfisch und Steckrüben. Die Lebensmittelversorgung der Einwohner Frankfurts am Main im Ersten Weltkrieg 1914-1918* (Wiesbaden/Frankfurt am Main, 2012).

(15) Christian Geinitz, *Kriegsfurcht und Kampfbereitschaft. Das Augusterlebnis in Freiburg. Eine Studie zum Kriegsbeginn 1914* (Essen, 1998); Roger Chickering, *Freiburg im Ersten Weltkrieg. Totaler Krieg und städtischer Alltag 1914-1918* (Paderborn, 2009).

(16) Volker Ulrich, *Vom Augusterlebnis zur Novemberrevolution. Beiträge zur Sozialgeschichte Hamburgs und Norddeutschlands in Ersten Weltkrieg* (Bremen, 1999).

(17) Martin H. Geyer, *Verkehrte Welt. Revolution, Inflation und Moderne: München 1914-1924* (Göttingen, 1998), 28-59.

(18) Christoph Nübel, *Die Mobilisierung der Kriegsgesellschaft. Propaganda und Alltag im Ersten Weltkrieg in Münster* (Münster, 2008).

(19) Ingrid Mayershofer, *Bevölkerung und Mititär in Bamberg 1860-1923. Eine bayerische Stadt und der preußische-deutsche Militarismus* (Paderborn, 2010), 328-431.

(20) Carsten Schmidt, *Zwischen Burgfrieden und Klassenkampf. Sozialpolitik und Kriegsgesellschaft in Dresden 1914-1918* (Marburg, 2007).

(21) Benjamin Ziemann, *Front und Heimat. Ländliche Kriegserfahrungen im südlichen Bayern 1914-1923*[Ziemann 1](Essen, 1997); Anne Roerkohl, *Hungerblockade und Heimatfront. Die kommunale Lebensmittelersorgung in Westfalen während des Ersten Weltkrieges* (Stuttgart, 1991).

(22) Christian Geinitz / Uta Hinz, „Das Augusterlebnis in Südbaden. Ambivalente Reaktionen der deutschen Öffentlichkeit auf den Kriegsbeginn 1914“, in: Gerhard Hirschfeld/Gerd Kurmeich/Dieter Langewiesche/Hans-Peter Ullmann(Hg.), *Kriegserfahrungen. Studien zur Sozial- und Mentalitätsgeschichte des Ersten Weltkriegs* (Essen, 1997)[Hirschfeld 2], 20-35; Wolfgang Kruse, „Die Kriegsbegeisterung im Deutschen Reich zu Beginn des Ersten Weltkrieges. Entstehungszusammenhänge, Grenzen und ideologische Strukturen“[Kruse 1], in: Marcel van der Linden/Gottfried Mergner(Hg.), *Kriegsbegeisterung und mentale Kriegsvorbereitung* (Berlin, 1991), 73-88; Kurse, „Kriegsbegeisterung? Zur Massenstimmung bei Kriegsbeginn“[Kruse 2], in: Kurse(Hg.), *Eine Welt von Feinden. Der Große Krieg 1914-1918* [Kruse 3](Frankfurt a/M, 1997), 159-66; Thomas Raithel, *Das Wunder der inneren Einheit. Studien zur deutschen und französischen Öffentlichkeit bei Beginn des Ersten Weltkrieges* (Bonn, 1996), 227-77; Jeffrey Verhey, *Der Geist von 1914 und die Erfindung der Volksgemeinschaft* (Hamburg, 2000)[Verhey 1], 53-105.

(23) Wolfgang Kruse, *Krieg und nationale Integration. Eine Neu-*

interpretation des sozialdemokratischen Burgfriedensschlusses 1914/15 (Essen, 1993)[Kruse 4], 152-78, 223. 都市のケーススタディとしては、ケルン（Köln）を扱ったファウスト（Manfred Faust）の研究がある。この研究は、大司教都市ケルンにおける社会民主党とカトリック中央党、自由労働組合とキリスト教系労働組合の大戦中の関係を「社会的城内平和」の視点から時系列的に分析したものである。ケルンにおいては大戦末期まで両勢力の協力関係が維持され、また社会民主党内の反戦派の活動も弱かったことが明らかにされている。ただし、この研究には労働者の意識の分析はほとんどなされていない。Manfred Faust, *Sozialer Burgfrieden im Ersten Weltkrieg. Sozialistische und christliche Arbeiterbewegung in Köln* (Essen, 1991).

（24） Verhey 1, 155-57. フランスの都市においても、動員と共に長蛇の列が商店の軒先に出来たことをライテルは指摘している。Raithel, *Das Wunder der inneren Einheit*, 169-70.

（25） 次の二つの論文集をあげておきたい。Trude Mauer(Hg.), *Kollegen-Kommilitonen-Kämpfer. Europäische Universitäten im Ersten Weltkrieg* (Stuttgart, 2006); Wolfgang J. Mommsen(Hg.), *Kultur und Krieg. Die Rolle der Intellektuellen, Künstler und Schriftsteller im Ersten Weltkrieg* [Mommsen 3] (München, 1996). 前者は、ドイツのみならずヨーロッパ全土の大学組織及び大学教員の第一次世界大戦期における運動や態度あるいは言説を、様々な次元から追っている。後者は、第一次世界大戦期ドイツにおける社会学者、歴史家、芸術家、文学者の言動を追ったものである。いずれの分野においても、戦争を積極的に支持し、大戦の意味を積極的に見出そうとしていく知識人の姿が浮き彫りにされている。まさに総力戦を、彼らは自己の中で体現していった。二〇〇四年には中世史研究者でハイデルベルク大学教授であったハンペ（Karl Hampe）の戦中日記が刊行された。Karl Hampe, *Kriegstagebuch 1914-1919*, hrsg. von Folker Reichert und Eike Wolgast (München, 2004).

（26） Steffen Bruendel, *Volksgemeinschaft oder Volksstaat. Die Ideen von 1914 und die Neuordnung Deutschlands im Ersten Weltkrieg* (Berlin, 2003); Peter Hoeres, *Krieg der Philosophen. Die deutsche und die britische Philosophie im Ersten Weltkrieg* (Paderborn/München/Wien/Zürich, 2004), 385-403; Kruse, „Krieg und nationale Identität: Die Ideologisierung des Krieges“, in: Kruse 3, 167-76; Wolfgang J. Mommsen, *Der autoritäre Nationalstaat. Verfassung, Gesellschaft und Kultur im deutschen Kaiserreich*(Frankfurt a/M, 1990)[Mommsen 4], 407-21; Verhey 1, 194-328; Verhey, „Der Geist von 1914“[Verhey 2], in: Rolf Spilker/ Bernd Ulrich(Hg.), *Der Tod als Maschinist. Der industrialisierte Krieg 1914-1918* (Bramsche, 1998), 46-53. ブリュンデルは「一九一四年の精神」とその限界性を考察しており、ナチズムと「一九一四年の精神」との連続性を明確に否定した。モムゼンは、「一九一四年の精神」に明白に現れる非妥協の精神と民族主義的な高揚がドイツほど強かった国は他にないと指摘する。モムゼンもまた、ナチズムと「一九一四年の精神」の質的相違を強調する。

（27） Marcus Llanque, *Demokratisches Denken im Krieg. Die deutsche Debatte im Ersten Weltkrieg* (Berlin, 2000).

(28) Bernd Ulrich, „Feldpostbrief im Ersten Weltkrieg. Bedeutung und Zensur“, in: Peter Koch(Hg.), *Kriegsalltag. Die Rekonstruktion des Kriegsalltags als Aufgabe der historischen Forschung und der Friedenserziehung* (Stuttgart, 1989), 40-83; Peter Koch, „Erleben und Nachleben. Das Kriegserlebnis im Augenzeugenbericht und im Geschichtsunterricht“, in: Hirschfeld 1, 133-59; Aribert Reimann, „Die heile Welt im Stahlgewitter: Deutsche und englische Feldpost aus dem Ersten Weltkrieg“, in: Hirschfeld 2, 129-45; Rik Opsommer, „Kriegsimpressionen aus Westflandern. Feldpostkarten des Ersten Weltkriegs als alltaggeschichtliche Quellen“, in: Veit Didczuneit/Jens Edert/Thomas Jander(Hg.), *Schreiben im Krieg Schreiben vom Krieg. Feldpost im Zeialter der Weltkriege*(Essen, 2011), 333-50; „Utopien am Abgrund. Der Briefwechsel Werner Scholem-Gershom Scholem in den Jahren 1914-1919“, in: *ibid.*, 429-40; Claudia Schlager, „Feldpostbriefe in der kirchlichen Propaganda des Ersten Weltkriegs. Zur Instrumentarisierung von Sebstzeugnissen in Deutschland und Frankreich“, in: *ibid.*, 481-90.

(29) Gerhard Hirschfeld/Gerd Kurmeich/Irina Renz(Hg.), *Der Deutschen an der Somme 1914-1918. Krieg, Besatzung, Verbrannte Erde* (Essen, 2006)[Hirschfeld 3]. ソンム（Somme）におけるドイツ人兵士の日記や野戦郵便を集めた史料集で、解説や写真も有益である。Franz Rosenzweig, *Feldpostgriefe. Die Korrespondenz mit den Elter (1914-1917),* hrsg. von Wolfgang D. Herzheld (Freiburg/München, 2013). ユダヤ人で裕福なブルジョア階層出身の哲学者ローゼンツヴァイク（Franz Rozenzweig）が両親と交わした野戦郵便を、一九一七年七月まで編集刊行したものである。Heilwig Gudehus-Schomerus/Marie-Luise Recker/Marcus Reverein(Hg.), » *Einmal muß doch das wikliche Leben wieder kommen! « Die Kriegsbriefe von Anna und Lorenz Treplin 1914-1918* (Paderborn, 2010). 従軍医師トレプリン（Lorenz Treplin）とハンブルクに住む妻アンナ（Anna）との間に一九一四年から一八年まで交わされた膨大な書簡を編集刊行したものであり、前線や銃後の生活や人々の心性を知る貴重な史料集である。総頁数で七〇〇頁余りに及ぶ。Bernd Ulrich /Benjamin Ziemann(Hg.), *Frontalltag im Ersten Weltkrieg. Ein historisches Lesebuch* (Essen, 2008). 前線兵士の日記や手紙やメモを集めた史料集である。それ以外に軍の布告や報告も収められている。

(30) Mommsen 1, 28.

(31) Gerhard Hirschfeld/Gerd Kurmeich, „Wozu eine » Kulturgeschichte« des ErstenWeltkrieges?“[Hirschfeld 4], in: Arnd Bauerkämper/Elis Julien(Hg.), *Durchhalten!. Krieg und Gesellschaft im Vergleich 1914-1918* (Göttingen, 2010),31-53; Nicolas Offenstadt, „Der Erste Welkrieg im Spigel der Gegenwart. Fragestellung, Debatten, Forschungsansätze“, in: *ibid.*, 54-77; Meteling, „Neue Forschung zum Ersten Weltkrieg“, 616-18, 624-28; 平野「フランスにおける第一次世界大戦研究の現在」。

(32) Arnd Bauerkämper/Elis Julien, „Einleitung Durchhalten! Kriegskulturen und Handlungspraktiken im Ersten Weltkrieg“, in: Bauerkämper/Julien, *Durchhalten!,* 18-19.

（33） Offenstadt, „Der Erste Weltkrieg", 61.

（34） 註(22)であげたライテル（Thomas Raithel）による戦争勃発時の両国の世論動向を扱った大著と並んで、ここでは二〇一一年に出版された『史学雑誌（*Historische Zeitschirift*）』の別冊特集号『城内平和と神聖同盟』をあげておきたい。この別冊特集号は、両国の挙国一致体制を様々な側面から比較検討した一三本の論文を掲載しており、非常に刺激的で興味深い。特に戦中を扱ったストゥ（Henri Soutou）と戦後を扱ったキッテル（Manfred Kittel）の論文は、両国家の相違を浮き彫りにしている。Georges-Henri Soutou, „Die Kriegsziel des Deutschen Reiches und der französichen Republik zwischen deutscher Sendung und republikanischen Werten", Wolfram Pyta/Carsten Kretschmann (Hg.), *Burgfrieden und Union sacrée. Literarische Deutungen und politische Ordnungsvorstellungen in Deutschland und Frankreich 1914-1933* (München, 2011), 51-70; Manfred Kittel, „Republikanischer oder völkischer Nationalismus? Die Folgen siegreicher Union sacrée und unvollendeter Volksgemeinschaft für die politische Kultur Frankreichs und Deutschlands (1918-1933/36)", in: *ibid.*, 109-40.

（35） Soutou, „Die Kriegsziel", 68. 第一次世界大戦下のドイツとイギリスの社会を比較検討したものとして、以下の研究書をあげておく。Florian Altenhöner, *Kommunikation und Kontrolle.Gerüchte und städtische. Gerüchte und städtische Öffentlichkeiten in Berlin und London 1914/1918* (München, 2008); Dietmar Molthagen, *Das Ende der Bürgerlichkeit? Liverpooler und Hamburger Bürgerfamilien im Ersten Weltkrieg* (Göttingen, 2007). アルテンヘーナー（Florian Altenhöner）は、戦時中の噂の実態と国家による情報統制の在り方を、ベルリンとロンドンという両国の首都を場に設定して比較検討している。戦前・戦後の公共圏の在り方まで射程にいれて、両国の共通点と差異を明らかにしている。モルターゲン（Dietmar Molthagen）は、リバプール（Liverpool）とハンブルクにおける一二のブルジョア家族の生活実態の在り方と変化の実相を詳細に分析している。彼によれば、労働、行動、生活の仕方といった次元における一二家族のブルジョア的特質は、第一次世界大戦によっても全く変化がなかったとされる。彼は、第一次世界大戦が性差や労働理念あるいは家族概念を鑑みれば、近代化の媒介物とはならないと結論する。大戦中の階級・階層構造の流動化を考える上で、重要な指摘である。

（36） Deportaton の概念に関しては次を参照。Detlef Brandes/Holm Sundhaussen/Stefan Troebst(Hg.), *Lexikon der Vertreibungen. Deportation, Zwangsaussiedlungen und ethnische Säuberung im Europa des 20. Jahrhunderts* (Wien/Köln/Weimar, 2010), 122.

（37） Jochen Oltmer, „Arbeitszwang und Zwangsarbeit. Kriegsgefangene und ausländische Zivilarbeitskräfte im Ersten Weltkrieg"[Oltmer 1], in: Rolf Spilker/Bernd Ulrich (Hg.), *Der Tod als Maschinist. Der industrialisierte Krieg 1914-1918* (Bramsche, 1998), 98; Kai Rawe, *Wir werden sie schon zur Arbeit bringen! Ausländerbeschäftigung und Zwangsarbeit im Ruhrkohlenbergbau während des Ersten Weltkrieges* (Essen, 2005)[Rawe1], 250. ラーヴェは、三〇〇万人という数字を

あげている。彼は、これらの外国人労働者が動員されなければ、ドイツの銃後はかなり以前に崩壊していたであろうと指摘している。

(38) K. Rawe, „Kriegsgefangene, Freiwillige und Deportierte. Ausländerbeschäftigung im Ruhrbergbau während des Ersten Weltkrieges“, in: Klaus Tenfelde/Hans-Christoph Seidel(Hg.), *Zwangsarbeit im Bergwerk. Der Arbeitseinsatz im Kohlenbergbau des Deutschen Reiches und der besetzten Gebiete im Ersten und Zwiten Weltkrieg* [Rawe 2], (Essen, 2005), Bd. 1, 52; Jens Thiel, *Menschenbassin Belgien. Anwerbung, Deportation und Zwangsarbeit im Ersten Weltkrieg* (Essen, 2007), 32.

(39) 上記の註であげたもの以外には以下の研究書をあげておく。Christian Westerhoff, *Zwangsarbeit im Ersten Weltkrieg. Deutsche Arbeitskräftepolitik im besetzten Polen und Litauen 1914-1918* (Paderborn/München/Wien/Zürich, 2012); Dietmer Neutatz/Lena Radauer, „Besetzt, interniert, deportiert. Der Erste Weltkrieg und die Zivilbevölkerung im östlichen Europa“, in: Alfred Eisfeld/Guido Hausmann/Dieter Neutatz (Hg.), *Besetzt, interniert, deportiert. Der Erste Weltkrieg und die deutsche, judische, polnische und ukrainische Zivilbevölkerung im östlichen Europa* (Essen, 2013), 9-26; Reinhard Nachtigal, „Kriegsplanung und Kriegszielpolitik Österreich-Ungarns, Deutschlands, Russlands und Englands“, in: *ibid.*, 27-55.

二〇〇三年に出たモムゼンによる第一次世界大戦に関する研究史は、強制移住や強制労働に関しては触れていない（Mommsen 1）。〇三年に出版されたヴェーラーによる一九一四年から四九年を扱ったドイツ通史の大著においても、このテーマは全く扱われていない。Hans-Ulrich Wehler, *Deutsche Gesellschaftsgeschichte 1914-1949* (München, 2003), 3-230.

(40) Thiel, *Menschenbassin Belgien*, 13f.

(41) Gerhard P. Groß (Hg.), *Die vergessene Front. Der Osten 1914/15. Ereignis, Wirkung, Nachwirkung* (Paderborn/München/Wien/Zürich, 2006), 2.

(42) D. Neutatz/L. Radauer, Besetzt interniert, deportiert, 12.

(43) グロスの論文集以外に、次の論文集をあげておく。Bernhard Bachinger/Wolfram Dornik (Hg.), *Jenseits des Schützengrabens. Der Erste Weltkrieg im Osten: Erfahrung-Wahnehmung-Kontext* (Innsbruck/Wien/Bozen, 2013).

(44) Cf. Rawe 1; Rawa 2; Westerhoff, *Zwangsarbeit im Ersten Weltkrieg.*

(45) Westerhoff, *Zwangsarbeit im Ersten Weltkrieg*, 24.

(46) *Ibid.*, 181-223.

(47) *Ibid.*, 344.

(48) Rawe 1, 253f.

(49) Ulrich Herbert, „Zwangsarbeit als Lernprozeß. Zur Beschäftigung ausländischer Arbeiter in der westdeutschen Indutrie im Ersten Weltkrieg“, *Archif für Sozialgeschichte*, 24(1984), 303; Herbert, *Fremdarbeiter. Politik und Praxis des Ausländer-Einsatzes in der Kriegswirtschaft des Dritten Reichs* (Berlin/Bonn, 1985), 35.

(50) Westerhoff, *Zwangsarbeit im Ersten Weltkrieg*, 328ff.

(51) Rawe 1, 240-44, 253-54.

(52) Jochen Oltmer, „Erzwungene Migration: Fremdarbeit in zwei Weltkriegen"[Oltmer2], in: Gerd Krumeich (Hg.), *Nationalsozialismus und Erster Weltkrieg* (Essen, 2010), 361f.

(53) Thiel, *Menschenbassin Belgien* , 322-28. Cf.Luc De Vos/Pierre Lierneus, „Der Fall Belgien 1914 bis 1918 und 1940 bis 1944“, in: Bruno Thoß/Hans-Erich Volkmann, *Erster Weltkrieg Zweiter Weltkrieg. Ein Vergleich* (Paderborn/München/Wien/Zürich, 2002), 527-53.

(54) Alan Kramer, „Greueltaten. Zum Problem der deutschen Kriegsverbrechen in Belgien und Frankreich 1914“, in: Hirschfeld 1, 85-114; Kramer/John Horne, *Deutsche Kriegsgreuel 1914. Die umstrittene Wahrheit* (Hamburg, 2004).

(55) 第一次世界大戦が戦後の政治・文化に与えた影響を扱った研究として、次の論文集が必読である。Hans Mommsen(Hg.), *Der Erste Weltkrieg und europäischhe Nachkriegsordnung. Sozialer Wandel und Formveränderung der Politik* (Köln/Weimar/Wien, 2000); Jost Düffer/Gerd Krumeich(Hg.), *Der verlorene Frieden. Politik und Kriegskultur nach 1918* (Essen, 2002). 戦争の記憶に関する研究としては、以下のものをあげておく。Richard Bessel, „Kriegserfahrungen und Kriegserinnerungen: Nachwirkungen des Ersten Weltkrieges auf das politische und soziale Leben der Weimarer Republik“, in: Marcel van der Linden und Gottfried Merbner (Hg.), *Kriegsbegeisterung und mentale Kriegsvorbereitung* (Berlin, 1991), 125-40; Ziemann, „Die deutsche Nation und ihr zentraler Erinnerungsort. Das Nationaldenkmal für die Gefallenen im Weltkrieg und die Idee des Unbekannten Soldaten 1914-1935“[Ziemann 2], in: Helmut Berding/Klaus Heller/Winfried Speitkamp (Hg.), *Krieg und Erinnerung. Fallstudien zum 19. und 20. Jahrhundert* (Göttingen, 2000), 67-91; Annette Gümbel, „Instrumentalisierte Erinnerung an den Ersten Weltkrieg: Hans Grimms » Volk ohne Raum «“, in: *ibid.*, 93-111; Susanne Brandt, *Vom Kriegsschauplatz zum Gedächtnisraum: Die Westfront 1914-1940* (Baden-Baden, 2000); Christine Bell, *Der ausgestellte Krieg. Präsentationen des Ersten Weltkrieges 1914-1939* (Tübingen, 2004); Barbara Korte/Sylvia Paletschek/Wolfgang Hochbruck (Hg.), *Der Erste Weltkrieg in der populären Erinnerungskultur* (Essen, 2008).

(56) Arndt Weinrich, *Der Weltkrieg als Erzieher. Jugend zwischen Weimarer Republik und Nationalsozialismus* (Essen, 2013), 9. メーテリンクは、次のように述べる。イギリスやフランスは、戦争勝利により国民全体が戦争に耐え抜くと共に犠牲者を弔ったという神話を作りあげることに成功し、それによって戦後のプレファシズムを克服出来た。しかし、敗戦国ドイツは、そのような神話を作ることが出来なかった。これからの歴史研究は、ドイツ人にとっての敗北の受け止め方を個人レベルで解明していかねばならない。Meteling, „Neue Forschung zum Ersten Weltkrieg“, 643.

(57) Brandt, *Von Kriegsschauplatz zum Gedächtnisraum,* 241-45. Cf. Gerhard Hirschfeld, „Der Führer spricht vom Krieg: Der Erste Weltkrieg in den Reden Adolf Hitlers“, in: Krumeich (Hg.), *Nationalsozialismus und Erster Weltkrieg* [Kurmeich 2] (Essen, 2010), 47; Bernd Sosemann, „Der Erste Weltkrieg im

propagandistischen Kalkül von Joseph Goebbels", in: *ibid.*, 43ff.

(58) Dirk Schumann, „Einheitssehnsucht und Gewaltakzeptanz. Politische Grundpositionen des deutschen Bürgertums nach 1918 (mit vergleichenden Überlegungen zu den britischen middle classes)", in: H. Mommsen (Hg.), *Der Erste Weltkrieg und enropäischhe Nachknegsordnung,* 83-105. さらに次を参照。Günter Waltermeier, *Politischer Mord und Kriegskultur an der Wiege der Weimarer Republik* (Norderstedt, 2006).

(59) Krumeich 2, 11.

(60) Jochen Oltmer, „Einführung: Funkutionen und Erfahrungen von Kriegsgefangenenschaft im Europa des Ersten Weltkrieg"[Oltmer 3], in: Oltmer(Hg.), *Kiegsgefangene im Europa des Ersten Weltkriegs*[Oltmer 4] (Paderborn/ München/ Wien/ Zürich, 2006), 11ff. 大戦中捕虜になった兵士のおおよその数を国別にあげると次のようになる。ロシア三四〇万人、ドイツ一〇〇万人、フランス六〇万人、イタリア六〇万人、イギリス二〇万人。

(61) Rawe 1, 69-154.

(62) Hannes Leidinger/Verena Moritz, „Verwaltete Massen, Kriegsgefangene in der Donaumonarchie 1914-1918", in: Oltmer 4, 35-66; J. Oltmer, „Unentbehrliche Arbeitskräfte, Kriegsgefangene in Deutschland 1914-1918"[Oltmer 5], in: *ibid.,* 67-96; Georg Wurzer, „Die Erfahrung der Extreme. Kriegsgefangene in Rußland", in: *ibid.,* 97-125; Panikos Panayi, „Nomalität hinter Stacheldraht. Kriegsgefangene in Großbritannien 1914-1919", in: *ibid.,* 126-46; Bernard Delpal, „Zwischen Vergeltung und Humanisierung der Lebensverhältnisse. Kriegsgefangene in Frankreich 1914-1920", in: *ibid.,* 147-64.

(63) Reinhard Nachtigal, „Die Repatriierung der Mittelmächte-Kriegsgefangenen aus dem revolutionären Rußland. Heimkehr zwischen Agitation, Bürgerkrieg und Intervention 1918-1922", in: *ibid.,* 239-66; Oltmer, „Repatriierungspolitik im Spannungsfeld von Antibolschwismus, Asylgewährung und Arbeitsmarktentwicklung. Kriegsgefangene in Deutschland 1918-1922"[Oltmer 6], in: *ibid.,* 267-94.

(64) ジャン＝ジャック・ベッケール／ゲルト・クルマイヒ『仏独共同通史　第一次世界大戦　下』剣持久木・西山暁義訳（岩波書店、二〇一二年）一八四頁。

(65) Wolfgang U. Eckart/ Christoph Gradmann (Hg.), *Die Medizin und der Erste Weltkrieg* (Herbolzheim, 1996, 2. Aufl.; 2003), 1ff.

(66) Paul Lerner, „Ein Sieg deutschen Willens: Wille und Gemeinschaft in der deutschen Kriegspsychiatrie", in: *ibid.,* 85-107.

(67) Thomas Schlich, „Welche Macht über Tod und Leben!- Die Etablierung der Bluttransfusion im Ersten Weltkrieg", in: *ibid.,* 109-30.

(68) Gradmann, „Vornehmlich beängstigend- Medizin, Gesundheit und chemische Kriegsführung im deutschen Heer 1914-1918", in: *ibid.,* 131-54.

(69) Susanne Hahn, „Minderwertige, widerstandslose Individuen...- Der Erste Weltkrieg und das Selbstmordproblem in

Deutschland“, in: *ibid.,* 273-97.

(70) Eckart, „Der größte Versuch, den die Einbildungskraft ersinnen kann- Der Krieg als hygienisch-bakteriologisches Laboratorium und Erfahrungsfeld“, in: *ibid.,* 299-319.

(71) Susanne Michl, *Im Dienst des Volkskörpers. Deutsche und französische Ärzte im Ersten Weltkrieg* (Göttingen, 2007).

(72) Maria Hermes, *Krankheit: Krieg. Psychiatrische Deutungen des Ersten Weltkrieges* (Essen, 2012).

(73) Jason Crouthamel, „Hysterische Männer? Traumatisierte Veteran des Ersten Weltkrieges und ihr Kampf um Anerkennung im Dritten Reich“, in: Rabette Quinkert/ Philipp Rauh/ Ulrike Winkler (Hg.), *Krieg und Psychiatrie 1914-1950* (Göttingen, 2010), 29-53.

(74) Rauh, „Von Verdun nach Grafeneck. Die psychisch kranken Veteranen des Ersten Weltkrieges als Opfer der nationalsozialistischen Krankenmordaktion T4“, in: *ibid.,* 54-74.

(75) Astrid Stölzle, *Kriegskrankenpflege im Ersten Weltkrieg. Das Pflegepersonal der freiwilligen Krankenpflege in den Etappen des Kaiserreichs* (Stuttgart, 2013).

(76) Meteling, „Neue Forschung zum Ersten Weltkrieg“, 614.

(77) Jörg Echternkamp, „1914-1945: Ein zweiter Dreißigjahriger Krieg? Vom Nutzen und Nachteil eines Deutungsmodells der Zeitgeschichte“, in: Müller/ Torp (Hg.), *Das Deutsche Kaiserreich in der Kontroverse,* 265-80.

今日のフランスにおける第一次世界大戦

ステファヌ・オードワン＝ルゾー
剣持久木 訳

本稿では、二つの錯綜したテーマを検討することになる。一つは、今日のフランスにおいて第一次世界大戦（グランド・ゲール）が占める位置と関わっている。つまり、集団的歴史記憶における「一四年から一八年の出来事」の地位である。しかし、この問題と不可分なのが、第一次世界大戦百周年の問題である。不可分というのは、大戦が歴史的記憶のなかに占める地位の産物である、この百周年は、逆に、この地位を根本的に修正、再編することになったからである。そのうえ、このようなプロセスは、この効果を持続的に刻み込むかもしれず、それこそが、これらの二つのテーマを並行して考察する、もう一つの理由である。

大戦百周年は、要するに、自明のことではなかった。というのは、われわれが観客（あるいはテレビのドキュメンタリーの視聴者）であると同時に（たとえば、様々な記念行事の組織者や参加者として）役者でもあるような、強烈な形で二〇一四年に第一次世界大戦が記念されるということは、そもそも自明ではなかったからである。[1] この強烈さについては、たやすくいくつかの兆候を指摘することができる。本稿を書いている時点で、二、〇〇〇の企画が大戦百周年記念委員会（Mission du Centenaire）によって公認（非公認の企画はさらに五〇〇以上）されており、記念現象は、至る所に広がっていることは疑いがない。一三年十一月の「グランド・コレクト（訳註　戦争遺品募集キャンペーン）」が成功を収めたことも、さらなる特徴である。観客動員も目を見張るものがある。「アポカリプス」[2] の第一回を視聴したのは六〇〇万人に達し、第五回の後に放映された討論会も四〇〇万人が視聴している。これほどの視聴者数は、文字通り途方もないものである。

さしあたり、フランスにおける百周年熱は、このテーマを専門とする歴史家にとっては驚くべきではないかもしれない。二〇〇八年にすでに、最後の第一次世界大戦参戦フランス軍兵士（ポワリュ）、ラザール・ポンティチェリ（Lazare Ponticelli）の死が引き起こした高揚と、三月十七日に彼に捧げられた「国葬」[3]の反響は、第一次世界大戦は、とりわけ兵士のレベルにおいては、集団的歴史記憶のなかでは根強いままである、ということを、はっきりと示したものであると思われた。とはいえ、この時もまた、このようなフィーバーは、自明のことではなかった。一八七〇年の普仏戦争の最後の復員兵の死が、一九五〇年代において人目をひかなかったことは、一八九〇年代に出来した、ナポレオン軍の最後の兵士の死去の時と同様であった。

実際、大戦百周年が現在のフランス社会でかくも注目を集めているのは、おそらく、一四年から一八年の出来事が、すでにずっと以前から、フランスにおいて再び「生々しい」ものになっているからである。より正確に述べるならば、およそ四半世紀以来のことである。たしかに、大戦の「存在感」は一九二〇年代以来フランスにおいてずっと継続していたと考えられているが、実際は、（大戦の経験者が依然多数存命だったにもかかわらず[4]）一九六〇年代、七〇年代には、かなり影が薄くなった出来事であった。この時期に、大戦は、「風化した出来事」の側から移動を始めつつあった、あるいはすでに移動したのである。ついで大戦は、フランス人の歴史記憶の第一線に戻って来たのである。今日のフランスにおける第一次世界大戦の位置、そして同時に大戦百周年がもつ重要性は、ここ二五年くらいの間に始まっている「回帰」の産物である。本稿では、この回帰を叙述し解釈し、ついで百周年自体に戻り、さらにこの百周年が過ぎ去ったあとでの、一九一四―一八年の「未来」についても考察してみたい。

フランスにおけるこのような大戦の回帰のプロセスについては、その起源を特定するのはそれほど難しいことではない。それは、一九八〇年代末から九〇年代始めの頃であると思われる。この観点に関しては、ヨーロッパ東部における共産主義の崩壊が大変重要な役割を果たしたことは疑いがない。一九八九年から九一年にかけて、われわれは、第一次世界大戦の最後の変転の消滅を目の当たりにしたのではないだろうか。というのもロシアにおけるボルシェヴィズムの勝利は、第一次世界大戦とそれがもたらした大混乱をぬきには考えられなかっただけではなく、一七年の革命がとった形態そのものがロシアの「戦争の出口」の有り様に密接に関係していたからである。歴史家のニコラ・ヴェルト（Nicolas Werth）が示したように、ボルシェヴィズムは、非スターリン化に至るまでの連続した、戦争の巨大な社会工学として理解することができる。[5] 他方で、そしてこちらもソヴィエト帝国の崩壊と結びついているが、九〇年代の始めの注目は、一九年から二〇年にかけての、「パリ郊外の諸条約」によって基本的につくりあげられた、東ヨーロッパの地図に、新たに注がれている。その時、数々の場所で、この地図は炸裂している。時には平和的に（チェコスロヴァキアのように）、時にはヨーロッパの戦争の回帰とその必然的結果である、一般市民の犠牲とによって（旧ユーゴスラヴィア）。おそらく、サラエヴォの果てしない包囲が帯びたかもしれない象徴的な重要性、そして九二年から九五年にかけて、ヨーロッパのメディアで日々言及された、この町の名前が果たした役割について、ここで強調することは無意味ではないだろう。[6] かくして、この九〇年代の始めに、一四年に「遅く」始まった二〇世紀がいまや完結したという印象が勝ることになった。『極端な時代』[7] の中でエリク・ホブズボーム（Eric Hobsbowm）が提案した「短い二〇世紀」の概念が、このような九〇年代始めの転換期に「誕生」する。それはあたかも、限りなく悲劇的な、歴史の輪がいまや完結してしまったかのようであった。このようなプロセスは、世紀の始まりに対する、第一次世界大戦そのものに対する注目を蘇らせないわけにはいかなかったのである。

しかし、それなしには百周年はありえない、この「大戦の回帰」を説明するためには、ほかのいくつかのことも考える必要がある。まず、前兆となる一冊の本から始めよう。一九九〇年のゴンクール賞をとった、ジャン・ルオー（Jean Rouaud）の『名誉の戦場』である。[8] この作品では、六〇年代におけるフランス人家族のなかでの、ゆっくりと段階的になされた、「愛しい伯母さん」（語り手の父の伯母さん）の「戦争の喪」の発見が言及されている。伯母さんは一六年に戦争で弟のジョゼフを失っており、彼女の晩年には、伯母さんはもう一人のジョゼフの死と、つまり、その少し前に心臓停止で亡くなっていた甥ジョゼフの死と混同していた。このような、二人のジョゼフの混同は、すべての家族のなかの隠れた喪の存在を暴露し、そしてその先で語り手の先祖の家で戦争の暴力の到来が形成した、「納骨堂」へ導いている。この作品のとてつもない成功は、おそらく、フランスにおける大戦の「終らない喪」というものを、かなりはっきりと示している。第三世代の喪、それはジャン・ルオーにとっても筆者にとっても同様だが、それはまさに、二〇世紀の末に熟したのである。

なぜなら、第一次世界大戦もおそらく、現代における一般市民への大規模暴力の長期的後遺症を特徴づけているような、精神現象の専門家たちがたびたび指摘している、[9]「第三世代現象」を免れていないからである。この終らない喪、おそらく決して、少なくとも完全には終らない喪は、われわれの考えでは、今日のフランスにおいて第一次世界大戦が浴している、様々な点で特別な地位の基盤を形成している。

一九九八年の十一月に、「二〇世紀の特筆すべき出来事と人物」[10]についての世論調査が、はじめて、この記念「力」の影響のほどを、より正確に測定する機会を与えてくれている。そこでは、第一次世界大戦は、第二次世界大戦、六八年の危機そして共産主義の崩壊についで四番目であった。最初に驚くのは、一四年から一八年の出来事が、その時間的隔たりにもかかわらず、ヨーロッパ統合、脱植民地化、石油危機、二九年の危機、一七年のロシア革命、そして七九年のイラン革命より先に来ていることである。そのうえ、調査対象の年代が若いほど、二〇世紀の出来事のなかでの位置が高くなっている。最も若年層(一五歳から一九歳)では、大戦を第二位に置いている。言い換えれば、時間が経過すればするほど、「一四年から一八年の出来事」はその相対的重要性を増し、ある意味「若返る」のである。九〇年代末における、このような調査は、第一次世界大戦が、フランス人の歴史的記憶の第一線に戻っている、そしてすでに戻って来たという、プロセスを見事に示している。疑いなく、現在の百周年は、いわれのない根拠に基づくものなどではない、ずっと以前に始まっていた記念現象の到達点を示しているのである。

しかし、それでは、今日のフランスにおける、この百周年については、どう考えたらいいのだろうか。これを、なぜ、どのように、という二重の質問に正面から応えるのが本稿の意図ではない。すでに他の研究者が、それについては熱心に取り組んでいる。最初に挙げるべきは、百周年記念委員会の責任者、ジョゼフ・ジメット (Joseph Zimet) が、二〇一一年九月に共和国大統領に提出した報告書である。[11]一四年の記念行事のプログラムは、一二年の政権交代に伴う行政上・政治上の変更はあるものの、大半は、当時の提案に由来している。[12]同様に言及すべきは、フランス革命二百周年記念委員会の元総裁である、歴史家ジャン＝ノエル・ジャヌネー（Jean-Noël Jeanneney）の貢献と、彼の著作、二〇一三年秋にスイユ社から出た『遠くて近い第一次世界大戦、百周年についての省察』である。ここで提言されているのは、百周年は、教育的（強力な主意主義の代価は払いつつ）であると同時に、政治的・市民的にも成功しなければならない、ということである。

このような観点はわれわれのものではない。誤解を恐れずに言えば、大戦百周年にわれわれはほとんど夢中にはなれない、と正直に述べた方がいいだろう。われわれの願いは、百周年に対して少し距離を保ちつつ、可能であれば、二〇一三年秋に開幕した、一連のおびただしい行事のなかで、何が行われているのか、あるいは何が行われていないのか、すこし深く考察することである。このような多少なりとも内省的な距離感を、われわれは提案したい。

まず最初に、おそらく、このような記念行事の前にたちはだかる特有の障害のいくつかについて考えてみるのも無駄ではないだろう。実際、記念行事の日程は困難をきわめるが、それには三つ理由がある。最初の理由は、一九八九年のフランス革命二百周年の影と関係がある。(13) 実際、模倣の誘惑にかられるほど、参照は厄介である。だからお祭り行事が求められたりするのである。シャンゼリゼでは八九年七月十四日の夜にジャン＝ポール・グード（Jean-Paul Goude）演出の壮大なナイトパレードが行われたので、似通った形式の新たなスペクタクルを組織しようという誘惑は大きかった。フランドルのカーニヴァルをモデルに、ジメット報告は、エトワール広場につながる大通りで巨人たちの行進を提案していたが、このアイデアは政治権力によってすぐに却下されている。おそらく八九年の革命二百周年の刻印はまた、国際的な次元ではあるものの「フランスの文化的威光を外国に広める」(14) ためという計画の願いのなかにも見いだされることができる。さらに広い意味においての「教育的」イベントを成功させたいという願いも繰り返されている。八九年と同様、大戦百周年の記念行事には、学術的助言に頼っており、ロゴマークや公認権が伴っている。

一九八九年には、ヴァンデをめぐる論争があったものの、フランス革命の記念についてはほぼコンセンサスが形成されていた。同様のコンセンサスの要請が、二〇一四年の日程に上っている。かくして、「みせしめに銃殺された兵士たち」の「記憶の嚢腫」(15) は摘出されたとはいかないまでも、一三年十月に記念委員会の学術会議が準備した報告のおかげで、より刺激の少ない形になっている。(16) 最後に、時間的な集中も似通っていることを指摘しておこう。フランス革命はすべて一九八九年に記念されたのと同様に、第一次世界大戦のすべては、二〇一四年に記念されるものと見なされている（地方自治体の事業は、一五年、一六年そして一七年にも再開し、一八年には国家が記念事業に戻ってくることも予定はされているが）。

それにもかかわらず、問題のすべては、二〇一四年の百周年における「一九八九年の参照」の居心地の悪さにある。実際、一七八九年がわれわれの市民生活・政治生活の基盤を形成していること、そして大革命の結果を拒絶するということは、われわれの集団生活の共和主義的基盤を破壊することになる、ということはほとんど議論の余地がない。今からふりかえってみれば、一九八九年の二百周年は、論争はあったものの、全体としては成功した、国民統合の、意識的な追求としてみることもできる。実態としても、二百周年の際には、一七九三年の方は記念されていなかった、ということにも注目したい。しかし、二〇一四年はかなり異なった様相である。一四年から一八年の出来事は、そもそも議論の余地のないカタストロフとしてだけでなく、歴史学においても、出来事の集団的記憶においても、その結果が重くのしかかり続けている、カタストロフとして現れざるをえない。記念というコンセプトの問題がそこに存在し、それは、いずれにせよ一九八九年とは同じようには存在していない。

この最初の困難さについては後述するが、それに加えてニコラ・サルコジ（Nicolas Sarkozy）大統領時代の後遺症がある。二〇一〇年十一月十日の『ルモンド』紙でピエール・ノラ（Pierre Nora）が述べている。「やっぱり、ニコラ・サルコジは歴史とは相性が悪い」。この言葉は、当時の大統領がそっくり一新したかったことに関わる様々なエピソードについて言えば、おそらく正鵠を射ている。しかし一九一四年から一八年に関しては、この言葉は、それほど適切ではない。というのも、記念行事の一新は、必然的にきわめて選択の幅の少ない、前もって定められた枠のなかに位置づけられていたからである。

かくして、第一次世界大戦については、ニコラ・サルコジは、二〇〇七年からすでに、十一月十一日の記念行事の明確な改変、右翼においても左翼においても当時歓迎された改変、に取りかかっていた。〇八年十一月十一日には、彼はヴェルダンに赴き、見せしめ銃殺兵についての演説を行っているが、それはある意味、一九九八年のシュマン・デ・ダムでのリオネル・ジョスパン（Lionel Jospin）の演説よりも踏み込んだものであった[17]。翌年、アンゲラ・メルケル（Angela Merkel）が凱旋門に登場する。このようなイニシアチブは初めてであり、彼女は当時勇敢にみえた[18]。ついに二〇一一年には、大戦戦死者の追悼を、他のすべての戦争に吸収することによって、一種の超越性がつくり出されている。その前年の戦死者への哀悼が無名戦士の墓の前で捧げられたのである。かくして、実質的に一一年十一月十一日以来、法的には一二年二月から、十一月十一日は、アメリカのメモリアルデーに少々倣って、フランスのために亡くなったすべての兵士の記念の日になったのである。この一新はさっそく、一一年のアフガニスタンにおいて倒れた死者たちへの呼びかけ、という形で実行され、かくして間接的に一九一四年から一八年の兵士と同列に置かれたのである。この実践は、二〇一二年十一月十一日にはフランソワ・オランド（François Hollande）に引き継がれ、それ以来、当初の躊躇をよそに定着している。

ニコラ・サルコジの大統領任期においてはまた、二〇〇八年三月十七日に、最後の大戦フランス兵（ポワリュ）、ラザール・ポンティチェリの埋葬が、ずっと以前から予期されて来た「国葬」の流れのなかで、実施されている。この日行われたのは、アンヴァリッドの正面広場で、ある種の、屋外での「最後の無名兵士」の「パンテオン入り」であった。しかし、それではいったい、二〇一四年には、ある意味すでに行われた、すでに「演じられて」しまったことを、どのように再演するのだろうか。おそらく、そこに、一三年十一月七日の百周年記念行事サイクルの開幕式典での共和国大統領の演説が引き起こした失望の理由がある[19]。実際、六年前に言われなかった新しいことは何だったのか。

しかしながら、より深刻なのは、百周年の記念事業が、当初思われたより困難に思えるのは、おそらく、だれも口にしないまでも、「われわれ」は、いったい何を記念すべきなのかがわからないからである。そして何を記念すればいいかわからないので、われわれは「どのように」記念するのかも想像しづらいのである。というのは、辛い記憶というのは記念するのが困難だからである。そして、われわれがそれを正直に言うことができないということが、――ジャン゠ノエル・ジャヌネーの本の記念主意主義のわざとらしさが、ここではある種の否認の形態をとっているが――百周年記念の困難さをいっそう増しているのである。

現時点では、この百周年にはコンセプトが本当にあるようにはみえない。一つのスローガン、「記念すべき」があるだけである。しかし、学校という枠組みのなかではとりわけ強く課されているようにみえる、この要請には、痛々しく、おそらく挑発的であるものの、少なくとも発見的方法という有用性がある、一つの疑問が避けられないかもしれない。百周年を祝うことは本当に必要なのだろうか、という疑問である。

主要な問題は、現代の人々が最初に経験したカタストロフを記念することで何ができるのだろうか、ということがわからないということである。ヨーロッパにとっての最初のカタストロフであることは疑いがない。しかしフランスにとっては、これはむしろ、最初であると同時に「最後のカタストロフ」[20]である。たしかに人的カタストロフである。フランスでは一日あたり九〇〇人が戦死し、一九一八年以後には全住民の三分の二が喪に服したのである。この点からみれば、百周年は葬儀のようにならざるをえない。しかしここでも、共和国は、これまで神聖なるものに直面する際につねにぶつかって来た昔からの難題に出会ってしまう。共和国は、戦争終結から一〇〇年たっても、死別や追悼を表明するために、あるいはそれらの記憶を表明するために宗教者の仲介に頼ることができないのである。つまり、典礼の点については、大量殺戮の記憶をどうすればよいのか。この問題が本当に議論されたことはないのである。

それに加えて、こちらも議論されてこなかった問題として、政治の世界に第一次世界大戦が与えた厄災の問題がある。これには二つの問題がある。一つはファシズムの登場であり、こちらについては長々とした説明は不要であろう。イタリアのファシズムは、ナショナリズムとアナルコサンジカリズムの一派が結合して、一九一五年の参戦運動のなかで凝固してうまれた、新しい思想の産物である。ナチズムについては、これまであまり強調されてこなかったが、第一次世界大戦の再現であるだけでなく、巨大な人種闘争の形態をして極端に急進化したものである。ついでに指摘しておけば、このナチズムと、第二次世界大戦勃発におけるその責任の問題は、二〇一四年の百周年を仕切っている、ほとんど思いもよらなかった平和主義的単純反射とはあべこべに、あらゆる原則的平和主義の信用を失わせることにもなりかねないだろう。

第一次世界大戦によってもたらされた政治的カタストロ

フのもう一つの面は、ロシアにおけるボルシェヴィズムの勝利と関係がある。ボルシェヴィズムの内在的な粗暴さは、戦争の経験によって激化されたのである。ドイツ戦争経済にレーニンがどれほど惹かれていたかということは知られている。同様に知られているのが、一九一七年秋の脱走兵の復帰は、新たな権力者に、本質的に敵対的な農民層に対する自分たちの決定的弱さを思い知らせ、農民層が過激な社会工学の標的になり、二〇年代末から三〇年代始めにおける大規模な迫害の対象となったことである。さらに、ボルシェヴィズムは、内戦において、第一次世界大戦での実践を即座に再導入したことも付け加えておこう（新権力によって緑軍に対する戦闘のなかで、ベラルーシの森で用いられた戦闘用ガスのことを考えてみよう）[21]。

百周年に際しては、この二つの遺産、二〇世紀の二つの全体主義の遺産をどう扱ったらいいのだろうか。そしてより広くには、現代の悲劇をどう記念すればいいのだろうか。「百周年は〝お祭りの日〟になるだろう」とジメット報告は述べていた[22]。私たちの考えでは、そうなるはずはないし、そうなってはならない。これは、第一次世界大戦の総括には、大事な二つのことを加えるべきであるがゆえに、なおのことである。まず忘れてはならないのは、第一次世界大戦は二〇世紀において最も重要な事柄である、強制収容所という現象にきわめて重要な衝動を与えたことである。たしかに、強制収容所は第一次世界大戦が生み出したものではないが、あらたな社会工学の形態のもとで、一九一四年から一八年の戦争は、この現象に、先例のない規模での、拡張と体系性を与えたことは議論の余地がない。これに加えて、二〇世紀の「最初の」ジェノサイド、一五年のアルメニア人のジェノサイドの、主要な重要性については強調するまでもないだろう。

したがって、これらの現代の戦争の恐るべき遺産、軍事的損害そのものを遥かに超えるこの遺産に言及せずに、大戦をどう本当に記念することができるのだろうか。そして、この遺産、問題の大半がここにあるのだが、この遺産の詳細が完全に明らかになるにはほど遠いのが現状である。さらに言えば、今日まで、それは殆ど等閑視されて来たのである。

最後に、百周年がフランス政治に供している自己「演出」が時宜をえたものであるかについて検討することは許されよう。周知のように、フランス政治は、未来に向けて、そして過去に向けても、自らの仲介者としての位置に行き詰まっている。しかし、過去に向けての仲介の可能性は依然開かれており、そのことによって、そのうえ議論の余地なく、国家権力に固有の王権機能を発揮することが可能になっている。そのよい例は、二〇一三年十一月七日付のフランソワ・オランドの演説のなかに見いだせる。政治的に困難な時に、ユニオン・サクレ（「神聖なる団結」）の呼びかけはとりわけ明白である。「（第一次世界大戦は）われわれに、国民が結集した時の力を呼び起こしてくれる」。このように、直接的に道具として利用して、分断を非難することで、現在の記念プロセスすべてを狙った暗黙のノスタルジーが存在する。「完璧なフランス」へのノスタルジー、「ユニオン・サクレ」のなかで結合し、先例のない大量の犠牲をはらった、途方もない集団的緊張を可能にしたフランスへの、戦争終結後には異論なく大国となったフランスへのノスタルジー（たしかに、異論がなかったのは僅かな期間であり、見かけ倒しの大国であったが）。さて、このノスタルジーを怪しむことはできないだろうか。そしてノスタルジーをもち続けることは、何の役に立たないと考えることはできないだろうか。というのもさしあたり、そのようなフランスが復活することはないだろうし、そのような幻想を維持することに百周年は何の役にも立たないだろうからである。

結論を述べるにあたり、単純な疑問、「今日のフランスにおける第一次世界大戦」についてわれわれが語っている今すでに誰もが頭にうかぶ疑問を提起することは許されよう。集団的記憶のなかでの、その未来についての疑問である。ここ四半世紀以来、すでに述べたように、途方もない回帰が進行している。しかし、「第三世代」は、次の世代、第四さらには第五世代に、大戦を「遺す」ことができるのだろうか。換言すれば、二〇〇八年三月十七日に、ラザール・ポンティチェリへの追悼演説の最後に共和国大統領が発した「彼らのことを決して忘れまい」が、明らかに不可能になるのは、どの瞬間なのだろうか。いつ、このような宣誓を尊重できなくなるのが明白になるのだろうか。さらに換言すれば、第一次世界大戦は、いったいいつ、それにつきまとう強力な情動を伝搬することをやめ、「過去の出来事」の巨大な墓場に流れ込むのだろうか（もちろん、専門家の狭いサークルにとってという意味ではなく、それ以前の多くの戦争のように、多くの一般の人々にとっての、過去の出来事という意味である）。

そして、おそらく次のような疑問を提起することも許されよう。二〇一四年の記念行事（そしてそれに続く年度の記念行事）は、世代のバトンタッチの機会になるだろうか、あるいは第一世界大戦への最後の別れを告げることに役立つのだろうか。「歴史には歴史家以上の想像力がある」という、よく知られた格言に従えば、このような疑問に応えるのは不可能である。しかし、第一次世界大戦百周年の観客であると同時に当事者である、われわれ一人一人に、この疑問は課せられている。

訳者あとがき

本稿は、二〇一四年秋に来日されたステファヌ・オードワン＝ルゾー（Stéphane Audoin-Rouzeau）氏が、十月一日に日仏会館で行った講演内容をもとに書かれた原稿を翻訳したものである。同原稿はもともとフランスの地方誌への寄稿のために準備されたものであるが、日本語版としての公刊をお認め頂いたオードワン＝ルゾー氏ならびに、講演内容の公刊を快諾して頂いた日仏会館フランス事務所長のクリストフ・マルケ（Christophe Marquet）氏には記して感謝したい。

オードワン＝ルゾー氏は、パリの社会科学高等研究院の教授であると同時に、ペロンヌ大戦歴史博物館（Historial de la Grande Guerre）の研究所長を務めている。ペロンヌ大戦歴史博物館は、フランス、ドイツ、イギリスの研究者が共同で設立準備に関わった、文字通り「国境を越えた」画期的な戦争博物館として一九九二年に開館している。[23] オードワン＝ルゾー氏は、同博物館の国際研究所の初代所長ジャン＝ジャック・ベッケール（Jean-Jacques Becker）のもとで、ゲルト・クルマイヒ（Gerd Krumeich　デュッセルドルフ大学）、ジェイ・ウィンター（Jay Winter　イェール大学）、アネット・ベッケール（Annette Becker　パリ第十大学）らとともに副所長を務めていたが、現在は、所長に就任している。ジャン＝ジャック・ベッケールとクルマイヒは、仏独共同通史を著したことで日本でも名前は知られて来たと思うが、[24] ベッケールらは、フランスでは「戦争文化」という概念を導入し、四年にも及ぶ過酷な戦争に、なぜ兵士たちが耐えたのかを説明したことで、一時大きな論争を巻き起こし、ペロンヌ派と総称されている。

この議論は、兵士たちが耐えたのは、国民国家全体が戦争文化のなかに組み込まれて、個々の兵士は「同意」のもとに参加していたという側面が強調されたことで、それに反対する立場の研究者たちが、徴兵された兵士には、同意以外の選択肢がなかったと反論して、同意ではなく、「強制」であったという主張との間に大きな論争になった。この議論は、とくに一九九八年に、時のジョスパン首相が、一七年の兵士の「反乱」に際して、銃殺刑に処せられた兵士たちの、名誉回復ともとれる発言をしたことで、大きくクローズアップされている。[25] のちに、研究集団の本部の場所からクラオンヌ派と呼ばれることになる、「強制」派の研究者たちの多くが、この銃殺者たちを研究テーマにすえていたということもあり、「同意」派つまり、ペロンヌ派との間で以後、世紀をまたいで活発な論争が展開されている。

戦争に関わる「同意」か「強制」か、という論争というと、日韓関係に影をおとしている、「従軍慰安婦」問題における「強制性の有無」をめぐって先鋭化した政治的対立との比較の誘惑にかられてしまうかもしれない。たしかに、フランスの学界のこの論争の背景にも、学界重鎮を含めパリにポストをもつ「同意」派と地方の大学に在籍している若手を中心とした「強制」派という、人脈上の単純な対立図式にあてはめられがちな側面もあったとはいえ、こちらは、あくまで学問的な論争であったということは強調しておきたい。そもそも、「同意」派とレッテルを貼られた研究者たちも、戦争文化という概念で、戦争の暴力性を相対化しようとしたのではなく、むしろ、ジョージ・モッセ(George Mosse)の議論を援用[26]して、戦争の暴力への同意を、社会全体の「野蛮化」によって説明しようとしたのである。[27] ただ、「強制」派が、個々の兵士の証言を重視し、体験としての戦争の暴力性を前面に出しているのに対して、ペロンヌ派は、戦争にまつわる子供の玩具などのオブジェに注目して、表象としての戦争の暴力性の叙述に重点を置いた、という、歴史叙述の方法上の相違であると言えるかもしれない。いわば、社会史と文化史の方法論上の相違に過ぎないと言うと、言い過ぎだろうか。

いずれにせよ、この論争の過程で、両派の研究者は、それぞれに研究成果を蓄積し、そもそも「同意」か「強制」かという、メディアによって増幅された、単純な二項対立は存在しえないという点については、すでに合意に達しており、百周年記念行事を前にして、両派はほぼ「和解」し、学術行事には両者ともに協力している。今回、訳者も、ペロンヌ派の中心である、オードワン＝ルゾー氏から直接話を聞いて、論争がほぼ過去に属するものであるという現状を確認した。むしろ、今回の論考のなかで、主流派であるはずのオードワン＝ルゾー氏の、一連の記念行事への意外なほど冷めた視点が印象的である。

今回の論考は、まさに百周年を迎えたフランスの現状を、記念行事の当事者と観察者の両方の視点を交えた、貴重な分析となっている。学術的な研究行事に留まらず、国民全体を巻き込んだ行事の有り様は、同じ大戦の当事国である、ドイツとは対照的にすらみえる。(28) 訳者自身、二〇一四年三月に短期間フランスに滞在しただけでも、雰囲気は感じ取れ、本稿で言及されているテレビドキュメンタリー「アポカリプス」の第一回をリアルタイムで視聴する機会があった。すでに見覚えのある映像を含めて、デジタル加工でカラー化した大戦の映像は新鮮であり、開戦当時のフランス軍兵士のズボンが赤で目立ち過ぎて標的になったので、途中から青灰色に切り替えられた、という事情が実感をもって理解できたし、いささか三面記事的興味とはいえ、当時のイギリス、ドイツ、ロシアの元首が、いずれもヴィクトリア女王の孫で顔立ちがそっくりというのも、カラー画像ならではの実感ができた次第である。

とはいえ、百周年記念行事がこれから四年続くということには、果たしてそれだけ世間の関心を維持し続けることができるのか、素朴な疑問も感じないではいられなかった。たまたま出席した、毎年恒例の三月に開催されるブックフェア(Salon de livre)でも設定されていた第一次世界大戦関連講演会で重鎮アントワーヌ・プロ(Antoine Prost)に、一人の聴衆が素朴な質問をしていたのも印象的であった。「これだけ研究書が書かれていて、なお研究することがあるのですか」。これにたいして、プロは歴史家らしく、「新たな問いかけをすれば、新たな歴史が書かれるのです」と答え、具体的には、仏独間の最大の激戦である、ヴェルダンの戦いについても、ドイツ側の歴史家、ゲルト・クルマイヒとあらたな仏独共同研究の対象にしようという、構想があることを披瀝していた。いずれにせよ、二〇一四年の一連の記念行事のなかでもクライマックスになるはずの十一月十一日の休戦記念行事が、フランス側の思惑が外れ、国家元首クラスの出席が叶わなかったことは、フランスと他のヨーロッパ諸国の温度差が今後ますます広がるのでは、という予感をさせている。(29)

オードワン＝ルゾー氏も述べている通り、冷戦終結後の四半世紀に、回帰して来た第一次世界大戦であるが、百周年記念熱が冷めたあとで、次の世代ではどう語られることになるのかは、訳者も大いに気になるところではある。

註

(1) 百周年は、二〇一四年だけにとどまらず、一四年から二〇年にかけて展開されることになっていることに留意されたい。フランスでは、記念行事は一五年以降は地方自治体のみが引き受けることになっているが、最後は戦争終結百周年については国家が担当する。

（2）« Apocalypse. La 1ère guerre mondiale », documentaire de Isabelle Clarke et Daniel Costelle. 五話で構成されたドキュメンタリーは、France 2で、二〇一四年三月十八日から四月一日にかけて放映された。

（3）二〇〇八年三月十七日。

（4）一九七五年には、コメディアンのコリューシュが、「退役軍人」寸劇で、二〇年後には想像できないような表現で、大戦の経験者を嘲笑することができたほどであった。

（5）Nicolas Werth, « Les déserteurs en Russie : violence de guerre, violence révolutionnaire et violence paysanne (1916-1921) », *in* S.Audoin-Rouzeau, A.Becker, Chr.Ingrao, H. Rousso, *La violence de guerre, 1914-1945*, Bruxelles, Complexe, 2002, pp.99-116. « Paysans-soldats et sortie de guerre de la Russie en 1917-1918 », *in* S.Audoin-Rouzeau et Jean-Jacques Becker, *Encyclopédie de la Grande Guerre,1914-1918*, Paris, Bayard, 2013, pp.777-88.

（6）西欧諸国では象徴的行為に事欠かなかった。フランソワ・ミッテラン（François Mitterrand）などは、一九九二年六月二十八日に包囲された町をあえて訪問し、期待をもたせるものの、すぐに裏切られている。

（7）Eric Hobsbawm, *The Age of Extremes. The Short Twentieth Century, 1914-1991* (Londres: Michael Joseph, 1994). エリク・ボブズボーム『二〇世紀の歴史——極端な時代——（上・下）』河合秀和訳（三省堂、一九九六年）。

（8）Jean Rouaud, *Les champs d'honneur*, Paris, Editions de Minuit, 1990. ジャン・ルオー『名誉の戦場』北代美和子訳（新潮社、一九九四年）。著者は、この作品の創作過程を以下の書で言及している。*Un peu la guerre (La vie poétique, 3)*, Paris, Grasset, 2014.

（9）Nathalie Zajde, *Enfants de survivants*, Paris, Odile Jacob, 2005.

（10）一九九八年十一月六日、七日に実施された世論調査。« Les personnalités et les événements marquants du XXe siècle », Enquête Ipsos Opinion, *Le Monde*/France 3/Festival du film d'histoire de Pessac, 9 novembre 1998.

（11）Joseph Zimet, *Commémorer la Grande Guerre (2014-2020) : propositions pour un centenaire international. Rapport au Président de la république*, Secrétariat général pour l'administration, Direction de la mémoire, du patrimoine, des archives, septembre 2011.

（12）かくして二〇一二年十一月二十六日の政令二〇一二—一三〇五号は、両大戦記念行事各省間連絡委員会を創設し、少なくとも紙の上では、第一次世界大戦記念の意味を薄めており、百周年委員会を新政府に従属させている。

（13）Pascal Ory, *Une nation pour mémoire, 1889, 1939, 1989, trois jubilés révolutionnaires*, Paris, PFNSP, 1992.

（14）Zimet, *Commémorer la Grande Guerre (2014-2020)*, p.17.

（15）*Ibid.*, p.81.

（16）*Quelle mémoire pour les fusillés de 1914-1918 ? Un point de vue historien*, Rapport présenté à Monsieur le Ministre délégué aux anciens combattants par un groupe de travail animé par M.Antoine Prost, Président du Conseil scientifique de la Mission du Centenaire, 1er octobre 2013. 百周年委員会の学術評議会議長のアントワーヌ・プロが指揮した作業部会が、二〇一三年十月一日に退役軍人担当大臣に提出した報告書。

(17) この点に関しては、次の著者の論文を参照されたい。Stéphane Audoin-Rouzeau, « La Grande Guerre, le deuil interminable », *Le Débat*, mars-avril 1999, n°104, pp.117-30.

(18) 二〇〇九年十一月十一日の『ルモンド』紙によれば、「宰相と大統領の大胆さには、誰もが不意をつかれた。」

(19) この演説は、百周年委員会学術評議会やその議長、アントワーヌ・プロを始めとする専門的歴史家を完全に無視して準備された。

(20) これは、アンリ・ルソー（Henry Rousso）の著作のタイトルである。Henry Rousso, *La dernière catastrophe. L'histoire, le présent, le contemporain*, Paris, Gallimard, 2012.

(21) Werth, *Les déserteurs en Russie.*

(22) Zimet, *Commémorer la Grande Guerre (2014-2020)*, p.11. 強調は引用者。

(23) オードワン＝ルゾー氏は、今回の来日中、十月二日に共立女子大学で、「博物館が描く第一次世界大戦――ペロンヌ大戦歴史博物館の場合――」と題する講演を行っている。

(24) ジャン＝ジャック・ベッケール、ゲルト・クルマイヒ『仏独共同通史　第一次世界大戦（上下）』剣持久木・西山暁義訳（岩波書店、二〇一二年）。

(25) 一九一七年の反乱については、松沼美穂「一九一七年春のフランス軍の『反乱』――共和国の市民―兵士の声をどのように聞き取るか――」（『歴史学研究』八八三号、二〇一一年）を参照。

(26) ジョージ・L・モッセ『英霊』宮武実智子訳（柏書房、二〇〇二年）を参照。

(27) 松沼美穂「兵士たちはなぜ耐えたのか――フランスの第一次大戦史研究――」（『歴史評論』七二八号、二〇一〇年十二月号）七八頁。ペロンヌ派対クラオンヌ派の論争の整理については、平野千果子「フランスにおける第一次世界大戦研究の現在：国民史の再考から植民地へ」（『思想』一〇六号、二〇一二年）も参照。

(28) ドイツにおける百周年記念行事については、西山暁義「第一次世界大戦勃発一〇〇周年とドイツ」（『ドイツ研究』四九号、二〇一五年三月刊行予定）を参照されたい。

(29) Cf. Antoine Flandrin, “Le modeste 11-novembre de François Hollande”, *Le Monde*, le 10 novembre, 2014.

フランスにおける大戦百周年
——その「国民性」と「世界性」および歴史学の役割——

松沼美穂

はじめに

フランスにとって第一次世界大戦は今日まで「大戦争」である。当時の人口の五分の一にあたるおよそ八〇〇万人が召集され一四〇万人が戦死し、フランスの全家庭が近親者を喪ったともいわれる犠牲の規模に加え、国土侵略に対する防衛と抵抗のために国民が一丸となって耐えたという図式が、「すべての」フランス人の経験という大戦観を支えている。それは、ドイツ占領下でヴィシー政権・対独協力派とレジスタンスとにフランスが分裂したという、第二次世界大戦に対する見方とは、まったく異なるものである。国民的歴史として想起され表象され得る大戦争の百周年は、政策レベルでも大衆的関心の面でも、国民的といえる規模で記念される。

全国で展開する百周年イベントは、政府主催の外交行事から大小さまざまな展覧会、市町村庁舎や公共図書館での読書会や講演会、音楽会、演劇、児童・生徒による学習活動、そして学術研究と多数・多岐にわたり、すべてを把握することは不可能である。本稿ではさまざまな分野とアクターの連動としての百周年を捉えるために、政府の活動方針と組織、大衆レベルの関心、学術研究の主要動向を概観したうえで、政治・文化・歴史研究・教育が結び付いた事例として、「銃殺刑にされた兵士たち」にかかわる動きを取り上げる。(1) コメモレーションの機能と歴史学の社会的役割について考察する機会を提供したい。

一　政策としての百周年
——専任機関の設置と公的メッセージ——

二〇一二年四月、国防省に属する退役軍人庁の管轄下に、同省と文化省を主たる出資者として、第一次世界大戦百周年ミッション（Mission du centenaire de la Première Guerre mondiale 以下ミッション）が設立された。[2] その任務は、国による記念事業の準備と実行、自治体をはじめ諸機関による文化・教育・学術活動の調整と支援、情報の収集と提供である。前年に大統領に提出された準備報告書では、百周年の意義として、フランスに目を向ける世界中の国々との国際交流、国民的団結、文化・学術の振興、次世代への伝達のための教育、戦場跡観光による経済振興といった点が挙げられた。[3]

政策実行機関として設置されたミッションの機能の特徴的な点を挙げれば、第一に、ミッションはすべての行事や活動の運営主体ではなく、指導・命令する立場にもない。百周年の主体を成すのは自治体をはじめとする各アクターの自主的な活動であり、ミッションの役割はそれらの側面支援、情報の収集と提供、関係機関の間の調整・連絡であり、財政支援も限られる。またミッションの活動は開幕の二〇一四年と終盤の一八年以降に集中し、一五〜一七年は地方自治体に任される、というスケジュール上の役割分担も予定されている。第二に、百周年は学術的成果を踏まえた歴史を知り学ぶ機会として取り組まれる。文化・教育的な活動を柱とするミッションには、第一線の歴史学者により構成される学術委員会が設けられた。党派的対立や政治的価値判断とは距離をおいた、歴史を理解する機会を人々に提供するということであり、そうしたコメモレーションが第一次世界大戦については可能だという了解が成立しているということでもある。

百周年に対する政府の解釈を、大統領が臨席する公式行事から読み取ってみよう。七月十四日の革命記念日に毎年恒例のシャンゼリゼ大通りの軍事パレードに、二〇一四年には大戦に参戦した八〇カ国（その多くは当時の帝国領土の後継国家）から二人ずつの軍人が招聘されたこと、[4] 八月三日の仏・独の大統領によるアルザスの戦場跡での記念式典、十一月十一日にフランス東北部のノール・パドカレ地方で除幕された、同地方で大戦中に戦死したおよそ五八万人の兵士全員の名前を国籍の区別なくアルファベット順に刻印した記念碑は、百周年の国際性が打ち出された代表的な場面だった。それらにおいては和解のメッセージを核として、欧州統合が築いた平和の価値と、現代世界で継続する紛争とが想起された。しかし十一月十一日に代表される大戦記念はながらく、塹壕戦を生きた退役兵をその核に据えた国民的なものだったのであり、仏独和解や欧州統合が前面に出てくるのはおおむね九十周年を境に顕著になった現象である。

国際的和解のメッセージは、一〇〇年前の兵士の戦いに対する普遍的・肯定的評価、すなわち祖国のために犠牲を払った意味ですべての兵士の戦いを共通のものとみる見解によって、補強される。「味方であろうと敵であろうと、彼らは皆みずからの大義を守るために多大な犠牲を払った……われわれは彼らに感謝する」(5)。このような「敵味方なく」という兵士そして戦いの評価は、第二次世界大戦については不可能なはずだ。

和解という側面だけでなく、八〇〇キロにおよんだ西部戦線の大部分がその国内にあり世界中から兵士や労働者が参集したフランスに、「世界戦争」百周年を機に世界の目と人を集めようとする意味でも、国際性は公権力が重視する点である。コメモレーション外交および戦場跡観光振興において、この点はとくに強調される。

塹壕の兵士を核とする戦争経験の語りにおいて多用される言葉は、「犠牲」「苦しみ」「傷」といったもので、英雄の顕彰とか勝利とかいった言葉ははるか後景に退く。正義の防衛戦争に勝利した大戦争ではあったが、それはまずもって塹壕で戦った兵士たちそして銃後でそれを支えた人々の圧倒的な苦しみの経験として想起されるのだ。

当然のこととして、「すべての」フランス人の戦争という性格はもっとも強く押し出される点であり、政治家はこの点に照らして、現在のフランスが社会的諸困難を前にして団結する必要性という教訓を提示しようとするが、こうしたメッセージが国民に共有されるかどうかは自明ではなかろう。「すべての」フランス人という表象に関して注目される政治的配慮は、一〇〇年前のフランス人の子孫ではない人々、とりわけ、国民としての統合の困難が指摘されがちな旧植民地をはじめとする欧州外出身のヴィジブル・マイノリティの、コメモレーションへの統合という意思表示である。「植民地から動員された四三万人の兵士たち」が、「自分たちのものではない戦争に、フランスのために参戦した」「フランスはその子孫たちに借りがある。彼らはアフリカやアジアにおり、あるいはフランス市民である」(6)。近年広く知られるようになった、大戦中にフランスで就労した中国人労働者の歴史が言及される機会も増えた。百周年は、二一世紀のすべてのフランス人が自らのものと感じられるコメモレーションとなることで、政治的正当性を確保しようとする。

二 「草の根」のエネルギー

百周年の核あるいは基盤には、人々の強い関心、「下からの」活力がある。「フランスで第一次世界大戦は、知識人の主題であるにとどまらず、ここ三〇年ほどのあいだに、真の『社会的・文化的な大規模な実践』になった」(7)。一〇〇年という大きな節目に、人々は関心を増大させると同時に、大戦の歴史に関する文化的活動が活発化するだろうと予測・期待した。ミッションの最大の使命は「下から」の活力を最大限効果的に開花させ、多くの人が参加するという意味で大衆的・国民的な百周年とすることだともいえる。

人々の興味はまず家族そして郷土の歴史に向かう。家族史への興味の基礎にはしばしば祖父母や曾祖父母から聞いた体験談の思い出がある。また祖先の遺品（家具や食器、手記や写真）に強い愛着と価値を見出すフランスでは、大戦中の手紙や写真や日記や遺物が屋根裏や物置に保存されている例が実に多い。ヨーロッパ規模のデジタル図書館ヨーロピアナ（Europeana）とミッション、国立図書館などによる、家族史料を募集し写真撮影・デジタル化する二〇一三年と一四年のキャンペーンでは、全国一〇〇余カ所に設けられた受付所（主に県公文書館）に、予想をはるかに超える数の人々が先祖の遺品を持ち寄った[8]。

国の百周年事業の目玉のひとつである、すべての大戦従軍フランス兵のデータのデジタル化は、家族史に対する強い関心への対応を目的に含む。国防省の保管する一三〇万余の戦死者のデータ、およびすべての部隊日誌のデジタル化はすでに完了し[9]、これに続いて各県が所蔵する大戦従軍兵八五〇万人の徴兵データのデジタル公開が二〇一四年十一月に始まり、一八年に完了する予定である[10]。これらにより、祖先の戦場での足跡をたどろうとするフランス人は、インターネットで調査が可能になる。

身近な歴史への関心は、村や町、県など郷土のレベルにも向かう。村から出征した兵士たち、町の連隊、戦争中の郷土の様相などである。戦場になった国の東北部では、風景のなかに残る大戦争の痕跡が関心対象となる。地元レベルのイベントにしろ、後に触れる学校教育プロジェクトにしろ、内容はローカルな人物や出来事に焦点をあてたものが主流で、戦争全体を語ろうとするものは少ない[11]。人々の関心が身近な等身大の歴史に自己を引き付けることにあるのに加えて、市や県などの自治体には、百周年を機に高まる歴史への関心を通して地域アイデンティティを活性化するという明確な意図がある。二〇一四年の戦場跡地域での展覧会やイベント・報道に支配的な傾向は、マルヌの戦いの勝利の陰で地元住民にさえ忘れられてきた、開戦期の国境地帯での諸戦闘の歴史を知らせることだった[12]。

地域の独自の戦争体験の強調は、戦場観光推進策にもみてとれる。戦跡をめぐる「記憶観光（tourisme de mémoire）」の振興はミッションおよび自治体にとっての重点項目であり[13]、ミシュランをはじめとするガイドブック類も数々発行され、一四年に戦場跡観光地では軒並み観光客の大幅増加をみたが[14]、そこで語られるのは戦争全体ではなく、地域独自の戦争体験――村や町の歴史、そこで行われた作戦、そこで死んだ具体的個人の事績など――である。かつ、そうしたメッセージの受け手はまずもって地元住民であり、遠来の観光客だけではない（彼らの来訪への期待はもちろん大きいが）。自治体をはじめとする観光振興の担い手は、地元住民を観光資源の消費者として重視すると同時に、彼らが地域の歴史を知ることで地域アイデンティティを確認・活性化しようと意図している。

家族史や地域史への関心は、自分自身に引き付けて歴史を捉えようとする態度であり、それは「普通の人々」の生きた大戦史への関心と重なり合う。自分あるいは祖父母と同じようなごく普通の人々の等身大の歴史にアイデンティファイする態度である。市井の人々の個人的経験に感情移入する歴史観においては、英雄や勝利といった主題は後景に退くが、戦争やそれがもたらした苦しみに対する非難・糾弾が強調されるわけでもない。そこにあるのは、先進国の現代人には理解も想像もしがたい状況――大量死を国が要求し国民がそれに応えたこと、兵士たちが耐え続けた塹壕戦の物質的・肉体的・精神的な過酷さ――を、自分と同じような普通の人々がどのように受けとめたかという、歴史的事実への興味である。「普通の兵士」への感情移入は彼ら自身の言葉への興味につながり、八〇年代以降増えた大戦兵手記の出版は百周年に急増をみた。いまや古典となった『樽職人ルイ・バルタスの従軍記』は一九七八年の初版刊行以来再版を重ね、フランスでは異例の一〇万部を売り新たに「百周年版」が出る一方、すでに英語、スペイン語、オランダ語に翻訳された[15]。

「下から」の活力を推進するためにミッションは二〇一二年四月に全国の県庁に百周年委員会を設置することをよびかけ（強制ではない）、最終的には本土と海外の計一〇四県すべてがこれに応えた。県委員会は行事を企画・運営する県内の自治体や諸団体などの間およびこれらとミッションの間の仲介、情報提供を行う。「下から」の意欲を刺激するためにミッションは、すぐれた企画に「百周年ロゴ」を付与するキャンペーンを一三、一四年に行ったが、県内のロゴ申請に応募する企画を審査し選抜した候補をパリのミッションでの最終審査へ送ることが、県委員会の重要な任務となった[16]。

「下から」の関心を高めるという意味でも、百周年の主要な目的の一つが次世代への歴史の伝達である点でも、教育はもっとも重要な領域である。ミッションの役割は教材や行事を自ら作り運営することではなく、教師と生徒の活動を奨励し、情報提供することである。かかわる科目は歴史に限られず地理、公民、フランス語、外国語、美術、音楽、情報処理などが想定される。科目の枠をまたぐ学習、および外国（主にヨーロッパが想定されている）の学校との国際交流が奨励された。学校教育プロジェクトを対象としたロゴ付与のキャンペーンも行われた[17]。

以上のような「草の根」の活力が二〇一五年以降も弛緩することなく続くかどうかは、国レベルの機関としてのミッションの役割を同年以降は後退させ地方自治体の主導性に任せるとされている点に鑑みても、追跡調査に値する点である。

三　学術研究

歴史研究は一朝一夕には成らず、またすぐれた研究の価値は周年行事とは無関係だが、百周年が研究者に書いたり集まったりする動機となったことは疑いなく、書籍の出版[18]、シンポジウムや学術誌特集号などが目白押しである。コメモレーションを機に省庁や自治体などとの協働、展覧会との共催など、大学研究者の枠を超えた活動が促される状況を指摘できる。以下では近年注目される研究動向を取り上げることとしたい。

（一）　兵士の社会史

第一に、兵士の経験の歴史への新しいアプローチに注目したい。第一次世界大戦の軍事史研究において、当初は著名な軍事指導者の伝記や作戦史が中心だったものが、塹壕の兵士の経験に対する関心を高めたのは、最近のことではないが[19]、ここ数年は新しい動向を観察できる。戦争中の軍隊という集団の人間関係・力関係のなかでの兵士の経験という意味で、兵士の社会史ともいえるものである。軍隊内の社会的構成、「塹壕の社会史[20]」の解明が目指される背景には、フランス軍を構成していた兵士たちの年齢や地理的・社会的出自に関する統計的・体系的な研究がいまだない、という研究状況がある[21]。

この「兵士の社会史」は、一九九〇年代以降の大戦史研究の主流となった「文化史」に対する批判を提起する意味で、研究史を刷新する試みと位置付けられる。「社会史」を提起する歴史家は、戦争の表象を対象としてきた「文化史」が「祖国防衛のための愛国的感情」「戦争文化」「暴力の陳腐化」「野蛮化」といった表現を用いて、ネイションの一体性、「社会的に一様な（戦争に対する）『同意[22]』」を描き、社会的差異に目を向けなかった、と批判する。

ニコラ・マリオ（Nicolas Mariot）は、塹壕経験の共有が階級的差異を消滅または縮小させ塹壕のなかで兵士たちはひとつになった、という通念を問い直すために、従軍した作家、教員、芸術家など高学歴者、知識人が書いた記録を史料として、知識階級、ブルジョワジーは労働者階級との差異を強烈に認識していたことを明らかにし、戦場でも階級差は厳然と維持され、軍隊内の階級はしばしば社会階級を反映していた、と結論した。[23] アンドレ・ロエズ(André Loez)は、一九一七年のフランス軍の「反乱」の社会史、つまり集団的不服従に参加した兵士たちの出自を検討するために、処罰を受けた指導者の社会的特徴(年齢、出身地、職業、階層)を軍法会議記録から析出し、また軍の公文書に残された兵士による落書きやメモといった史料から兵士の行動様式を検討し、人が服従をやめて抵抗に乗り出す条件を考察した。[24]「仲間(camarade)」をキーワードとして「塹壕の兄弟愛」という神話を問い直し、兵士のアイデンティティとソシアビリティの多様性・複合性を分析した作品もまた、兵士の社会史に取り組んだものといえる。[25]

戦争におけるネイションとアイデンティティの関係の複合性と変容を明らかにしようとする試みは、社会的あるいは地域的差異を関心対象として数年来活発化している。[26] ブルターニュ、南仏、そして普仏戦争から第一次世界大戦までドイツ領だったアルザス・ロレーヌなど、地域に注目するアプローチは[27]、大学外でも盛んに発掘される地方史研究との協働、先に述べた戦死者・徴兵データのデジタル化を適用する統計的研究[28]、および外国の事例との比較によって、考察の発展が期待される分野である。[29]

兵士の経験は戦場にとどまらない。戦争の長期化にともない兵士に帰郷を許す休暇が制度化され定着したが、それは各種の法制化と制度の具体的な適用事務、そしてなにより兵員配置(一九一六年初頭には動員されている兵士の九%が休暇にあった)すなわち作戦行動に関する政府と軍にとっての重大問題であった。加えて休暇は召集兵である兵士のアイデンティティ(市民か軍人か)を左右し、休暇の不平等が兵士の不満を喚起し、休暇の要求を通して共和国の市民としての権利を要求する兵士と、彼らに市民としての従軍を要求しながら休暇を制限・監視しようとする軍事機構との緊張関係が強まったがゆえに、共和国の理念が戦争を通して問われる局面であった。[30]

医療は大戦史にとどまらず近年の歴史学で発展の著しい分野であるが、陸軍病院の患者に関する記録を史料として大戦中の精神医療を検討する歴史学者と医学者の共同作業が出版された。長期にわたる患者の闘病と治療、前代未聞の病状と患者数に直面した軍事医療組織の対応が詳述されるなかで、兵員が逼迫しているときには犠牲の平等の名の下に精神患者を戦場に戻すべきか、という問いが喫緊の課題だったことが浮かび上がる。ここでも問われたのは戦争と共和国の平等原則の関係であった[31]。

戦線を脱落し敵の管轄下に入った戦争捕虜は、塹壕の兵士への関心が支配的ななかでは看過されてきたが、捕囚は戦争中に交戦国合計で八〜九〇〇万の兵士を襲ったまさにマスの現象であった。この「知られざるアクター」についての近年のモノグラフィーは、フランス、ドイツにおける捕虜の管理、労働、国際法についての包括的な研究であった[32]。現代史の代表的な学会誌『世界戦争と現代の紛争』は二〇一四年に戦争捕虜に関する特集を二号にわたって組んだ[33]。戦争捕虜という現象そのものの性格上、国際関係・外交史や国際法と関連した考察、および国際比較がさかんであり、また民間人の捕囚すなわち占領地住民の逮捕・投獄や強制移住への関心にもつながっている。

「文化史」をリードしてきた歴史家は、兵士の証言の信ぴょう性に対する疑念を提起した[34]。「文化史」を批判してきた歴史家たちは百周年を機に、多くの無名の兵士および女性を含む民間人をも対象とする五〇〇人の手記を編集した『大戦争の五〇〇人の証人』[35]を刊行した。「社会史」の材料となることを目指すこの本では、手記の内容の分析に加え、各証言を筆者や執筆の状況に関するコンテクストのなかに位置付けることに最大の努力が払われた。人名、地名、部隊名、テーマ別の各索引の充実は特筆に値する。先に述べたように兵士の手記の出版には一般読者の関心が高いが、それらの読者や教育者・研究者が、当時の人々の言葉を歴史上の社会的文脈のなかに位置付けることを助ける画期的な書物である。

（二）植民地

近年の大戦史研究が植民地にも関心を示していることは、すでに日本でも紹介された動きであり[36]、百周年を機に打ち出された諸企画は、本土中心であるフランスの大戦史の視野を広げよう、あるいはフランス植民地史に限定せず東アジア、オセアニア、インド洋などの地域を枠組みとすることで大戦の「世界性」を捉えようとし、国際比較を全般的な特徴とする。二〇一四年の成果として先述の『世界戦争と現代の紛争』誌のインド洋、極東に関する特集号[37]、外務省がパリ大学などとともに主催した学会「労働者と兵士：大戦における植民地の男たち[38]」、北フランスのピカルディー大学を中心として開かれた学会「オセアニアの人々と大戦：ネイション、ナショナリズム、帰属意識[39]」、カリブの海外県グアドループ歴史協会と県公文書館による学会「カリブと第一次世界大戦[40]」を挙げよう。在セネガル・仏大使館が第十五回フランコフォニー・サミットのダカール開催に合わせて一四年十一月に複数の大学と共催した学会「大戦におけるアフリカ兵」は、展覧会もともない、在外公館・機関の活動のうちでもとりわけ大規模なものだった。[41] ダッカのアリアンスフランセーズが主催した学会「戦争と植民地・一四〜一八」は、世界各地からの参加者を集め仏領植民地とインドを主としながら中東、ドイツ、アイルランドなどにおよぶ多様な内容となり、写真展を同時開催し、フランス語圏外における大規模な学術・文化イベントとして注目された。[42]

（三） 平　和

第二インターナショナルや国際連盟の「失敗」が強調されたゆえに、大戦に関連した平和の努力はながらく真剣に顧みられることが少なかったが、近年ではトランスナショナルあるいはグローバルな歴史と平和構築過程への学問的関心があいまって、平和を目指した運動や構想を国際的な文脈で、かつ戦争の前後をカヴァーする長期的視野の下に、見直そうとする動きが活発化している。[43] 百周年を機に次のようなタイトルの学会が目に付く。「平和の擁護者たち（一八九九〜一九一四）」「一九一四・戦争に直面したインターナショナルと国際主義」「戦時における平和の想像と実践（一九一四〜一九一八）」。[44]

この文脈で目をひくのが、ジャン・ジョレス（Jean Jaurès）への注目である。社会主義者として戦争回避のため必死に努力し、フランス参戦の直前に暗殺されたジョレスについて、伝記の出版、[45] 展覧会、[46] 学会などが目白押しである。開戦と死後百周年にあたっての注目は当然にもみえるが、この平和主義者かつ愛国者が現代フランスで、政治的立場を超えた歴史的英雄とみなせる人物であることは確かである。そのような肖像は、彼が創設した統一社会党の系譜に直接連なる社会党が担う現政権が、国民的団結の想起を強調したい際には、好都合な象徴である。ジョレスに関するイベントの多くを、社会党との関係の深いジョレス財団とジョレス研究協会が主催・共催している。[47]

四　「銃殺刑にされた兵士たち」

「銃殺刑にされた兵士たち」についての論争は日本語でもすでに紹介されたので詳細はそちらにゆずり、[48] 要点だけを繰り返せば、前線での不服従や自傷行為や敵前逃亡といった罪状による銃殺刑は「見せしめ」のための不当な罰だったとみなす遺族および人権同盟などの運動の結果、両大戦間期に一部の名誉回復（réhabilitation）が実現した。今日の公共空間での議論の直接のきっかけは、大戦休戦八十周年の一九九八年にジョスパン（Lionel Jospin）首相（当時）が、見せしめのために銃殺刑とされた兵士たちが「ネイションの集合的記憶に再統合（réintégrer）される」よう望む、と述べたことだった。九十周年前後には動きがさらに活発化した。複数の県議会が、銃殺刑に処された兵士たちを「祖国のための死」と国が認定することを求める決議を採択した。二〇〇八年十一月の休戦九十周年にサルコジ（Nicolas Sarkozy）大統領（当時）は、塹壕戦の苦しさを強調したうえで「これら処刑された兵士たちの多くは臆病者ではなく、力の限界に達してしまったにすぎない」と述べた。同年国防大臣は、ケースバイケースで名誉回復を行う可能性を検討すると発言した。一四年六月には上院で共産党議員団が、銃殺刑者の名誉回復を求める法案を提起し否決された。人気作家の漫画や映画、テレビ番組も、銃殺刑者について世論の関心を集めるのにあずかってきた。

二〇一一年に提出された百周年ミッションの準備報告書は、この問題を重視する方向性を明言した。「学術研究の成果やテレビ番組、事態を鎮静化させようとする政治家の発言にもかかわらず、多くの人々は、『銃殺刑にされた兵士たち』はいまだに『忘却されて』おり、この問題がいまだに『影の部分』であり続けている、と信じている」。これに鑑みて、この問題に最終的な回答を与えるために学術委員会が討議し大統領に提言することが提案された。[49] 一三年八月、国防省の退役軍人担当大臣は、ミッション学術委員会の委員長に次のような趣旨の書簡を送った。[50] 百周年にあたり、大戦中に処刑された兵士の問題は公共空間での議論の対象となるであろう。歴史研究の蓄積にもかかわらず、世論はいまだに「名誉回復」について明確な認識を得ていない。政府がこの問題に対して回答するにあたっては、現時点での歴史研究の成果を把握することが望ましいので、有益な参考となるような報告書を提出していただきたい。

これに応じてミッション学術委員会のメンバーを中心とする検討委員会が設けられ、名誉回復運動を担ってきた有力な団体や退役軍人団体、法律家などの意見を聴収したうえで、十月に「一九一四～一九一八年の銃殺刑者にたいしてどのような記憶？歴史学的視点」[51] と題する報告書が提出された。そこでは、「銃殺刑者」の定義と数値、彼らを裁いた軍事法規、史料、戦後の名誉回復運動について現在の研究水準がまとめられたうえで、政府の対応の可能性が示された。一、何もしない。政治的リスクは少ないが、何らかの回答を示すことは共和国の名誉となるだろう。二、銃殺刑者全員の名誉回復。一般法の犯罪者やスパイが含まれる以上、正当化できない。三、事例ごとに裁判記録を検討しなおして名誉回復の可否を判断する。記録がきわめて少なかったり失われているケースが多く、あるいは裁判なしの即決処刑もあったことなどを考慮すると、現実的に困難である。四、多くの銃殺刑者は恣意的な判決により、また彼らのおかれた極限状態を考慮されることなく処刑されたということを、公的な発言によって認め、軍事裁判記録をデジタル公開し、市民がこの問題の歴史的事実を学習できる教育・文化活動を進める。

百周年の序章と位置付けられた二〇一三年十一月の休戦記念にあたり、大統領演説はこの学術報告書を踏まえていることを明言し、次のように述べた。「敵に負かされたのではなく、不安と強制された極限の疲労に負けた者もあった。そのうちには恣意的に処刑された者もあった。百年後にわれわれは、銃殺刑者のこの不幸な問題に、和解の精神で取り組む。……今日私は、共和国の名において、この非常な戦いに加わった者が誰一人として忘却されないことを望む。それゆえに私は、廃兵院の軍事博物館にこの問題が組み込まれることを国防大臣に依頼する。また軍事裁判記録のデジタル化も望む。今日では問題は判決を下すことでも、また判決をやり直すことでもない。思い出すこと、理解することである[52]。」

これに基づいて軍法会議議事録のデジタル化が決まり[53]、軍事博物館では常設展示の第一次世界大戦部門に、銃殺刑に関する展示が加えられることになった。同博物館はパリの中心に位置し壮麗な歴史的建造物とナポレオン廟の人気もあずかって、首都の美術館・博物館のなかでも最も入場者数の多いもののひとつであり、注目度と象徴性は十分である。展示を構築するために博物館の内外の歴史家による検討委員会が立ち上げられ、新しい展示は二〇一四年十一月に公開された。そこでは銃殺刑者というテーマは時系列的な語りのなかに組み込まれるのであり、独立した主題として扱われるわけではない、ということを関係者は強調する[54]。近年の歴史研究の重要な成果は、一般に広まった通念に反して、銃殺刑が多かったのは一九一七年春の不服従行動の多発という「反乱」の鎮圧の際ではなく、ドイツの進撃を前にフランス軍が大混乱に陥った戦争初期だった、ということである[55]。

パリ市議会では二〇〇〇年代より緑の党が、一九一七年の不服従行為により大量殺戮に反対して銃殺刑に処された「反乱者」に敬意を表することを求める決議を繰り返し提案し否決されてきたが、これに関する展覧会と学会をパリ市庁舎で開くことが二〇一二年に決定された。催しは一四年初頭に、パリ市と国防省の主たる財政負担の下に実現した。展覧会「見せしめの銃殺刑一九一四〜二〇一四・共和国の亡霊[56]」の展示は、大戦中の軍法会議に関する研究をけん引してきた歴史家を委員長とする学術委員会の下に、政治党派の意見からは完全に自由に制作された。その目的は、歴史学の成果に基づいて戦争中の軍法会議の運営と戦後の名誉回復運動を説明し歴史的理解を促すという、きわめて教育的なものであった。開会に合わせて開かれた学会では研究成果と国際比較、遺族や政治家の証言が発表された。展覧会は地方への巡回が計画されている[57]。パリ市は歴史教育政策にきわめて積極的で、大戦に関する副読本やDVDなどの教材を独自に制作し児童・生徒や学校に無料配布し[58]、市立図書館での一般向けの講演会や市内の大戦関連遺跡案内など数多くの百周年事業を行っている。

　大戦中の軍法会議による銃殺刑数は約六四〇人であり、一四〇万にのぼった戦死者数に比べれば取るに足りない。それが数には不釣り合いな大きな関心を集めることになった背景には、戦間期以来この問題に熱心な人権同盟や有力な平和主義団体の運動およびそれを踏まえた共産党や緑の党の動きがあり、この問題は大戦史のなかで一〇〇年後にイデオロギー的・政治的論争を喚起し得る数少ない主題のひとつとなった。それへの政府の対応からは、問われているのは共和国の国家正義だという判断を読み取れる。民主主義的で公正であるべきフランス共和国というレジームが、自らの歴史にどう向き合うのが正しいかが問われている、という政治的判断に基づいて、歴史認識の正当性を国民に疑われることのないよう史実を明らかにし態度表明をする必要性があると、国家権力は認めたのである。無駄な攻撃命令つまり犬死の命令に、正当にも異議をとなえた兵士を大量処刑したのではないか、しかも国はこの不当な犠牲者を忘却してきたのではないか、という漠然とした思い込みを排し、また過ちがあったならそれを認めただす必要がある、という判断である。先述の学術委員会報告書では、次のような指摘がある。かつての争点は軍法会議や死刑判決が正当だったか否かだったが、今日では関心の的は変わっている。現代人の銃殺刑者への視線は、勇気ある不服従者というよりは、ごく普通の兵士に対するものであり、戦場の耐えがたい状況に対して同情的であり、極限の苦しみが続いた果てに「切れた」者がいたとしても不思議はない、というシンパシーである[59]。英雄的反抗者ではなく自分と同じようなごく普通の人々、という銃殺刑者への視線は、共和国と市民の関係という視点からこの歴史を捉えることにつながる。「この大戦の記憶において最後の『記憶の膿』となっているこの問題に正当かつ最終的な解決を見出す[60]」ための主要な回答は、文化的媒体によって人々が学問的成果に基づいた史実を学ぶ機会を提供することによってなされた。そこでは、政治が自己正当性を示すために歴史学を必要とし、歴史学の成果を社会へ伝達するために文化が動員される、という連携が作動した。

おわりに

「大戦争」はその開始一〇〇年後にあらためて、圧倒的な規模の死と破壊として提示されている。その規模は、「すべての」戦死者や兵士を数え上げるという行為と数値の表象によって、まずは強調される。一九一四年八月二十二日はフランス軍が一日でおよそ二万七〇〇〇人の戦死者を出しフランス史上もっとも「殺人的」な日だったことが、一〇〇年後にさかんに言及されたのだが、国立図書館での展覧会「一九一四年夏」では、この日の戦死者から無作為に選ばれた一、〇〇〇人の戦死公報記録の写真を大きな壁一面に映し出したオブジェが、戦死者数の膨大さを強調した。ノール・バドカレ地方のすべての戦死者を刻印した碑の最大のメッセージは数の膨大さであり、大戦従軍兵のデータのデジタル化も「すべての」兵士を対象とするものである。

「すべての」兵士の表象が死の大規模性を強調するとともに、大量の死者の画一的な並列は犠牲者の平等を表現する。現代フランスの大衆的関心は、大戦争を生きた「すべての」フランス人を「普通の個人」の集合(マス)として捉えるものであり、そこでは自分あるいは祖父母と同じような普通の人々に感情移入する傾向が目立つ。このような歴史観は、英雄や勝者よりは犠牲者や弱者への感情移入を求める、ここ四〇年ほどの間に広まった歴史認識と(61)、通底するものがあろう。

身近な歴史としての大戦史への関心においては、公権力が伝達を期待したいコメモレーションの国際性という側面が大衆レベルでどこまで共有されているかは疑問である。学術研究においても、学会などに外国の研究者を招いて外国の事例を並列するという意味での国際化はさかんだが、本格的モノグラフィー研究の面ではフランス一国史的なものが主流である。フランスにおける大戦百周年はまずは「国民史」の再確認の機会として立ち現われているといえよう。

「銃殺刑者」に関する政策や植民地兵への言及に共通する政府の意図は、ながらく周縁化されてきた人々を含めすべてのフランス兵を国民の集合的記憶のなかに、価値平等なものとして統合することである。この歴史/記憶の統合は、共和国のあるべき正しいふるまいとして、国民にも承認されている。

公権力が国民の広い関心を喚起しようとしてコミットするコメモレーションは政治的狙いに基づくものだが、その政治的狙いが歴史学の成果の伝達と学習を掲げた場合に、学問的成果が社会的に共有される機会が増加する。社会が歴史学に期待する役割とそれが実行される枠組みの一例が、フランスの第一次世界大戦百周年にみられる。

註

(1) 本研究の一部は、三菱財団人文科学研究助成(二〇一二年度)により行った調査の成果に基づいている。本稿執筆の過程でフランスの歴史地理教員協会(Association des professeurs d'histoire et de géographie)事務局長であるユベール・ティゾン(Hubert Tison)氏の多大な協力を得た。記して謝意を表したい。また以下の註に挙げるインターネットサイトのアクセスは二〇一四年十一月三十日に確認した。

(2) http://centenaire.org/

(3) Joseph Zimet, « Commémorer la Grande Guerre (2014-2020) : proposition pour un centenaire international. Rapport au Président de la République », septembre 2011. 二〇一二年五月の政権交代は百周年事業には大きな影響は与えていない。

(4) 旧参戦国に加え中立国、現在の欧州連合加盟国などからも代表が招聘された。

(5) 二〇一四年七月十四日の大統領メッセージ。

(6) 第一次世界大戦百周年記念開始にあたっての大統領演説(二〇一三年十一月七日)。

(7) Nicolas Offenstadt, *14-18 aujourd'hui, la Grande Guerre dans la France contemporaine*, Paris, Odile Jacob, 2010, p. 8.

(8) http://www.europeana1914-1918.eu/fr ; http://www.lagrandecollecte.fr/

(9) Mémoire des Hommes. www.memoiredeshommes.sga.defense.gouv.fr

(10) Grand Mémorial. http://www.culture.fr/Genealogie/Grand-Memorial

(11) ミッションでの担当者への聞き取りによる。Damien Baldin (Mission du centenaire de la Première Guerre mondiale, 25 septembre 2014).

(12) 大規模な例としてナンシー市とシュマン・デ・ダムの展覧会を挙げる。« Été 1914. Nancy et la Lorraine dans la guerre » (Musée Lorrain, 15 février - 21 septembre 2014) ; « Septembre 1914 : Les Britanniques au Chemin des dames » (Caverne du Dragon, 16 avril - 20 décembre 2014).

(13) 百周年を前にした戦場観光振興をめぐる動きについて次を参照。松沼美穂「第一次世界大戦の記憶と歴史――百周年を前にした地方自治体と博物館の動向を中心に――」(『日仏歴史学会会報』二十八号、二〇一三年)六一―六九ページ。

(14) ヴェルダン地域では例年の三倍、ソンムやマルヌで二倍という見解を以下の聞き取りで得た。Juliette Roy (Mission d'Histoire de la Meuse, Verdun, 8 août 2014) ; Marie-Pascale Prévost-Bault (Historial de la Grande Guerre, Péronne, 20 août 2014) ; Michel Rouget (Musée de la Grande Guerre du Pays de Meaux, 3 septembre 2014).

(15) Louis Barthas, *Les carnets de guerre de Louis Barthas, tonnelier, 1914-1918* (Édition du centenaire), Paris, La Découverte, 2013 (1ère édition en 1978 (Maspéro)). 次も参照。松沼

美穂「兵士たちはなぜ耐えたのか――フランスの第一次世界大戦史研究――」（『歴史評論』七二八号、二〇一〇年）八〇―八一ページ。

（16） http://centenaire.org/fr/les-comites-departementaux-du-centenaire

（17） 本土を二六に分割する学区ごとに委員会が設置され、応募申請企画の選抜にあたった。http://centenaire.org/fr/les-comites-academiques-du-centenaire

（18） 二〇一三年に出版された大戦史の本は一五〇点を超え、一四年もそれ以上の数が予測される。André Loez et Nicolas Mariot, « Le centenaire de la Grande Guerre : premier tour d'horizon historiographique », *Revue française de science politique*, vol. 64, no. 3, 2014, p. 512.

（19） 第一次世界大戦研究史にかんする代表的な著作は以下である。Jay Winter and Antoine Prost, *Penser la Grande Guerre. Un essai d'historiographie*, Paris, Seuil, 2004〔*The Great War in history: debates and controversies, 1914 to the present* (Cambridge: Cambridge University Press, 2005)〕. 研究史について日本語でも紹介されている。平野千果子「フランスにおける第一次世界大戦研究の現在：国民史の再考から植民地へ」（『思想』一〇六一号、二〇一二年）七―二七ページ。松沼「兵士たちはなぜ耐えたのか」七四―八四ページ。

（20） Nicolas Mariot, *Tous unis dans la tranchée? 1914-1918, les intellectuels rencontrent le peuple*, Paris, Seuil, 2013. p. 400.

（21） *Ibid.*, p. 374.

（22） André Loez, *14-18, le refus de la guerre*, Paris, Gallimard, 2010, p. 561.「文化史」に対する「社会史」の批判は、平野「フランスにおける第一次世界大戦研究の現在」、および本誌掲載のオードワン＝ルゾー論文の訳者あとがきで説明されている「同意」派と「強制派」の論争と、同じものではないが、その延長上にあるとはいえよう。

（23） Mariot, *Tous unis dans la tranchée?*

（24） Loez, *14-18*.

（25） Alexandre Lafon, *Camaraderie au front, 1914-1918*, Paris, Armand Colin, 2014.

（26） このテーマに関する二〇一〇年のシンポジウムを翌年出版したものが以下である。François Bouloc, Rémy Cazals et André Loez (dir), *Identités troublées 1914-1918 : les appartenances sociales et nationales à l'épreuve de la guerre*, Toulouse, Privat, 2011.

（27） Michaël Ourlet, Yann Lagadec, Erwan Le Gall (dir), *Petites Patries dans la Grande Guerre*, Presses universitaires de Rennes, 2013 ; Erwan le Gall, *Une entrée en guerre. Le 47ème régiment d'infanterie au combat (août 1914-juillet 1915)*, Talmont St. Hilaire, Codex, 2014 ; Pierre Purseigle, *Mobilisation, sacrifice et citoyenneté. Angleterre-France, 1900-1918*, Paris, Les Belles Lettres, 2013 ; Colloque « Minorités, identité régionales et nationales en guerre 1914-1918 » (Université de Corte, 19 et 20 juin 2014) [http://centenaire.org/fr/espace-scientifique/colloquesseminaires/minorites-identites-regionales-et-nationales-en-guerre-1914].

（28） 地方に注目した軍隊の統計の網羅的調査は南仏の二県に関して一九八〇年代に浩瀚な先駆的研究が行われ、近年再版された。Jules Maurin, *Armée-Guerre-Société. Soldats languedociens (1889-1918)*, Paris, Publications de la Sorbonne, 1982 (réédition 2013).

(29) Loez et Mariot, « Le centenaire de la Grande », pp. 512-18.

(30) Emmanuelle Cronier, *Permissionnaires dans la Grande Guerre*, Paris, Belin, 2013.

(31) Stéphane Tison et Hervé Guillemain, *Du front a l'asile, 1914-1918*, Paris, Alma éditeur, 2013.

(32) Frédéric Médard, *Les Prisonniers en 1914-1918 : acteurs méconnus de la Grande Guerre*, St. Cloud, Soteca, 2010.

(33) *Guerres mondiales et conflits contemporains*, no. 253 et no. 254, « Prisonniers de la Grande Guerre : victimes ou instruments au service des États belligérants – I et II », 2014.

(34) 松沼「兵士たちはなぜ耐えたのか」八〇—八二ページを参照。

(35) Rémy Cazals (dir), *500 témoins de la Grande Guerre*, Toulouse, Éditions Midi-Pyrénéennes, 2013.

(36) 平野「フランスにおける第一次世界大戦研究の現在」二一ページ。以下も参照。平野千果子『アフリカを活用する——フランス植民地からみた第一次世界大戦——』（人文書院、二〇一四年）。松沼美穂「人の動員からみたフランス植民地帝国と第一次世界大戦」（池田嘉郎編『第一次世界大戦と帝国の遺産』山川出版社、二〇一四年）五二—七五ページ。

(37) *Guerres mondiales et conflits contemporains*, no. 255, « Les colonies de l'Océan indien dans la Grande Guerre », 2014 et no. 256, « Extrême-Orient en guerre, 1914-1919 », 2014.

(38) Colloque « Travailleurs et soldats. Les hommes des colonies dans la Grande Guerre » (Paris, Centre de conférences ministériel, 21 mai 2014) [http://centenaire.org/fr/colloque-colonies].

(39) Colloque « Les Océaniens dans la Première Guerre mondiale : Nation, nationalisme et sentiment d'appartenance » (Amiens, 17-19 avril 2014) [http://www.bu.u-picardie.fr/BU/?page_id=4039].

(40) Colloque « La Caraïbe et la Première Guerre mondiale » [http://centenaire.org/fr/agenda?nid=1160].

(41) Colloque « Les tirailleurs sénégalais dans la Grande Guerre : Europe, Afrique, mise en perspective de la Grande Guerre et des enjeux géopolitiques en Afrique » (Dakar, 19-20 novembre 2014) [http://centenaire.org/fr/espace-scientifique/colloquesseminaires/societe-et-defense-nationale-le-role-des-tirailleurs].

(42) Colloque « Guerre et colonies 14-18 » (Dhaka, 25-26 février 2014) [http://warandcolonies.com/].

(43) 国際連盟研究については本誌所収のジャン＝ミシェル・ギウ論文も参照。

(44) Colloques « Les défenseurs de la paix (1899-1917) : approches actuelles, nouveaux regards » (Paris, Institut historique allemand, 15-17 janvier 2014) [http://crhec.u-pec.fr/actualites/colloque-internatinal-les-defenseurs-de-la-%20 paix-1899-1917-approches-actuelles-nouveaux-regards--587597.kjsp?RH=CRHEC-FR] ; « 1914 : L'Internationale et les internationalismes face à la guerre » (Paris, Crédit municipal, 24-

25 mars 2014) [http://www.jaures.info/news/index.php?val=191_colloque+international+%22+1914+internationale+internationalismes+face+guerre%22]. この学会はすぐ後に触れるジョレス研究協会の主催によった。; « Imaginaires et pratiques de paix en temps de guerre (1914-1918) » (La Flèche, Université du Maine, 15-16 octobre 2015) [http://cerhio.univ-lemans.fr/spip.php?article197].

(45) ジョレス関連書籍の出版・再版は数多いが、二点を挙げる。Vincent Duclert et Gilles Candars, *Jean Jaurès,* Paris, Fayard, 2014 ; Vincent Duclert, *Jaurès 1859-1914 : la politique et la légende,* Paris, Autrement, 2013. 前者は上院の大戦百周年書籍賞を受賞し、後者は二〇一五年に吉田書店より邦訳が出版される予定である。

(46) 大規模なものはパリの国立公文書館とパンテオンで開催された以下の二件だが、ジョレスの出身地カストルをはじめ地方でも例は多い。« Jaurès » (Archives Nationales, 5 mars-7 juillet 2014) ; « Jaurès contemporain 1914-2014 » (Panthéon, 26 juin 2014-29 mars 2015).

(47) Société d'études jaurésiennes [http://www.jaures.info/welcome/index.php] ; Fondation Jean Jaurès [http://www.jean-jaures.org/].

(48) 平野「フランスにおける第一次世界大戦研究の現在」。詳しくは次を参照。Nicolas Offenstadt, *Les fusillés de la Grande Guerre et la mémoire collective (1914-2009),* Paris, Odile Jacob, 2009.

(49) Zimet, « Commémorer la Grande Guerre (2014-2020) », pp. 80-81.

(50) 以下に述べる経緯については次による。« Quelle mémoire pour les fusillés de 1914-1918? Un point de vue historien », Rapport présenté au Ministre délégué aux Anciens Combattants par un groupe de travail animé par Antoine Prost, président du Conseil scientifique de la Mission du Centenaire, 1er octobre 2013.

(51) Ibid.

(52) 大戦百周年記念開始にあたっての大統領演説（二〇一三年十一月七日）。

(53) 当該史料はすでに公開はされていた。

(54) 軍事博物館での以下の研究員の各氏への聞き取りによる。François Lagrange (4 août 2014), Christophe Bertrand (25 août 2014), David Guillet (29 août 2014).

(55) 代表的な研究成果は以下を参照。André Bach, *Fusillés pour l'exemple (1914-1915),* Paris, Talandier, 2003 ; André Bach, *Justice militaire 1915-1916,* Paris, Vendémiaire, 2013 ; Frédéric Mathieu, *14-18, les fusillés,* Massy, Sébirot, 2013.「反乱」について次を参照。松沼美穂「一九一七年春のフランス軍の『反乱』――共和国の市民―兵士の声をどのように聞き取るか――」（『歴史学研究』八八三号、二〇一一年）一―一二ページ。

(56) « Fusillé pour l'exemple : Les fantômes de la République 1914-2014» [http://quefaire.paris.fr/fiche/75622_fusille_pour_l_exemple_les_fantomes_de_la_republique] [http://centenaire.org/fr/espace-scientifique/societe/presentation-de-lexposition-fusille-pour-lexemple-1914-2014-les-fantomes]. 一連の経緯について以下の各氏への聞き取りにより多く

を得た。パリ市議会議員・助役 Catherine Vieux-Charier (Paris, 28 août 2014)；歴史家 André Bach (12 juillet 2014, Bordeaux)；キュレーター Laurent Loiseaux (Paris, 7 septembre, 2014).

(57) 二〇一四年十二月から、シュマン・デ・ダムの主要都市のひとつソワソンで開催。

(58) これは第一次世界大戦に限ったことではなく、第二次世界大戦中のレジスタンスやユダヤ人迫害についてもなされた。

(59) « Quelle mémoire Pour les fusillés de 1914-1918? », p. 25.

(60) Zimet, « Commémorer la Grande Guerre (2014-2020) », p. 81.

(61) 松沼「兵士たちはなぜ耐えたのか」八一ページを参照。

ソ連・ロシアにおける第一次世界大戦の研究動向

笠原孝太

はじめに

ロシアでは一九一四～一八年の戦争を、一般的な第一次世界大戦（Первая мировая война）と呼ぶ他に、〝大戦争〟（Великая война）という呼称を用いる。これは、英語の〝the Great War〟が第一次世界大戦は、第二次世界大戦を意味するのと同じである。第一次世界大戦の勃発によって、はじめて〝第一次〟の概念が現れたため、この〝大戦争〟が帝政ロシア時代からの本来の名称である。そして現在も研究書や論文にこの名称が使用されていることは、ロシアにおける第一次世界大戦史研究の特徴として、最初に紹介できるエピソードであろう。

ロシアはこの一〇〇年で帝政ロシアからソヴィエト社会主義共和国連邦（以下、ソ連）、そしてロシア連邦と二度も国体が変わっており、その歴史研究は他国とは異なる独特な発展を遂げている。むろん第一次世界大戦史研究も例外ではない。そして一〇〇年の内、実に七四年間が社会主義国家であったため、ロシアの研究動向はほぼソ連の研究動向といっても過言ではない。

本稿は、〝第一次世界大戦とロシア革命〟といった一般論ではなく、この一〇〇年のいくつかの出来事に注目し、その出来事がソ連・ロシアにおける第一次世界大戦史研究にどのような影響を与えてきたのかを紹介するものである。

まず一九三〇年代後半のスターリンの粛清に注目し、その前後に見られるスターリンの歴史学への介入とその影響を考察する。その後、第一次世界大戦史への介入の経緯についても紹介する。この時期はソ連史の暗黒期であるため、出版物についても主要なものを取り上げていくつか紹介する。次に大祖国戦争から冷戦期に注目し、総力戦や世界を東西に分けたイデオロギー対決が、第一次世界大戦史研究にどのような影響をもたらしたのかを述べる。最後はソ連崩壊後のロシアにおける主な研究動向や今後の展望について考察する。

ソ連・ロシアの研究動向は、ロシア革命やスターリン政治、イデオロギーの影響で非常に複雑な過程を経ているため、本稿ではロシアにおける第一次世界大戦史研究について論述しているボリス・コゼンコ（Борис Дмитриевич Козенко）『ОТЕЧЕСТВЕННАЯ ИСТОРИОГРАФИЯ ПЕРВОЙ МИРОВОЙ ВОЙНЫ（祖国の第一次世界大戦史学史）』[1]を主な先行研究として使用した。

一　第一次世界大戦史研究とスターリニズム

（一）　スターリンの歴史学への介入

ロシア革命直後の一九二〇年代のソ連では、研究者には比較的自由な研究環境があり、活発な討論や海外の研究者との意見交換も行われていた。しかし、三〇年代に入るとこの環境を変える出来事が起きる。スターリンの歴史学への介入である。

一九三一年十二月、スターリンは雑誌『**Пролетарская революция**（プロレタリア革命）』の中で編集部に宛てたレター論文「**О некоторых вопросах истории большевизма**（ボリシェヴィズムの歴史問題について）」を発表した。[2]

このレター論文の中で、スターリンは複数の歴史家を批判しているが、特にA・G・スルツキー（А. Г. Слуцкий）を辛辣に批判した。その理由は、スルツキーが過去に同雑誌の中で、レーニンがドイツ社会民主党の中に存在した中道主義を過小評価したという趣旨の論文を発表していたからである。[3]またスターリンは、このスルツキー論文を掲載した編集部に対しても強い批判を行った。スターリンにはレーニンが中道主義と闘ったという絶対的な〝歴史観〟があったため、それを再び検証し議論の対象にすることは許せなかったのである。

レター論文の中には、編集部に向けた次のような言葉がある。

> レーニンが中道主義との原則妥協不可能な戦いを率いたのか、それとも率いなかったのか。レーニンが本物のボリシェヴィキだったのか、そうではなかったのか。という問題を議論の対象にしてはならない。[4]
>
> あなた達（引用者註――編集部）は、レーニンのボリシェヴィズムという自明の理を問題にしようと考えているのか。[5]

スターリンは言論の弾圧を公に行うと同時に、スルツキーのことを「半分メンシェヴィキで仮面をかぶったトロツキスト」[6]と酷評した。

このレター論文は全体的に客観性に欠けており、スターリンの主観のみが前面に出ていた。自身の歴史観に反していれば、たとえ資料に基づいた問題提起や学術的議論であっても痛烈に批判する姿勢がはっきりと表れている。まさにこのレター論文からスターリンの歴史学全体への介入が始まったのである。

（二）　スターリンの第一次世界大戦史への介入

一九三六年一月二十七日、スターリンの第一次世界大戦史への介入の前兆が現れる。スターリンはソ連史教科書への意見として「Замечания по поводу конспекта учебника по истории СССР（ソ連史教科書のコンセプトに関する意見）」を新聞『プラウダ（Правда）』に発表した[7]。

スターリンは教科書内の第一次世界大戦の記述について、

> 教科書では、第一次世界大戦の起源と、この戦争における西ヨーロッパ帝国主義列強の資源としてのツァーリズムの役割が考慮されていない。また西ヨーロッパ資本に対するツァーリズムとロシアの資本主義の従属的役割が考慮されていない。これらが書かれていないために、ロシアの半植民地的状態からの解放者という十月革命の意義はその理由を失ってしまう[8]。

と指摘した。第一次世界大戦を、資本主義からロシアを解放するために起きた社会主義革命への移行段階として提示することで、十月革命の意義を高めるべきだという考えを示したのである。さらにスターリンは、自身の歴史時代区分である〝革命と発展段階〟[9]を述べ、全ての非発展段階的現象とその時間を排斥し、ソ連史から実証主義的歴史学を切り離してしまった。

この頃から複数の歴史家が粛清され始め、歴史学界は猜疑心や密告行為により重い雰囲気となり、スターリンの発言に合わせた〝歴史研究〟が始まったのである。

そして一九三八年、スターリンは『ИСТОРИЯ ВСЕСОЮЗНОЙ КОММУНИСТИЧЕСКОЙ ПАРТИИ (БОЛЬШЕВИКОВ) КРАТКИЙ КУРС（全ソ連邦共産党史短期講習）[10]』という教科書の中で、第一次世界大戦について自身の解釈を述べた。まさに「大テロル」の時期であり、これが第一次世界大戦史への決定的な介入となった。

スターリンは同教科書の中で、資本主義が帝国主義に発展したことにより、帝国主義国家では資本家の独占と銀行が重要な役割を獲得し、結果として一九世紀の終わりには資本主義国家間で世界の土地を分け合うようになったと分析した。[11] この分析に基づき、スターリンは、第一次世界大戦を「世界と勢力圏を分け直す戦争[12]」だったと位置付けている。また、この戦争は「国民には極秘でブルジョアジーが準備した[13]」とも述べている。

戦争の原因については、レーニンが戦争は資本主義の不可避的な段階だと指摘したことを引用し、第一次世界大戦を「必然的で当然の状態[14]」と記した。つまり第一次世界大戦は、一九世紀の終わりから二〇世紀初頭にかけて、資本主義が帝国主義という発展の最終段階に到達したことにより、必然的に発生した現象であり、戦争の原因はないと主張したのである。

同教科書の中で、スターリンは帝政ロシアの参戦理由についても言及している。彼の主張によれば、帝政ロシアは「偶然ではなく[15]」協商国側として参戦したのである。その理由として、第一に帝政ロシアの産業が英仏を中心とする海外資本の手中にあったこと、第二に帝政ロシアが英仏の半植民地になっていたことを挙げている。

第一の理由については、一九一四年には帝政ロシアの主な冶金工場や石炭産業がフランスの資本家のものになっており、石油採掘もその半分が英仏資本の手中にあったことで、ロシア産業の莫大な利益が英仏の銀行に流れてしまったと説明している。

第二の理由については、ツァーリが英仏と結んだ巨額の借款により、帝政ロシアが英仏の貢納者となり、英仏の半植民地になっていたという理論を展開している。[16]

このようにスターリンは、帝政ロシアが英仏資本の手中にあった半植民地だったため、必然的に協商国として参戦したと説明した。

一方で帝政ロシアの参戦目的については、トルコの分割、黒海海峡からダーダネルス海峡の征服、コンスタンティノープルの占領、オーストリア゠ハンガリー帝国のガリツィア占領と必然的な参戦にしては多様な目的を挙げた。[17]

さらに帝政ロシア軍の戦いについては、あたかも負けに次ぐ負けを重ねたように描いた。スターリンは、第一次世界大戦における帝政ロシア軍を全体に否定的に評価しており、帝政ロシア軍が目覚ましい活躍をしたブルシーロフ攻勢についても記述しなかった。[18] これは、ロシア軍を極端に否定的に描くことで、ソ連が帝政時代よりも優れていることを際立たせ、革命の正当性を高めたいというスターリンの思惑といえる。

このようにスターリンが第一次世界大戦史へ介入した時、

ソ連の研究者はスターリンの歴史観を受け入れざるを得なかった。この時期は研究者も帝政ロシアの参戦理由を協商国への従属とし、軍事的な失敗は供給不足と説明した。研究者がスターリンの歴史観を受け入れた理由は、粛清だけではなく国からの研究費支給という問題も大きかったのである(19)。

二　第一次世界大戦後から大祖国戦争までの主な出版物

一九二〇年代から三〇年代初頭のソ連では、研究者は海外の史料や論文などを入手することができ、海外の公文書館や図書館で研究を行うことも可能であった。ソ連政府もこうした研究活動を認めており、大学教授やソ連科学アカデミー（Академия наук СССР）会員には海外の文献を購入するための研究費を与えていた(20)。

ロシア革命によって海外へと亡命した政治家や外交官、戦争参加者が自伝や回顧録を執筆し、その多くが出版された。そしてこの時期に執筆された第一次世界大戦に関する自伝・回顧録の中で、現在最も有名なものは、帝政ロシア軍将校だったアントーン・デニーキン（А. И. Деникин）の『Путь русского офицера（ロシア将校の道(21)）』である。これはデニーキンの自伝で、一九三九年に亡命先のフランスで書き上げた。しかしこの自伝が実際に出版されたのは五三年になってからで、場所も次の亡命先アメリカであった(22)。出版されるまで時間を要しているとはいえ、現在では三〇年代を代表する文献として紹介されている。同書は六章構成で、第六章で第一次世界大戦について記されている。

当時は、他にも歴史ジャーナリストとして有名だったミハイル・レムケ（М. К. Лемке）の『250 дней в царской ставке (25 сент. 1915 - 2 июля 1916)（帝政本営の250日(23)）』や、ロシア帝国軍事大臣だったウラジーミル・スホムリノフ（В. А. Сухомлинов）の『Воспоминания（回顧録(24)）』といった注目すべき回顧録が出版された。

この時代の特徴としては、有名な将校や政治家の回顧録が出版された一方で、無名の下士官や兵の回顧録や手紙も出版されたことである。また各都市の軍事アカデミーは多数の史料集や研究書を出版していた(25)。

雑誌も第一次世界大戦を取り上げるものが多く、ロシア帝国軍事大臣だったアレクセイ・ポリワノフ（А. А. Поливанов）が雑誌『Военное дело（軍事）』で発表した「К истории Великой Войны（大戦争史に加えて(26)）」は、三回にわたって連載が組まれるほどであった。

一九三九年からは『Военно-исторический журнал（戦史雑誌）』が発刊された。この雑誌はソ連国防人民委員部の機関誌であり、後に労農赤軍参謀本部の機関誌として出版され、ボリス・シャポシニコフ（Б. М. Шапошников）ソ連邦元帥を始めとする将校が監修に当たっていた。非常に興味深い雑誌ではあったが、四一年に勃発した大祖国戦争の影響により発刊からわずか二年で出版が停止された。その後五九年に再刊され、ソ連崩壊後はロシア国防省刊行の月刊誌として現在に至るまで発行が続けられている[27]。

外交文書の研究でも顕著な成果が見られた。実は研究者による外交文書の調査は、十月革命直後から行われており、その成果も世に出されていた[28]。一九三一年から三八年にかけて順次、一四～一六年の外交文書がほぼ完全な形で出版され、全一〇巻という大規模な外交史料集となった。同史料集は、第一次世界大戦時の帝政ロシアと協商国の外交関係を知ることができる唯一の史料集として、今日においても最も重要な史料集の一つとして位置付けられている[29]。

一九二〇年代のソ連では回顧録や史料集の編纂作業だけではなく、第一次世界大戦に関するあらゆるテーマについて研究が行われていた。具体的には各戦線の戦闘、作戦、補給、兵種、技術などに関するテーマであった[30]。

戦争直後には総括的な研究書も出版され、一九二〇年から二三年にかけて『Стратегический очерк войны1914–1918 гг.（1914–1918年の戦争の戦略概論）』全七巻が順次出版された[31]。この研究書の中には、赤軍の司令官であり第一次世界大戦にも参加したミハイル・フルンゼ（М. В. Фрунзе）やミハイル・トゥハチェフスキー（М. Н. Тухачевский）、イオアキム・ヴァツェチス（И. И. Вацетис）などが執筆を担当した箇所がある。同研究書は赤軍将校の研修用にまとめられたものであり、第一次世界大戦直後に出版されたため、イデオロギーやスターリンの介入がほとんどなく比較的客観的な研究書である[32]。

帝政ロシア軍の元将軍アンドレイ・ザイオンチコフスキー（А. М. Зайончковский）も一九二四年に研究書を出版した。同研究書では、各国の第一次世界大戦への準備、参戦国の計画、全戦線での軍事行動の経過などについて説明がなされている。ただし同研究書には公文書館の史料や新しい文献が不足しており、著者の評価と結論が必ずしも全て受け入れられたわけではない。しかし、全体的にこの研究書は新鮮なものとして捉えられた。その後、同研究書は三回版を重ね、第三版は別冊図表を備えた三巻構成となり三八年から三九年にかけて出版された。そしてこの第三版は、七五年に二巻構成の『История первой мировой войны 1914-1918 гг（第一次世界大戦史1914–1918）』[33]が出版されるまで、ソ連の歴史研究の中で最も充実した軍事行動の研究書として捉えられ、現在でも大きな価値を有している[34]。

歴史学者のアントン・ケルスノフスキー（A. A. Керсновский）は、一九三三年から三八年にかけて亡命先のフランスで帝政ロシア軍に関する研究書『История русской армии（ロシア軍の歴史）』[35]を執筆した。これは後に四巻構成で出版されるほどの大きな研究書であったが、当時は出版されなかった。ようやく第一巻が出版されたのは、ソ連崩壊後の九二年であった。その後、九三年に第二巻、九四年に第三巻と第四巻が出版された。この研究書は帝政ロシア軍の歴史全体をテーマにしているため、第一次世界大戦についての記述は後半の第三巻、第四巻でなされている。

　このように後に注目を浴びるような研究書が、当時は出版されなかった理由は、ソ連が一九三〇年代の終わりに亡命者の著作物の出版とその購入を禁止したことが原因であろう。これにより三〇年代後半からはソ連の研究者が、亡命者が出版した多数の資料集や帝政ロシア軍の歴史書、戦闘の分析、戦争参加者の回顧録といった有益な著書や研究書を入手することが難しくなったのである。

　海外の著書や研究成果を遮断したソ連ではあったが、第一次世界大戦の研究を放棄した訳ではなかった。むしろ第二次世界大戦の直前から大祖国戦争が始まるまでの期間は、第一次世界大戦への関心は高まった。特に「マルヌ会戦」と「ヴェルダンの戦い」については研究が深まり、A・H・バザレフスキー（A. X. Базаревский）とV・F・ノビツキー（B. Ф. Новицкий）は複数の論文をまとめた研究書を出版した[36]。

　大祖国戦争が始まるまでは、ソ連の第一次世界大戦史研究は高い水準を保っており、海外の研究に劣るどころか海外の研究を上回る分野すらあったとされる[37]。

　A・E・ボルチン（A. E. Болтин）、M・R・ガラクチノフ（M. P. Галактионов）、A・K・コレンコフスキー（A. K. Коленковский）などの著名な軍事史研究家もこの時期に現れた。

　第一次世界大戦への関心が高まった一方で、研究者は確実にスターリンの〝圧力〟を感じ始めていた。しかし、この時点ではまだスターリンの影響はそれほど大きくなかった。なぜならば、この時のスターリンは、元帝政ロシア軍将校などの〝戦術のプロフェッショナル達〟に戦術を語る勇気がなかったからである[38]。

三　大祖国戦争から冷戦期

一九四一年からの大祖国戦争は、第一次世界大戦史研究を停滞させた。その原因は公文書館や図書館などが閉鎖されただけではなく、対独戦争が総力戦となったことで主要都市が戦場と化し、研究者のほとんどが前線にいるか、あるいは避難先にいる状態となり研究を行うことができなかったからである。

しかし、こうした状況下でもアカデミー会員E・V・タルレ（Е. В. Тарле）が複数の論文を発表していることは特筆すべきことである[39]。

研究活動が著しく停滞した中で、研究者が行ったのはプロパガンダである。ドイツの帝国主義とファシズムを非難し、一転して第一次世界大戦での帝政ロシア軍の勝利や成功について誇張して書き立てた。さらに第一次世界大戦でドイツ軍が占領した帝政ロシア、ベルギー、セルビアの各地域で、ドイツ人がどれほど残忍な行為を行ったのかを書くことによって、研究者は第一次世界大戦をプロパガンダに利用し、祖国の支援に努めたのである[40]。

大祖国戦争の最中は研究に大きな進展はなかったが、この戦争がその後のソ連の第一次世界大戦史研究に二つの大きな影響をもたらした。

一つはスターリンの変貌である。前述のとおり一九二〇から三〇年代には、戦術のプロフェッショナルであった元帝政ロシア軍の将校達に対してスターリンがまだ引け目を感じていたことで、ある程度自由な研究環境が認められていた。しかし、大祖国戦争の勝利によってスターリンは〝偉大なる戦略家〟になってしまったのである[41]。

歴史学、特に第一次世界大戦史におけるスターリニズムの介入は、大祖国戦争の勝利によって完全なものになった。もはや研究者も軍人も政治家も、誰もスターリンの歴史観に異議を唱えなくなったのである。

もう一つの変化は、大祖国戦争が一般市民をも巻き込む総力戦になったことにより、研究者が戦争を経験したということである。これにより一九四五年以降、軍事史研究は再び活発になる[42]。

スターリンの死と一九五六年のフルシチョフのスターリン批判により、スターリンの歴史学への介入は一応の終わりを告げ、唯物論的歴史観（以下、唯物史観）やプロパガンダと切り離した歴史研究が行われるようになった。その中の一つにアメリカのウィルソン大統領についての研究があった。

I・A・ベリャフスカヤ（И. А. Белявская）は、アメリカでの戦時国家独占資本主義の形成を研究テーマにした。そして、彼女はまずスターリン時代の国家独占資本主義についてのテーゼに対して堂々と異議を唱え、その後も同じテーマの研究を続けていき、開戦時のウィルソン大統領の国内政策、経済政策を論じた。自由な研究を行うことができた彼女は〝改革者〟としてのウィルソン大統領に注目した[43]。

こうして、ようやくスターリンの介入から自由を得たソ連の歴史学であったが、すぐに冷戦による歴史の政治化、イデオロギー化が始まった。特に顕著だったのがアメリカ研究である。研究者が今度は一転して、アメリカの第一次世界大戦への参戦を拡張主義だと書き立てた結果、ウィルソン大統領が反ソ主義政策外交を行ったという激しい議論が起こったのである。[44]

この時期の出版物や研究成果について特徴的なものを紹介する。一九四五年以降、第一次世界大戦に関する様々な論文が発表され、七五年にはこれらをまとめた形でI・I・ロストゥノフ（И. И. Ростунов）が研究書を出版した。[45] この研究書には公文書館所蔵文書を始め、多数のイラスト、写真、図、地図が使用された。しかし、この研究書も少なからず六〇年代からの〝ネオスターリニズム〟と〝冷戦〟の影響を受けていた。当時の帝政ロシア軍の機械化の程度や装備・補給の質は過大評価され、大した成果がなかった戦いでも帝政ロシア軍の勝利を過度に強調した。反対に帝政ロシア軍の酷悪な訓練や悪習、軍内部の暴力についての史料は使用されなかった。

その後、N・N・ヤコブレフ（Н. Н. Яковлев）が「一九一四年八月一日（Первое августа 1914г）」という論文を発表した。[46] 同論文の注目すべき点は、帝政ロシアは一九一六年の終わりには国力・軍事力を回復しており、戦力を増してドイツ軍に壊滅的な一撃を与えることができたが、帝政ロシア軍は革命という〝背中への一撃〟が原因でこれを行うことができなかったという新しい見解を述べているところである。

さらに興味深いのは、ヤコブレフがこの〝背中への一撃〟は、フリーメイソンを中心とするブルジョアジーがもたらし、結果として彼らが帝政ロシア軍のみならずロシア帝国をも滅ぼしたという見解を述べているところである。当然このヤコブレフの主張は他の研究者に受け入れられることはなかったが、ヤコブレフはフリーメイソンに帝政転覆と国家の破壊者という新しい役を与えたのである。[47]

スターリンの死後、一度は自由を得たソ連の歴史学は、冷戦とネオスターリニズムの影響によって再び実証主義的方法論から切り離されてしまった。[48]

四　ソ連崩壊後の研究動向

（一）　多様なテーマの登場

一九九一年のソ連崩壊により、歴史学に新しい時代が訪れた。ソ連時代の歴史学とその方法論に対する批判が起こったのである。これまで閉ざされていた各分野の公文書館が公開され、海外の研究書や亡命者の回顧録などもロシアに入ってくるようになった。

こうした流れの中で自然と第一次世界大戦への関心が高まっていった。そして大きな特徴として挙げられるのは、これまで軍事行動を中心に研究されてきた第一次世界大戦が、様々な角度から研究されるようになったことである。

第一次世界大戦に新しいアプローチを行った研究者の一人にユーリー・ピサレフ（Ю. А. Писарев）ロシア科学アカデミー（Российская академия наук）会員がいる。彼は一九九三年に雑誌『Новая и новейшая история（近現代史）』で論文を発表した。[49] 論文の中で、彼は戦争に参加した人々の愛国心や帝政ロシアがセルビアを守った意義などを戦争の新しいテーマとして提案した。こうした彼の新しい問題設定は研究者の間で支持を受け、モスクワではピサレフを中心とする第一次世界大戦歴史学者協会が作られた。[50]

新しいテーマの研究が続々と行われ、S・I・ヴァシリエフ（С. И. Васильева）は学位論文で各国の捕虜の取り扱いについての問題を提起した。[51] V・V・ハシン（В. В. Хасин）とS・G・ネリポヴィッチ（С. Г. Нелипович）は同じく学位論文で前線からの住民の脱走と住民の強制退去に関連して、帝政ロシアの移民政策について論じた。[52] E・S・セニャフスカヤ（Е. С. Сенявская）は人間研究、メンタリティ、心理、精神範囲を中心とした研究で戦争研究の新しい方向性を開いた。[53]

ソ連崩壊後は新しい出版物の発行だけではなく、様々な会議、シンポジウム、学術討論会などが開催され、その議論の資料集が後に出版された。[54] この中には、ピサレフが立ち上げた第一次世界大戦歴史学者協会が出版した資料集も含まれている。同協会の最初の資料集は、一九九四年に出版された。この時代を反映するように、第一次世界大戦に関連する多様な論文が掲載された。イデオロギーの異なる著者が執筆した論文や、内容の程度に差がある論文が一つにまとめられたのである。これは自由な研究活動を象徴する論文集といえる。

一九九八年にサンクトペテルブルグで開催された国際学術討論会では、「女性と子供と戦争」「人々のメンタリティと心理の中の戦争」「知識層と他の社会層の戦争への関わり」「戦時下の勤労大衆と農民大衆」「国民の愛国心と個々の住民グループ」「プロパガンダの役割」など、さらに広いテーマで第一次世界大戦の研究報告が行われ、その後報告レポートをまとめたものが出版された。[55] ソ連崩壊後のロシアでは、確実に自由で多様な研究が深まっていった。

（二）　帝政ロシア参戦に関する新しい提案

ソ連崩壊後の第一次世界大戦史研究の中で、もう一つ特徴的なのは「歴史のif」を問うようになったことである。

これはスターリン時代や冷戦時代には見られなかった動きであり、特に帝政ロシアの参戦については独創的な主張が現れた。

A・V・リビャキン（А. В. Ревякин）は、第一次世界大戦の勃発には十分な原因がないと主張した。これは唯物史観からではなく、当時の列強（英・露・仏・独・伊・墺・米・日）にとって戦争はリスクでしかなく、戦争に意を傾ける原因がなかったという主張である。リビャキンは自身の主張の論拠として、第一次世界大戦では、どの国もどの国にも突然の攻撃を行わなかったことを挙げている。[56]彼は戦争の原因の一つ一つには戦争を正当化するほど重要なものはないと考え、戦争は外交的撤退という「代案」で回避することができたと考えた。[57]

リビャキンと同意見だったのは、L・G・イスチャギン（Л. Г. Истягин）である。彼は、第一次世界大戦は帝国主義による世界の植民地分割などではなく、国民運動と革命運動が呼び起こしたものであると分析した。国民運動がナショナリズムを生み、社会主義者達がプロパガンダによって〝敵の姿〟を作り出したことが世界を戦争へと導いたと主張した。[58]

またイスチャギンは、一九〇五〜〇六年のロシア第一次革命が、その先数年間にわたって国を弱体化・無力化させ、第一次世界大戦への準備を妨げ、結果としてドイツの参戦を誘発することになったと考えた。[59]

戦争回避は外交という「代案」で可能だったという彼らの主張は、帝政ロシアが第一次世界大戦に参戦しないことも可能だったという考えに直結している。

「代案」の具体的な例として、イスチャギンは一九〇八〜〇九年の「ボスニア危機」を挙げている。この時の解決は、帝政ロシアにとってまさしく外交的〝妥協〟であり、当時の帝政ロシアのマスコミは、日露戦争を引き合いに出し、これを〝外交的な対馬〟と批判した。しかしイスチャギンはこうした批判を気にすることはなく、むしろ肯定的に捉えていた。なぜならば、ボスニアを〝外交的な対馬〟にすることによって、第一次世界大戦の開始を数年間遅らせることができたと考えていたからである。[60]

「ボスニア危機」で帝政ロシアが外交的な妥協という「代案」により平和を守ったと考えた彼らは、一九一四年も外交で平和を守ることができたのではないかという「歴史のif」を主張している。

現在のロシアで「歴史のif」を問うことが主流というわけではない。しかし、ソ連時代には考えられなかった「歴史のif」について研究が行われるようになったことは、研究の自由を認める象徴的な進歩である。

（三） 近年の出版物紹介

ソ連崩壊後、ロシアでは様々な論文や研究書が出版されている。ここではその全てを紹介することはできないが、いくつか興味深いものを紹介する。

ソ連崩壊後すぐに一九一四年から九三年までにソ連・ロシアで出版された第一次世界大戦に関連する七五三もの文献の索引が出版され、現在も大変重宝されている。[61]

ロシアの研究者は公文書館所蔵文書に基づいて新しい研究テーマに取り組んでおり、一九九四年にはピサレフが『Первая мировая война: дискуссионные проблемы истории（第一次世界大戦：議論されている歴史の問題）[62]』という論文集を編纂した。同論文集はタイトルのとおり、第一次世界大戦について議論がある問題や忘れられた出来事についての論文を取りまとめたものである。

一九九五年には、ロシア自然科学アカデミー会員のV・I・シェレメット（В. И. Шеремет）が、帝政ロシアの対外諜報部の史料を使った研究書[63]を出版したほか、九九年にはB・D・ガリペリナ（Б. Д. Гальперина）がロシア帝国閣僚会議の史料集を出版した。[64]

二〇〇二年、ロシア連邦科学アカデミー世界史研究所（Институт всеобщей истории РАН）が『Мировые войны XX века（二〇世紀の世界大戦）[65]』という四巻構成の研究書を出版した。第一・二巻が第一次世界大戦、第三・四巻が第二次世界大戦と分かれている。第一巻では第一次世界大戦における帝政ロシアの政治、外交、国内経済に加え国民心理、革命運動についての当時の最新の論考が収められている。第二巻では公文書や海外の出版物などが収められており、当時の国際関係に注意が向けられている。

二〇〇八年には、帝政ロシアの戦術的課題と大きな関係があった港町アルハンゲリスク（Архангельск）について、公文書館の史料はもとより現地の博物館の所蔵写真や個人所有の写真を使用した研究書が、現地アルハンゲリスクで出版され、モスクワだけではなく各地で研究が進んでいることを示した。[66]

二〇〇九年には当時のマスメディアに注目し、前線司令官の命令や新しい兵器を紹介する記事を載せていた軍事新聞と雑誌を約一〇〇通り収録した資料集も出版された。[67]

そして二〇一四年、新しい回顧録集『Первая мировая: взгляд из окопа.（塹壕から見た第一次世界大戦）[68]』が出版された。かつて世に出ることがなかった兵士のありのままの日記や回顧録が紹介されており、当時を知ることができる貴重な文献となっている。

現在、ロシアでは第一次世界大戦の研究が急速に発展しており、研究者はこれまで研究対象にすることができなかった分野にまでテーマを広げている。そして、その成果をロシア国民のみならず、世界中の研究者が享受しており、今後も多くの研究成果が達成されるであろう。

おわりに

スターリン時代には、第一次世界大戦は独立した現象としての意味を失っており、革命の〝前兆現象〟となっていた。そして国内はスターリンの歴史観によって支配され、自由な研究環境も弾圧され、国内外の史料・文献へのアクセスが制限されていた。

スターリンは帝政ロシア軍の敗戦や失敗を誇張することで、革命の正当性を訴えていたが、大祖国戦争では反対に帝政ロシア軍の勝利を誇張することで、第一次世界大戦をプロパガンダに利用した。

フルシチョフのスターリン批判で、研究者には束の間の休息が訪れたが、すぐに冷戦を背景としてアメリカの第一次世界大戦参戦を非難する歴史観が主流となった。ソ連時代の歴史学は、常に政治やイデオロギーに左右され、第一次世界大戦も時代によって国家に都合がいい役割や目的を与えられてきたのである。

今日、第一次世界大戦の歴史研究は様々なテーマで取り組まれており、各地での戦闘や地域別の特徴、人々の生活や精神面との関係など、第一次世界大戦を多角的に捉えた研究が行われている。

ソ連の歴史学について、ソ連崩壊後に起きた一つの論争がある。それは、ソ連の歴史学は、「いくつかの欠点がある全体的な成果」と考えるべきか、それとも「世界の歴史学から立遅れる原因となった全体的な失敗」と考えるべきかという問いである[69]。

ソ連時代の歴史学は世界から隔離された特殊な条件下で発展しており、教条的・図式的な歴史観やイデオロギーに左右された一連の研究史を全体的な成功とはいい難い。

しかしソ連崩壊後、実証主義的歴史観による研究が行われるようになった現在においては、こうした特殊な研究動向そのものが一つの歴史となり、開戦から一〇〇年を迎えた今、ソ連・ロシアの研究動向自体が我々の研究対象となり得るのである。その意味ではソ連・ロシアの歴史学を容易に否定するのではなく、「いくつかの欠点がある全体的な成果」と捉え、積極的に研究対象にしていくべきであろう。

註

（1） Козенко Б. Д. ОТЕЧЕСТВЕННАЯ ИСТОРИОГРАФИЯ

ПЕРВОЙ МИРОВОЙ ВОЙНЫ./*Новая и новейшая история*.2001.№3.Москва（著者試訳）2001.

（2） Сталин И. В. *Сочинения*.т.13.Москва.1951. стр. 84-102（著者試訳）.

（3） Слуцкий А. Г. Большевики о германской социал-демократии в период ее предвоенного кризиса./*Пролетарская революция*. 1930. № 6. Москва. стр. 65.

（4） Сталин. указ. соч. стр. 85（著者試訳）.

（5） Там же（著者試訳）.

（6） Там же. стр. 94（著者試訳）.

（7） Козенко. указ. соч. стр. 9（著者試訳）.
新聞に掲載されたのは一九三六年だが、意見を執筆したのは三四年である。記事は Сталин И. В. *Сочинения*.т. 14. Москва. 1997. стр. 40-45 を参照。

（8） Сталин. *Сочинения*. т. 14. стр. 41（著者試訳）.

（9） Козенко. указ. соч. стр. 9（著者試訳）.

（10） КОМИССИЯ ЦК ВКП(б).*ИСТОРИЯ ВСЕСОЮЗНОЙ КОММУНИСТИЧЕСКОЙ ПАРТИИ(БОЛЬШЕВИКОВ) КРАТКИЙ КУРС*. Москва. 1946（著者試訳）.

（11） Там же. стр. 154.

（12） Там же. стр. 155（著者試訳）.

（13） Там же. стр. 156（著者試訳）.

（14） Там же. стр. 154（著者試訳）.

（15） Там же. стр. 156（著者試訳）.

（16） Там же.

（17） Там же. стр. 155.

（18） Козенко. указ. соч. стр. 10.

（19） Там же.

（20） Там же. стр. 6.

（21） Деникин А. И. *Путь русского офицера*. Москва. 1991（著者試訳）.

（22） デニーキンの回顧録はその後一九九一年にロシアでも出版された。

（23） Лемке М. К. *250 дней в царской ставке (25 сент. 1915 - 2 июля 1916)*. Петроград. 1920（著者試訳）.
同回顧録は二〇〇三年にベラルーシで *250 дней в царской ставке 1914–1915* というタイトルで再版された。

（24） Сухомлинов В. А. *Воспоминания*. Берлин. 1924（著者試訳）.
同回顧録は、最初ソ連ではなくドイツ語に訳されドイツで出版された。その後、一九二六年に *Воспоминания Сухомлинова*. として、二〇〇五年に *Владимир Александрович Сухомлинов. Воспоминания. Мемуары*. としてソ連、ロシアで再版された。

（25） Козенко. указ. соч. стр. 4.

（26） Поливанов А. А. К истории Великой Войны./*Военное дело*. 1920. №13-15（著者試訳）.

（27） *Военно-исторический журнал* 公式ホームページ〈http://history.milportal.ru/〉（二〇一四年十二月二十二日確認。雑誌名は著者試訳）.

（28） 例えば帝政ロシア政府と協商国との秘密文書を収録した史料集として、Россия. Министерство иностранных дел. Архив. *Сборник секретных документов из архивов бывшего министерства иностранных дел*. вып. 1-7. Петроград.1917-1918 がある。

（29） *Международные отношения в эпоху империализма.Документы из архивов царского и временного правительства 1878-1917гг.* Серия III. 1914-1917, т. 1-10./Подгот. к печ. Попов А. Л., Ерусалимский А. С. и др. Москва, Ленинград. 1931-1938.

タイトルは「1914-1917年」となっているが、実際には一九一四年一月十四日から一六年四月十三日までの外交文書が収められている。また同史料集は当初シリーズ三部作で出版予定であったが、第三作目である同書が最初に出版された。後にシリーズ第二作目が出版されたが、第一作目は二〇一四年現在においても出版されていない。

（30） Козенко. указ. соч. стр. 5.

（31） Цихович Я. К., Корольков Г., Незнамов А., Клембовский В. Н., Зайончковский А. М. *Стратегический очерк войны1914-1918 г. г.* Чсчть1-7. Москва. 1920-1923（著者試訳）.

全七巻構成でそれぞれ著者と出版年が異なる。第一巻 Цихович Я. К. 1922年、第二巻 Корольков Г. 1923年、第三・四巻 Незнамов А. 1922年、第五巻 Клембовский В. Н. 1920年、第六・七巻 Зайончковский А. М. 1923年。

（32） ロシアのインターネット図書館 РУНИВЕР〈http://www.runivers.ru/lib/book3171/〉参照（二〇一四年十二月二十二日確認）。

（33） *История первой мировой войны 1914-1918 гг.*/Агеев А.М., Верхжовский Д. В., Виноградов В.И., Глухов В.П., Криницын Ф.С., Ростунов И.И., Соколов Ю. Ф., Строков. А. А. Под редакцией доктора исторических наук Ростунова. И. И. Москва. 1975（著者試訳）.

（34） Козенко. указ. соч. стр. 5.

（35） Керсновский А. А. *История русской армии.* т. I-IV. Москва. 1992-1994（著者試訳）.

（36） Козенко. указ. соч. стр. 5.

（37） Там же.

（38） Там же.

（39） タルレの第一次世界大戦に関する主な論文は左記のとおりである。

Тарле Е. В. Первое августа. *ИЗВЕСТИЯ.*1 августа 1942.

Тарле Е. В. ОТ АГРЕССИИ К КАПИТУЛЯЦИИ 1914-1918. *Война и рабочий класс.*1944. №15. стр. 9-11.

（40） Козенко. указ. соч. стр. 10.

（41） Там же.

（42） Там же. стр. 11.

（43） Там же. стр. 14.

（44） これは当時出版された書籍の表題から窺い知ることができる。

Селезнев Г. К. *Тень доллара над Россией.* Москва. 1957（『ロシアに落ちるドルの影』著者試訳）などがある。

（45） *История первой мировой войны 1914-1918гг.* т. I -II. Отв. ред. Ростунов И. И. Москва. 1975.

（46） Яковлев Н. Н. *Первое августа 1914г.* Москва. 1972（著者試訳）.

（47） Яковлев の主張については Козенко. указ. соч. стр. 12 を参照した。

（48） Козенко. указ. соч. стр. 18.

（49） Писарев Ю. А. Новые подходы к изучению истории первой мировой войны / *Новая и навейшая история.* 1993. №3. Москва. стр. 47（著者試訳）.

(50) Козенко. указ. соч. стр. 19.
同協会は現在も活動している。公式ホームページは〈http://rusasww1.ru/〉。

(51) Козенко. указ. соч. стр. 22.

(52) Там же.

(53) Козенко. указ. соч. стр. 22.

(54) Козенко. указ. соч. стр. 23.

(55) Там же.

(56) Ревякин А. В. ПРОБЛЕМА ВИНЫ И ОТВЕТСТВЕННОСТИ / *ПЕРВАЯ МИРОВАЯ ВОЙНА. ПРОЛОГ XX века.* Москва. 1998. стр. 66.

(57) Там же.

(58) Истягин Л. Г. ДИАЛЕКТИКА ФАКТОРОВ С ИСТОРИЧЕСКОЙ ДИСТАНЦИИ / *ПЕРВАЯ МИРОВАЯ ВОЙНА. ПРОЛОГ XX века.* Москва. 1998. стр. 57-58.

(59) Там же. стр. 58.

(60) Там же. стр. 56.

(61) Бабенко В.И.,Демина Т. М. *Первая мировая война. Указатель литературы. 1914-1993гг.* Москва. 1994.

(62) *Первая мировая война: дискуссионные проблемы истории*/Отв. ред. Писарев Ю. А., Мальков В. Л. Москва. 1994.

(63) Шеремет В.И.*БОСФОР. РОССИЯ И ТУРЦИЯ В ЭПОХУ ПЕРВОЙ МИРОВОЙ ВОЙНЫ. ПО МАТЕРИАЛАМ РУССКОЙ ВОЕННОЙ РАЗВЕДКИ.* Москва. 1995.

(64) Совет министров Российской империи в годы первой мировой войны. *Бумаги А. Н. Яхонтова: (Записи заседаний и переписка). Глав.ред.* Гальперина Б. Д. СПб. 1999.

(65) 第一巻は Мальков В. Л., Шкундин Г. Д. *Мировые войны XX века: Первая мировая война. Исторический очерк.* Кн. 1. Москва. 2002（著者試訳）.
第二巻は Мальков В. Л., Шкундин Г. Д. *Мировые война XX века: Первая мировая война. Документы и материалы.* Кн. 2. Москва. 2002（著者試訳）.
第三巻、第四巻は第二次世界大戦についての研究書のため省略。

(66) Трошина Т. И. *ВЕЛИКАЯ ВОЙНА...ЗАБЫТАЯ ВОЙНА... Архангельск в годы Первой мировой войны (1914-1918гг).* Архангельск. 2008.

(67) Гужва Д. Г. *ВОЕННАЯ ПЕРИОДИЧЕСКАЯ ПЕЧАТЬ РУССКОЙ АРМИИ В ГОДЫ ПЕРВОЙ МИРОВОЙ ВОЙНЫ 1914-1918 гг.* Новосибирск. 2009.

(68) Пахалюк К. А. *Первая мировая: взгляд из окопа.* Москва, СПб. 2014（著者試訳）.

(69) Виноградов В. Н. Ещё раз о новых к истории первой мировой войны / *Новая и навейшая история.* 1995. №5. Москва. стр. 73.

中国における第一次世界大戦の研究状況

馮　青

本稿では、近年高まりつつある中国の第一次世界大戦への関心とその時代背景、歴史分野における主な研究動向、そして百周年記念のシンポジウムなどの開催状況などについて述べる。

一　中国の高まる第一次世界大戦への関心とその時代背景

（一）　中国と第一次世界大戦との関わり

一九一四年七月、第一次世界大戦の勃発時、中華民国は建国後わずか二年あまりであり、政治的不安定が続いていた。大総統袁世凱は、前年十一月に衆・参両院の第一党国民党を解散したのに続き、この年の一月に国会を解散し、帝制実施に向けて着々と動き出した。国内では政局の不安定、財政の困難の中、海外の紛争に関わる余裕はなく、八月六日には早々と中立を宣した。一方、日本は八月二十三日にドイツに対して宣戦を布告し、中国山東省のドイツ権益獲得をめざし、その中心であるドイツ租借地膠澳《こうおう》（青島）を攻撃、占領した。

一九一五年五月九日、袁世凱は日本の対華「二一カ条」要求（第五号を除く）の最後通牒を受けて受諾、たちまち国内のナショナリズムに火を付けた。袁は翌年正月、皇帝に即位し、帝制復活を期したが、全国各派の猛反対に囲まれて八三日間しか維持できず、六月には死去した。その後の北京政府（一九一二～二八年）は全国への支配力がさらに弱まり、中華民国は軍閥混戦の時代に入った。こうした中、北京政府は一九一六年から連合国（協商国）の呼びかけに応じて、民間に委託してイギリス、フランス、ロシアへ大規模な労働者派遣を始めた。続いて、一七年三月十四日にはアメリカに次いで対独断交を宣言し、八月十四日にはドイツ、オーストリアに対して宣戦布告した。この時期の北京政府の実力者は国務総理で安徽派首領の段祺瑞であった。段は、中国人労働者の派遣を続けることで軍隊派遣に替える「以工代兵」政策を続け、実際の軍事行動には関与しなかった(1)。それは、中央政府の財政困窮のほか、参戦問題は国内諸派間の激しい対立点となり、段・安徽派の私兵拡大をもたらすと危惧されたからだったと考えられる。

このように中華民国の第一次世界大戦「参戦」は、実際には宣戦布告と労働者派遣のみに止まったが、戦後は連合国の一員としてパリ講和会議に参加することができた。また、その延長で国内ではさらなるナショナリズムの高揚や反日・反政府的な五四運動の展開、中国共産党の誕生などその後の社会に大きな影響をもたらした出来事がつぎつぎと起こった。そのため、中国の公定史学では、五四運動時期は中国の歴史における転換期であり、現代史の起点であると位置づけられてきた。

(二)　時代とともに変化してきた研究視角

こうした時代的背景から、中国における第一次世界大戦研究の多くは、これまで第一次世界大戦それ自体よりも、むしろ同大戦がいかに中国に影響を与えたのか、中国社会がこの時期どのように変化したのかに焦点をあててきた。とりわけ、大戦の勃発により中国を取り巻く内的・外的危機がさらに深刻化したこと、新たなタイプの革命運動や国権回収の動きが広がったこと、新思想の普及により社会の変革が急速に進んだことなどが議論の中心テーマとなった。また、それに関連して北京政府への批判的評価が長く定着してきた。

このような傾向は、同大戦直後の同時代的観察に早くも現れている。一九一八年末に刊行された黄郛《こうふ》『欧戦之教訓与中国之将来』(2)に窺えるように、当時の論説は、世界各国の情勢を中国に紹介し、自国の危機的状況に警鐘を鳴らすものが主流であり、第一次世界大戦自体は「欧戦」と呼ばれ、中国に直接関係しないヨーロッパの戦争という捉え方が一般的であった。もっとも、「欧戦」と日本の対中国政策に関連して、一九年に全国的に展開した反日・反政府運動である五四運動については、研究はきわめて盛んである(3)。

一九四九年以降の研究動向は、中国大陸と台湾とで大きく異なっている。国民党支配下の台湾では、中国と第一次世界大戦との関わりが注目され、参戦問題をめぐる政治史や、中国人労働者の大規模な派遣による大戦への貢献などが取り上げられ、多くの成果が発表された。その中でも、陳三井《ちんさんせい》『華工與欧戦』(台北:中央研究院近代史研究所、一九八六年)は特に注目される労作である。いっぽう、共産党統治下の中国大陸では、社会主義建設の進展につれて、研究面でも「革命史観」が歴史的評価の基本的な枠組となり、北京政府を反動的軍閥政権と強く批判し、五四愛国運動の発展と労働者階級の形成、ロシア革命の影響とマルクス・レーニン主義の移入、中国共産党の創立と発展などを高く評価する研究が急増した。そうした中で、日本と関わった袁世凱、段祺瑞ら北京政権首脳は「軍閥」「売国奴」と断罪され、その対外関係に関する実証的研究は進み得なかった。この「革命史観」の時代の研究は、政治的色彩が濃厚で、実証研究としては問題があるものも少なくないので、本稿では基本的に紹介を省きたい(4)。

だが、一九七八年十二月に「革命闘争」至上主義から「改革・開放」を掲げた近代化路線に転換して以降、中国では急速な経済発展と社会の多様化、学術・思想面の多元化、国際交流の発展などにより、とりわけ一九八〇年代半ば以後、歴史研究の分野でも新しい風が吹き込んできた。こうして、第一次世界大戦と中国政府の対応に関しても新たな研究が進められ、再評価もされることとなった。たとえば、王建朗「北京政府参戦問題再考察(5)」は、北京政府の第一次世界大戦参戦問題を検討し、同政府が近代的な外交を行うべく努めていたこと、それは中国の国際的地位の向上をもたらしたことを指摘している。このほか、中国人労働者の戦地ヨーロッパへの派遣、第一次世界大戦期の対外関係、同大戦後の社会構造の転換に関する研究も目立つようになった。また、「革命史観」での常套句であった「漢奸(売国奴)」「反動的」「日本帝国主義」などの表現は、タイトルからも内容の中からも姿を消した。

以下では、近年の中国(台湾、香港も含む中国語圏)における研究状況を項目別にわけて紹介する。なお、関連文献は膨大な量にのぼるが、網羅的な列挙ではなく、そのうちの代表的な研究を選んで紹介、評論することをお断りしたい。

二　近年の主な研究テーマとその蓄積

(一)　中華民国史全般に関わる基本文献、史資料

中華人民共和国の成立後、中国大陸では長く「革命史観」が支配していたため、中華民国時代の本格的な研究は進まず、北洋軍閥や国民党政権は批判の対象とのみ見なされてきた。民国時代の本格的研究は、一九七二年に設立された中国科学院民国史研究組(現在の中国社会科学院近代史研究所中華民国史研究室)がもっとも先駆的なものであり、八〇年代には南京大学などの主要大学で中華民国史の研究が解禁され、着実な成果を出していった。中華民国史の通史として以下のような文献があり、第一次世界大戦期の中国

外交や中国参戦問題に関わる対内・対外的背景について理解する上で、有用である。

中国社会科学院近代史研究所中華民国史研究室編『中華民国史』第二・三巻（中華書局、一九八一～二〇一一年）、来新夏主編『北洋軍閥史稿』（湖北人民出版社、一九八三年）、張憲文主編『中華民国史綱』（河南人民出版社、一九八六年）。また、台湾で出版されたものとして、張玉法『中華民国史稿』（台北：聯経出版公司、一九九八年）。北京政府を支配したのは軍閥だ、といわれる軍政指導者については、たとえば胡暁編著『段祺瑞年譜』（安徽大学出版社、二〇〇七年）から有力軍閥の活動を知ることができる。このほか、在カナダの華人学者ジェローム・チェンの軍閥研究は、政治・軍事面だけでなく社会・経済面をも含めて大局的に軍閥時代を捉えたものであり、陳志譲『軍紳政権』（香港：生活・読書・新知三聯書店、一九七九年、また、広西師範大学出版社、二〇〇八年）として中国語版が出され、中国の学界に影響を与えた。

史資料面では、天津歴史博物館編『北洋軍閥史料』全三三冊（天津古籍出版社、一九九六年）や中国第二歴史檔案館編『中華民国史檔案資料匯編』第三輯（江蘇古籍出版社、一九九一年）などに、民国前期（北京政府期）の政治、軍事、対外関係などに関する多数の資料が収録されている。

（二）　北京政府の参戦問題

参戦問題は中華民国にとって最大の外交問題でもあり、つねに国益という現実に絡んでいた。中立から対独断交、そしてドイツ、オーストリアへの宣戦布告に至る過程に関して、もっとも議論されてきたのは宣戦布告をめぐる国内の政争である。これまでの研究によると、当時段祺瑞らが参戦を主張した理由は、連合国の支持を得て戦後の講和会議に参加できること、国権回復と不平等条約の改正につながること、義和団賠償金の支払い延長やドイツ、オーストリアの配当分の廃止が得られることである。

一九八〇年代の台湾では、中国・海外の外交文書を駆使した研究が現れた。たとえば、黄嘉謨「中国対欧戦的初歩反応」（中華文化復興運動推行委員会主編・中国近代現代史論集編輯委員会編輯『中国近代現代史論集　第二十三編　民初外交』商務印書館、一九八六年。以下『民初外交』と略す）は、中国政府の参戦決定の狙いは、対外的には日本の侵略を防ぎ、対内的には革命派の蜂起を防ぐことにあったと論じた。また、張水木「徳国無制限潜艇政策與中国参加欧戦之経過」（『民初外交』）は、ドイツによる無制限潜水艦作戦が米独関係を緊張させ、戦争に至った後、中国は国際協調を重視してアメリカの呼びかけに応え、参戦したのだと論じた。

このような蓄積を踏まえて、近年、中国では参戦問題についての再検討・再評価が盛んになった。たとえば、呂茂兵「中国参加〝一戦〟縁由新探」（『争鳴』一九九一年第一期）、楊徳才「段祺瑞與中国参戦新探」（『学術月刊』一九九三年第四期）、陳剣敏「段祺瑞力主中国参加一戦縁由新探」（『安徽史学』二〇〇一年第四期）など、いずれも段祺瑞主導の参戦を積極的に評価した。また、外国との関係では、呉彤《ごとう》「中国参加一戦与日本的関係」（『西南大学学報（社会科学版）』二〇〇八年第五期）は、中国参戦に対する日本の態度の変化を分析し、蔡双全「論莫理循在推動中国参加第一次世界大戦中的作用」（『民国檔案』二〇〇九年第二期）は、総統府顧問モリソン（George Ernest Morrison　オーストラリア人）による中国参戦に向けた働きかけを取り上げた。

（三）　対華「二一カ条」要求に関する研究

日本の対華「二一カ条」要求は、現在に至るまで変わらず、中国による批判の対象になっている。たとえば東北師範大学の郎維成「再論日本大陸政策和二十一条要求」（蔣永敬ら編『近百年中日関係論文集』台北：中華民国史料研究中心、一九九二年）は、草案は計二六カ条があったことを指摘した。「二一カ条」受諾後、調印された「山東省に関する条約」規定の同省権益問題については、第一次世界大戦の講和会議であるパリ講和会議の議題にもあがった。同会議の中国代表は山東権益の返還を会議で強く働きかけたが成果を得られず、一九一九年六月二十八日、ベルサイユ条約への調印を拒否した。これについて、八〇年代以降、台湾では、李毓澍《りいくじゅ》『中日二十一條交涉』（台北：中央研究院近代史研究所、一九八二年）のほか、張水木「巴黎和会與中徳協約」、陳三井「陸徴祥與巴黎和会」（いずれも『民初外交』）など、実証的水準の高い研究が出されている。このうち、陳三井論文では、外交総長陸徴祥《りくちょうしょう》は「恐日病」で、中国首席代表として適切な人選ではないと指摘している。

同時期の中国の研究としては、鄧野《とうや》「巴黎和会中国拒約問題研究」（『中国社会科学』一九八六年第二期）、および袁継成等「中国参加第一次世界大戦和巴黎和会」（『近代史研究』一九九〇年第六期）が挙げられる。

史料面では、とりわけ中央研究院近代史研究所（台北）がその所蔵する北京政府外交文書に基づき編さんした一連の資料集の価値が大きい。たとえば、『欧戦與山東問題（民国三至五年）1914―1916』（一九七四年）、『二十一條交涉（民国四至五年）1915―1916』（一九八五年）、『山東問題（民国九至十五年）1920―1926』（一九八七年）、『排日問題（民国八至十五年）1919―1926』（一九九三年）などである。中国では、黄紀蓮編『中日〝二十一〟交渉史料全編　1915―1923』

（安徽大学出版社、二〇〇一年）が研究者にとって有用な資料集となっている。

（四）　五四運動および中国共産党の誕生に関して

上記のどのテーマよりも五四運動に関する研究は圧倒的に多い。パリ講和会議が中国の主張を退け、ドイツ山東省権益の対日譲渡を認めたことが中国に伝わると、反日・反政府の五四運動が中国各地に広がり、講和会議の中国代表にも圧力をかけ、対独講和条約の署名拒否をもたらした。また、陳独秀、李大釗《りたいしょう》ら同運動の指導者は、新思想の導入やのちの中国共産党の創立にも関わっていった。このため、中国では、五四運動は愛国的・啓蒙的な運動でもあるという位置づけが定着している。ただ、台湾、香港における研究が、この時期の欧米からの新思想の導入、民衆観念の変容や伝統社会の崩壊などに注目するのに対し、中国では社会的変化よりは、中国共産党の創立と発展、そして新たな革命運動の形成が大きく取り上げられてきた。

中国における五四運動重視は、何十周年という節目ごとに大規模な記念行事や記念シンポジウムを開催し、論文集を刊行してきたことに現れている。たとえば、一九七九年、中国社会科学院は大規模な五四運動六〇周年記念シンポジウムを開き、同院近代史研究所編『紀念五四運動六十周年学術討論会論文集』（中国社会科学文献出版社、一九八〇年）を出版した。同年は、香港など中国各地でも記念行事が行われ、五四運動六十周年紀念論文集編輯委員会編『五四運動六十周年紀念文集』（香港大学中文学会、一九七九年）などが刊行された。また、八九年には中国社会科学院主催の「五四運動與中国文化建設」シンポジウムが、九九年には北京大学主催で「五四運動與二十世紀中国」シンポジウムが開催され、それぞれ論文集を世に出した。

二〇〇九年には、中央政府および各機関の主催により、これまでにない規模の記念行事が各地で開催された。中国共産党中央主催の記念行事には胡錦濤主席（当時）自ら出席し、五四運動の精神と民族復興を結びつけて、運動の指導者であり共産党の創立者でもある李大釗らの功績をたたえた。この年出版された関連論文集は、楊河主編『五四運動與民族復興——紀念五四運動90周年暨李大釗誕辰120周年理論研討会学術論文集——』（北京大学出版社）、牛大勇・欧陽哲生主編『五四的歴史與歴史中的五四——北京大学紀念五四運動90周年国際学術研討会論文集——』（北京大学出版社）、北京新文化運動紀念館・北京魯迅博物館編『紀念五四運動90周年学術研討会論文集』（北京：文物出版社）など、多数に上る。

記念シンポジウムやその論文集のほか、五四運動関係の専門書や史料集も多数出版されている。

代表的なものをあげると、丁守和《ていしゅわ》・殷叙彝《いんじょい》『従五四啓蒙運動到馬克思主義的伝播』（生活・読書・新知三聯書店、一九六三年）は、五四運動の啓蒙的役割と中国におけるマルクス・レーニン主義の伝播を結びつけ、中国共産党の創立とその指導下の革命運動の展開がこれと密接な関係であることを論じた。劉永明『国民党人與五四運動』（中国社会科学出版社、一九九〇年）は、国民党側の五四運動への関与を認めた。また、周玉山主編『五四論集』（台北：成文出版社、一九八〇年）は、当時の台湾での研究成果を集大成したものといえる。このほか、中国社会科学院近代史研究所近代史資料編輯組編『五四愛国運動』（中国社会科学出版社、一九七九年）は、学生運動および国権回収運動を中心に編さんされた資料集である。中国社会科学院近代史研究所編『五四運動回憶録』（中国社会科学出版社、一九七九年）では、周恩来らのちの共産党指導者を中心に運動関連の回想を収録した。劉桂生・張歩洲編纂『台港及海外五四研究論著擷要』（教育科学出版社、一九八九年）は、台湾、香港および海外における五四運動の研究状況をまとめた。また、楊琥編『民国時期名人談五四「歴史記憶與歴史解釈」(1919—1949)』（福建出版社、二〇一一年）は、李大釗ら共産党系要人に限らず、孫文、胡適ら広く中華民国期の人物の五四運動との関わりとその記憶・解釈を論じ、注目を集めている。

（五）　欧州戦場への中国人労働者派遣

一九一六年八月、フランスのマルセイユに最初の中国人労働者が到着し、以後、一八年まで、二〇万人以上の中国人労働者（一部の学生も含む）がイギリス、フランス、ロシアに送られ、兵器・自動車などの工場労働、塹壕構築や死傷者運搬などに携わり、連合国側の戦いを支援した。中国の第一次世界大戦への関わりといえば、もっぱらこのような「以工代兵」であり、これにより中国はパリ講和会議に参戦国の一員として参加できたのである。

陳三井『華工與欧戦』は、この問題についてのもっとも体系的な研究であり、中国、フランスの公文書などの諸資料を駆使し、労働者派遣の動機、募集、ヨーロッパでの労働の実況、帰国、大戦への貢献、フランス留学の共産党系中国青年との関わりなどをまとめた労作である。とりわけ、北京政府は、労働者の大規模派遣の見返りとして、戦後の講和会議参加、青島返還、義和団賠償金の一部返還、領事裁判権廃止、関税額引き上げなどを要求したことを明らかにしており、のちの段祺瑞政権期の中国参戦の理由とも重なっている。

近年、中国の国際社会における比重がますます大きくなるにつれ、この問題は再び重視されるようになった。なかでも、徐国琦（香港大学教授）は以下の力作を出版し、グローバルな観点から、ヨーロッパ派遣中国人労働者の経験と意義、そして世界大戦が中国に「危機」と「機会」の双方をもたらしたことを論じた。『文明的交融』（五洲伝播出版社、二〇〇七年）、『中国與大戦：尋求新的国家認同與国際化』（上海三聯書店、二〇〇八年。これは左記英文書の中国語版。*China and the Great War: China's Pursuit of a New National Identity and Internationalization* (Cambridge and New York: Cambridge University Press, 2005)）、『西方戦線的陌生客：華工與第一次世界大戦』（上海人民出版社、二〇一四年。左記の中国語版。*Strangers on the Western Front: Chinese Workers and the Great War* (Cambridge, Mass.: Harvard University Press, 2011)）。

　そのほか、中国での関連研究は少なくなく、張建国主編『中国労工與第一次世界大戦』（山東大学出版社、二〇〇九年）などのほか、張岩「一戦華工的帰国境遇及其影響——基於対山東華工後裔（或知情者）口述資料的分析——」（『華僑華人歴史研究』二〇一〇年第二期）のようなオーラル・ヒストリーも行われている。史料集としては、台湾で編さんされた陳三井・呂芳上・楊翠華主編、陳雅鈴編輯『欧戦華工史料：一九一二—一九二一』（台北：中央研究院近代史研究所、一九九七年）はきわめて有用である。

（六）　第一次世界大戦をめぐる中国の国際関係

　一九一〇年代の前半、中国内政はきわめて不安定で、北京政府は中央政府としての機能を十分に果たすことができず、本格的な対外政策に取り組む余裕はなかった。第一次世界大戦期の同時代的文献では、政府要人や革命指導者らによる、世界と中国との関係、中国の危機や改革の必要について国民に訴える論述が注目される。たとえば、徐世昌『欧戦後之中国』、および黄郛の講演録『欧戦後之新世界』(6)などである。

　この時期の日中関係については、王芸生『六十年来中国與日本』（生活・読書・新知三聯書店、一九八〇年）の古典的著作のほか、台湾の中央研究院近代史研究所の林明徳による「民初日本対華政策之探討（一九一一—一九一五）」（『民初外交』）も参考になる。

　第一次世界大戦期の米中関係については、王綱領（台北：中国文化大学）『欧戦時期的美国対華政策』（台湾学生書局、一九八八年）が詳論しており、第一次世界大戦前の中国はアメリカの主要な関係国ではなく、アメリカは二一カ条問題などで中国を支持したものの、自国の利益を重んじ、中国の利益を二の次にしたと指摘した。

　中独関係については、李国祁《りこくき》「徳国檔案中有関中国参加第一次世界大戦的幾項記載」（『民国史論集』台北：南天書局、一九九〇年）が、ドイツ外務省の未刊資料を駆使し、ドイツは中国参戦を妨害したり、孫文の南方政権を支持したりしたことを明らかにした。

その他、第一次世界大戦期の国際関係研究では、近年の研究は連合国間の関係や大戦の各国社会・経済にもたらした影響に集中している。たとえば、郭婷婷《かくていてい》・劉金源「第一次世界大戦與英国婦女家庭地位的嬗変」（『江蘇第二師範学院学報』二〇一四年第三期）は、第一次世界大戦とイギリスの女性の地位の変化を論じている。

三　中国における第一次世界大戦研究の国際シンポジウムなどの開催状況

上述のように、中国ではこれまで五四運動関連の記念活動や記念シンポジウムは盛んに行われたが、第一次世界大戦について記念行事やシンポジウムが開かれることは少なかった。だが、二〇一四年は状況が大きく変わり、「第一次世界大戦と中国」などと題するシンポジウムが盛んに開催された。以下に主要なものをあげる。

二〇一四年七月三～五日、台湾の蒋経国基金会とオーストリアのウィーン大学の共催で、同大学において「第一次世界大戦対中国当代歴史進程的影響研討会」（International Conference: the Impact of World War One on China's Modern History）が行われ、大戦が中国の主権国家への転換を加速させたこと、中国共産党の誕生や新たな革命運動のきっかけとなったこと、中国伝統社会の崩壊を促したこと、日中戦争の遠因となったことなどが議題となった。七月二十六日には、北京で「一戦和二戦歴史回顧：教訓和啓示国際学術研討会」（第一次・第二次世界大戦の歴史的回顧、教訓と啓示国際シンポジウム）が行われ、中国が近代になって初めて戦勝国となったことが強調された。七月二十九～三十日には、北京で首都師範大学歴史学院および中国世界現代史研究会共同主催の「第一次世界大戦爆発一百周年（国際）学術研討会」が開催された。十二月一日、上海社会科学院歴史研究所では「〝第一次世界大戦・中国・上海〟学術討論会」が開催され、当時の中国の国際関係、新思想の普及および中国共産党誕生の背景などについて討論された。

なお、台北の中央研究院近史所檔案館では「陸徴祥と第一次世界大戦」の特別展示が行われ、「二一カ条」要求をめぐる対日交渉で主役を務めた陸徴祥の未刊資料を公開したことは、大いに注目される。

また、より小規模のワークショップでは、上海科学院が「第一次世界大戦與青島」を、山東華僑会館が「一戦與華工」（第一次世界大戦と中国人労働者）について開催し、幅広い参加者を集めることに成功したという。

このように、中国では第一次世界大戦との関係を強調し、記念行事・記念研究活動が盛んに行われるようになったが、それは近年、中国が国際世界での役割を強め、対外協調と国益増進を重視していることが背景にあると考えられる。

おわりに

第一次世界大戦と中国に関する評価と研究は、この一〇〇年間に大きく変化してきた。とりわけ、北京政府や北洋軍閥については、国民党も共産党も長く批判的観点に立っており、中国、台湾の研究もかつてはそのような政治的拘束を受けていたが、今日ではこのような見方から脱し、中国の第一次世界大戦への関わりや、中華民国政府による外交努力を高く評価するようになった。

このような変化の背景には、中国の経済発展に伴う社会の多様化、国際的地位の向上があると思われる。中国は国内的な諸問題を抱えているが、世界第二位の経済大国となったことにより、外からの中国批判も強くなっている。そのような中で、現在の東アジアの情勢を第一次世界大戦前のヨーロッパ情勢にたとえる見方も存在するが、中国側はそれは不適切だと批判し、自国が国際社会で果たす役割を強調し、中国は「平和と協調」の対外方針を取っていくことをアピールしている。[7]

註

（1）胡暁編著『段祺瑞年譜』（安徽大学出版社、二〇〇六年）一一四頁。

（2）黄郛（一八八〇～一九三六）は清末・民国期の革命派、政治家。日本通としても知られる。『欧戦之教訓與中国之将来』は、沈雲龍編『近代中国史料叢刊』第二八輯（台北：文海出版社、一九六八年）に収録されている。

（3）朱志敏「八十余年来国内五四運動研究」（『中共党史研究』二〇〇六年第二期）を参照。

（4）一例をあげると、陳鳴鐘「段祺瑞売国投日和五四愛国運動的爆発」（『歴史檔案』一九八一年第二期）がある。

（5）王建朗「北京政府参戦問題再考察」（『近代史研究』二〇〇五年第四期）。

（6）両者はともに、沈雲龍編『近代中国史料叢刊』第三輯（台北、文海出版社、一九六七年）に収録される。

（7）任仲平「譲和平永駐人間——写在第一次世界大戦爆発百年之際——」（『人民日報』二〇一四年七月二十八日）。任仲平は「『人民日報』の重要評論」を意味する筆名。

第二篇　第一次世界大戦と海軍

ジュトランド論争とビーティー

山口　悟

はじめに

第一次世界大戦中の一九一六年に生じたジュトランド海戦において、英海軍は独海軍主力の撃滅に失敗した。大戦終結後にジュトランド海戦の公式記録作成が海軍省で進められた際、その公表延期が社会の関心を集め、そのなかで不満足な海戦結果の責任の所在が論じられるようになる。これがジュトランド論争である。この論争は、ジュトランド海戦で艦隊司令長官として、特に戦艦隊を直率したジェリコー（J. R. Jellicoe）と、彼の下で巡洋戦艦隊を率い、のちに軍令部長として海戦の公式記録問題に関わったビーティー（David R. Beatty）の二人に焦点をあて、両者それぞれの支持者により主に二〇年代に展開された。[1]本稿は、この論争の発生と展開の大きな要因がビーティーにあると考え、その彼の動きの個人的背景を考察するものである。

数多いジュトランド海戦関連の文献においてジュトランド論争に触れられることは多いが、論争に直接関わった人物の著作は別として、論争を包括的に採りあげたものは少ない。そのようなものとして古くはベネットの著作があるが、近年では特にゴードンの研究が論争を詳しく取り扱ったものとしてあげられる。[2]また、ビーティーとジェリコーの代表的伝記や個人文書集においても、論争への彼らの個人的関わりが述べられている。[3]本稿では、それらの研究を利用して、まずはジュトランド海戦におけるビーティーの巡洋戦艦隊の行動の問題点を、次いでその問題点を踏まえてビーティーとの関係を中心にジュトランド論争の展開を概観して、考察を進めていきたい。

一　ジュトランド海戦における巡洋戦艦隊

（一）　ジュトランド海戦概要

一九一六年五月末、独海軍は英海軍戦力の一部を誘い出して撃破しようと企図し、主力艦隊の大海艦隊（Hochseeflotte）を出撃させた。この動きを詳細不明ながら傍受した英海軍も主力の大艦隊（Grand Fleet）を出撃させ、ここに大戦最大の海戦がユトランド半島沖にて生起することになった。

英・独艦隊ともに前哨部隊たる巡洋戦艦隊と主力本隊たる戦艦隊に分けられていた。

［大艦隊］　戦艦隊：司令長官ジェリコー大将直率。旗艦「アイアン・デューク」と第一・第二・第四戦艦戦隊の戦艦二四。第三巡洋戦艦戦隊（戦隊旗艦「インヴィンシブル」「インフレキシブル」「インドミタブル」）の巡洋戦艦三隻。装甲巡洋艦八、軽巡洋艦一二、駆逐艦五一、機雷敷設艦一隻。

巡洋戦艦隊：ビーティー中将指揮。旗艦「ライオン」と第一巡洋戦艦戦隊（戦隊旗艦「プリンセス・ロイヤル」「クイーン・メリー」「タイガー」）、第二巡洋戦艦戦隊（戦隊旗艦「ニュージーランド」「インディファティガブル」）の巡洋戦艦六。第五戦艦戦隊（戦隊旗艦「バーラム」「ウォースパイト」「ヴァリアント」「マレーヤ」）の高速戦艦四。軽巡洋艦一四、駆逐艦二七、水上機母艦一隻。

なお、フッド（H. L. A. Hood）少将指揮の第三巡洋戦艦戦隊は、砲撃訓練のためにエヴァン・トーマス（H. Evan-Thomas）少将の第五戦艦戦隊と部隊交換され、臨時に戦艦隊に属していた。

［大海艦隊］　戦艦隊：司令長官シェーア（R. Scheer）中将直率。旗艦「フリードリヒ・デア・グローセ」と第一・第三戦艦戦隊の戦艦一六。第二戦艦戦隊の前弩級戦艦六。軽巡洋艦六、駆逐艦三二隻。

巡洋戦艦隊（偵察部隊）：ヒッパー（F. R. Hipper）中将指揮。旗艦「リュッツオウ」を含む第一偵察群（「デアフリンガー」「ザイドリッツ」「モルトケ」「フォン・デア・タン」）の巡洋戦艦五。軽巡洋艦五、駆逐艦三〇隻。

両軍ともに巡洋戦艦隊は前哨として主力戦艦隊と離れた位置にあり、まずは両軍巡洋戦艦隊の衝突、次いで独戦艦隊、そして英戦艦隊の登場となる。ここでは海戦の展開を概ね以下の四段階に分けて考えたい。

［第一段階（the Run to the South）］　英巡洋戦艦隊による独巡洋戦艦隊の追撃。独側は英側を大海艦隊主力の戦艦隊へと誘引。

［第二段階（the Run to the North）］　英巡洋戦艦隊が大海艦隊主力を発見して反転後退。英側は独艦隊を大艦隊主力の戦艦隊へと誘引。

［第三段階］　両軍主力の会敵と英艦隊による独艦隊の追撃。

［第四段階］　夜戦。

［第一段階］　五月三十一日十四時二十分頃に、まず両軍の巡洋戦艦隊が接触し、ビーティーの優勢な英巡洋戦艦隊は転針して独巡洋戦艦隊を追撃する。しかし、第五戦艦戦隊の転針が遅れ、その戦闘参加も遅れることになる。ジュトランド論争において、後述の二度目のものも含め、この第五戦艦戦隊の転針遅延が論点となる。

十五時四十九分頃から英巡洋戦艦六隻と独巡洋戦艦五隻による砲撃戦が開始された。英側は一隻分の優勢を、砲撃目標割当の混乱もあって十分に活用できなかった。(4) 当初、風向きなどから視界状態がより良好だったこともあって独側の砲撃は効果的で、十六時二分頃には「インディファティガブル」が爆沈した。のち第五戦艦戦隊が戦闘参加して効果的な砲撃を開始するが、さらに「クイーン・メリー」も十六時二十六分頃に爆沈した。この惨状にビーティーは、「今日の我らの艦艇はどこかひどくおかしいのではないのか」と述べたという。(5)

［第二段階］　退くヒッパーの目的は、大海艦隊主力への英巡洋戦艦隊の誘引だった。かくして十六時三十三分頃に、英巡洋戦艦隊は大海艦隊主力の戦艦隊を発見した。海軍省の情報からその出撃を予期していなかった英側にとり、この展開は驚きであったが、大海艦隊撃滅の好機到来をも意味した。英巡洋戦艦隊は、大海艦隊を大艦隊主力の戦艦隊へ誘引すべく反転し、今度は逆に大海艦隊の追撃を受けることになる。しかし、このとき再び第五戦艦戦隊の反転が遅れ、追撃する大海艦隊の攻撃にさらされることになった。

［第三段階］　大艦隊主力の戦艦隊も戦場へと接近し、十七時四十分頃以降、まずは先行してきた第三巡洋戦艦戦隊が戦場に到来した。大艦隊戦艦隊も十八時十七分頃以降に順次戦闘を開始したが、十八時三十分過ぎ頃に「インヴィンシブル」が爆沈した。大艦隊主力の出現に驚愕した大海艦隊は一八〇度急反転や巡洋戦艦隊の突撃、軽艦艇による雷撃などの諸手段により脱出を図り、夜を前にして大艦隊の攻撃も部分的かつ短時間のものとなった。なお、十九時頃に生じた英巡洋戦艦隊の三六〇度旋回は、ジュトランド

論争における論点となった[6]。

［第四段階］　追撃を続けるジェリコーは夜戦を避け、大海艦隊の離脱を阻止しつつ翌朝に決戦を求めることに決した。しかし、彼は敵情報を下級指揮官から適切に得られず、結局、大海艦隊は大艦隊をかわして脱出に成功した。

英側の損害は巡洋戦艦三隻を含め各種一四隻、戦死六、〇九四名など。独側は巡洋戦艦一隻を含め各種一一隻、戦死二、五五一名などであった[7]。英側の損害はより大きいが、この海戦で独海軍の閉塞状態に変化はなく、戦略的な英優位が動くことはなかった。しかし、トラファルガー的大勝利を期待していた英側の失望感は大きかった。

（二）　巡洋戦艦隊の行動の問題点

海戦の第一段階では巡洋戦艦爆沈に象徴される英巡洋戦艦隊の苦戦が目立つが、この最大の要因は第五戦艦戦隊の戦闘参加の遅れだった。その段階でビーティーは巡洋戦艦六隻に第五戦艦戦隊の戦艦四隻という主力艦戦力を擁し、巡洋戦艦五隻の独側に対して隻数で二倍の優勢にあった。また、独巡洋戦艦の主砲が一二もしくは一一インチ砲なのに対し、英側は一三・五もしくは一二インチ砲を、さらには第五戦艦戦隊の一五インチ砲をも有し、隻数比以上に火力で優勢だった。しかし、第五戦艦戦隊の戦闘参加の遅れ

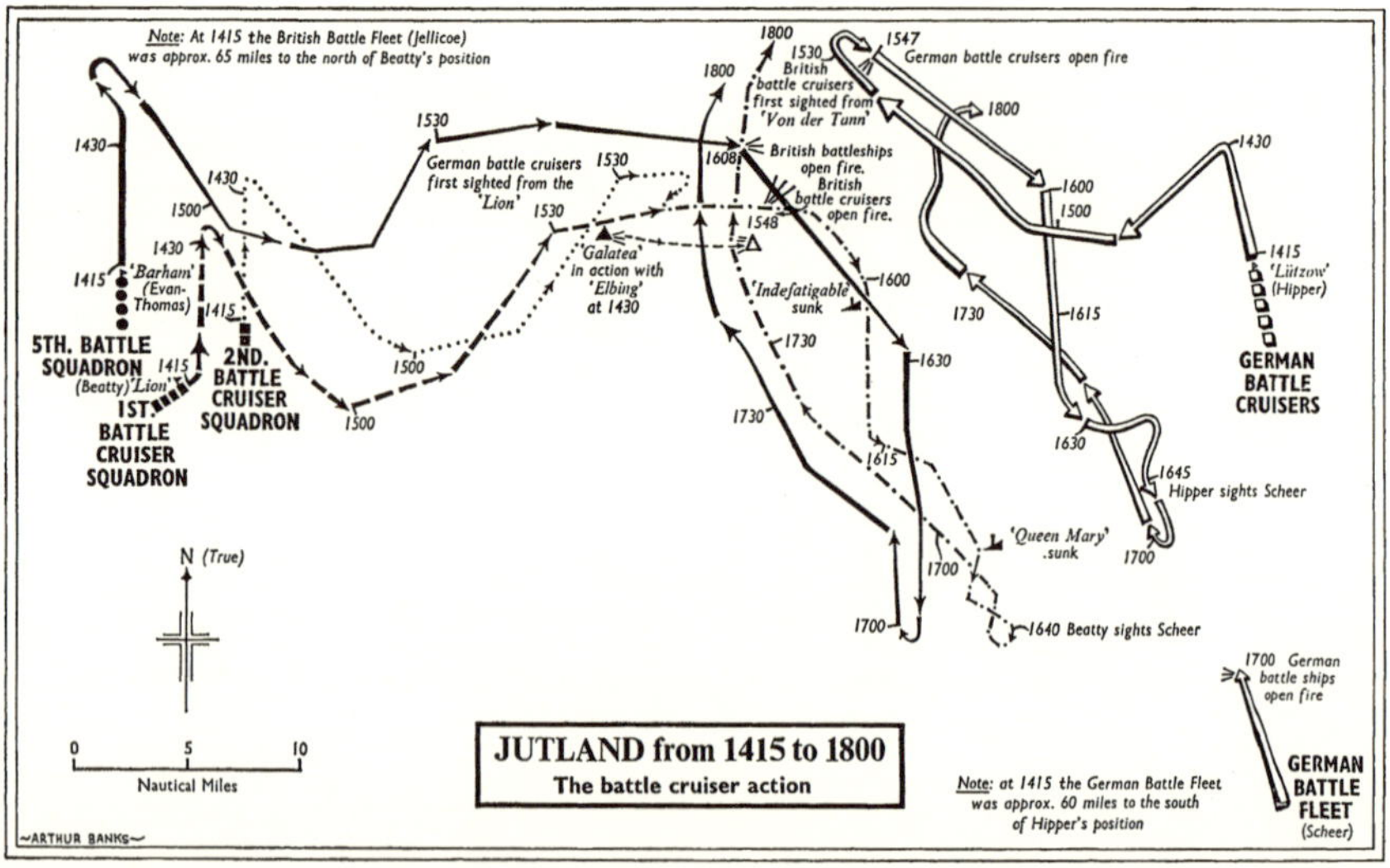

A. T. Patterson, ed., *The Jellicoe Papers,* Vol. 1 (London: Navy Records Society, 1966), p. 255 より。

は、この優勢を大きく損なった。

第五戦艦戦隊が遅れた要因としては、まず当初から巡洋戦艦隊との間に相当な距離のあったことがあげられる。この配置は、ビーティーが会敵の可能性を低く考えていたことを想像させる。(8)そして、命令の信号伝達の失敗が第五戦艦戦隊の最初の転針遅延をもたらした。

旗旒信号による転針命令は第五戦艦戦隊には確認できず、未伝達を防ぐべき重ねての伝達もされていなかった。(9)本来なら受信艦の信号受信を確認後に命令実行となるが、第五戦艦戦隊の受信を確認しないまま巡洋戦艦隊は転針した。そのうえ第五戦艦戦隊のエヴァン・トーマスは再度の信号連絡があるまで自発的に反転しようとせず、両部隊間の距離は拡大した。

戦力集中なき追撃に関して、一九三四年にビーティーは、巡洋戦艦六隻で敵の五隻を追撃するのに、増援を待つことなどできないと述べている。(10)しかし、敵情判明まで彼は独巡洋戦艦隊への新造巡洋戦艦「ヒンデンブルク」の加入を予想しており、それもあって巡洋戦艦隊への第五戦艦戦隊の増援を海戦前に主張していた。(11)「ヒンデンブルク」参戦の場合、英・独巡洋戦艦隻数が対等となったことを考えるなら、第五戦艦戦隊との連携は当然に重視されるべきだった。

交戦前に「プリンセス・ロイヤル」艦長のコーワン（W. H. Cowan）大佐は第五戦艦戦隊に戦功をさらわれることを懸念しており、これは巡洋戦艦隊の共有感覚と推測される。(12)第五戦艦戦隊を後ろにしての巡洋戦艦隊の突進には、ビーティーの闘志と焦燥感も影響していたかもしれない。

大海艦隊主力と遭遇後の第五戦艦戦隊の反転遅延は、旗艦「ライオン」の命令実行信号の遅れにより生じたと考えられる。(13)遅れた第五戦艦戦隊は接近する大海艦隊の激しい攻撃下に陥り、戦没艦は出なかったものの、戦隊壊滅の可能性さえあった。そうなれば英海軍戦力の部分的殲滅という目標を独海軍は達成し、英海軍と英国民の士気への打撃も大きなものとなっただろう。(14)

第五戦艦戦隊への不適切な信号発信には、ビーティーの幕僚のシーモア（**R. F. Seymour**）少佐が関与していた。(15)「ライオン」で信号連絡を統括していた彼は、一九一四年のスカーバラを砲撃した独巡洋戦艦隊に対する迎撃、さらに翌年のドッガー・バンク海戦においても十分な信号発信をなせずに戦局へ悪影響を与えた。

第五戦艦戦隊司令官エヴァン・トーマスの自発性に乏しい命令待ちの姿勢も、戦隊の反転を遅らせたといえる。巡洋戦艦隊の反転を前にして、命令はどうあれ常識的に追随しなかった彼の姿勢には、彼の生きてきた時代の上意下達・命令服従を尊重する思考・行動様式が影響しているとの指摘もある。[16] ビーティーは下位指揮官の自由裁量をより容認する姿勢を有しており、[17] もしそれをエヴァン・トーマスがよく理解していたなら、巡洋戦艦隊の反転に自発的に即応でき、第五戦艦戦隊の反転遅延はなかったかもしれない。ただし、彼がビーティーの艦隊運用姿勢の積極的理解に努めたとは思われないのと同様に、ビーティーがそれをエヴァン・トーマスに知らしめる努力をしたとも思われない。[18] いずれにしても、第五戦艦戦隊への信号発信さえ適切になされていれば、問題は生じなかった。

英主力艦三隻の戦没に対し、独側の戦没主力艦は「リュッツオウ」のみであり、それも帰港不能と判断され処分されたものだった。英独間の損害上の明暗は、独主力艦の優れた総合的防御力もさることながら、[19] 英巡洋戦艦隊の砲撃能力と総合的な防御力の低さも要因だった。巡洋戦艦隊は不満足な砲撃結果の要因として徹甲弾の不良を主張しているが、その泊地ロサイスが砲撃演習に不適なため訓練上の制約があったことも考慮すべきだろう。[20] それゆえ巡洋戦艦隊に砲撃演習の機会を与えるべく、海戦前に第三巡洋戦艦戦隊が第五戦艦戦隊と臨時に交換されていたのだった。

実弾演習と違って装填訓練は容易に実施可能なこともあり、巡洋戦艦隊は速射を重視した。巡洋戦艦爆沈の説明として、この速射重視のあまり弾薬取り扱いが不適切となり、必要以上に砲塔内に持ち込まれていた弾薬に引火して弾薬庫誘爆が生じたためとする説が有力である。[21] しかし、この説明では兵員が爆沈の要因となり、士気への悪影響も懸念されることから、結局、爆沈の主因は装甲防御の不十分さにあるとされた。

なお、ビーティーが適切な敵位置情報をジェリコーに提供しなかったことも大きな過失だと指摘されている。[22] ジェリコーは、ビーティーを含む下級指揮官から質量ともに不十分な情報しか得られなかったため、艦隊の展開に困難な決断を迫られた。

以上のようにビーティーの巡洋戦艦隊の行動には問題点があったが、それでもなお彼は大海艦隊の大艦隊主力への誘引に成功し、大海艦隊撃滅の好機をもたらした。ビーティーは大損害を被りつつも、自らに期待されていた役割を果たしたのである。後述のように、その自覚がジュトランド論争において彼の行動に影響するのである。

二　ジュトランド海戦公式記録問題とジュトランド論争

大戦後の一九一九年二月、軍令部長ウィームズ（R. E.

Wemyss）の指示により、ジュトランド海戦の公式記録作成がハーパー（J. E. T. Harper）大佐により開始された。ウィームズは、ジェリコーが大戦の回顧録（『大艦隊一九一四～一九一六年』）を執筆すると知り、それによるジュトランド海戦にまつわる論議の惹起を懸念して、海軍省での公式記録作成を決定したのだった。(23)ハーパーは、報告書や航海日誌等の記録文書のみに基づき、口証を採用せず、また批評を含まずに作成するよう指示された。

この公式記録、いわゆる「ハーパー・リコード（Harper Record）」は同年十月に完成したが、翌月に軍令部長に就任したビーティーはその内容各所に不満を抱き、修正を要求する。しかし、ハーパーは正しいと信じる記述への修正要求、たとえば五月三十一日十九時頃の巡洋戦艦隊による三六〇度旋回の否定や、(24)より敵艦隊に近接して巡洋戦艦隊を位置させようとする航跡図の変更要求などに対しては強く抵抗した。(25)

ハーパーによると、記録修正を求めるビーティーは、ジェリコーの戦艦隊の行動を過小評価する姿勢を示した。ビーティーの幕僚のシーモアは、できるだけ戦艦隊が戦闘していた事実を知らしめたくないと述べたという。(26)また、ビーティーは、敵の斉射に夾叉されて戦艦隊の戦艦「ハーキュリーズ」の艦上が水をかぶったという三十一日十八時十五分の記録内容を、事実に反するとして削除しようとした。(27)つまり、戦艦隊いまだ戦場に在らずとしたかったというのである。

ビーティーだけではなく海軍省内では、海戦での英側劣勢という不当な印象を与えるものだとして「ハーパー・リコード」への反発が強かった。(28)しかし、ハーパーの抵抗にあって修正作業が捗らないなか、海軍省は、その見解をより強く公式記録へ与えるべく、それに前文を付すこととした。(29)

このような公式記録問題の展開に、いまや海軍中央を離れていたジェリコーも無関心ではいられなかった。当初、公表前に読むべきでないとしていた彼も、求めに応じて公式記録とその前文案に接して、前文や内容修正なしに公式記録を公表すべきと主張するに至った。(30)前文案についてハーパーは不正確であると批判的だったが、ジェリコーも特に戦艦隊の行動を過小評価するものと反発した。(31)ジェリコーは先述の「ハーキュリーズ」の問題についても関係部分の削除に反対し、その旨を海相ロング（W. H. Long）より指摘されたビーティーは、ハーパーによると、「まあ、考えてみれば、戦艦隊の誰かが水をかぶったことを世間が知ってもよいわけだ。それがジュトランド海戦と彼らの関わりのすべてなのだから」と述べたという。(32)

公式記録の公表延期に議会をはじめ社会の注目が集まるなか、ハーパーの抵抗は続いた。彼は、航跡図修正の場合、その図に彼が責任を有しないと明示するよう要求しさえした。ハーパーの名が公式記録の作成者として公になっていたため、彼はその誤りが自らに帰されることを憂慮していた。[33]また、ニュージーランド総督に任命されていたジェリコーは、公式記録が彼の意に反する内容では公表されないとの保証がない限り、総督に就任できないとの意をロングに表し、彼からその保証を得た。ロングは、「ハーパー・リコード」がジェリコーの立場に悪影響を与えることを憂慮していた。[34]

しかし、ビーティーとジェリコー双方の納得する公式記録の作成は困難であり、またハーパーの抵抗もあって、その完成に苦慮する海軍省は、「ハーパー・リコード」を公表せず、それを大戦の公刊戦史を作成中の海軍史家コーベット（J. S. Corbett）へ資料として提供することに決した。[35]当初、コーベットには「ハーパー・リコード」前文の執筆が打診されたが、公刊戦史『海軍作戦（*Naval Operations*）』を執筆中の彼は、その申し出を受け入れなかった。[36]しかし、彼は「ハーパー・リコード」を自らの執筆資料として利用したいと考え、その意をくんだ出版社の運動により、その希望が実現したのだった。

この展開は海軍省にとって公式記録問題の行き詰りからの救済といえたが、その旨が一九二〇年十月二十七日に議会で公表されると、公式記録の早期公表を期待していた議会や社会には不満が生じた。[37]同年十二月に『ジュトランド海戦一九一六年五月三十日～六月一日：付録付公式文書集（*Battle of Jutland 30th May to 1st June 1916: Official Despatches with Appendices*）』が議会に公表されたものの、これは海戦に関する各種報告や記録を集成したものにすぎず、世の関心を満足させはしなかった。[38]

コーベットはジェリコーと親しく、ジュトランド海戦を扱う『海軍作戦』第三巻の執筆においても彼の助言を受けていた。それゆえに内容が偏したわけではないが、コーベットの叙述にはジェリコーの艦隊指揮に理解が示されていた。[39]『海軍作戦』第三巻の原稿を書き上げたのち、一九二二年九月にコーベットは亡くなった。彼の遺した原稿内容に対し、海軍省では巡洋戦艦隊の行動への無理解を指摘するなどの批判が生じ、ビーティーも好感は抱かなかった。[40]しかし、公刊戦史は帝国防衛委員会の事業であり、ビーティーといえども大幅な介入は難しかった。結局、翌年に『海軍作戦』第三巻は大きな修正なく出版されたが、そこに説かれる原則や見解と海軍省の見解には対立点があるとする旨の但し書きが巻頭に挿入された。

一方、ビーティーは、海軍省においてジュトランド海戦評価文書の作成を進めさせた。この「海軍幕僚評価（Staff Appreciation）」作成にはデュワー兄弟（K. G. B. Dewar, A. C. Dewar）があたり、第一稿は一九二一年九月に完成した。その内容は、ビーティーも修正を指示するほどにジェリコー批判に偏し、修正後もなおその傾向は明らかだった[41]。このため、ビーティーは内容に満足したようだが、「海軍幕僚評価」は機密指定され、限られた範囲の配付にとどめおかれた[42]。

次いで、より穏当な内容で広範囲に配付できる「海軍幕僚評価」の改編版として、一九二二年三月に『ジュトランド海戦記（*Narrative of the Battle of Jutland*）』の原案が作成された。これはジェリコーにも送られたが、彼はそれを巡洋戦艦隊の見解に偏した報告書だと反発し、特に第五戦艦戦隊の反転遅延の原因が戦隊司令官エヴァン・トーマスにあると暗示されている点を批判した[43]。彼の批判は『ジュトランド海戦記』に付録として収録されたが、彼の見解と異なっていても『ジュトランド海戦記』の内容の方がより妥当と確信するという旨の一文が付録に序文として挿入され、また、彼の批判への反論が脚註として付加された。

ジェリコーの警告もあったためか、『ジュトランド海戦記』での第五戦艦戦隊の記述内容を知ったエヴァン・トーマスも当然に反発した[44]。一九二三年の夏以降、彼は海相アメリー（L. C. M. S. Amery）に対し、第五戦艦戦隊の反転遅延は彼の責任ではないと主張した。彼は十二月三日にアメリーと面談しようとしたが、エヴァン・トーマスによると、急に現れたビーティーが緊急な用件があるとアメリーを彼から引き離し、彼は部屋から追い出された[45]。この出来事の影響だろうが、その日のうちに彼は体調を悪化させて翌年には退役のやむなきに至り、傷心して引退生活を送ることになる。そして、二四年六月に『ジュトランド海戦記』は公表された。

しかし、一九二七年に出版されたチャーチル（W. L. S. Churchill）の『世界の危機（*The World Crisis*）』第三巻に、二度の第五戦艦戦隊の反転遅延と結果としての苦戦の責任がエヴァン・トーマスにあると思わせる記述があることに刺激され[46]、彼は『タイムズ』紙に『世界の危機』への批判を投稿した。そこで彼は、最初の反転遅延をもたらした巡洋戦艦隊の信号伝達の失敗を公に主張したのである[47]。

また同年には、退役したハーパーも『ジュトランド海戦の真実（*The Truth about Jutland*）』を出版し、ビーティー批判を展開しはじめた[48]。この動きが刺激になったのか、ビーティーの退役を間近に控える海軍省は、「ハーパー・リコード」の公表を決定した[49]。ビーティー軍令部長により抑圧された「ハーパー・リコード」は、彼の退役が近づくとともに復活したのである。これには、次期軍令部長がジェリコーと親しいマッデン（C. E. Madden）であったことも影響したかもしれない[50]。ようやくの「ハーパー・リコード」の出現は、ビーティーの時代の終わりを象徴的に示していたともいえよう。

三　ジュトランド論争へのビーティーの影響とその個人的背景

基本的にジュトランド論争は、ジュトランド海戦の不満足な結果の責任の所在をめぐるものである。それゆえ論争の焦点はジェリコーのはずであった。なぜなら海戦の勝敗は、基本的に艦隊司令長官であるジェリコーの戦艦隊の行動にかかっていたからである。ビーティーの巡洋戦艦隊は、戦艦隊に決戦場を準備する副次的な存在であった。ビーティーは海戦の脇役だったのである。

しかし、ジュトランド論争の発生に直接の契機をもたらし、論争を激化させたのは、そのビーティーだった。彼は「ハーパー・リコード」に執拗な修正要求をなして公表を遅延させ、ジュトランド海戦の公式記録問題へ議会など社会の関心を惹起し、その後も公式記録問題に強く介入してジェリコーなどの反発を引き起こし、論争の激化をもたらした。海戦の公式記録作成へ直接・間接に介入できる軍令部長という立場ゆえに、彼は論争に大きな影響をおよぼしたと判じざるをえない[51]。

ジュトランド論争において彼を突き動かしたのは、海戦結果への失望感と、海戦で自らは責務を果たしたという自負心だった。ジュトランド海戦の戦闘終息後、疲労したビーティーは落胆を隠せず、「我々の艦艇はどこかおかしい」、「それに我々のシステムも」ともらしたと伝えられる[52]。一九一四年の独海軍によるスカーバラ襲撃、そして翌年のドッガー・バンク海戦においても独巡洋戦艦隊を撃破できずに不満を抱いていたビーティーにとり、ジュトランド海戦は待望の艦隊戦だった。そして、大損害を被りつつも、大海艦隊主力の出現という予想外の展開を切り抜け、それを大艦隊主力まで誘引することに成功したビーティーは、海戦勝利の大貢献者になれるはずだった。しかし、結局、敵艦隊撃滅はならず、その海戦は、多くの将兵を失い、大勝利の好機を逃した悲しむべき事件となった[53]。

自らは果たすべき役割を完遂したとすれば、海戦の不満足な結果の責任は、他に存することになる。ビーティーは、海戦直後に妹に宛てた手紙のなかで、二頭目の馬が間に合わなかったため狐を仕留めそこねた、もしその馬があったら歴史上もっとも素晴らしいものになりえたという高名な狩猟に海戦をなぞらえている。[54] この比喩の意味するところは明白だろう。海戦から帰港後に「インヴィンシブル」の生存者であるダンロイター（H. E. Dannreuther）中佐の報告を受けた際、ビーティーは、海戦で彼を支援しなかったとしてジェリコーを非難している。[55] また、一九二三年に海相アメリーは、ジェリコーがジュトランド海戦直後には勝利の好機を自ら無にしてしまったと失意しており、海戦で最善を尽くしたと思いはじめるのは、それからのちのことであるとビーティーが語ったことを、また別の機会には、ジェリコーの消極性のために勝利の可能性を逃したとビーティーが感じていたことを日記に記している。[56]

このジェリコーと戦艦隊のために勝利を逃したとするビーティーの感覚は、巡洋戦艦隊に共通のものだった。[57] 戦闘の大部分を担って敵艦隊誘引に成功した巡洋戦艦隊に対し、ほとんど戦闘せずに敵主力撃滅に失敗したジェリコーと戦艦隊。このイメージが、ビーティーにとってのジュトランド海戦の真実だった。その海戦の公式記録作成にビーティーが強く影響をおよぼしたのは、そうしなければ、その真実が歪められると感じたためだった。

「ハーパー・リコード」は、戦場での記録ゆえに正確とはいいがたい資料を可能なかぎり矛盾せぬよう総合して作成されたものであり、確実に正確なものとはいえない。ゆえに、それは実際に海戦場に在ったビーティーら巡洋戦艦隊将兵の認める真実に優先できるものではなく、その真実に沿って修正されるべきものだった。[58] この強い思いは、ビーティーをして、記録を修正するようハーパーに対し執拗に要求させただけでなく、さらに踏み込んだ行動さえ取らせたと考えられる。

ハーパーは、ビーティーが巡洋戦艦隊の三六〇度旋回を否定するのに都合のよい非公式な航跡図に後になって自らの署名を付け加え、それを一九一六年作成の公文書と偽って『ジュトランド海戦一九一六年五月三十日～六月一日：第付録付公式文書集』へ収録させたと疑っている。[59] また、第五戦艦戦隊の二度目の反転遅延の原因が不適切な信号発信にあると明示しただろう「ライオン」の信号記録が戦闘中に失われたとされることも、証拠隠滅の疑惑を感じさせる。[60] もちろん、これらの真相は不明である。しかし、彼にとっての海戦の真実と巡洋戦艦隊の評価が損なわれてはならないというビーティーの思いは、不正行為すら違和感を覚えさせないほどの強さだったのである。

しかし、エヴァン・トーマスと、なによりジェリコーへの批判的態度は、ジュトランド論争を激化させずにはおかなかった。ジェリコーは、非常に優秀な海軍軍人であり、分け隔てしない、飾らない人柄で階級の上下を問わず広く慕われていた。そうした敬慕の念はジュトランド海戦後も変わらず、ジェリコーが一九一六年晩秋に軍令部長に任命されて大艦隊を離れる際には、多くの将兵が涙を流して別れを惜しんだ(61)。このようなジェリコーへの批判は、当然に海軍内に反感を惹起した(62)。ハーパーは公式記録問題のなかでジェリコーに同情してビーティーへの反発を強め、また、たとえばベーコン(R. H. S. Bacon)大将は『ジュトランド・スキャンダル(*The Jutland Scandal*)』を著し、ジェリコーを擁護してビーティーを非難した(63)。ビーティー側がジェリコーを批判するほど、ビーティーへの批判も強くなり、論争が激化したのである。

遅滞なく「ハーパー・リコード」が公表されていたとしても、海戦での大損害を思えば、やはり海戦結果をめぐる論争生起は避けられなかっただろう。しかし、少なくとも軍令部長のビーティーがジェリコーに対する批判的態度を抑制していたなら、自己抑制の強いジェリコーの性格と相まって、これほどまで論争が激化することはなかったと思われる(64)。ジュトランド論争は、ビーティーの姿勢が招いた面も強かったといわざるをえない。

おわりに

ビーティーは英海軍の偉大な提督であるが、彼とジュトランド論争の関係を述べることは、どうしても彼の負の側面に触れることにつながる。しかし、本稿で示したように、彼は悪意をもって事実を歪めようとしたのではなく、彼の信じる真実を守ろうとしたのだった。彼の真実が、ハーパーとジェリコーらのそれとは折り合えなかったところに、ジュトランド論争の原因があると考えられる。

ビーティーに論争激化の責任のすべてを帰すこともできない。批評を含まずと指示されたハーパーの公式記録内容には巡洋戦艦隊の行動に対し批評的な記述があり、ビーティーの修正要求も一概に不当とはいえない(65)。ハーパーはビーティー批判派の一人として論争激化の一翼を担ったが、その姿勢には彼の退役にまつわる感情も影響していたかもしれない。一九二七年に退役したハーパーは、当初の予想に反する現役延長の取消をビーティーの意向ゆえだと考えたのである(66)。

「ハーパー・リコード」の問題で海相ロングがジェリコー寄りの姿勢を示したことも、ビーティーにとっての海戦の真実を守るべく、さらに公式記録への介入の必要を彼に感じさせたことだろう(67)。同様に『海軍作戦』第三巻についても、コーベットとジェリコーの親密な関係を考えれば、ビーティーがそれをジェリコーに偏したものと考え、さらなる公式記録問題への介入が必要との思いを強くしただろうことは想像に難くない。

ビーティーを英雄に擬する社会の雰囲気も、ジュトランド論争に影響したと思われる。異例の速さで昇進して将官まで駆け上った彼は、ヘリゴランド・バイト海戦とドッガー・バンク海戦の勝利者としてイギリスで英雄視されていた。ドッガー・バンク海戦後に「ライオン」を訪れたチャーチルに対し、巡洋戦艦隊のパケナム（W. C. Pakenham）少将はビーティーについて、「ネルソン（H. Nelson）が再来した」と述べたという[68]。巡洋戦艦隊将兵は、戦艦隊に比して実戦を経験したエリート部隊であると自認する傾向にあり、また、ジュトランド海戦での巡洋戦艦隊の働きを戦艦隊のそれより高く評価する向きも社会には存在した[69]。一九一九年八月、ビーティーは、ジェリコーの子爵位に対して伯爵位を叙され、ジェリコーに倍する褒賞金を授与された。自身と巡洋戦艦隊に対する評価が高いほど、ビーティーにとって、それを損なうのは許しがたいことだったろう。また、彼を英雄視する社会の雰囲気は、ジュトランド海戦の不満足な結果の責任をジェリコーに求める雰囲気をも醸成したことだろう。

大戦最大のジュトランド海戦は、ビーティーの歴史的評価に決定的に影響する大事件だった。イギリスの海軍と社会が強くネルソンとトラファルガーの勝利の再来を求めていたなかで、ネルソンの再来とも称えられていたビーティーは、トラファルガーの再来となりえたジュトランド海戦を戦った。それゆえにこそ彼はその海戦の結果に深く失望し、そこでの評価に敏感とならざるをえなかったのであろう。ジュトランド論争における彼の行動の背景には、イギリス海軍史の重みもあったといえようか。

註

（1）たとえば、ビーティー側にはベレアズ（C. W. Bellairs）やヤング（F. Young）、チャーチル、ジェリコー側にはベーコンやハーパーなどの論者があった。e.g., C. W. Bellairs, *The Battle of Jutland: The Sowing and the Reaping* (London: Hodder and Stoughton, 1920).

（2）G. Bennett, *The Battle of Jutland* (1964; Barnsley : Pen & Sword, 2006); A. Gordon, *The Rules of the Game: Jutland and British Naval Command* (1996; London: John Murray, 2005) (hereafter cited as *Rules*).

（3）A. T. Patterson, *Jellicoe: A Biography* (London: Macmillan, 1969); A. T. Patterson, ed., *The Jellicoe Papers: Selections from the Private and Official Correspondence of Admiral of the Fleet Earl Jellicoe of Scapa*, Vol. 2 (London: Navy Records Society, 1968) (hereafter cited as *JP*); B. Ranft, ed., *The Beatty Papers: Selections from the Private and Official Correspondence of Admiral of the Fleet Earl Beatty*, Vol. 2 (Aldershot: Scolar Press, 1993) (hereafter cited as *BP*); S. W. Roskill, *Admiral of the Fleet Earl Beatty: The Last Naval Hero: An Intimate Biography* (London: Collins, 1980) (hereafter cited as *Beatty*).

（4） N. J. M. Campbell, *Jutland: An Analysis of the Fighting* (1986; repr., New York: Lyons Press, 1998), p. 39.

（5） A. E. M. Chatfield, *The Navy and Defence: The Autobiography of Admiral of the Fleet Lord Chatfield* (London: William Heinemann, 1942), p. 143.

（6） K. Creighton to Captain J. E. T. Harper, 12 Nov. 1919, *BP*, Vol. 2, p. 431; Gordon, *Rules*, pp. 457-58; A. J. Marder, *From the Dreadnought to Scapa Flow*, Vol. 3: *Jutland and After, May to December 1916*, 2nd ed. (Oxford: Oxford University Press, 1978), pp. 148-50 (hereafter cited as *FDSF*).

（7） Campbell, *Jutland*, pp. 337-41.

（8） Gordon, *Rules*, p. 44, pp. 68-69, pp. 74-76, p. 97.

（9） 当初、第五戦艦戦隊に最も近く位置し、サーチライトによる信号伝達をおこなっていた「タイガー」が、敵発見後の転針によって第五戦艦戦隊と離れたがゆえに信号伝達義務が解除されたと考えたことから信号未伝達が生じた。

（10） Marder, *FDSF,* Vol.3, p. 79.

（11） From Rear-Admiral Pakenham, 19 Feb. and To Jellicoe, 21 Feb. 1916, *BP*, Vol. 1 (1989), pp. 288-93, p. 294; Gordon, *Rules*, p. 101.

（12） Roskill, *Beatty*, p. 155.

（13） ゴードンは反転遅延の真相を以下のように推測している。ビーティーは十六時四十八分に実行信号をなした（信号旗を降ろす）のにエヴァン・トーマスの転針実行は五十七分になったとされるが、信号旗は四十八分に上げられ、「ライオン」の過失により五十四分まで降ろされなかったため、第五戦艦戦隊の反転は遅れたのだと（Gordon, *Rules*, pp. 134-40）。

（14） *Ibid.*, pp. 146-47.

（15） シーモアについては左記を参照。

Ibid., pp. 93-97, pp. 384-85, pp. 542-44; Marder, *FDSF*, Vol. 2: *The War Years, To the Eve of Jutland 1914-1916* (1965), pp. 139-41, pp. 162-63. のちにビーティーはシーモアのために三戦失ったと述べたという。大戦後にシーモアはビーティーの寵を失って遠ざけられ、精神を病んで一九二二年に投身自殺した。

（16） Marder, *FDSF,* Vol. 3, p. 61. この問題の背景は Gordon, *Rules* が詳しい。

（17） Gordon, *Rules,* pp. 382-83; Marder, *FDSF,* Vol. 3, p. 21.

（18） Gordon, *Rules*, pp. 54-58; Marder, *FDSF,* Vol. 3, p. 62.

（19） Marder, *FDSF*, Vol. 3, pp. 200-02. 独主力艦は装甲や水密区画などの構造面からだけではなく、ドッガー・バンク海戦の戦訓から改善した防火対策によって高い強靭性を示した。

（20） Chatfield to Keyes, Jan. 1923, *The Keyes Papers: Selections from the Private and Official Correspondence of Admiral of the Fleet Baron Keyes of Zeebrugge*, Vol. 2, ed., Paul G. Halpern (London: George Allen & Unwin, 1980), p. 86 (hereafter cited as *KP*); Chatfield, *The Navy and Defence*, pp. 151-52; Gordon, *Rules*, p. 46; Marder, *FDSF*, Vol. 3, pp. 203-07.

（21） 速射重視と巡洋戦艦爆沈の問題については左記を参照。

Gordon, *Rules*, pp. 46-47; E. Grove, ed., "The Autobiography of Chief Gunner Alexander Grant: HMS Lion at the Battle of Jutland, 1916," in: S. Rose, ed., *The Naval Miscellany*, Vol. 7(Aldershot: Ashgate, 2008); N. A. Lambert, "'Our Bloody Ships' or 'Our Bloody System' ? Jutland and the Loss of the Battle Cruisers, 1916," *Journal of Military History* 62-1 (Jan. 1998); Marder, *FDSF*, Vol. 3, pp. 209-15.

(22) e.g., John Ernest Troyte Harper, Facts Dealing with the Compilation of the Official Record of the Battle of Jutland and the Reason It Was not Published, 1928, *JP*, Vol. 2, p. 462 (hereafter cited as Facts Dealing).

(23) J. R. Jellicoe, *The Grand Fleet 1914-1916: Its Creation, Development and Work* (New York: George H. Doran, 1919); Patterson, *Jellicoe*, p. 230.

(24) ビーティーは三六〇度旋回ではなく、右舷一八〇度転針に次ぐ左舷一八〇度転針というS字状の航路を取ったと主張した（Commander Ralph Seymour to Captain J. E. Harper, 18 Dec. and Minute by Beatty, 22 Dec. 1919, *BP*, Vol. 2, p. 432, p. 437）。

なぜ彼がそこまで三六〇度旋回を頑強に否認したのかは不明だが、消極的姿勢を示す行動と思われかねないと考えたのかもしれない（Marder, *FDSF*, Vol. 3, pp. 148-50; Roskill, *Beatty*, p. 176）。

(25) Captain J. E. T. Harper to ACNS, 20 Dec. 1919, *BP*, Vol. 2, pp. 433-36; Harper, Facts Dealing, pp. 472-73.

(26) Harper, Facts Dealing, p. 465.

(27) Ibid., pp. 470-71; Notes by 1st Sea Lord on the Harper Record, 15 May and Memorandum: Harper to Naval Secretary, for 1st Lord, 27 May 1920, *BP*, Vol. 2, pp. 443-44, pp. 446-47.

(28) Remarks Made by ACNS on Official Record of the Battle of Jutland, 2 June and Remarks Made by DCNS on Official Record of the Battle of Jutland, 14 June 1920, *BP*, Vol. 2, pp. 448-49, pp. 449-50.

(29) Extract from Board Minutes, 6 Aug. 1920, *BP*, Vol. 2, pp. 450-51.

(30) 公式記録の修正およびその前文案に対するジェリコーの見解については左記を参照。

Extract from Jellicoe's "Remarks on Important Naval Matters," Dealing with the Harper Record, 1920 and Jellicoe to Long, 5 July 1920, *JP*, Vol. 2, p. 405, pp. 406-10.

(31) Harper, Facts Dealing, pp. 469-70.

(32) Ibid., p. 471.

(33) Ibid., pp. 479-80.

(34) Extract from Jellicoe's "Remarks on Important Naval Matters," Dealing with the Harper Record, 1920, *JP*, Vol. 2, p. 405; Harper, Facts Dealing, p. 467; Roskill, *Beatty*, p. 331.

(35) ロスキルによれば、これは海相ロングの主導した動きであり、ビーティーの意向に完全に一致したものでもなかった(Roskill, *Beatty*, pp. 330-31)。

(36) Corbett to Jellicoe, 20 Aug. 1922, *JP*, Vol. 2, p. 416; Extract from Board Minutes, 6 Aug. 1920, *BP*, Vol. 2, pp. 450-51.

コーベットと「ハーパー・リコード」の関係については左記を参照。

Donald M. Schurman, *Julian S. Corbett 1854-1922: Historian of British Maritime Policy from Drake to Jellicoe* (London: Royal Historical Society, 1981), pp. 188-89 (hereafter citied as *Corbett*).

(37) e.g., Daily Mail Leading Article 'The Jutland Hush-Up,' 28 Oct. 1920, *BP*, Vol. 2, pp. 452-53; Harper, Facts Dealing, pp. 476-77.

(38) *Battle of Jutland 30th May to 1st June 1916: Official Despatches with Appendices*, Command Paper 1068, 1920.

(39) J. S. Corbett, *Naval Operations*, Vol. 3 (London: Longmans, Green, 1923), chaps. 16-21. コーベットの『海軍作戦』第三巻をめぐる問題については左記を参照。

Schurman, *Corbett*, pp. 189-94.

(40) Madden to Jellicoe, 14 and 25 Feb. 1923, *JP*, Vol. 2, p. 437, p. 438; Roskill, *Beatty*, p. 335; Schurman, *Corbett*, pp. 192-94.

(41) 「海軍幕僚評価」については左記を参照。

Gordon, *Rules*, pp. 545-46; Roskill, *Beatty*, pp. 332-34. cf., K. G. B. Dewar, "Battle of Jutland I-III," *The Naval Review*, 47-4, 48-1·2 (Oct. 1959, Jan. and Apr. 1960).

(42) Memorandum by Keyes and Chatfield, 14 Aug. 1922, *KP*, Vol. 2, pp. 75-76.

(43) Jellicoe to Frewen, 25 Aug. and 6 Nov. 1922, Jellicoe to the Secretary of the Admiralty, 27 Nov. 1922 and Extract from Jellicoe's "Remarks on Important Naval Matters," Dealing with the Dispute over the Admiralty Narrative of Jutland, 1923, *JP*, Vol. 2, pp. 416-17, pp. 417-18, pp. 419-20, pp. 439-41; Jellicoe to Frewen, 12 Feb. 1923, *BP*, Vol. 2, pp. 460-61; *Narrative of the Battle of Jutland* (H. M. S. O., 1924), p. 12, p. 24, p. 27, pp. 106-13(app. G).

(44) Evan-Thomas to Haggard, 14 Aug. 1923, *BP*, Vol. 2, pp. 463-64; A Sequence of Letters from Jellicoe to Evan-Thomas, 8 and 29 Oct. 1923, *JP*, Vol. 2, p. 442.

(45) Evan-Thomas to Jellicoe, 30 June 1926, *BP*, Vol. 2, p. 473; Gordon, *Rules*, pp. 549-50.

(46) W. L. S. Churchill, *The World Crisis*, Vol. 3, pt. 1 (London: Butterworth, 1927), pp. 123-24, p. 133.

(47) H. Evan-Thomas, "The Battle of Jutland," *The Times*, 16 Feb. 1927.

(48) J. E. T. Harper, *The Truth about Jutland* (London: John Murray, 1927).

(49) Reproduction of the Record of the Battle of Jutland, Command Paper 2870, 1927. ハーパー作成の最初の版は海軍省に残っておらず、最も修正の少ない版が公表された(Beatty: Minute on the Publication of the Harper Record, 10 May 1927, *BP*, Vol. 2, pp. 477-78; Harper, Facts Dealing, p. 484)。

(50) マッデンは、ジェリコーの義妹の夫で、大艦隊司令長官だったジェリコーの参謀長を務めた。軍令部長となった彼は、「海軍幕僚評価」を廃棄した(Dewar, "Battle of Jutland III," p. 146; Gordon, *Rules*, p. 558; Madden to Jellicoe, 14 and 25 Feb. 1923, *JP*, Vol. 2, p. 437, pp. 438-39)。

(51) Gordon, *Rules*, pp. 558-59.

(52) W. S. Chalmers, *The Life and Letters of David, Earl Beatty* (London: Hodder and Stoughton, 1951), p. 262.

(53) Marder, *FDSF*, Vol.3, p. 239.
(54) Roskill, *Beatty*, p. 183.
(55) Gordon, *Rules*, p. 509; Marder, *FDSF*, Vol.3, p. 238.
(56) L. S. Amery: Diary, 25 June and 3 Aug. 1923, *BP*, Vol. 2, pp. 461-62, p. 463.
(57) Cowan to Keyes, 26 Nov. 1926 and 16 Mar. 1927, *KP*, Vol. 2, pp. 194-95, p. 210; Gordon, *Rules*, pp. 508-09, p. 564; Marder, *FDSF*, Vol.3, p. 238, p. 246; Roskill, *Beatty*, p. 184.
(58) Beatty to Shane Leslie, 1922, *BP*, Vol. 2, p. 453.
(59) Harper, Facts Dealing, pp. 478-79; Roskill, *Beatty*, pp. 326-27.
(60) Gordon, *Rules*, pp. 139-40.
(61) *Ibid*., pp. 17-19, p. 519, p. 521.
(62) e.g., Madden to Jellicoe, 25 Feb. 1923, *JP*, Vol. 2, pp. 438-39; Frewen to Evan-Thomas, 22 Feb. 1927, *BP*, Vol. 2, p. 476.
(63) R. H. S. Bacon, *The Jutland Scandal*, rev. ed. (1925; London: Hutchinson, 1933).
(64) Gordon, *Rules*, p. 559.
(65) Roskill, *Beatty*, p. 326. cf. Notes by 1st Sea Lord, 15 May and Memorandum: Harper to Naval Secretary, 27 May 1920, *BP*, Vol. 2, pp. 443-44, pp. 446-47.
(66) Harper, Facts Dealing, pp. 482-83. ハーパーの退役延長の取消は，第三海軍卿兼海軍監督官のチャトフィールド (A. E. M. Chatfield) によるものだった(Roskill, *Beatty*, p. 325)。
(67) Roskill, *Beatty*, pp. 331-32.
(68) Churchill, *The World Crisis*, Vol. 1 (1923; London: Thornton Butterworth, 1927), p. 89.
(69) Daily Mail Leading Article ‘The Jutland Hush-Up,’ 28 Oct. 1920, *BP*, Vol. 2, pp. 452-53; Roskill, *Beatty*, p. 147.

通商破壊戦の受容と展開

――第一次世界大戦の教訓――

荒川憲一

はじめに

第一次世界大戦は総力戦と言われる。総力戦では、戦争の勝敗は前線の軍事力を支える「銃後」で決定する。具体的には、生産力、広い意味での経済力で決定する。この認識は日本陸海軍にも共有されていた。特に陸軍は総力戦経済体制の構築に主導的に動く。他方、海軍は「戦術的・術科的なもの」にこだわり、総力戦の経済面にあまり関心を向けなかったとされるが、この点には異論もある[1]。

一方、戦いにおいて「敵の兵站線を断つ」という戦法は古来より行われてきた。総力戦である第一次世界大戦でも、この戦法は交戦国両者により実施された。英国による海上封鎖とそれに対抗するドイツのUボートによる通商破壊戦という逆封鎖である。この大西洋・地中海における封鎖・逆封鎖の応酬は、当時の日本に報道されていた。また、陸軍も海軍も多くの調査団を派遣し、調査委員会を設け戦訓を抽出していった。

しかし、二〇年後の太平洋戦争（大東亜戦争）では、日本は国外からの食糧や兵器の原材料、石油などのエネルギー資源の供給が断たれ、軍事力を造成することはもちろん、国民が生存することすら危うくなり敗れた。つまり、日本は先の大戦で、連合軍の潜水艦や航空機による「通商破壊戦」によって敗れたと言っても過言ではないであろう（沈められた商船の三一％が航空機、五五％が潜水艦による[2]）。他方、日本海軍が対米英に通商破壊戦を行わなかったわけではないが、その規模や効果は極めて限定的であった[3]。それでは日本は、あるいは日本陸海軍は第一次世界大戦の通商破壊戦から何を学んだのであろうか。あるいはこの通商破壊戦をどう受容したのであろうか。

本稿は、第一次世界大戦におけるドイツの潜水艦による通商破壊戦を日本及び日本海軍（陸軍）がどう受容し、それを海軍（陸軍）の戦略にどう反映させていったのかを明確にすることを課題とする。

第二次世界大戦では、日本海軍は連合軍の通商破壊戦に有効な対抗策を講ずることができず、海上交通の防護に失敗した。その理由について、一般に海軍が海上護衛を軽視したからという「大井篤」説が通説となっている。[4]

これに対して平間研究[5]が異論を唱え、坂口研究[6]が、丁寧に反論した。海軍は海上護衛を軽視はしていない。「敵艦隊撃滅・根拠地攻略を行うことが海上交通保護達成の大前提であった」[7]。これは海軍が保有していた戦力を、どう分配するかの問題であり、艦隊決戦・（潜水艦等の）根拠地攻略を重視すれば、海上護衛に配当する戦力は次等になり、海上護衛（交通保護）の範囲、海域に優先順位をつけて対応した。

一九四〇年になるまで、日満支圏（台湾海峡以北）が必須の自衛圏であった。これは海軍の年度作戦計画の検討から明らかである。護衛方式も船団に護衛艦艇がはりつく直接護衛ではなく、鎮守府の防備艦隊が担当海面を警戒して回る間接護衛方式であった。日満支圏であればこの方式で十分対応可能と評価されたのである。

台湾海峡以南は各担当艦隊の間接護衛で対処する。護衛方法については、一部の駆逐艦に、海防艦や駆潜艇（近海）を戦時に急速造成して組み合わせれば対応可能とされた。[8]しかし、海防艦や駆潜艇を戦時急速に建造することはできなかった。[9]建造計画の中での優先順位が低かったためである。加えて駆逐艦などの対潜水艦の対抗手段が弱体であった。とりわけ敵潜水艦の位置の探知能力が弱かった。また攻撃能力（爆雷）についても、日本で爆雷が実用化できたのは一九二九年頃であり、第一次世界大戦中に開発し使用していた米英に比べ遅れていたと総括された。[10]

それでは、なぜ日本の潜水艦対策がこのように脆弱になってしまったのか。第一次世界大戦中ないし直後にドイツの潜水艦による通商破壊戦を日本及び日本海軍がどう評価していたのか、その後、戦間期から第二次世界大戦直前まで、潜水艦による通商破壊戦はどう評価されていったのかを論じてみたい（なお、潜水艦は第一次世界大戦中、潜水艇ないし潜航艇と呼称されていた）。

一　第一次世界大戦中の潜水艇・通商破壊戦の日本の受容と評価

第一次世界大戦でドイツによって行われた潜水艇での通商破壊戦が日本にどう受容され、どう評価されたか。大戦時の『東京朝日新聞』の記事や海軍『水交社記事』そして海軍の公式調査委員会である臨時海軍軍事調査委員会の報告を確認してみよう。[11]

(一)『東京朝日新聞』に見る潜水艇・通商破壊戦の評価

ア　潜水艇・通商破壊関連記事の論調

通商破壊戦による損害が最も多かった一九一七年から一八年までの、『東京朝日新聞』で報道された潜水艇・通商破壊戦関連記事を確認すると、その論調は以下のようになる。潜水艇による通商破壊戦は害あって益少なし。国際法違反であり評価できない。軍艦を目標とした方が効果的。米国が参戦してから、潜水艇の成果は激減した。潜水艇の対策も容易で様々な対策が検討されているが既存の駆逐艦の砲撃でも対応可能である。[12]

また地中海に派遣され対潜水艇戦に従事した日本海軍の駆逐艦艦隊の活動が、対潜水艇戦は難しくないという神話を形成した。つまり現有の駆逐艦で十分対処できると評価された。[13]しかし戦後明らかになったのは、日本の派遣艦隊は一隻の潜水艇も撃沈していなかった。[14]つまりその勤務振りが諸外国に比べ勤勉であることなど高く評価され、それがドイツの潜水艇を撃沈したようだ、そうに違いないといった評価につながっていった。

イ　潜水艇・通商破壊戦関連記事と連合国・中立国の商船撃沈数

次ページの図は、一九一七年一月から一八年十月までの各月の連合国及び中立国の商船撃沈数（千トン）と同期間、『東京朝日新聞』の紙面における潜水艇及び通商破壊戦の関連記事の掲載件数である。大戦が始まった一四年八月から一六年十二月までの、撃沈数は、同年一月の約三五万トンを超えるものではなかった。一七年二月ドイツは無制限潜水艇戦を宣言する。これを機に損害は上昇、同年四月、米国が参戦した月がピークで、九〇万トンに届く勢いであった。

撃沈数と掲載記事件数の関係を見ると、一九一七年二月に掲載件数が最大なのは、この月ドイツが無制限潜水艇戦を宣言したからである。注目したいのは同年三月から六月の撃沈数と掲載件数の関係である。三月、四月と撃沈数が急増しているのに掲載件数は急減している。五月、撃沈数が減少すると掲載件数は増加した。以後は撃沈数の変化と掲載記事件数の変化は正の相関で逓減していく（同年十一月以降、掲載件数が急減したのは、この月ロシア革命が勃発したから）。

この一九一七年三月から六月の二者の関係は、戦後、そ

図　撃沈数と新聞報道

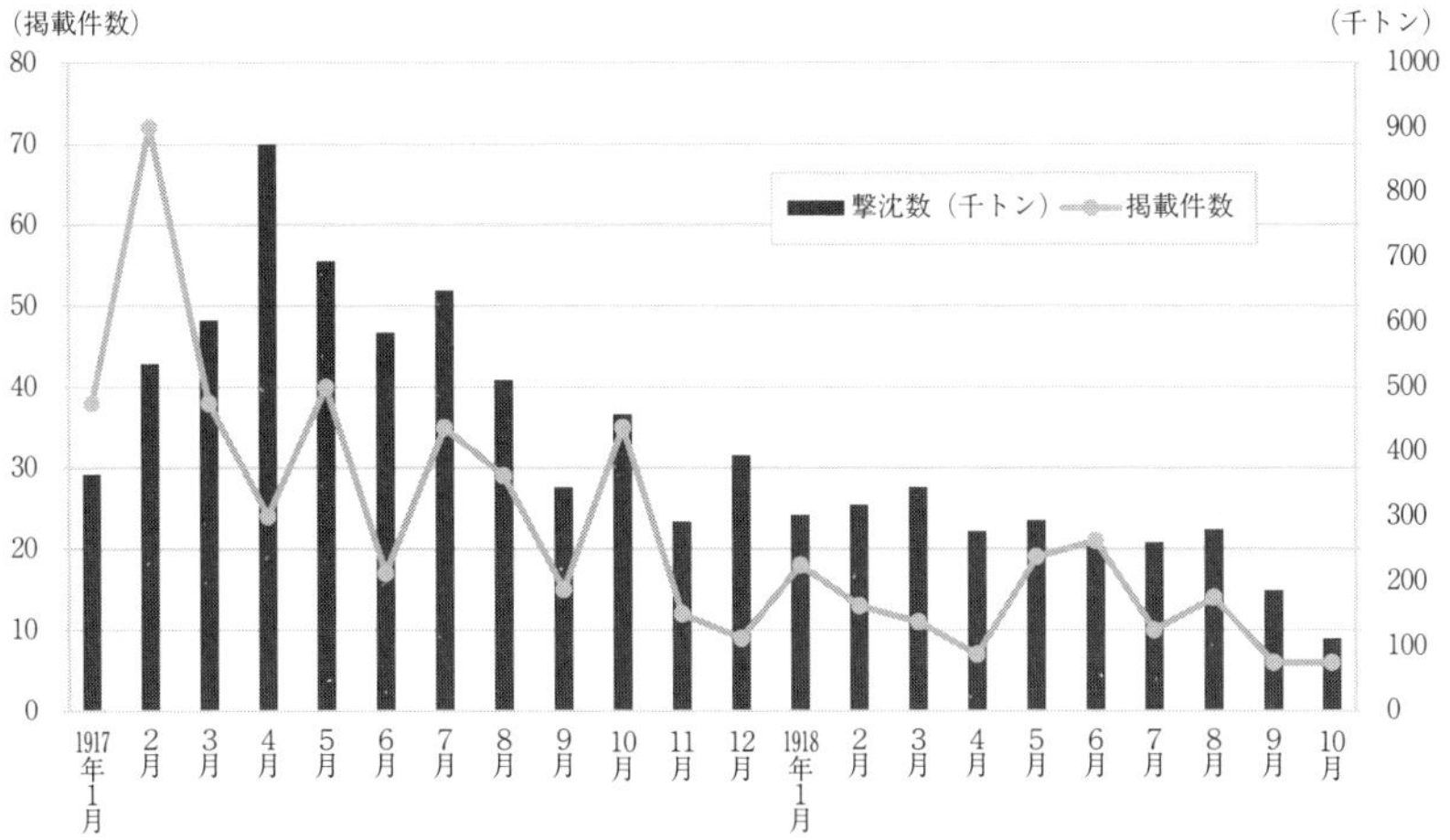

〔備考〕
1）　撃沈数とは、第一次世界大戦の連合国及び中立国の商船で撃沈されたトン数。
出所：W・S・シムス『海上の勝利』石丸藤太訳（小西書店、1924年）附録41-42頁。
2）　掲載件数とは、『東京朝日新聞』1917年1月から1918年10月までの紙面に掲載された潜水艇や通商破壊関連記事の各月ごとの件数。

の意味が明らかになった。W・S・シムスは著書で「一九一七年四月、余がイギリスに到着すると予期していたドイツの敗戦が全く誤りであることがわかった。イギリス海軍省によれば、戦局の真相は、ドイツの潜水艦戦の効果が極めて重大であり、このまま推移すれば、数ケ月後、イギリスは無条件降伏するほかない状態に陥っているとのことであった。すぐに軍令部長であるジェリコー大将と会見した。将軍は最近数ケ月の商船損失トン数の記録を余に手渡した。それによれば、イギリス及び中立国を含む全撃沈数は、一九一七年二月五三万六千トンより、三月の六〇万三千トンに進み、翌四月は九〇万トンに達している。すなわち、実際の被害は新聞紙上に公表されているものの三乃至四倍であった。そして将軍は『この状態を維持すれば、われわれは終いに敗戦の外はない』と述べた。連合国の屈服は時日の問題であり、専門家は一九一七年十一月一日と算定していた[15]」と述べている。

　つまり、英国にとってこの一九一七年の春は最大の危機であった。英国政府はそのことを伏せていたのである。その後、米国が参戦、米海軍による護送船団方式の採用などで連合国側の商船撃沈数が減少していき、海上交通が保護される形になり報道は対潜水艇防御に関して楽観的な記事が目につくようになった。加えて地中海に派遣され、対潜水艇防御の通商保護作戦に従事していた日本海軍の派遣艦隊の記事が目立つのも一七年の八月頃からであり、損害のピークは過ぎていた。

ウ　海軍現役将校の『東京朝日新聞』への投稿記事

この期間、日本海軍の現役の将校二名が実名で潜水艇や通商破壊戦についての評価を新聞に表明している。一人は「大艦巨砲主義と潜水艇」の海軍軍令部参謀海軍中佐日高謹爾であり、もう一人は「現戦争と列強海軍」の海軍少将森山慶三郎（森山は一九一五年十二月から山屋他人中将に代わって後述の「臨時海軍軍事調査委員会」の委員長を務めた）である。潜水艇と通商破壊戦の評価に絞って二人の記事の核心部分を引用すると以下の通り。

日高中佐（一九一七年一月三〜五日付『東京朝日新聞』）

大戦で始めこそ潜水艇は戦果（軍艦）を挙げたが、その後潜水艇に撃沈される軍艦は皆無となった。それは速力が艦艇に劣るから、追跡できず、待ち伏せ攻撃しかないからである。この潜水艇の弱点をおさえておけば、軍艦にとって潜水艇は恐れるにたらない。種々の防御法や警戒法が案出された。潜水艇の威力を増進させるには、速力の増加であり、旋回発射管の装備である。

結論的には、今日協商側が制海権を有しドイツを封鎖、ドイツに対する物資の供給を杜絶させたのは決して潜水艇のためではなく、弩級戦艦の力である。もし弩級艦の比較において連合国側がドイツに劣っていたら、ドイツの艦隊は出動して連合国の海上交通を脅かし、陸軍は英国の海岸に上陸し連合軍の運命を脅かすであろう。

今日、ドイツの潜水艇が活動して協商国側の商艦に迫害を加えつつあるが、之がために協商国の運命には大なる影響を与えてはおらない。（傍線筆者。ことわらない限り以下同じ）故に制海権を掌握し得るものは戦艦であって潜水艇ではない。潜水艇はただ他の制海権獲得を妨害するだけだ。〈中略〉これを要するに飛行機、潜水艇及び各種艦艇は互いに他を排してその位置に代わるべきものではなく各々併進させるべきものである。これら各種の兵器を巧みに総合統一して、ここに偉大なる一戦略単位を編成するもので、その戦略単位を多数に備える国家は即ち海を制し得る。

森山少将（一九一八年一月五、八、九日付『東京朝日新聞』）

戦前の交戦国海軍戦力を弩級戦艦級で比較すると、連合国側が同盟側の二倍である。その結果、連合国海軍は至る所優勢を持して敵艦隊をその沿岸に制圧している。

一方、同盟国海軍は至る所劣勢であるため、主力は港内に蟄伏している。〈中略〉潜水艇戦は当初は、英国主力艦隊の打破を目的として見るべき効果を挙げていたが、時日の経過とともに連合国海軍の講ずる対潜水艇防御策並びに攻撃策は成功してその横暴を阻止することができた。ここにきて、潜水艇戦は攻撃目標を商船に移し封鎖戦を宣言して専ら通商を破壊し連合国を経済的に圧迫しようとし効果は大であり、開戦以来潜水艇による亡失船数約四千隻数百万トンと伝えられている。英海軍がドイツ海軍の根拠地をつぶすことができないのもこの潜水艇のためである。

しかし、貿易破壊戦の効果は一見大なるが如き感あるが既に連合国海軍が海を制している以上戦局全般より見て一時の小驟雨に過ぎない。〈中略〉潜水艇戦では確かに連合国の被害は大きいが、連合国の軍隊及び軍需品の輸送は遺憾なく実行されている。それ通商破壊或は封鎖の如きは、本来海上作戦の第二義に位し、第一義たる艦隊撃破をなさずして決勝的実効を求めんとするは無理なる注文にして単に海上交通の威嚇たるに過ぎない。〈中略〉海上の支配は軍事的資質の優越なる艦隊を有する国に帰する。〈中略〉潜水艇問題は将来発達すべき趨勢を有するが、制海の主体たる能わず、補助的価値なり。また潜水艇そのものが他の艦種を超越するものではない。〈中略〉要するに列強海軍の趨勢は作戦の攻守を問わず精鋭にして必要なる一切の艦種を網羅し適当なる比例にて編制せられたる大艦隊を建設するに在ること従来と異なるところなし。

森山少将の結論は、一年前のドイツの無制限潜水艇戦の威力を経験する前の日高中佐の結論と変わっていなかった。制海権を決定しているのは、基本的に弩級戦艦の力であり、潜水艇を中心とした通商破壊戦は二義的問題と評価された。つまり、潜水艇の実用化によって、真の制海権を得るためには、水中まで制せねばならないことに自覚的でなかった。これは一九一七年春のドイツの無制限通商破壊戦が英国に与えた脅威の実相が正確に把握されていなかったことによると思われるが、もうひとつ一旦公式に宣明された海軍の見解を修正することの難しさも示している。

（二）　海軍『水交社記事』に見る潜水艇・通商破壊戦の評価

一九一六年三月から一九年三月までの『水交社記事』[16]三〇巻の記事を確認すると、そのうち通商破壊戦を明確にテーマにした記事は、「独艦『モーヴェ』[17]」のみであり、潜水艇をテーマにした記事は四本のみであった。

一九一七年二月ドイツが無制限潜水艇戦を宣言すると、協商側や中立側の商船の被害が急増する。そんな中、同年六月『水交社記事』に日本海軍の潜水艇に関する公式評価ともいうべき論考「潜水艇」が掲載された。記事は同年五月、海軍記念日に際し、各中学校に於ける講話資料として作成されたものである。その内容は、潜水艇の歴史、構造、性能、操縦、弱点そして潜水艇の攻防、潜水艇出現の影響[18]である。終わり頃、潜水艇の活動は活発で、連合国および中立国の通商上の打撃は重大であることを認識すべきだと論じた上で結論は、以下の通り(筆者抜粋)。

> 現欧州戦争中潜水艇戦はその大部分を占め、潜水艇が作戦上の価値が大きいことは実証されている。加えて、速力などの弱点を克服すれば、将来大変な威力を発揮するであろう。しかし、海軍の艦艇はそれぞれ特有の能力を有する。決してその一つを取って他に代用できるものではない。これらの艦艇は代置されるべきものではなくて併進せらるべきものであり、総合されるべきものである。
>
> したがって、海軍の実力は、戦艦ではなく、巡洋艦でもなく、駆逐艦でもないと同時に、潜水艇でもない。実にこれら各種の艦艇を総合統一して編成する一大艦隊に存する。このような大艦隊を多数有するものが初めて海を制することができる。世人、潜水艇の価値を過大視して潜水艇を以て戦艦に代わり国防をまっとうできるとするものがいるが、蓋し皮相の謬見である。

この記事の潜水艇及び通商破壊戦の評価は、『東京朝日新聞』に掲載された日高中佐の「大艦巨砲主義と潜水艇」における潜水艇の評価と同様であり、あたかも日高中佐の記事を踏襲したような印象を受ける。当時の水交社の社長は海相の加藤友三郎であり、この見解が海軍の公式見解として認知されていたと解釈しうる。[19]

(三) 臨時海軍軍事調査委員会の潜水艦・通商破壊戦の評価

第一次世界大戦勃発から一年後の一九一五年十月十一日、山屋他人中将(十二月に森山慶三郎少将に交替)を委員長に、海軍省と軍令部から二五名の中佐、大佐を選定し、臨時海軍軍事調査委員会(以後「調査会」と略称)を発足させた(この委員の中に前述の日高謹爾中佐の名前がある)[20]。この「調査会」の目的は第一次世界大戦に関する「各国ノ海軍軍備、作戦ニ関スル万般ノ施設ト成果ノ真相トヲ調査研究シ、以テ我帝国海軍将来ノ進運発展ニ資スル」ことであり、同時に「戦争ノ実態ト列国ノ大勢上、近キ将来ニ現出シ来ルヘキ艦船兵器機関及其性能」に関して「調査会」として提案することであった[21]。

平間研究によると一九一八年二月に「調査会」がまとめた「秘　欧州戦争海軍関係諸表」には「一国ノ海軍ハ想定敵国ノ十分ノ六以下ニ於テハ決戦的戦勝ヲ得ルコト難シ」「弩級艦ハ依然トシテ海軍力ノ基幹タルノ価値ヲ失墜セス」「兵力劣勢ナルモノハ特長ヲ以テ之ヲ補ウヲ要ス」などの戦訓が記されていた。この戦訓は列国海軍と同様に戦艦中心主義であり、潜水艇については、発展途上にあり、「未タ海軍力ノ根幹ヲ為スニ足ラス依然奇兵ノ域ヲ脱スル能ハス」としていたが「真ニ恐ルヘキ新兵器トシテ、今ヤ其ノ価値ヲ疑フノ余地ヲ存セス」と評価していた[22]。このような戦訓や潜水艇の評価は、同年一月の森山少将による『東京朝日新聞』投稿記事と同様であった（森山は当時、臨時海軍軍事調査委員会の委員長）。

それでは、通商破壊戦はどう認識され評価されたのか。平間は、通商破壊戦や海上交通保護について、後年日本海軍は軽視していたと批判されるが、それは間違いだと反論する。その根拠は、大戦後、戦訓研究のために、英国に派遣された新見政一少佐（後の中将）が研究作成した報告書である。新見は一九二三年から二五年にかけて三つの報告書を海軍軍令部長や海軍次官に提出している。その中の「戦史研究報告其三　持久戦の準備に関する所見[23]」では「対米戦は持久戦になることは必至であり、通商護衛・通商破壊戦の研究と準備をせよ」と説いていた。平間によれば、日本海軍は大戦の実態、戦争形態の変化も戦時資源の重要性も新兵器の実態も、また日本海海戦のような艦隊決戦が生起することが困難になったことも適切に把握し理解していた。それらの戦訓が実際に取り入れられなかったのは、海軍の攻撃重視の体質に起因すると分析した。

しかし、この平間見解の根拠になっている新見報告や、オットーグロースの著書[24]は一九二五年や三〇年に提起されたものであり、「調査会」の報告からは七年以上後であり、これをもって海軍全体の公式見解とするのは異論がある[25]。

以上、『東京朝日新聞』『水交社記事』、そして「調査会」の潜水艇・通商破壊戦の評価は、日高中佐（森山少将）の評価に集約される。大戦中、一九一七年初頭、英国がドイツの通商破壊戦によって追いつめられていた事実が正確に日本側に認識されていなかった。米国の参戦で協商国側の商船の損害が減少していったことも手伝って日高中佐や森山少将の潜水艇・通商破壊戦評価は海軍全体の評価となり、それが『水交社記事』の見解や、「調査会」報告でも追認されていた。潜水艇対策は難しくない、有効策が打ち出されている。結局、最終的には弩級戦艦を中心とする潜水艇も含む総合的な力ある艦隊を何セットも整備することが制海権の確保につながると結論されたのである。

二　戦間期の潜水艦運用と通商破壊戦

通商破壊と海上護衛（通商護衛）は裏と表の関係にある。海上護衛を重視する海軍は、相手国の通商破壊も重視する。海上護衛は二義的なもので艦隊決戦により制海権を手にすれば自ずと海上護衛につながると考える海軍は、通商破壊も二義的なものと位置付ける。なぜなら、通商破壊のために相手国の交通線の破壊に戦力を分派するよりも、全戦力を艦隊決戦に集中しようとするからである。日本海軍は後者の考え方であった。

（一）　潜水艦の運用

大戦中に英国に派遣された海軍からの観戦武官の中に、後に日本海軍の潜水艦の運用に決定的とも言える影響を及ぼした末次信正中佐（後の大将）がいる。末次中佐は、その報告書で当時スコット英海軍少将が発表した「潜水艦万能論」に強い関心を示し、潜水艦の海軍戦略及び戦術上の価値とその将来性を考察していた。ただ、末次は潜水艦を非常に高く評価しつつも海軍の首座は依然として戦艦であるとし、通商破壊戦における潜水艦の威力については、艦隊決戦に勝利して制海権を握った場合の戦艦の威力に比較すれば非常に小さいとしている。つまり、前述の日高や森山と同じで、制海権を主として決定しているのは、弩級戦艦の数であり、これを潜水艦で倒すことが、われの制海権の確保に繋がるという考え方である。これは当時海軍が進めていた八八艦隊構想をバックアップする軍備構想であった。他方、制海権がなくとも通商破壊戦に威力を振るえる潜水艦の特徴や潜水艦による通商破壊戦が戦争全般や海上戦略全般に及ぼす影響についてはほとんど言及していない。つまり、威力は認めるが、艦隊決戦における敵主力艦攻撃への運用として有効であるというもので、通商破壊戦に運用するという構想は全く見受けられなかった。また末次は潜水艦が「奇兵として艦隊作戦に使えそうだ」との観察から、いわゆる対米漸減作戦を構想している。この漸減作戦構想は、ワシントン軍縮条約が促進要因ともなり、その後対米戦開戦直前まで日本海軍の対米戦における公式な基本作戦構想となった[26]。

（二）　通商破壊戦の扱い

一九二二年二月ワシントン条約が調印され、日本の主力艦は対英、対米六割に制限された。この会議では潜水艦についても、重要な討議が行われている。英国が潜水艦の全廃を主張した。これに対して日本は反対したが、その理由は以下の通りである。

「(原文カタカナ)①我が多数の敵潜水艦に依り通商貿易を脅威せられ戦わずして屈服するのやむを得ずに至るべしとの見地よりすれば之が廃止を有利とする。②劣勢なる我海軍は優勢な敵に対し尋常手段では対抗困難なるを以って潜水艦の利用に依り勝目を求める外策なしの見地よりすれば之が廃止を不利とすべし。思うに我通商貿易は潜水艦の存廃の如何にかかわらず敵艦隊の優勢なる限り脅威を免れず。加えて潜水艦廃止の場合、敵艦隊はその優勢を恃んで我が近海に横行すべきを以て之が為に蒙る脅威損害は①の場合に譲らざるべし 結局潜水艦の廃止は我に格別の利益をもたらすことなく却って優勢なる敵に対抗すべき用兵上の手段を失わしむるの不利を招くことになる。[27]」

もう一つ潜水艦と通商破壊戦の関連で議論になったのは、「潜水艦及毒ガスニ関スル五国条約」の件である。本条約は一九二二年二月六日関係国(米・英・仏・伊・日)によってワシントンで署名され、同年八月、日本はこれを批准した。[28]これにより、商船に対する無警告攻撃は禁止になり、商船を拿捕する前に、臨検及び捜索を行うこと、商船を破壊する前に、その乗組員及び乗客を安全な地位におかねばならないことが義務付けられた。無制限潜水艦戦は相手がこれを侵犯しない限り事実上できなくなった。[29]その結果、潜水艦による通商破壊戦の日本海軍の作戦に占める位置がますます小さくなったのである。

(三) 潜水艦対策の決定変数
——海上護衛の範囲と対潜攻撃技術——

日本海軍は毎年年度作戦計画を策定していた。その項目の中に、海上交通保護の条項があり、そこには、海上交通保護の区域が規定されていた。いわゆる戦間期、太平洋戦争直前まで、絶対に確保すべき区域は、台湾海峡以北であった。南方資源の還送ルートが防護区域に繰り込まれたのは、一九四一年の「米英蘭蒋戦争帝国海軍計画」が初めてだった。[30]従って、戦間期の日本海軍の交通保護区域は本土~大陸間を中心とした日本周辺であり、それを成立させるように、海上交通保護の要領・方式などが準備されていた。例えば、海上交通保護の方式も、各鎮守府の防備艦隊がその割り当てられた海域を一線を退いた駆逐艦や特設艦船などと航空部隊を使用して、地方在勤の海軍武官府と連携して行う間接護衛方式であった。海上交通保護を軽視していたのではなく、軍備整備の優先順位を低くされたので、その中で実行の可能性を重視した海上護衛要領が模索された結果である。ただ、海上交通保護を所掌する軍令部第二課に通商保護を担当する専務の部員が配置されたのは、開戦直前の同年十月であった。また海軍省の関連部署も護衛兵力の整備などの本格的な検討に入るのは、開戦をまたねばならなかった。

従って、対潜水艦攻撃兵器である探知兵器や爆雷なども、整備の優先順位は高くなく開戦時には実用検討中のものが多かった[31]。開戦直前の対潜兵器の整備状況は以下の通りである。一九四〇年の段階で、水中測的兵器である探信儀（潜水艦の位置を測定する機器）を装備していた駆逐艦は二三隻であった。この探信儀の精度は、一、七〇〇メートル、一四ノット以内の潜水艦を距離誤差四％、方向誤差±六・五度で探知できた。ただ、電波探信儀（レーダー）は対空用のみドイツからの技術情報をもとに開戦直前に国産化に成功し、対水上艦船用の開発は開戦後になった。そして対潜艦艇用電波探信儀が完成したのは、四三年三月である。また爆雷も開戦前は、日本周辺を作戦区域としていたため、装備数が、一八個から三六個と少なく、開戦後たちまち前線部隊から搭載個数の大幅増加要望が寄せられた[32]。

ただ、そういう潜水艦対策の遅れの中で、大戦中に画期的対潜兵器が開発された。それは、ＫＭＸと略称される航空機用磁気探知機である。本機は、航空機に搭載し、三ないし五機がチームになって潜水艦を探知する機械である。三式一号探知機と呼ばれ一九四三年十一月正式採用され、威力を発揮した。総じて日本の対潜兵器は、対米開戦後、被害の増大に応じて本格的に開発されたと言えよう。

三　対米英開戦と通商破壊戦

（一）　対米英開戦の理由

対米戦に関し和戦の関頭にあった一九四一年秋、武力行使に最も積極的であった永野修身軍令部総長、そして最終的に決を出した形になった鈴木貞一企画院総裁の開戦の論理とは、次のようなものである（十一月一日の第六十六回大本営政府連絡会議[33]）。

永野軍令部総長：外交不調のまま臥薪嘗胆する場合がもっとも下策である。〈筆者略〉時とともに日本は油がなくなりジリ貧となる。日米の戦力比率は我に不利となり、常に和戦の機は米国の掌中に握られ、日本の国防は非常に危険になる。〈筆者略〉日本として対米戦争の戦機は正に今日にある。この機を逸したならば、開戦の機は米国の手に委ねられ、再び我に帰らない。〈中略〉戦争の見通しとしては初期作戦には自信があり（以下の二段階で進展――筆者）

第一段　二年間、（南方資源地帯を確保して――筆者）長期態勢を確立し、この間は確算がある。

第二段　三年以後は海軍勢力の保持増進、有形無形の国家総力、世界情勢の推移により決せられるもので予断を許さない。

鈴木企画院総裁：臥薪嘗胆案では国内生産の問題が特に重要である。液体燃料の問題を人造石油でまかなうことは今やほとんど不可能になった。その他の重要戦略物資についても概して石油同様の状態となる危険がある。臥薪嘗胆案に伴う国防生産の拡大充実はなかなか容易ではない（永野軍令部総長の言うようにこのままではじり貧は免れない。従って、リスクはあるが、南方資源地帯を確保すれば道は開ける―筆者）。

（二）　資源の還送は可能か

しかし、対米英蘭に開戦して、南方資源地帯を占領しても、資源を本土に無事還送できないことには、国家の戦時経済は回らない。また基本的に日本国民が生存していくために必要な最低限の船舶は三〇〇万トンと見積もられていた。鈴木企画院総裁は、陸海軍の徴用船を除いて民船として三〇〇万トンをなんとか確保できると分析して開戦を促した。しかし実際は、この三〇〇万トンの船腹は結局、開戦から終戦まで民船として確保されることはなかった。それができなかった最大の誤算は、年間八〇～一〇〇万トンという船舶の見積をはるかに超えた実際の損耗である。それではこの損耗見積はどのようにしてなされたのか。

一九四一年十月下旬頃、この見積は軍令部第四課(34)の土井美二大佐が第一課の同僚の「大本営政府連絡会議で船舶喪失量の見込みが立たないと会議が纏まらないので、これについて資料が欲しい」との求めに応じて作成したものである。

「第一次大戦におけるドイツ潜水艦隻数（年別）とドイツ潜水艦の根拠地より活動海面（主として英本土周辺）までの距離、これと米潜水艦数（極東海域において活動する隻数）と米潜水艦の根拠地より活動海面（主として九州より南方海域）までの距離を比較し、これに休養のための交替等を勘案して、それぞれ活動海域において常時活動する潜水艦の密度を算出し、英米船舶が第一次大戦において喪失した数（年別、月別）と密度との比から推定して、喪失船舶数を算定した」。こうして算出された喪失数字が結局大本営政府連絡会議で最後まで一人歩きし、開戦の決断が発せられたのである。当時の陸海軍の最高意思決定機関では、国の運命を決める大事な見積を一幕僚の急ぎの仕事に委ねていたわけである。[36]

（三） 井上成美「新軍備計画論」
――通商破壊戦を考慮した対米戦略――

対米戦において日本海軍は短期戦を希求したが、戦争の期間は日本側では選べない。短期決戦を願望しても米国が長期戦に持ち込めば短期では終わらない。長期戦になれば、燃料対策として蘭印油田の取り扱いが重要になってくる。従って石油を始めとする戦略資源を南方資源地帯から本土に還送して戦う長期戦体制を構築する必要が出てくる。

海軍の対米戦争戦略は山本構想はじめ、短期決戦型だが、ここで言及したいのが、長期戦を想定した海軍戦略、井上構想「新軍備計画論」[37]である。本構想は対米戦争になった場合の戦争形態を予測し（航空機主役の太平洋の島々を巡る島嶼争奪戦）、航空機、潜水艦の発達に伴う戦争方式の変化を説き、艦隊決戦前提の海軍の軍備方針の根本的改正を主張したものである。米国は多数の潜水艦と航空機で、わがシーレーンを封鎖するであろうから、我が方は、海上交通連絡線を内部に抱え込み、島々を航空基地化して、主として航空機で、シーレーンを防衛し、来航する米軍を迎撃する。従って必要な軍備は航空戦力と海上護衛戦力である。戦艦は不用である。この構想は国家兵站線（燃料などの補給線）を内部に抱え込み、相手の兵站線も潜水艦で断つという軍事的にも理にかなった構想である。しかし、この提案は海軍の指導部には受け入れられず、対米開戦に至った。

むすびに代えて――秋丸機関と通商破壊戦――

日中戦争から太平洋戦争（大東亜戦争）に移行する段階での筆者の最大の疑問は、日本は日中戦争を片付けずに戦争を対米英蘭戦争に拡大したことである。この日中戦争のいわば二倍の戦争に日本は耐えられるのか、勝利の可能性はあるのか。冷静で科学的・計数的見積が要請された。陸軍が立ち上げたその調査機関が秋丸機関である。

秋丸機関とは、陸軍省軍務局軍務課戦争経済研究班長秋丸次朗主計中佐（当時）が組織した、日・英米・ドイツ・ソ連の戦争遂行能力の調査機関である。調査を担当したのは、民間の学者で、日本を中山伊知郎、英米を有沢広巳、ドイツを武村忠雄が担当した。ソ連担当グループには、赤松要も参加していた。[38]調査は一九四〇年初頭から始められ、四一年九月に報告書が出され、秋丸大佐が陸軍内部の会議で発表した。発表後、杉山元参謀総長が講評したが最後に「本報告の調査および推論の方法は誠に完璧であるが、その結論は国是に反する。したがって即時、この報告書は全部焼却せよ。[39]」と述べた。手持ちのものも含めて全ての調査資料、報告資料を焼けと命ぜられたのである。[40]秋丸機関が作成した調査報告書の全貌はまだ解明されていないが、その内「英米合作経済抗戦力調査（其一）[41]」は残存し公開されている。

一九四一年十二月八日、日本海軍の真珠湾攻撃は、正式な通告が攻撃の後になってしまったために、米国国民を憤激させ、米国に無制限潜水艦戦（無制限航空戦）宣言の口実を与える結果になった。[42]米国は日本政府、外務省、海軍陸軍の失態から二二年の「潜水艦及毒ガスニ関スル五国条約」に署名した軛を脱することができたとも言える。以後、米潜水艦や航空機は、無警告で、日本の商船を攻撃し、都市に対する無差別空爆を実施することができた。

その後の対日封鎖戦とりわけ米潜水艦の通商破壊戦の様相は、いまさら言及する必要はないであろう。一九四二年は、米潜水艦の魚雷に欠陥があり、日本側に大きな損害がでなかった。その欠陥が修正された四三年後半以降損害は急増した。

前述の、秋丸機関の責任者、秋丸次朗主計大佐は、一九四二年七～八月総力戦研究所所員として、学生に「経済戦史[43]」を講義していた。その講義要綱のポイントは次の通り。

月八〇万トン（の英米商船）を、日独伊協力して撃沈すれば今後約六ケ月即ち今年末頃には、英米海上輸送力はその最低限界を割り、左の如き結果を得る。

① 経済の海外依存率すこぶる高い英本国は、その抗戦意志喪失の公算大となる。

② 経済自給率すこぶる高き米国はその経済面よりして直ちに抗戦意志喪失するに至らないが、援英ソ蔣物資輸送は不可能、原料輸入難となり、その膨大な軍拡は不可能、結局四四年に至って軍拡の完成を待ち対枢軸反撃にでる望みを失う。ここに米の戦意喪失の可能性が生ずる。それ故今次大戦における破壊手段としての経済戦は、まさに米英経済抗戦力の最大弱点たる船舶輸送力に攻撃重点を向けるべきである。[44]

この講義内容には、前述の「英米合作経済抗戦力調査報告」の成果が活かされている。講義録によれば、一九四二年四月末における米英の余裕船腹（両国国民経済の運営に必要な最低量の輸送に必要な船腹を所有船腹から引いた量）は三三〇万トンである。一方、同年五月中の米英船腹の被撃沈数は九〇万トン、他方、米英の五月の造船数が合わせて三五万トンであった。したがって、もし、このままのペースで、損害が進み、造船量に変化がなければ、九〇万トンの損害の場合は約三カ月で、八〇万トンの場合は、約六カ月で、余裕船腹を失い。戦線への補給に支障が出ると分析されたのである。

しかし実際の戦争は次の通り展開した(45)。一九四二年の下半期、枢軸側は月平均八〇万トンの連合国商船を沈めた（秋丸は日本の潜水艦に月三〇万トンの撃沈を期待したが、日本の潜水艦隊の連合国商船撃沈数は四二年一月の約七万トンが最高で、以後逓減していった(46))。他方、英米の造船量は四二年四月から六月までは月平均七〇万トン、七月から九月まで月平均九〇万総トンであり、十月から十二月までは、平均一一〇万総トンに上昇した。従って、四二年六月から、造船と喪失の数は拮抗し、その後、造船側（連合国側）のプラスに転じたのである。

歴史の実際の展開を知っているわれわれが、秋丸の連合国とりわけ米国の造船能力の見誤りを指摘するのは易しい。注目したいのは、英米の経済抗戦力を計量的に解明し、その弱点として、船舶輸送力を指摘した点であり、この戦争の問題の核心が「英米の造船能力と枢軸の撃沈速度の競争にある」と喝破した点にある。連合国側の兵站線を断つ。第一次世界大戦のドイツ潜水艇による通商破壊戦の教訓が陸軍の戦争経済研究機関が提示した戦略に蘇ってきた。

しかし、通商破壊戦は海軍の仕事である。通商破壊戦の能力を有していた海軍は、これに抵抗を感じ消極的であり大戦末期まで日本海軍の通商破壊戦の評価は低いままであった(47)。その根拠のひとつとして海軍功績調査部による「潜水艦殊勲甲査定標準」が挙げられる(48)。戦艦や空母を撃沈すれば六〇点加点されるが、三千トン以上の商船を撃沈しても七点であり、掃海艇や駆潜艇、特務艦より評価は低い。また一方で米軍が対日通商破壊戦の決戦兵器として運用した潜水艦を、日本海軍は潜水艦にとって最も困難な輸送力として使うに至った（ガダルカナル戦）。他方、総力戦の経済的側面（経済戦）に強い関心をもった陸軍（秋丸機関）は通商破壊戦を重視し、そこに対米英戦の唯一の活路を見出していた。

註

（1）荒川憲一『戦時経済体制の構想と展開――日本陸海軍の経済史的分析――』（岩波書店、二〇一一年）。

（2）防衛庁防衛研修所戦史室『戦史叢書46　海上護衛戦』（朝雲新聞社、一九七一年）付表第七。

（3）荒川憲一「海上輸送力の戦い――日本の通商破壊戦を中心に――」（『防衛研究所紀要』第三巻第三号、二〇〇一年二月）。
（4） 大井篤『海上護衛戦』（朝日ソノラマ、一九八三年。学研M文庫、二〇〇一年）及び森本忠夫『魔性の歴史――マクロ経済学からみた太平洋戦争――』（文藝春秋社、一九八五年。光人社NF文庫、一九九八年）も海上護衛を軽視したことが敗戦の原因としている。
（5） 平間洋一『第一次世界大戦と日本海軍――外交と軍事の連接――』（慶應義塾大学出版会、一九八五年）二七六―七八頁。
（6） 坂口太助『太平洋戦争期の海上交通保護問題の研究――日本海軍の対応を中心に――』（芙蓉書房出版、二〇一一年）。本書は、日本海軍の交通保護問題の最新の研究成果であり、先行研究を丹念に調査した深みあるものだ。本稿は本書の成果にその多くを負うている。
（7） 同右、五二頁。
（8） 同右、六六―六九頁。
（9） 大戦前に建造できた海防艦は四隻のみである（同右、三五頁）。
（10） 同右、四三頁。原出所は海軍水雷史刊行会編『海軍水雷史』（海軍水雷史刊行会、一九七九年）。
（11） 森本『魔性の歴史』は、日本海軍中央が第一次世界大戦における潜水艦戦の戦訓を無視したと評価している。
（12） 当時の関連記事の見出し（筆者加筆）を挙げると以下の通り。
「連合国側の商船の撃沈数は、三・四月に比して著しく減少せり」「六・七月の撃沈数、四〇万トン」（一九一七年八月三日付）、「商船鳥羽丸発砲して独潜水艇を撃退」（同年八月三十一日付）、「独潜航艇（商船隊に）破壊される」（同年九月十六日）、「軍艦や商船の砲撃でもって十分対処可能」（同年九月十六、十七、二十二日付、英国海軍省発表、ロイター電）、「独艇破壊戦成功の実例」（潜航艇破壊のための方策で成功しつつある八例）（同年九月十七日付）、「潜艇戦効果減少」（独の潜航艇戦策は失敗）（同年十一月二十三日付）、「合衆国海軍は潜航艇に対し現有の駆逐艇が有利なことを一致して認めた」（同年十二月二十日付）。
（13） 「帝国艦艇潜航艇撃沈」（地中海に派遣中の日本艦隊が、護送任務中に敵の潜水艇の潜望鏡を砲撃でもって破壊、敵艇の撃沈確実なりと認むと海軍省発表）（一九一七年七月二十七日付）、「地中海に於いて、日本軍艦は英国軍隊輸送船を護衛せるかたわら敵の潜航艇一隻を確実に撃沈せり」（同年八月一日付）（ロンドン特派員発）、「日艦地中海増来」や「日艦活動の好印象」など地中海に進出した日本艦隊を歓迎する記事（同年八月十四日）（パリ特派員発、ロイター社、ロンドン発）、「日本駆逐艦（砲撃で）独潜艇撃沈」（大正六年九月二十七日付）、「地中海遣艦の潜航艇と戦う活動」（敵潜に攻撃され、これに逆撃、攻撃の効果確実なり：海軍省発表）（一九一六年二月二十六日付）など。
（14） 平間『第一次世界大戦と日本海軍』二一八頁。
（15） W・S・シムス『海上の勝利』石丸藤太訳（小西書店、一九二四年）六―一一頁。
（16） 水交社とは、将校・同相当官で組織した親睦・扶助団体。一八七六年創立。
（17） 独仮装巡洋艦などによる通商破壊戦が記事に掲載された（一九一七年五月号、通巻一八九号）。臨時海軍軍事調査委員会に於ける通商破壊戦研究資料の一端を転載したもの。

(18) この項では開戦以来一九一七年一月までの、連合国及び中立国の商船が潜水艇により月平均六五隻一三万一千噸撃沈され、また同年二月一日のドイツ無制限撃沈宣言以来、損害は拡大し一カ月約三〇〇隻五〇万噸になったことが紹介された。

(19) 他の潜水艇に関する記事は外国の学会報告の翻訳であり、一九一六（大正五）年六月号の「潜水艇ノ現在及将来」は潜水艇万能論と訳者が批判を入れ、途中から割愛されている。また一九一八（大正七）年四月号「潜水艇政策ニ対スル現戦争ノ教訓」は潜水艇に対する技術的方策が紹介された技術論文である

(20) 平間『第一次世界大戦と日本海軍』二六九頁、海軍大臣官房「海軍公報第九四一号『辞令』」（大正四年十月二日）及び同第九四二号「軍事調査に関する件」「大正四年海軍公報部外秘」（防衛省防衛研究所戦史センター所蔵。請求記号⓪／海軍公報／8）。

(21) 「臨時海軍軍事調査会処務内規等ニ関スル件」（大正四年十二月二十七日）（「大正四年公文備考」巻一、防衛省防衛研究所戦史研究センター所蔵）。この中で森山少将は先任委員であり、日高中佐は、第一分科（戦備、作戦及び諜報）を担当（請求記号⑩／公文備考／T4―1）。

(22) 平間『第一次世界大戦と日本海軍』二七一―七二頁。

(23) 「戦史研究報告其三　持久戦の準備に関する所見」（防衛省防衛研究所戦史研究センター所蔵、一九二五年）。

(24) オットーグロース『世界大戦より見たる海上作戦の教条』海軍軍令部訳（原典一九二八年、翻訳上梓一九三〇年）。

(25) また平間は、なぜ、海軍は、今後の戦争が長期持久戦になるとの戦訓を無視し、短期決戦を強調するに至ったのかと自問する。その結論は、国力において貧弱な日本海軍は、対米戦を考えるとき、米海軍の動員完了前に「速戦即決」の「早期決戦」を強いるしか勝算は見いだせなかったからと結論した。

(26) 荒川『戦時経済体制の構想と展開』二四一―四二頁。

(27) 防衛庁防衛研修所戦史室『戦史叢書98　潜水艦史』（朝雲新聞社、一九七九年）二四―二五頁。

(28) 「潜水艦及毒ガスニ関スル五国条約御批准ノ件ヲ裁可セラル」（「公文類聚　第四六編」大正十一年・第十三巻・外事二・国際二、国立公文書館所蔵）。

(29) この条約により、潜水艦による商船の攻撃は、第一次世界大戦初期のように、手間のかかる危険なものになった（瀬名尭彦「WWI／無制限潜水艦戦の恐るべき結末」（『丸』通巻六六二号、潮書房、二〇〇一年六月）八六頁）。また同誌所収の吉田昭彦「大陸国家の切り札『通商破壊戦』盛衰記」も参照。ただしこの条約は未発効になっており、署名国や批准国を拘束するものではないという見解がある。

(30) 防衛庁防衛研修所戦史室『戦史叢書46　海上護衛戦』七二頁。

(31) 同右、一七頁。

(32) 同右、一二七頁。

(33) 防衛庁防衛研修所戦史室『戦史叢書20　大本営陸軍部〈2〉』（朝雲新聞社、一九六八年）五六四―八七頁。

(34) 軍令部第一課は作戦、第四課は「国家総動員」「出師準

備」が主務である（日本近代史料研究会編『日本陸海軍の制度・組織・人事』（東京大学出版会、一九七一年）四三四頁）。

（35）防衛庁防衛研修所戦史室『戦史叢書46　海上護衛戦』六七―六八頁。

（36）筆者は、土井大佐を批判しているのではない。土井大佐は、「これは大事な問題なので、軍令部や海軍省の関係者で委員会のようなものをつくって徹底的に検証する必要がある」と同僚に答えている。筆者は国の運命を決めるような大事な見積を、一幕僚の急ぎの作業にしわ寄せする当時の陸海軍の組織的仕事の仕方に疑問を感じた。

（37）防衛庁防衛研修所戦史室『戦史叢書46　海上護衛戦』七三―七五頁。原出所「海軍航空本部長申継書類（井上成美海軍中将より片桐英吉海軍中将へ）昭和十六、八」（防衛省防衛研究所図書館所蔵）。なお相澤淳「ロンドン会議後の航空軍備と山本五十六」（海軍史研究会編『日本海軍史の研究』吉川弘文館、二〇一四年）一六九―七二頁も参照。

（38）池尾愛子『赤松要――わが体系を乗りこえてゆけ――（評伝・日本の経済思想）』（日本経済評論社、二〇〇八年）一四七頁。

（39）有沢広巳『学問と思想と人間と』（毎日新聞社、一九五七年）一九〇―九一頁。

（40）中山伊知郎『中山伊知郎全集　第10集　戦争の経済』（講談社、一九七三年）Ⅰ―Ⅱ頁。

（41）東京大学経済学部所蔵、ネット上に公開されている。その「判決（結論）」の趣旨は英米の強大な経済抗戦力の指摘とともに英米の経済抗戦力の弱点は何か、対英米戦で採るべき戦略は何かに重点がおかれている。また第五章「英米合作経済抗戦力の大さに関する判断」では「問題の中枢は英米の造船能力とドイツの撃沈速度との競争にある」とした上で、結論は、「英国船舶月平均五十万噸以上の撃沈は、米国の対英援助を無効ならしめるに充分である。蓋し英米合作の造船能力は一九四三年に於いて年六百万噸（月平均約五〇万噸―筆者）を多く超えることはないと考へられるからである」と結んでいる。

　つまり英米といった場合とりわけ米国の経済力は途方もないものがあるが、あえてその弱点を挙げれば、本国から戦場への補給線、通商線であり交通線である。独伊と連携した連合国への通商破壊戦に勝機ありと結論されたのである（脇村義太郎「学者と戦争」（『日本学士院紀要』第五二巻第三号、一九九八年三月）一四三―五三頁）。

（42）Potter, E. B. and C. W. Nimitz, eds., *The Great Sea War* (Englewood Cliffs: Prentice-Hall, Inc., 1960), p.401; Message by President Roosevelt to Congress, "December 8, 1941," in: *Paper Relating to the Foreign Relations of the United States, Japan, 1931-1941*, Vol. II (Washington, D. C.: U.S. Government Printing Office, 1943), pp.793-95. また、Theodore Roscoe, *United Atates Submarine Operations In World War II* (Annapolis: U. S. Naval Institute Press, 1949).

（43）総力戦研究所調製「秋丸陸軍主計大佐講述要旨経済戦史」（保安研修所複製、一九五二年。防衛省防衛研究所戦史研究センター所蔵。請求記号／中央／全般その他／197）。

（44）同右、五六頁。

（45）C.B.A.Behrens, *MERCHANT SHIPPING AND THE*

DEMANDS OF WAR (London:Her Majesty's Stationery Office & Longmans, Green & Co., 1955), pp. 309-11. 及び『国際経済週報』（第二四巻第一号、同盟通信社、一九四三年一月一日）四〇頁。

(46) Jürgen Rohwer, *DIE U-BOOT-ERFOLGE DER ACHSEN-MACHTE 1939-1945* (Müinchen: J. F. Lehanns Verlag, 1968).

(47) この表現は正確ではないかもしれない。一九四二年八月一日、軍令部第一課長富岡定俊大佐は陸海軍省部主任課長会合において、独日の潜水艦による通商破壊戦が英国を屈服させることができるのではないかという報告を行っているからである。しかし、この作戦もガダルカナル戦生起により、延期の止む無きに至った（荒川「海上輸送力の戦い」七一頁参照）。

(48) 勝目純也「日本海軍の潜水艦作戦における教訓」（『波涛』通巻第二二七号、二〇一四年一月）一六一頁。原出所は「海軍功績調査部『潜水艦殊勲甲査定標準』（昭和十九年九月十五日）」（防衛省防衛研究所戦史研究センター所蔵。請求記号④／潜水艦／13）。

第一次世界大戦における海上経済戦とRMS *Lusitania* の撃沈

吉田靖之

はじめに——問題の対象——

第一次世界大戦において最も議論を惹起した実行は、英国の封鎖とドイツの潜水艦戦であるといわれている[1]。まず、英国による封鎖とは、敵国の港湾及び沿岸に対して実施される伝統的な近接封鎖（close-in blockade）ではなく、公海上に封鎖海面を設定し、封鎖艦隊に対する敵国沿岸からの被攻撃の危険を懸念することなく敵国へ仕向けられた物資を輸送する商船を拿捕する長距離封鎖（long–distance blockade）である。このような措置を英国に可能ならしめたのは、ドイツとの建艦競争を経てもなお優勢であり、海外の植民地に数多く所在する基地を拠点として展開する英国海軍（Royal Navy）の存在である。他方で、英国に対抗するためにドイツが採用したのが、戦争水域（Kriegsgebiet/war zone）及び無制限潜水艦戦（unrestricted submarine warfare）である。

これらの英独両国による措置は海戦法規に違反するものであり、それ故、英独両国は、復仇（reprisals）の法理を援用してそれぞれの措置を正当化した。復仇とは、一般的に相手の国際法違反行為の存在を前提として、それを止めさせるために他に手段がない時にやむを得ず違法行為に訴えることをいう[2]。今日の国際社会においても、復仇は特に禁止されたものを除き一般に許容されており、武力紛争時における所謂戦時復仇（belligerent reprisals）も同様である[3]。ただし、戦時復仇は、行為の性質から非人道的な被害を生じせしめる可能性が高いこと、及び相手国の再復仇を招きやすく、その結果として戦争法の完全な無視が復仇の名の下で正当化されかねないという懸念が指摘されているところである[4]。

かかる懸念が第一次世界大戦において具現化したのが、ドイツ潜水艦（以下文脈に応じて「Uボート」）による英国定期旅客船 RMS（Royal Mail Steamer）*Lusitania* の撃沈事例である。本事例では多数の犠牲者が生じ、またその中には当時中立国であった米国国民が数多く含まれていたことから、本事例が米国が第一次世界大戦に参戦する要因のひとつとなったという事実は一般に周知されている。しかしながら、RMS *Lusitania* の撃沈事例は、第一次世界大戦における海上経済戦を取り扱った業績の中でエピソード的にしばしば触れられるものであるが、当時の海戦法規に照らし合わせて本事例を考察の主題とした業績は意外に少なく、特に国内においてはほぼ皆無であるといってよい。また、本年（二〇一五年）は、RMS *Lusitania* の撃沈から丁度一〇〇年目にあたる。以上を踏まえ、本論は、海上経済戦に関連する規則の概要と第一次世界大戦における海上経済戦の展開を紹介し、RMS *Lusitania* の撃沈を海戦法規に照らし合わせて改めて評価することを趣旨とする。

一　海上経済戦関連規則の概要

（一）捕　獲

海戦の campaign theatre である海は、海上交通路として極めて重要な公共財的価値を有する。また、海戦においては、中立国の通商等にかかわる法益の尊重が重要な問題となることから、[5] 交戦国は中立国の権利に対し妥当な配慮を払う必要がある。このため、海戦においては、交戦国と中立国の双方の対立する権利を調整するために、海上経済戦関連規則という独自のカテゴリーの規則が発展してきた。

海上経済戦の主要な方法は捕獲及び封鎖である。[6] これらのうち、まず、捕獲とは、狭義には武力紛争時において交戦国の軍艦が敵国や中立国の船舶を拿捕し、船体及び積荷の何れか一方または双方を一定の手続きを経て没収することをいう。[7] そして、その際に、没収の対象となる物資を提示するのが戦時禁制品リストである。「海戦法規に関する宣言」（以下、ロンドン宣言。一九〇九年：未発効）は、積み荷の性格及び最終仕向地を基準として、当該物資を専ら戦争の用に供される物資である絶対的禁制品（第二二条）及び軍民両用の物資のうち敵国の軍隊または行政庁の使用に仕向けられたことが立証されたものである条件付禁制品（第二四条）並びに戦争の用に供することができない自由品（第二八条）に分類し、詳細な規定及びリストを設けている。また、ロンドン宣言は、特別の場合を除き条件付禁制品に対する連続航海主義[8]の適用を放棄している（第三六条、第三七条）。ちなみに、食糧は条件付禁制品とされている（第二四条第一項）。ロンドン宣言における戦時禁制品のリストは、一九〇八年から〇九年にかけてロンドンで開催された国際海軍会議（以下、ロンドン会議）において各国の妥協の結果作成されたものであるという主張が見られる一方で、[9]ロンドン宣言は、当時の慣習法を表現した合意として現在でも権威あるものとされる。[10]

（二）　封　鎖

次に、封鎖とは、国籍及び貨物のタイプを問わず、対象とされた港湾等に出入りするすべての船舶を阻止する海戦の方法である。[11]封鎖の目的は、敵国の沿岸を直接占領することなくそこに対する物資の供給を遮断することであり、海戦法規を初めて法典化した「海上法ノ要義ヲ確定スル宣言」（以下、パリ宣言。一八五六年）において、封鎖は敵国港湾の近傍海域に十分な兵力を配置して維持されなければならないことが要件とされている。[12]この要件は、封鎖の実効性を確保するためのものであり、[13]ロンドン宣言第一条及び第一八条に発展的に引き継がれている。

英国が実施した長距離封鎖との連関においては、ロンドン宣言第一七条の「中立国船舶は、封鎖を有効に確保する任務を帯びる軍艦の『行動区域』（area of operations）内でなければ、封鎖侵破として拿捕することができない」という条文が問題となる。この点につき、まず英国は、船舶が封鎖港へ向けての航海を開始した時点から当該船舶は封鎖侵破の意図を有するものと判断されるべきであり、当該船舶を封鎖港から遠方の海域において拿捕する行為は封鎖侵破船に対する措置として正当化されると主張する。[14]これに対して、フランス等の大陸諸国は、封鎖侵破とはあくまで敵国港湾及び沿岸に効果的に設定された封鎖線を文字どおり突破する行為として理解されるべきと主張する。[15]ただし、行動区域の地理的範囲は、封鎖線を維持するために配置された軍艦の数によって決定されることから、[16]封鎖艦隊の規模によっては行動区域が公海上へと伸長されることは一応想定されるものの、その場合においても、封鎖対象国へ向けて出港した港湾までの広大な海域が行動区域に含まれるということにはならないとされている。[17]

ロンドン宣言第一七条がいう行動区域とは封鎖海面の地理的範囲であり、[18]封鎖の実効性が確保されていない海域において、封鎖侵破を理由として中立国船舶が拿捕されることを防止することを起草趣旨とするものである。[19]この点を勘案して、英国が実施した長距離封鎖については、第一次世界大戦当時においては、軍事技術の発展により封鎖対象国の近傍海域のみならず、遥か遠方の公海上においてもロンドン宣言第一七条がいう行動区域と同等の実効性を確保することが可能となったとの整理が、有力な論者によりなされている。[20]

二　第一次世界大戦海戦前夜における英独海軍の作戦構想

（一）　英国の通商破壊戦構想

英国は、一九〇七年に策定したNaval War Plan 1907において、戦艦を中心とした艦隊による水上打撃戦や従前から存在する敵国港湾に対する近接封鎖は、二〇世紀における海戦には時代遅れであるとして、これらを放棄した。それらに代わり、英国が海軍の主要な作戦構想として採用したのが、速力及び機動力に優れた巡洋艦戦隊（cruiser squadron）による通商破壊戦である。英国は、巡洋艦戦隊を海上交通路の要衝に配置し、電信により哨区の割当等に関する指示を与えて北海から大西洋に跨る広大な海域において、封鎖と同様の効果を生じせしめる海上経済戦を展開することを企図した。[21]

その翌年に採択されたNew War Plan 1908においては、将来の戦争における海上経済戦が初めて言及されている。[22]このNew War Plan 1908までは、英国海軍は海上経済戦を将来の戦争における主要な作戦として積極的に検討していなかった。[23]しかしながら、一九一〇年に策定されたNew War Order of 1910においては、巡洋艦戦隊による英仏海峡を通峡して大西洋方面へ進出する敵国（ドイツ）商船の動静把握と情報収集のほか、北海及び英仏海峡においてドイツに対する封鎖を実施するために割り当てられる海上兵力が増強された。[24]

New War Order of 1910で言及されている封鎖とは、北海から英仏海峡にまで亘る海域における長距離封鎖であり、それはrayon d'actionという概念をtheatre及びcampaignレベルにおいて具現化したオペレーションである。[25] rayon d'actionとは、ロンドン会議の準備段階において、封鎖の地理的範囲を指すものとして英国により採用された概念である。具体的には、それは、敵国沿岸からの攻撃から封鎖艦隊を防護するとともに封鎖の対象である港湾へのまたはそこからの海上交通を遮断することができる程度の行動半径であり、従前からの近接封鎖における封鎖線（ligne de blocus）とは全く異なるものであるとされている。[26]本構想の背景には、英国がロンドン宣言において条件付戦時禁制品への連続航海主義の廃止を外交上の事情から受忍せざるを得なかったという事情が存在する。[27]これを補てんするために、英国は長距離封鎖により海上経済戦を展開することを企図したのであり、その距離は沿岸から五〇〇海里、状況によっては一、〇〇〇海里に及ぶものと想定された。[28]

このように、第一次世界大戦前夜において英国は、戦艦を主力とする艦隊決戦や近接封鎖を放棄し、敵国と南北米州の中立国との間の海上通商を破壊することを将来の戦争における作戦構想としていた。そのために、英国は、大西洋やインド洋及び極東戦域においては、植民地の海軍基地を拠点として派遣艦隊を展開して海上交通路の要衝を支配し、また、英国本土近傍の欧州戦域においては、北海及び英仏海峡の哨戒を一層重視し、欧州列強海軍との比較において圧倒的に優勢な巡洋艦戦隊及び哨戒兵力を駆使して、海上支配の確立と敵国の海上通商の破壊を作戦の重心とした。そして、海上経済戦の遂行と並行して平時と同様の規模の海上通商を維持するというのが、英国の雄大な作戦構想であった。(29)

第一次世界大戦において英国は、この作戦構想に基づきオペレーションを展開した。英国海軍は、その主力であるグランド・フリート（Grand Fleet）に引けを取らないドイツ帝国海軍（Die Kaiserliche Marine）の大洋艦隊（Hochseeflotte）との直接的な対決を極力回避しつつ、巡洋艦戦隊を駆使した長距離封鎖と戦時禁制品の無制限の拡大という措置とを複合的に運用した。また、英国は、軍事物資はもとより食糧等のドイツ国民の生存に不可欠な物資の同国への流入を遮断し、ドイツの戦争経済と国民の弱体化を図ることに努力を傾注した。この英国の作戦は功を奏し、資料によって差異は見られるものの、ドイツでは飢餓及び栄養失調等により七〇万人から八〇万人の死者が生じたとされている。(30)

（二）　ドイツの防勢的作戦構想

ドイツは、一九世紀末から大艦巨砲主義の下で大海軍の建築を推進した結果、第一次世界大戦の開戦時においては大洋艦隊を中心に英国に次ぐ規模の海軍を整備していた。他方で、一九世紀の大半を通じて世界の海を支配した英国海軍と比較すると、ドイツ帝国海軍の作戦構想はやや見劣りがした。第一次世界大戦前夜におけるドイツ帝国海軍では、防勢的な作戦構想の下での「攻撃は最大の防御なり」という単純な用兵思想が重要視されており、敵主力艦隊の速やかな撃破こそがドイツ帝国海軍の第一義的な任務とされていた。(31)

このような作戦構想は、ドイツ帝国海軍の兵力組成にも反映されていた。英国海軍が通商破壊戦を重視し巡洋艦戦隊を整備していたこととは正反対に、ドイツ帝国海軍においては、敵海上兵力の撃破のために戦艦が優先的に整備され、巡洋艦は偵察用として少数整備されるにとどまっていた。つまり、英国海軍が想起したような、巡洋艦戦隊を広く公海上に配置して海上経済戦を展開するという緻密かつ洗練された作戦構想は、ドイツ帝国海軍には存在していなかったのである。[32]

しかしながら、このことは、ドイツ帝国海軍が海上経済戦を無視または軽視していたということを意味するものではない。むしろ、ドイツが置かれていた地理的な位置から、ドイツ帝国海軍が水上任務群を大西洋に進出させるためには北海及び英仏海峡という英国海軍の責任海域を経由させる必要があった。加えて、ドイツ帝国海軍は海外に拠点とすべき基地を有していなかったことから、本国から遠方の海域において水上任務群が長期間行動するための環境が整備されていなかった。これらの事由により、水上艦艇による大規模な海上経済戦はドイツ帝国海軍にとって現実的な選択肢とはなり得なかったのである。[33] ちなみに、第一次世界大戦開戦当初、ドイツ帝国海軍は、補助巡洋艦(hilfskreuzer)による通商破壊戦を展開した。[34] しかしながら、この補助巡洋艦による通商破壊の成果は芳しくなく、[35] 間もなく、ドイツ帝国海軍は通商破壊戦を潜水艦によるものへと変更した。[36] さらに、ドイツ帝国海軍は、英国海軍の主力との直接的な遭遇を極力回避し、機雷により英国海軍を阻止することを作戦構想の基本とした。[37]

ちなみに、機雷の運用に関連し、ドイツは「自動触発海底水雷ノ敷設ニ関スル条約」(一九〇七年)の締約国であるが、本条約第二条の「単ニ商業上ノ航海ヲ遮断スル目的ヲ以テ、敵ノ沿岸及港ノ前面ニ自動触発水雷ヲ敷設スルコトヲ禁ス」との条文を留保している。本条項の起草過程においてドイツ代表は、敵国港湾への機雷敷設は戦争計画の一部であり、単に敵国の商業上の航海を遮断するのみならず、敵国の戦争遂行努力を阻害する作戦の中核を成すものである旨を強く主張するとともに、[38] 敵国沿岸への機雷の敷設は自国防衛のために必要不可欠な方法である旨を重ねて強調したのである。[39]

三　第一次世界大戦における海上経済戦の展開

(一)　英国による長距離封鎖

第一次世界大戦においては、英独両海軍の主力が直接激突した大規模な海上戦闘は、二度に亘るドッカー・バンク海戦(一九一五年一月二十四日及び一九一六年二月十日)及びユトランド沖海戦(一九一六年五月三十一日〜六月一日)等の少数の事例にとどまる。また、これらの海戦においては、英独両海軍はともに決定的な勝利を得ることも、また逆に壊滅的な損害を被ることもなかった。大洋艦隊は、グランド・フリートを過度に警戒するあまり現存艦隊主義に陥り、主力の大部分をドイツ本国にとどめていた。他方で、海上経済戦は活発な展開を見せており、特に英国は、北海に第一〇巡洋艦戦隊を投入し、中立を選択したドイツ経済圏に属するスカンジナビア諸国及び米国とドイツとを結ぶ北海を経由する海上交通路を遮断した。さらに、英国は、自国企業がドイツ及び中立国に所在するドイツ企業と貿易関係を結ぶことを禁止した[40]。

ところで、英国はロンドン宣言に署名はしたものの、批准は行っていない。これは、一九〇九年に自由党内閣がロンドン宣言に署名した際にはドイツとの戦争が不可避と見なされはじめたことから、英国の海運業界及び英国海軍部内の一部の軍人は、ロンドン宣言は海洋立国英国の存続を危うくするものとして政府を批判し、また、貴族院も、ロンドン宣言は封鎖を近接封鎖のみに限定していることを理由に関連国内法の整備を拒否したという事情による[41]。他方で、第一次世界大戦において英国は、絶対的及び条件付禁制品に対する大幅な項目の追加と修正を、ロンドン宣言に規定されている手続きに依拠して実施した。具体的には、英国は、枢密院勅令第一号(一九一四年八月二十日)により英国が指定する絶対的及び条件付禁制品リストをロンドン宣言第二三条及び第二四条のリストへと差し替えた[42]。また、同勅令及び枢密院勅令第二号(一九一四年十月二十九日)により英国は、ロンドン宣言第三五条に留意しつつもそれを一方的に修正し、中立国船舶により輸送されている条件付禁制品の拿捕を宣言した[43]。この英国の宣言は、絶対的及び条件付の区別なく禁制品はすべて拿捕するという方針を示すものである。さらに、一九一五年十月二十日の枢密院勅令第四号により英国は、ロンドン宣言第五七条の船舶の敵性に関する規定を破棄し、敵国及び中立国の区別なく商船はすべて拿捕する旨を宣言した[44]。

ちなみに、英国は、第一次世界大戦においては封鎖を正式に宣言または告知していない。これは、北海とバルト海とを結ぶエーレスンド海峡の最狭部は極めて狭隘であり、かつ、中立国の領海であったことから、英国艦隊のバルト海への進入は困難であり、そのため、英国海軍がバルト海沿岸のドイツ港湾に近接封鎖を行うことは不可能であったという事由による[45]。それに代わり、英国は、一九一四年十一月四日に北海全域を Military Area に指定し、本海域の内部においては、種類及び船籍の如何を問わずすべての商船はドイツを支援する船舶を排除する目的で英国海軍が敷設した機雷の脅威に遭遇する旨を宣言した[46]。これは、北海全域を封鎖艦隊の行動区域として捉えるという発想であり、**rayon d'action** の概念に基づく長距離封鎖としての側面を有する。ちなみに、Military Area は水上任務群と機雷敷設とを組み合わせたものであり、その ***modus operadi*** は近接封鎖と共通するとの指摘がドイツ帝国海軍高官からなされている。[47]
スカンジナビア諸国は Military Area の設定に強く反対したが、英国は本海域の設置を強行した。[48] その結果、中立国商船がドイツへ向かうためには北海を迂回して英仏海峡を通航することとなるため、これらの商船は英仏海峡に配置されている英国海軍の巡洋艦戦隊による臨検を受けることとなった。[49] そして、英国は戦時禁制品を事実上無制限に拡大していたことから、ドイツへ仕向けられた物資を輸送する中立国商船は積荷の如何を問わず拿捕されることとなり、その結果、中立国からドイツへの食糧を含むすべての物資の流入は完全に停止したのである。[50]

（二） ドイツによる戦争水域

ドイツは、英国の禁制品の無制限の拡大はロンドン宣言を自国にとって都合よく修正した極めて独善的な行為であると見なした。[51] さらに、ドイツは、Military Area の設定についいて、それは戦術的には評価できる部分はあるとはしながらも、国際法に違背する措置であると非難した。[52] そして、ドイツは、一九一五年二月四日にグレート・ブリテン島及び北アイルランドの周辺海域を戦争水域に指定し、当該海域においては敵国商船は臨検の手続きを経ることなく無警告で攻撃の対象となり、本海域を航行する敵国船舶の乗員及び乗客の安全は保障されないほか、中立国商船の航行の安全についても何らの責任を持てない旨を宣言した。[53]

戦争水域の設定にあたりドイツが真剣に検討したのは、戦争水域内での商船に対する無警告攻撃を海戦法規上如何に位置づけるかという点であった。[54] 一定の海域を一方的に設定してその内部で商船に対する無警告攻撃を行うことの違法性はドイツも十分に承知していたものの、軍事的必要性を優先させた結果、最終的にはかかる行為は英国による先行違法行為への復仇として正当化するほかには方策がないと、ドイツは結論づけたのである。[55] つまり、英国の戦時禁制品の無制限の拡大及び Military Area の設定によりドイツの国内経済及び国民生活のレベルが急激に悪化したため、ドイツも英国と同様の違法行為に訴えることにより、英国を経済的な封鎖状態に追い込もうとしたのである。[56] また、英国は、開戦以来、自国商船に対してドイツ帝国海軍の通商破壊艦による干渉を回避するために中立国国旗の掲揚を指示していた。[57] さらに、英国はQ－Ｓｈｉｐを運用してＵボートを攻撃するとともに、Ｕボートと遭遇した商船に対して体当り攻撃を指示していた。[58][59] 英国によるこのような行為が、戦争水域内において敵国商船は無警告攻撃の対象とされ、中立国商船は航行の安全は保障されないとドイツがした理由である。[60] 他方で、英国は、ドイツの戦争水域の設定は、敵国商船の行動の態様にかかわりなく一方的に宣言した海域内に所在するという事実のみに依拠して無差別にこれらを攻撃することを旨とする違法なものであると認識した[61]。そして、英国は、新たに地中海全域においてドイツに対する長距離封鎖の実施を決定する「復仇に関する枢密院勅令」を発令して対抗した[62]。

戦争水域の設定に際してドイツ帝国海軍首脳部は、一九一五年二月十八日にUボート部隊に対し以下のような指示を発令した。即ち、①Uボートによる海上経済戦は万難を排して遂行される。②敵対する商船は破壊される。また、中立国商船は保護されるが、中立国国旗及びファネル・マークのみでは中立性は担保されない。③中立国軍艦の護衛下で航行する商船は中立であると判断される。④病院船は、英国からフランスへ向けての兵員輸送に従事している場合にのみ攻撃の対象となる。⑤細心の注意を払った後にそれでも生じた錯誤については、Uボート艦長は責めを負わない[63]。戦争水域において無警告の対象とされたのは原則として敵国船舶であったことから、この時点におけるドイツによる潜水艦戦は、後の実行との比較において真に無制限であったというわけではない。また、第一次世界大戦の初期においては、ドイツは、軍艦が商船に対して行動をとる場合には、海戦法規を厳格に遵守するものと表明していた[64]。例えば、一九一四年十月二十日にノルウェー沖において第一次世界大戦で最初にUボート（*U-17*）により撃沈された英国の蒸気船 *Glitra*（八八六トン）の事例では、*U-17* 艦長は、乗員に対して退船のため一〇分間の猶予を与え、総員が救命ボートに乗り移った後に陸地までの針路等についての指示を与え、その後に本船を雷撃している[65]。なお、交戦国軍艦が敵国商船を破壊する際に、破壊に先立ち乗員及び乗客を移動する場所として救命ボートが安全かつ妥当な場所であるのかについては、当時においても議論があった[66]。

（三）　RMS *Lusitania* の撃沈の法的評価

RMS *Lusitania*（四四、〇六〇トン）は、英国キュナード・ライン所有の英国船籍の定期旅客船である。本船は、戦時においては英国海軍省が補助巡洋艦として自由に運用できるとの取極に基づき、英国政府からの多額の助成を得て建造されたという来歴を有する[67]。

一九一五年五月一日、RMS *Lusitania* は、乗員乗客一、九五九人（米国国民約二〇〇人を含む）を乗せ、リバプールへ向けてニューヨークを出港した。本船の出港に先立ち、在米ドイツ帝国大使館は、大西洋を横断する客船へ乗船する旅行者は、ドイツ及び協商国と英国及び連合国との間に戦争状態が存在することから、本船は戦争水域を通航するということ、並びに英国国旗及び連合国の国旗を掲げた船舶は当該水域内においては破壊の対象となる旨を認識し、戦争水域内を航行する英国及び連合国商船に乗船する場合には、危険は自己責任とする警告を米国の新聞紙上に掲載した[68]。出港から六日後の五月七日午後二時二十八分、リバプールへの入港を数時間後に控えた RMS *Lusitania* は、アイルランドのケープ・クリア島沖約三〇海里のオールド・ヘッド・オブ・キンセールにおいてドイツ潜水艦 *U-20*（艦長ヴァルター・シュヴィーガー海軍大尉（Kapitänleutmant Walter Schwieger)。一九一七年六月三十日に Pour le Mérite（Blauer Max）受章。同年九月五日に *U-88* の艦長として戦死）の雷撃によりわずか一八分で沈没し、子供約一〇〇人を含む乗員乗客一、一九八人が死亡した[69]。

ドイツ帝国海軍首脳部においては、「Uボートによる通商破壊戦は、あくまで英国の圧倒的な制海を脅かすような新たな戦術として理解されるべきである」と主張する高官も存在していた[70]。また、当時は交戦国及び中立国のものであるかを問わず、商船の多くが武装して戦時禁制品の輸送に従事していたことに加え、英国商船がUボートを攻撃することも常態化していた。このような事由から、Uボートの各艦長が探知した商船の類別に時間をかけている間に逆に攻撃を受けるという事態が頻発していた[71]。他方で、商船攻撃に伴う甚大な人的被害が政治的問題へと発展することへの懸念は、ドイツ帝国海軍首脳部においても認識されていた[72]。

RMS *Lusitania* の撃沈事例により、英国及び米国の世論は当然に紛糾した。特に米国は、本船の撃沈及びその背景である戦争水域の設定について断罪した[73]。米国内における状況を目のあたりにした在米ドイツ帝国大使館は、撃沈事案から二日後に大使館報道官のベルナルド・ダーンブルク博士（Dr. Bernhard Durnburg）に以下に要約されるような説明を行わせた。①RMS *Lusitania* は補助巡洋艦として分類され戦時禁制品の輸送に従事していたことから、ドイツ帝国海軍は本船を破壊する権利を有する。また、戦争水域の告知とドイツ帝国大使館による事前の警告は、本船の破壊にかかわるドイツの責任を解除せしめる。②英国が Military Area を設定し、本海域内において戦時禁制品に該当しない物資を輸送する中立国商船を拿捕していることは明確な捕獲法違反であるにもかかわらず、米国は何ら抗議を行っていない[74]。③国際法は敵国国民の生存に不可欠な食糧等の物資の遮断を禁止しているにもかかわらず、開戦以来、英国は戦時禁制品を事実上無制限に拡大し、国際法を完全に無視した違法行為に従事している。④RMS *Lusitania* の積荷目録からは、本船がリバプールへ仕向けられた二〇万六千ポンドの真鍮及び六万ポンドの銅、並びにロンドンに仕向けられた小銃弾倉四、二〇〇個、実弾四二〇万発、榴散弾の空ケース一、二五〇個及び非爆発性信管一八個という戦時禁制品の輸送に従事していたことは明白である。[75] ⑤このような事由により、多数の中立国国民が本船に乗船していたという事実は、ドイツ帝国海軍軍艦が戦時禁制品を輸送する敵国商船を攻撃できないという理由を構成しない。[76]

RMS *Lusitania* の撃沈を巡る海戦法規上の議論については、まず、「本船は軍事目標に該当するのか」という論点が想起される。就役当初から、RMS *Lusitania* には平時においてはキュナード・ラインの定期旅客船及び戦時にあっては英国海軍の補助巡洋艦という二つの役割が期待されていた。このため、本船は当初から六インチ砲を一二門の装備が可能な艤装がなされていた。ただし、本船の性能及び要目が補助巡洋艦としては不適当であったことから、英国海軍は戦時においては本船を商船のまま徴用して兵員輸送船として運用することを想定しており、また、英国によれば、本船に武装が施されたことはなかったとされている。[77] 他方で、開戦当時の『ジェーン海軍年鑑』では、RMS *Lusitania* は英連邦軍将兵の輸送に従事する英国海軍補助巡洋艦と分類されおり、[78] それ故、*U-20* のシュヴィーガー艦長は本船を敵国軍艦であると識別したのである。[79] RMS *Lusitania* が軍艦または補助巡洋艦として登録及び運航されていたとすると、多数の乗客の存在や軍事物資輸送の有無にかかわりなく本船は軍事目標に該当する。また、このことは、本船が補助艦艇[80]として運航されていた場合も同様である。しかしながら、『ジェーン海軍年鑑』は民間の出版物にすぎず、それのみでは RMS *Lusitania* の法的な性格を決定するための根拠としては不十分である。そして、なによりも、撃沈当時本船は英国商船旗を掲げ、[81] 民間人であるターナー船長（Captain William Turner）[82] の指揮の下で商船として運航されていた。そうなると、次に検討すべきは、「本船は軍事目標とされるような態様を帯びる商船であったのか」という論点である。

ドイツは、RMS *Lusitania* は戦時禁制品の輸送に従事している war vessel であり、かかる敵国商船に対しては臨検を経ずして攻撃が可能であると主張した。大西洋航路に就航していた他の英国定期客船と同様に、RMS *Lusitania* は、東航時（米国から英国）の航海においては、米国のベツレヘム製鉄所で製造された弾薬類を恒常的に輸送していた。[83] そして、最後の航海においても、本船がニューヨークにおいて弾薬類を搭載したことが仕向地のリバプールに打電されており、[84] この事実は米国の税関当局も当然に承知していた。[85] このような事由から、RMS *Lusitania* は米国から英国への軍事物資の輸送という戦争遂行に貢献する機能を果たしていたものと評価される。[86]

然るに、RMS *Lusitania* の撃沈当時の目標選定規則（law of targeting）は、船舶を軍艦と商船とに大別し、商船については たとえ敵国のものであっても一定の態様を帯びない限り原則としては攻撃から保護されるべき目標とする艦船カテゴリー別目標区別原則に依拠していた。[87] また、商船の破壊は、乗客及び乗員並びに船舶書類を安全な場所に置いた後でなければ不可とされていた。そうなると、たとえ RMS *Lusitania* が戦時禁制品の輸送に従事していたとしても、敵国軍艦が実施すべき措置は、まずは敵性の確認と船舶書類及び積荷の確認のための臨検及び捜索であり、戦時禁制品の輸送に従事していることが明らかになった場合には、拿捕及び捕獲審検所への回航である。したがって、ドイツ帝国政府が RMS *Lusitania* による戦時禁制品輸送の事実を掌握し、また、本船はUボートの攻撃対象となる旨の警告を本船出港前に発していたとしても、*U-20* による RMS *Lusitania* の無警告攻撃はやはり違法であるとの評価が、ひとまずは妥当である。

なお、先に引用した「戦時禁制品の輸送に従事している war vessel は臨検を経ずして攻撃が可能である」というドイツの主張は、今日における「軍事物資の輸送という戦争遂行または継続努力へ貢献する商船は軍事目標になる」という解釈[88]により正当化される余地が存在する。このような解釈は、陸戦法規と同様、商船が果たす機能に着目して軍事目標に該当するか否かを判断する機能的目標区別原則に依拠したものである。機能的目標区別原則は、今日においては従前からの艦船カテゴリー別目標区別原則に代わり海戦に導入されているものである。[89] ちなみに、艦船カテゴリー別目標区別原則の下でも、軍事物資の輸送という間接的に交戦国の戦争遂行努力に貢献するような態様を帯びる商船は保護を享受する純粋な商船から除外するという解釈が存在している。[90] このような解釈は、一九三六年の「一九三〇年四月二十二日のロンドン条約第四編に掲げられた潜水艦の戦闘行為に関する調書」（潜水艦の戦闘行為に関する議定書）を巡りなされたものであり、RMS *Lusitania* の撃沈よりも後の時代の議論である。RMS *Lusitania* の撃沈を巡っては、このような法的論点が指摘されるものの、本事例においてはあまりにも多数の乗客が犠牲になったことから、これらについては殆ど議論されることはなかったのである。

おわりに――その後の推移――

RMS *Lusitania* の撃沈の背景である海上経済戦においては、中立国が戦時において経済活動を行う権利に対する妥当な配慮は全く省みられていなかった。それ故に、当時中立国であった米国は、英独双方による国際法に違反する行為に対して強く抗議した。米国の抗議の趣旨は、「中立国は敵国に指向される国際法違反行為について責任を分担する立場にはなく、[91] また、交戦国による敵国への措置は中立国の通商に制限を課すことを趣旨とはしないことから、[92] 交戦国間における復仇により中立国の権利を過度に侵害することは国際法に抵触する」というものである。[93] さらに、米国は、一方交戦国による違法行為の実施は他方交戦国が中立国に損害を及ぼすような行為を実施するための理由を構成しないと主張した。[94] なお、交戦国による復仇は第一義的には敵国に指向されるものではあるが、同時に、それは中立国の通商に制限的な影響を及ぼさざるを得ないことは国家実行からも明白である。ただし、多くの場合、復仇を行う交戦国は、自国が中立国の権利に留意する範囲は中立国が敵国の違法行為の実施を阻止する努力の範囲に左右されると主張していることには、留意しておく必要がある。[95]

一方、強大な中立国である米国の心証をこれ以上害することは戦争遂行上適切ではないと判断したドイツ帝国政府は、RMS *Lusitania* の撃沈から六日後にUボート部隊への命令を部分的に修正して、定期旅客船及び非武装の商船を攻撃目標から除外する旨を指示し、これらに乗船する乗客の安全を保障した。[96] また、ドイツは、米国に対して補償を申し出たほか、中立国であったオランダ及びノルウェーに対しても商船の撃沈に対する補償を申し出るとともに、[97] 逃亡または抵抗を企てない限り商船に対する無警告攻撃を戦争水域の内外で行うことを禁止する命令を発した。[98] しかしながら、戦況の推移に鑑み、一九一六年二月八日にドイツは、武装する敵国商船は保護を享受する権利を有さず、ドイツ帝国海軍はかかる商船を敵対するものとして取り扱うこと、及び中立国商船についても、それが武装している限りは人員及び貨物の安全についても保障できない旨を宣言した。[99] さらに、一七年一月三十一日には、ドイツは、英国の長距離封鎖及び戦時禁制品の無制限の拡大に対するさらなる復仇としていわゆる無制限潜水艦戦を開始し、Uボートによる未識別、無警告及び無制限の攻撃を開始した。[100] この結果、第一次世界大戦で喪失された同盟国、連合国及び中立国の商船は、Uボートによるものだけでも一二一八万総トンに達したとされる。[101] また、無制限潜水艦戦の開始を受けて、一七年二月十六日に英国は、再度枢密院勅令を発令し、敵国へ仕向けられた、あるいはそこから発せられた貨物を輸送する船舶は拿捕及び没収の対象とし、他方で、そのような船舶が指定された港湾における検査に応じるならば拿捕を免れるとした。[102]

第一次世界大戦のような国家の存亡を懸けた総力戦においては、敵国の経済及び社会を弱体化させることは最終的な勝利のためには必要不可欠であり、このことは、有力な論者によって「海戦とは即ち海上経済戦である」と評価される所以である(103)。他方で、第一次世界大戦における海上経済戦は、海上中立が消滅した状態において展開されており(104)、それを象徴するのがRMS *Lusitania* の撃沈事案である(105)。ちなみに、今日では、RMS *Lusitania* が輸送していた程度の量の戦時禁制品と引き換えに一、一九八人の死亡をもたらすことは過度な付随的損害であり、明らかに均衡性を失していると評価されていることを最後に付言しておく(106)。

註

（1） J. A. Hall, *The Law of Naval Warfare* (London: Chapman and Hall LTD., 1921), pp.iii-iv.

（2） Frits Kalshoven and Liesbeth Zegveld, *Constraints on the Waging of War: An Introduction to International Humanitarian Law*, 4th ed. (Cambridge: Cambridge University Press, 2011), p.65.

（3） Frits Kalshoven, *Bellegerent Reprisals* (Leiden: A. W. Sijthoff, 1971), p.216.

（4） 藤田久一『新版　国際人道法　再増補』（有信堂、二〇〇三年）一八四頁。

（5） Daniel Patrick O'Connell (ed. by Ian A. Shearer), *The International Law of the Sea*, Vol.2 (Oxford: Clarendon Press, 1984), p.1101.

（6） 田岡良一『國際法學大綱　下巻』（巖松堂書店、一九四四年）二八二頁。

（7） 田畑茂二郎『国際法新講　下』（東信堂、一九九一年）二九〇頁、註（1）。Leslie C. Green, *The Contemporary Law of Armed Conflict*, 2nd ed. (Manchester: Manchester University Press, 2000), p.166.

（8） 連続航海主義とは、交戦国軍艦により臨検を受けた船舶が、直接的には中立国に向かって航行している場合でも、船内の戦時禁制品が中立国港湾において別の船舶に転載され、又は陸揚げの後に陸上輸送路により最終的に敵国に輸送されるのであれば、最初の中立国港湾への航海の途上であっても捕獲され得るとする法理である〔立作太郎『戰時國際法論』（日本評論社、一九三一年）五八六頁〕。

（9） James Brown Scott ed., *The Declaration of London February 26, 1909* (Oxford: Oxford University Press, 1919), p.92.

（10） Stephan C. Neff, *The Rights and Duties of Neutrals: A General History* (Manchester: Manchester University Press, 2000), p.141.

（11） Wolf Heintschel von Heinegg, *Seekriegsrecht und Neutralität im Seekrieg* (Berlin: Duncker und Humbolt, 1995), S.415.

（12） パリ宣言第四規則。

（13） UK Ministyry of Defence, *The Manual of the Law of Armed Conflict* (Oxford: Oxford University Press, 2004), para.13.68.

(14) Frits Kalshoven, "Commentary on the 1909 London Declaration," in: Natalino Ronzitti ed., *The Law of Naval Warfare: A Collection of Agreements and Documents with Commentaries* (Leiden: Martinus Nijhoff Publishers, 1988), p.260.

(15) *Ibid.*

(16) *Ibid.*, pp.260-61.

(17) *Ibid.*, p.261.

(18) Maurice Parmelee, *Blockade and Sea Power: The Blockade, 1914-1919, and Its Significance for a World State* (New York: Thomas Y. Crowell Company, 1924), pp.29-30.

(19) Kalshoven, "Commentary on the 1909 London Declaration," p.261.

(20) Vaughan Lowe and Antonios Tzanakopoulos, "Economic Warfare" (January 10, 2010), in: Rüdger Wolfrum ed., *Max Planck Encyclopedia of Public International Law* (Oxford: Oxford University Press, 2012), <http://www.ssrm.com/sol13/papers.cfm?abstract_id=1701590> (as of 27 January, 2015), p.3.

(21) 中西杏実「20世紀初頭イギリスにおける海戦法政策」(『国際関係論研究』第二八巻第三号、二〇一一年三月)七頁。

(22) Archibald Colquhoun Bell, *A History of the Blockade of Germany and of the Countries Associated with Her in the Great War, Austria-Hungary, Bulgaria, and Turkey 1914-1918* (East Sussex: The Naval and Military Press Ltd., in Associated with the Imperial War Museum, 2013 Reprint, Originally Published in 1937 by London: HM Stationary Office), p.25 *(hereinafter cited as A History of the Blockade of Germany)*.

(23) *Ibid.*, p.27.

(24) *Ibid.*, p.28.

(25) Eric Osborne, *Britain's Economic Blockade of Germany 1914-1919* (London: Routlege, 2013), pp.45-46.

(26) 中西「20世紀初頭イギリスにおける海戦法政策」一六頁。

(27) 同右、一六―一七頁。

(28) 高野雄一「戦時封鎖制度論――實効性の概念を中心として――(六)」(『国際法外交雑誌』第三四巻第六号、一九四四年六月)三七頁。Avner Offer, "Morality and Admiralty: 'Jacky' Fisher Economic Warfare and the Law of War," *Journal of Contemporary History*, Vol.23 (1988), p.116, n.15.

(29) 中西「20世紀初頭イギリスにおける海戦法政策」七頁。

(30) 藤原辰史『カブラの冬――第一次世界大戦期ドイツの飢餓と民衆――』(人文書院、二〇一一年)二〇頁。

(31) Admiral Reinhard Scheer, *Germany's High Sea Fleet in the World War* (London, New York, Toronto and Melbourne: Cassell and Company LTD., 1920), p.xiv.

(32) *Ibid.*, p.215.

(33) *Ibid.*

(34) Paul G. Halpen, "Handelskrieg mit U-Booten?: The German Submarine Offensives in World War I," in: Bruce Elleman and S. C. M. Paine eds., *Commerce Raiding: Historical Case Studies, 1775-2009*〔*Naval War College Newport Papers*, No.40 (2013)〕, p.137.

(35) そもそも、SMN (Seiner Majestät Schiff) *Emden* の行動を除き、第一次世界大戦においてドイツ帝国海軍が実施した水上艦艇による通商破壊戦は、十分な成果を挙げたとは言い難い。Ref., R. K. Lochner (translated by Thea and Harry Lindeuer), *The Last Gentleman of War: The Raider Exploits of the Cruiser Emden* (Annapolis: U.S. Naval Institute, 1988), pp.283-85.

(36) *Ibid.*

(37) Bell, *A History of the Blockade of Germany*, p.37.

(38) *Ibid.*, p.37, n.1.

(39) *Ibid.*, p.37.

(40) *Ibid.*, p.173.

(41) O'Connell, *The International Law of the Sea*, Vol.2, p.1151. 藤田哲雄「１９０９年『ロンドン宣言』とイギリス海軍——戦時における食糧供給——」(『経済学研究』第一七巻第二号、二〇一四年二月)二九頁。

(42) Maritime Order in Council, at the Court of Buckingham Palace, the 20th day of August, 1914, para.(1).

(43) Ibid., para.(2); Maritime Order in Council, at the Court of Buckingham Palace, the 29th day of October, 1914, para.2.

(44) Maritime Order in Council, at the Court of Buckingham Palace, the 20th day of October, 1915.

(45) 高野雄一「戰時封鎖制度論——實効性の概念を中心として——(七)」(『国際法外交雑誌』第三四巻第八号、一九四四年八月)四五頁。

(46) George P. Politakis, *Modern Aspects of the Laws of Naval Warfare and Maritime Neutrality* (London: Kegan Paul International, 1998), pp.42-43.

(47) Scheer, *Germany's High Sea Fleet in the World War*, p.217.

(48) Osbornn, *Britain's Economic Blockade of Germany 1914-1919*, p.76.

(49) *Ibid.*, p.74.

(50) Scheer, *Germany's High Sea Fleet in the World War*, p.216.

(51) *Ibid.*, p.219.

(52) *Ibid.*, pp.218-19.

(53) Maxwell Jenkins, "Air Attacks on Neutral Shipping in the Persian Gulf: The Legitimacy of the Iraqi Exclusion Zone and Iranian Reprisals," *Boston College International and Comparative Law Review*, Vol.8 (1985), pp.529-30; Politakis, *Modern Aspects of the Laws of Naval Warfare and Maritime Neutrality*, p.43.

(54) Scheer, *Germany's High Sea Fleet in the World War*, p.220.

(55) *Ibid.* ; Bell, *A History of the Blockade of Germany*, p.423.

(56) Scheer, *Germany's High Sea Fleet in the World War*, pp.220-21, p.226. 藤田「１９０９年『ロンドン宣言』とイギリス海軍」五〇頁。

(57) Patrick Beesly, *Room 40: British Naval Intelligence 1914-1918* (California: Harcourt Brace Jovanovich Publishers, 1982), p.88.

(58) Ｑ-Ｓｈｉｐとは、無害な商船の外観を呈示しつつもその実は重武装を施し、Ｕボートによる臨検を受認することを装ってこれを攻撃する船舶である。Richard W. Smith, "The Q-Ships-Cause and Effect," *USNI Proceedings*, Vol.79, No.5 (1953), pp.533-40.

（59） Daniel Patrick O'Connell, *The Influence of Law on Sea Power* (Manchester: Manchester University Press, 1975), p.45. なお、商船が敵対行為に参加することは海戦法規では禁止されていない。Louise Doswald-Beck ed., *San Remo Manual on International Law Applicable to Armed Conflict at Sea* (Cambridge: Cambridge University Press, 1995) (hereinafter cited as *San Remo Manual*), para.60.

（60） Beesley, *Room 40*, p.94.

（61） Bell, *A History of the Blockade of Germany*, p.233.

（62） Maritime Order in Council, at the Court of Buckingham Palace, the 11th day of March, 1915.

（63） Scheer, *Germany's High Sea Fleet in the World War*, pp.230-31.

（64） 真山全「海戦法規における目標区別原則の新展開（一）」(『国際法外交雑誌』第九五巻第五号、一九九六年十二月）一八頁、註(40)。

（65） Halpen, "Handelskrieg mit U-Booten?" p.138.

（66） Ibid.

（67） John Protasio, *The Day the World Was Shocked: The Lusitania Disaster and Its Influence on the Course of World War I* (Philadelphia: Casemate Publishers, 2011), p.29.

（68） *Ibid.*, pp.9-10.

（69） *Ibid.*, p.107.

（70） Bell, *A History of the Blockade of Germany*, p.423.

（71） *Ibid.*, p.437.

（72） *Ibid.*, p.422.

（73） *Ibid.*, pp.133-34.Cf., U. S. Department of States, The First Lusitania Note to Germany (13 May, 1915).

（74） ただし、英国は、Military Area の内部に安全航路を設定し、中立国商船に対して本航路を通航するように指示していた。Hersch Lauterpacht, *International Law: A Treaties by Oppenheim*, Vol.II, *Disputes, War and Neutrality*, 7th ed. (Harlow: Longmans, 1952), p.682.

（75） Doswald-Beck ed., *San Remo Manual*, para. 46.5.

（76） "Sinking Justified, says Dr. Bernhard Dernburg," *New York Times* (9 May, 1915).

（77） Protasio, *The Day the World Was Shocked*, p.37.

（78） Beesly, *Room 40*, p.86.

（79） Protasio, *The Day the World Was Shocked*, p.80.

（80） 補助艦艇とは、軍隊が所有するかまたはその排他的な管制に服し、当分の間政府による非商業的な活動に従事する船舶であり、軍事目標に該当する。A. R. Thomas and James C. Duncan eds., *Annotated Supplement to the Commander's Handbook on the Law of Naval Operations*, <*International Law Studies,* Vol.73 (Newport: Naval War College, 1999)>, para.2.1.3.

（81） New York Times Current History; The European War, Vol.2, No.3, June, 1915: April-September, 1915, <https://archive.org/stream/newyorktimescurr15480gut/15480.txt>, as of 24 November, 2014.

（82） ターナー船長は英国海軍予備員（中佐 Commander, Royal Navy Reserve）であったが、本船撃沈時には軍務に服してはいなかった。

（83） Beesly, *Room 40*, p.113

（84） *Ibid.*, pp.113-14.

（85） *Ibid.*, p.119.

（86） "Secret of the Lusitania: Arms find challenges Allied claims it was solely a passenger ship," *Mail Online*, <http://www.dailymail.co.uk>, as of 22 August, 2014.

（87） 真山「海戦法規における目標区別原則の新展開（一）」二頁。

（88） Thomas and Duncan, *Annotated Supplement to the Commander's Handbook on the Law of Naval Operations*, para. 8.8.1.

（89） 真山全「海戦法規における目標区別原則の新展開（二・完）」（『国際法外交雑誌』第九六巻第一号、一九九七年四月）二六頁の註。

（90） 同右、二五頁。Sally V. Mallison and Thomas Mallison Jr., "The Naval Practice of Belligerents in World War II: Legal Criteria and Development," in: Richard Grunawalt ed., *Targeting Enemy Merchant Shipping* 〔*International Law Studies,* Vol.65 (Newport: Naval War College, 1993)〕, p.100.

（91） Robert W. Tucker, ed., *The Law of War and Neutrality at Sea* 〔*International Law Studies,* Vol.50 (Washington D. C.: United State Government Printing Office, 1955)〕, pp.254-55.

（92） *Ibid.*, p.255.

（93） *Ibid.*, p.254.

（94） *Ibid.*, p.255, n.24.

（95） Ref., Lauterpacht, *International Law*, p.679.

（96） Bell, *A History of the Blockade of Germany*, p.433.

（97） Hall, *The Law of Naval Warfare*, p.72.

（98） 真山「海戦法規における目標区別原則の新展開（一）」一頁、註(52)。

（99） Hall, *The Law of Naval Warfare*, p.73.

（100） Lauterpacht, *International Law*, p.679; O'Connell, *The Influence of Law on Sea Power*, p.49.

（101） 真山「海戦法規における目標区別原則の新展開（一）」一九頁。

（102） Order in Council of February 16, 1917.

（103） Lowe and Tzanakopoulos, "Economic Warfare," p.3.

（104） Elizabeth Chadwick, "The 'Impossibility' of Maritime Neutrality During World War 1," *Netherlands International Law Review*, Vol.54 (2007), p.356. 藤田「１９０９年『ロンドン宣言』とイギリス海軍」四七頁。

（105） Lauterpacht, *International Law*, p.489.

（106） Doswald-Beck ed., *San Remo Manual*, para. 46.5.

第一次世界大戦後の兵器産業における労働の変様

――呉海軍工廠を中心として――

千田武志

はじめに

第一次世界大戦が海軍の兵器生産と兵器産業におよぼした影響について、筆者はこれまで二つの論考で取り上げた(1)。その要旨は、日本海軍はワシントン軍縮を受け入れ、軍拡期の主力艦を中心とする兵器に代えて、第一次世界大戦で戦果をあげた新兵器の導入を目指すことにし、主要海軍国に先駆けてそれを実現するとともに、生産方法の改良や民間への発注の拡大によって軍事費の縮小などを実現したが、総力戦に必要な大量生産を実現することはできなかったというものであった。本稿はこうした結論がもたらされた原因を労働面から解明することを目的とし、第一次世界大戦後の呉工廠に例をとり、労働面の変化の諸相を具体的に示すとともに、その特徴や生産面に与える影響にも言及する。

ここで第一次世界大戦後の労働の変化を歴史的に位置づけるために、小野塚知二氏の労務管理の諸相論を、行論の必要上に限定して紹介する(2)。小野塚氏によると、労務管理の第Ⅰ相は、「適切な物と適切な技との正しい組み合わせさえ実現すれば、目的は自ずと達成されるという観念に支配された、労務管理前史」であり、産業革命が行われ工場制機械工業が実現したイギリスの機械産業が想定されている。これに対し第Ⅱ相は、「職業の世界のまったき自律性に期待できなくなり、労務管理が生成せざるをえなくなった相」と規定され、二つに分けられる。そのうち第Ⅱ相―一は、「仕事や成果に影響する要因を分析的に『解明して』、要素還元主義的に個々の管理対象(原価、時間、訓練、作業・動作、組織、機械配置)毎に管理手法が連続的・共時的に編み出された」状況をさし、総称してテーラー・システムとか科学的管理法と呼ばれる。一方、第Ⅱ相―二は、「労働者の主体性の最後の一片をもぎ取り、人を機械体系の一部に組み込」むとされ、その典型としてイギリス産業革命期の綿工業や一九一〇年代にアメリカのフォード社が実施したベルトコンベア・システムを想定している。

こうした理論は、主に先進国を想定して構築されたものであり、直接的に日本の兵器産業にあてはまるものではない。それにもかかわらず労務管理の諸相論を紹介したのは、日本の産業革命後の兵器産業や機械産業などの重工業においても、労働の主体となったのはイギリスと同様に職人と将来の職人となることを期待される徒弟であること、それにもかかわらず日本の場合は彼らの自立的発展を支える労働組合は存在せず、共済組合は弱体であるなど差異があり、彼我を比較する基準として有効であると思われるからである。とくに第一次世界大戦後の兵器産業、とりわけ呉工廠などの海軍工作庁においては、先進国では第Ⅰ相で設立された労働組合と第Ⅱ相―一に属する科学的管理法がほぼ同時期に現出しており、こうしたことを比較、認識することは、日本の労務管理の特徴を把握するうえで有益な方法といえよう。

本稿は、第一次世界大戦が兵器産業におよぼした影響に関する二論文を受けて、同時期に現出したさまざまな労働面の変化を例証することを主な目的とし、さらに労働面から生産面に生じた問題を再考察することを目指す。まず第一次世界大戦が兵器生産と兵器産業におよぼした影響を対象とするが、その際、具体例や論証については前研究に委ね、ここでは要点のみを記述する。これ以降、呉工廠に例をとりながら労働面の変様が具体的に示されることになるが、第二節では職工数、勤続年数、賃金など数量的把握が可能なもの、第三節ではこうした変様の背後ですすめられた科学的管理法と、職工協議会、労働組合、共済組合、廠内教育機関について取り上げる。最後にワシントン軍縮にともなう第一次職工整理を対象とするが、それは多様な労働の変化が、この重大な問題を画期として確立したと思われるからである。

一　第一次世界大戦が海軍の兵器生産と兵器産業に与えた影響

日本海軍は、ワシントン軍縮期にもっとも効果的な軍備の改革を実現したが、それは一定の方向性があってこそ可能になったと思われる。こうした点を踏まえ、主に海軍士官や退役軍人を会員とする『有終』に掲載された論説の分析によって得られたワシントン会議に対する海軍の主張について、行論上において必要な点に限定して示すことにする。まず軍縮の必要性については、国力、財政力からみて必然であり、対米七割にこだわるべきではなく地勢的に六割でも防禦できると考えている論者が多い。将来に必要な兵器、軍備については、主力艦が有効か否かは論議がわかれるが、これからは潜水艦や航空機（とくに航空機と魚雷の組合わせ）の導入を急ぐべきであるという点は一致している。また軍縮期の一〇年間に、将来に訪れるであろう戦時期の物資動員にたえられる国力の充実、とくに民間工業の発展が重要視され、その一環として兵器製造会社への発注が求められる。(3)

これ以降、第一次世界大戦が海軍の兵器生産にどのような影響をもたらしたのか、軍拡期（一九一二〜二一年）と軍縮期（一九二二〜三一年）について概観する。まず両時期に建造された艦艇を比較すると、軍拡期に対し軍縮期には隻数が一・三六倍に増加したのに、排水量が〇・七八倍に減少している。軍拡期に戦艦と巡洋戦艦を一二隻・三四万二九二〇トン建造したのに対し、軍縮期には主力艦の建造を中止し航空母艦、巡洋艦、駆逐艦、潜水艦、特務艦などの補助艦の整備に力を注いだことによる。また海軍は、一九年の四飛行隊を三一年に一七飛行隊、同時期に艦載機を八機から八四機に増加させたように、今後の発展がもっとも期待されながら遅れている航空機関連事業の早期拡充を目指した。

次に、第一次世界大戦が兵器製造所にもたらした変化について考察する。まず軍拡期の建造艦艇を海軍工廠、民間造船所、海外造船所別にみると、三者の比率は、隻数が五四、四三、三パーセント、排水量が四九、四四、七パーセントと民間が海軍に近づいたものの、未だ海軍が上回っている。ところが軍縮期になると、隻数が三二、六六、二パーセント、排水量が三八、五八、四パーセントと、隻数、排水量とも民間が上回るようになる。注目すべきは、軍拡期から軍縮期にかけて民間造船所は、隻数・排水量の比率を高めただけでなく、全体として排水量が減少したなかで、絶対値もわずかではあるが増加していることである。

なお紙幅の関係で具体的記述は省略するが、同じような関係は、呉工廠と造船所を除く兵器製造会社との間でもみられる。

一方、海軍工作庁における兵器製造費は、次のように変化した。まず艦艇建造費の支出額をみると、一九一九年の一億八二三六万円（造船費が一億一八五〇万円、造兵費が六三八六万円）が三一年度には五一三六万円（造船費が二九〇四万円、造兵費が二二三二万円）へと急減した。(4)また兵器製造費をみると、一九年度の五三三六万円（銃砲費が三三六〇万円、水雷費が九八八万円、火薬が五、〇〇〇円、その他が九八八万円）が二七年度（航空費が示される最後の年度）に二九五二万円（砲熕費が一一六〇万円、水雷が八五五万円、電気費が六二〇万円、航海費が五万円、航空費が二八三万円、その他が三〇万円）へと艦艇建造費ほどの減少はみられない。兵器別では（項目が一致しないので一部しか比較できない）、砲熕費が激減したのに対し水雷は微減にとどまり、航空機は記載なしから急増している。工作庁別では、呉工廠が主力艦の建造中止により砲熕費が二六四七万円から九四八万円へと大幅に減少したことにより三二一三万円から一六六二万円にほぼ半減し、工作庁間の比率が六〇パーセントから五六パーセントとなったが、圧倒的地位に変化はなかった。また横須賀は六六八万円から六〇八万円と微減にとどまっている(5)。なお一九二一年に呉工廠広支廠として開庁した広工廠は、二二年度の三五万円から航空機の発展を反映して二七年度には一三三万円に飛躍的な発展をした(6)。

海軍工作庁の艦艇の船体・機関・兵器の修理費についてみると、軍拡期の一九一九年度が一〇七一万円、軍縮期の三〇年度が一一七一万円と微増している。試みに四工廠に限定して同年度の修理費の比較をすると、横須賀工廠が二五九万円から三八〇万円、呉工廠が三〇一万円から三七四万円、佐世保工廠が二八〇万円から二九五万円、舞鶴工廠が一八〇万円から三〇万円と、要港になった舞鶴以外は増加している。

ここで呉工廠における艦艇の建造についてみると、軍拡期の戦艦、巡洋戦艦という主力艦中心から軍縮期には、ワシントン条約の制限内最大の一万トン級巡洋艦（八インチ砲）、航空母艦、大型潜水艦へと変化した。その際ほとんどの場合、一号艦といわれる試作艦を建造したが、それは呉工廠が造船部門のみではなく、随一の造兵・製鋼部門を備えた日本一の工廠として、その時期の課題とされる兵器の開発や試作、生産方法の改善に取り組む役割を担っていたことによる。三ドックの稼働状況をみると、一九一九年の八二九日が二三年に一、〇〇一日と最高を記録するなど高水準を維持しており、軍縮期に艦艇の建造が減少したなかで、性能の向上を目指しての艦艇の改修が重要となったことが確認できる。

また呉工廠の経費について材料費と工費（賃金）の合計である工事費について要約すると、一九一九年の七一五四万円が三一年度に二四九〇万円へと、当初の三五パーセントまで減少している。注目すべき点は、この間、材料費が五四二二万円から一一三四万円へ二一パーセントに激減したのに対し、工費（賃金）は一七三二万円から一三五六万円へと七八パーセントに減少したにとどまっていることである。

これまで述べてきたことをまとめると、第一次世界大戦期から海軍は膨大な予算で主力艦を中心とする軍備拡張を推進したが、軍縮期に予算を縮小しながら大型の巡洋艦や潜水艦などの補助艦および航空母艦・航空機など新兵器への転換を実現した。またこの間、呉工廠を中核とする海軍工作庁が新兵器の開発と試作を行い、民間兵器産業がそれを生産するという体制が確立した。ただし総力戦に向けての量産化を達成することはできず、また経費の減少について呉工廠の工事費を分析すると、材料費が大幅に減少している一方、工費（賃金）は小幅な減少にとどまっているという興味深い現象がみられた。これ以降、こうした結論を念頭におきながら、呉工廠に例をとり、第一次世界大戦後の労働の変化とそうした変化がもたらされた原因について考察する。

二　呉工廠における労働環境の変化

軍縮をむかえるにあたって呉工廠は、新兵器の開発や試作などを実現しながら経費の削減をするというむずかしい問題に直面した。その結果、労働面においても複雑な変化を示すことになる。この節では、数的に把握可能な労働環境の変化について対象とする。

まず労働環境の変化の基本となる職工数についてみると、一九一九年の三万六名が、二〇年に三万五〇二三名へと増加したが、その後二一年に三万一七二八名に減少し、ワシントン軍縮にともなう第一次職工整理が断行された二二年に二万四〇〇五名に激減、その後も減少がつづき二六年以降は二万名以下、ロンドン軍縮のあった三一年には一万六三二二名と、最盛時の半数以下になった。この間、男工（ほとんど通常工員、二七年以降に職夫が若干加わる）は二万四八〇三名から一万五三三〇名（六二パーセント）に減少したのに対し、女工（二八年以降に若干の職夫が登場）は一、九六八名から九五名（五パーセント）へと激減し、見習工は三、二三五名から八九七名（二八パーセント）に減少している。二度にわたる軍縮により女工はほぼ姿を消し、見習工は熟練工への道が開かれた一定数のみ残したと考えられる。

職工数やその構成に大きな影響を与えた職工の解雇は、いつどのような理由で実施されたのであろうか。表1をみると、一九二〇年度から三一年度の間に、三万八〇九二名と大量の解雇者が発生している。注目すべきことはこのうち二万七五〇九名、七二パーセントが、ほとんど自己の都合で退職したと思われる通常解雇者で占められていること、この通常解雇者は軍拡期と第一次職工整理まで多くみられるものの、その後は急速に減少していることである。こうした現象は、第一次整理の時点では解雇をそれほど深刻なものと認識しなかった職工が、その後に呉工廠にとどまることを有利と判断するようになったことを示している。

解雇者の変化は、職工の勤続年数に影響をもたらした。

この点に関しては造船部の資料しか得ることができなかったが、表2により勤続五年以下の職工について第一次職工整理前後を比較すると、三、九一四名（約七二パーセント）から一、六六六名（四八パーセント）に激減している。反対に六年以上の勤務者は、一、五〇〇名（二八パーセント）から一、八〇五名（五二パーセント）へと、職工数が五、四一四名から

表1　呉工廠の解雇者の内訳と割合　（単位：名・％）

年度	解雇者					年度末在籍者に対する割合
	通　常	軍縮整理	事業縮小整理	行政整理	計	
1920	6,704				6,704	19.1
21	6,611				6,611	20.8
22	4,778	4,218			8,996	37.5
23	2,509	864			3,373	15.2
24	1,545		1,519		3,064	—
25	974			259	1,233	6.1
26	928				928	4.7
27	764				764	3.9
28	835				835	4.3
29	828				828	4.2
30	672				672	3.5
31	361	3,723			4,084	26.4
計	27,509	8,805	1,519	259	38,092	

呉海軍工廠『廠勢一覧解説（極秘）』（昭和15年4月12日）より。
註：小数点2位未満を四捨五入した。—は不明を示す。

表2　呉工廠造船部の職工整理前後の職工勤続年数　（単位：名・％）

		1年未満	1〜2	2	3	4	5	計(A)	(A)/(B)×100
職工整理前（1922年6月20日）	男工	336	1,229	535	776	577	288	3,741	(71.6)
	女工	10	20	73	57	12	1	173	(92.0)
	計	346	1,249	608	833	589	289	3,914	(72.3)
職工整理後（1924年12月1日）	男工	102	64	44	356	636	456	1,658	(48.0)
	女工	3	0	0	0	4	1	8	(40.0)
	計	105	64	44	356	640	457	1,666	(48.0)

		6〜10	11〜15	16〜20	21〜25	26〜30	31〜35	36〜41	合計(B)
職工整理前（1922年6月20日）	男工	379	327	539	164	66	5	5	5,226
	女工	15	0	0	0	0	0	0	188
	計	394	327	539	164	66	5	5	5,414
職工整理後（1924年12月1日）	男工	1,103	186	369	85	48	2	0	3,451
	女工	12	0	0	0	0	0	0	20
	計	1,115	186	369	85	48	2	0	3,471

呉海軍工廠造船部編『呉海軍工廠造船部沿革誌』（呉海軍工廠、1925年）59ページ〔『呉海軍造船廠沿革録』と合本して『呉海軍工廠造船部沿革誌』（あき書房、1981年）として復刻〕より。

表３　呉海軍工廠主要部の職工数

（単位：名）

	造船部	造機部	砲熕部	水雷部	製鋼部	砲熕実験部	電気実験部	魚雷実験部	電気部
1920年３月				4,033	6,508				
21年３月			9,247	4,808	7,493				
22年３月		4,030	8,449	4,504	6,790				
23年３月	4,643	3,431	6,695	4,621	2,413	211			
24年３月	4,083	3,198	6,292	4,735	2,403	209	35	98	
25年３月	3,411	2,682	4,546	4,813	3,115	231	44	158	
27年３月	3,324	2,583							1,820
28年３月	3,277	2,527	4,201	2,280	2,925	250	61	197	1,757
30年３月	3,306	2,544	4,273	2,232	3,027	247	73	217	1,941
31年３月	3,284	2,495	4,209	2,225	2,828	242	72	217	1,799

海軍大臣官房『海軍省年報(極秘)』各年より。
註：1927年の造船部、造機部、電気部の職工数は、４月のものである。

三、四七一名に減少したため絶対数では漸増にとどまるものの、比率では著増することになる。技術の向上のため工廠当局が多年にわたり求めてきた職工の定着率は、第一次職工整理を画期として大幅に向上したのであった。

ここで表3により職工数と組織の変化をみると、一九二一年三月から三一年三月に製鋼部の職工が七、四九三名から二、八二八名になったように、軍拡期の主力艦を中心とした兵器の生産において中心を占めていた製鋼部、砲熕部、造船部、造機部が程度の差はあるものの軒並み縮小するなかで、軍縮期に呉工廠は、二三年に総務部、医務部、砲熕実験部、魚雷実験部、電気実験部、二六年に水雷部の中央発電所と電気機械および電気仕上工場などの電気関係の工場を分離独立させて電気部、二九年に潜水艦部を新設するなど、兵器生産の変化に即した組織改革を実行し、各部の優秀な職工を新兵器の研究・開発、実験部門に配置転換し、軍縮期と将来の課題に対応しようとしたことがわかる。

職工の動向を左右する賃金について呉工廠職工の一人当たり平均月収をみると、一九一四年と一五年度二三円が、一六年度に二四円、一七年度に二九円としだいに上昇したものの、物価の値上がりもあり、新聞で「職工成金」と報道されてもまだ実感に乏しいものであった。しかしながら一九年以降になると、表4のように急上昇に転じ二〇

表４　呉工廠の男子職工の平均賃銭と平均月収

（単位：円）

年度	平均賃銭	平均月収
1919	0.903	53.705
20	1.740	71.113
21	1.782	64.233
22	1.813	64.502
23	1.847	66.628
24	1.921	70.501
25	1.969	72.354
26	1.996	76.229
27	2.007	78.479
28	2.010	82.664
29	2.040	81.207
30	2.055	78.200
31	2.040	73.844

呉海軍工廠『廠勢一覧解説（極秘）』より。

註：平均賃銭は3月31日現在、平均月収は年度調査の数値である。

年には七一円を記録、第一次職工整理時の二二年には六五円とやや下落したものの、その後は不景気の物価下落時ににもかかわらず七〇円から八〇円前後とかつてない高賃金となっている。第一次世界大戦期の職工賃金の上昇は限定的なものであり、それは軍縮期に実現したのであった。なお伍堂卓雄砲熕部長は二二年二月、「職工給与標準制定の要」を作成、「一人前の職工とし其職を励む以上自己一身の生活は勿論日本の社会制度として避くべからざる家族の扶養に差支なき程度」の生活保証賃金体系を提唱し、それが「生産能率に向って進むべき基礎条件」と述べている(9)。

これまで労働者数をはじめとする軍拡期と軍縮期の労働環境の変化について分析してきたが、最後に第一次職工整理を前に、内務省の要請に応じて海軍省が提出した一九二二年十月三十一日時点の呉工廠の労働状況調査により若干の補足をする(10)。まず熟練度をみると、職工三万三九九八名（この他職員が七五〇名）のうち熟練工が二万四〇四名、不熟練工が一万四二五名、徒弟が三、一六九名、また年齢は、一七歳未満が三、〇七〇名（うち女工が四名）、一七歳以上が二万九四七七名（同一、五〇〇名）、五〇歳以上が一、四五一名（同四名）となっている。次に平均賃金は、一日一円六二銭、一カ月四六円である。そして勤続年数は、五年未満が二万三五六六名（うち一年未満八、〇七二名、二年未満五、五九三名、三年未満五、二二六名、四年未満三、一二三名、五年未満一、五六二名）で六九パーセントを占めるが、六年から一〇年までが二、三五四名、一一年から一五年までが三、八八六名、一六年から二〇年までが三〇〇七名と、熟練工が一定数在籍している。さらに職工の出身地をみると、広島県が二万四九三一名・七三パーセントと圧倒的地位を占めており、以下、愛媛県の二、四六八名、山口県の一、四六七名、岡山県の一、三九四名、香川県の四八四名とつづく。こうした地元出身者が多数を占める状況がいつごろから顕著になったのか確認できないが、呉工廠の労務管理や地域との関係にもたらす影響は少なくなかったと思われる。

ここまで数的に把握可能な労働環境の変化について記述してきたが、その結果、労働者数が半減したなかで新たに部が設立され、職場定着率の向上、一人当たり賃金の上昇などの労働環境が変化したことがわかった。こうした状況は、経費を節約するなかで新兵器の開発、生産ための熟練工の確保、生産能率の向上などの必要から生じたのであるが、このことは経費の節約を目指しながら材料費は大幅な減少に成功したが、工費（賃金）の減少は小幅にとどまるなど限界を示すことになった。

三　科学的管理法の導入と労使（工廠当局と職工）の関係

これまで労働者数をはじめとする軍拡期と軍縮期の労働の諸変化について、主に数的に把握可能な面を対象としたのに対し、ここではその背後で兵器生産に影響をもたらした科学的管理法や労使関係を取り上げる。まず科学的管理法の呉工廠への導入の動機と時期についてみると、それを推進した伍堂は、「英国ヴヰツカース会社にて建造した当時の代表的新式巡洋戦艦金剛の砲塔工事製造監督の任に当つた経験に基き、呉の砲塔工場管理法を科学的に改革せんと企てたが、先づ人的能率の改善を急務と認め、其の手初めとして年齢満期に到達せる老年職工の淘汰を断行せんとした」と述べている[11]。ヴィッカーズ社を模範として呉工廠の砲塔工場を科学的に改革することを目的に、伍堂が帰国した一九一四年ないしその直後に導入を企図したことがわかるが、注目すべき点は実施にあたっては労務管理、とくに老年職工の解雇の必要性を唱えていることである。彼には、科学的管理法の採用のために必要な現場の指導者は工学教育を受けた柔軟な若手職長やその候補者で、一般の職工には規定の動作をすばやくこなせる若年者が向いており、職人気質が強く機敏性に劣る老年職工は必要でないという考えがあったのではないかと思われる。

時期について伍堂は、「八八艦隊ノ計画ヲ実施スル為ニハ海軍工廠ノ製造力ハ不足デアツテ、民間ノ造船所、機械工場等ヲモ利用」すべきとも述べており[12]、本格的な採用は砲熕部長に就任した一九一九年六月以降と考えられる。なお科学的管理法が軍拡期に砲熕部の合理化と量産化を目指して導入されたことは、「海軍の八八艦隊の造艦計画で多量製産の必要に依り安価に合理的の製造をせんが為め挟範工場の新設並に計画に努力せられ現在の第七工場の設備を完全に成された」と記されていることからも確認できる[13]。

一方、「老年職工の淘汰」については、大筋で遂行されたのであるが、挟範工場を建設するなど呉工廠における科学的管理法の実質的推進者であった倉橋審一郎第二工場主任は、それを一律に適用することに反対であり、伍堂を説得して人物・技量に優れた老齢職工を自らの工場に引き取るなど機微にかなった人事を行い、部下の信頼を得ている。

こうしたうえで倉橋は能率向上策の「第一着手として職工の請負工事なるものを創設せられ成績の如何に依り職工の給料を増減（規定の給料は別）する制度を定められました処何れも勇躍して各自の業務に精励し爾来工事の能率はとみに増進し非常の効果を納め」たという。[14] 若手エリート技師の倉橋と現場を仕切る職長クラスとの信頼関係、それを裏づける労務管理があって科学的管理法は実効性を持つようになったのであった。こうして呉工廠砲熕部では、リミットゲージ（計測用の治具）が導入され、規格統一、標準化を目指すことになり、一九二一年五月には民間の兵器製造会社の技師を集めて挟範工作法講習会を開き、各兵器製造所や工場間の部品の互換性が定着した。[15]

砲熕部に始まり機械工作が中心となる水雷部、造機部などに広がりをみせた科学的管理法は、軍縮期の艦艇の建造に直面して機械化しにくい部門の代表である造船部にも導入されることになった。軍縮期の最初の一等巡洋艦四隻には、条約内の最大の排水トンである一万トン、主砲最大口径八インチで、主力艦なみの砲撃力と強靭な防禦力、速力三三ノットという小型巡洋艦に劣らぬスピードが要求された。こうした課題に対処するため、一九二七年十二月一日に艦政本部第四部計画主任から呉工廠造船部長に就任した玉沢煥は、若手造船官を集めた研究会を組織した。彼らは一号艦の「那智」に課せられた軽量化、経費の節減、厳しい重量制限に対応するため重量計測、工数計算に取り組み、材料費を低下させるために、「外部から購入する材料や部品、装置機器に対する標準化、共通化、規格化」などを目指した。[16]

「那智」の建造への科学的管理法の導入には、軍縮期といえども生産管理より性能の向上を重要視するという海軍技術者の気質という障害が横たわっていた。また導入後においても、徹底した軽量化のためには新たに軽量で丈夫な部品の開発、煩雑な重量計測、材料の外部発注をスムーズに行う厳格なマニュアル化が必要とされるなどの困難がともなった。同型艦が四艦に限定され、しかも二号艦以下の三艦が横須賀工廠、川崎造船所、三菱長崎造船所で一隻ずつ建造されるなど、同型艦を同一造船所で多量に建造する場合と比較して、能率面、量産化において課題を残した。このうち材料については、いち早く制式化の確立によりコストが削減されたが、性能の向上や新型艦のための研究、試作、さらに当時の造船業には、鋲打のように苛酷で多くの熟練工を必要とする作業が残されており、工費（賃金）の減少は限定的なものにとどまった。なおこうした点は、敷設艦の「八重山」（一、一三五トン）の建造（一九三〇〜三二）に電気溶接法を採用したことを契機として、多くの鋲打熟練工から溶接工への転換、材料の節約、能率の向上が実現し、しだいに改良されることになる。

ここで工廠当局と職工の関係の変化を示す問題として、労働組合と職工協議会について取り上げる。先進国においては労働組合は産業革命後に時を経ず一般化したが、日本ではその普及は遅れがちであり、呉工廠のある呉市においては、第一次世界大戦期の一九一五年十一月に友愛会呉分会が設立されるまで待たなければならなかった。同会は一六年五月には友愛会呉支部へと発展したが、修養・相互扶助団体から、本来の労働組合に脱皮するとともに官憲や工廠当局からの干渉が強まり、一九年末ごろには消滅した。そうしたなかで同年十月三十日、呉工廠職工二、二〇〇余名と地元企業の労働者約四〇〇名によって呉労働組合会が設立された。この組合は「綱領」に、「吾人ハ報国ノ至誠ヲ致シ」とか、「技術ノ進歩ヲ図リ帝国産業ノ確立ヲ期ス」という文言を記すほど体制的・穏健であったが、組長・伍長による加入者調査や工廠当局による普選運動へ参加した副会長などの解雇がなされ、二一年六月ごろに自然消滅した。[17]

こうしたなかで一九二〇年六月、職工から選ばれた三一名の協議員と工廠側から議長を務める主事一名と参与員一五名が出席し、年二回開催される呉工廠職工協議会が設立され、八月二十六日と二十七日に第一回協議会が開催された。[18] ここで第一次職工整理を前にした二二年二月二十三日と二十四日に開かれた第五回協議会についてみると、まず森山慶三郎工廠長より、「衆議院各党一致の建議案もあり吾々も努力するをもって運動がましいことの必要はなからん、呉市の部外に請願運動もあったが……只一人職工参加せりといふが、目下全職工の名誉に関するものとして取調べてをる、軍縮に関する万事は三月十日海相帰朝のうえ着々決定されん」などの訓示があり、[19] その後、軍縮、八時間制導入、入退廠時間の統一、公務傷病者に日給全額給与、作業服改良の件など、職工にとって切実な問題が議事として話し合われた。このうち軍縮問題は、次のような内容になっている。[20]

一、軍縮問題に関する件　イ、当廠にて失業者を出す場合ありとせば適当なる時機に於て失業者救済研究会を設置せられたし　ロ、軍縮結果による失業者ある場合は救済方法を講ぜられたし　ハ、軍縮に伴ふ整理施行の際は当局の配慮を願ひたしＡ、解職手当支給の件　Ｂ、解雇者は先づ希望者より詮議されたし　Ｃ、解職者には相当の日数(少なくとも三十日)前に予告せられたし

これに対し職工側は、最初に工廠当局の意をくんで外部

の運動に参加することなく協議会において問題を解決すると述べ、当局の希望で翌日に実質的な審議が行われることになった。翌二十四日の協議会における職工側の発言は、基本的に議事の内容に沿ったものであったが、注目すべき点は、「たとひ失業者を出すとするとも一人分を二人分に割りてこれを喰止めんとするが如きことは絶対になさゞること」とか、「必要以外の職工は寧ろ解職すること」など、必要とされない職工の解雇を認めつつ、残ったものの給料の維持を重視する発言をしていることである。[21] 資料的な裏づけは得られないが、職工のなかには、好条件を求めて渡り歩く職工を好ましく思わない風潮が形成されつつあったのではないかと推測される。なおこうした要求に対してどこまで具体的に話し合われたか、知ることはできない。ただし後述するように職工協議会における希望額より多い特別手当金（解雇手当金）が支給された、と述べられていることから考えて、平等な話合いとはいえないが、職工側は整理をやむを得ないものと認めつつ職工の待遇の改善を求める要求をし、工廠側も相当程度それをかなえるような言質を与えたように思われる。

一方、一九二四年三月十五日に呉工廠の職工二万名以上を擁する呉官業労働海工会が結成され、四月十六日には交渉組合に指定された。工廠当局が労働組合を認める契機となったのは、国際労働機関（ＩＬＯ）の総会である国際労働会議へ代表者を派遣する推薦労働団体の必要性からといわれるが、このころになると労働組合の存在が一般化してきたこと、二月二十九日に、工廠長が職工協議会委員二三名を臨時召集し、組合組織に関して訓示をしたと述べられているように、[22] 職工協議会の経験から職工の代表者を通じて職工たちに当局の意向を反映させることができる自信を得て、呉海工会の設立を認めることに踏み切ったものと思われる。こうして結成された海工会は、第二次以降の職工整理に対し第一次と同等の条件を要求し受け入れられている。なおこれ以降、海工会は電気料金値下げなど、主に工廠外での経済運動に力を注ぐことになる。

先進国において労働組合活動の一環として労働者の生活を支える役割を担った共済組合は、やはり出発が遅れたが第一次世界大戦前後から国家資金の支援を得てしだいに整備され、一九二二年に作成された資料によると、海軍共済組合から呉工廠の職工に支給される各種手当は、退職年金、廃疾年金、遺族扶助金、死亡・傷病・特症・療養・脱退・勤続の各救済金、葬祭金の一〇種類を数えるに至った。[23] 同会は当時、呉工廠の職工とその家族を実費で治療する海軍共済組合呉病院、呉市内に四カ所、周辺に二カ所の購買所、工廠内に二カ所の購買所と三カ所の酒保、収容慰安施設の廠友館などを経営するなど、職工の生活を支える役割を果たしている。さらに職工教習所（一九一八年設立）、造兵職工講習所（一九二〇年設立）、技手養成所（一九二八年に横須賀工廠から移転）が軍拡期から軍縮期にかけて整備され、呉工廠は職工教育においても中核的存在となった。

これまで軍拡期に生産能率の向上を目指して採用が考えられ、軍縮期に本格的に導入された科学的管理法や工廠当局と職工という労使関係の変化について述べてきた。その結果、科学的管理法は軍縮期に条約制限内の高性能の兵器の生産と材料費の大幅な減少に効果を発揮した。しかし厳密な重量計算に代表される煩雑な作業のために労働時間の短縮には限界があり、同型艦の建造が原則として四艦であるなど、量産化にともなう能率の増進にも限度があった。また科学的管理法の導入は、職工協議会や職場における融和により目立った混乱もなく実施されたが、その代償としてすでに述べたように一人当たり賃金の値上げに加えて職工の待遇改善がなされたことが判明した。なおこうした待遇改善は、工費（賃金）の減少を小幅にとどめることになった。

四　ワシントン軍縮にともなう第一次職工整理の実態と背景

これまで軍拡期から軍縮期にかけて現れた多くの労働の変化について述べてきたが、それらはほとんどワシントン軍縮にともなう第一次職工整理を画期として確立したものであった。本稿の最後の節は、この第一次職工整理がこの時期の労働の変化に与えた影響を考えることにする。

軍縮にともない解雇への不安を感じた呉工廠の職工は、ワシントン会議中の一九二一年十二月十四日に呉海軍工廠有志大会を開くなど素早い反応を示したが、その後の進展はみられなかった。また翌二二年三月二十一日に東京で行われた官業労働者の失業対策要求運動への参加者は、職工協会議における工廠長の発言によると一名にとどまった。その後、九月ごろには呉工廠内に動揺が広がり、サボタージュ状態がつづき職工の一人が鈴木貫太郎呉鎮守府司令長官に面会を求める事件が発生したが、組織的な運動に発展することはなかった。このようななかで十月十日の職工整理の予告、十月二十日の退廠式は平穏裡に行われた。

こうした状況がもたらされた原因について広島県社会事業聯合会は、「（一）職工協議会を設置して、当局者と従業員との意思」の疎通をはかったこと、「（二）特別手当金（解雇手当）……支給金額が、嘗て職工協議会に於て希望した金額よりも多額なりしこと」、「(三)所謂労働運動専門家に乗せらる丶こと無かりしこと」、「(四)被整理職工に対する保護施設の行届けること」の四点をあげている。[24]

このうち(一)の職工協議会については、すでに述べたので省略する。また(二)に関しては、一年未満—（日給）七五日、一年以上—九〇日、二年以上—一二〇日と勤続年数を基準に細分化され、一〇年以上—三九〇日、二〇年以上—五七〇日、三〇年以上—七二〇日、四〇年以上—八七〇日というように、勤続年数の長い職工には高額の特別手当金が支払われることになっていた。こうした背景には、勤続年数の長い高齢者の退職を誘い、若年労働者の定着率を高めようとの意図があったものと思われる。なお(三)にかかわる直接の資料はないが、工廠当局の友愛会呉支部や呉労働組合会への干渉、軍縮整理運動への参加を嫌う工廠長の訓示や失業対策運動への参加者が少ないことから、おおよその状況を知ることができる。

(四)については、一九二二年の春から呉工廠と広島県社会課との連携のもと意見交換が開始されている。そして、①地方職業紹介所長会議、②呉工廠、広島県、呉市との連絡、③職業紹介所の求人調査（そのため本年度設置予定の呉職業紹介所を九月十日に廠友館の裏側に急設）、④臨時聯合職業紹介所開設準備、⑤炭坑労働者職業紹介、⑥海外移住奨励、⑦海外移住、特別手当金の節約に関する講演会、⑧給付公債の廉価売却防止対策、⑨十月八日に呉工廠、広島県、呉警察署、呉憲兵隊、呉駅、呉市役所、呉同済義会、協調会、広島県海外協会の代表が集まり、失業保護協議会を設立するなどの準備がなされている。

一九二二年十月十日、呉工廠のみで四、〇三七名の第一回解雇者が発表された（三分の二は四〇歳以上の高齢者）。[25]この日、解雇職工に「口達覚書」と「軍縮整理の為め解傭さる丶者の心得」が渡された。このうち前者において大量の解雇に至った経緯が述べられているが、そこには、「海軍工作庁は各庁共に歩調を一にし高齢者及男工代用の女工全部を解傭すること丶なり造兵廠と当製鋼部とは作業の急激なる減少の為右以外の一般より多数の解傭者を出すこと丶なった」と、呉の特殊事情も説明されている。[26]また後者によると、解雇者は十月十一日から二十日まで公休日となること、給料のほかに特別手当金、共済組合の救済金、帰郷旅費が支給されることになっていた。[27]なお同日、呉工廠長の訓示と広島県知事より訓令が発布された。十月二十日、退廠式が行われたが、工廠長は「告辞」のなかで製鋼部の解雇者を減少させるため、呉工廠内と広支廠へ一、三〇〇名以上を移転したことに触れ、最後に、「永い年月を国家

表5　ワシントン軍縮にともなう呉工廠の職工整理（1921年10月）　（単位：名）

	整理前在籍職工			整理職工					
				男性職			女性	合計	$\frac{B}{A}\times 100$
	男性	女性	計（A）	55歳以上	55歳未満	計	職工	（B）	（%）
検査官部	810	34	844	15	5	20 (9)	17	46	6
砲熕部	7,279	488	7,767	61	64	125 (106)	435	666	9
水雷部	4,779	220	4,999	23	17	40 (23)	186	249	5
製鋼部	5,181	118	5,299	81	2,459	2,540	118	2,658	50
造船部	4,940	176	5,116	55	28	83 (44)	140	267	5
造機部	3,668	71	3,739	16	13	29 (27)	62	118	3
会計部	999	132	1,131	24	9	33 (14)	97	144	13
火薬試験所	218	10	228	1	3	4 (1)	5	10	4
兵器庫	258	53	311	2	3	5 (3)	50	58	19
職工教習所	16	0	16			1 (1)	0	1	6
造兵職工講習所	2	0	2			1 (1)	0	1	50
計	28,150	1,302	29,452	278	2,601	2,879 (229)	1,110	4,218	14

「大正十一年十月二十日呉海軍工廠職工整理に関する失業者保護施設報告」（広島県社会事業聯合会『社会事業雑誌』第1巻第2号、1922年12月）70ページより。

註：1）資料に計が一致しないところがあったが、縦と横の欄を集計した結果、誤りの箇所が特定できたので修正した。

2）1922年10月20日に解雇。ただし（　）内は10月30日分のものである。

の為に勤労せられたることを帝国海軍の名に於て深く感謝し将来の幸福と自重自愛を祈る」と述べている(28)。

こうして呉工廠においては、表5のように十月二十日に三、九八九名、十月三十日に二二九名、計四、二一八名の解雇が実施されたが、そのうち二、六五八名（六三パーセント）が製鋼部によって占められ、同部の職工は半減した。また砲熕部が六六六名（一六パーセント）とつづく。また女性職工の八五パーセントが解雇され、製鋼部、砲熕部以外の主要な部では五五歳以上の職工がそれ未満の年齢の解雇者を上回っている。主力艦の建造の中止による装甲鈑、大口径砲などの製造を担う製鋼部と砲熕部、また高齢者、男工代用の女工の解雇者が多い。なお統計的には確認できないが、この時を利用して技能未熟者、勤務態度や思想面で問題視される職工の解雇もなされたものと思われる。参考までに解雇者を原籍別にみると、広島県が三、一四九名（七五パーセント）、そのうち安芸郡が八四九名、呉市が七九三名、賀茂郡が四五〇名を占めている(29)。

呉工廠の大量の職工整理に対しては、すでに述べたように多方面からの準備が行われ、解雇者の発表がなされた一九二二年十月十日から本格的な活動が展開された。こうしたなかで広島社会協会の三職業紹介所、尾道・呉職業紹介所、中央職業紹介局、呉工廠人事相談部によって構成され

表６　聯合職業紹介所取扱件数(1922年10月11～25日)　（単位：名）

	11日	12日	13日	14日	15日(日曜)	16日(祭日)	17日(祭日)	18日	19日	20日	21日(日曜)	22日(祭日)	23日(祭日)	24日	25日(雨)	計	就職決定
呉	43 (3)	11 (6)	14 (7)	6 (5)	4 (1)	4 (3)	－ (－)	5 (2)	5 (5)	10 (6)	9 (4)	1 (1)	8 (11)	6 (2)	5 (6)	131 (62)	13
婦人	72 (24)	21 (5)	17 (7)	7 (3)	3 (7)	2 (4)	1 (－)	6 (3)	5 (5)	2 (4)	7 (8)	1 (1)	4 (20)	13 (19)	1 (2)	162 (112)	17
広島	24 (18)	32 (23)	13 (13)	4 (2)	4 (5)	5 (4)	3 (3)	15 (13)	4 (5)	5 (5)	14 (14)	3 (3)	3 (3)	9 (7)	－ (－)	138 (118)	10
尾道	15 (－)	2 (－)	－ (1)	－ (－)	1 (－)	1 (2)	－ (－)	4 (－)	－ (－)	－ (－)	2 (1)	－ (－)	－ (－)	1 (1)	－ (－)	26 (5)	3
浦賀	48 (48)	37 (37)	12 (12)	6 (6)	6 (6)	6 (6)	6 (6)	6 (6)	12 (12)	3 (3)	11 (11)	2 (2)	10 (10)	7 (7)	2 (2)	174 (174)	103
住友	－ (－)	15 (15)	21 (21)	7 (7)	6 (6)	6 (7)	4 (4)	1 (1)	6 (－)	4 (4)	3 (3)	－ (－)	2 (2)	1 (1)	－ (－)	76 (71)	27
三井	10 (10)	－ (－)	－ (－)	－ (－)	－ (－)	6 (6)	－ (－)	3 (3)	－ (－)	－ (－)	－ (－)	2 (2)	－ (－)	－ (－)	－ (－)	21 (21)	12
大分セメント	－ (－)	－ (－)	－ (－)	9 (9)	3 (3)	2 (2)	9 (9)	15 (15)	7 (7)	2 (2)	3 (3)	－ (－)	－ (－)	－ (－)	－ (－)	50 (50)	31
合同紡織	－ (－)	1 (1)	－ (－)	－ (－)	1 (1)	2 (2)	－ (－)	6 (6)	－ (－)	－ (－)	－ (－)	－ (－)	－ (－)	－ (－)	－ (－)	10 (10)	2
愛知時計	46 (46)	19 (19)	16 (16)	14 (14)	5 (5)	7 (7)	1 (1)	3 (3)	1 (－)	1 (1)	8 (8)	2 (2)	－ (－)	－ (－)	－ (－)	123 (122)	24
兵庫木材木工場	－ (－)	－ (－)	－ (－)	－ (－)	－ (－)	－ (－)	－ (－)	－ (－)	－ (－)	－ (－)	－ (－)	2 (2)	－ (－)	1 (1)	－ (－)	3 (3)	2
神戸製鋼	－ (－)	－ (－)	－ (－)	20 (20)	－ (－)	－ (－)	－ (－)	－ (－)	－ (－)	－ (－)	－ (－)	－ (－)	－ (－)	－ (－)	1 (1)	21 (21)	21
県外	8 (8)	4 (4)	2 (2)	1 (1)	－ (－)	－ (－)	－ (－)	1 (1)	1 (1)	－ (1)	1 (－)	－ (－)	3 (3)	－ (－)	－ (－)	21 (21)	6
計	266 (157)	142 (110)	95 (79)	74 (67)	33 (34)	41 (43)	24 (23)	65 (53)	41 (35)	27 (26)	58 (52)	13 (13)	30 (49)	38 (38)	9 (11)	956 (790)	273

広島県社会事業聯合会『社会事業雑誌』（第１巻第２号）62ページより。
註：1)　上段は求職者数、下段(　)内は紹介者数をあらわす。
　　2)　資料に計が一致しないところがあったが、縦と横の欄を集計した結果、誤りの箇所が特定できたので修正した。

る臨時聯合職業紹介所は、十月十一日から二十五日までの一五日間、毎日午前九時から午後五時まで、呉・婦人・広島などの部に分け各部に専門家と助手（呉工廠から三〇名派遣）を配置し執務にあたった。

この結果、表6にみるように求職者九五六名に対し紹介数七九〇件、就職者二七三名となったが、これに対して、「必ずしも紹介成績良好と云ふことは出来ないけれども、特別給与金多額を交付せられて、懐中甚だ温き人々四千人の内約千人の利用者あったことは、必ずしも成績不良と云ふことは出来まい」と自己評価している[30]。また大企業からの大口求職が目立つが、この点については、「今回の職業の紹介は大口申込者より職工課長又は人事部長等を派遣せしめて、紹介所に於て直に雇傭契約を締結せしめた結果は、二二二人の労働者と〔を〕移動さしたことは、特筆大書に価するものであろう」と強調するとともに、解雇職工の大部分の原籍が呉市と周辺の農民出身であるにもかかわらずこうした県外の求職に応じたことについて、労働者は移動性に乏しいというこれまでの観念があてはまらないと述べている[31]。なお大企業や県外からの求職については、求職者と紹介数が同数で求職者に対する就職率が高いこと、海軍との関係企業が多いこと、「十月六日中央職業紹介局より遊佐主事が浦賀船渠、愛知時計の両者の求人を携へて来県した」という記述から判断して[32]、海軍の要請により協力企業がかなりの解雇職工を受け入れたことが分かる。

呉工廠における未曾有の規模の第一次職工整理は、工廠当局と海軍省の周到な対策により平穏裡に実施されたが、より重要なことは、この難局の解決を通じて呉工廠の労働力の構成を軍縮期の兵器生産の推進にふさわしい体制に変革したことにあった。こうした改革ができた要因は少なからずあげられるが、大正デモクラシーという権利意識の昂揚期に第一次職工整理という危機的状況に直面した工廠当局が、これまで認めなかった職工協議会や労働組合を設置し、職工代表の、充分な特別手当金の支給や残存職工の給料の引き上げ、解雇職工に対する就職の斡旋という主張に一定程度の理解を示し、職工代表との間で信頼関係を築いたことがもっとも大きかったといえよう。

おわりに

第一次世界大戦後、海軍は主力艦の建造を中心とした軍備拡張体制から予算の縮小のなかで、大型巡洋艦や潜水艦などの補助艦、航空母艦、航空機を中心とした軍縮体制にふさわしい兵器への転換をいち早く実現した。しかし、戦時総力戦を担う兵器の量産体制を構築することはできなかった。本稿は、こうした兵器生産体制が生じた原因について、当時、主導的な役割を担っていた呉工廠の労働面の諸変化に着目しその分析を行ってきた。

その結果、第一次世界大戦後の呉工廠においては、職工の増加と減少、勤続年数の延長、巨大兵器生産部門の縮小と実験、開発部門の新設と拡張、廠内技術教育機関の設立、一人当たり賃金やその他の待遇の改善、科学的管理法の導入、職工協議会や労働組合の設置など、多くの注目すべき労働面の変化が生じていたことが判明した。これらは基本的に、日本一の兵器製造所としての役割を担うために必要とされたものであるが、他方、それらのほとんどは軍拡期に始まり、未曾有の規模の職工の解雇をともなう第一次職工整理を画期として軍縮期に確立されたという特徴を有している。

例えば科学的管理法は、能率増進や量産化を目指して軍拡期に採用されたが、本格的な導入は軍縮期に実現した。その結果、軍縮制限内の最大の一万トン級巡洋艦の建造などにおいて、標準化、軽量化、規格化、材料費の節減に貢献したものの、工費(賃金)の削減と量産化にともなう能率の増進については限定されたものにとどまった。こうした点は、テイラーが、「標準時間(+猶予時間)の概念は確定したが、その時間内に実際に作業させる仕組みを開発したわけでもない」と述べているように[33]、基本的には科学的管理法の限界といえよう。ただしそこには、軍縮条約内で少数の性能の優れた艦艇の建造を目指した日本海軍特有の性格もあったように思われる。

さらに第一次世界大戦後の日本の兵器産業を代表する呉工廠においては、先進国では産業革命後に設立された労働組合などが、大正デモクラシーという風潮のなかで第一次職工整理への対応として大幅に遅れて設置されたこと、やはり遅れていた賃金に代表される職工の待遇改善、廠内教育機関の設置などがこの時期に実現したこと、労使(工廠当局と職工)の協調体制が構築され、職場においても大きな混乱もなく科学的管理法などが採用されたという特徴がみられる。後発国として出発した日本海軍は、海軍大国といわれながら少なからぬ技術的課題を抱えており、先進国からの技術移転に期待できないなかで、それを自前で解決しなければならず、廠内に熟練工を育成する教育機関が設置されることになった。

明治期から大正期にかけて呉市民から菜っ葉と蔑視された呉工廠の職工は、大正後期から昭和初期になると、能力がありながら経済的に恵まれない少年たちのあこがれの職場になった。こうして難関を突破して入廠した見習職工は、賃金をもらいながら半日は職工教習所で、残る半日は職場で教育を受け、さらに優秀と認められた者は技手養成所に入所を許され知識と技術を磨き、職工から技手へ、少数ではあるが技師へと昇進する道が開かれていた[34]。呉工廠の高性能の兵器は、大学や高等工業専門学校出身の技師と見習職工から叩き上げた熟練工との切磋琢磨と協力によって開発・生産された面が強いが、こうした関係が維持されている限り、大量の不熟練労働者の導入によるベルトコンベア・システム的な兵器の大量生産への転換が遅れることは当然の帰結であった。

以上、第一次世界大戦後の兵器生産に対応する形で、同時期に呉工廠でみられた多くの労働面の変化とその理由について記述した。ただし問題が多岐にわたったこともあり、個々の検証という面では不充分な点が残った。また一方で、昭和初期に展開される、主に精神的鍛錬を目的とする職長教育を対象とすることができなかった。今後、こうした問題について具体的な研究に取り組むことにしたい。

註

（1）千田武志「軍縮期の兵器生産とワシントン会議に対する海軍の主張――『有終』誌上の論説を例として――」（『軍事史学』第四十八巻第二号、二〇一二年九月）五九―七四ページおよび同「ワシントン軍縮が日本海軍の兵器生産におよぼした影響――呉海軍工廠を中心として――」（横井勝彦編著『軍縮と武器移転の世界史――「軍縮下の軍拡」はなぜ起きたのか――』日本経済評論社、二〇一四年）三一九―四九ページ。本稿では、そこで使用した資料については、出典を省略する。

（2）小野塚知二「労務管理の生成とはいかなるできごとであったか」（榎一江・小野塚知二編著『労務管理の生成と終焉』日本経済評論社、二〇一四年）一―二八ページを参照。

（3）千田「軍縮期の兵器生産とワシントン会議に対する海軍の主張」。

（4）海軍大臣官房『大正八年度海軍省年報』（一九二〇年）一〇ページおよび同『昭和六年度海軍省年報』（一九三四年）三一ページ。

（5）同『極秘　大正八年度海軍省年報』（一九二三年）一二―一三ページおよび同『昭和二年度海軍省年報』（一九三三年）二四―二五ページ。

（6）同『極秘　大正十一年度海軍省年報』（一九二八年）一八ページおよび同『昭和二年度海軍省年報』二四ページ。

（7）稲葉隆直『新築記念　呉市商工案内』（呉商工会議所、一九三〇年）九四ページ。

（8）『芸備日日新聞』一九一八年九月二十三日。

（9）孫田良平『年功賃金の歩みと未来――賃金体系一〇〇年史――』（産業労働調査所、一九七〇年）二四八ページ。

（10）海軍次官より内務次官あて「海軍工作庁従業者現況調査ノ件」一九二二年二月二十八日（「大正十一年公文備考　巻一　官職一」）。

（11）佐久間惣治郎編『噫理想之造兵官』（一九三一年）の伍堂卓雄の序言。

（12）愛知県能率研究会『呉海軍工廠長伍堂造兵少将講述能率増進講演録』（一九二四年）二ページ。

（13）飯田正人（倉橋審一郎の部下。一九三一年当時は技手）「追憶」（佐久間『噫理想之造兵官』）三〇ページ。

（14）池田覚右衛門（元呉海軍工廠砲熕部第二工場職工監督）「温情に溢れた倉橋大佐」（同右）二八ページ。

（15）呉工廠の科学的管理法の実態については、高橋衛『「科学的管理法」と日本企業――導入過程の軌跡――』（御茶の水書房、一九九四年）二〇五―六二ページを参照。

（16）前間孝則『戦艦大和誕生　上――西島技術大佐の大仕事――』（講談社、一九九七年）一一〇ページ。

（17）呉市史編さん委員会『呉市史』第四巻（呉市役所、一九七六年）五八九―九三ページ。
（18）同右、五九四ページ。
（19）中国日報社編『大呉市民史』大正篇　下巻（弘中柳三・中国日報社、一九五六年）五一二ページ。
（20）同右。
（21）同右、五一三ページ。
（22）山木茂『広島県社会運動史』（労働旬報社、一九七〇年）三〇六ページ。
（22）孫田『年功賃金の歩みと未来』二四八ページ。
（23）呉海軍工廠『呉海軍工廠概況』（一九二二年。呉市寄託沢原家文書）。
（24）「大正十一年十月二十日呉海軍工廠職工整理に関する失業者保護施設報告」（『社会事業雑誌』第一巻第二号、広島県社会事業聯合会、一九二二年十二月）五四―五五ページ。
（25）「呉海軍工廠職工解雇と社会機関の活動」（『社会事業雑誌』第一巻第一号、広島県社会事業聯合会、一九二二年十一月）三一ページ。
（26）「大正十一年十月二十日呉海軍工廠職工整理に関する失業者保護施設報告」七五ページ。
（27）同右、七八ページ。
（28）同右、八四ページ。
（29）同右、七二―七三ページ。
（30）同右、六三ページ。
（31）同右。
（32）同右、五六ページ。
（33）小野塚「労務管理の生成とはいかなるできごとであったか」二〇ページ。
（34）呉市史編纂委員会『呉市制一〇〇周年記念版　呉の歴史』（呉市役所、二〇〇二年）二九〇ページ。

付記
本稿は、ＪＳＰＳ科研費（課題番号二五二四四〇二九）の成果の一部である。

第三篇　第一次世界大戦と陸軍

第一次世界大戦におけるヒトラーの戦場体験

吉本隆昭

はじめに

ドイツ第三帝国総統兼首相（Führer und Reichskanzler）アドルフ・ヒトラー（Adolf Hitler）は、一九三八年に国防大臣ヴェルナー・フォン・ブロムベルク（Werner von Blomberg）元帥を罷免して職務を兼務してからは、国家元首としての軍に対する全般的な統帥権のみならず、軍務大臣として直接軍を指揮できることになった。さらに独ソ戦開始後の一九四一年十二月には、陸軍総司令官ヴァルター・フォン・ブラウヒッチュ（Walter von Brauchitsch）元帥を作戦指導上の意見の相違から罷免して自ら陸軍総司令官を兼務したことによって、陸軍を総司令官として直接指揮できるだけではなく、全戦域の軍集団（Hr.Gr.）を直接指揮できるようになり、実際に東部戦線では、東部作戦軍（Ostheer）に対する作戦介入を頻繁に行なった。このようにヒトラーはドイツ第三帝国の軍事指導者としても第二次世界大戦の戦争指導で大きな役割を演じた。しかしながらヒトラーの戦争及び作戦指導に関しては、特に大戦中期以降に関しては多くの誤りや能力不足が指摘されている。(1) その原因について複数の軍高級指揮官(2)や側近の軍事補佐官(3)は、ヒトラー自身の第一次世界大戦での戦場体験が影響していると指摘している。ヒトラーのバイエルン陸軍の一兵卒としての第一次世界大戦での戦場体験は、ヒトラー自身の著作である『わが闘争（*Mein Kampf*）』の記述や当時知人に出した手紙、目撃者の証言等を基にヒトラーの各種伝記(4)で伝えられているが、これらの記述の多くが当事者の主観的なものか宣伝色の強いもので、特にナチス時代に出されたものは全くの政治的なプロパガンダ文書と言えるほど脚色されていた。つまり、ヒトラーの第一次世界大戦での戦場体験を当時のバイエルン陸軍の軍事公文書によって正確に検証した研究は行われなかったのである。ところが近年、特に二〇〇〇年以降になって、ようやくミュンヘン（München）にあるバイエルン州国立公文書館（Bayerisches Hauptstaatsarchiv）所蔵の第一次世界大戦当時のバイエルン陸軍公文書を詳細に分析した研究成果がいくつも現れ[5]、これまでの通説には多くの誤りがあることが指摘されている。そこで本論文は、これらの最近の研究成果を参考にして、著者自身がミュンヘンで確認した史料[6]も使って、ヒトラーの第一次世界大戦での戦場体験の実態を明らかにするものである。それによって、ヒトラーが第二次世界大戦時に抱いていた戦争観、軍事知識、軍事能力の限界の解明の前提となる基礎体験が明らかになり、今後さらにヒトラーの戦争観の全体像の解明に繋がると考える。

一　一九一四年

一八八九年四月二十日、オーストリア・ハンガリー帝国の税関吏アロイス・ヒトラー（Alois Hitler）とクララ（Klara Hitler）との間に四番目の子供として、ドイツ国境に近いブラウナウ（Braunau）で生まれたアドルフ・ヒトラーは、リンツ（Linz）やその近郊で幼年期を過ごした後、十九歳で首都ウィーン（Wien）に出た。画家を志望していたヒトラーは、二度の美術造形大学受験に失敗して、一九一三年五月二十四日二十四歳の時にウィーンからドイツ・バイエルン王国の首都ミュンヘンへ移り住んだ。その理由を、ヒトラーは著書『わが闘争』にはドイツ芸術の研究のためと書いているが[7]、本当はオーストリアでの兵役を逃れるためであった。そのため翌一九一四年一月十八日、ミュンヘン警察はヒトラーの所在を突き止め、逮捕してオーストリア領事館に引き渡した。そこでの釈明によって刑事訴追は免れたヒトラーは、二月五日にオーストリア・ザルツブルク（Salzburg）の徴兵事務所に出頭して徴兵検査を受けている[8]。格別の配慮によってリンツより近いザルツブルクでの受検が認められたのである。しかし、その結果は身体虚弱による不合格であった[9]。ヒトラーは再びミュンヘンに帰って、肖像画等を描いてその日暮らしをしていた。

しかしヒトラーの人生を大きく変える大事件が勃発した。一九一四年八月二日、ドイツ帝国の開戦日の翌日にミュンヘン・オデオン広場の将軍廟前で、狂喜する群衆の中に二十五歳のアドルフ・ヒトラーの姿があった[10]。その翌日の八月三日、ヒトラーはバイエルン国王に対して、外国人（オーストリア人）ではあるがバイエルン陸軍へ志願兵として入隊したいとの請願書を提出した。八月五日それを受け入れるとの回答が届き、ヒトラーは八月十六日にバイエルン陸軍第二歩兵連隊「皇太子」の補充大隊第六新兵教育隊に新兵

（二等兵）として入隊した。(11) 従来は第一六予備歩兵連隊に入隊したとされていたが、そうではなかった。ただ当時バイエルン（ドイツ）の軍隊に外国人が志願兵として入隊するのは稀なことであった。ヒトラーは同大隊で九月一日まで教育を受けた後、第一六予備歩兵（リスト）連隊第一大隊第一中隊所属となった。(12) 連隊長はユリウス・リスト（Julius List）大佐、大隊長はユリウス・グラーフ・フォン・ツエック・アウフ・ノイホフェン（Julius Graf von Zech auf Neuhofen）少佐、中隊長はクリスチャン・プファイマー（Christian Pflaumer）大尉であった。(13) ヒトラーが第一中隊の三個小隊の内、どの小隊に所属していたかは公文書からは分からないが、ヒトラーが一九一五年二月にミュンヘンの知人エルンスト・ヘップ（Ernst Hepp）に出した手紙で、シュテーバー（Stöber）小隊長の負傷を伝えていることから第二小隊に所属していたと思われる。(14) 因みに第一小隊長はステファン（Stephan）見習士官、第二小隊長はシュテーバー見習士官、第三小隊長はシーナー（Schiener）見習士官であった。(15)

ヒトラーは十月十日から一〇日間の連隊及び大隊戦闘訓練に参加した後、十月二十一日午前一時、連隊の一員として西部戦線に出発し、十月二十三日午後に北フランス・フランダースのリル（Lille）に到着した。(16) ヒトラーは八月十六日の入隊から十月十八日までわずか約二カ月の訓練を受けて戦闘に参加することになった。

第一六予備歩兵（リスト）連隊は、第六軍のバイエルン第六予備歩兵師団の指揮下にあった。第一次世界大戦開戦時の第六予備歩兵師団の編成は以下の通りである。

第六予備歩兵師団：

師団長マクシミリアン・フォン・シュパイデル（Maximilian von Speidel）騎兵大将

第一二予備歩兵旅団　旅団長クリスチャン・キーフハーバー（Christian Kiefhaber）少将

第一六予備歩兵連隊（ミュンヘン）　ユリウス・リスト大佐

第一七予備歩兵連隊（アウグスブルク〈Augsburg〉）　グロースマン（Großmann）大佐

第一四予備歩兵旅団　旅団長テオドール・シェーラー（Theodor Scheler）少将

第二〇予備歩兵連隊（ニュルンベルク〈Nürnberg〉）　ヴィルヘルム・ヴァイス（Wilhelm Weiß）大佐

第二一予備歩兵連隊（フュルツ〈Fürth〉）　ユリウス・ブラウン（Julius von Braun）大佐

第六予備騎兵連隊　マクシミリアン・ルーディンガー（Maximilian Rüdinger）大佐

第六予備野砲兵連隊　マクシミリアン・エーバーマイヤー（Maximilian Ebermayer）大佐[17]

ヒトラーの所属する第一六予備歩兵連隊（以下、初代連隊長の名字を冠して「リスト連隊」と呼称する）は、十月二十七日に開始されたドイツ第六軍のイープル（Ypres）付近で陣地防御中のイギリス軍に対する攻撃に、第五四予備歩兵師団の指揮下で二日遅れの二十九日に戦闘加入した。これが連隊にとってもヒトラーにとっても緒戦であった。攻撃の右第一線がヒトラーのいる第一大隊、左第一線が第三大隊、攻撃目標はイープルへの中間目標であるゲルベルト（Gheluvelt）であった。リスト連隊はヴュルテムベルク及びザクセン連隊の増援を得て目標を奪取したが、初めての戦闘で不慣れだったためにイギリス軍陣地内の残敵を掃討せずに前進し、やがて全周から敵に包囲される事態に陥り、その七五％が死傷する大損害を被った。連隊長のリスト大佐も重傷を負ったが、ヒトラーは負傷もせず生き残った。結局ドイツ軍は三〇km前進して第一次イープル戦は終了した。[18]

ヒトラーは十一月一日付けで上等兵（Gefreiter）に昇進し、[19]九日にリスト連隊本部付きの伝令兵になった。それによってヒトラーは死傷率の高い第一線戦闘部隊勤務を免れることになったのである。リスト連隊は、その後英仏軍に対峙する態勢でイープル南方のベルギーの小村メシーヌ（Messines）に塹壕を構築して駐屯した。[20]

十一月十五日、ヒトラーは同じ連隊本部伝令兵のアントン・バッハマンとともに、フランス軍の砲火に曝された新連隊長フィリップ・エンゲルハルト（Philipp Engelhardt）中佐を救出した。その功績によって、十二月二日、ヒトラーはリスト連隊の六〇名の受賞者の一人として二級鉄十字章を受章した。[21]クリスマスを含むこの期間は、雨と霧と寒さに悩まされて多少の小規模な戦闘とフランス軍からの砲撃はあったものの、ドイツ（バイエルン）の軍隊に自分の居場所を見出したヒトラーにとっては幸福な時期であった。しかしながらリスト連隊の規律と士気は、長引く戦争によって弛緩していった。

十二月三十一日をもって独・英軍のみのクリスマスの局地的な暫定停戦は終わり、塹壕戦は再び激しさを増していった。

二　一九一五年

三月初めまでのメシーヌでの塹壕戦の後、三月十日リスト連隊は、ヌーブ・シャペル（Neuve Chapelle）へ移動して、同地でイギリス軍の攻撃に対して陣地防御を行ない、三月十二日プロイセンの連隊と共に二個大隊を主力に大規模な逆襲に参加した。翌十三日、リスト連隊はイギリス軍の反撃で総崩れになったプロイセン連隊の後退掩護のために、予備隊として控置していた一個大隊を投入したが、損害は甚大で、その夜前線から後退して部隊の再編成を行なった。(22)十七日、リスト連隊は、ヌーブ・シャペルの北東五㎞に位置するフロメール（Fromelles）村の郊外にいるプロイセン連隊の掩護の任務を与えられ、フロメール村へ前進して陣地構築してイギリス軍と対峙した。(23)彼らの塹壕陣地は、故郷のバイエルンに因んだ名前が付けられていた。(24)その後、リスト連隊は部隊交代を行ない後方に下がって数週間の休養と再編成を行なった。リスト連隊は、四月に開始された第二次イープル戦には当初参加していなかったが、五月九日遂に戦闘加入することになった。アウバー嶺（Aubers）の戦闘でイギリス軍と激突したリスト連隊は、激しい敵の砲撃に曝され、数十名のドイツ兵の体が空中に飛び散った。(25)その後戦闘は小康状態になったが、両軍の塹壕の中間地帯には、大量の戦死者と重傷者が取り残され、強烈な悪臭が漂うようになった。(26)ただ連隊本部の伝令兵であったヒトラーは、このような悲惨な第一線の状況は見ないで済んだ。しかし彼の任務は安全というわけではなかった。ヒトラーの伝令兵としての主な任務は指揮下の大隊本部への命令伝達であったが、その途中で何度も敵の砲撃に遭い命を落としそうになった。ただ機関銃や小銃で撃たれることは殆どなかった。連隊本部への砲撃も頻繁にあった。現に連隊本部で最初の連隊長リスト大佐は瀕死の重傷を負い、二人目の連隊長エンゲルハルト中佐はヒトラーに救われた数日後に連隊戦闘指揮所で砲弾の直撃を受けて戦死している。ヒトラーは数分前にそこから外に出ていて助かった。(27)一九一五年五月時点でのリスト連隊の連隊長は既に四人目であった。

一九一五年の第二次イープル戦後、五月から年末までリスト連隊は大規模な戦闘に参加することはなかった。唯一の例外が七月のルー（Loos）の戦闘である。イギリス軍の攻勢がバイエルン第六予備師団陣地正面に指向され、そこにはリスト連隊の二個中隊が配置されていたために、その中隊の二八％が死傷した。(28)この時期の戦況が比較的に平穏だった理由は、独・英両軍共に砲兵と歩兵の弾薬が不足していたためである。一九一五年の独・英軍間でのクリスマス停戦は、前年よりさらに小規模で部分的であった。

三　一九一六年

一九一六年前半にはヴェルダン（Verdun）で独・仏両軍が死闘を繰り返したにもかかわらず、ヒトラーが所属したリスト連隊にとっては平穏な日々が続いた。ヒトラーは、リルの町への外出も許され、フランス人住民との交流もあった。さらに上級部隊である第六予備歩兵師団司令部への伝令任務も与えられ、師団司令部で師団の配置や任務も、そしてさらに第六軍全体の配置や任務すら知る機会があった。[29]

リスト連隊正面では、既に展開しているイギリス軍に、さらにオーストラリア軍（第一アンザック軍団）も加わり、毒ガス攻撃の頻度も増したが、ドイツ兵達はガスマスクで対処でき、それほどの困難はなかった。しかし、七月十九日ドイツ軍の陣地配置で師団と師団の繋ぎ目で縦深が浅い弱点、まさにフロメール村のリスト連隊の陣地に向かってイギリス第六一歩兵師団とオーストラリア第五歩兵師団が攻撃を開始した。ソンム（Somme）の戦いの開始であった。三回にわたる攻撃準備射撃の後、第三大隊の陣地に攻撃が集中したが、リスト連隊は小銃と機関銃の集中射撃でかろうじてイギリス・オーストラリア軍を撃退した。しかしながら隣接の第一七予備歩兵連隊の陣地は突破され、リスト連隊は両側からイギリス軍に包囲されて苦境に陥った。[30] 第六予備歩兵師団長は主逆襲発動を決意し、リスト連隊には現在地の死守を命じて、師団主力をもって逆襲に転じた。既にドイツ軍の後方陣地付近まで侵出していたオーストラリア軍は、目標の陣地が水没していた上に、さらに暗闇と霧に迷ったあげく、ドイツ軍歩兵の手榴弾による白兵戦に圧倒されて、死体の山を残して後退した。この戦闘でのリスト連隊の死傷者は三四〇名、その内戦死者は一〇七名であった。[31] これに対してオーストラリア第五歩兵師団は死傷者五、五〇〇名、内戦死者は二、〇〇〇名であった。イギリス軍も一、五〇〇名の死傷者を出した。[32] イギリス・オーストラリア軍の攻撃は失敗であった。ドイツ軍の塹壕陣地には、数え切れないほどのオーストラリア兵とイギリス兵の死体が残されていた。この戦闘では負傷して動けない敵兵を射撃したり、投降して来た敵兵を殺害した事例が頻発し、戦いは一層憎しみと残忍さを増していった。

八月に入ってリスト連隊には補充兵が到着し、古参兵達は英仏海峡に移動して休養を取った。多くの兵が生まれて初めて海を見た。故郷への帰郷休暇が与えられる下士官、兵もいた。リスト連隊は、七〇km南方のソンムの激戦の砲声を聞きながら一夏を優雅に過ごした。[33] しかし、遂にリスト連隊もソンムの戦いに投入される時がやって来た。九月二十七日、リスト連隊は列車でバポーム（Bapaume）に到着して付近に新しい塹壕陣地を構築した。ソンムの戦いは、この時点で既に三カ月を経過していたが益々激しさを増していた。リスト連隊の将兵は、ここで伝統的に被っていたピッケル帽の代わりに鉄帽を受け取った。十月二日、一八七〇年の普仏戦争でも激戦地であったアルベール（Arbert）

―バポーム間の戦場に前進したリスト連隊は、最前線の後方二㎞の地点に大隊を展開させ、同夜消耗した第二一予備歩兵連隊と超越交代して前進を続け、五日イギリス軍の猛烈な砲撃を浴びながら敵と激突した。[34]連隊本部伝令のヒトラーは本領を発揮して連隊本部と大隊間を走り続けた。それまでに彼の同僚の連隊本部伝令は殆どが戦死するか負傷していたが、遂にその日不死身と思われていた伝令兵ヒトラーも左大腿部に榴弾の破片を受けて倒れた。ヒトラーは前線後方のエルミー（Hermies）野戦病院で応急手当を受け、さらに病院列車でドイツ本国へ後送された。[35]この時、ドイツ軍はソンムへの攻撃続行を企図していたが、既に連合軍は航空優勢を獲得し、大量の砲兵火力で砲弾と毒ガスをドイツ軍に浴びせていた。リスト連隊は五〇％以上の損害、すなわち戦死者は三三五名、負傷者は八二七名に達して士気、規律は崩壊して戦闘力を失い、十月十三日には戦線を離脱した。[36]リスト連隊が激戦で大損害を受けたのは、ヒトラーが負傷して後送された後であった。十月九日から十二月一日までベルリン郊外のベーリッツ（Beelitz）赤十字病院で治療受けたヒトラーは、十二月三日ミュンヘンの第一六予備歩兵連隊（留守部隊）に帰還した。[37]

四　一九一七年

一九一七年三月一日、ヒトラーの前線復帰の希望は聞き入れられリスト連隊に復帰した。[38]連隊は二月のヴィミー嶺（Vimy）での激戦を戦い抜き、三月にはラ・ベッセ（La Bassee）付近の比較的平穏な新陣地に就いた。しかし、ヒトラーは連隊が最も激烈でかつ苦戦したソンム戦の終盤とヴィミー嶺戦の時にはドイツ本国の病院のベッドにいたのである。四月九日、リスト連隊は再びヴィミー嶺の陣地に復帰する。同日イギリス軍の激烈な砲兵射撃と毒ガス攻撃に支援されたカナダ軍四個師団の猛攻が開始され、リスト連隊は五月十九日まで白兵戦の末、かろうじて陣地保持したが、遂に陣地を放棄して後退した。リスト連隊のアラス（Arras）及びヴィミー嶺での戦いでの損害は、戦死者一四九名、負傷者数百名の甚大なものであった。[39]この戦闘でヒトラーはリヒトホーフェン（Richthofen）戦闘機隊による戦場の航空優勢獲得を目撃し、航空部隊の威力に強い感銘を受けたと言われている。[40]

開戦翌年の一九一五年にバイエルン派遣軍総司令官ルップレヒト（Rupprecht）バイエルン皇太子は、既に塹壕戦での部下の掌握の困難さを感じていた。さらに、連隊長クラスも大隊長クラスも、さらにその下位の指揮官達もその困難さを実感し、兵の士気の低下、規律の弛緩、さらに団結心の喪失を危惧していた。開戦から三年目になるこの時期には、それが現実の問題になっていた。[41] 伝令兵であったヒトラーも当然塹壕戦の困難さ、悲惨さは身をもって認識したはずである。

その後リスト連隊は、前線から後退して休養と再編成を行なったが、六月初めのメシーヌ嶺（Messines）でのイギリス軍との戦闘で猛烈な砲撃と大規模なガス攻撃を受けて甚大な損害を出し再度交代のやむなきに至り、ベルギー・フランス国境を越えてフランドル（Flandre）平地へ後退した。[42]

七月十八日、イープル東方に進出したリスト連隊は、その後一〇日間にわたってイギリス軍の激しい砲撃を受け、八〇〇名の死傷者を出した。この時ヒトラーも他の連隊本部の伝令兵もかろうじて助かった。しかしイギリス軍の砲撃とガス攻撃による甚大な損害により、連隊は七月三十一日第三次イープル戦が始まった日にアルザス（Alsace）へ後退して再編成を行なうことになった。[43] その間に、ヒトラーにはバイエルン三級戦功章が授与され、休暇が与えられた。[44] ヒトラーは、ブリュッセル（Bruxelles）、ケルン（Köln）、ドレスデン（Dresden）、ライプチッヒ（Leipzig）、そしてベルリン（Berlin）を初めて訪れて、連隊本部の戦友リヒャルト・アーレント（Richard Arendt）の両親と十月十七日まで過ごした。[45] その後、ヒトラーは、パリの北東約一五〇kmのランス（Rheims）近郊のピカルディ（Picardy）とシャンパーニュ（Champagne）の境界付近に移動していたリスト連隊に帰隊した。[46] 十月二十二日フランス軍の大規模な攻撃がシャマン・デ・デイム（Chemin des Dames）で開始され、リスト連隊は、オワーズ・エーヌ（Oise-Aisne）運河後方へ後退した。十月二十五日の夜から二十六日にかけて、リスト連隊はリジー（Lizy）、アニジー・ル・シャトー（Anizy-le-Chateau）付近の狭い運河に疲労困憊して到着した。そこは沼地で泥濘地でさらに雨とフランス軍の砲火に曝されて意気消沈したが、運河の北岸をフランス軍の攻撃から守り抜いた。[47] 連隊本部は丘の我が方斜面の洞窟に置かれていたので比較的安全だったが、絶えずフランス軍の重砲の砲弾が落下した。十月二十九日にはフランス軍の砲弾がリスト連隊の毒ガス弾薬庫を直撃し、五十数名の死傷者を出す結果になった。[48]

五　一九一八年

オワーズ・エーヌ運河北岸でのフランス軍の攻撃に対するリスト連隊の防御戦闘は、クリスマス停戦もなく一九一八年春まで続き、四月にはリスト連隊の約半数が死傷していた。四月二十六日の時点でリスト連隊の兵力は定員の半分に過ぎなかった。そこでようやく部隊交代して後方で休養、再編成を行なうことになった[49]。しかしそれがまだ終わらない五月下旬、連隊はピカルディ南方のフランス軍陣地に対する攻撃に参加することになった。その際連隊は兵員の補充を受けたが、戦闘に不慣れな彼らの多くが連隊に到着して二四時間以内に戦死した[50]。連隊は六月に入ってソワッソン（Soisson）付近のエイヌ（Aisne）河の線で陣地防御へ移行した。そこで連隊は、フランス軍の猛烈な攻撃に耐えなければならなかったが、さらに恐ろしい脅威が連隊を襲った。スペイン風邪の大流行が始まったのである。暗く湿った衛生状態も最悪の塹壕内でパンデミックとなり、七月七日にリスト連隊の各中隊に残っている兵力は定員の四分の一以下の二〇～二五名になってしまった[51]。そこで連隊は、七月一杯前線の後方に下がって休養することになり、戦線を離脱してランス近くのシャンパーニュへ移動した。しかしドイツ軍最高司令部（OHL）は、戦闘可能な全ての師団を投入してパリ（Paris）を目標とする大攻勢作戦を計画していたのである。攻勢開始日の七月十五日、ドイツ軍は前進を開始し、三日間でマルヌ（Marne）河に到達して渡河に成功した。リスト連隊はこの攻撃でランス南西での助攻撃の役割を果たし、マルヌ河を渡った。しかしながら、それを待ち受けていたフランス軍と二万八〇〇〇名の新着のアメリカ軍は十分な準備をして反撃を開始した。リスト連隊は大損害を受け、ヒトラーを含む生き残りは手に入るあらゆる物を使って命からがらマルヌ河を再渡河して後退した[52]。これが第二次マルヌ会戦である。ドイツ軍最高司令部が企図した春の大攻勢は失敗に終わった。三月から七月までの春の大攻勢でドイツ軍が失った兵力は八八万名に及び、ドイツ軍は完全に継戦能力を失った[53]。この戦いでのリスト連隊の戦死者は四八二名であり、リスト連隊の士気も規律も地に墜ちた。しかし連隊本部にいたヒトラーは、この第一線中隊のひどい状況を直接体験した訳ではなかった。完全に消耗したリスト連隊は、七月下旬、前線から後方のアニジー・ル・シャトーへ下がって休養、再編成することになった[54]。

そこで驚くべきことが起きた。八月四日、リスト連隊本部付き伝令兵アドルフ・ヒトラー上等兵に、兵にとってはドイツ軍の最高勲章である第一級鉄十字章が授与されたのである[55]。第一級鉄十字章が兵に授与されるのは極めて稀であった。この時（一九一四年十月から一八年五月）までに、リスト連隊で第一級鉄十字章を授与された者は総員で八七名、この内、兵で授与された者はわずか二名に過ぎなかった[56]。第六予備歩兵師団全体でも六名に過ぎず[57]、ヒトラーが人並み外れて勇敢な兵であったことは間違いないであろう。ヒトラーは第一級鉄十字章を授与されたことを誇りにして、五月十八日に授与された戦傷章[58]（黒色）と共に終生自分の制服に佩用した。元々オーストリア人であったヒトラーが兵として受章が稀なドイツ軍の最高勲章である第一級鉄十字章を受章したことは、ヒトラーがワイマル時代にナチスの政治運動を進める上でも、第三帝国の最高指導者である総統兼首相として戦争指導を行う上でも有利に作用したことは間違いない。しかし、ヒトラーへの第一級鉄十字章授与の推薦をしたのは、これまで考えられていたマックス・アマン（Max Amann）軍曹やフリッツ・ヴィーデマン（Fritz Wiedemann）中尉ではなく、当時リスト連隊の連隊副官であったヒューゴ・グートマン（Hugo Gutmann）中尉であった。[59]彼はリスト連隊で最高階級のユダヤ人将校であった。彼が、ヒトラーを危険を顧みない類い稀な勇気を持った伝令兵として推薦したのである。ヒトラーの政権獲得後に行なったホロコーストを考えると、まさに歴史の皮肉と言うべきであろう。グートマンは戦後アメリカに渡り、終生第一次世界大戦中の話はしなかったと言われている。

アニジー・ル・シャトーで訓練を終えたリスト連隊は、八月二十日バポームへ前進してイギリス軍を迎え撃った。リスト連隊は一週間にわたってイギリス軍の激しい砲撃と戦車と歩兵の反復攻撃に耐えた。[60]リスト連隊は、イギリス軍の攻撃によって大損害を被り、さらにオーストラリア軍の毒ガス攻撃で合計七〇〇名の戦死者を出して、八月二十七日には連隊は崩壊に瀕した。[61]ヒトラーは『わが闘争』にこの時の様子を記述しているが、[62]実際はこの戦闘には参加していなかった。八月二十一日、ヒトラーはニュルンベルクでの通信訓練を受けるために連隊を離れたのである。[63]つまり遠く離れたドイツ本国にいたのである。ニュルンベルクでの通信訓練を終えたヒトラーは、休暇をもらいミュンヘン、さらにベルリンを訪れている。大戦末期のドイツ帝国の首都の緊迫した状況を自分の目で見ることができた。

九月二十九日、ヒトラーはリス（Lys）河の防御に就いていたリスト連隊に帰還した。[64]そして十月十三日から十四日のイギリス軍の激しいガス弾による砲撃を受けて、リスト連隊本部でも多数の死傷者が出た。このイペリット（マスタード）ガスによる攻撃では大勢が失明した。[65]その中にはヒトラーも含まれていた。ヒトラーは、十月二十一日ベルリンの北東約一〇〇kmにあるパゼバルク（Pasewalk）予備病院に後送されて治療を受けた。[66]ヒトラーは一時的な失明であったが、それは身体的な原因よりもむしろ精神的な要因であったと言われている。[67]いずれにしても、ここでヒトラーの第一次世界大戦の戦場体験は終わった。

十一月十一日、イギリス軍の攻撃によって壊滅寸前になって後退中であったリスト連隊は、ブリュッセル西方約三〇㎞のサン・ゴリック・ウーデンオー（Sint Goriks-Oudenhove）村で休戦を迎えた。(68) ヒトラーが治療を終えて、パゼバルク予備病院を退院したのは十一月十九日であった。(69)

第一次世界大戦でのリスト連隊の損害は、戦死者三、七五四名、負傷者八、七九五名、捕虜六七八名であった。(70) リスト連隊の死傷率は約八〇％で、ドイツ陸軍全体の五〇％を遥かに超えていた。(71) つまりリスト連隊は、ドイツ陸軍全体と比べても。厳しい戦いを強いられたと言える。もちろん負傷者八、七九五名の中にはヒトラーも含まれているが、不思議なことに、彼の一九一六年十月のソンム会戦と一九一八年九月の戦闘で二度負傷した時は比較的に軽傷で早期に病院に後送されたために、連隊が敵の激しい攻撃によって壊滅寸前まで追い詰められた時には二度とも連隊にはいなかった。

ヒトラーは、十一月二十一日無事にミュンヘンの第一六予備歩兵連隊（留守部隊）の第一補充大隊に復員した。(72) ミュンヘンでの左翼革命は反革命義勇軍によって鎮圧されたが、左翼反戦思想に染まって復員して来る兵達の再教育が必要であった。その任に当たる第四軍団司令部第一部の参謀カール・マイル（Karl Mayr）大尉は、ヒトラーに演説の才能を見出し復員兵達の再教育に当たらせると共に、ミュンヘン市内の政治情勢に関する情報収集にも当たらせていた。そこで一九一九年九月十二日、マイル大尉はヒトラーに過激な政治団体の一つであるアントン・ドレクスラー（Anton Drexler）が党首を務めるドイツ労働者党（DAP）の調査を命じた。この政党の集会に参加して興味を持ったヒトラーは入党を決意し、ここでヒトラーは軍服を脱いで政治家としての第一歩を踏み出したのであった。(73)

おわりに

以上がヒトラーの第一次世界大戦での戦場体験である。その間、ヒトラーが第一級鉄十字章、第二級鉄十字章、二回の三級戦功章、連隊個人感状、戦傷章（黒色）を受けていることから、勇敢で有能な兵であったことは間違いない。

しかしながらヒトラーが第一次世界大戦で得た軍事知識は、どのようなものであったであろうか。ヒトラーは一九一四年八月十六日にバイエルン陸軍に入隊して十月二十日までの約二カ月間、新兵教育隊で新兵教育を受けている。全く軍隊に縁のなかったヒトラーが生まれて初めて小銃を手にして基本教練、射撃、戦闘訓練等を受けたのである。既に戦争が始まっていたので、これは最低限の速成基本訓練であったであろう。十月、ヒトラーはバイエルン第一六予備歩兵連隊第一大隊第一中隊の一員として第一次イープル戦に参加した。約一〇日間大隊規模の陣地攻撃に参加したのである。これがヒトラーの唯一の第一線中隊での戦闘経験である。その後連隊本部付の伝令兵に任命されて一九一八年十月に負傷して後送されるまでの約四年間、それを務めた。それによってヒトラーは連隊本部の作戦図、状況図等を見る機会はあったであろうし、各大隊本部、中隊等への命令伝達等を通じて、連隊と指揮下の大隊、中隊の配置や運用を実地で知ることができた。その間の連隊の戦術行動は、大部分が塹壕戦での部分的な陣地攻撃と陣地防御であった。さらに何度か上級部隊である第六予備歩兵師団司令部への伝令任務によって師団の配置、運用の概要も知り得たであろう。

これらを総合すると、ヒトラーが第一次世界大戦で得た基礎体験と軍事知識は、歩兵の兵卒としての基本訓練を基礎に、大隊、中隊規模の陣地攻撃を直接体験し、塹壕陣地戦における陣地攻撃と陣地防御での歩兵連隊の配置、運用法を見聞し、師団の大まかな配置、運用も知る機会があった。さらにヒトラーは連隊本部付の伝令兵であったために第一線中隊の兵ほど危険で厳しい体験は少なかったが、それでも塹壕陣地戦の悲惨さ過酷さは十分に理解したであろうし、イペリットガス攻撃による負傷で、毒ガス(化学)戦の過酷さも身をもって認識したであろう。

ヒトラーの第二次世界大戦での作戦指導が、第一次世界大戦での戦場体験に大きく影響されていた事実は、一九四三年二月から三月のハリコフ(Charkow)での防勢作戦を巡る南方軍集団司令官エーリッヒ・フォン・マンシュタイン(Erich von Manstein)元帥との論争に現れている。ヒトラーは第一次世界大戦で直接体験した塹壕戦での陣地攻撃と陣地防御の概念から抜け出ることができず、機動防御の概念を最後まで理解できなかった[74]。

もちろんヒトラーの軍事知識と戦争観の形成は、第一次世界大戦での訓練と戦場体験からだけ得られた訳ではない。ヒトラーの個人的な蔵書は総数一万冊以上にのぼると言われ、その約半分の約七千冊が軍事に関する書籍であり、その殆どをヒトラーは読破していて、その知識量にはドイツ国防軍の高官達も舌を巻いたと言われている[75]。現在ヒトラーの蔵書は、その一部が残っているだけであるが、今後ヒトラーがどのような書籍を渉猟し、どのような知識を蓄積していたかを精緻に検討解明することによって、第二次世界大戦におけるヒトラーの戦争観のより正確な全体像を明らかにすることができるであろう。

註

(1) Henrik Eberrle, *Hitlers Weltkriege. Wie der Gefreite zum Feldherrn wurde*, Hamburg: Hoffmann und Campe Verlag

GubH, 2014, S.7-21.
（2） Franz Halder, *Hitler als Feldherr*, München: Münchener Don-Verl., 1949.
（3） Nicolaus von Below, *Als Hitlers Adjutant 1937-1945*, Selent: Pour le Mérite, 1999, S.332.
（4） Alan Bullock, *Hitler: A Study in Tyranny* (New York: Harper Perennial, 1962); Werner Maser, *Adolf Hitler:Legende, Mythos, Wirklichkeit* (Köln: Naumann & Göbel, 1971) or (München/Essingen: Auflage, 2001); Joachim C. Fest, *Hitler*, Berlin: Propyläen, 1973; John Toland, *Adolf Hitler* (New York: Doubleday & Co., 1976); Ian Kershaw, *Hitler, 1889-1936*, Vol. 1 (New York: W. W. Norton & Co., 1999).
（5） Stuart Russell, *Frontsoldat Hitler. Der Freiwillige des Ersten Weltkrieges*, Kiel: Arndt Verlag, 2006; Werner F. Grebner, *Der Gefreite Adolf Hitler 1914-1920. Die Darstellung bayerischer Beziehungsnetwerke*, Graz: ARES Verlag, 2008; Thomas Weber, *Hitler's First War* (Oxford: Oxford University Press, 2010).
（6） ドイツ・バイエルン州国立公文書館所蔵文書。（Bayerisches Hauptstaats-archiv, Abt. Iu. IV）以下、BHStA/I, IVと略す。
（7） Adolf Hitler, *Mein Kampf*, München: Zentralverlag Der NSDAP, 1938, S.138.
（8） Fest, *Hitler*, S.90-96.
（9） *Ebenda*, S.96.
（10） Greber, *Der Gefreite Adolf Hitler 1914-1920*.
（11） *Ebenda*, S.28.
（12） *Ebenda*.
（13） *Ebenda*.
（14） Maser, *Adolf Hitler*, S.130.
（15） Greber, *Der Gefreite Adolf Hitler 1914-1920*, S.28.
（16） *Ebenda*, S.29.
（17） *Ebenda*, S.23.
（18） Weber, *Hitler's First War*, pp.46-49.
（19） *Ibid*., p.53; Greber, *Der Gefreite Adolf Hitler 1914-1920*, S.30.
（20） Weber, *Hitler's First War*, p.53.
（21） BHStA/IV, RIR16/Bd. 1, 2. Dezember 1914.
（22） Ebenda, 10-13. März 1915.
（23） Ebenda, 13-16. März 1915.
（24） Weber, *Hitler's First War*, p.81.
（25） BHStA/IV, RIB12/Bd. 17, 7, 7. Mai 1915.
（26） Weber, *Hitler's First War*, p.91.
（27） *Ibid*., p.92.
（28） BHStA/IV, RD6, 16. Juni. 1915.
（29） Weber, *Hitler's First War*, p.122.
（30） BHStA/IV, RIB12/Bd. 2, 4, 22. Juli. 1916.
（31） BHStA/IV, RIB12/Bd. 2, 4.
（32） Weber, *Hitler's First War*, pp.146-147.
（33） *Ibid*., p.149.
（34） BHStA/IV, RIB12/Bd. 1, 28. September-3. Oktober 1916.
（35） Greber, *Der Gefreite Adolf Hitler 1914-1920*, S.138.
『わが闘争』には、ヒトラーが負傷した日付は十月七日となっているが、連隊の公式記録では十月五日である（BHStA/IV, RIR16/Bd. 12, Verlustliste, Oktober 1916）。

(36) BHStA/IV, RIR16/Bd. 12.
(37) Greber, *Der Gefreite Adolf Hitler 1914-1920*, S.138.
(38) *Ebenda*, S.40.
(39) Weber, *Hitler's First War*, p.185.
(40) *Ibid*.
(41) *Ibid*., p187.
(42) BHStA/IV, RIR16/Bd. 13. Juni. 1917.
(43) BHStA/IV, RIR16/Bd. 2. Juli. 1917.
(44) Greber, *Der Gefreite Adolf Hitler 1914-1920*, S.41.
(45) *Ebenda*; Weber, *Hitler's First War*, p.202.
(46) Weber, *Hitler's First War*, p.203.
(47) *Ibid*., p.204.
(48) BHStA/IV, BIB12/Bd.1, RIR16/Bd. 2. Oktober 1917-März 1918.
(49) BHStA/IV, RIR16/Bd. 2. März-Mai 1918.
(50) Weber, *Hitler's First War*, p.210.
(51) *Ibid*.
(52) *Ibid*., p.211.
(53) *Ibid*., p.212.
(54) *Ibid*.
(55) Greber, *Der Gefreite Adolf Hitler 1914-1920*, S.44, S.138; Weber, *Hitler's First War*, p.214.
(56) BHStA/IV,RD6/Bd.112. November 1914-Mai 1918.
(57) Ebenda.
(58) Greber, *Der Gefreite Adolf Hitler 1914-1920*, S.44, S.138. 戦傷章（黒色）は、一～二回の戦傷者に授与された。ちなみに銀色は三～四回、金色は五回以上であった。
(59) Weber, *Hitler's First War*, p.215.
一九三二年のナチスの政治宣伝文書には、ヒトラーが第一級鉄十字章を受章した理由を、伝令任務の途中で一群のイギリス兵を捕虜にしたからであると述べられているが、そのような事実は見出せない。

また別の話では一九一八年六月に一二名のフランス兵を捕虜にしたとされているが、確かに第一六予備歩兵連隊は一二名のフランス兵を捕虜にしているが、ヒトラーが捕らえたのではない。
(60) BHStA/IV, RIR16/Bd. 2. 20-6. August 1918.
(61) Weber, *Hitler's First War*, p.218.
(62) Hitler, *Mein Kampf*, S.220-221.
(63) Greber, *Der Gefreite Adolf Hitler 1914-1920*, S.45; Weber, *Hitler's First War*, p.218.
(64) Weber, *Hitler's First War*, pp.219-220.
(65) BHStA/IV, RIR16/Bd. 2. Oktober 1918.
(66) Greber, *Der Gefreite Adolf Hitler 1914-1920*, S.46, S.138; Weber, *Hitler's First War*, pp.220-221.
(67) Weber, *Hitler's First War*, p.221.
(68) BHStA/IV, RIR16/Bd. 17. November 1918.
(69) Greber, *Der Gefreite Adolf Hitler 1914-1920*, S.50, S.138.
(70) Weber, *Hitler's First War*, p.222.
(71) *Ibid*.
(72) Greber, *Der Gefreite Adolf Hitler 1914-1920*, S.50.
(73) Fest, *Hitler*, S.155-175.
(74) ヒトラーとマンシュタイン元帥との戦略論争については、拙論「ドイツの戦略文化――ヒトラーの戦争観を中心に

――」(『戦略研究』第四号、二〇〇六年十二月)八九頁を参照。

(75) Timothy W. Ryback, *Hitler's Private Library. The Books that Shaped His Life* (New York: Knopf, 2008), pp.191-192.

本論文作成に使ったミュンヘン・バイエルン州国立公文書館所蔵史料の収集は、平成二十四年度日本大学第一種海外派遣研究員により行なった。

第一次世界大戦の「タンク」から見た日本陸軍

——陣地戦の兵器か、機動戦の兵器か——

葛原和三

はじめに

第一次世界大戦で初めて登場した「タンク」は、膠着した陣地戦を突破するために考案された戦術的な兵器であった。だが、陣地戦を機動戦に転換するための戦略性が期待されていた兵器でもあった。したがって「タンク」には、現代の戦車に通じる機動戦兵器としての可能性を秘めていたといえる。

しかし、速戦即決を追求すべき日本陸軍が、なぜ、機動戦のための兵器としての「タンク」の可能性に着目し、発展させることができなかったのだろうか。

この疑問は、ソビエト労農赤軍（以下、ソ軍）の戦車や、その運用の差異をみれば、さらに明瞭となろう。ソ軍は、「縦深作戦理論」に基づき理論と装備を一体化して機動戦を追求していた。日本陸軍は、その機械化されたソ軍を主敵にしながら、なぜ歩兵主体の「運動戦」によって「殲滅戦」を達成できるとしたのか。この論理的な矛盾は、やがて昭和十四（一九三九）年のノモンハン事件における日ソ両軍の戦車の質的差異となって現れるのである。日本陸軍は、主力の八九式中戦車をソ軍の陣地を突破するための陣地戦の兵器として運用していたのに対し、ソ軍はＢＴ戦車を両翼包囲を達成するための機動戦の兵器として出現させていたのであった。

したがって日本陸軍の機械化が遅れることになる原因は、基盤的な工業力、技術力、軍事予算上の問題もさることながら、むしろその主因は、用兵思想上の問題に起因していたとみるべきではないだろうか。このため、日本陸軍が戦車をどのように捉えたかについて第一次世界大戦（以下、一次大戦）において「タンク」として出現した時点に遡って考えてみる必要があろう。

よって日本陸軍の「タンク」との出会いを通じて一次大戦の教訓がどのように受容され、どこに限界があったのか、主に「タンク」に関する史・資料を通じて観察し、その後の陸軍に及ぼした影響について考えてみたい。

一　陸軍は「タンク」をどう捉えたか

（一）「タンク」の定義とその役割

「タンク」は、これを初めて使用した英軍の秘匿名称であったことは、よく知られている。この「タンク」という用語は、日本陸軍においても「従来、突撃自働車又は近迫戦用自働車等と称せるものを英軍の原名通り『タンク』と称する」[1]としたことから一般化した。

もともと英・仏両軍の「『タンク』創造《ママ》の目的」は、「突撃歩兵と密接に協同し、十分の掩護を有する移動兵器を得る」こととなっている。この段階での「タンク」の要素は「掩護（装甲）、武装（火力）、運動力（機動力）」という三要素で把握されている。「タンク」は、このように明確に陣地戦における突破を目的としていたのである。[2]以来、この三要素中、何を最も有用と捉えるか、意見の分かれるところとなるが、重要なことは、「タンク」をあくまでも陣地戦における歩兵支援用の兵器として捉えるか、独立した機動兵器として捉えるか、という選択である。つまり、歩兵に戦車が合わせるか、戦車に歩兵が合わせるか、戦力の主体を問う問題に発展していくことになる。この「陣地戦」か、「機動戦」かの選択は、ついには「持久戦」か、「決戦」を指向するか、という用兵の根本にも発展していく。

この観点を踏まえ、あくまで短期決戦を追求する日本陸軍においては、「タンク」をどのように捉えるべきか、十分に議論すべきであったであろう。しかし、実際には、将来の戦争形態まで洞察するに至らず、作戦様相に適合できなかったことは、何が原因なのか、考えてみることにしたい。そこで先ず、日本陸軍の機動戦についての当時の認識から確認しておきたい。

（二）日本陸軍の「機動」の捉え方と「機動戦」

「タンク」がソンムで出現した一九一六（大正五）年の年末、参謀次長であった田中義一中将は、「欧州戦争の与えたる戦略戦術上の教訓」と題する『偕行社記事』の論説第一項で「戦略、戦術上の原則には大なる変化なし」と断言した。さらに第二項で「攻勢作戦の必要」を説き、第三項で「機動戦と陣地戦」[3]について述べている。

「陣地戦」に対して「機動戦」で対比したのは、「我国軍戦略の要旨に基づき寡克く衆を制し緩慢なる陣地戦を避けて迅速なる戦機の発展を謀らむか為には一に此の機動戦の巧妙なる実施を緊要とす」として短期決戦の必要性から機動戦の価値を強調している。しかし、この機動は、「指揮官の適切なる運用と軍隊行軍力の卓越」(傍点筆者)により達成されるとしていた。即ち、機動力の源泉は歩兵部隊の行軍力によっており、この歩兵の運動力により迂回、包囲し、敵の退路を断って殲滅するという思想であった。

つまり、日本陸軍において「機動」とは、「交戦前後または交戦間に於ける軍隊の運動」[4]をいい、交戦間の兵力の移動や位置の変更のための部隊の運動と捉えている。この思想は、明治四十二(一九〇九)年の『歩兵操典』制定時に確立された「根本主義」[5]に根ざしており、同操典「綱領」には、「戦闘の主兵」である歩兵は「地形及び時期の如何を問わず戦闘を実行し得る」とし、「戦闘の主眼は射撃を以て敵を制圧し、突撃を以て之を破砕するに在り…戦闘に最終の決を与えるものは銃剣突撃とす」としている。このため、機動を突撃発起位置に至るまでの運動と捉えており、戦闘を火力と機動力とを相乗する機能として捉えていない。

現在において「機動」は、「敵に対して優位な位置を得るために部隊が移動する」[6]ことをいうことから、「機動戦」とは、敵を致して不利な態勢を強要し決定的な成果をおさめることを目的としていると考えられる。[7]理論的に最も先駆的な役割を果たしたJ・F・C・フラー(John Frederick Charles Fuller)少将は、機動戦の機能を「支え、動き、而して打つ」[8]としており、これは「拘束、機動、打撃」[9]の三要素で捉えているといえる。また、後に日本陸軍の機械化の主唱者となる井上芳佐《よしすけ》少佐は、「即ち、機械化兵器には、歩、騎、砲兵等の区別はなく、あるべきものは、捜索要素、抑留要素、衝撃要素、掩護要素及び機動要素」[10]であるとして機動戦の要素を機能的に捉えている。よって「機動戦」は、機動の自由を保持しつつ行う広域にわたる捜索、接触した敵の拘束・抑留、掩護下に行う主力の機動とこれに続く攻撃、戦果拡張、追撃等を含める連続的な行動と捉えるべきであろう。

では次に陸軍が一次大戦全体の中で機械化をどのように捉えていったか、陸軍省の臨時軍事調査委員の調査研究からみていきたい。

(三) 臨時軍事調査委員による「タンク」の調査研究

「欧州戦争」の勃発後、陸軍省は「欧州参戦諸国の戦時体制を調査研究し、総力戦に対応する態勢を準備する」目的をもって大正四(一九一五)年十二月、陸軍少将菅野尚一を委員長とする臨時軍事調査委員[11]を設置した。

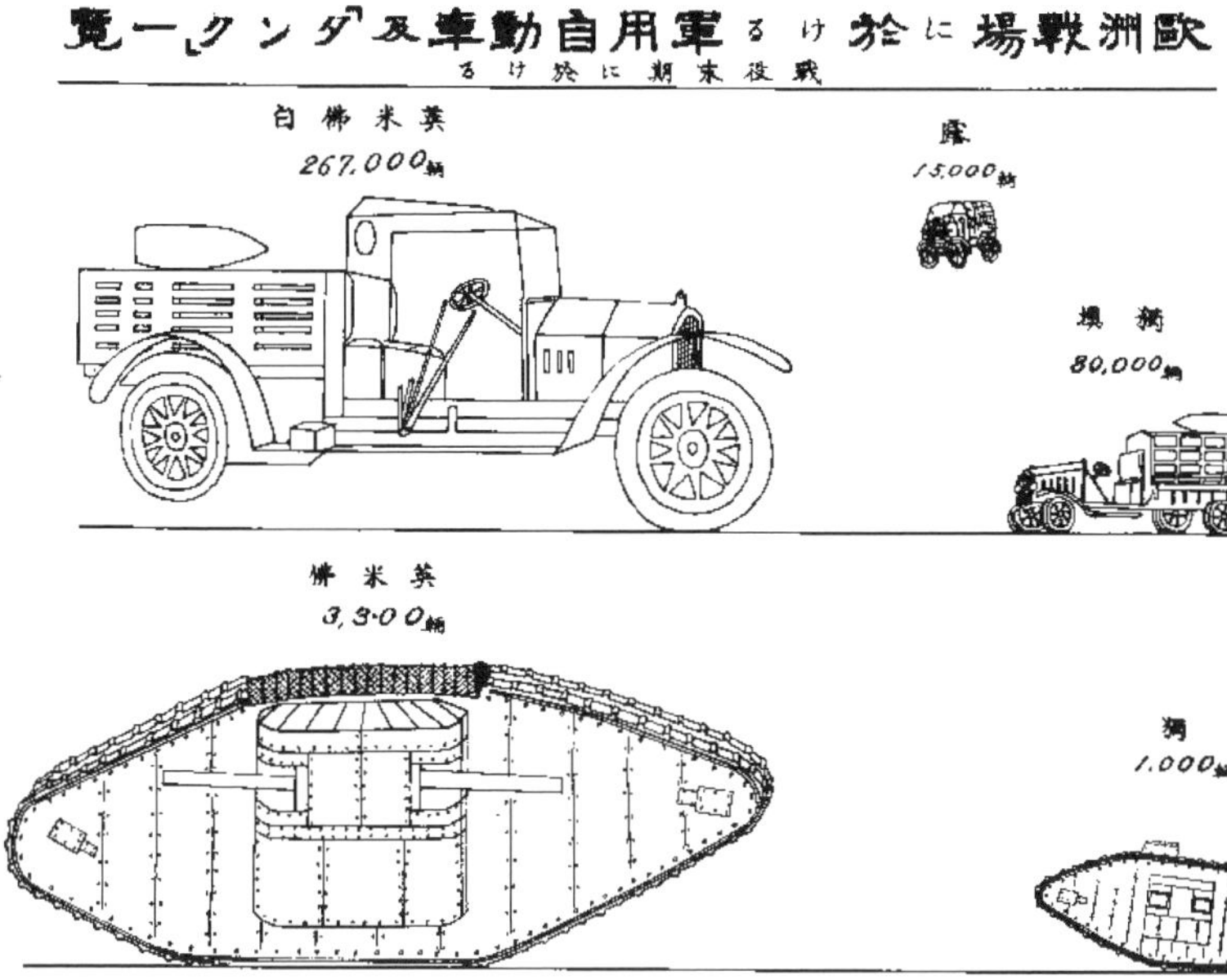

調査対象二三項目を八個班に区分し、総計三三五項目にわたる調査を行った。この項目は、近代戦を財政・金融、交通運輸から国民生活に及ぼす影響まで広汎な項目から捉えており、陸軍省が既に国家総力戦になるであろうという予測に基づいて調査を開始しているのがわかる。陸戦に関する調査については、交戦諸国の陸軍の用兵、兵力・編成装備、軍需品消耗、人馬衛生等から戦時産業、国家総動員等にわたっている(12)。

その最初の調査報告は、大正五年三月九日の第一号から、「臨時調査委員月報」として陸軍大臣に進達し、関係官庁、軍学校、師団諸隊に配布された。

さらに、大正六(一九一七)年一月からは、調査した要点を要約した「欧州交戦諸國ノ陸軍ニ就テ」を発刊しているが、ここで装甲自動車の活躍に続いて初めて戦車に関する記事が報じられている。

「最近、七月以後に於ける『ソンム』方面の英、仏軍の攻勢に於いて英軍の最新式装甲自動車『陸上弩艦』が独軍に驚怖を與えた」とある(13)。

次いで大正七(一九一八)年十二月の第四版においては、「西方戦場に於ける連合軍の大成功は『タンク』の使用」が与えたものとし、その保有数を「英軍は一千余輛、仏軍は約八百輛、米軍は五百輛、独軍は約千輛」と伝えている(14)。

各国の保有数は、前頁の「欧州戦場に於ける軍用自動車及『タンク』一覧」[15]においても対抗的に図示されている。しかし、独軍が生産し戦闘に使用できたのは、A7V型戦車、二〇両程度[16]に過ぎず、また、LKⅡ軽戦車五八〇両を発注していたが、完成していなかったにもかかわらず、英仏等連合軍に過大に評価され、脅威を与えていたことがわかる。

「タンク」の用法については、大正八(一九一九)年四月の「月報」第四十九号[17]の第三の「タンクの戦術的用法及び其の価値」において英仏独軍のそれぞれの用法が述べられており、陣地戦以外における独立的な運用についての記述がみられる。

其の一「陣地戦に於ける用法」

一　歩兵と密接に協同する為、歩兵隊長に属す。

ア　歩兵の支援とす(仏軍)

イ　歩兵の先鋒とす(英軍)

ウ　数線の波状攻撃を行う(最近の用法)

二　独立隊として重要なる正面の歩兵攻撃を支援す(独軍の用法)

其の二「其の他の用法」

一「タンク」は今や独立攻撃を行い得る兵種たり

二「タンク」は其の性能上、乗馬騎兵の如く攻撃一方の兵器なり

三　運動戦中に於いても急襲的兵器として奏功せることとあり

四　追撃に参与して奏功せることとあり

これらは当時の技術的な制約から地形上の制限を受けるものの「新式小型タンクの軽快なる運動性の大に与えて功ある所なるべし」という認識が示されている。その「括言」である六節の「國軍と『タンク』に就いて」においては、「タンク」は「陣地突破用兵器」としながらも、「慎重なる調査の結果において価値を判断せざるべからず」として、「タンク」の陣地戦以外(運動戦、要塞戦)においても将来の洞察の必要を挙げている。

結論として「国軍」としての「『タンク』の採用に関して」は、「要するに単に戦術一方より観れば『タンク』特にその多数を採用するの有利なるは論を俟たざるなり」として戦術上の価値を是認している。

そして本大戦においては「兵学上の未曽有の発達進歩を見たる……その最大なるものの一つ」として「新兵器『タンク』」を挙げ、「この見地よりして一般兵学上の重大なる研究資料」としている。このため、「将来之を国軍に応用

し卓越なる改良と妙用を期するは勿論、一般工業界に此の種科学工藝の進歩を促し」とある。さらに「国軍における『タンク』の採用如何に関せず将来敵国軍は盛んに此の種兵器を使用するものと覚悟せざるべからず」、よって「タンク」の研究は、「戦争資源及び資材に於いては敵に優越を期し得ざることあるべきを覚悟する我が国軍に就いては特に之が妙用を極めざるべからず」として将来の有用性も示唆しつつも、我が国にとしては主に敵国の使用を予測して対抗することの必要性が強調されているといえる。次に、参謀本部が欧州に派遣していた差遣者や在欧の駐在武官らの報告書を概観したい。

（四）参謀本部差遣者による「タンク」の資料収集と研究

参謀本部第一部の「海外差遣者報告目録（大正三年以降）[18]」によるとその報告数（大正十三（一九二四）年三月まで）は、約一〇年間に合計一、一四五件以上がなされていた。この一〇年間に海外に差遣された者は、延べ三〇六名に及び、実数でも二一〇名の将校が一次大戦を現地で学んでいた。全般に戦術及び兵器が最も多く学ばれ、国別では連合国の仏、英から、総力戦に関する動員体制、教育制度や兵器技術等が多く学ばれている[19]。しかしながら、「タンク」についての報告は、表のとおり、九名に限られており、内容も紹介にとどまっているものが多い。

表　「タンク」に関する報告者及び報告内容

国別	氏名	兵科	階級	報告時期	報告内容
仏	酒井鎬次	歩兵	大尉	大5.7	砲兵隊の「タンク」見学
仏	建川美次	騎兵	少佐	大6.1	ソンム英軍戦車詳報
独	樋口鉄太郎	歩兵	中佐	大6.3	陣地戦と「タンク」
欧	宇佐見興屋	騎兵	少佐	大7.11	攻撃兵器としての「タンク」
独	井關隆昌	砲兵	大尉	大8.3	各国「タンク」
英	本間雅晴	歩兵	大尉	大8.2、大9.8	歩兵と「タンク」の協同、「タンク」戦術、「タンク隊」戦闘
欧	福田宗延	騎兵	大尉	大8.8	騎兵の価値、騎兵と「タンク」
欧	青木成一	歩兵	大尉	大11.3	「タンク」の既往・将来
英	秋山徳三郎	工兵	大尉	大13.6	対「タンク」地雷

しかし、これらの報告者の中の井關隆昌砲兵大尉は、大正十（一九二一）年六月、偕行社での講話「仏軍のタンク隊の現況とタンクの戦術的運用」において「陣地戦の目的をもって建造された『タンク』は今日においては運動戦においても有利に使用できるとされているから、運動戦を作戦の根本方針とする日本陸軍としては、この研究をゆるがせ

にすることはできない」として「運動戦」での可能性を指摘している[20]。

また、本間雅晴歩兵少佐は、大正十一（一九二二）年、陸軍大学校における講義[21]において同様に、「タンク」は「将来、運動戦においても使用される趨勢にあることは頗る明白であり、従って運動戦をもって根本の作戦方針とする我が陸軍においても研究することが必要」とし、これが「本講堂において特に『タンク』戦史を講授する目的である」として強調している。そして最後に「今日我が陸軍が『タンク』隊の編成を有していないことは、決して研究を怠る口実とはならない」と注意を促している。本間の「タンク」隊編成への待望は一貫しており、「タンク」が出現してからちょうど十周年となる大正十五（一九二六）年九月十五日、参謀本部員となった本間中佐は、ラジオ放送に立って、将来「戦車と飛行機」が「新兵器」の「双璧」をなし、「戦場になくてはならぬもの」となるのは明白であり、「日本特有の戦車及び有力なる戦車隊の出来上がるのを見たい」という希望を国民に語りかけている[22]。この時、既に国産戦車の開発は進んでいたのだが、その戦車の運用についてはどのように考えていたのか、次に陸軍将校の論壇であった『偕行社記事』から「タンク」に関する論文をみてみたい。

二　「タンク」の用兵上の議論と評価

（一）　陣地戦か、機動戦か

機動戦を主張したフラーの意見は、大正十年八月の『偕行社記事』に「将来戦に関する英国フラー少佐の所見」として紹介されている[23]。ここでフラーは「タンクの応用は戦術に革命をなさしめたり」とし、「タンク」隊は「敵の軍隊を目標とせず、その首脳を目懸けて前進せん」としている。具体的な目標は「独逸軍司令部、軍兵団又は師団の一司令部」を挙げ、しかも同時に「数隊の飛行機は敵国の大工業及び政治の中心地を攻撃すべし」としているから、まさに将来の「電撃戦」構想を描いていたといえる[24]。

そして論争の焦点となったのは「タンク」を用いるべき戦場は「陣地戦か、機動戦か」をめぐる議論であった。この議論を一九二〇（大正九）年における英軍の「フラーとクロフト両大佐の論争[25]」の紹介記事から確認しておきたい。

クロフト大佐の思想は、歩兵による陣地戦を基本としており、「戦闘の目的は敵を撃攘してその戦略地を奪取し、或いは敵を拒止して某地域を保持するにあるとしている。歩兵は此の攻撃及び防御に於ける基礎的兵種なるが故に、軍の機械化も亦、此の基礎的兵種の利益を拡大することを以て主義とせざるべからず」とする意見であった。

これに対してフラー大佐の意見は、「是と全く対蹠的関係に在るものであって全然在来兵種に基礎を置かず、自動車類の適当なる配分により、在来兵団の保有する総ての戦闘要素を具備し、而も其の能力卓越せる一新兵団を創出し、國軍の大部を此の種兵団により、充実せしめん」とするものであり、その特徴を以下の七項目として列挙している。

一　歩兵に代ふるに戦車を以てする。
二　機関銃を装備せる戦車を以て軍の主兵たらしむ。
三　砲兵は馬匹輓曳を廃して機械化牽引とし、火砲は全部装甲大威力の戦車内に収容する。
四　高速度戦車を以て騎兵に代へる。
五　飛行機は地上兵種を掩護し且つ敵情を捜索する機械化兵団の重要要素である。
六　戦車には瓦斯防護及び瓦斯攻撃の能力を付与する。
七　補給は補給用戦車による。

このように主兵を歩兵から戦車に代えるという急進的ともいえるフラーの考え方の根本には、長期に及ぶ損害を回避して決定的な成果をもって早期に終戦に導くという考えがあった。英国戦車軍団参謀長となった彼の「一九一九計画」[26]は、英仏米連合軍の最後の大攻勢として計画され、作戦は「敵陣地への進入、突破による指揮系統の破壊、そして追撃」の三段階からなっていた。計画では「重戦車二、六〇〇両」と「中戦車二、四〇〇両」の二つのグループに分け、併せて五、〇〇〇両の戦車により、突破から迂回・包囲に任じるという「機動戦」を成立させるための用法となっている。このような英国における議論は、日本陸軍にどのような影響を与えたのだろうか。ここでこれに同調する「機動戦」の意見から確認したい。

（二）　機動戦における「タンク」の用法

欧州戦後、駐独していた鴨脚光弘歩兵中佐は、「将来戦」[27]と題する『偕行社記事』の論文において、戦後、各国は、長期戦の苦い経験から将来の戦争を短期化するために作戦は「速度の迅速と果敢激烈性の最大限」をもって指導されるべきであり、「迅速なる集中、果敢なる殲滅戦、激烈なる追撃戦」によって速やかに敵軍を殲滅しなければならないとしている。さらに「航空勢力」をもって「制空権を獲得し、敵の後方連絡線上の要点、飛行場」等を「爆撃して敵の集中を妨害し、先制の利を占め……敵の戦争用資源を破壊する」ことが緊要であり、このため「軍の機械化と強大なる航空兵の採用により軍の機動力を増大させる」ことが必要不可欠であるとしてフラーの主張に沿っている。

そして「軍の機動力」を増大させるためには、「既にシュリーフェン伯の言える如く……包囲の為に敵の側背に使用する兵力を強大ならしむる」としている。ここで機動戦実行上の問題となるのは、包囲機動の可能性である。陸軍が想定する大陸の道路状況は、劣悪であり、当時の日本の技術レベルでは、実際、自動車や機械力による踏破は困難な現況にあった。よって従来の軍馬の方が機動力があるとする体験や在来装備を基準とする考えは、いかにも現実論としての説得力を持っていた。しかし、この意見のままでは、将来においても機械化を要さないということになる。そこで鴨脚中佐は「戦場付近の地形交通網の状態は、希望に副わざる場合多し、殊に文化発達せざる地方に於て作戦する場合に於て然りとす。此の困難に打克つ為には軍は機動力に富み、独り兵力の迅速な運用若しくは転用を許すのみならず後方諸機関をして軍の迅速なる機動に伴わしめるべからず、之が為、発動機車両を整備すること必要なりし」と主張しているのである。逆に交通網に乏しい地区でこそ機動力を向上させる必要があるとして機械化が必要であるという認識である。そしてこのため「大包囲に任ずる軍隊が機動力と補給との敏速を必要とするは言うを待たざるなり」と機動戦のための機械化の必要性を強調している。

では、一方で陣地戦における「タンク」の価値について、どのように認識して対処しようとしていたのかをみてみよう。

（三）　陣地戦における対「タンク」戦術とその影響

大戦間に参謀本部作戦課長であった渡邉錠太郎歩兵大佐は、大戦後、在独研究の成果(28)の一部として「タンクの価値」について次のように述べている。

「一九一七年以降、敵の大攻勢に際し『タンク』の現出は著しき効力を発揮し、殊に一九一八年七月以降、之を集団使用し益々威力を発揚せり。」とし、この「『タンク』の出現は、陣地戦の戦法に一大革命を惹き起し、欧州戦線の末期の連合軍攻勢の成功は主として此の『タンク』の奇襲の功に帰するもの」と評価している。

しかし、「タンク」の威力を肯定しながらも渡邉は「陣地戦の戦法」として着目していたが故に「『タンク』は戦術上何らの変化を齎らせしものにあらず」と断定していたのである。その理由としては、「タンク」は、「単に陣地戦に於いて計画準備せる時のみ集団使用し得るもの」として捉えていたが故に「多数の火砲を適時使用せば、『タンク』の集団攻撃を予め遠距離において制圧しうるものとす」という認識を持っていた。特に「歩兵砲」の有効性について述べ、「平時に於いては寧ろ防止のため良好なる教育及び装備に留め……若し戦時十分の材料を有せば其製作及び教育は迅速なる進歩を予期し得べし」として対処の容易性から戦車の脅威をほとんど問題視していない。このように陣地戦における防者の観点からの対策を重視していたことがわかる。

また、参謀本部の吉富庄祐歩兵中佐は、「装甲戦車戦術的利用の傾向[29]」において「貧弱なる武装を以て優越せる武装軍に対せねばならない運命にある吾人は優良兵器の用法とその進歩の趨勢を終始注意してこれに対抗する」必要性を述べており、この際、一九一七年十月、英軍がカンブレーで全く攻撃準備射撃せずに戦車四〇〇台が攻撃に成功した戦例を挙げ、「将来の運動戦に於いてはこの軽快なる『タンク』が戦場を馳駆奔走するものに対し我が軍は対抗せねばならないことの覚悟を要する」として最終的には「故に之に対する手段は吾人は注意して研究する所なければならぬ」として対戦車防御の観点で締めくくっている。

このように「タンク」の有効性を認めるが故に、「タンク」の特色を減殺する必要性を説いているが、自ら速やかに「タンク」隊を創設してその特色を活用すべきであるとは述べていない。これは、当時の日本全体の科学技術のレベルや予算の制限からは当然ともいえるかも知れない。だが、その現実的認識や躊躇が機械化の初動を遅らせ、自らの可能性を制約してしまうこともあるであろう。

次にこれらの機動戦、陣地戦等の議論が、一次大戦後の教範改訂にどの程度反映されたのか、についてみてみたい。

(四) 教範における「タンク」の取扱い

(ア) 『歩兵操典草案』への反映

陸軍は明治四十二年の『歩兵操典』の改正にあたり、一次大戦で現出した火力戦・陣地戦等への対応を模索していた。大正八年、臨時軍事調査委員は、『各兵操典改正要項に関する報告』において一次大戦を「幾百万の生霊と幾千億の財貨を犠牲とせる最貴重なる経験[30]」と捉え、「国軍の教育」全般における精神力偏重、火力軽視の「皮相」な見方を批判し「火力を尊重せざる精神力は未だ、真の精神力と称するを得ず[31]」と意見している。この火力戦の認識を踏まえ、「タンク」は「陣地急襲兵器として最も有利なる兵器にして尚将来軽快なる運動性を増加せば運動戦に於いても之を用うる[32]」と示唆している。

ところが、その効果を認めつつも大正十二（一九二三）年の『歩兵操典草案』には、戦車の記述はない。その理由について同「改定理由書[33]」は、「列国軍戦後の趨勢漸次判明して其の戦争より得たる経験の帰結」としながらも「瓦斯弾及戦車の使用は国軍の現状等に鑑み、正規戦闘資材として之を記述することなきも敵軍は之を使用することあるべきを考慮し、之等に対する戦闘法を必要の部分に記述せり」としている。敵軍の対抗上の記述のみとなり、攻撃における戦車の用法については記述されていない。なお、これまで「タンク」という用語が用いられていたが、本草案以降、「戦車」という用語が使用されていたことから以後、戦車という名称が逐次に浸透していくことになった。

次に『歩兵操典』の改正に続き、一次大戦の教訓を反映した「諸兵種連合戦闘に関する原則[34]」として新たに検討中であった『戦闘綱要草案』について確認してみたい。

(イ)『戦闘綱要草案』への反映

大正十四(一九二五)年四月、一次大戦の戦訓をも考慮した「戦闘綱要案審議ニ関スル報告[35]」が提出された。この中の「将来に対する意見」において「本綱要案に示す戦闘の原則は、輓近科学の進歩を遺憾なく利用する」ことの必要性を先ず説いている。しかしながら「国軍の現状を已むを得ざるものあるを以て将来最も有利なる戦法を採用せんが為には須く先ず編成装備の改正を為すを急務」としながらも、現在の編成装備の改編を終了してから有利な戦法を記述すべきであるとしている。さらに「原則のみを総合するが如き狭範囲に止むることなく、戦闘を主催すべき軍に亘る事項をも掲記」することとし、これまで教育総監部においてのみ編纂されてきた教範を「参謀本部との合同編纂を要するものとす」と改めた。

これにより教範を参謀本部と合同編纂するということは、現実に運用できる装備以外は記載できないことになる。この結果、戦車及び瓦斯その他の新兵器については、「要するに未完成品たるを失わず、……戦車に就きても本邦独自の使用法は之を秘密に附せざるべからず、従て之等は本綱要以外に一種の秘密の教令の如きものを編纂し本綱要の不備を補うべき」としてしまった。

これに対して戦車の研究を命ぜられていた歩兵学校は「戦車は近き将来に於て我国軍の一部に於て之を使用することあるべきを顧慮し、戦車を使用する戦闘法をも記述するを要す」という意見を提出したが、「現下尚之が編成装備等具体的に決定せるものあらざるを以て本綱要に之を使用する戦闘法を具体的に記述するを得ず」とした[36]。

一次大戦後、独陸軍の再建にあたったハンス・フォン・ゼークト(Johannes Friedrich Leopold von Seeckt)国防部統帥部長は、一九二一年の「獨国聯合兵種ノ指揮及戦闘」の発布にあたり「平和条約ニ依リ編成セラレタル獨逸十萬人ノ軍ノミヲ基礎トスルモノニアラズ」として飛行機・戦車等の重装備を「假令是等ノ兵器ヲ有セザルモ」協同に関しては「最小部隊ノ連合ニ於テモ決定的ノ価値ヲ置ク」として「統一的教育」を行っている[37]。これに対して陸軍の教範は、将来戦への適応よりも訓練上の統制に重きが置かれているため、現実の編成・装備が基準となり、理論的な研究が後発するという現象がみられる。次に当時、陸軍における機械化への改革全般の施策についてみてみたい。

三　陸軍の機械化への改革と発展

（一）　宇垣軍縮の新施策としての戦車隊の新設

大正十二年十二月二十七日、陸軍次官宇垣一成は、「制度調査委員」として「国軍の根本的講究に関する重大な任務に当る」こととなり、委員長には宇垣自らが就いた。宇垣は、委員会の席上、短期戦を追求するも長期戦をも考慮し「必勝の確信、優越の信念を与え得る諸般の施策を導く」ことの必要を説き、将来の戦争に備えるための改革を断行するにあたり、「今時の改革は歴史的旧慣にかかわらず、情実因縁に捉われず、断固として万事、国防の充実を理由とし標準として遂行せんことを期す」とその決意を述べている[38]。

この決意のもと、陸軍省は、大正十三年十二月、『陸軍の新施策に就て』を発刊した。緒言には、一次大戦が「殊に国防上の要素に少なからざる変動を惹起し」として、その重要項目は、一に「戦争に於ける科学の応用、就中機械力の利用」、二に「戦争が一般に大規模となり持久性を加えて所謂国家総動員」となったという二点とした。

しかし、「翻って我帝国陸軍は、遠く大戦の焦点より隔在せし為め其の刺激を受くること少なかりし為か其の装備は著しく改善せらるる所なく、国家総動員の施設としては何等見るべきもの無くして経過し、今日に於ては軍の装備も総動員の準備も欧米列強に比し日に月に国防上忍び難き懸隔を生ずるに至りし」という深刻な現状認識のもとに四個師団の削減を断行するに至った。

そして「機械力の活用」のため、「一　航空部隊の充実」「二　戦車隊の新設」を中心とする八項目の新機軸を打ち出した。これは、「時代の要求に応ずる新武装を整備する」のみならず「民間工業能力を培養し之を利用する」目的を明らかにしている。

この「二　戦車隊の新設」においては、「歩兵攻撃の進路を開く」ものとして「人的犠牲の減少を図らんが為、緊急欠くべからざるもの」とするのみならず、「タンクの出現は、陣地戦の戦法に一大革命を惹き起し、欧州戦線の末期連合軍攻勢の成功は主として此のタンクの奇襲の功に帰する」という陣地戦の枠組みの中での大きな可能性が示唆されていた[39]。

大正十四年、『帝国及列強之陸軍』の緒言には「短時日に戦局の終結を企図する為、開戦当初に於て相当有力な戦備を、平時より整備する」という大正十二年の国防方針である攻勢による短期決戦を実現するためには初動戦力の優勢だけでなく、質的な優越をも求めた考え方が示されている。この思想のもとに断行された宇垣軍縮はいうまでもなく、単なる軍縮でなく軍備の近代化を明確に目指したものであったといえる[40]。

軍縮に臨む宇垣の決意は、「故に帝国は上下を挙げて翻然時局に覚醒し協力一致、臥薪嘗胆、鋭意国力の充実を謀り、時勢を達観し将来に適応すべき国防諸施策の改善創設」が「目下の急務であると信ずる」と同書に記されている。こうして断行された四個師団の軍縮によって削減した三九一八万円の経費をもとに、航空部隊に三〇〇三万円、戦車隊に三七五万円、高射部隊に二六四万円、軽機・火砲の改良に四九三万円等を配当するなど、装備の近代化を推進した[41]。こうして一次大戦の結果を反映した陸軍の機械化が始まった。

（二）　機械化の始まりと戦車の国産化

陸軍の近代化・機械化において予算面からも最も重視したのは、航空部隊の育成であった。この航空職域の一元的な発展を促進するため、「陸軍航空本部」が創設され、同時に「航空兵科」が誕生した。こうして航空本部と航空兵科が創設されたことにより、隷下の陸軍飛行学校を含め、調査・研究ともに教育訓練する権限が与えられ、航空職域の人材の育成が図られた。この航空と同時に戦車隊、高射砲一個連隊の他、自動車学校、通信学校の設立など、各兵科の機械化施策が開始された。

陸軍における戦車の研究の始まりは、もともと「タンク」が戦闘用の「自働車」として認識されていたこともあり、輜重兵科がこれを担当した。このため、大正七年に自動車調査委員として欧州に派遣された水谷吉蔵輜重兵大尉を介して初めて英国製のマークⅣ型戦車や、仏国製ルノーFTを購入して輜重兵所管の自動車隊及び歩兵学校（教導隊）、騎兵学校において主に取扱操縦等を研究させた。そして大正十四年四月、久留米に第一戦車隊（本部及び一個中隊）が、歩兵学校教導隊に戦車隊が誕生した[42]。

以後、戦車の運用研究については、歩兵学校の研究科に引き継がれたため、歩兵のための戦車の用法が研究されることになり、必然的に歩兵支援用戦車としての性格・役割が決定的となっていった。

そして大正十三年、「軍用自動車調査委員会」は、「戦車は堅固な野戦陣地の攻撃に使用することを目的とし、歩兵に分属する用法を適当とす」という意見を答申し、概ね「戦車は歩兵のものという原則」が定着した(43)。

陸軍の用兵思想は、メッケル（Klemens Wilhelm Jacib Meckel）少佐招聘後、主に独軍から学んできたが、戦車の用法については、主に装備を輸入した仏軍から学ぶことになる。この当時、「防御力は攻撃力を上廻る」とする仏軍は、要塞地帯を核とした防勢体制を敷いており、しかも、「戦車は、装甲化した一種の歩兵」とみなす歩兵支援思想を基本としている(44)。日本陸軍は攻勢を主とするプロイセン軍の用兵を基本としながらも、戦車の運用については、防勢を主とするフランスの装備と歩兵直協の運用思想を持ち込んだのである。しかし、外国戦車による戦車隊の創設によって、かえって国産戦車を望む機運が急速に高まっていった。

大正十四年三月十八日、陸軍省は「戦車整備に関する方針」を決定し、技術本部は示された「概ネ二十屯以内ノ英国製中戦車ニ類スルモノ」を要求性能として設計に着手した(45)。この「研究用戦車」は、技術本部の原乙未生《とみお》砲兵大尉以下の技師四名の苦心によって一年九カ月後の昭和二（一九二七）年三月、日本初の国産戦車「試製一号戦車」（一八トン）(46)として大阪砲兵工廠で完成した。原は、「当時兵家の説は、戦車はも早や奇襲兵器としての価値はなく、将来戦では戦車は到底火砲には抗し得ずとして戦車無用論が強きを占め、研究は熱心でなかった(47)」と述べている。当時の火砲の完成度に比べて、できたばかりの戦車はいかにも野砲等の好餌となるという恐れがあったのは当然であったであろう。この結果、高速で安価な歩兵支援用の軽戦車を多数整備した方がよいとして、重量一二トン、時速二五kmを要求性能とし、初めて制式に国産化されたのが「八九式軽戦車」であった(48)。その国産戦車の部隊を陸軍としてどのように運用しようとしたのか、再び核となる用兵の考え方についてみてみたい。

（三）　機械化の促進と阻害要因

大正十四年十二月、陸軍は「優良兵器の現況を調査」する目的のため、緒方勝一中将を団長とする「欧米軍事視察団」を派遣した。視察団は、帰国後、我が国の研究態勢の遅れを痛感し、「今日最も賢明なる策は、現時技術上可能と認められている最上限、即ち近き将来型を最も確実なる外国造兵会社に設計試作を注文して我有となし」とし、その代わりに「我研究費と労力とは夫れより一歩進んだ未来型の研究に傾注する」べきであるとした[49]。

その緒方が「上陸作戦用の兵器として研究の価値あり、と認め製作図面を購入した」のは、米国製「クリスティー」水陸両用車であった。だが、ソ連は、図面のみでなく、実車を購入し、その後、ノモンハンで出現するBT戦車など、ソ連戦車の系譜として発展する原型とした[50]。この差は戦車に何を求めるかの要求が明確であったことであろう。

視察団は、技術的な可能性だけでなく、英・仏軍の戦車の戦術用法上の差異についても次のように報告している。

・英軍：戦車を騎兵及び前衛に付して活発なる運動戦をなさん。

・仏軍：堅固なる陣地の突破蹂躙のみを考える[51]。

このように英・仏軍においても戦車を「運動戦」に運用するか、「陣地戦」に運用するかの用法上の意見が分かれていた。

日本陸軍で最初に機動的な用法に着目したのは、前出の井上芳佐歩兵少佐であった。井上は、昭和五（一九三〇）年末、「軍機械化私論[52]」を発表し、一次大戦で陣地突破が不可能となった原因を「一、攻撃歩兵の無防護、二、砲兵の射撃と運動の分離、三、補給の困難」の三項にあるとした。その主張によると「戦争を運動戦に終始し、速戦即決する道は、全国軍の完全なる装甲機械化」によってのみ達成されるとした。

井上は、陸軍の現状を「第二の世界大戦が起こったならば、現在の兵器装備、戦術に大なる変革を加うるの余儀なきに至るであろう」と予測し、「我々は鉄の洗礼を受くる迄もなく、予め将来を予見して之に備えるところがなくてはならない」と訴えた。

井上はさらに陸軍の機械化実現のためには「軍政、用兵、教育及び技術等百般の施設が之に伴うことが絶対の要件であり、之が為、第一に必要なことは新たなる軍事思想の懐持である」と思想による時代の牽引の必要を訴えた。

井上はまた、陸軍の機械化を阻害する三つの要因を「心理的障害、経済的障害、技術的障害」と区分して挙げている。このうち、心理的障害は「保守的傾向と新発明に対する不信と未完成品を以てする装備の不安」が主なるものとしている。そして実際は技術的障害や経済的障害よりも克服すべきは、むしろ人的障害であり、中でも保守的な「軍人の思想の固着」の原因となっているのは「兵種と兵器の混同」であるとしている。よって「今日速やかに兵種の区分を廃して軍事界の新たなる大勢に順応すべき」と主張したのである。

井上は、その後も繰り返し、『偕行社記事』などに論文を投稿し、陸軍全般に欧州各国の機械化の状況を訴え続けた[53]。だが、井上が予感していた「鉄の洗礼」を受ける事件が起こった。それがノモンハン事件であった。

ノモンハンにおいて戦車第四連隊長として大規模な戦車夜襲を決行した玉田美郎大佐は、ノモンハン戦は、「軍の近代化、機械化の遅れているわが軍が世界一の大軍備ことに機械化を誇り消耗決戦方式をとるソ軍とノモンハンでぶつかり、初めて彼我の戦車がいわゆる四つに組んで戦い機甲戦を展開した」とし、「要は運用の問題であり、機甲戦術思想の熟否の問題である[54]」としている。

この機甲戦術思想が未熟であった原因について玉田は、「我が軍戦車界では夙に世界の趨勢に鑑み、戦車または機甲兵団の機動的独立使用について活発に論じられ、また、戦車隊でも単に歩兵の補助的地位は満足せず、独立戦闘の意識が熾んであったが、軍首脳部においては、依然歩兵万能、白兵決戦主義の障壁が高く、独立用法と歩兵直協用法との問題は、長く議論の種として続き、また機械化部隊と騎兵部隊とはその性格や運用、戦闘等において相通ずる点があり、欧米諸国の如くその合同が望ましいのであったが、各々その領域に固執し、なかなか一本化できなかった[55]」としている。

このように歩兵を主兵とするいわゆる「根本主義」が障害となり、歩騎兵の機動兵科のそれぞれの枠が乗り越えられないでいた。よって機械化の核となる戦車は一体、誰のものか、主体性をもって考えることができなかったとして、運用される戦車自らが運用思想を持つべきであったとしている。その戦車の運用思想を最後に託されたのが、騎兵科であった。

（四）騎兵による機甲兵種の創設とその限界

従来、騎兵は戦闘の主眼を「乗馬戦を以て敵を圧倒殲滅するに在り[56]」としていたが、一次大戦では、乗馬戦の可能性が疑問視され、『偕行社記事』誌上においても騎兵の存在意義を問う「騎兵無用論」が叫ばれていた。この無用論に抗議して現職の騎兵旅団長が割腹した後は、一時的に沈静化していたものの、いよいよ、騎兵科も機械化の要求への対応を求められていた。騎兵が兵科として生き残る道は、騎兵の一部に装甲車を装備し戦力を強化するか、乗馬を廃した機械化部隊とするか、の選択に迫られることになった。

大正十二年末、欧州駐在の柳川平助騎兵大佐が、「陸上における海上戦の発達とその将来に及ぼす影響」というフラーの論文を「騎兵教育の参考」に投稿した[57]。その後、騎兵監となった柳川中将は、昭和七（一九三二）年五月、満州事変での騎兵第一旅団の出動にあたり、騎兵学校の装甲車の二個隊を試験的に編成して配属した。[58]さらに昭和十二（一九三七）年支那事変以降、乗馬中隊と装甲車中隊各一からなる「師団捜索隊」への改編が開始され、昭和十四年以降、騎兵聯隊は逐次「捜索聯隊」に改編されていった。こうした騎馬と装甲車による混合編成は、なすべき根本的な判断を先送りするものであった。

その騎兵としての決断を行ったのは、馬政課長等として軍馬を育成してきた吉田悳中将であった。吉田はノモンハン戦当時、騎兵集団長として騎兵最大の部隊を指揮していたが、その後、騎兵監となった以後、「今や国軍機動兵団の趨勢を決定すべき極めて重大なる転換期に逢着しある」という認識のもとに、昭和十五（一九四〇）年二月、以下の提言を行った。

まず、「先に小官騎兵集団長として任にありし当時」の戦訓から、騎兵としての「作戦の遂行」は「殆ど不可能」と断言した。その理由を「乗馬の特性を保有する機動兵団とする限り、当初よりその戦闘力の充実を犠牲」としているとし、「少なくとも蘇軍機甲部隊に対し形而下の装備に於いて之に対抗する如く速やかに戦車又は、装甲車を主体たらしめ」と述べ、機械化兵団の創設の必要を述べた。そして「過去の一切の行きがかりを脱却し」、「刻下の情勢に即応する」ため、「我が国機動兵団の建設と其の教育訓練機構の確立に対し飛躍的手段を講ずるの英断」を切望するとしたのであった。[59]

さらに昭和十五年六月における意見具申は、従来の「根本主義」を初めて否定したものであった。吉田は、歩兵をもって「国軍の主体たらしめた既往数十年来の建軍の様式に一大変革をもたらすべき」として歩兵主兵主義を改め、機甲部隊を中核とすべきと主張した。そして「軍の無形的要素のみに信頼して彼我の有形的戦闘資材の質並びに量を軽視する」思想についても警告した。さらに「東亜における地形風土の特異性就中交通量の不備を理由として国軍機械化を躊躇している」現状をも強く批判し、これらの「透徹せる信念に基づき速やかに之（騎兵科）を全廃し、之に要する財源と人的要素とを挙げて国軍装甲部隊の強化に資すべきである。」としたのであった。[60]

このように吉田は騎兵監でありながらも自らがこれまで育成してきた騎馬を放擲し、これに代えて戦車・装甲車へ乗り換えよと号令した。即ち、運用の主体としての「機甲」[61]兵種を創設することを意見提出したのである。この意見具申の最中の昭和十五年六月、欧州での独軍の西方電撃戦が成果を収めた追い風を受けて昭和十六（一九四一）年四月、ついに「機甲本部」を発足させることができたのであった。

こうして機甲としての運用研究が始まり、関東軍に戦車四個師団の第一機甲軍が編成された。ところが、対戦車戦闘は歩兵が有効な速射砲を装備していたものの、肝心の戦車は、歩兵の火力支援用の榴弾砲を搭載していたので米英ソの戦車に対抗することはできなかったのである。[62] 即ち、戦車を機動戦兵器としての地位、役割の検討が不十分のまま、歩兵を運用者としたため、戦車本来の特色を活かした用兵とこれに基づいた戦車の開発ができなかったのであった。これは、輜重、歩兵、騎兵を経て機甲に至るまで一次大戦で出現した「タンク」はいったい誰のものか、という用兵者の主体が不明確であったことによるものと考える。即ち、一次大戦の戦訓を共通化した『戦闘綱要』によって「諸兵種連合戦闘の原則」は示されてはいたが、運用者がそれぞれの兵科の壁を乗り越えられなかったことが、主要な原因であったと考えるのである。

おわりに

ノモンハン事件における日ソ両軍の戦車の損害は、日本の八九式戦車二八両に対してソ連のBT戦車は二五三両であった。ただし、ソ軍の戦車を効果的に撃破していたのは、三十七粍九四式速射砲（約七五～八〇％）と七十五粍の九〇式野砲（五～一〇％）であった。このようにノモンハンでは最大の戦車部隊として集成された安岡支隊（第一戦車団、戦車第三・第四連隊基幹）が夜襲による突破を企図し、奇襲的に用いられたが、ソ軍の戦車を一両も撃破できず、攻撃が頓挫したことに近代戦への非適応が象徴されている。[63]

これは、一次大戦の戦訓の通りに「タンク」に対しては対「タンク」砲をもって有効に対抗する方策を見出していたことを示しているが、効果的な対策、処置であったが故に、将来なすべき抜本的な改革を遅らせてしまう結果を招来したともいえる。よって日本陸軍は、ノモンハンにおいてみられるように戦車を歩兵の前進を支援する兵器として運用することはできていたが、戦車本来の特色を最大限に発揮する用兵者の視点ではなく、戦車の弱点を発見してこれを封ずる歩兵の視点から捉えていたといえる。

同様に戦車を騎馬に代替する兵器として脅威をもってみていた騎兵は、軽装甲車として部分的に編入し延命を図ったが、騎馬を捨て切れなかった故に騎兵本来の使命を達成する可能性を見出すことができなかったといえる。

日本陸軍は、一次大戦における新兵器の出現に対し、かつてない変化を予兆として捉えておきながらも、兵科の存続を基本とすることにより、ソ軍の脅威に対する緊張感を喪失し、用兵の変換を先送りしたことが、近代戦に適応できなかった原因として挙げられるであろう。

ここでみられた戦場における理論と装備の不一致は、対米英戦の開戦以後も同様であった。この意味でノモンハン戦は、いわば来るべき大東亜戦争の縮図であったといえよう。同時にこの戦いが、日本陸軍の一次大戦の教訓の受容とその限界を表すものとなっていたのではないだろうか。

註

(1) 陸軍省「臨時軍事調査委員月報」第四十九号（国立公文書館、一九一九年四月十日）。
(2) 同右。
(3) 田中義一「欧州戦争ノ与タル戦略戦術上ノ教訓」第三項（『偕行社記事』第五〇九号、一九一六年十二月）。
(4) 陸軍大学校『兵語ノ解』（一九二七年）。
(5) 明治四十三年二月、戸山学校長大庭二郎少将の団隊長に対する講話「歩兵操典ニ関スル訓示及講話筆記」に五項目の「根本主義」とこれに到達した狙いが記されている（陸軍省「明治四十三年三月貳大日記」（防衛省防衛研究所所蔵）一三二八頁）。
(6) 陸上幕僚監部『用語集』（一九六三年）。
(7) 「機動戦」（Manuever Warfare）という用語は自衛隊の用語集にも定まった定義は見られないが、米海兵隊ドクトリン『*WARFIGHTING*』には「時間的にあるいは心理的に敵に対して有利な立場を得るための移動を含んだ様々な手段・方策を意味している」とある。（北村淳ほか訳『アメリカ海兵隊のドクトリン』芙蓉書房出版、二〇〇九年）一七七頁。
(8) 陸軍技術本部訳『将来戦汎論　将来戦はどうなる?』三　戦争の機械化（陸軍技術本部高等官集会所、一九三五年三月）四九頁。
(9) 葛原和三「機動戦の戦い方」（同『機甲戦の理論と歴史』芙蓉書房出版、二〇〇六年）二六頁。
(10) 技術研究本部、井上芳佐「軍機械化私論」（『偕行社記事』第六七六号、一九三一年一月）九八頁。
(11) 少将を長とする佐尉官・同相当官二六、判任文官一四、計四一名を陸軍省、参謀本部その他所要の学校要員からなる臨時軍事調査委員を設置した。
(12) 臨時軍事調査委員の編成、調査内容については、葛原和三「帝国陸軍の第一次世界大戦史研究——戦史研究の用兵思想への反映について——」（『戦史研究年報』第4号、防衛庁防衛研究所、二〇〇一年）二〇—二九頁を参照。
(13) 臨時軍事調査委員「欧州交戦諸國ノ陸軍ニ就テ」（『偕行社記事』第一五三号付録、一九一七年四月）四二頁。
(14) 同「交戦諸國ノ陸軍ニ就テ（第四版）」（同右、一九一九年三月）九四頁。
(15) 同「参戦諸國ノ陸軍ニ就テ（第五版）」（同右、第五四七号付録、一九一九年十二月）第五表。
(16) ピーター・チェンバレンほか『世界の戦車１９１５～１９４５』（大日本絵画、一九九七年）八四—八五頁。
(17) 「戦闘用『タンク』の用法並びに之に関する雑件」（「臨時軍事調査委員月報」第四十九号）。一三〇—一三二頁。
(18) 参謀本部第一部「部外秘　海外差遣者報告目録（大正三年以降）」（防衛省防衛研究所所蔵）。

(19) 葛原「帝国陸軍の第一次世界大戦史研究」二九頁。
(20) 加登川幸太郎『戦車　理論と兵器』(圭文社、一九七七年)一〇五頁。
(21) 本間雅晴「『タンク』ヨリ見タル欧州戦史講義録」(一九二二年、陸軍大学校。靖國偕行文庫所蔵)。講義録(文語)の口語への変換は筆者。
(22) 同「戦車(タンク)の話」(一九二六年九月十五日自午後六時三十分至同七時のラジオ放送。靖國偕行文庫所蔵)。
(23) 吉富庄祐「将来戦に関する英国フラー少佐の所見」(『偕行社記事』第五六四号、一九三五年十月)六七頁。
(24) 「電撃戦」に代表される機甲戦理論の変遷については、葛原『機甲戦の理論と歴史』第二章「機甲戦理論の形成と発展」を参照。
(25) 井上芳佐「軍の機械化及び機械化兵団に就いて」(『非常時國民全集　陸軍編』中央公論社、一九三四年三月)一七二頁。
(26) 加登川『戦車　理論と兵器』九六頁。
(27) 鴨脚光弘歩兵中佐「将来戦」(『偕行社記事』第六〇六号、一九二五年三月)二二一—二二三頁。
(28) 渡邊錠太郎「世界大戦ノ経験ニ基キ歩兵ノ編成装備教育及戦術ノ変化ニ関スル独逸軍事界ノ趨勢」(参謀本部、一九二〇年六月)。
(29) 『偕行社記事』(第五七〇号、一九二二年二月)一頁。
(30) 臨時軍事調査委員『各兵操典改正要項ニ関スル意見』(大正八年八月)巻頭緒言。
(31) 同右、二〇頁。
(32) 同右、一六二頁。
(33) 『偕行社記事』(第五八三号附録、一九二三年三月)一頁。
(34) 教育総監部「戦闘綱要草案編纂理由書」(偕行社、一九二六年七月)一頁。
(35) 「戦闘綱要案編纂経過綴(八)」、戦闘綱要案原稿(一九二五年三月。防衛省防衛研究所所蔵)。「戦闘綱要審議に関する報告」の「第二　将来に対する意見」による。
(36) 細部については、葛原和三「『戦闘綱要』の教義の形成と硬直化」(『軍事史学』第四十巻第一号、二〇〇四年六月)二四—二五頁参照。
(37) 陸軍大学校研究部『一千九百二十一年九月発布　獨国連合兵種ノ指揮及戦闘』(偕行社、一九二二年七月)。
(38) 陸軍省大日記「大正十三年一月　制度調査に関する書類　共五、其一」(防衛省防衛研究所所蔵)。
(39) 陸軍省『陸軍の新施策に就て』(一九二四年十二月。同右)九頁。
(40) 陸軍省軍務局編纂『帝国及列強の陸軍』(不二書院、一九二五年)四—六頁。
(41) 川島正『軍縮の功罪』(近代文藝社、一九九四年)一一七—一四一頁。
(42) 機甲会編『日本の機甲六十年』(戦誌刊行会、一九八五年)三一—四頁。
(43) 玉田美郎「日本の戦車(機甲)のあゆみ」(一九七一年。防衛省防衛研究所所蔵)二一—二三頁。
(44) 同右、六頁。
(45) 陸軍省「戦車ノ整備方針ニ関スル件」(陸軍省「永存書類」甲輯第五類、一九二五年。防衛省防衛研究所所蔵)。
(46) 試製一号戦車の時速二〇kmという速度は、目標とした英国のヴィッカースC型戦車の一四kmよりも早く、同等以上の性能を持っていると評価された。
(47) 原乙未生「機械化兵器開発史」(一九八二年。防衛省防衛研究所所蔵)三二頁。
(48) 平山貫起「日本陸軍における作戦上の要求と戦車開発」(一九九一年十月。同右)二四—二六頁。
(49) 緒方勝一「欧米軍事視察談」(『偕行社記事』第六一七号、一九二六年二月)八頁。
(50) クリスティー戦車は水上では時速八～一二km、地上では三〇km、履帯をはずすと時速五〇kmで走行し、装甲は薄いが、速度によって防護するという当時としては画期的な戦車であり、後にノモンハン戦に出現するBTシリーズ及びT-34系列の原型となった。
(51) 緒方「欧米軍事視察談」一八頁。
(52) 井上芳佐「軍機械化私論」(『偕行社記事』第六七七号、一九三一年二月)九五—九九頁。
(53) 井上芳佐の主張に代表される日本陸軍の機械化の議論の過程については、葛原和三「日本陸軍の第一次世界大戦研究成果の近代戦への反映——陸軍の機械化を中心にして——」(二〇〇一年三月。防衛省防衛研究所所蔵)五二—五三頁参照。
(54) 玉田美郎『ノモンハンの真相』(原書房、一九八一年)一四一頁、二〇六頁。
(55) 同『日本の戦車(機甲)のあゆみ』八頁。
(56) 陸軍省「騎兵操典草案」綱領第二(一九二二年。靖國偕行文庫所蔵)。
(57) 機甲会編『日本の機甲六十年』三三二頁。
(58) 同右、三三五頁。
(59) 騎兵監吉田悳「騎兵教育ニ関スル責任者トシテ我ガ国機動兵団ニ関スル私見ト希望ヲ述ブ」(一九四〇年二月。防衛省防衛研究所所蔵)五—八頁。
(60) 同「教育総監ニ対スル上申書、強力ナル機甲兵団ノ建設ト機甲本部ノ特設ヲ必要ナリト為ス意見ニ就テ」(一九四〇年六月。同右)三—四頁。
(61) 「機甲」という造語の由来については、機甲本部付の山田國太郎少将が「装甲機械化といふのを両方の一字ずつをとって機甲という」としている(『機甲軍備を語る』(朝日新聞社、一九四一年)一二頁)。
(62) 日本戦車の対戦車能力が低かった要因については、葛原和三「日本の戦車砲の発達とその限界」(『歴史群像太平洋戦史シリーズ25 陸軍機甲部隊』学習研究社、二〇〇〇年)一五二頁参照。
(63) マクシム・コロミーエツ『ノモンハン戦車戦——ロシアの発掘資料から検証するソ連軍対関東軍の封印された戦い——』鈴木邦宏監修・小松徳仁訳(大日本絵画、二〇〇五年)一二五—一二六頁。

日本陸軍の世論対策
――第一次世界大戦の影響としての「軍民一致」にむけた宣伝活動――

石原　豪

はじめに

本稿の目的は第一次世界大戦後から第二次山東出兵の時期を対象に、日本陸軍がどのような目的および方法で世論を味方につけて国民の支持を獲得しようとしていたのかを考察することにある。その際に中心となる分析の対象は、大戦の影響で陸軍省に設置された新聞班という組織である。

総力戦として戦われた第一次世界大戦は、それまでの戦争とは大きく様相が異なり、以前よりも国民の自発的な協力を必要とする戦争であった。そのため日本陸軍も総力戦を遂行できる体制の構築を目指して、平時から軍隊や軍事に関する国民の支持を必要とした。しかし、大戦後の日本には大戦の悲惨な経験を通じて醸成された欧米の軍縮論や平和論が流入しており、大正期は「軍部ないし軍隊が、公然と自由な批判の対象になったただ一つの時期」であったとも言われている。[1]そこで陸軍は新聞班を設立して言論機関を通じた世論対策を実施していく。そのため新聞班の活動を検証することで、国民を無視できなくなった大戦後における陸軍と国民の関係、そして陸軍の行動が国民からどのように影響を受けていたのかが明らかになるのである。

本稿では、まず、第一次世界大戦の研究結果から得られた「軍民一致」の実現という教訓が陸軍の政策にどのように反映されていたのかを検証し、次にシベリア出兵から第二次山東出兵までの期間を対象に、新聞班の活動を追っていくことで陸軍の世論対策について論じていく。陸軍の世論対策について論じた先行研究は、満洲事変において陸軍が世論の支持を獲得した要因を論じているものが多い。従来、戦前の世論対策として検閲が着目されてきたが、陸軍に関して言えば検閲の目的は主に軍事機密の秘匿であり、主として検閲が実施されていたのは戦時などの非常時であったことから、[2]平時の活動にも着目する必要がある。そのような観点から、分須正弘氏は事変前の講演会など軍部による世論喚起のための積極的な宣伝活動の存在を指摘し、その影響で事変支持の世論が広範に展開されたと論じている。[3]また佐藤勝矢氏は陸軍の新聞対策は新聞社の理解を得ることを第一に考えた懐柔策であるとし、新聞社は言論統制によってではなく自主的に軍部を支持していったと論じている。[4]しかし、両者は共通して一九三一(昭和六)年以降を中心に考察しており、満洲事変の直前に本格化した陸軍の世論対策が短期間で効果があらわれるのかという疑問があり、さらに陸軍が世論対策を実施した背景が明確ではない。そこで本稿では陸軍に世論対策を実施させた背景として、第一次世界大戦が陸軍に与えた影響を重視したい。その際の分析の視点として、黒沢文貴氏の研究に多くを依拠している。黒沢氏は、第一次世界大戦、特に総力戦の衝撃が日本陸軍に与えた影響を検証して、陸軍が「大正デモクラシー」に対して敵対するよりむしろ柔軟に対応していた点を明らかにしている。[5]総力戦の衝撃が「戦争遂行にしめる国民の位置の飛躍的向上」[6]をもたらし、大戦後の陸軍の行動を規定したという黒沢氏の視点を本稿は共有し、その実例として陸軍の世論対策としての対国内宣伝を中心に論じていく。また、本稿において陸軍の世論対策機関として位置づけている新聞班に関する研究は、一九二〇年代前半までが考察の対象であり、[7]それ以降に関しては判明していない点が多い。

第二次山東出兵までを対象にしたのは以下の理由による。[8]第一に、既に述べたように陸軍の世論対策を論じた研究は満洲事変の直前以降が対象であり、第一次世界大戦と関連させて一九二〇年代における陸軍の世論対策を明らかにする必要があるためである。第二に、ほとんど判明していない二〇年代後半の新聞班の活動を明らかにするためである。[9]第三に、第二次山東出兵はシベリア出兵以来の大規模出兵で戦闘まで発生しており、後の満洲事変にも大きな影響を与えた重要な事件であったと考えるためである。以上の理由から、陸軍の世論対策を中心に、満洲事変への接続も見据えながら論じていきたい。

第二次山東出兵に関する先行研究は、田中義一首相による政策と関連させて、政治過程や外交の側面から論じた研究が多い。[10]本稿ではそのような視座ではなく、出兵が行なわれた時期の社会状況と関連させて論じていく。[11]なお、本稿では陸軍が作成した史料を中心に考察を進める。これは政策を実行する上で当時の社会状況の実態よりも、陸軍がどのように社会状況を認識していたのかが重要であるからである。

一　第一次世界大戦の教訓としての「軍民一致」

まずは陸軍が認識した国家総動員と「軍民一致」の関係を明らかにした上で、「軍民一致」が陸軍の政策にどのように反映されていたのかを確認しておきたい。

「軍民一致」と総力戦の関係について明確に言及しているのは、第一次世界大戦の調査・研究を目的として設立された臨時軍事調査委員である。一九一四（大正三）年に発生した第一次世界大戦は当初「欧州戦争」あるいは「欧州大戦」と呼ばれていたように主戦場はヨーロッパであり、軍事面における日本の関わりは限定的であった。しかし、日本の主要官庁では大戦に関する調査・研究が進められ、とりわけ戦争の主体となる陸軍では関心が高く、一五（大正四）年九月に臨時軍事調査委員を官制外の組織として設立し[12]、それまで陸軍の各機関で行なわれていた調査・研究体制を一本化した[13]。「国家総動員に関する意見」は臨時軍事調査委員による研究の集大成であり、陸軍の総力戦構想に多大な影響を与えたと考えられる。そこでの結論は、近時の戦争は軍隊のみの戦いではなく、国内すべての力を戦争遂行のために集中させる「国家総力の戦」であるとし、それを遂行する体制である国家総動員の重要性が強調された[14]。そして国家総動員の準備・計画ならびに実施にはあらゆる知識が必要とされたために、軍人は純軍事的な知識だけではなく、法律・政治・経済に関する知識を持ち、産業状態・社会事情までも理解できなければならないとされた。さらに重要なのは、「非軍人」たちも軍人と協力して国家総動員に参加し、戦争を遂行していく立場にあるとされ、それには戦争および軍事に関する知識が不可欠であると考えられたために、十分な軍事知識を持つことが求められた点である[15]。しかし、実際には一般国民の国防・軍事に関する知識は不十分であり、その原因は「非軍人対軍部の感情の阻隔」にあると考えられた。この「阻隔」を除去するために、「軍人と非軍人、官憲と民間人士との接触を図り彼此融和協調の根基を固むるが如き種々の手段」を講じ、「文武官民相一致して国家総動員に力を集め」なければならないとされたのである[16]。後に陸軍大臣となる宇垣一成も次のように述べている。

> 今日の時勢吾人は国民に大に軍事思想尚武心を鼓吹注入せねばならぬと同時に、吾人は国民的常識を受容することが必要である。斯の如くして軍民一致、国民より信頼支持せらるる健全なる国軍が成立つべきである。外部に対する軍事の宣伝も将校下士の常識養成も根拠を此処に発することが必要である[17]

宇垣もまた、「軍民一致」とは国民から信頼される軍隊が成り立つ前提であり、その実現のために国民に「軍事思想尚武心」を「鼓吹注入」するとともに、軍人も「国民的常識」の受容が必要であると言及している。つまり、国民と軍人が互いのことを理解しようとしなくてはならず、「軍民一致」には軍民双方の歩み寄りが必要であった。以上のことから、「軍民一致」とは軍人と軍人以外の間にある感情の隔たりを解消し、両者が協調している状態のことを指すと考えられる。[18]

なお、宇垣が述べている「軍事思想」とは「国家総動員に関する意見」で言及された軍人以外が持つべきとされる軍事知識とほぼ同じ意味で使用されていると考えられる。大戦後から陸軍は軍事知識の普及に取り組んでおり、陸軍将校の親睦団体である偕行社が発行していた『偕行社記事』にも「一般国民ニ軍事思想ヲ普及セシムヘキ具体的策案」という題目で募集された二本の論文が掲載されている。[19]そのなかの葉室俊雄大尉の論文では、「未来ノ戦争」は「全国民ノ戦」すなわち総力戦となるので一般国民も軍事思想を持たなくてはならないと主張し、「軍事思想」を総力戦遂行の前提となる国民が持つべき軍事的な知識という意味で使用している。[20]『偕行社記事』は軍内の空気や思想的背景の一端をうかがうことができる史料であり、[21]このような論文が掲載されたことは重要である。国家総動員の重要性を認識した軍人たちは、「軍民一致」の実現を課題として認識し、軍人以外への軍事思想普及を実施していくのである。[22]

しかし、大戦後の世界的な反戦・軍縮の風潮を背景に陸軍に対する批判は厳しく、「軍民一致」が実現しているとは言えなかった。それは「人類には平和の欲望が最高潮に達し」ており、これが「軍備に対する呪詛」となり、軍縮の声が絶叫されているという宇垣の認識にもあらわれている。[23]陸軍は一九二二（大正十一）年八月および翌年四月に山梨半造陸軍大臣のもとで軍縮を実行したが、不徹底であると批判され、さらなる軍縮が求められていた。

このような状況で、一九二五（大正十四）年五月に実施されたのが宇垣軍縮である。四個師団などを廃止して経費を削減し、それを戦車や飛行機、軽機関銃などの装備充実に充てており、大戦の教訓をふまえた軍装備の近代化が軍縮の第一の目的であった。[24]しかし、宇垣の狙いには世論への対応という側面もあった。彼は軍縮実行の理由を三点あげている。第一は国内の陸軍軍縮を要求する世論を利用して師団を削減し、それにより浮いた経費を装備充実に転用すること。第二は部隊の廃止による一般社会への損害を国民に自覚させ、再び師団削減の声を上げさせないこと。そして第三は先の二点と関連させ、「国民の声に聞き国民の休戚に配意したるの軍部の態度は多年陸軍に対する国民の面白からざる感情」を一掃するという判断のもと、「両者融和一致の端」を開かせることであった。つまり、「輿論を先制して国防力の改善を図り、軍備縮少と地方の休戚との関係的自覚を国民に警醒し、及軍民一致融和挙国国防の端緒を開く」ことが軍縮実行の理由だったとしている(25)。たとえ軍装備の近代化が宇垣軍縮の主眼であったにしても、世論に配慮し、軍の孤立を防いで「軍民一致」を実現することに腐心する軍人が陸軍の中枢に存在していたのである。さらに二五年の在郷軍人会の規約改正および学校教練の開始、翌年の青年訓練所の開設も軍事思想の普及が企図されており(26)、これらも「軍民一致」の実現を視野に入れた施策であった。

二　陸軍省新聞班の設立と軍事思想の普及

(一)　シベリア出兵と新聞班

第一次世界大戦の教訓から総力戦を遂行するためには「軍民一致」を実現し、国家総動員体制を構築しなければならないと陸軍は認識した。しかし、大戦後の日本では陸軍に対する批判が盛んであった。陸軍省の組織である新聞班は陸軍批判の緩和を主な目的として設立され、一九二〇年代を通してさまざまな世論対策を実施していた。陸軍批判が高揚する要因でもあり、新聞班設立の直接的な契機にもなったのがシベリア出兵である。そこで、シベリア出兵時の宣伝活動を検証することで、新聞班がどのような組織であったのかを確認しておきたい。

一九一八(大正七)年八月に始まったシベリア出兵は、出兵意義の不明確さや米騒動などの影響もあり、一般国民からの広い支持を獲得することはできなかった。出兵当初こそ慰問袋の寄付など幅広い後援が見られたが、次第に「苦難ニ従フ軍隊ニ対スル国民ノ同情ヲ減シ却テ或ハ反感ヲ示スモノナキニアラサルノ状態」になり、それを裏づけるように派遣将兵への後援も減少した(27)。過酷な環境や不明確な出兵意義のもとで戦闘を継続していた将兵たちの間では士気低下や軍紀頽廃が既に発生しており、以上のような国内の状態はそれに対して追い撃ちをかける結果となった(28)。

このような状況で、「輿論ノ軽視ス可カラサル所以ト之カ指導ノ必要ヲ認メラレタル結果(29)」として、一九一九(大正八)年一月に田中義一陸軍大臣の指導のもとで秦眞次中佐のほか大尉一名によって新聞係が陸軍省に設置された。新聞係の業務には「社会一般ノ思想ト軍隊ニ於ケル思想トノ関係ニ注意シ一般社会ニ軍事思想ヲ普伝」することが含まれていた。[30]「一般社会ニ陸軍ヲ諒解セシメ軍事思想ヲ普及セムトスル積極的普伝ハ茲ニ一歩ヲ進ムルノ端ヲ開クニ至レリ」[31]と評されているように、宣伝活動を業務とする陸軍の常設の組織は新聞係に始まる。なお新聞係の設置はシベリア出兵への支持獲得のみが目的ではなかった。臨時軍事調査委員は、第一次世界大戦が交戦国の国民に「一大覚醒ノ機運」をもたらし「国民思想ニ著シキ変化」を与えたとみなしており、それを日本でも実現すべく「国民一般皆兵思想ノ啓発鼓吹」に積極的であった。[32]「臨時軍事調査員解散顛末書」（以下、「解散顛末書」）ではその詳細な活動として新聞係および新聞班を取り上げ、また秦も臨時軍事調査委員の一員であり、新聞係の設置は国家総動員を実現するという陸軍の課題に則ったものであった。

なお、「国家総動員に関する意見」も交戦国が設置した宣伝を専門とする機関に関して触れているが、「本件に関しては別に研究する所あるべきを以て茲には之が詳説を省く」と詳しい言及はない。[33]しかし、管見の限りでは同時期の宣伝に関する研究資料はなく、新聞班設置後の一九二一（大正十）年五月になってようやく「軍部ト一般社会ノ接触関係殊ニ陸軍トシテノ宣伝事業ノ概要」に関する調査のために新聞班員の岡村寧次少佐をヨーロッパへ派遣していることから、[34]新聞係が設置された時点では、臨時軍事調査委員においても宣伝に関する見識はまとまっていなかったと考えられる。そのため新聞係は、後述のようにそれまでの新聞記者との接触の経験を活かしつつも、手探りの状態で宣伝を実施していくしかなかった。

新聞係設置後まもなく、新聞記者の出入りが禁止された参謀本部の普伝事項が新聞係に移行して業務が増大した。これにともない新聞係は人員が増加されて班として再編され、ここに新聞班が成立する。[35]新聞班は官制外の組織であり、臨時軍事調査委員長村岡長太郎少将の監督下に置かれ、班長は秦が引き続き務めることになった。班員には前述の葉室のほか、臨時軍事調査委員が中心となって構成されており、[36]「解散顛末書」にも新聞班の活動に関して多くの分量が割かれていることから、実質的に新聞班は臨時軍事調査委員の一つの組織であったと言える。

設立当初の新聞班の業務は二種類に大別できる。第一は国内外の情勢や世論の傾向を考察し、それを陸軍の各部署へ報告して「軍事施設上ニ社会的省察ヲ与ヘシムル消極的半面」である。[37]これは社会状況をふまえて陸軍自身を省みようということであるから、先に引用した宇垣の言葉にある「国民的常識を受容すること」と同じ考え方であるとも言える。新聞班はこの方針にもとづいて、「輿論概観」と呼ばれる各種新聞の論説の要旨を抄録した冊子を作成し、陸軍の各部署に配布した。[38]第二は「一般社会ニ軍事思想ヲ普及セシメ又軍事施設ニ関シテ世論ヲ指導セムトスル所謂『普伝』ナル積極的半面」[39]であり、主に新聞を通じて対国内宣伝を実施した。[40]当時の陸軍の課題はシベリア出兵に対する後援の獲得であり、そのために各種の宣伝が実施された。例えば陸軍省高級副官松木直亮大佐は浦塩派遣軍参謀長稲垣三郎少将に対して、「各部隊及将校以下ノ美談」「日常勤務起居等特ニ労苦ノ大ナル状況」などの情報を陸軍省に送付するよう書簡にて依頼している。[41]それは、後援減少の原因を国民が出兵自体を忘却していたり、あるいは将兵が「無為徒食」していると誤解しているためであると認識した上で、派遣軍の状態を国民に紹介して「輿論ヲ喚起」し、派遣将兵への後援を獲得して士気を振作することに目的があった。[42]なお、この書簡の原案の余白には「秦中佐」と署名されていることと「輿論ヲ喚起」することが新聞班の任務であったことから、この計画に同班は深く関わっていたと考えられる。

同様の書簡は翌年にも出されている。陸軍省は「浦潮派遣軍ニ対スル国民ノ後援同情ノ念」が冷却しつつあると認識し、「派遣軍隊ノ功績労苦ヲ察知シ得ヘキ写真類ヲ蒐集シ適当ノ方法ヲ以テ国内一般ニ宣伝」しようとし、そのための材料を送付するよう浦塩派遣軍に依頼している。[43]前年と同様に「労苦」が宣伝の材料として選ばれたのは、シベリア出兵はその意義の説明が不可能であったため、派遣将兵の「労苦」を国内に伝え、「苦難ニ従フ軍隊ニ対スル国民ノ同情」を回復する以外に後援獲得の方法がなかったからである。この史料にも新聞班の名称は記されていないが、「秦」および「田北」の印が確認でき、これは当時新聞班に在籍していた秦および田北惟大尉[44]であると考えられるから、新聞班としての関与がより明確にあらわれている。

このように収集した「美談」や「功績」「労苦」を新聞記事にするために、新聞班は絶えず記者と連絡を取ることも要求された。その一環として、新聞班は陸軍担当の記者クラブである北斗会に宣伝効果が見込めなくても記事材料を毎日供給していた。さらに「新聞論説ヲ動カス必要上特殊ノ手段」[45]が執られることもあった。「特殊ノ手段」が何を意味するか明記されていないが、新聞班長が機密費を使用できる権限を持っていたことから、金銭による操縦が行なわれていた可能性も指摘されている。[46]新聞班設立以前に陸軍省副官を務めていた奈良武次大佐の日記には「辰巳豊吉来訪報酬ノ催促アリ」[47]や「上原武十郎来リ手当ヲ渡ス」[48]といった記述があり、新聞記者との金銭のやり取りを示唆している。新聞記者との接触を引き継いだ新聞班が機密費を用いての新聞操縦を実施していたことは十分考えられる。以上の宣伝以外には、軍事関係雑誌への寄稿や、活動写真の利用なども行なわれた。(49) しかし、「其衰勢ヲ挽回スルニ至ラス」(50)と評されるように新聞班による宣伝が効果を上げていたとは言い難く、出兵当初のような後援を再び得られないまま、一九二二年十月に陸軍は成果を得ることなくシベリアから撤退するのである。

新聞班の設立は陸軍の世論重視の姿勢のあらわれであったが、それが陸軍全体の共通認識となったわけではなかった。第一次世界大戦も終結し、臨時軍事調査委員の解散が決定すると、新聞班の廃止も検討されていた。一九二一年二月に新聞班の存続決定という記事が新聞紙上に掲載されたが、(51) 同年十二月に作成された「臨時軍事調査委員解散要領書」において、新聞班は調査委員と同じく翌年三月三十一日をもって解散し、一部の将校は作戦資材整備会議に転属となり、引き続き新聞関係事項を処理することになっていた。(52) 結果から言えばこの決定は覆り、新聞班は嘱託文官などの人員を解職した上で存続することが決定し、仙波安藝中佐が二代目班長に就任したことが新聞で報道されている。(53)

このように、新聞班の存続が決まるまでに混乱が見られる理由として、まず予算の問題が考えられる。臨時軍事調査委員の経費は臨時軍事費から支給されており、(54) そこから新聞班の経費が支給されていたと考えられる以上、調査委員解散後はどこから経費を捻出するのかという問題が発生する。さらにシベリア出兵における宣伝活動の効果が不十分だったことも影響しているであろう。また、陸軍内に新聞班の存在を厄介視する勢力が存在し、(55) その勢力が班の廃止を唱えていた可能性もある。そのような勢力が存在した背景として、新聞や記者に対する不信感が陸軍内に存在したことが考えられる。例えば宇垣一成も『宇垣一成日記』に新聞や記者への批判を記し、(56) 後には既述のように在郷軍人会や学校教練など軍人が国民に直接軍事思想を普及する施策を実施しており、宇垣はマスメディアを通じた軍事思想普及に積極的ではなかったと考えられる。宇垣自身が新聞班の廃止を唱えていたかどうかは不明であるが、宇垣の言動は陸軍内における根強い新聞不信を示している。(57)

結果として新聞班の存続は許されたが、臨時軍事調査委員解散直後は活動も低調であり、この時期の新聞班は後に「唯名許り残置せしめ一切の活動を封じた」状態にあったと報じられてもいる。(58) 陸軍批判が高揚する状況で、新聞班が再び活動を活発化させるのは一九二二年七月に三宅光治大佐が班長に就任してからである。なお、三宅を初代新聞班長と誤認している史料が複数あり、(59) それ以前の活動が知られていないことからも新聞班が「一切の活動を封じた」状態にあったことがうかがえる。

（二）　軍事思想普及方法の拡大

陸軍に対する批判は根強く、軍事思想の普及が陸軍の重大な課題となっていた。「世人ノ軍人並軍隊ニ対シ偏見邪眼ヲ有スルヲ見ルハ主トシテ軍事ニ対スル不理解」に起因するとあるように、[60] 陸軍批判は軍事に対する人々の理解不足あるいは誤解があるために発生していると認識されていた。そのため陸軍は軍事思想の普及により陸軍および軍事に関する理解を促し、[61] それによる「軍民一致」を実現しようとした。

軍事思想を普及するにあたり、新たなメディアである映画の活用も重要視されてきている。しかし、当初、陸軍が取り組んだのは、新聞班長桜井忠温大佐の「軍隊を呪ふが如き映画が盛んに作製されつつある」という認識のもと、[62] 誤解を与える情報を映画から除去する消極的な方法であり、軍隊の肯定的な側面を宣伝するという方法ではなかった。陸軍省からの通牒も、民間活動写真会社による撮影に許可を与え、軍務に支障がない限り便宜を図るように指示しながらも、「軍部ノ威信ヲ失墜スル虞アル映画ヲ撮影セシメサルコト」とあるように、[63] 陸軍に対する誤解の発生を防ぐという側面が強い。

新聞班が映画を利用して軍事思想の普及に取りかかるのは、一九二〇年代後半に入ってからである。それは、陸軍内で映画の積極的な利用の効果が認められつつあったことが背景にあり、『偕行社記事』には映画の積極的な利用法として、「不知不識、慰安娯楽の間に軍事知識の普及や教化を図る事」に意義を認める記事も掲載された。[64] 一九二七（昭和二）年には新聞班員三国直福大尉が監督、桜井がシナリオ担当で制作された軍事思想普及映画『つはもの』が完成している。[65] また、二八（昭和三）年における新聞班の業務分担表には「映画ニ関スル業務」という項目が確認できる。[66] さらに同年、駐日イタリア大使館付武官から「宣伝ノ為ノ常設委員会」の活動内容に関する陸軍省への問い合わせに対して、新聞班が映画、ポスター、ラジオなどを利用した軍事思想の普及を実施していると回答している。[67] このように、新聞班は新たなメディアを利用しながら軍事思想を普及し、「軍民一致」を実現しようとしたが、劇的な効果はもたらさなかった。次章ではこのような状況で実施された山東出兵の際に、新聞班を中心として陸軍がどのような世論対策を行なっていたのかを見ていきたい。

なお、一九二六（大正十五）年十月から新聞班は新たに設立された軍事調査委員長（畑英太郎陸軍次官が兼任）の統轄下に置かれている。翌年七月には調査班が設立され、新聞班とあわせて軍事調査委員長が統轄することになった。[68] 調査班は「軍隊及直接軍隊ニ関係ヲ有スル部面ノ思想諸問題」や「軍事ニ関係アル社会一般ノ思想問題」「隣接諸国ニ於ケル思想問題」などの調査・研究を行なったほか、[69]「国防上留意すべき世態の実情及思想方面に於ける動静に関し必要なる資料を蒐集綜合して将校の参考に供する」ことを目的として編纂された「調査彙報」の発行など、[70] 共産主義対策などの思想問題に取り組んでいたことに特徴があった。これ以後、新聞班は調査班と協力しながら宣伝を実施していくことになる。ただし、この時期は「国家総動員に関する意見」や「解散顛末書」に見られたような国家総動員を実現させるための宣伝という認識は明確にはあらわれてこない。この点はさらなる検討を要するが、この時期には調査班の設立から見られるように思想問題への対処が陸軍の課題となっており、共産主義者などによる反軍運動を防いで国民の理解を獲得するための宣伝に重点が置かれたためであると考えられる。[71]

三　第二次山東出兵における陸軍の宣伝活動

（一）　第二次山東出兵と新聞班の宣伝活動

これまで検証してきたように、新聞班はシベリア撤退後も新たな手段を利用しつつ宣伝活動の経験を蓄積させていったが、その経験が試される事件が発生した。それが山東出兵である。以下、山東出兵において陸軍がそれまでの経験をふまえつつ、どのように世論対策を実施していたのかを検証していく。

一九二七年五月に国民革命軍により北伐が開始される。それを受けて田中義一内閣は五月二十七日に日本人居留民保護を名目に山東派兵を閣議決定し、満洲駐劄の第一〇師団から歩兵第三三旅団を山東半島に派遣した。この第一次山東出兵は、蔣介石が八月になって下野して北伐が頓挫したことから戦闘は発生せず、九月には全部隊が撤退する。[72]

だが、翌年一月に蔣介石が総司令に復職し、四月に北伐が再開されると、四月十九日に田中内閣は再び山東派兵を閣議決定する。この第二次山東出兵は熊本に司令部を置く第六師団から五千名が派遣されることになった。

この決定を受けて第六師団管区では熱烈な送出が行なわれ、出兵を後援する姿勢が見られたが、[73] ほかの地域では概して派兵に関する論調は好意的とは言えなかった[74]。また、『東京朝日新聞』のように「再出兵に対して吾人は全然反対の見解を有するものである[75]」と政府に批判的な論調も見られた。

批判の矢面に立っていたのは、出兵を決定した田中内閣であり陸軍ではなかった。しかし、シベリア出兵のように、出兵反対の論調は士気低下・軍紀頽廃という重大問題につながる可能性があり、国民の支持を得ないままの出兵がシベリア出兵の二の舞になることを懸念する声が陸軍内部からも上がっていた[76]。そのため陸軍は外務省や文部省、内務省などとも連携を保ちながら、国内に向けて宣伝を実施していく。陸軍省の宣伝機関は軍事調査委員であり、新聞班は主として外部との交渉や新聞記者、通信員などの指導を、調査班は宣伝資料の調査・収集を担任した。また、国内の陸軍部隊や在郷軍人会も陸軍省の指導下で宣伝の一部を担任している[77]。陸軍中央は宣伝要目を作成し、「帝国出兵ノ目的ハ居留民保護ノ外他意ナク従テ我軍ノ行動モ亦其任務達成ニ必要ナル範囲ヲ一歩モ脱出シアラサルコト」および「我軍ハ出動当初ヨリ南北両軍ニ対シ全然不偏不党ニシテ従テ南軍北進阻止等ノ企図毫モアラサルコト」の二点を国内に向けて宣伝した[78]。陸軍は要目の通りに「出兵ノ意義ヲ闡明シ軍隊ノ公正ナル態度ヲ宣伝[79]」していく。宣伝の手段はシベリア出兵時から実施されていた小冊子の発行、新聞記者などへの情報の伝達、写真・映画の撮影に対する便宜供与など[80]、従来から新聞班を中心にして実施されてきた方法とほとんど変わらなかった。

(二) 済南事件の発生と第三師団の派遣

五月三日、済南事件と呼ばれる日中武力衝突事件が発生した。この状況が駐在武官酒井隆少佐により誇張して報告されたために陸軍中央は強硬策を採用し[81]、新たに満洲駐箚の第一四師団からは歩兵旅団一個および野砲兵中隊一個を、朝鮮軍からは飛行隊を山東に派遣した[82]。

事件の発端は日本軍と国民革命軍のどちらにあるのかは諸説あり不明であるが[83]、国民革命軍による「計画的襲撃の証拠歴然」と報道されたり、「邦人虐殺数二百八十」と実際の被害者数よりも過大に報道されたりと[84]、新聞は国民革命軍に批判的であった。また、現地の第六師団でも山東に派遣された記者を通じて国内向けの宣伝を実施していた。第六師団では写真を多用しており、特に「邦人虐殺屍体ノ撮影ヲナシ之ニ済南病院長ニ依頼シテ作成セル検案書ヲ付シ各方面ニ配布シタルモノ」は最も効果があるとされた[85]。実際に「邦人惨殺の写真」を見せられ、復讐の念を抱いた『浜松新聞』の従軍記者の存在も指摘されている[86]。

なお、第六師団で宣伝を担当していたのは、新聞班から臨時に派遣されていた三国直福であった。陸軍は現地での諜報宣伝を容易にするために第六師団司令部に二名からなる宣伝班を設置したが、そのうち済南事件発生時に着任していたのは三国のみであり、彼は「単独ニテ不眠不休宣伝業務ニ従事」することになった[87]。日本から派遣されてきた従軍記者たちの対応も宣伝班が担当しているので、実質的に写真の配布も三国による宣伝活動であり、新聞班が創設以来行なってきた宣伝活動の経験が活かされたと言える。

また、宣伝の一部を担任した在郷軍人会は演説会、講演会、映画会を開催し、「済南事件ノ真相ヲ伝へ以テ国民ノ輿論喚起」に努めていた[88]。在郷軍人会の機関誌である『戦友』を見てみると、六月号および七月号には山東出兵に関連した記事が多数掲載されている。そのなかには一九二七年に発生した南京事件の事例をあげ、事件の結果として日本人は「非常な下等な人間のやうに支那人から思はれ、踏んでも、蹴つても、日本人は抵抗する者でないと云ふ観念を支那人に持たせるに至つた[89]」と軟弱な対応による悪影響を指摘することで出兵という強硬策を後押しする記述も見られた。『戦友』は在郷軍人の言動に影響を与え、記事内容をもとに講演を行なっていたと考えられる。このように陸軍の宣伝の一翼を担った在郷軍人会の活動もまた軽視できない。

以上のような報道や宣伝により世論は出兵反対から対中国強硬論へ転換していき、「南軍〔国民革命軍…引用者註〕ノ徹底的膺懲ヲ叫ヒ国論期セスシテ喚起セラレ軍部ニ対スル期待並後援ハ愈々増大」していった[90]。例えば第一四師団管区では、出兵当初は「無関心」であったが、師団から部隊が派遣され、戦死傷者発生の報道があると「此ノ機ニ支那ヲ徹底的ニ膺懲スヘシ」という意見で衆口一致したと観測されている[91]。国民は中国に対してさらなる強硬策を取ることを認めていると陸軍は判断したのである。

新聞などの強硬な報道を背景に、陸軍中央は平時編制で派遣された第六師団とは異なり、戦時編制での第三師団(司令部：名古屋)派遣を決定して五月九日に動員を下令する。しかし、戦時編制、つまり現役兵に加えて予備役兵も動員しての出動となったために、「第六師団ノ如キ編成ノ部隊ヲ数個派遣セハ累ヲ地方ニ及ホス事ナク現役兵ノミニテ足リシ[92]」であるとか「目下農繁期ナルニ予後備兵ヲ召集スルハ何故ナルヤ農家ノ蒙ル打撃少カラス[93]」といった批判が発生した。さらに動員された兵士たちの士気にも問題があった。「召集ヲ免レントスル者皆無ノ状況」とあるようにほとんどの者が召集自体には応じたが、そのなかには「現下ノ経済状況ヨリ寧ロ応召ヲ可ナリトス者」や「相手ハ支那軍隊ナリ戦死スルカ如キコトナカルヘク期間亦短カルヘシトノ見地ヨリスル者」がおり、見送る人々のなかにも「官費ニテ外国見物ニ行クト同様ナリ」と発言する者までいた。[94] 強硬論が盛り上がっていながら、このような消極的な態度は軍事思想の普及が不十分であることを示しており、陸軍にとって深刻な問題であった。

また、五月十一日に済南全域を占領して事件が鎮静化していくと、再び政府および陸軍への批判があらわれるようになる。その内容は、済南事件発生の原因は出兵にあるとするもの、出兵費用で居留民を避難させ、保護の目的が達せられたとするもの、さらには山東派遣軍の行動を「揣摩憶測」して非難しているものさえあったとされている。[95]

さらに「第三師団ノ動員ハ全ク国民ニ不必要ナル犠牲ヲ要求スルモノナリト論スルモノアリ」[96] とあるように第三師団の派遣や、予備役兵まで動員しながら過剰人員が多数発生していたことも「計画ノ杜撰」だとして批判の対象になっていた。[97] このような状況で陸軍は第三師団の人員を整理して一部の部隊を帰国させた。それは武力衝突の鎮静化により輜重兵をはじめとする後方部隊の規模縮小が可能になった点とともに、以下のような理由が掲げられていた。

経費ノ節約ト一面農繁期ニ際シアルヲ以テ成ルヘク速ニ召集ヲ解除シ以テ地方並個人ノ負担ヲ軽減セントノ主旨ニ出テタルモノニシテ将来ニ於テモ軍部トシテハ情況之ヲ許スニ至ラハ出動部隊ヲモ整理シ成ルヘク多数ノ応召者ヲ帰郷セシメント企図シアリ[98]

「農繁期」とあるように、先に引用した第三師団動員の際の批判に対応した内容であることが重要である。また「多数ノ応召者ヲ帰郷セシメント企図」とあるように、予備役兵の動員解除にも前向きな姿勢を見せている。あくまでも優先されるのは軍事的要請であるが、それに抵触しない限り国民の生活にも配慮しようとする姿勢がここには示されており、動員にあたって産業界や経済界への影響を調査していることも、[99] そうした姿勢の一環であった。逆に言えば、米騒動などの経験から、国民の生活を無視した政策はもはや実行できなくなっていたとも言える。国民の離反を防いで「軍民一致」を実現し、国家総動員が求める自発的な協力を引き出すためにも生活の安定は必要不可欠であり、[100] 陸軍の都合を優先させるわけにはいかなかったのである。

さらに、山東出兵と関連して重要なことは、陸軍において宣伝の重要性がそれまでよりも強く認識されるようになった点である。戦闘が一段落すると参謀本部の一部からは「時局ニ際シ国家宣伝ノ根本方針ヲ確立スル為各省部連絡機関タル一会議体ノ新設」が提唱されている。結局「一般ノ空気ハ此等機関ノ増大又ハ新設ヲ高唱スル機運ニ在ラサリシ」ために具体化するには至らなかったが[101]、国策を推進する上で宣伝が重要な意味を持つことは、実際に宣伝業務にあたっていた者が痛感するところであった。済南事件の当事者であると言える第六師団からも、以下のような意見が出されている。

国軍ノ作戦政略政策ヲ加味シ好機ニ投セル大規模ノ宣伝ハ乍遺憾十分ト認メ難シ将来之等ニモ斯道ノ大家ヲ採用シ好機ニ投シテ国策及作戦ヲ有利ニ指導スル所謂国防的大宣伝ニ一般ノ進歩発達ヲ期スルノ要アルヲ覚ユ[102]

済南事件直後は一時的に効果を見せたものの出兵期間全体を見れば宣伝の効果は不十分であり、出兵あるいは陸軍に対する支持を十分に獲得できたとは言えなかった。軍が行動するには国民の支持を獲得するための宣伝が不可欠であった。そして、その効果をもたらすためには宣伝方法の改善が必要であることを陸軍は認識したのである。

おわりに

日本陸軍は第一次世界大戦の調査・研究から将来の戦争は総力戦であり、その遂行には国家総動員が不可欠であるという結論を得た。国家総動員を実施するには国民の協力が必要であり、そこで重視されたのが「軍民一致」という軍人と国民が協調した状態を実現することであった。

しかし、大戦後は陸軍に対する批判も激しく、「軍民一致」の実現にはほど遠い状態にあった。このような状況で陸軍は国家総動員を実現させるためにも、陸軍省新聞班を設立し、軍事思想の普及のための宣伝を実施していくのである。その方法として新聞はもちろん、新たなメディアである映画なども利用していった。ただし、一九二〇年代後半以降は国家総動員を実現させるための宣伝という認識はあまり見られなくなる。

第二次山東出兵においても政府や軍に対する批判は多く、陸軍は新聞班が培ってきた技術を活用して出兵への支持獲得のために宣伝を行なっていく。「軍民一致」が実現していない状況での出兵であったが、済南事件の際には対中国強硬論が盛り上がり、軍への批判も影を潜めた。しかし、これはあくまでも一時的な状況であった。やがて陸軍は批判に応えるように派遣軍の規模を縮小させていくことになる。陸軍は国民を無視して活動することはできなくなったのである。このような経験から陸軍は、軍の行動には国民の支持が不可欠であるということと支持獲得のための宣伝活動の重要性を改めて認識したのである。

　最後に、山東出兵によって得られた教訓と、その後の展開について述べておきたい。

　山東出兵後、満蒙問題の解決が陸軍にとって重要な課題となっていた。その解決方法として軍事行動も視野に入っていたが、それを実行するには国内の支持が不可欠であるとされ、「満洲問題解決方策の大綱」に見られるように[103]、陸軍は事前に各種の世論形成政策を実施していく[104]。

　また、陸軍に有利な世論を形成する際に障害となるのが「左傾団体」による反戦運動であったが、陸軍はこの点について山東出兵から明るい見通しを得ていた。それは「一般国民の志気旺盛に、民心緊張せば、一部極左傾思想の如き、絶対に圧倒せられて蠢動をだも許さぬ」という状態が済南事件後に見られたことである。済南事件での国民革命軍による「非道」が報道され武力衝突が発生すると、強硬論に圧倒されて「左傾団体」による反戦運動もなりを潜めたことが観測されていた[105]。そして満洲事変では事前に大規模な陸軍の世論対策があり、中国軍による南満洲鉄道の爆破という「非道」を名目として戦闘状態に入ったことから、済南事件と同じように強硬論が盛り上がった。そして目立った反戦運動もなく、陸軍の行動を後押しすることになるのである。

註

（1）藤原彰『日本軍事史　上巻　戦前篇』（日本評論社、一九八七年）一六四頁。

（2）検閲に関しては、中園裕『新聞検閲制度運用論』（清文堂出版、二〇〇六年）を参照。

（3）分須正弘「満洲事変期における世論形成——軍部の世論工作を中心に——」（『政治経済史学』第一九一号、一九八二年四月）。

（4）佐藤勝矢「満洲事変勃発当初の軍部の新聞対策と論調に対する認識」（『日本大学大学院総合社会情報研究科紀要』第六号、二〇〇六年二月）。

（5）黒沢文貴『大戦間期の日本陸軍』（みすず書房、二〇〇〇年）。

（6）同右、三六頁。

（7）黒沢文貴「臨時軍事調査委員と田中軍政」（黒沢文貴・斎藤聖二・櫻井良樹編『国際環境のなかの近代日本』（芙蓉書房出版、二〇〇一年）。後に黒沢文貴『二つの「開国」と日本』（東京大学出版会、二〇一三年）に所収）。小野晋史「陸軍省新聞班の設立とその活動——大正期日本陸軍の言論政策——」（『法学政治学論究』第五五号、二〇〇二年冬季）。なお、一九三〇年代以降の新聞班に関しては、佐々木隆『日本の近代14　メディアと権力』（中央公論新社、一九九九年）および佐藤卓己『言論統制――情報官・鈴木庫三と教育の国防国家――』（中央公論新社、中公新書、二〇〇四年）に限定的な言及がある。

(8) 第三師団の派兵を第三次山東出兵とも呼ぶが、本稿では第二次山東出兵と区別せずに、あわせて論じていく。

(9) 山東出兵以後、陸軍は新聞班を中心にしてそれまで以上に積極的な宣伝活動を実施していくが、この点に関しては別稿を期したい。

(10) 臼井勝美『日中外交史研究――昭和前期――』（吉川弘文館、一九九八年）、服部龍二『東アジア国際環境の変動と日本外交――1918―1931――』（有斐閣、二〇〇一年）、佐藤元英『昭和初期対中国政策の研究――田中内閣の対満蒙政策――〈増補改訂新版〉』（原書房、二〇〇九年）、小林道彦『政党内閣の崩壊と満州事変――1918―1932――』（ミネルヴァ書房、二〇一〇年）などを参照。また、軍事史の視点からは、櫻井良樹「第二次山東出兵と支那駐屯軍」（『軍事史学』第四十八巻第三号、二〇一二年十二月）がある。

(11) 山東出兵と国内状況を関連させて論じた研究に、江口圭一『日本帝国主義史論――満州事変前後――』（青木書店、一九七五年）がある。江口氏は、山東出兵を帝国主義の視点から分析し、満洲事変にもつながる問題として取り上げている。ただし、本稿では帝国主義という枠組みには捉われず、国民から軍隊への影響についても論じていく。

(12) 「臨時軍事調査委員解散顛末書」（大正十一年三月三十一日）第一章（「業務顛末書提出ノ件」JACAR（アジア歴史資料センター）Ref.C03025405000（第6～第8画像目）、「大正十三年欧受大日記」三冊之内其三、防衛省防衛研究所）（以下、「解散顛末書」）。

(13) 臨時軍事調査委員に関しては、山口利昭「国家総動員研究序説――第一次世界大戦から資源局の設立まで――」（『国家学会雑誌』第九二巻第三・四号、一九七九年四月）、纐纈厚「臨時軍事調査委員会の業務内容――「月報」を中心にして――」（『政治経済史学』第一七四号、一九八〇年十一月）、黒沢『大戦間期の日本陸軍』、同「臨時軍事調査委員と田中軍政」を参照。

(14) 臨時軍事調査委員「国家総動員に関する意見」（一九二〇年五月）一七八頁（以下、「国家総動員に関する意見」）。戦争は軍隊のみが戦うのではないという認識は、参謀本部部員小磯国昭少佐など、同時期に大戦の調査・研究をしていたほかの軍人にも見られる〔参謀本部「帝国国防資源」大正六年八月（「第六章　総結論」二七〇―七一頁）JACAR：C12121557800、防衛省防衛研究所）。

(15) 「国家総動員に関する意見」七五―七七頁。

(16) 同右、一一五―一六頁。

(17) 角田順校訂『宇垣一成日記1』（みすず書房、一九六八年）三八八頁（以下、『宇垣一成日記1』）。

(18) 田中義一陸軍大臣の名前で出された「軍隊内務書改正審査委員長ニ与フル訓令案」などにも「軍民一致」という表現が見られる〔軍務局歩兵課「軍隊内務書改正審査委員長ニ与フル訓令ノ件」（大正八年五月十日）（「軍隊内務書改正審査委員会編成に関する件」JACAR：C02030976200（第9～第11画像目）、「大正一〇年甲輯第一類　永存書類」防衛省防衛研究所）。

(19) 葉室俊雄（大尉）「一般国民ニ軍事思想ヲ普及セシムヘキ具体的策案」（『偕行社記事』第五二七号、一九一八年六月）および高須武次郎（大尉）「一般国民ニ軍事思想ヲ普及セシムヘキ具体的策案」（『偕行社記事』第五三四号、一九一九年一月）。

(20) 葉室「一般国民ニ軍事思想ヲ普及セシムヘキ具体的策案」四九頁。もう一方の高須は総力戦のための軍事思想普及という観点は稀薄である。ただし、軍事思想の要素として「軍事智識ノ習得」が含まれている点は葉室と共通している。

(21) 黒沢『大戦間期の日本陸軍』一三—一六頁。

(22) ただし「国家総動員に関する意見」と宇垣には異なる点もある。これまで述べてきたように、前者は軍事思想を普及する前提として「軍民一致」を実現させるという認識であるのに対して、後者は「軍民一致」を実現するための手段として軍事思想の普及を捉えている。このような差異を含みながらも、陸軍は軍事思想の普及を図っていくのである。

(23) 『宇垣一成日記1』三七六頁。

(24) 纐纈厚『総力戦体制研究——日本陸軍の国家総動員構想——』（社会評論社、二〇一〇年。一九八一年出版の復刊）一〇八—一一一頁。

(25) 『宇垣一成日記1』四六四頁。

(26) 由井正臣『軍部と民衆統合——日清戦争から満州事変期まで——』（岩波書店、二〇〇九年）一四七—五〇頁。なお、学校教練のような教育機関を利用した国防・軍事に関する理解の増進は「国家総動員に関する意見」でも提唱されている（「国家総動員に関する意見」一一六頁）。

(27) 参謀本部編『大正七年乃至十一年西伯利出兵史』中（新時代社、一九七二年。一九二四年印刷の復刻）一二八二頁。巻および頁数は復刻版による。

(28) 吉田裕「日本帝国主義のシベリア干渉戦争——前線と国内状況との関連で——」（『歴史学研究』第四九〇号、一九八一年三月）。

(29) 「解散顚末書」第四章第七節第一。

(30) 同右。

(31) 同右。

(32) 同右、第四章第四節。

(33) 「国家総動員に関する意見」四六頁。

(34) 「解散顚末書」附表第四属表。

(35) 同右、第四章第七節第一。なお「解散顚末書」および参謀本部編『大正七年乃至十一年西伯利出兵史』中、九八〇頁によれば新聞班の成立は一九一九年五月だが、上法快男『陸軍省軍務局』（芙蓉書房、一九七九年）四八九頁および秦郁彦編『日本陸海軍総合事典〈第二版〉』（東京大学出版会、二〇〇五年）三〇八頁では一九一九年二月に成立としている。

(36) 一九二〇年三月時点の新聞班員六名は、一名を除き、秦班長を含めた全員が臨時軍事調査委員所属である（「解散顚末書」第四章第七節第一）。

(37) 同右、第四章第七節第二。

(38) 黒沢文貴氏はこの冊子の名称を「輿論梗概」としているが（黒沢「臨時軍事調査委員と田中軍政」）、管見の限り史料上でこの名称は確認できなかった。

(39)「解散顚末書」第四章第七節第二。
(40)同時期の陸軍の対国外宣伝に関する最近の研究として、藤田俊「シベリア出兵における日本陸軍の新聞操縦活動」(『中央史学』第三五号、二〇一二年三月)を参照。
(41)官房「出征軍人後援ニ関スル件」(大正八年七月十一日)(「派遣軍ノ状態通信ニ関スル件」JACAR:C07061346400〈第18～第27画像目〉、「大正十年十一月西受大日記」其二、防衛省防衛研究所)。
(42)同右。
(43)官房「派遣軍ノ状態通信ニ関スル件」(大正九年二月十九日)(「高級副官ヨリ浦潮派遣軍参謀長ヘ長翰」JACAR:C07061346400〈第3画像目〉、「大正十年十一月西受大日記」其二、防衛省防衛研究所)。
(44)「解散顚末書」第四章第七節第二。
(45)同右。
(46)小野「陸軍省新聞班の設立とその活動」二七五頁。
(47)「奈良武次日記」(奈良家所蔵)一九一四年五月五日の条。辰巳豊吉は『中央新聞』記者。
(48)同右、一九一四年五月二十八日の条。上原武十郎は東京通信社理事。
(49)「解散顚末書」第四章第七節第二。
(50)参謀本部『大正七年乃至十一年西伯利出兵史』中、一二八二頁。
(51)『読売新聞』(一九二一年二月二日付朝刊)。
(52)「解散顚末書」附録第一。このことは新聞でも報道されている(『読売新聞』一九二一年一月二十三日付朝刊)。
(53)『読売新聞』(一九二二年二月十六日付朝刊)。
(54)「解散顚末書」第五章。
(55)小野「陸軍省新聞班の設立とその活動」二七二―七三頁。また、陸軍が新聞班員を「ワケもなく毛嫌ひ」しているという新聞記事もある(『読売新聞』一九二二年二月十六日付朝刊)。
(56)『宇垣一成日記1』二五六頁、二六四頁、二七二頁など。
(57)陸軍担当の『報知新聞』記者であったたて生(本名不詳)は菅野尚一や軍務局長、人事局長、高級副官など陸軍省の要職にある人物が「新聞を嫌ひ記者を軽蔑」していると指摘している〔たて生『陸軍棚ざらひ』(金桜堂書店、一九二一年)一六九―七二頁〕。
(58)『読売新聞』(一九二三年三月二十三日付朝刊)。
(59)木戸日記研究会編『西浦進氏談話速記録』上(日本近代史料研究会、一九六八年)一六九頁および樋口季一郎『アッツ、キスカ軍司令官の回想』(芙蓉書房、一九七一年。一九九九年、『陸軍中将樋口季一郎回想録』として解題再刊。)二八〇頁。
(60)和田芳男(二等主計)「時代思潮ニ鑑ミ世人ヲシテ益々将校ヲ信頼セシムヘキ方法」(『偕行社記事』第五六三号、一九二一年七月)一〇四頁。
(61)黒沢『大戦間期の日本陸軍』の特に第三章「日本陸軍の『大正デモクラシー』認識」を参照。黒沢氏は、孤立した責任は軍隊を誤解した社会だけでなく、常識や社会性を欠如した将校にもあるという陸軍の認識もあわせて指摘している。
(62)桜井忠温「活動写真の新傾向――軍隊を呪ふ映画　自由主義の映画――」(『偕行社記事』第六〇九号、一九二五年二月）七八頁。

（63）軍事課「民間活動写真ノ軍事撮影ニ関スル件」（大正十三年七月七日）（JACAR：C03022646700（第3画像目）、「大正十三年密大日記」五冊ノ内第一冊、防衛省防衛研究所。

（64）白濱秀雄（大尉）「現代社会の言論と民衆娯楽とに関する陸軍の態度」（『偕行社記事』第五四八号、一九二八年一月）九九頁。

（65）『読売新聞』（一九二七年五月二十三日付夕刊）。

（66）陸軍省「陸軍省各課員業務分担表　昭和三年」（防衛省防衛研究所所蔵）。

（67）伊国大使館付武官「宣伝常設委員会ニ関スル伊国武官ヨリノ問合ノ件」（昭和三年八月二十八日）（JACAR：C01001943400、「昭和三年乙輯第四類　永存書類」防衛省防衛研究所）。

（68）秦編『日本陸海軍総合事典〈第二版〉』三〇八頁。

（69）陸軍省「陸軍省各課員業務分担表　昭和三年」。

（70）松野誠也「陸軍省『調査彙報』解説」（松野誠也編・解説『陸軍省『調査彙報』』不二出版、二〇〇七年）八頁。

（71）なお、明確に国家総動員を意識した宣伝が実施されるのは満洲事変後であり、それを象徴するのが一九三四年の「陸軍パンフレット問題」である。

（72）佐藤『昭和初期対中国政策の研究〈増補改訂版〉』四二一―七一頁。

（73）第六師団参謀長谷藤長英「昭和三年支那事変政史編纂資料送付ノ件通牒」（昭和四年八月六日）（「政史編纂資料借用ノ件（11）」JACAR：C07090552400、「昭和三年陸支普大日記」第五冊1／4、防衛省防衛研究所）。

（74）参謀本部編『昭和三年支那事変出兵史』（巌南堂書店、一九七一年。一九三〇年印刷の復刻）七七九頁。

（75）『東京朝日新聞』（一九二八年四月二十五日付朝刊）。

（76）『宇垣一成日記1』六五九頁。

（77）参謀本部『昭和三年支那事変出兵史』七六六―六七頁。

（78）同右、七七二頁。

（79）同右、七七六頁。

（80）同右、七七三―七五頁。

（81）佐藤『昭和初期対中国政策の研究〈増補改訂新版〉』二三六―三七頁。

（82）参謀本部『昭和三年支那事変出兵史』九〇―九一頁。

（83）事件発生の要因を検証した近年の研究として、服部『東アジアの国際環境の変動と日本外交――1918―1931――』二〇二―〇七頁がある。

（84）『東京朝日新聞』（一九二八年五月五日付朝刊）。なお、日本人居留民の被害者数は外務省の調査によると死者一五名、負傷者一五名とされている（外務省亜細亜局第一課「済南事件」（昭和三年九月）〔「第二済南事件ニ依ル被害状況（甲）邦人居留民」JACAR：B05014000200（第28画像目）、外務省外交史料館）。

（85）山東派遣第六師団司令部「宣伝謀略ニ関スル実施報告」（昭和四年一月三十一日）「時局間ノ謀略宣伝事項ニ関スル件（1）～（4）」（JACAR：C04021701300（第28画像目）、C04021701400、C04021701500、C04021701600、「昭和三年陸支密大日記」第二冊、防衛省防衛研究所）。

（86）荒川章二『軍隊と地域　シリーズ日本近代からの問い　6』

（青木書店、二〇〇一年）一九七頁。
(87) 山東派遣第六師団司令部「宣伝謀略ニ関スル実施報告」。
(88) 参謀本部『昭和三年支那事変出兵史』九四三頁。
(89) 佐藤安之助「支那時局と其の由来」（帝国在郷軍人会本部編『戦友』第二一七号、一九二八年七月）二二頁。
(90) 参謀本部『昭和三年支那事変出兵史』九四二頁。
(91) 第十四師団参謀長村井清規「昭和三年支那事変政史編纂資料送付ノ件回答」（昭和四年八月十日）（「政史編纂資料借用ノ件（9）」JACAR：C07090552200（第2画像目）、「昭和三年陸支普大日記」第五冊1／4、防衛省防衛研究所）。
(92) 軍事課「第三師団留守部隊ノ整理並同師団輜重復員ニ関スル件」（昭和三年五月三十一日）（「第三師団留守部隊ノ整理並ニ輜重部隊復員ニ関シ地方側ニ対スル説明ノ件」JACAR：C04021700900（第14～15画像目）、「昭和三年陸支密大日記」第二冊、防衛省防衛研究所）。
(93) 「思想上ヨリ見タル第三師団動員下令前後ノ諸状況」（陸軍省「調査彙報」第二号、一九二八年七月）四三頁。
(94) 同右、四四―四五頁。
(95) 参謀本部『昭和三年支那事変出兵史』七七六頁。
(96) 同右、九四三頁。
(97) 軍事課「第三師団留守部隊ノ整理並同師団輜重復員ニ関スル件」。
(98) 同右。
(99) 「思想上ヨリ見タル第三師団動員下令前後ノ諸状況」四七―四九頁。
(100) 同様のことは「国家総動員に関する意見」でも重視されている。
(101) 参謀本部『昭和三年支那事変出兵史』七六八頁。
(102) 山東派遣第六師団司令部「宣伝謀略ニ関スル実施報告」。
(103) 「満洲問題解決方策の大綱」（一九三一年六月十九日）（小林龍夫・島田俊彦編『現代史資料7　満洲事変』みすず書房、一九六四年）一六四頁。
(104) 分須「満州事変期における世論形成」。
(105) 「国内思想界の大観」（陸軍省「調査彙報」第一号、一九二八年六月）一二―一三頁。

日本陸軍の思想戦
——清水盛明の活動を中心に——

辻田真佐憲

はじめに

思想戦は、アジア太平洋戦争期（一九三一〜四五年）の日本を考える上で欠かせないキーワードである。

臨時軍事調査委員の永田鉄山[1]が一九二〇（大正九）年五月に「国家総動員に関する意見」[2]の中で先駆的に使用したこの言葉は、のちに敵国の戦争継続意思を鈍らし、自国民の士気を鼓舞し、中立国の同情を博するために宣伝を行うこと説明されて、武力戦、科学戦、経済戦、政治戦と並んで国家総動員の一翼に位置付けられることになった[3]。

もとより思想戦についてはすでに多くの研究が重ねられている[4]。思想戦の担い手となった内閣情報機構（内閣情報委員会、内閣情報部、情報局）[5]や同盟通信社[6]の成立および活動についても解明が進んでいる。そして、陸軍が思想戦をいち早く研究し、そのための組織づくりを主導したという点についても、つとに指摘されているところである[7]。

しかるにその一方で、陸軍の中で誰が思想戦研究を深化させたかについては必ずしも明らかではないように思われる。というのも、国家総動員をリードした永田ら一夕会系幕僚は資源獲得など経済戦に関心が集中しており、必ずしも思想戦について詳しく言及していないからである[8]。

従って、永田の国家総動員を補完し、思想戦を基礎付け、実務として思想戦に取り組んだ「思想戦の専門家」たちの系譜が別に解明されなければならないのではないだろうか[9]。

そこで小論では、その手がかりとして、清水盛明に着目してみたい。清水は、一九三四（昭和九）年三月に陸軍省新聞班に配属され、思想戦という言葉を世に広めた陸軍パンフレット『国防の本義と其強化の提唱』を起案したことで知られる。その後も一貫して情報部門を歩み、日中戦争下には内閣情報部情報官、さらに第二代の陸軍省情報部長に就任した。

　とりわけ、一九三八（昭和十三）年二月の「第一回思想戦講習会」で彼が行った「戦争と宣伝」という講演は、陸軍の思想戦研究の到達点を示すものとして評価が高い(10)。このように理論家であり実践家でもある清水は、陸軍の思想戦研究の深化を辿るに最適な人物であると思われる。

一　『国防』執筆まで

　清水盛明(11)は、一八九六（明治二十九）年八月二十四日、陸軍歩兵中尉（最終階級少佐）清水盛次とその妻カツ(12)の長男として久留米市で生まれた。ただし本籍地は愛知県である。

　広島高等師範学校附属中学校、広島陸軍地方幼年学校、陸軍中央幼年学校を経て、一九一七（大正六）年五月、陸軍士官学校を卒業した（二十九期）。同期には、有末精三、佐藤賢了、四方諒二、柴野為亥知、谷萩那華雄ほか、王族の李堈らがいる。佐藤は陸軍省情報部長、谷萩は陸軍報道部長を務めるなど、清水と同じく情報部門の責任者を務めた。また柴野は、佐藤と清水の部下として陸軍省新聞班員および同情報部員を務めた。第一次世界大戦を受けて問題化した思想戦の実務は、この世代が担ったといえる。

　一九一七年十二月砲兵少尉に任官、野砲兵第十四連隊付きとなった。二〇年十一月、陸軍砲工学校高等科を卒業。二一（大正十）年四月砲兵中尉。そして二五（大正十四）年十一月、陸軍大学校を卒業した（三十七期）。佐藤賢了とは砲工校高等科、陸大でも同期だった。

　一九二六（大正十五）年三月、砲兵大尉に昇進し、野砲兵第三連隊中隊長に任ぜられた。そしてこの在任中、清水最初の著作である『国防』が出された。当時清水は三十歳。

　『国防』は、奥付によると一九二六年十月一日、同連隊の所在する名古屋の星野書店より刊行。「戦ひの意味」「戦争概論」「戦争のやり方」「軍隊の組織と統師《ママ》」「国防上より見たる問題」「附録」の全六篇からなる。著作者として、清水とともに砲兵中尉大宮橘尾(13)が名を連ねた。

　分担執筆の程度は不明だが、のちの陸軍パンフレット『国防の本義と其強化の提唱』を思わせる独特の戦争哲学が冒頭の「戦ひの意味」で展開されており(14)、全体の構成は清水が主導したのではないかと思われる。

　『国防』の内容は幅広く、航空機や海軍艦艇のみならず、果ては「未来戦の構想と新兵器」として「ヘリコプター」「無操縦者飛行機」「殺人光線」にまで話が及ぶ。

　とはいえ、同書の眼目は、「はしがき」の「戦ひは軍人の専有物ではない、これは私共の持論である。戦ひは人間の専有物ではない、これは私共の持論である、戦ひは動物の専有物ではない、これは私共の持論である。(15)」という文章に要約されているといってよい。すなわち、独特の戦争哲学と総力戦論の混合である。とりわけ思想戦との関係で重要になるのは、総力戦論の部分、具体的には「戦争概論」と「国防上より見たる問題」の二篇である。

「国防上より見たる問題」では「国家総動員」や「精神動員」という言葉が使われている。(16)「精神動員」は永田鉄山が前述の「国家総動員に関する意見」で述べた概念であり、本書が永田の報告書を踏まえているのは明らかだろう。清水の陸大在籍時には、永田もまた兵学教官として在籍していたことがあり、直接薫陶を受けた可能性もある。

一方、「戦争概論」ではより具体的に思想戦について言及されている。ここでは、「国防の主体は『国民精神』」であり、「軍備は末、精神は本《もと》である」と言い切られる。(17)一見ファナティックな精神主義のようにも見えるが、読み進めると必ずしもそう断言できないことがわかる。

清水らは「思想戦」と銘打たれた節でこう続ける。先の大戦でロシアの帝政が崩れ、ドイツが敗北した。なぜか。それは武力戦ではなく思想戦に負けたからだ。いかに戦闘で勝利をしていても、「共産主義」やその背後にある「ユタア民族」が民衆を煽動し、革命を引き起こしてしまっては、戦争は続けられなくなってしまうのだと。(18)

若し此等の左傾思想に屈して、所謂思想戦場に敗れたならば其惨害は蓋し、兵器、弾薬、毒瓦斯によるの比にあらす《ママ》して実に、国家の組織を破壊され、国家個人の生命を奪はれ、然る上に国土全部を血の海と化させらる、に至るのであるから……(19)

つまり、第一次世界大戦を踏まえた合理的な帰結として、「軍備は末、精神は本」だと説かれているわけである。本書は総力戦の現出を受けて、「国防」という概念をバージョンアップしようとしていると捉えるべきだろう。

では具体的にはどうすればよいか。同書は続く「宣伝戦」という節でルーデンドルフ（E. Ludendorff）やノースクリフ卿（Viscount Northcliffe）の名前をあげて、「プロパガンダ」で戦わなければならないと力説する。ドイツのルーデンドルフは「ドイツは戦場ではなく宣伝で負けた」という神話を広めた張本人であり、英国のノースクリフ卿は同国戦争宣伝局長として大戦間の英国の宣伝戦を主導した人物である。ドイツの失敗と英国の成功に学べという文脈で、この二名の名前は以後思想戦に関連して必ずといっていいほど登場することになるが、同書はその先駆的な例の一つであるといえよう。

そして清水らは「宣伝手段」として次のようなものを掲

げる。すなわち、「通信社」「新聞」「無線電信」「書籍檄文」「演説、講演、声明」「絵画、映画、芝居」「ポスター」など[20]。このような手段の羅列は、後述するように清水の思想戦論の特徴であり、この箇所は清水が担当したと強く推測させる。

もっとも、『国防』では思想戦の手段としてこれらに言及するものの、その運用の仕方については必ずしも明確ではない。野砲兵連隊の中隊長には無縁だったからであろう。いずれにせよ、清水は一九二六年の段階で早くも思想戦に取り組んでいたことが同書からは見て取れる。以上はいわば思想戦への目覚めの時期であった。

二 『国防の本義と其強化の提唱』の起案

『国防』を発表したのと同じ一九二六年十二月に清水は参謀本部付として異動。翌(昭和二)年十二月には参謀本部員となった。参謀本部ではフランス班に配属され、留学先もまたフランスであった。

清水は語学に優れ、フランス語以外にも、英語に堪能だったという[21]。イタリア語、ドイツ語、ロシア語も得意だったという証言もある[22]。陸士や陸大の卒業席次は必ずしも芳しくなかったが、このような優れた語学力は、海外のプロパガンダに関する文献を渉猟する上で大いに役立ったものと考えられる[23]。

なお、清水が参謀本部員として在籍していた一九二八(昭和三)年三月には、参謀本部により「諜報宣伝勤務指針[24]」という文書が出された。これは陸軍が諜報、宣伝、謀略の専門家向けに作成したマニュアルで、陸軍のプロパガンダ研究に関する初期の取り組みといわれるものである[25]。

清水の関与は明らかではないが、同マニュアルには「宣伝ノ材料」として、「新聞、電報通信」「無線電信、無線放送」「書籍、定期刊行物、小冊子、檄文」「口伝」「絵画及写真」「芸術品、演劇、映画、歌謡、音楽」「標語及象徴」「学校、研究所、展覧会等」「敵国俘虜ノ利用」などが羅列されている[26]。

また、ここでは単なる「材料」だけではなくその運用の「手段」についても述べられており、宣伝で必要なのは「対手ヲシテ知ラス識ラスノ間之ヲ感受セシムル[27]」ことと指摘されている。また歌謡に関して「深刻ナル印象ヲ知ラス識ラスノ間ニ注入スルモノ[28]」とも言及されている。この「知ラス識ラス」は後年清水が重要視し、たびたび使う言葉である[29]。清水の思想戦に対する理解が、陸軍における思想戦研究の深化と軌を一にしていたことを窺わせる。

さて一九三〇(昭和五)年三月、清水は国際連盟代表の随員としてジュネーヴに渡った。三二(昭和七)年八月砲兵少佐。三三（昭和八）年二月に帰国し、山砲兵第十一連隊大隊長に任ぜられた。

そして一九三四年三月には陸軍省新聞班[30]に異動。同月、軍務局長に永田鉄山、新聞班長に根本博が就任している。この体制のもと、同年十月十日付けで発表されたのが、有名な陸軍パンフレット『国防の本義と其強化の提唱』である。

陸軍では一九三一（昭和六）年より陸軍パンフレット[31]を発行しており、その累計は一二三種以上に上った。その中には『思想戦』（一九三四年二月十一日発行）というタイトルのものも見られる。発行元は陸軍省調査班、同軍事調査部、同新聞班と変遷し、『国防の本義と其強化の提唱』は新聞班が発行した三つ目のものに当たった。

『国防の本義と其強化の提唱』は軍務局軍事課政策班長の池田純久が原案を作り、それに清水が原形を留めないほど大幅に加筆修正して完成を見た[32]。戦後、同パンフレットをめぐって池田と清水の双方が自分こそ作者であると主張したようであるが[33]、防衛省防衛研究所に保管されている原稿綴を見る限り、これは清水の主張に分があるといっていいように思われる。

特に「たたかひは創造の父、文化の母である」という有名な冒頭箇所は、まったく清水の創作である。『国防』における特異な戦争哲学を思い起こせば、これはやはり清水の持論ともいうべきものだったのだろう。時に軍部の「戦争賛美」として批判されるものだが、この箇所のみをもってそう断じることは控えなければなるまい。

『国防の本義と其強化の提唱』は刊行されるや多大な反響を巻き起こし、「思想戦」という言葉を一般に定着させた。池田の原案にも「宣伝と思想戦に対する覚悟」という箇所があったものの、これは既存のパンフレット『思想戦』のほとんど引き写しに過ぎなかった。それに対して清水は、「二、国防力構成の要素」の「其三　混合要素」と、「四、国防国策強化の提唱」の「其三　国防と思想」の二箇所に亘って、思想戦の重要性を説いている。

前者には、例えば次のような箇所がある。「宣伝の要素たる可きものは、新聞雑誌、通信、パンフレット、講演等の言論及報道機関、ラヂオ、映画其他の娯楽機関、展覧会、博覧会等多々あるが、平時より是等機関の国家的統制を実行し、平時より展開せられある思想戦対策に遺憾なからしめる必要があるのではないか[34]。」

もっとも、思想戦に関していえば『国防の本義と其強化の提唱』にはそれほど目新しい内容はない。例えば、ドイツ敗戦の理由を思想戦に求めている点[35]や、ルーデンドルフやノースクリフ卿を紹介している点[36]は、『国防』や『思想戦』と何ら変わりない。

また「宣伝戦の中枢機関」[37]の設置が必要であることは「諜報宣伝勤務指針」においてすでに述べられており、「国際主義、個人主義、自由主義思想を芟除」して「挙国一致の精神」で国民を統一すべきという提言も、既出のパンフレット『思想戦』で展開された「世界赤化」に対する「世界皇化」という概念をより具体的にわかりやすく説明したものといえる。

その意味で、このパンフレットは清水のオリジナルの思想というよりも、陸軍の思想戦を含む総力戦研究を集大成したものというべきだろう。しかし、それを異動して間もない清水が担ったということは、他ならぬ彼が陸軍部内でも思想戦に詳しいと目されていたからではないだろうか。いずれにせよ、『国防の本義と其強化の提唱』をまとめあげて思想戦の理論に通暁した清水は、この後実務の中核を担うことになる。

三　内閣情報機構への関与

一九三二年九月十日、情報宣伝政策を一元化するため、官制によらない内閣情報委員会が外務省に置かれた。三六（昭和十一）年、これを官制に改めるということで、「内閣情報委員会設置」準備委員会が設けられた。清水は武藤章とともに陸軍側の委員として準備委員会に参加している。[38]二・二六事件の発生もあって一時停滞したが、七月一日には官制による内閣情報委員会が発足。清水は常勤の事務官の一人に就任した。

一九三七（昭和十二）年九月二十五日、日中戦争の進展にともない、行政委員会であった内閣情報委員会が内閣情報部という部局に格上げされると、清水は改めて新設された職制である情報官の一人に就任した。なお、同月政府は「国民精神総動員運動」という官製運動を開始している。「精神動員」「思想戦」が陣容を整え、まさに大々的に始まろうとしていたのがこの頃である。

日中戦争が本格化したこともあり、清水はこの後陸軍側の思想戦窓口の一人として様々な講演を行った。特に重要なのは、思想戦講習会である。これは毎年二月中旬の一週間を期間とし、「地方長官および中央官庁の適当と認むる高等文官、同待遇」の文官および中佐級の陸海軍将校あわせて約一〇〇名（第三回は一五〇名）を前に開催されたもので、一九三八年から四〇（昭和十五）年の三年間に亘って続けられた。[39]

清水はその中で、一九三八年の第一回に「戦争と宣伝」、三九（昭和十四）年の第二回に「支那事変と宣伝」と、二回に亘って登壇している。[40]内閣情報部長の横溝光輝の三回を除けば、複数回登壇しているのは清水のみである。なかでも「戦争と宣伝」は、陸軍の思想戦研究の粋ともいうべき大変まとまった内容となっている。速記録が残っているので、これに基づいて内容を検討してみたい。[41]

「戦争と宣伝」は、「近代戦争の特質」「国家総力戦と思想戦」「思想戦の目的」「宣伝実施の分担」「宣伝内容の決定」「宣伝の機構」「宣伝媒体の研究」「宣伝の原則」「宣伝者の資格」「宣伝の協力者」「将来戦と宣伝の任務」「我が国に於ける宣伝上の欠陥」「宣伝機構の将来」の一三節と、二つの附録と一つの附図からなる。国家総力戦における思想戦の位置付けや、そのための機関設置の必要など、これまで思想戦に関し縷々述べられてきたことが体系立ってまとめられている。到底一朝一夕に準備できるようなものではなく、清水の研究の蓄積を物語るものだ。

この中で分量的にも突出しているのは、「宣伝媒体の研究」である。ここで清水は思想戦の媒体として、実に様々なものを掲げる。すなわち、「口から耳へ」として「口伝」「座談会」「講演会」「インタヴュー」「宗教家の説教」。次に「耳から心へ」として「音楽」「蓄音機」「ラヂオ」。第三に「目から心へ」として「佈告・発表・声明・伝単ビラ」「書物に依る宣伝」「ポスター」「漫画」「見世物・紙芝居・離れ業」「演劇」「写真」「映画」「新聞通信」「カタログ、プログラム、スタンプ」「アドバルーン」「統計表」「風呂敷」。配布資料には更に「切手、絵葉書、煙草レベル、映画字幕」「包装、手拭」「扇子、電気サイン、ショウウインド、看板、広告」「旗幟、マネキン、チンドンヤ、サンドウイッチマン」「チエーンレター（幸福の手紙）」「文化紹介、観光紹介」などが見える。このような多様さには驚かされる。

また清水はただ羅列するだけではなく、その使い方についても詳細に論じている。例えば、ポスターについては「賑やかな町にこんなものが一枚貼つてあつても誰も気が付かないのでありますから、家の壁などに貼る場合には同じ種類のものを十枚も二十枚位並べて貼ることが必要であります」[42]、また漢民族には「牡丹、椿、菊、蘭、竹、桂花、松、胡蝶、蟬、蝙蝠、蜂、鹿、豹、象、馬、獅子、牛、麒麟、龍、孔雀、鳳凰、鶴」などの模様が好まれるなど[43]、具体的にアドバイスする。

また演劇については「二時間ばかりの【古川緑波の】喜劇の中に五分ばかり支那事変の解説をやつたのでありますが、民衆は笑ひながら見て居る間に不知不識の中に支那事変の意義を教へ込まれることになるのであります」。「これが本当の宣伝のやり方ではないかと考へるのであります。」[44]と成功例を紹介する。更に、国境の町に大きな拡声器を備え付けて音楽放送をやってはどうかなど、予言的な提案まで見られる。[45]

特に次の音楽に関して触れた部分は、よく引用されるところである。

由来宣伝は強制的ではいけないのでありまして、楽しみながら不知不識の裡に自然に環境に浸つて啓発教化されて行くといふことにならなければいけないのであります。[47]

[46]

そして、ドイツの「楽しみを通じての力団(Kraft durch Freude)」を評価する一方で、日本の教化運動は「や、もすれば抽象的観念的であり而かも道学者式でやかまし過ぎ其の結果が一片の形式的の運動に終り勝ちである」[48]と難ずる。また他の箇所では、国民精神総動員運動の標語、「堅忍持久、尽忠報国、挙国一致」さえもスローガンだけでは「ピンと来ない」と批判している。[49]

このように清水は、娯楽を活用して「不知不識」「自然に」教化することが肝要だと述べているのである。すでに指摘したとおり、「不知不識」は「諜報宣伝勤務指針」に見られた言葉であった。しかも同マニュアルでは「歌謡」に関して同じ言葉が使われたのであった。清水が同マニュアルを含めて、陸軍の思想戦研究をよく消化し、自家薬籠中の物としていたことを示唆する。

思想戦講習会は関係者向けの講義であったため、実際に活用できるという点に重点を置いて話がなされたのだろう。「戦争と宣伝」は、『国防の本義と其強化の提唱』で抽象的に説かれた思想戦を、嚙み砕いてわかりやすく実務者たちに伝えたものといえよう。その他、ノースクリフ卿に加え、新たにヒトラーの言葉を「宣伝の原則」として引いているのが特徴的である。[50]

清水はまた同年中の鉄道省関係者向けの講演でも「今回の事変の主体は思想戦にあるのではないか」といい、「火の消えてしまつた暗闇のやうな感じを国民に与へたならば、長期持久戦といふものは出来ない」「やはり多少の娯楽は残さねばならぬ」と、娯楽の重要性を説いている。[51]

かくのごとく清水は、「娯楽」という具体例を示すことで、思想戦の理論と実践を仲介する役割を果たしたのである。

四　陸軍省情報部長時代

清水は、一九三八年十二月十日、陸軍省情報部長に就任した。陸軍省新聞班が同年九月二十七日に陸軍省情報部に昇格したためで、清水は二代目の情報部長に当たる。

広報部門の責任者でもあるため、この時期に出された清水の講演や文書は多数に上る。『文藝春秋』の座談会に、部下の福山寛邦歩兵中佐を引き連れて出席しているものもある。[52]

一九三九年九月二十九日に実業之日本社より刊行された『戦ひはどうなるか』は、そのような既往の著作物をまとめたものだ。冒頭に清水の文章が掲げられているが、なかなかの名調子で、彼の文才のほどが窺い知れる。

内容を見ると、先の第一回思想戦講習会の「戦争と宣伝」が一部を削除した上で掲載されている。削除といっても宣伝媒体や宣伝テクニックの部分はそのまま残されており、そのエッセンスはほとんどそのまま公開されているといっていい。また同書には『国防の本義と其強化の提唱』も抄録されている。

しかし、この時期の清水の発言内容は、その立場もあって、思想戦だけではなく外交など多岐に亘っている感がある。[53]そこで、清水時代の陸軍省情報部の活動を検討することから、この時代の活動を読み解きたい。

清水は思想戦において娯楽を重視していたことは先に述べた。一九三九年七月七日の『東京朝日新聞』に出した談話でも、「娯楽」を「慰安」と言い換えた上で、「健全なる慰安は事変下にも必要である」と説いている。そして、「毎日朝から晩まで軍歌と詩吟等の軍国一色で塗り込めねばならぬやうに考へる人もあるやうであるが、それは少々行き過ぎた考へ方」と柔軟な考え方を示し、「極端なる末梢的な瑣末の事項に干渉することは却て銃後の心理を暗くし、逆効果を招来するおそれさへある」と過度の統制を戒めている。[54]

清水は個人的にも芸術に造詣が深く、特に音楽は「素人ばなれ」していたという。[55]このような素養の高さが、「毎日朝から晩まで軍歌と詩吟等の軍国一色で塗り込め」るような硬直化した文化政策に陥らず、むしろ文化に対する柔軟な姿勢につながった可能性は否定できない。

では、具体的にどのようなことが行われていたのだろうか。ここでは清水も重視していた音楽との関係で、レコードを例に取ってみたい。これまで陸軍とレコード業界の関係は摩擦でもって語られることが多かった。例えば、陸軍省情報部の嘱託により火野葦平[56]のベストセラー小説『麦と兵隊』をレコード化した作詞家の藤田まさとは、当初「ああ　生きていた　生きていた　生きていました　お母さん」と書いて、「軍人は生きるのが目的ではない」と怒りを買ったという。[57]

情報部関係以外でも、一九三九年兵務局馬政課が関わった「愛馬進軍歌」をめぐっては課員の白川豊騎兵少佐がコロムビアに宣伝を強化するように圧力をかけたり、四一（昭和十六）年兵務局防衛課が関わった「さうだその意気」をめぐっては課員の大坪義勢中佐が作詞者の西条八十に歌詞の書き直しを求めたといわれる(58)。

以上のエピソードは、陸軍のレコード産業に対する無理解と捉えられているが、実際はレコードの重要性を十分に理解していたからこそ、より宣伝に貢献するように誘導したと考え直すべきではないだろうか。馬政課の白川も防衛課の大坪も、歌の制作に当たって思想戦をめぐるパンフレットや講演録などを参考にした可能性がある。

また、清水も在籍していた一九三〇年代の陸軍省新聞班・情報部の班員・部員は、自ら時局レコードの作詞を行うことが多かった(59)。清水の部下では、柴野為亥知歩兵中佐、田辺正樹歩兵大尉、上田良作騎兵大尉ら(60)がそれに当たる。古くは、古城胤秀（班長）、中島鈆三、作間喬宣らの作詞の例がある。

軍人の作った歌というと軍楽隊の合唱などを想像しがちだが、実際は東海林太郎や上原敏のような人気の流行歌手によって吹き込まれた。また、当時流行した「たよりもの」（「上海だより」「南京だより」など「たより」とタイトルにつく時局レコード）に合わせたものも作られた。『読売新聞』で報じられているとおり(61)、民衆に受けのよい「軟調」の時局レコードを作ろうとしていたようだ。

特に柴野は、海軍省軍事普及部の松島慶三中佐とともに「軍人作詞家」の働き頭と称された(62)。「思想戦」という歌詞が出てくる「武漢陥つとも」というレコードも作っている(63)。また上田が作詞に手を染めたのは、陸軍省新聞班で隣の机に座っていた柴野の薦めだったというから(64)、部内にもレコード作詞を積極的に推進する空気があったのだろう。

海軍の松島は戦後の自伝において、「サイレントネービー」の伝統を誇る海軍では、「思想戦がもつ大きな役割を無視し」「宣伝的な動きについて、心中甚だ不快を感じる人も多く」、自らは苦労したとたびたび繰り返している(65)。とりわけ「映画演芸音楽などの娯楽」を通じた宣伝には反撥が強かったらしい(66)。それに比べ、陸軍省新聞班・報道部の取り組みは真逆であり、陸軍の頑迷固陋なイメージを覆すものといえる。

陸軍省報道部で複数の部員が時局レコードの作詞に取り組んでいたのは、単なる偶然ではあるまい。音楽は「知らず識らず」に国民を教化する機能があると考えられていたからだろう。もちろん、軍人たちの作詞は無骨で、どれも大して流行しなかった。しかし、プロの作詞家たちにとっては作品作りの指標とはなったはずであり、「知らず識らず」時局に馴染む歌を作るように誘導する効果はあったのではないだろうか。

そう考えると、清水の存在は決して小さくない。思想戦の理論と実践を理解した軍人がトップにいたことで、海軍とは異なり陸軍の「思想戦の専門家」たちは仕事に取り組みやすかったのだと思われる。また、文化人やレコード関係者ではなく、陸軍の情報部門のトップが娯楽を重視していたことは、レコード会社の営利活動にも国策協力というお墨付きを与えたと考えられる。(67)(68)

清水は、就任ほぼ一年となる一九三九年十二月一日、イタリア大使館付武官に異動、イタリアに渡った。後任には清水の部下、松村秀逸が就いた。一九四〇年十二月一日には支那派遣軍報道部長を務めていた馬淵逸雄が更にその後を継いだ。このように、清水のあとは思想戦の実務家たちが続いたのである。(69)

さて、第二次世界大戦の最中のヨーロッパに旅立った清水は、独ソ戦や対米戦争の勃発により帰国が困難となり、終戦までヨーロッパに駐在することになった。清水の戦後の回想によれば、当初日本に対して冷淡だったイタリア人も、太平洋戦争緒戦の勝利によって信頼感と親愛の情を高めたという。(70)

一九四二（昭和十七）年八月に少将に昇進。翌年イタリアが降伏した時は、ゲリラ部隊の襲撃に悩まされながらローマを脱出したらしい。(71)同年十月十一日には、病気療養で一時アフリカを離れたドイツのロンメル元帥とも会見している。(72)一九四五（昭和二十）年四月には中将に昇進。同年十二月に帰国した。

戦後は長きに亘った駐伊経験を活かして、サンマリノ共和国名誉総領事、在ローマ日伊貿易協会駐日代表を務めた。(73)イタリアに関する文章も幾つか残している。(74)『国防の本義と其強化の提唱』を自作と主張していたことは先に述べたとおりである。自宅に原稿綴を密かに保管していたことから、よほど思い入れがあったのではないだろうか。戦争哲学と総力戦論の融合こそ、あるいは「思想戦の専門家」清水生涯の課題だったのかもしれない。

一九七九（昭和五十四）年四月三日、清水は心筋梗塞のため川崎市内の病院で没した。享年八十二。

おわりに

清水は一九二六年から思想戦に関心を示し、その優れた語学力を活かして、海外のプロパガンダ研究に傾注した。確実なところでは一九三四年の『国防の本義と其強化の提唱』の起案より、陸軍中央部で思想戦理論を主導。以後、内閣情報機構にも関わりながら、陸軍の情報部門のトップとして思想戦の理論と実践をつなぐ重要な役割を果たした。

清水は、国家総動員の一翼である思想戦に「娯楽」を通じて生命を吹き込んだのである。

思想戦の担当になった軍人は、陸軍省新聞班や同情報部などの在籍が長く、プロパガンダの実務家として特に養成されていた形跡が見られる。彼ら「思想戦の専門家」たちの系譜については、一体的に、更によく検討されるべきではないかと思われる。

註

（1）永田鉄山については以下を参照。森靖夫『永田鉄山――平和維持は軍人の最大責務なり――』（ミネルヴァ書房、二〇一一年）。川田稔『昭和陸軍の軌跡――永田鉄山の構想とその分岐――』（中央公論新社、中公新書、二〇一一年）。川田稔『昭和陸軍全史1　満州事変』（講談社、講談社現代新書、二〇一四年）。

（2）臨時軍事調査委員「国家総動員に関する意見」（陸軍省、一九二〇年）。永田はここでは「精神動員」という言葉を主に使っている。なお同報告書については、纐纈厚「日本陸軍の総力戦準備構想」（纐纈厚『総力戦体制研究――日本陸軍の国家総動員構想――』社会評論社、二〇一〇年）三九―五八ページを参照。

（3）永田鉄山『国家総動員』（大阪毎日新聞社、一九二八年）六―八ページ。

（4）池田徳眞『プロパガンダ戦史』（中央公論社、中公新書、一九八一年）。渋谷重光『大衆操作の系譜』（勁草書房、一九九一年）。赤澤史朗「宣伝と娯楽」（赤澤史朗『近代日本の思想動員と宗教統制』校倉書房、一九八五年）二四三―三二二ページ。佐藤卓己「総力戦体制と思想戦の言説空間」（山之内靖、J・V・コシュマン、成田龍一編『総力戦と現代化』柏書房、一九九五年）三一五―三三六ページ。

（5）朴順愛「『十五年戦争期』における内閣情報機構」（『メディア史研究』第三号、一九九五年）一―二九ページ。また史資料として次のものがある。津金澤聡廣・佐藤卓己編『内閣情報部情報宣伝研究資料』（柏書房、一九九四年）。有山輝雄・西山武典編『情報局関係資料』（柏書房、二〇〇〇年）。荻野富士夫編『情報局関係極秘資料』（不二出版、二〇〇三年）。

（6）有山輝雄・西山武典編『同盟通信社関係資料』（柏書房、一九九九年）。里見脩「同盟通信社設立の起源――通信社と国家――」（『メディア史研究』第十三号、二〇〇二年）九二―一〇九ページ。鳥居英晴『国策通信社『同盟』の興亡　通信記者と戦争』（花伝社、二〇一四年）。

（7）山本武利「日本における初期プロパガンダ研究――操縦と善導――」（『広報研究』第四号、二〇〇〇年）五―一六ページ。朴「『十五年戦争期』における内閣情報機構」。

（8）もっとも「宣伝」に対する関心はあり、永田鉄山『新軍事講本』（青年教育普及会、一九三二年）八八―九四ページでは、大戦中にストックホルムやコペンハーゲンで見聞した「諜報宣伝戦」が言及されているほか、岡村寧次の一九二一年十月二十七日の日記には、バーデンバーデンで永田らと「宣伝」について語ったという記述も見られる。とはいえ、その具体的な方法や手段については、経済戦に比べて必ずしも詳らかではない。

（9）思想戦に携わった軍人については、以下の研究がある。西岡香織『報道戦線から見た「日中戦争」——陸軍報道部長馬淵逸雄の足跡——』（芙蓉書房出版、一九九九年）。佐藤卓己『言論統制——情報官・鈴木庫三と教育の国防国家——』（中央公論新社、中公新書、二〇〇四年）。また、軍人当人の回顧録としては以下のものがある。松村秀逸『大本営発表』（日本週報社、一九五二年）。松島慶三『海軍松島報道部長の回想』（小原書房、一九五三年）。平櫛孝『大本営報道部』（図書出版社、一九八〇年。二〇〇六年に『大本営報道部——言論統制と戦意昂揚の実際——』として光人社NF文庫として復刊）。松島の本は「記録小説」であるものの、陸軍に比べてほとんど言及されない海軍の思想戦に関する貴重な証言になっている。なお、軍人ではないものの、満洲国および華北において宣撫工作を行った八木沼丈夫の活動も、思想戦の末端を知る上で重要である。以下を参照。青江舜二郎『大日本宣撫官』（芙蓉書房、一九七〇年）。貴志俊彦『満洲国のビジュアル・メディア——ポスター・絵はがき・切手——』（吉川弘文館、二〇一〇年）。白戸健一郎「中国東北部における日本のメディア文化政策研究序説——満鉄弘報課の活動を中心に——」（『京都大学生涯教育学・図書館情報学研究』第九巻、二〇一〇年）一二三—一三七ページ。

（10）佐藤「総力戦体制と思想戦の言説空間」三二四—二五ページ。

（11）特記のない限り、清水の経歴は次によった。秦郁彦編『日本陸海軍総合事典』第二版（東京大学出版会、二〇〇五年）。

（12）JACAR（アジア歴史資料センター）Ref.C07071005800、明治二十九年「肆大日記　四月」（防衛省防衛研究所）。

（13）大宮はその後の経歴は詳らかではないが、一九四一年一月駐独武官・坂西一良の随員の一人としてドイツに向け出発という記述がある。当時中佐。石毛省三編『大戦中在独陸軍関係者の回想』（伯林会、一九八一年）五五ページ参照。その後、将官には昇進していないようである。

（14）例えば、「戦争は万《よろ》づの父なり」というフリードリヒ・フォン・ベルンハルディ（Friedrich von Bernhardi）からの引用（同書、二四ページ）、また「戦争は破壊と建設との仲介者である」（同ページ）、「戦争の影響にも光るい反面あるを忌なむ訳には行かない」（同書、二六ページ）などという言葉は、『国防の本義と其強化の提唱』の冒頭部分を思わせる。

（15）大宮橘尾・清水盛明『国防』（星野書店、一九二六年）「はしがき」。

（16）同右、三〇三—〇六ページ。

（17）同右、三三一—三三ページ。

（18）同右、六六—六八ページ。

（19）同右、六八ページ。

（20）同右、七二ページ。

（21）「筆と音楽の武人」（『読売新聞』一九三八年十二月十一日第二夕刊二面）に、「フランス語も英語もペラ〳〵」とある。

（22）平櫛『大本営報道部』。イタリア語は、のちにイタリア大使館付武官として駐在していることから、ある程度できたものと考えられる。ただし、ドイツ語とロシア語は同書以外に記載がない。同書は、内閣情報部が撰定した国民歌「愛国行進曲」の作詞者を清水と断定するなど間違いが多く（実際は森川幸雄）、注意を要する。

(23) 一九三八年に催された「思想戦展覧会」に、清水は複数のフランス語文献を出品している（『思想戦展覧会記録図鑑』（内閣情報部、一九三八年）一三四ページ）。

(24) 原文は以下に拠った。飯田忠雄「旧陸軍参謀本部の『課報宣伝勤務指針』について」（『神戸学院法学』第二巻第三・四号、一九七二年）九六―一五九ページ。

(25) 山本「日本における初期プロパガンダ研究」九ページ。

(26) 飯田「旧陸軍参謀本部の『課報宣伝勤務指針』について」一三四―四三ページ。

(27) 同右、一三四ページ。

(28) 同右、一四一ページ。

(29) 一九三三年頃に世論の「空気づくり」に関して「自然ニ湧発（もしくは「湧出」）セシムル如ク」という言葉が使われていたという指摘があるが（渋谷『大衆操作の系譜』一六八ページ）、これも「知ラス識ラス」の延長線上にあるものといえよう。

(30) 正式命課は、兵器本廠付。陸軍省新聞班は官制によらなかったため、このような措置が取られた。同新聞班についてては以下を参照。上法快男『陸軍省軍務局』（芙蓉書房、一九七九年）四八九―五〇〇ページ。「陸軍省新聞班について（松村秀逸宣誓口述書）」（内川芳美編『現代史資料40 マスメディア統制1』みすず書房、一九七三年）六五四ページ。

(31) 陸軍パンフレット全般については、江口圭一「満州事変期の陸軍省パンフレット」（『愛知大学法経論集 法律篇』第一一三号、一九八七年）一六五―九七ページを参照。『国防の本義と其強化の提唱』については、生田惇「陸軍パンフレット問題――国家総動員法成立の側面から――」（『軍事史学』第十四巻第四号、一九七九年）二―一六ページを参照。

(32) 清水が保管していた『国防の本義と其強化の提唱』の原稿綴は、現在防衛省防衛研究所に保管されており、加筆修正の跡を見て取ることができる（JACAR: Ref. C14020022400、「国防の本義と其強化の提唱」原稿綴 昭九・八（防衛省防衛研究所））。

(33) 三宅正樹編『昭和史の軍部と政治1 軍部支配の開幕』（第一法規出版、一九八三年）二八八ページ。

(34) 『国防の本義と其強化の提唱』（陸軍省新聞班、一九三四年）二八ページ。

(35) 同右、二七ページ。

(36) 同右、四四―四七ページ。

(37) 同右、四四ページ。

(38) 情報局「情報局設立ニ至ル迄ノ歴史（上）」（荻野富士夫編『情報局関係極秘資料』第八巻、不二出版、二〇〇三年）一九ページ。

(39) 佐藤「総力戦体制と思想戦の言説空間」三二〇ページ。

(40) ただし二度目は陸軍省情報部長として。

(41) 荻野編『情報局関係極秘資料』第六、七巻に収載。「戦争と宣伝」は六巻一六六―八三ページ。「支那事変と宣伝」

は七巻三三—四二ページ。いずれも「極秘」扱い。
(42) 清水「戦争と宣伝」一七二ページ。
(43) 同右、一七四ページ。
(44) 同右、一七五ページ。
(45) 同右、一七一ページ。
(46) 「感興」の誤植と思われる。清水盛明『戦ひはどうなるか』(実業之日本社、一九三九年)に再録された時には「感興」に修正されている(三一八ページ)。
(47) 清水「戦争と宣伝」一七一ページ。
(48) 同右。
(49) 同右、一七八ページ。
(50) 同右、一七七ページに「ヒットラーの宣伝」について以下のようにある。「(1)宣伝の相手は誰だ、民衆だ、知識階級ではない。(2)宣伝の目標は何だ、感情だ、理性ではない。(3)宣伝の形式は何だ、七面倒臭い理論ではない、単純な標語だ。(4)宣伝のやり方は何だ、同じ事を一千回も繰返すことだ。」
『我が闘争』の内容を踏まえたものと思われるが、よくまとまっている。思想戦に取り組む上で、『我が闘争』も読み込んでいたのだろう。
(51) 「国防と思想戦」(『時局読本』鉄道教化団体連合会、一九三八年)一〇三—三四ページ。
(52) 亀井貫一郎・五来欣造・清水盛明・中谷武世・福山寛邦・三島康夫「『日独伊軍事同盟と支那事変収拾』座談会」(『文藝春秋』時局増刊22　第十七巻第十四号、一九三九年)五〇—七六ページ。
(53) もっとも清水は外交についても詳しく、古くは『外交時報』の一九二八年十月号に「ラインを繞る仏独の関係」(二一八—四五ページ)といった文章を寄稿するなどしている。
(54) 清水盛明「適切なる慰安は長期戦の力を培ふ」(『東京朝日新聞』一九三九年七月七日夕刊三面)。
(55) 「筆と音楽の武人」。
(56) 火野葦平が『麦と兵隊』を書くきっかけを作った中支那派遣軍報道部の馬淵逸雄は、のちに陸軍報道部長に就任する。
(57) 上山敬三『歌でつづる大正・昭和　日本の流行歌』(早川書房、一九六五年)一〇六ページ。
(58) 辻田真佐憲『日本の軍歌——国民的音楽の歴史——』(幻冬舎、幻冬舎新書、二〇一四年)一八二—八四および一九八—二〇一ページ。
(59) 軍人が作詞した時局レコードは、陸海軍問わず日本ポリドール蓄音器商会から売り出されることが多かった。以下、レコードの情報は国立国会図書館所蔵の同社「月報」に従う。また、今日「軍歌」と呼ばれる音楽ジャンルは当時「軍歌」「愛国歌」「国民歌」「時局歌」などと多岐に亘ったため、ここではポリドールの「月報」でも概括的に使われている「時局レコード」という言葉を用いる。
(60) 清水の在任期間とほぼ重なる一九三九年中の新譜を掲げる。(一)柴野為亥知：二月「大建設の歌」、三月「事変下に陸軍記念日を迎ふ」「戦友の英霊を弔ふ」、四月「海南島攻撃の歌」、八月「聖戦第二周年を迎ふ」「大建設の歌」、十二月「自主邁進の歌」「非常時音頭」。(二)田辺正樹：一月「田家鎮要塞陥つ」「富水を制し箬溪を抜く」「信陽を衝く」「神速江岸を制す」、二月「漢口突入」「粤漢線を征く」「大別山系を越ゆる」「武漢を指して」、三月「噫軍神西住大尉」「西住戦車隊長」、十一月「壮烈東部隊長」「噫吉丸大佐」。（三）上田良作：一月「長江通信」、二月「武漢攻略の歌」、三月「戦場夜曲」、四月「勇猛戦車隊」「快速騎兵隊」、五月「大陸だより」。上田は中支那派遣軍報道部に異動し、六月以降はその立場で時局レコードを作詞したが、ここでは略す。

（61）「硬調から軟調へ　円盤の軍人作詞」（『読売新聞』一九三八年十一月九日夕刊二面）。

（62）同右。

（63）一九三八年十二月新譜。二番の歌詞は以下のとおり。「我等は勝てり、戦場に／されども残る思想戦／八紘以て宇となす／我等が理想実現の／建設戦は始まれり／いざや懲らさん赤き敵／武漢陥つとも途遠し」（同月ポリドール「月報」より）。

（64）上田良作「軍歌の話」（『紙弾』支那派遣軍報道部、一九四三年）一二一—一三ページ。

（65）松島『海軍』九一ページ。もっとも、海軍側も高橋俊策（「艦隊勤務　月月火水木金金」の作詞者）などの例もある。ただし、陸軍に比べて層が薄いのは否めない。

（66）同右、一四五ページ。

（67）民間人が「娯楽」や「自発性」を重視していたことはすでに指摘されている（渋谷『大衆操作の系譜』二七三ページ。佐藤「総力戦体制と思想戦の言説空間」三二七—三〇ページ）。

（68）一九四一年、大本営海軍部報道部第一課長の平出英夫大佐が「音楽は軍需品なり」と述べた時は、レコード産業でこの言葉が金科玉条のように仰がれた例がある。陸海軍情報部門の幹部のお墨付きが大きな影響を持っていた一証左である（辻田『日本の軍歌』一九〇—九一ページ）。

（69）ただし馬淵は東條英機陸相と対立して左遷され、思想戦に暗い大平秀雄が急遽後を襲った。そのため、太平洋戦争劈頭は口達者な平出英夫を擁する海軍の報道部の影に隠れて、陸軍の報道部は目立たなくなったといわれる（平櫛『大本営報道部』）。ここから陸軍の報道部門は拙劣だったといわれるわけだが、実際は海軍よりもこの分野では先行していたことは忘れてはなるまい。なお東條は「メディアを意識的に利用した最初の政治家でもあった」という指摘もあり（吉田裕『シリーズ日本近現代史⑥　アジア・太平洋戦争』（岩波書店、岩波新書、二〇〇七年）七六—八一ページ）、思想戦との関係で注意を要する。

（70）清水盛明「イタリヤ自動車道路漫歩」（『モーターファン』七巻十一号、三栄書房、一九五三年）一九四ページ。

（71）同右。

（72）「清水少将ロンメル元帥と会見」（『読売報知』一九四三年十月二十三日夕刊一面）。

（73）平櫛『大本営報道部』一六ページ。

（74）岡村寧次編『建軍の一考察』（自由アジア社、一九五六年）一五七—八三ページに、「イタリヤ経済の復興と再軍備」という文章を寄稿している。

日本の占領地行政

——第一次世界大戦の影響——

野村佳正

はじめに

第一次世界大戦は、戦争観の変更を迫ったことで知られている。たとえば、無差別戦争観から違法戦争観へ、限定戦争から総力戦へ等である。これらの変更が政治・外交や軍事作戦の変更を促したことは今まで良く研究されている[1]が、日本軍の占領地行政についてはどのような変更を迫ったかは、必ずしも明らかになってはいない。日本軍はこの戦争観の変更からどのような占領地行政モデルを確立したのであろうか。また、そのモデルにはいかなる問題点が伏在していたのだろうか。

大東亜戦争期の占領地行政に関しては、重厚な実証研究の蓄積がある。政治外交史の分野[2]、経済史の分野[3]、地域研究の分野[4]等広範にわたり、いかにも研究の余地がないようでもある。ところが、日清・日露戦争期についてはほとんど研究がなく[5]、ましてや、その成立過程については研究されていない。さらに言えば、第一次世界大戦の影響に関する研究も、政治的分野や軍事的分野が主体であり、日本軍が、第一次世界大戦から占領地行政に関していかなる教訓を学び取り、いかなる役割を期待し、いかなるモデルを確立したかは、必ずしも明確でなく、このため、日本軍の行った占領地行政についてバランスの取れた評価がなされてこなかったのではなかろうか。

日本軍が確立した占領地行政のモデルを明らかにするためには、日本軍が受容した占領地行政の史的展開を明らかにする必要があることに異論はないだろう。このため、まず明治建軍期、いかに占領地行政の概念を取り込んだかを、日本における戦時国際法研究の先駆者有賀長雄博士が著した『万国戦時公法』[6]で確認する。次に、第一次世界大戦勃発以降に発生した総力戦と呼ばれる戦争観によって、占領地行政に関する期待がいかに変化したかを陸軍臨時軍事調査委員会が著した「国家総動員に関する意見」(7)（以下、「意見」）で確認する。また、第一次世界大戦後に恒久的平和を確立するため提案された「違法戦争観」によって占領地行政がいかに変化したかを関東軍参謀部調査班が著した「満洲占領地行政の研究」(8)から確認する。さらに、日本軍が確立した占領地行政のモデルが満州事変及び日中戦争においていかに適用され、いかなる問題が生じたかを、当時の政治状況を踏まえ明らかにする。最後に、これらを通じ日本軍が形成した占領地行政のモデルを整理し、伏在していた諸問題点を明らかにする。

一　占領地行政の受容

明治政府が開国し、西欧列強の国際秩序に属するべきと決めた以上は、国際法を受け入れこれを順守することを内外に示す必要があった。なぜなら、同じ国際法体系に属さなければ、西欧列強から主権国家として尊重されず、独立を失う可能性があったからである。もちろん国際法の中の戦時国際法もその例外ではない。では、日本軍は戦時国際法をどう理解したのであろうか。そして、戦時国際法は占領地行政をいかに規定していたのだろうか。

占領地行政の定義は、一九〇七（明治四十）年に調印された「陸戦ノ法規慣例ニ関スル条約」付属書「陸戦ノ法規慣例ニ関スル規則」（以下、ハーグ陸戦規則）第四二条で明らかにされている。ただし、国際慣習法としてはそれ以前から存在しており、日本軍は戦時国際法の重要性を認識し、陸軍大学校に有賀博士を教授として招き、学生に教育を施していた。したがって、日本軍が戦時国際法をいかに理解していたかは、一八九四（明治二十七）年、有賀博士の著した『万国戦時公法』で確認することができる。この書は、当時の欧米の著名な国際法学者の学説を多数引用しており、特に一八六四年のジュネーブ条約から七四年のブリュッセル宣言までの議論を要約整理していることから、その見解は、単に日本独自のものでなく、欧米で支持されているごく一般的な学説と判断できる。(9)

この『万国戦時公法』において、戦争に規則がある理由は三つあるとされた。ここに当時の戦時国際法の根底にある考え方が示されている。それは、第一に戦争の大旨、第二に闘戦の範囲、第三に仁愛の主義としている。まず、戦争の大旨であるが、戦争は、国家がその目的達成を追求した結果生ずるものである以上、目的達成のためには国家は戦争を行う権利があり、あらゆる手段を取って良いということである。第二の闘戦の範囲は、戦争は国家の目的達成を全うするに必要な範囲を超えない範囲に限定されるということである。最後に、仁愛の主義とは、必要な範囲外においては敵味方の差別なく等しく人類たるの故に相互救護の方針を取ることであった[10]。要するに主権国家同士の政治的対立を解決する手段として戦争を是認しながらも、戦争被害を局限するため、規則を規定しており、いわゆる無差別戦争観[11]に基づいている。

では、『万国戦時公法』においては、占領とはいかなる概念なのだろうか。実は、一八世紀までの戦争においては、占領という概念は存在しなかった。なぜなら、侵攻軍がいったん敵地に侵入すれば、敵国は土地に対する主権を失ったとみなされ、侵攻軍隊はただちに統治を行ったからである。ところが、ナポレオン戦争の結果、ナポレオンのために領土を奪われた諸邦は、旧領返還を主張した。これに対し、一八一四年のウィーン会議は、ナポレオン以前の状態に国際秩序を復するいわゆる正統主義を確認した。このため、占領と征服という概念を創出したのである。そして、実効支配に基づき、講和条約により主権の移譲を確定することとした[12]。ここでは、占領とは、戦争目的に由来する必要性により一定の土地に侵入して、仮政権を樹立し統治を行う事実の問題とした。一方、征服とは講和条約により主権の移譲が行われるという権利の問題と定義したのである[13]。つまり、戦争目的を達成するために占領という事実を確定し、その後に講和条約締結の際に、戦勝国は征服という権利を獲得するのである。したがって、戦争目的に合致しない占領は説得力に欠き、占領の事実がない場合、征服は成立しないと考えられる。

そして、占領軍の権利・義務を規定したのもまた戦時国際法であった。『万国戦時公法』では、陸上闘戦条規いわゆる陸戦規則編に、交戦者資格、交戦者の権利・義務、禁止事項、赤十字条約関係、捕虜、攻囲及び砲撃、敵国財産の取扱い、分捕り、敵地住民の取扱い、徴発、課金等が述べられている。そして、その後に占領(占領政府)として占領政府と占領地住民の関係が解説されている[14]。つまり『万国戦時公法』における戦争の経過に関する理解は、交戦地域への軍の進攻、敵軍との交戦・撃破、交戦地域における治安回復及び徴発、占領政府の樹立といった段階が想定されていたと考えられる。したがって、戦闘と占領の間には、治安が回復されておらず、占領政府も樹立されていない状態、つまり占領地住民の保護がなおざりにされている状態が存在するということになる。このため、占領軍は速やかに治安を回復することが義務とされた。要するに、いったん占領した場合に生ずる侵攻軍の権利は、徴発、労役、課金であり、そのための治安回復・維持の義務であった。これは、占領地の資源は敵手に落ちれば敵の戦力を向上させることになるから、占領軍がこれを使用することは当然の権利と考えられていたからである。[15]このことから考えると、占領軍にとっては、治安の回復・維持はそのための前提に過ぎなかった。そして、その権利・義務も講和条約までの期限付きであった。

国際法の受容は国内法の整備を必要とした。では、戦時国際法と明治政府が整備した国内法はいかなる関係を有していたのだろうか。そして、占領地行政にどのような影響を与えたのであろうか。ここで注意を要するのは、戦時国際法は適用対象によって服すべき法が違うことを規定していること及び戦時国際法上盲点となっている場合は何らかの法が必要なこと、さらに日本特有の法である「統帥権」との関係である。

まず、適用対象によって服すべき法が違うことである。占領軍は行政を行うが、国際法上立法を行い得ない。したがって、占領地の憲法その他の法律は、特別な事情があるほかは変更できない。[16]ここから、民事及び戦争に関係しない刑事事件については、占領地において従来有効であった法律を適用することが原則となる。一方、軍人犯罪及び一般市民の戦争に関係する犯罪については、占領軍の本国の法律を適用することとなる。[17]一般的には陸海軍刑法がこれにあたる。つまり、占領地域は異なる二つの法体系が混在することになる。

次に、戦時国際法上盲点となっている場合である。占領地住民は占領軍に服従することとされている。[18]ということは、占領軍は、交戦後、占領地の治安を回復し、これを維持する責任を有するが、どのようになすべきだろうか。なぜなら、治安が回復していないということは、その態様は別にしても、占領地住民の中に占領軍に服従していないものがある程度存在するということになるからである。占領軍に従う住民と反抗する住民の混在、ここに戦時国際法上の盲点が存在するのである。これに応ずるため、一八七四年のブリュッセル宣言において第二条では、占領者はその権力内にあるすべての方策を用いて公共の秩序を回復・保持すべきことがうたわれている。[19]このことは何をおいても優先して、治安の回復・維持をする必要があるということになる。そして、そのためには、特に占領国の「憲法を派出する」ことが慣例となっていた。[20]つまり、治安の回復・維持は、占領国の国内法体系によって行うことが認められていたのである。

占領地域における異なる二つの法体系の混在と戦時国際法上の盲点は、占領軍と占領地住民の間に大きな摩擦を生ずる可能性があった。たとえば、日本軍が占領した場合を考察すると、派出される「帝国憲法」の条項は、非常大権を規定した第三一条である。したがって、行われる法律は非常法であり、国民の権利を制限する「戒厳令」（一八八二年、太政官布告第三六号）の準用となり、占領地行政においては、占領地の固有法を「戒厳令」の準用によって制限することが可能であった。もっとも著名な例が憲警一致であろう。これは憲兵が占領地における住民に対し一般警察業務を行うことである。ここに占領軍と占領地住民の間に紛糾を生ずる可能性があったのである。また、国際法上認められた占領軍の権利である物資及び労働力の徴発についても、占領国の国内法である「徴発令」（一八八二年、太政官布告第四三号）によって行われた。徴発は占領軍の権利である以上、他国の法に服すのとは筋が違い、さりながら、何らかの法がなければ恣意的な運用をされかねないため当然と言えよう。

最後に統帥権との関係である。一八九三（明治二十六）年、日清間における朝鮮を巡る対立が熾烈化する中、戦時大本営条例が制定された。一般的に、この制定は海軍軍令機関すなわち海軍軍令部が海軍省から独立することに伴い、中央軍令機関が参謀本部と軍令部として並立することは軍令の統一を乱す可能性があることから、戦時における陸海軍の戦略を統制するために制定されたとされている。[21] しかしながら、占領地行政の概念にも大きな影響を及ぼすこととなった。それは占領地行政の軍令化である。

一八九四年、日清戦争直前の六月「戦時大本営」（以下、大本営）が参謀本部に設置された。その編制は、侍従武官、軍事内局（人事担当：陸海軍省人事課員）、大本営参謀（作戦担当：参謀総長、参謀次長、軍令部長）、兵站総監部（兵站担当：参謀次長兼任）、運輸通信長官部（輸送、通信担当：参謀本部第一局長）、野戦監督長官部（会計担当：陸軍省経理局長）、野戦衛生長官部（衛生担当：陸軍省衛生局長）、大本営管理部、陸海軍大臣からなっていた。この際、陸海軍大臣は、「参謀総長の全軍の大作戦計画奏上に陪列し其裁定に因て軍の現状及将来の情況を明かにし以て両大臣の負担すべき百般補給の準備を整理するを要す之が為め両大臣は陸海軍省及戦地外に在る諸経理部に所要なる命令及区処を為すものとす」となっていた。[22]

大本営は、天皇が統帥権を行使するために臨時に設置する最高統率機関である。大本営は、参謀総長及び軍令部長と陸軍大臣及び海軍大臣を包含し、統帥部を主体に統合している。[23] つまり、軍の組織、特に指揮機能を戦時向けに統帥部を中心に再編成したものとも言える。また、臨時設置する最高統率機関であるため、大本営には戦時特有の軍政事項が加えられた。これこそが占領地行政である。そして、特徴的なことには、市民生活に直接関係する軍政事項にもかかわらず、大本営令つまり軍令で処置されたことである。軍令で処置される以上は、統帥権の発動であり、制度上政治のコントロールが効かなくなった。

日本の占領地行政に関する戦時国際法の理解は、徹底した軍事合理性の追求に特徴付けられる。占領軍の行動を律する国内法は帝国憲法第三一条に基づく戒厳令準用及び陸海軍刑法により治安回復の責任を付与し、徴発令により占領地住民に物的・人的負担を課する権限を軍に与えていること、戦時における軍の行動については統帥権の独立により政府の統制を受けないことの三点は、戦場における軍隊の行動の自由を保障し、もっとも軍事合理性を追求することを可能にした。

他方、「帝国憲法」「戒厳令」及び「徴発令」「統帥権の独立」「戦時大本営条例」等の制定者の想定を超えるものであったにせよ、将来に対して大きな影響を残したと言える。それは、占領地行政に政治的配慮を反映させることが困難になったことである。「帝国憲法」等は、いずれも占領地行政を意図して制定されたものではない。しかしながら、占領地行政に関しては、戦時国際法によって、これらが有機的に結び付けられ、占領軍指揮官にほとんど無制限の権限を与えていたのである。

要するに『万国戦時公法』では、占領地行政とは、政治的には征服の前提であり、軍事的には作戦の基盤であった。したがって、当時は作戦の一機能であった。ここに当時の占領地行政の位置付けがあったのである。ただし、既述の通り、有賀博士が著した『万国戦時公法』は、当時欧米一般で述べられていた学説が網羅されている。このことから、戦争における占領地行政の位置付けは何も日本だけの独自の見解でなく、一九世紀にはおおむね受け入れられていたものと考えられる[24]。そのうえで、作戦を有利に進めるためには、統帥権のもとで処理されることが合理的との判断が明治政府にあったのである。

二　第一次世界大戦と総力戦

第一次世界大戦は、従来の戦争に比し、当初の予想と全く異なる様相を呈した。それはまず、戦争が長期化したことである。次に、産業革命以来の発展してきた膨大な生産力により、人的・物的両面にわたる大消耗戦になったことである。さらに、兵器・器材等軍備の飛躍的発達に伴う科学戦になったことである。そして、最後に、戦争遂行に占める国民の価値が一段と高まり、世論が無視できなくなった等の四点に集約されよう[25]。これらは、それまでの限定戦争という戦争観に根本的変化をもたらした。

それは第一次世界大戦を通じて積み上げられた総力戦と

いう戦争観である。総力戦とは、軍事力のみならず、軍事生産を支える工業力や食糧確保のための農業生産力、それらを支える労働力の全面的動員、さらには老人・女性を含む全国民的な戦争協力、そして、これらの諸力の総動員を可能にし、正当化するための宣伝と思想・イデオロギーの大々的展開等、国家的・国民的総力を挙げて戦われる戦争である。[26]

第一次世界大戦における総力戦の特徴として、開戦当時、参戦各国は一九世紀型である事前に準備した軍備のみでの戦争終結を予想していたが、あまりにも戦略物資が早く消耗するため、総動員を開始した。砲弾を例に取るならば、ドイツは開戦時の準備弾薬を開戦二カ月で使い切ってしまったと言われている。他の交戦国も同様で、ここから各国は競って総動員体制を取ったのである。つまり、結果として総力戦になったということであり、だからこそ「総力戦」という語が定着したのは、一九三五年、エイリッヒ・ルーデンドルフ（Erich Ludendorff）が『総力戦』を出版するまで待たなければならなかったのである。

従来は、日本軍は第一次世界大戦の教訓から軍制改革を推し進めたが失敗したとされてきた。[27]その一方で、総動員体制の研究では、かなり早期からその教訓を受容してきたことが明らかになっている。[28]その証拠に、開戦翌年の一九一五（大正四）年十二月には、陸軍は陸軍省内に臨時軍事調査委員（以下、調査員）を任命している。そして、一〇（大正九）年、調査員の一人であった永田鉄山少佐が「意見」として、その成果を体系的に結論付けた。では、日本陸軍は総力戦下における占領地行政をどのように考えていたのだろうか。省部の議論を確認する。

陸軍では、もっとも早く体系的に国家総動員計画の必要を訴えたのが参謀本部であった。調査員を任命した陸軍省でなく、統帥部が先鞭を付けたところが意外であるが、軍令に責任を有する統帥部としては、総動員計画がなくては行動の準拠を失うため、むしろ発議は当然と言えよう。

まず、一九一七（大正六）年八月、参謀本部第二部第五課兵要地誌班長小磯国昭少佐（のちの首相）による「帝国国防資源」（小磯少佐私案。以下、「資源」）が出された。[29]これによると戦争は、将来、経済戦の結果により決する。そのためには戦時自給経済を経営できなくてはならない。ところが、元来資源の少ない日本はどうすべきだろうか。その経済基盤のための資源は中国にあり、今後は、平時は流通経済による利益を確保する一方で、中国貿易の障壁撤廃等により中国の経済支配を強化し、戦時自給経済を準備しなくてはならないと問題を提起した。

これに応えるように一九一七年九月「全国動員計画必要

ノ議[30]」が、陸軍省から問題提起された。省部ほぼ同時に国家総動員計画の必要性を訴えたことは、陸軍の総意としてその必要を認識していたことの証拠と言えよう。この基礎は、「開戦劈頭国家の能力を最大限に発揚し次いで自給自足その能力を維持しかつこの間社会組織に非常の欠陥急激の変化を生ぜしめざる用意をなすこと」とし、教育、鉄道・船舶、工業、経済等の動員計画策定のため、内閣総理大臣を委員長とし、国務大臣及び陸海軍統帥部長等を委員とする機関を設けることを提言している。そして、占領地域の民政に関する研究を外務行政事項としている。ここで注目すべきは占領地行政がすでに国家総動員計画として研究すべき事項となっている点と総動員計画は首相を中心とする行政府が主導すべきとした点である。

まず、国家総動員計画の一部と占領地行政をとらえるという考え方は、第一次世界大戦中ドイツも占領地から資源及び兵員を動員したことで[31]、同盟国全体の戦争継続を可能にした事実が指摘されていたからであろう。そして、「資源」で指摘されているように、日本だけでは資源が不足する以上、占領地の資源を活用することは当然の発想だったと言えよう。

つぎに、総動員計画は首相を中心とする行政府が主導すべきとした点である。この事実は、陸軍は、総力戦が軍事力のみならず国家的・国民的総力を挙げて戦われる戦争であると、正しく認識していたことを物語る。したがって、少なくともこの時点では、総動員体制は政府が責任を負うべきであると陸軍省は考えていた。

最終的に総動員体制に関する陸軍内部における議論の結論が「意見」として、体系的にまとめられた。国家総動員の目的は、挙国一致して一切の資源、機能を尽くし、それでも足らざる時は国外に求めて、国民の生存を護持し、交戦を継続するため、有効に統制按配することであった。そしてその資源は胸算しうる国外資源はもとより軍事行動により取得する国外資源施設も含まれていた。国家総動員は、機能別に、国民動員、産業動員、交通動員、財政動員、その他の諸動員に区分された。

国民動員とは、国家全人員の力を戦争遂行のために統制按配することである。ここでは、兵員、軍需品の生産、傷病者治療看護等直接戦争に関わる者だけでなく、国民生活に必要な産業、官公務、運輸・通信事業、戦争に直接関係ない経済要員及び戦後回復に必要な諸産業にもバランスをもって配分することが必要とされていた。この中で、占領地行政に関わる要素として、第一次世界大戦における国外労力の利用が例示されている。

産業動員とは、膨大な軍需品補給の目的を達するだけでなく、国民の生活を確保するため必要に従い鉱工業、農業等諸般の生産を統制し物資及び動物の所持、移動、取引、消費を規正することである。軍需と民需を調整するため、鉱工業、農業、漁業、商業、社会問題、生活問題等広範な総合的計画が必要とされていた。占領地行政に関わる要素としては、耕地転作、工業転換、未利用の土地や天然資源の開拓利用が例示されていた。

交通動員とは、鉄道・船舶、路上輸送機関、空中輸送機関、有線・無線電信、電話等一切の交通・通信機関を統制按配することである。これにより効率的・軍事的活動のみならず経済活動も保障することが狙いである。占領地行政に関わる要素として、ドイツの占領地ベルギーにおける鉄道統制が例示されている。

財政動員とは、戦時に巨額の資金を迅速・確実に調達し、金融市場に恐慌を起こさない財政上の諸施策を言う。このため、中央銀行発券額の増加、貸付金庫制度、徴発承認証の割引等により金融市場における資金を融通し、経済界を安定させることにより、国民経済を安定させせかつ戦費調達の円滑化を図ることを狙いとしていた。

ここで指摘すべきは、総力戦の考え方は、本国に限らず、占領地にも同様に適用されたことである。したがって、占領地行政に戦略分野と経済分野での行政的役割を拡大させた。これは、それまでの治安の確保及び徴発に限定していた占領地行政を、軍事作戦を支援する「狭義軍政」とすれば、戦争そのものを支える「広義軍政」とも称すべき変化であった。そして、具体的には、通信や鉄道・船舶等の社会インフラを活用するための統制、食料の配給、労働力の調達、農業振興、鉱山開発や金融等の統制等である。そしてその狙いとする主たる地域は中国であった。

三　違法戦争観と「満洲占領地行政の研究」

総力戦が戦争形態に注目した戦争観であれば、違法戦争観は新たな国際法上の概念から発達した戦争観である。大戦が、史上空前の動員規模となったことと、果てしない消耗戦になったこと等により、戦争被害が想像を絶するものとなった。そこで、もはや領土の変更と賠償によっては戦争の決着が付けられなくなり、無差別戦争観で是認された国家政策としての戦争では、到底その目的を達することができないと考えられ、それゆえ戦争そのものを違法なものとする考え方が起こった。この戦争観を「違法戦争観」と呼ぶ。

この先駆けになったのが、第一次世界大戦の終結と講和の基本的条件として発表された「ウィルソンの一四カ条」であり、そこには集団安全保障とその道徳的基礎として民族自決が掲げられた。[32]これにより、それまでの国際法で容認されてきた「征服」が否定された。そして、初めて集団安全保障体制を制度化する組織として、国際連盟規約（以下、連盟規約）が採択された結果、国際連盟が設立された。[33]

この後もこの流れは継続された。まず、第一次世界大戦後、東アジアの国際秩序を形成したのが、一九二一年に合意に達した「中国に関する九カ国条約」（以下、九カ国条約）に代表されるワシントン体制であった。また二五年、英仏独伊白による西欧州の集団安全保障体制を定めた「ロカルノ条約」、さらに二八年、違法戦争観を進める国際条約として「不戦条約」が成立した。[34]これらがいわゆる「戦争違法化体制」である。[35]そしてこれを推進していった外交理念は「新外交」と呼ばれている。

日本が連盟規約を受け入れるうえで、指摘されるのが国際連盟構想を耳にした幣原喜重郎外務次官の態度である。幣原は「利害関係国相互の直接交渉によらず、こんな円卓会議でわが運命を決せられるのは迷惑至極だ。本条項は成べく成立させたくないが、どうもかういふものは採用されがちだから、大勢順応の外ないだらうが十分に研究してからねばならぬ」と述べ、「大いに慎重ぶりを発揮し」[36]た。後年、英米との協調外交で知られる幣原にしても、否定的な見方をしている以上、これが日本政府全体の考え方だったのであろう。

では、どうして日本政府は連盟規約の考え方を「迷惑至極」と捉えたのだろうか。有賀博士等の国際法学者が、日清・日露戦争における戦時国際法の適用を論じたのは、[37]日本が戦時国際法を遵守したことを証明しようとしただけではない。そこには、「戦時国際法を日本軍の実行動で説明することによって、東アジア全体への戦時国際法運用の積極的な拡大が意図されていた」との指摘がある。[38]つまり日本外交の狙いは、戦時国際法の適用を拡大することにより、東アジア全体に安定と秩序をもたらすことだったとも言えよう。この考え方は、無差別戦争観の時代には必ずしも非合理的な考え方であったとは思えない。なぜなら、たとえ、戦時国際法の受容と拡大という事実が、欧州列強中心の世界秩序へのすり寄りを意味したとしても、東アジアにおける無秩序な世界よりも、日本の戦略環境としてはよほど望ましいからである。そして、日本は漸く国際ルールを身に付け、列強に国際社会の一員と認めさせた。[39]たしかに、この時期は、帝国外交の骨髄と称された日英同盟、日露協商、日仏協商、石井ランシング協定等の重層的同盟・協商網が張り巡らされていた。日本が東アジアの戦略環境の改善で、開国以来、初めて安心感を持ったのも頷ける。したがって、日本政府は、苦労の末、伝統的「旧外交」を身に付け、有利な安全保障環境を構築したにもかかわらず、英米中心の国際社会が「新外交」を持ち出したことに対して、一方的なルールの変更と捉え、抵抗を示したのは無理からぬことであった。

それでも、第一次世界大戦後の体制は、国際連盟の常任理事国、すなわち「新外交」の主要なメンバーという役割を日本に与えた。当時の日本外交は、現代政治の幕開けとして位置付けられるべき諸状況に対し、懸命に適応を試みた。そして、その一つが、米国の理念外交への適応であった。理念に依拠しつつ多国間外交を大胆に追求した米国型新外交に対して、日本は門戸開放主義に原則論として賛同した。その一方、日本は満蒙の特殊権益留保を確保することで、米国の外交攻勢を乗り切り、国際連盟の常任理事国としての責任を果たしていったのである。

ただし、伝統的国際法の適用を拡大することにより、戦略環境を改善するという従来のやり方では、「新外交」をけん引する米国との間に大きな問題を生ずる可能性があった。それは、日本の国際法研究が、「当時の文明国化した日本の国家実行、特に戦争における日本（軍）の実行を学説が追認し法的に正当化する形で、いわば実行と学説の癒着の中で」[40]説明がなされかねなかったことにある。この点は米国の不必要な猜疑心をかきたてたとも言える。事実、米国のウィルソン大統領は、日本は条約の解釈について巧みに説明すると述べている[41]。

このような戦争観の変化は占領地行政にどのような影響を与えたのだろうか。ここでは関東軍参謀部により満州事変前に書かれたものと思われる「満洲占領地行政の研究」が参考になる。なぜなら、一九三一（昭和六）年に勃発した満州事変は、国際連盟による戦争違法化体制のもと、関東軍の謀略で開始された。したがって、この事実と九カ国条約や不戦条約との整合性をいかに取るべきと考えたかが、見出されよう。

まず、緒言において、「戦争によりて戦争を養う」[42]という関東軍参謀石原莞爾中佐のかねてからの持論が述べられ、「満洲占領地行政の研究」を貫く主題をなしている。このことは、満州と日本の密接不離を欧州戦史に見立てて論ずることができる石原中佐のもっとも得意とするところであり、欧州古戦史を研究した彼の考えによってこの研究が書かれている証拠である。また、石原中佐の軍事理論では日米最終決戦のための策源地が必要とされており、満州がその地であった[43]。さらに、日満の共存[44]、住民福利の向上[45]を目指すことは、従来の占領地行政ではみられない政治的特徴であった。そのうえで、帝国の発展の地[46]とする考え方である。また、占領地の開拓[47]や邦人植民[48]といった行政機能を拡大させている。これらはいずれも、従来の戦時国際法の占領地行政では規定されていない新たな概念であった。

一方、その他の事項では、日露戦争以来の経験を十分活用しつつ[49]、戦時国際法を尊重することを強調している[50]。たとえば、陸戦規則第五二条に則り軍政指揮官は武官であること[51]、同じく第四三条に規定する占領地の法律の尊重のため、地方行政機関は引き続き存置すること等である[52]。

つまり「満洲占領地行政の研究」の特徴であり、違法戦争観下の占領地行政に関する関東軍の理解は、伝統的な戦時国際法の枠内で、占領軍司令官のもとで占領地行政を行う。ただし、従来の治安維持、徴発に限定せず、占領地行政機関の活動領域を開発、植民、住民福祉等の行政部門に拡大させつつ占領国と被占領国の住民が共存共栄を図るという理想主義的要素を盛り込んだことにある。このことは、満州事変の経過を通じ全陸軍に共有されていく。

四　満州事変と政軍対立

一方、満州事変の経過は、政軍いずれが占領地行政に責任を持つのかという根本的な問いを投げかけた。

元来、狭義軍政は統帥権のもとで占領軍に責任があり、国内法体系と国際法の解釈に支えられ、占領軍に政治に対する優位が認められていた。そして、無差別戦争観のもと合意された陸戦規則は、違法戦争観に変更されても、見直されることはなかった。他方、この時期、国内の政治状況、わけても政党の進出は、これら国内法体系による優位を制限しつつあった。

まず統帥権については、一九二〇年代において、かなり限定的な解釈がなされるようになったことが指摘されている[53]。これには政党内閣が出現し政治権力の中心になったという背景があった。たとえば、加藤高明内閣時の郭松齢事件、田中義一内閣時の山東出兵等では政党による軍事の統制が相当程度実現していた。また軍部は、戦争形態が、第一次世界大戦以降、総力戦に移ったため、統帥権独立が時代遅れになったと認識し始めていたのである[54]。

次に、帝国憲法の解釈にも変化がみられる。従来、帝国憲法第三一条の解釈は、戒厳宣告権を超える非常権の行使つまり、非常事態においては軍が無制限に二権を掌握することを認めたものであった[55]。ところが、美濃部達吉は、天皇機関説を説明した『憲法撮要』の中で、第三一条は戒厳宣告権の説明条項であり、軍の無制限な権力掌握を認めたものではないとした[56]。

以上を要するに、違法戦争観のもとで、占領地行政もまた、政治の優越に服する概念となりつつあったのである。

このような状況で発生したのが満州事変であった。満州事変は、国際連盟による「戦争違法化体制」を揺さぶったものと位置付けられている[57]。また、同時にこの政策形成過程は、佐官級及び尉官級陸軍将校が対外発展と国内改革を断行するため、既存の軍事指導層及び政党並びに政府の指導者に対し挑戦したという点で、三つ巴の権力争いとして特色付けられている[58]。

日本国内でも戦争観の変更が行われる中で、中華民国の国権回収運動やソ連による共産主義の中国への浸透が盛んになると、日本社会は、満州における日本の経済権益が侵害されつつあると考えるようになった。満州事変は、このような事態にもかかわらず、何ら効果的な措置を講じない既存指導者層に幻滅した関東軍参謀石原中佐をはじめとする佐官級陸軍将校が、強硬な軍事政策をもって中国の挑戦に対処し満州併合を目指したものである。

しかし、現実には、満州併合を前提とするような武力攻撃及び占領地行政を行うことはできなかった。なぜなら、それは、違法戦争観下の国際世論に配慮した結果と言える。連盟規約により、紛争の平和解決が義務付けられている以上、宣戦布告を伴う武力行使はできなかったし、併合は論外であった。もちろん、「満洲占領地行政の研究」にも国際法に対する配慮はなされていた。たとえば、軍事占領という事実を微妙な言い回しで回避している。また、「満洲占領地行政の研究」という題名に、軍政という用語を使っていない。さらに、全編を通じ、征服もしくは領有という用語を使わず、あくまでも長期占領としているのである。

このように連盟規約上の制約に対しては、関東軍は「政務指導」という新たな占領地行政の形態を創出し対応した[59]。それは住民意思による新国家「満州国」建国であり、民族自決の原則適用という大義名分である。そして、その特徴は独立国家の政体を取りつつ、駐屯軍司令官の直接指揮下にはないものの、政治に大きな影響力を持つことであった。この際、日本と同盟関係を結び、住民が共存共栄を図るという理想主義的スローガンを掲げた。そうするうちに、日本国内は政党政治の崩壊により、新国家との新たな条約締結つまり満州国の承認と日満議定書の締結に進んでいったのである。

つまり、違法戦争観という新たな戦争観は、連盟加盟国に対し軍事活動の正当性に関する説明を求め、占領地行政の役割を政治的なものに広げたと言える。また、謀略が従来になく多用されるようになった。それだけ戦略と政治の関係が密になったと言えよう。

満州事変における関東軍の行動をみれば、この事実はいっそう明瞭である。関東軍は、当初の軍事活動を、中国軍の破壊活動に対する自衛とする謀略として始め、建国時には「五族協和」という民族解放の理念を掲げて軍事活動の正当化を図った。また、経済開発を占領当初から目指していたし、軍に対する通信・鉄道の優先使用は日満議定書にも明記された。さらに、満州事変の全期間を通じての関東軍と中央の緊張状態は、占領軍指揮官の権限も政治による制限を受けるようになったからこそ生じたとも言える。そして、この緊張状態は五・一五事件による政党政治の崩壊で幕を閉じる。かくして、政務指導の責任は現地軍に帰したのである。

五　日中戦争と省部対立

一九三七（昭和十二）年七月に勃発した北支事変に対応するため、八月三十一日、北支那方面軍（以下、北支方面軍）を編成し、司令官に寺内寿一大将が親補された。寺内大将は、着任に当たり「速やかに宣戦して、南京を攻略し、徹底的膺懲する」[60]べきといういかにも軍人らしい伝統的な考え方を抱懐していた。また、陸軍の元老宇垣一成も「先方が横車を押せば正々堂々と世界に声明して一大決戦を交ゆるも可なり」とこの考え方を支持していた[61]。

しかしながら、陸軍省は、この時期にはすでに宣戦布告を行わないと決意していたと考えられる。なぜなら、八月三十日、天津に赴任する直前に、陸軍大臣杉山大将と面会した北支方面軍参謀長岡部直三郎陸軍少将に対し、「占領地行政又は軍政を行うは不可、地方のものをしてその思うところにより自治をなさしむるものとす」[62]と指示したからである。

最終的には、企画院次長、外務・大蔵・陸軍・海軍・商工五省の次官をメンバーとした内閣第四委員会により、十一月八日に、宣戦布告を見送る判断が下された。史料として残っている陸・海・外三省の記録によれば、もっとも重要な要因は米国中立法の発動により貿易・金融・海運・保険に及ぼす影響が甚大だったことにある[63]。それほど日本は戦略物資を米国との貿易に依存していたのであろう。

ただし、宣戦を布告しなかったからと言って、戦地における占領地行政の必要性が消失したわけでもない。治安維持の責任や徴発の必要性は残るからである。戦時国際法を適用できない本状況においては、北支方面軍はこの問題にどのように対処したのであろうか。

北支方面軍は、司令部の中に特務部（特務部長喜多誠一少将）を置き、政務処理に任じさせた[64]。喜多少将の階級が示す通り、参謀長岡部少将と同階級であり、参謀副長河辺正三少将（のちのビルマ方面軍司令官）とも同期であることを考えると、中央は、作戦と同じくらいの比重で政務処理を重視していたことがうかがえる。では、中央は特務部にいかなる期待があったのだろうか。陸軍省は八月十二日付の「北支政務指導要綱」[65]では、「作戦地域後方地域（冀東を含む以下同じ）に於ける各般の政務事項を統合指導し該地域をして日満支提携共栄実現の基礎たらしめる」ことを方針としていた。ただし現地軍はさらに踏み込んでいた。九月六日の岡部参謀長の指示においては、「三、交通、経済等ノ開発ニ関シテ作戦用兵上ノ関係ト国防資源ノ獲得ニ留意シ日満資本ノ流入ニ努ルモノトス　四、北支政権樹立ノ準備ニ関シテハ現在及将来ノ軍ノ占拠地域ニ於ケル支那側各機関ヲ統制スヘキ政務執行機関ヲ暫定的ニ樹立セシメ且成ヘク之等ノ機関ヲ以テ将来ノ北支政権ノ母体タラシムル如ク誘導スルモノトス」[66]と経済開発や親日政権樹立にまで言及していたのである。これは、岡部参謀長の今回の戦争認識でもあった。岡部参謀長は、山道襄一代議士の来訪に際し、「本事変の処理は長期に及ぶが、この処理は徹底的であらねばならない。また、国民の満足すべき収穫を得ることなく、名義上の勝利に満足して撤兵することがあってはならない」[67]と述べている。また、特務部スタッフは、喜多少将をはじめ根本博中佐、北京駐在の大使館付武官補佐官今井武夫少佐らいわゆる「支那通」で占められていた。彼らは、日本の中国権益を否認する国民党や共産党に強い危惧を抱いていたと言われる。

伝統的戦争観を重んじる北支方面軍であったが、はたして、どのような占領地行政の構想を持っていたのだろうか。もちろん「満洲占領地行政の研究」に示されたような住民福利までも考えていたとは思えない。しかしながら、岡部参謀長の指示においても交通・経済開発は北支方面軍が行うこととしていた。つまり、伝統的戦争観においても、占領地行政において行政分野が拡大したことを認めざるを得なくなったのである。したがって、現地の占領地行政は、自然と「長期駐兵とそれを裏付ける施設（交通・通信）の掌握」「経済開発と金融支配」「新政権の樹立」に進んでいった。要するに、現地軍司令官の直接指揮にはないが、現地軍が強い影響力を行使する政務指導を選択したのである。このことは軍事的問題のみならず、政治的問題でもあった。なぜなら、主権の問題に関係するからである。であるならば、占領地行政はすでに現地軍だけで解決して良い問題ではなくなっていたことを意味している。

軍事合理性を重んじる現地軍の考え方はそれなりに理解できるにしても、常に国内外政治との妥協を考えなければならない中央、特に陸軍省は、特務部の統制に苦慮したに違いない。なぜなら、統帥権の発動として現地軍は作戦を行っており、その一幕僚部として特務部は存在する。したがって、陸軍省には特務部を直接指導する権限はない。この問題を解決するため、まず一九三七年十月、総合国策機関である企画院創設とともに、内閣第三委員会を設置し中国経済関係の実質的決定機関とした。そしてそのうえで、陸軍省軍事課長田中新一大佐は、十一月四日、特務部を政治指導の中枢として強化拡充し、中央直轄とする考えを示した。[68] 現地調達、交通・通信の便宜を失う現地軍の反対は当然であった。十二月十日、岡部参謀長は「特務部を軍司令部より離すことは絶対反対[69]」である旨を明言し、特務部を中央直轄とする構想は、この時点では見送られた。この事件は現地軍行政機関の統制はいかにあるべきかという深刻な問題を残したのである。この問題は、総力戦や違法戦争観に戦争観が変わりつつあったからこそ、そしてそれが混乱をきたしていたからこそ発生した問題であり、大東亜戦争を通じて政府特に陸軍省と参謀本部及び現地軍との埋めがたい問題となっていくのである。

おわりに

ソビエトのスパイ、リヒャルト・ゾルゲ（Richard Sorge）は日中戦争から日本陸軍の変化を「日本陸軍は、中国戦争のあいだに、二三万人に満たない小陸軍から、ドイツや赤軍規模の大陸軍に発展した。そのうえ、中国戦争までは技術上全く遅れているとみなされたのであったが、今ではすべての近代兵器を擁し、技術上も高度な、歴戦の陸軍に変わっている[70]」と喝破した。このことは、第一次世界大戦によりもたらされた総力戦と違法戦争観という二つの大きな戦争観の変化を日本陸軍は巧妙に学び取り、新たな占領地行政のタイプを創出することに成功した証拠とも言える。なぜなら、政務指導により不戦条約違反の国際的非難をかわして貿易を維持し、狭義軍政により作戦の基盤を保証しつつ、広義軍政により占領地の資源を動員できたからこそ大陸軍の建設が可能だったと考えられるからである。これにより、第一次世界大戦以降は、戦争の様相が軍事作戦と同時並行的に政治・経済の要素が進行し、そのどれもが戦争目的達成のカギとなっていったのである。

このような戦争様相の世界的変化の中で日本陸軍は、それぞれの戦争観に適合した占領地行政のモデルを案出した。無差別戦争観に適合した狭義軍政、総力戦に適合した広義軍政、違法戦争観（民族自決）に適合した政務指導である。狭義軍政は、戦時国際法に準拠した占領軍の権利及び義務である徴発、治安の回復・維持を行い当面の軍事作戦を支援する戦略の一環である。広義軍政は、国民動員、産業動員、交通動員、財政動員を占領地に適用し、占領地経済の確保と軍事作戦の継続を狙った経済の一環である。政務指導は、占領地に独立の形式を取らせ、政策指導を現地軍が行うことにより実質的に支配を継続する国際政治の一環である。

ここで指摘しておかなければならないのは、これら狭義軍政、広義軍政、政務指導が同時に行われたことである。このことが、本来統帥権の作用であった占領地行政が行政及び外交の役割を担うこととなり、必然的に省部間に管轄を巡っての対立を起こしたのである。この問題は解決されることなく、それも占領地行政を当初想定しなかった東南アジアに適用したのが大東亜戦争であったのである。

第一次世界大戦による戦争観の変化は、占領地行政の役割が行政及び外交分野にまで拡大し、作戦と並ぶ戦争目的達成の手段となった。そして軍隊の主要な活動に押し上げた。したがって、軍事作戦と占領地行政の相互作用による相乗効果が戦争目的達成のために特に重要になったと言える。そして、軍事作戦や政策を評価するうえで、不可欠のポイントとなったと言えよう。

註

(1) 外交に関しては篠原初枝『戦争の法から平和の法へ――戦間期アメリカ国際法学者――』(東京大学出版会、二〇〇三年)、服部龍二『東アジア国際環境の変動と日本外交1918―1931』(有斐閣、二〇〇一年)が、軍事作戦に関しては石井保政述『欧州大戦史の研究』全九巻(陸軍大学校将校集会所、一九三七~三九年)が著名。

(2) 信夫清三郎『「太平洋戦争」と「もう一つの太平洋戦争」――第二次大戦における日本と東南アジア――』(勁草書房、一九八八年)。波多野澄雄『太平洋戦争とアジア外交』(東京大学出版会、一九九六年)。Adam Roberts, "what is military occupation?" *British year book of international law*, Vol. 55(1984).

(3) 疋田康行編『「南方共栄圏」――戦時日本の東南アジア経済支配――』(多賀出版、一九九五年)。山本有造『「大東亜共栄圏」経済史研究』(名古屋大学出版会、二〇一一年)。荒川憲一『戦時経済体制の構想と展開――日本陸海軍の経済史的分析――』(岩波書店、二〇〇一年)。

(4) 池端雪浦『日本占領下のフィリピン』(岩波書店、一九九六年)。中野聡『歴史的経験としてのアメリカ帝国――米比関係史の群像――』(岩波書店、二〇〇七年)。倉沢愛子編『東南アジア史のなかの日本占領』(早稲田大学出版部、一九九七年)。明石陽至編『日本占領下の英領マラヤ・シンガポール』(岩波書店、二〇〇一年)。後藤乾一『日本占領期インドネシア研究』(龍渓書舎、一九八九年)。根本敬『岩波講座 アジア・太平洋戦争 7 支配と暴力』(岩波書店、二〇〇六年)。

(5) 例外として、大山梓『日露戦争の軍政史録』(芙蓉書房、一九七三年)。

(6) 有賀長雄『万国戦時公法』(陸軍大学校、一八九四年)として公刊された。

(7) 臨時軍事調査委員「国家総動員に関する意見」(陸軍省、一九二〇年。拓殖大学図書館佐藤文庫所蔵)。

（8）関東軍参謀部調査班「満洲占領地行政の研究」中央―戦争指導重要国策文書―二一九（防衛省防衛研究所戦史研究センター史料室所蔵）。
（9）有賀『万国戦時公法』一―二頁。
（10）同右、二一頁。
（11）無差別戦争観については様々な形で説明されている。その一つは、「国家は、どのような理由によるものであれ、戦争を行う自由を有しており、戦争事由の正・不正は問題とされない。」「いったん戦争が開始されれば、両交戦国は対等の地位にあるとみなされ、交戦法規が等しく適用されることになる。」というもの（柳原正治「戦争違法化と日本」（国際法学会編『日本と国際法の100年　第10巻　安全保障』（三省堂、二〇〇一年）二六九頁）。
（12）有賀『万国戦時公法』四九六頁。
（13）同右、四九七頁。
（14）同右、目次六―一九頁。
（15）同右、三八七頁。
（16）同右、五〇六頁。
（17）同右、五二四頁。
（18）同右、五〇四頁。
（19）同右、五二八―二九頁。
（20）同右、五二九頁。
（21）森松俊夫『大本営』（教育社、教育歴史新書、一九八〇年）一四―一五頁。
（22）稲葉正夫編『現代史資料37　大本営』（みすず書房、一九六七年）五六八―七一頁。
（23）三浦裕史『近代日本軍制概説』（信山社、二〇〇三年）一三八頁。
（24）柳原「戦争の違法化と日本」二六八―七一頁。
（25）黒沢文貴『大戦間期の日本陸軍』（みすず書房、二〇〇〇年）二九五頁。
（26）加藤友康責任編集『歴史学事典7　戦争と外交』（弘文堂、一九九九年）四二一頁。
（27）黒野耐『帝国陸軍の〈改革と抵抗〉』（講談社、講談社現代新書、二〇〇六年）一四〇―四二頁。
（28）纐纈厚『総力戦体制研究――日本陸軍の国家総動員構想――』（社会評論社、二〇一〇年）で先鞭をつけ、黒沢文貴は『大戦間期の日本陸軍』で第一次世界大戦研究の成果を柔軟かつ現実的に陸軍の変革に役立てたと指摘した。
（29）参謀本部「帝国国防資源」（中央―全般―その他―八七（一九一七年。防衛省防衛研究所戦史研究センター史料室所蔵）。
（30）参謀本部印刷『全国動員計画必要ノ議』（中央―軍事行政―動員・編成―一〇三（一九一七年。防衛省防衛研究所戦史研究センター史料室所蔵）。なお、印刷は参謀本部であるが、作成は陸軍省と判断されている。
（31）大類伸監修『第一次世界大戦――最初の国家総力戦――』（人物往来社、一九六七年）二二七頁。
（32）A・コパン『民族国家と民族自決』栄田卓弘訳（早稲田大学出版部、一九七六年）一〇六頁。
（33）この件に関する米国内での論争は、篠原『戦争の法から平和の法へ』、また国際連盟の集団安全保障体制については同『国際連盟――世界平和への夢と挫折――』（中央公論新社、中公新書、二〇一〇年）が詳しい。

(34) 柳原「戦争の違法化と日本」二七四―七九頁。
(35) 伊香俊哉『近代日本と戦争違法化体制――第一次世界大戦から日中戦争へ――』(吉川弘文館、二〇〇二年)六頁。
(36) 幣原平和財団『幣原喜重郎』(幣原平和財団、一九五五年)一三六―三七頁。
(37) 有賀長雄『日清戦役国際法論』(陸軍大学校、一八九六年)及び『日露陸戦国際法論』(東京偕行社、一九一一年)。
(38) 小林啓治『国際秩序の形成と近代日本』(吉川弘文館、二〇〇二年)二八二頁。
(39) 千葉功『旧外交の形成――日本外交 1900~1919――』(勁草書房、二〇〇八年)四六一頁。
(40) 藤田久一「日本における戦争法研究の歩み」(『国際法外交雑誌 特集「国際法学会100周年」』第96巻第4・5合併号、一九九七年)六二頁。
(41) NHK〝ドキュメント昭和〟取材班編『ドキュメント昭和1 ベルサイユの日章旗 一等国ニッポン』(角川書店、一九八六年)一六三頁。
(42) 関東軍参謀部調査班「満洲占領地行政の研究」一三二頁。
(43) 同右、一五四頁。
(44) 同右、一五五頁、一六一頁。
(45) 同右、一六二頁。
(46) 同右、一三四頁。
(47) 同右、一五五頁。
(48) 同右、一三一頁。
(49) 同右、一四五頁。
(50) 同右、一四三頁。
(51) 同右、一四七頁。
(52) 同右、一五九頁。
(53) 森靖夫『日本陸軍と日中戦争への道――軍事統制システムをめぐる攻防――』(ミネルヴァ書房、二〇一〇年)四七―四八頁。
(54) 同右、八〇―八一頁。
(55) 伊藤博文『憲法義解』(岩波書店、一九四〇年)六二―六四頁。
(56) 美濃部達吉『憲法撮要』(有斐閣、一九二三年)一八五頁。
(57) 小林『国際秩序の形成と近代日本』一七九頁。
(58) 緒方貞子『満州事変と政策の形成過程』(原書房、一九六六年)七頁。
(59) この経緯は、同右に詳しい。
(60) 岡部直三郎『岡部直三郎大将の日記』(芙蓉書房、一九八二年)七二頁。岡部大将は当時の北支方面軍参謀長。
(61) 角田順校訂『宇垣一成日記2』一九三七年七月十六日(みすず書房、一九七〇年)一一六〇頁。
(62) 岡部『岡部直三郎大将の日記』六八頁。
(63) 「極秘 昭和十二年十一月六日 宣戦布告ノ我経済上ニ及ボスベキ影響 外務省」「極秘 対支宣戦布告ノ得失 昭和十二年十一月八日 外務省」「極秘 対支宣戦布告ノ利害得失ニ関スル件 昭和十二年十一月七日 海軍省」「極秘 対支宣戦布告ノ可否ニ関スル意見 昭和十二年十一月八日 陸軍省」(木戸日記研究会編『木戸幸一関係文書』東京大学出版会、一九六六年)二九六―三一五頁。
(64) 「喜多少将ニ与フル訓令」(臼井勝美・稲葉正夫編『現代史資料9 日中戦争2』(みすず書房、一九六四年)四一頁。

(65)「北支政務指導要綱」(同右)二六頁。
(66)「喜多少将ニ与フル訓令」四一頁。
(67) 岡部『岡部直三郎大将の日記』一二一頁。
(68)「支那事変史要」第三　支那—支那事変北支—三、一八三六頁。(防衛省防衛研究所戦史センター史料室所蔵)。
(69) 岡部『岡部直三郎大将の日記』一三四頁。
(70) みすず書房編集部編『ゾルゲの見た日本』(みすず書房、二〇〇三年)八七—八八頁。

第四篇　第一次世界大戦の諸相

イギリスの対ドイツ外交　一八九四―一九一四年

――協調から対立、そして再び協調へ？――

菅原健志

はじめに

国際秩序を揺るがす大戦争は、常に様々な観点から研究が行われ、幾度となくその意義が見直される。二〇一四年に勃発百周年を迎えた第一次世界大戦には、現在でも多くの関心が寄せられ、ヨーロッパを中心に世界各地で新たな研究が行われている(1)。それに合わせて第一次世界大戦前のイギリス外交についても再検討が進められている。従来、一九一四年までのイギリス外交は主に英独間の対立の激化を基調として論じられてきた(2)。しかし近年ではこれまでの研究が、一四年に第一次世界大戦が勃発したという歴史の結果から逆算して、過度に英独対立に焦点をあてた「一九一四年目的論」に囚われているとする主張が現れるようになっている(3)。

本稿は一八九四年から一九一四年までのイギリスの対ドイツ外交を、イギリスの一次史料と近年の研究成果を用いて見直すことを目的としている。また英独関係は英仏そして英露関係と切り離して考えることはできないため、イギリスの対ドイツ外交を論じることは、必然的にイギリス、フランス、ロシアの三国関係の展開を踏まえることになる。まず第一章では一八九四年から一九〇二年までの英独関係を描くこととする。ここではロシア、フランスとの植民地を巡るグローバルな対立を背景に、イギリスが英独同盟を模索し、結局失敗する姿が浮き彫りになる。次に第二章で一九〇二年から一二年までのイギリス外交を分析する。この章では日露戦争後の国際環境の変化により、イギリス、フランス、ロシアで三国協商が成立する一方、英独関係は対立が強まっていく状況が浮かび上がる。そして第三章では一九一二年から一四年までの英独関係の変化を明らかにする。その際、ロシアの国力の回復による英露関係の緊張化と同時に、英独関係に改善の兆しが見え始めていたことが指摘される。最後に全体のまとめを行い、本稿の結論とする。

一　英独同盟の模索　一八九四―一九〇二年

一八九〇年にドイツ宰相のオットー・フォン・ビスマルク（Otto von Bismarck）が退任し、皇帝ヴィルヘルム二世（Wilhelm II）の親政が強まるが、それによりすぐに英独対立がヨーロッパ列強による外交の基調となったわけではなかった。ドイツ、オーストリア、イタリアからなる三国同盟と、九四年に締結された露仏同盟によって、ヨーロッパ大陸における勢力均衡は成立していた。列強の関心はむしろヨーロッパの外へと向けられたが、ここで問題となったのは、イギリスと、ロシアおよびフランスとの対立であり、それはアフリカ、インド、さらには極東へとまたがるグローバルなものであった。このような状況において、ドイツはイギリスにとって露仏同盟への対抗という点で、利害を共有できる可能性を有する存在であった。

一八九四年に勃発した日清戦争は、イギリスとロシアのアジアにおける角逐を一層激化させることになった。日本に対する敗北によって弱体化が明白となった清に対し、最も積極的に影響力の拡大を図ったのがロシアであった。ロシアはドイツ、フランスを伴った三国干渉によって日本に遼東半島を返還させた後、半島の先端に位置する旅順港を租借し、また満州における鉄道の敷設権も獲得していた。このように極東において着々と勢力を拡大するロシアに対して、イギリス首相兼外務大臣の第三代ソールズベリ侯爵（3rd Marquess of Salisbury）は当初、英露間で協定を結び事態の鎮静化を図ろうとした[4]。しかしこのソールズベリの試みは失敗し、結局イギリスも九八年三月に山東半島の威海衛を租借して、ロシアの南下に対処することとなった[5]。

このソールズベリの外交政策に対しては、閣内から強い異論が寄せられていた。反ソールズベリの急先鋒は、植民地大臣のジョセフ・チェンバレン（Joseph Chamberlain）であった。チェンバレンはロシアに対してより強硬であり、さらにロシアに対抗するためにイギリスは他の列強、特にドイツもしくはアメリカと同盟を結ぶ必要があるとも考えていた[6]。またかつてはソールズベリと同じく英露協定の締結を主張していた第一大蔵卿のアーサー・バルフォア（Arthur Balfour）も、チェンバレンと同様に同盟の必要性を考慮するようになっていた[7]。ただし孤立主義を奉じるアメリカとの同盟は現実的ではなく、チェンバレンとバルフォアはドイツとの同盟を模索するようになった。

英独同盟を巡る非公式交渉は一八九八年三月から始まっ

た。病に倒れたソールズベリに代わり、外相を一時的に務めることとなったバルフォアは、チェンバレンと駐英ドイツ大使パウル・フォン・ハッツフェルト（Paul von Hatzfeldt）との交渉を黙認する。(8) 三月二十九日にハッツフェルトと会談したチェンバレンは、「中国およびその他の地域における政策について双方の合意に基づいた防御的性質を持つ」英独同盟を提案した。(9) しかしドイツ側の反応は冷淡なものであった。ハッツフェルトは四月五日のバルフォアとの会談において、イギリス議会で同盟が批准されるか不透明なことや、英独両国の世論が同盟に対して好意的でないことなどを挙げて、英独同盟の実現に否定的な見解を示したのである。(10) さらにハッツフェルトはチェンバレンとの交渉を取りやめてしまい、英独同盟構想は宙に浮いたままとなってしまった。

　結局英独同盟に関する交渉はその後も進展することはなかった。バルフォアは日清戦争後にドイツが獲得した山東半島の権益と、揚子江流域のイギリス権益を相互に認め合う二国間協定を結ぶことも考えていたが、ハッツフェルトは中国における両国の権益の相互承認を受け入れなかった。(11) また体調を回復したソールズベリの復帰が間近に迫っており、これ以上ソールズベリに知られることなく交渉を続けることは難しかった。その結果、英独同盟交渉は打ち切られ、ソールズベリに対しては「外務省に記録が残らない珍しいエピソード」として報告されることになったのだった。(12)

　一方アフリカにおいては、イギリスとフランスの植民地を巡る対立関係が、一触即発の危機へと発展していた。一八九八年にフランスの遠征隊がスーダン南部のファショダを占領したが、スエズ運河を有するエジプトの背後がフランスの影響下に陥ることをイギリスは容認できなかった。そのためホレイショ・キッチナー（Horatio Kitchener）率いるイギリス・エジプト軍がファショダまで南下することになり、フランス軍と対峙する事態となった。十月になると両国は衝突の瀬戸際にまで至ったが、英仏間で妥協が成立し、九九年三月に英仏協定が結ばれ危機は回避された。(13) しかしこのファショダ危機は、英仏のアフリカにおける対立の根深さを物語ることとなった。

　英独同盟構想は失敗に終わったが、極東における英独協力の可能性は潰えたわけではなかった。一九〇〇年に起きた義和団の乱は中国大陸に大きな混乱をもたらすと同時に、その対応を巡ってイギリス内閣では再び意見の不一致が見られるようになった。義和団を「ただの暴徒」と見なしていたソールズベリは、イギリスの積極的な行動が、かえって列強の介入を招き事態を紛糾させかねないと考えていた。(14) 南アフリカで勃発したボーア戦争で既に苦戦を強いられていたこともあり、ソールズベリは極東での新たな紛争への介入には消極的であった。

しかしこのソールズベリの対応は、多くの閣僚の反発を招いた。バルフォアは海軍大臣ジョージ・ゴッシェン（George Goschen）やインド担当大臣ジョージ・ハミルトン（George Hamilton）らと協力して、イギリスからも軍隊を派遣し反乱の鎮圧に貢献するようソールズベリを説得した。一九〇〇年八月にイギリスを含むヨーロッパ列強と日本、アメリカから成る連合軍が義和団を制圧すると、中国大陸における影響力を強めるロシアに対抗するため、ドイツがイギリスに協力を持ち掛けてきた(15)。ソールズベリはドイツとの連携に難色を示したが、バルフォアをはじめとする内閣の多数派が賛成し、その結果十月に英独揚子江協定が締結された。この協定には日本も加わり、イギリス、ドイツ、日本三カ国が共同でロシアに対処することが期待されていた(16)。

英独揚子江協定は満州に対するロシアの行動によって、すぐにその実効性を試されることになった。一九〇一年一月に『タイムズ』紙の特派員ジョージ・アーネスト・モリソン（George Ernest Morrison）が露清間に満州に関する密約が存在することを暴露し、満州におけるロシアの勢力がさらに強まることが危惧された(17)。これに対しチェンバレンは、病身のハッツフェルトの代理を務めたヘルマン・フォン・エッカードシュタイン（Hermann von Eckardstein）と会談し、揚子江協定に基づいてロシアに圧力を掛けることを提唱した。バルフォアや、ソールズベリに代わって外相に就任した第五代ランズダウン侯爵（5th Marquess of Lansdowne）もチェンバレンを支持し、英独協力に反対するソールズベリには詳細が伝えられていなかった。英独協力に対するイギリス内閣の対応は、一八九八年の時点より好意的なものになっていたのである(18)。

しかしドイツの反応はイギリスの期待とは程遠いものであった。三月に帝国議会で演説した宰相ベルンハルト・フォン・ビューロー（Bernhard von Bülow）は、揚子江協定は満州に適用されないとの解釈に基づき、イギリス、ロシアに対して中立の立場を取ることを表明した(19)。ドイツにはイギリスと共同してロシアに対処する意思がないことが明らかとなり、イギリスにとっての揚子江協定の意義は消え失せてしまった。清国政府の抵抗もあり、密約は最終的に撤回され満州を巡る危機はひとまず回避されたが、イギリスは極東における外交政策の練り直しを迫られることになった。

ここでイギリスの同盟相手として浮上したのが日本であった。ゴッシェンの後任の海軍大臣第二代セルボーン伯爵（2nd Earl of Selborne）が提起したように、この時期のイギリスはロシアおよびフランスの海軍と、地中海またはイギリス海峡で戦うことを想定していた。ロシア、フランスの脅威に備えて海軍力をヨーロッパに重点的に振り向ける際に、日本との同盟は役に立つとセルボーンは主張したのである。[20] ランズダウンは駐英日本公使の林董と交渉を進め、十月には極東に限定された日英同盟の草案を作成し、ソールズベリもこれを承認した。[21]

ただし内閣の日英同盟に対する意見は、決して賛成で一致したわけではなかった。十二月になるとバルフォアが日英同盟への反対を明言し、代わりに英独同盟を再び追求するよう提案した。バルフォアは極東だけでなくインドにおけるロシアの脅威も考慮しており、極東にしか適用されない日英同盟はインド防衛に役立たない点を強調した。一方でドイツとの同盟はインドへと侵攻するロシアの背後を脅かすと同時に、フランスとロシアの連携を防ぐ効果も期待できた。日英同盟も英独同盟もロシア、フランスを対象とする点では変わらない以上、極東だけでなくインドさらにはヨーロッパにおいても役立つ英独同盟の方が、バルフォアにとっては望ましい選択であった。[22] チェンバレンや大蔵大臣マイケル・ヒックス・ビーチ（Michael Hicks Beach）も日英同盟の有用性には懐疑的であった。[23]

このような閣僚の反対を抑え、日英同盟の締結へと歩を進めたのはソールズベリであった。ソールズベリはバルフォアと異なり、インドやヨーロッパまでも適用対象とする英独同盟には一貫して反対していた。極東だけに限定された日英同盟の方がソールズベリにとっては、イギリスの外交政策の自由が確保されやすい点で好都合であった。ソールズベリはまだ交渉の必要があることを指摘しつつも日英同盟に賛意を示し、ランズダウンはその意向に沿って日本との交渉を推し進めていった。[24] バルフォアも最終的には日本との同盟を受け入れ、一九〇二年一月三十日に日英同盟が締結されることとなった。日英同盟の締結は同時に、英独同盟の模索の終焉も意味していた。

二　日露戦争と英独対立　一九〇二―一二年

ロシアおよびフランスとの植民地を巡るグローバルな対立に直面していたイギリスであるが、一九〇二年になると次第にドイツの脅威が意識されるようになってきた。特に海軍省を中心にドイツ海軍の急速な増強が警戒されるようになり、セルボーンはバルフォアにドイツのイギリスに対する敵意に十分注意するよう警告を発した。[25] しかしバルフォアは「ドイツと我々の利害は一致している」とし、近い将来においてドイツを恐れることになるとは考えられないとセルボーンに返答するなど、必ずしもドイツの脅威が内閣全体に共有されているわけではなかった[26]。

このような状況が大きく転換するきっかけとなったのが、日露戦争であった。一九〇二年七月に成立したバルフォア内閣では、戦争勃発直前の〇三年十二月に、日露戦争に対するイギリスの政策を巡って内部対立が生じていた。外相ランズダウンや海相セルボーンは、日露間の仲介による戦争の回避を主張した[27]。それに対し首相のバルフォアや大蔵大臣オースティン・チェンバレン(Austen Chamberlain)は、日本、ロシアに対して中立を維持し、戦争そのものに関与しないことを求めた[28]。しかし、この対立は手段の相違に基づくものであり、戦争のエスカレーションを防ぐという目的については、内閣において異論はなかった。すなわちイギリスが日本側に立って参戦した場合、露仏同盟によってフランスがロシアに加勢する可能性が高かった。イギリス、フランスが加われば、日露戦争は極東に限定された戦争から、ヨーロッパやアフリカ、インドまで含む「世界規模の戦争」へと拡大する恐れがあった。このような大戦争によってイギリスが被る損失は莫大なものとなるうえ、ドイツが唯一漁夫の利を占めることができる有利な立場となることは明らかであった[29]。そのようなイギリスにとって望ましくない状況を避けるための仲介による戦争回避、もしくは中立の維持だったのである。

結局バルフォアが自らの意見を押し通し、イギリスは日露間の戦争において中立を維持することを決定した。一九〇四年二月に勃発した日露戦争は、ロシアの勝利というバルフォア政権の予想とは異なる展開を示すようになる。特に〇五年になると三月の奉天会戦や五月の日本海海戦により、ロシアの敗北が明らかとなった。最終的には九月にポーツマス条約が締結され日露戦争は終結したが、この戦争によってロシアは国内の混乱や海軍の壊滅といった事態に見舞われ、その力を大いに削がれることとなった。

日露戦争とその結果によるロシアの弱体化は、ヨーロッパ列強の関係に甚大な影響をもたらした。まずイギリスとロシア、フランスとの植民地を巡るグローバルな対立が緩和された。英仏関係についてはファショダ危機以降、両国世論の変化もあり、関係改善に向かっていた[30]。さらに日露戦争への対応を巡って、英仏両国は参戦せずに戦争のエスカレーションを防ぐという点で利害が一致した。このような英仏協調の機運の高まりは、一九〇四年四月に英仏協商の締結をもたらした。英仏協商はアフリカ、アジア、北米における英仏間の植民地対立を解決する包括的な協定であったが、最も重要な点はイギリスのエジプトにおける支配権と、フランスのモロッコにおける支配権が相互に認められたことにあった。

英露関係も英仏関係と同様改善の様相を見せ始めた。そもそも日露戦争勃発前から、イギリスはアジアにおける英露対立を解決する協定の締結を模索していた。一九〇三年十月にランズダウンは「満州、チベット、アフガニスタン、ペルシアに関する」英露協定をロシアから引き出すため、日本と協力することを提案しており、バルフォアもランズダウンほど熱心ではなかったが、何もないよりは一時的であっても英露間に協定が存在する方が望ましいと考えていた。[31]このようなイギリス側の試みは、ロシアの拒絶もあって実を結ぶことはなかった。しかし日露戦争後、国力回復を図るためロシアの態度は軟化し、戦争によって中断していたイギリスとの交渉が再開された。〇五年十二月に成立したヘンリー・キャンベル＝バナマン（Henry Campbell-Bannerman）政権の外務大臣エドワード・グレイ（Edward Grey）は、ランズダウンから引き継いでロシアとの交渉に取り組み、〇七年八月に英露協商を締結した。これによりアフガニスタン、ペルシアそしてチベットにおける英露間の長年にわたる対立に、いったん終止符が打たれることになった。さらに英仏協商、露仏同盟と合わせて、イギリス、フランス、ロシアによる三国協商が成立することとなったのである。


一方、日露戦争はヨーロッパ大陸の勢力均衡に多大な変化をもたらした。日露戦争勃発までは露仏同盟と三国同盟が拮抗し、ドイツはロシア、フランスの挟撃に対する懸念からその行動を抑制されていた。しかし日露戦争によりロシアが弱体化したことで、ドイツに対する露仏同盟の抑止が機能しなくなってしまった。フランスがドイツを単独で抑えることは困難であったため、イギリスの対応がドイツの行動を占ううえでより重要となった。ここで問題となったのが英仏協商である。英仏協商はイギリスにとってはフランスとの植民地対立を解決するための政策であったが、ドイツは必ずしもそのようには見ていなかった。ドイツにとって重要なことは、英仏協商がドイツを対象としているかであり、またイギリスがどの程度フランスと協力する意思を有しているかということであった。

一九〇五年三月に起きた第一次モロッコ事件は、英仏協商の実効性を試すためにドイツが仕掛けたテストであった。日本との戦争の最中であるロシアには、フランスを助ける余裕がないことは明らかであり、焦点となったのはイギリスの対応であった。イギリスがフランスを支援しなければ、フランスがドイツに屈し、ヨーロッパ大陸におけるドイツの優位がさらに強まることが予想された。そしてそのような事態はイギリスにとっても望ましいとは言えなかった。[32]

ランズダウンはこの点を十分に認識しており、ドイツが協商の信頼性を傷つけることのないよう、フランスへの支援を約束した。[33] その後〇六年一月に開かれたアルヘシラス会議によって、フランスのモロッコにおける優越が確認され危機は収束した。この第一次モロッコ事件の結果、もともとは英仏間の植民地対立を扱った英仏協商が、強硬姿勢を強めるドイツに対する政策としての意味合いを持つようになったのである。

このヨーロッパにおける国際政治の変化を踏まえて書かれたのが、外務省のエア・クロウ（Eyre Crowe）による覚書である。一九〇七年一月にグレイへと届けられた長文の覚書においてクロウは、過度の政治的優越を求める国家に対して、対抗する国家または国家連合を支援して勢力均衡を維持することが、イギリス外交において「歴史的に自明の理」であると主張した。さらにドイツの拡張主義を指摘し、国力の増強に伴う平和的拡大には理解を示しつつも、過去二〇年の英独関係を鑑みた結果、ドイツの要求に対するイギリスの譲歩は英独関係の改善をもたらしていないと論じた。クロウは現在の状況で英独間に協定を結ぶことに反対し、ドイツの対応に変化が見られない限り英独協調を拒否したのだった。[34] グレイはクロウの覚書を「最も価値がある」と賞賛し、キャンベル＝バナマンや主だった閣僚に送付したため、この覚書は内閣においても共有されることになった。[35]

ドイツの脅威は海軍や外交だけでなく、陸軍についても意識されるようになっていた。イギリス陸軍の主な役割は本土の防衛と植民地への支援であり、その両方とも当初はロシアおよびフランスが主敵として想定されていた。その結果一九〇三年十一月の帝国防衛委員会において本土防衛が議論された際も、インドがロシアに侵攻され陸軍が支援に派遣された際、フランスから本土を防衛できるかという問題が検討されていたのである。[36] しかし日露戦争後、陸軍元帥フレデリック・ロバーツ（Frederick Roberts）ら陸軍首脳は主敵をドイツへ変更するよう求めるようになった。ロバーツは既に首相を辞任したバルフォアに協力を依頼し、情勢の変化を認識していたバルフォアは防衛政策の刷新に賛成した。[37] 〇八年五月に野党党首でありながらバルフォアは、帝国防衛委員会に出席しドイツを主敵とした新たな本土防衛について議論した。[38] キャンベル＝バナマンの後任首相のハーバート・アスキス（Herbert Asquith）やグレイなど内閣の主要閣僚が顔を揃えるなか、バルフォアの意見は十月に帝国防衛委員会にて承認された。今やフランス、ロシアに代わって、ドイツがイギリスの主たる脅威と見なされたことが明確になったのである。

一九〇九年以降、英独対立は海軍問題を中心に深まっていくことになった。〇六年に戦艦「ドレッドノート」が就役してから、英独間の建艦競争は激しさを増し、それに伴う財政負担も増大していた。キャンベル＝バナマンとアスキスの自由党政権内部では、海軍の優越を維持するべく艦隊の増強を求める「海軍主義者」と、軍事費を抑えて社会保障を充実させるべきと主張する「倹約家」の間で路線対立が生じ始めていた。そこでイギリスは戦艦建造を続行するもののその速度を落とし、さらにドイツに対して海軍軍縮協定の締結を打診することにした。軍縮は「倹約家」への譲歩であったが、イギリスが優位を保持している段階でドイツと軍縮に合意できれば、イギリスの優越が固定化することになり、「海軍主義者」にとっても許容できるものであった[39]。

しかし英独海軍軍縮が実現するかは非常に不透明であった。イギリスはあくまでも海軍軍縮に限定した協定の締結を目指していたが、ドイツは海軍軍縮に他の外交問題も加えた包括的な政治協定を欲していた。すなわち一九〇九年十一月にドイツ宰相テオバルト・フォン・ベートマン・ホルヴェーク（Theobald von Bethmann Hollweg）が海軍軍縮とともにイギリスに求めたのは、英仏協商および英露協商がドイツを対象としていないと明言したうえで、英独両国の一方が他の第三国と戦争になった場合、他方は中立を宣言するという確約であった[40]。ロシアとフランスだけではドイツの行動を抑止できない現状を考慮すれば、イギリスが中立を守るということはドイツにヨーロッパの支配的地位を認めるということを意味した。そのようなドイツへの譲歩を含む政治協定を受け入れることは、イギリスには不可能であった。

ただしイギリスはドイツとの海軍軍縮を完全に諦めたわけではなかった。一九一一年三月にグレイはドイツの要望に配慮し、政治外交問題を含む包括的な海軍軍縮を提案した。ここでグレイはドイツに対して、バグダッド鉄道およびペルシアにおける鉄道の建設についてドイツと協議に応じる意向を示したのである[41]。これはグレイがヨーロッパの外交問題よりも、ヨーロッパ外の英独間の利害の調整の方が妥協しやすいと考えたことを意味する。結局ドイツがグレイの提案を受け入れなかったことに加え、七月に起きた第二次モロッコ事件によって英独関係が緊張したため、海軍軍縮は進展しなかった。一二年二月には陸軍大臣リチャード・ホールデイン（Richard Haldane）がドイツを訪問し、海軍軍縮についてドイツ側と話し合ったが、ドイツのイギリスに対する不信感は根強く何の成果も得られなかった。日露戦争後対立を強める英独両国の関係は、この時最も悪化したのであった。

三　英独協調の萌芽？　一九一二―一四年

一九一二年以降ヨーロッパ列強を取りまく国際環境は、再び流動化し始めていた。特に重要な変化は、日露戦争の敗北からのロシアの復活が明確になりつつあることだった。一〇年からロシア経済は顕著な回復を示し始めており、それに伴い軍事費も増していった。さらにフランスの支援を得て国内の鉄道網の整備を進め、一四年の所謂「大計画」による陸軍拡張と組み合わせて、より迅速かつ大規模な動員が可能になっていた。[42]

国力の回復はロシア外交にも変化をもたらした。特に英露間の対立が収まっていたペルシアとアフガニスタンで、ロシアは再び積極的な外交政策を展開するようになる。ペルシアにおいてロシアはイラン立憲革命による改革に反対し、ペルシア北部を軍事占領する構えを見せつつ浸透工作を進めていった。[43] グレイはロシアのペルシア北部における優越は英露協商において既に認められているとしつつも、軍事占領の脅しによってイギリスのペルシア南部における立場が損なわれつつあることに懸念を示していた。[44] ペルシアへのロシアの影響力が強まるにつれて、ロシアは英露協商でイギリスの勢力範囲と認めたアフガニスタンへも介入し始めた。[45] 英露協商によって解決されたかに見えた、インド北西部におけるイギリスとロシアの対立が再び浮上し始めたのである。

イギリスでは復活しつつあるロシアに対して、どのような政策を採るべきか意見が分裂していた。外務事務次官アーサー・ニコルソン（Arthur Nicolson）は一九一三年四月に、ロシアに対する反感がイギリスで高まっていることを憂慮しつつ、英露協商の維持を訴えた。[46] 一方で外務事務次官補となっていたクロウやグレイの秘書官ウィリアム・ティレル（William Tyrrell）はロシアに対してより強硬であった。クロウはロシアに頼って英露協商を維持する政策は「破綻した」と断じ、ペルシアについて新たな措置が必要であるとした。[47] ティレルに至っては、ドイツの脅威が当分和らぐので、ロシアに対してより断固とした態度に出ることが可能になったと主張した。[48] 英露協商をイギリス外交の前提とするコンセンサスは、少なくとも外務省においては既に崩壊していたのである。

ティレルが述べたように、英露関係の緊張が増すと同時に起こったことは、英独対立の緩和であった。ロシアの国力回復と軍備増強はドイツに、ロシア、フランスから挟撃される危険性を再び思い起こさせた。一九一三年までにドイツは軍事予算を、イギリスに対処するための海軍から、ロシア、フランスに対処するための陸軍へ振り向けるようになった[49]。その結果イギリスは海軍軍縮をドイツと話しあう必要がなくなり、クロウが確信したように「今や英独関係はより友好的」になったのである[50]。建艦競争は事実上イギリスの勝利に終わり、英独間の主要な対立要因はここに取り除かれた。

英独関係の改善は、ヨーロッパ外の権益を巡るイギリスとドイツの諸問題の解決ももたらした。一九一三年五月に財政破綻により維持されなくなる可能性が高まった、ポルトガルが持つアフリカ植民地の処理について、英独間で合意に達した。さらに一四年六月にはバグダッド鉄道に関する英独協定が結ばれた。もともとイギリスはイスタンブールからバグダッドまでの鉄道がドイツの支配下に置かれることは、それほど脅威と見なしていなかった。イギリスが問題視したのは、バグダッド鉄道がバグダッドからペルシア湾へと伸び、この延長路線もドイツの強い影響下に置かれることであり、これはインド防衛の観点から望ましくなかった。それでもイギリスはバグダッド鉄道の建設中止を求めるわけではなく、むしろ自らも鉄道敷設に参画し、特にペルシア湾岸の終着駅を中立化することを考えていた。結局グレイはバスラまで延伸したバグダッド鉄道をドイツが支配下に置くことを認める一方で、バスラからペルシア湾岸までの延長を凍結することで妥協した。これにより、バグダッド鉄道に関して「ドイツとイギリスの間に誤解を生じさせる全ての原因」が除去されたと見なされたのだった[51]。

一方で三国協商においては、英仏間と英露間の協力関係に温度差が生じ始めていた。英仏両国は一九一二年十一月、イギリスはイギリス海峡に、フランスは地中海にそれぞれ海軍を集中させて防衛にあたることで合意した。この取り決めは拘束力のあるものではないとされたが、一三年四月までには英仏海軍の共同作戦について協議されるようになるなど、英仏間の協力関係が一層進むことになった[52]。これに対しイギリスとロシアの間では異なる様相を呈していた。一四年四月になると特にフランスが、英露間においても英仏間と同様の海軍協力を進めるよう望んでいた。しかしグレイの対応は冷淡で、実質的な交渉はほとんど進まなかった[53]。一四年六月二十五日に駐仏大使フランシス・バーティ（Francis Bertie）に語った内容によれば、グレイはドイツとの関係改善を図りつつ、「フランスと親密に連絡を取り合い、ロシアとはフランスほどではないにせよ、関係を維持する」と考えていた。その目的は「ドイツと三国協商の間を橋渡しし、オーストリアとイタリアの軽率さを抑制する」ことにあった。グレイは三国協商によってドイツを包囲するのではなく、フランス、ロシアとドイツの仲介者となり、大国間協調によるヨーロッパの均衡を目指していたのである(54)。

しかしそのわずか三日後に起きたサラエヴォ事件によって、ヨーロッパ列強は大きな危機に直面する。グレイがその行動を危惧していたオーストリアは、セルビアに対して宣戦布告し、エスカレーションの引き金を引いた。ロシア、ドイツ、フランスが次々と参戦するなか、グレイの仲裁の期待も空しくイギリスも一九一四年八月にドイツに宣戦し、未曽有の大戦争へと突入することとなった。こうして協調に向かいつつあった英独関係は最後に破綻し、一四年は全世界を巻き込む大戦の勃発した年として歴史に刻まれることになったのである。

おわりに

本稿で明らかになったのは以下の三点である。

まず一八九四年から一九一四年における英独関係が、協調と対立を繰り返す複雑な関係であったことが明らかとなった。通説では一八九〇年のビスマルク引退後、世界政策に基づくドイツの攻撃的な外交により、英独間に建艦競争および植民地対立が起こって関係が悪化していったと、英独対立が不可逆であるかのように論じられることが多い。しかし実際にはヴィルヘルム二世の親政が始まった後に英独関係がすぐに対立を強めていったわけではなく、また日露戦争後に緊張した英独関係は一九一二年以降、明らかに改善の兆しを見せ始めていた。イギリスにとってドイツは、国際政治の変化、特にロシア、フランスとの関係の変化により、警戒すべき脅威にも提携すべき協力相手にもなりうる存在であった。

次に三国協商を構成したイギリス、フランス、ロシアの関係の多様性が本稿で示された。従来、英仏協商と英露協商はイギリス、フランス、ロシアの植民地対立の最終的解決をもたらし、その後三国間の協力が進展し、ドイツ率いる三国同盟との対立の激化および固定化がもたらされたとされてきた。確かに英仏間の植民地対立は英仏協商で解決され、その後の協力関係の深化も目覚ましかった。しかし英露関係に関しては、英露協商によって解決されたとされてきたペルシアやアフガニスタンにおける対立が、ロシアの国力の回復に伴い再び浮上していた。英露協商は英露間の対立を一時的に棚上げしたに過ぎず、それに基づく両国の協力関係は脆いものであった。そしてイギリスの外交政策決定者たちはこの点を十分に認識しており、英露間の協力を英仏間と同等に進めようと考える者は決して多くなかったのである。

最後に本稿で明らかになったのは、一九一四年以前のヨーロッパ国際政治における日露戦争の重要性である。日露戦争がアジアの国際関係に多大な変化をもたらしたことについては論を俟たないが、ヨーロッパにおける列強の関係にも無視できない影響があった。ドイツが攻撃的な外交を推し進められるようになったのは、実際には日露戦争の敗北に伴うロシアの弱体化により、露仏同盟の抑止が機能しなくなってからであった。英仏協商は日露戦争の勃発によりその締結が速められ、それまで幾度となく試みられ失敗していた英露間の交渉は、日露戦争後のロシアの態度変化によって、ようやく英露協商へと実を結んだ。そしてその英露協商が実効性を失い始めるのは、日露戦争の敗北による痛手からのロシアの回復が明らかになってからであった。日露戦争を「第ゼロ次世界大戦」と見なせるかは議論のわかれるところだが、少なくともその勃発が第一次世界大戦に至る変化の引き金を引いたとは言えるだろう[55]。

本稿はあくまでも主にイギリスの視点に立った英独関係を中心に議論しており、これだけで第一次世界大戦の起源を包括的に論じたことにはならない。また英独関係の改善は、イギリスにとってのドイツの脅威が消滅したことを意味するわけでは決してない。しかし一九一四年の第一次世界大戦勃発に至る、英独対立の直線的な激化や、三国協商と三国同盟という二大陣営の対立の固定化といった通説は、イギリス外交の観点からは見直しが求められることになるであろう。

註

（1） 近年の研究成果としては例えば、Christopher Clark, *The Sleepwalkers: How Europe Went to War in 1914* (London: Penguin Books, 2013); Margaret MacMillan, *The War that Ended Peace: How Europe Abandoned Peace for the First World War* (London: Profile Books, 2014).

（2） 代表的な例として、Paul Kennedy, *The Rise of the Anglo-German Antagonism, 1860-1914* (London: Allen & Unwin, 1980).

（3） T. G. Otte, "'Chief of All Offices': High Politics, Finance, and Foreign Policy, 1865-1914", in: William Mulligan and Brendan Simms, eds., *The Primacy of Foreign Policy in British History, 1660-2000: How Strategic Concerns Shaped Modern Britain* (Basingstoke: Palgrave Macmillan, 2010), pp. 240-41.

（4） "The Guildhall Banquet", *The Times*, Monday 11 Nov. 1895, p. 6.

（5） Balfour to the Queen, 26 Mar. 1898, CAB 41/24/34, The National Archives, London (hereafter cited as TNA).

（6） Chamberlain to Balfour, 3 Feb. 1898, Balfour MSS, Add. MSS. 49773, British Library, London (hereafter cited as BL).

（7） Balfour to Goschen, 26 Feb. 1898, Balfour MSS, Add. MSS. 49706, BL.

(8) Jason Tomes, *Balfour and Foreign Policy: The International Thoughts of a Conservative Statesman* (Cambridge: Cambridge University Press, 1997), p. 116.

(9) Memo. by Chamberlain, 29 Mar. 1898, Chamberlain MSS, JC 7/2/2A/3, University of Birmingham Library, Birmingham.

(10) Balfour to Salisbury, 14 Apr. 1898, Balfour MSS, Add. MSS. 49691, BL.

(11) Balfour to Sanderson, 10 Apr. 1898, Balfour MSS, Add. MSS. 49739, BL; Sanderson to Balfour, 13 Apr. 1898, Balfour MSS, Add. MSS. 49739, BL.

(12) Balfour to Salisbury, 14 Apr. 1898, Balfour MSS, Add. MSS. 49691, BL.

(13) J. A. S. Grenville, *Lord Salisbury and Foreign Policy: The Close of the Nineteenth Century* (London: The Athlone Press, 1964), pp. 218-34.

(14) Salisbury to the Queen, 16 Jun. 1900, Salisbury MSS, 3M/A/84/114, Hatfield House, Hatfield; Satow diary (on conversation with Bertie), 31 May 1900, Satow MSS, PRO 30/33/16/3, TNA.

(15) Lascelles to Salisbury, 24 Aug. 1900, FO 64/1494, TNA.

(16) Ian Nish, *The Anglo-Japanese Alliance: The Diplomacy of Two Island Empires 1894-1907* (London: The Athlone Press, 1966), pp. 107-09.

(17) “Russia and China”, *The Times*, Thursday 3 Jan. 1901, p. 3.

(18) T. G. Otte, *The China Question: Great Power Rivalry and British Isolation, 1894-1905* (Oxford: Oxford University Press, 2007), pp. 237-38.

(19) “Extract from Speech by Count von Bülow in the Reichstag”, 15 Mar. 1901, in: G. P. Gooch and H. Temperley, eds., *British Documents on the Origins of the War, 1898-1914* (London: His Majesty’s Stationery Office, 1926-38) (hereafter cited as *BD*), Vol. II, No. 32.

(20) Memo. by Selborne, 4 Sep. 1901, CAB 37/58/81, TNA.

(21) Minutes by Salisbury on Lansdowne’s memo. of 25 Oct. 1901, FO 46/547, TNA.

(22) Balfour to Lansdowne, 12 Dec. 1901, Balfour MSS, Add. MSS. 49727, BL.

(23) Hicks Beach to Lansdowne, 2 Jan. 1902, Lansdowne MSS, FO 800/134, TNA.

(24) Memo. by Salisbury, 7 Jan. 1902, CAB 37/60/3, TNA.

(25) Selborne to Balfour, 4 Apr. 1902, Balfour MSS, Add. MSS. 49707, BL.

(26) Balfour to Selborne, 5 Apr. 1902, Selborne MSS, MS. Selborne 30, Bodleian Library, Oxford.

(27) Selborne to Lansdowne, 21 Dec. 1903, Balfour MSS, Add. MSS. 49728, BL; Lansdowne to Balfour, 22 Dec. 1903, Balfour MSS, Add. MSS. 49728, BL.

(28) Austen Chamberlain to Lansdowne, 21 Dec. 1903, Balfour MSS, Add. MSS. 49728, BL; Memo. by Balfour, 22 Dec. 1903, CAB 37/67/92, TNA.

(29) Memo. by Balfour, 29 Dec. 1903, CAB 37/67/97, TNA.

(30) ジェームズ・ジョル『第一次世界大戦の起原　改訂新版』池田清訳（みすず書房、一九九七年）六九―七一頁。

(31) Lansdowne to Balfour, 23 Oct. 1903, Balfour MSS, Add.

MSS. 49728, BL; Memo. by Balfour, 21 Dec. 1903, Balfour MSS, Add. MSS. 49728, BL.

(32) T. G. Otte, "'Almost a Law of Nature'? Sir Edward Grey, the Foreign Office, and the Balance of Power in Europe, 1905-12", in: Erik Goldstein and B. J. C. McKercher, eds., *Power and Stability: British Foreign Policy, 1865-1965* (London: Frank Cass, 2003), pp. 82-85.

(33) Lansdowne to Bertie, 22 Apr. 1905, *BD* Vol. III, No. 90; Lansdowne to Balfour, 23 Apr. 1905, Balfour MSS, Add. MSS. 49729, BL.

(34) Memo. by Crowe, 1 Jan. 1907, *BD* Vol. III, Appendix A.

(35) Minutes by Grey on Crowe's memorandum of 1 Jan. 1907, 28 Jan. 1907, *BD* Vol. III, Appendix A.

(36) Memo. by Balfour, 11 Nov. 1903, CAB 3/1/18A, TNA.

(37) Balfour to Clarke, 20 Jul. 1907, CAB 3/2/42A, TNA.

(38) Memo. by Balfour, 29 May 1908, CAB 3/2/43A, TNA.

(39) T. G. Otte, "'What we desire is confidence': The Search for an Anglo-German Naval Agreement, 1909-1912", in: Keith Hamilton and Edward Johnson, eds., *Arms and Disarmament in Diplomacy* (London: Vallentine Mitchell, 2008), pp. 35-37.

(40) Goschen to Grey, 4 Nov. 1909, *BD* Vol. VI, No. 204.

(41) Memo. by Foreign Office, 8 Mar. 1911, *BD* Vol. VI, No. 444.

(42) Zara S. Steiner and Keith Neilson, eds., *Britain and the Origins of the First World War* (Basingstoke: Palgrave Macmillan, Second Edition, 2003), pp. 97-98.

(43) Keith Neilson, *Britain and the Last Tsar: British Policy and Russia 1894-1917* (Oxford: Oxford University Press, 1995), pp. 320-21.

(44) Grey to Buchanan, 11 Feb. 1914, Grey MSS, FO 800/74, TNA.

(45) Jennifer Siegel, *Endgame: Britain, Russia and the Final Struggle for Central Asia* (London: I. B. Tauris, 2002), pp. 197-98.

(46) Nicolson to Goschen, 2 Apr. 1913, Nicolson MSS, FO 800/364, TNA.

(47) Minutes by Crowe on Townley's letter of 13 May 1914, 2 Jun. 1914, FO 371/2059/24443, TNA.

(48) Chirol to Hardinge, 18 Apr. 1913, Hardinge MSS, Vol.93, Cambridge University Library, Cambridge.

(49) T. G. Otte, "Détente 1914: Sir William Tyrrell's Secret Mission to Germany", *The Historical Journal* 56 (March 2013), pp. 189-90.

(50) Minutes by Crowe on Goschen's letter of 10 Feb. 1913, 18 Feb. 1913, FO 371/1649/7482, TNA.

(51) "German-British Convention", 15 Jun. 1914, *BD* Vol. X (Part II), No. 249.

(52) Steiner and Neilson, ed., *Britain and the Origins of the First World War,* pp. 105-11.

(53) Ronald P. Bobroff, "War accepted but unsought: Russia's growing militancy and the July Crisis, 1914", in: Jack S. Levy and John A. Vasquez, eds., *The Outbreak of the First World War: Structure, Politics, and Decision-Making* (Cambridge: Cambridge University Press, 2014), p. 243.

(54) Memo. by Bertie, 25 Jun. 1914, Bertie MSS, Add. MSS.

63033, BL.

(55)「第ゼロ次世界大戦」を巡る議論については、John W. Steinberg, *et al.*, eds., *The Russo-Japanese War in Global Perspective: World War Zero* (Leiden: Brill, 2005), pp. xix-xxiii; Rotem Kowner, "Between a colonial clash and World War Zero: The impact of the Russo-Japanese War in a global perspective", in: Rotem Kowner, ed., *The Impact of the Russo-Japanese War* (Abingdon: Routledge, 2007), pp. 1-25.

中国の第一次世界大戦参加問題と国会解散

味岡　徹

はじめに

一九一四年七月に第一次世界大戦が勃発すると、中国は中立を宣言した。しかし一七年一月にドイツが無制限潜水艦戦を宣言すると、翌二月にこれに抗議した。続いて三月にドイツとの断交を宣言し、さらに八月に協商国側に立ってドイツ、オーストリアに宣戦を布告した。この参戦は、中国にとってそれまでの国際関係の劣勢を挽回し、主権回復と不平等条約の改正を進める転機となった。

ところで、この参戦問題は対独断交後に国内の激しい政争を引き起こした。一九一七年五月大総統黎元洪《れいげんこう》は国務総理段祺瑞《だんきずい》を罷免した。六月には国会が解散された。七月に長江巡閲使（江蘇・安徽・江西三省を管轄する軍政長官）と安徽督軍（省の軍政長官）を兼任していた張勲《ちょうくん》が復辟すなわち清朝宣統帝の再即位を行い、段祺瑞が復職して黎元洪が辞任に追い込まれた。中国が参戦したのは、この政治変動が収束したあとであった。

どうして対外的な参戦問題がこうした国内の政治変動を引き起こしたのであろうか。それはどのような国内外の政治環境のもとで起きたのであろうか。

この政治変動の過程については、すでにいくつかの研究がある[1]。しかし、参戦問題が国会解散をめぐる争いに転換した具体的原因に注意を払ったものは少ない。

小論では、段祺瑞内閣、北洋派督軍たちと国会の対立を、憲政史の角度から俯瞰し、その上で一九一七年二月に始まった参戦問題が五月後半に国会解散をめぐる政争に転換した経緯とその内外環境を考えてみたい。

一　対独抗議と断交

（一）　参戦問題の発生

一九一七年一月三十一日、ドイツは無制限潜水艦作戦を宣言した。アメリカはこれに抗議して、二月三日、国交の断絶を宣言した。

二月五日アメリカは中国政府に対し、アメリカと同一行動をとることを求めた。中国政府は九日にドイツに対して抗議を行うとともに、国交断絶の検討を始めた。

日本は中国の対独断交さらには参戦を支持する立場をとった。日本政府は二月九日、「支独間の国交を断絶せしむるは、帝国の為益あって害なきこと」とする閣議決定を行った。[2] 十二日、章宗祥駐日中国公使から日本政府の意向を尋ねられた本野一郎外相は、中国政府が「米国政府の執りたる態度と同様に出づるの至当たるべき旨」すなわち対独断交に賛成する旨を回答し、章は「満足の意を表し」たという。[3]

中国の参戦問題はこの時が初めてではなかった。一九一五年十一月、イギリスは日本に対し、中国がロシアへ武器供給をするという形での参戦を提案した。イギリスはさらにフランス、ロシアを誘って日本に同意を求めた。しかし日本政府は十二月に三国に対し、「帝国政府は、支那に於ける平和静謐を保持し、支那四億の民をして戦争の惨禍を免れしむるを以て其根本方針と為し」と述べて、中国の対独断交さらには参戦に反対した。[4] これにより一五年の参戦は実現しなかった。

日本が一九一七年に中国の対独断交に賛成した主要な理由は、中国の政府指導者が英米寄りと言われていた袁世凱《えんせいがい》から親日的な段祺瑞に代わっており、またその段政権に対して、一六年秋に成立した寺内正毅内閣がすでに財政支援を開始していたことであった。日本は中国の参戦問題が起きると、一七年三月初めまでに、ドイツの山東権益などを戦後に日本が承継することへの承認をイギリス、フランス、ロシアから取り付けた。[5]

（二）　断交、参戦に対する見返り条件

段祺瑞政府が、協商国側に立って対独断交を行いさらに参戦へ進むためには、まず協商国とくに日本の同意が必要であったが、これは容易に得られた。次に国内で各省の督軍ら、大総統の黎元洪、また国会の同意を取り付ける必要があり、これは容易ではなかった。黎元洪や国民党系の国会議員はもともと段祺瑞内閣に反感を抱いていた。彼らは段内閣が参戦の実現という手柄を挙げ、権力を強化するこ

とを望まなかった。孫文や唐紹儀も国会に断交や参戦への反対を求めていた（「孫中山対於国際問題之両電」（『申報』一九一七年三月九日）、「滬人発表対徳問題意見」（同十日）。『申報』は上海の新聞で、上海書店、一九八三―八五年刊の影印版を使用―以下新聞の西暦年は下二桁のみを示す―）。

段祺瑞は国内の各勢力の同意を得るために、断交と参戦が中国に政治的・経済的な利益をもたらすものであることを示す必要があった。段はそのために協商国からできるだけ大きな断交と参戦の見返り条件を得ようとした。

二月十五日、章宗祥は本野外相を訪ね、中国政府が対独断交を決意したことを伝え、断交後財政がさらに逼迫することが予想されるとして、関税の引き上げと義和団事件賠償金の支払い延期の承認を求めた。これに本野は「熟考を加え置く」と回答した(6)。

二月十七日、本野外相はイギリス、フランス、ロシア三カ国の大使を呼び、中国が対独断交を行い、さらに対独宣戦を行ったならば、中国政府の前記二点の要請に応じることを提案し、続いて章宗祥を呼び、対独断交を行った後に二点の要請に応じるよう努力すると伝えた(7)。

（三）　断交をめぐる段祺瑞と黎元洪の対立

当時の暫定憲法である「中華民国臨時約法」によれば、宣戦には国会の事前同意が必要であったが、断交は内閣の提案を大総統が承認して発表、通知すればよかった。しかし段祺瑞は参戦を見すえて、断交でも国会議員の同意を得ておくのがよいと考えた。

二月十日、段祺瑞は閣僚を伴って衆参両院の会議に出席し、議員たちに対独抗議を報告し、ドイツの態度により断交するかどうかを決めると話した。多くの議員が政府の措置に賛同した（「外電」（『申報』一七年二月十二日））。

二月二十八日、段祺瑞は閣僚を伴って総統府を訪ね、黎元洪に対独断交から宣戦布告へと進みたいと伝えて裁可を求めたが、黎は同意せず、先に国会の同意を得るべきだと言った（「外電」（『申報』一七年三月二日））。

臨時約法によれば、「政府を代表して政務を総攬する」のは大総統であり（第三〇条）、国務院のメンバーである国務員すなわち国務総理と各部総長は大総統から任命され、大総統を「補佐してその責任を負う」（第四四条）という位置にあった。条文上は大総統に国務総理に対する指揮権があるようにも解釈できた。

この規定でも大総統がその信任する者を国務総理に任命した場合には問題は起きにくい。しかし段祺瑞が袁世凱に国務卿に任命され、袁の病没後も「国務総理」として留任したのに対し、黎元洪はそれまでの実権のない副総統から袁の病没により大総統になったのであり、両者の信頼関係は希薄であった。その関係の中で黎は大総統として行政に関与しようとした。

段祺瑞は国会の対独絶交への同意を促すために、三月二日、衆参両院の議長ら有力議員二十数名を国務院に招いて懇談した。招かれた議員は、憲法研究会系の湯化龍《とうかりゅう》、王家襄、章士釗、旧国民党系の呉景濂《ごけいれん》、黄雲鵬らであった（「専電」〔『申報』一七年三月三日〕）。

三月三日、国務会議は対独断交の決定等を日本政府に伝えることを決め、翌四日、段祺瑞と閣僚は総統府を訪ね、黎元洪に裁可を求めた。黎は依然同意せず、先に国会と軍人たちの反対を抑えることを要求した。段が「協商国から早くと言われているので、ぐずぐずするのはわが国にとって不利です」と答えると、黎は「外交方針は自主的でなければならず、外国の言いなりになってはいけない」と言った。黎はさらに「私は大総統で宣戦、講和の権限があり、国務会議の決議があってもにわかに裁可するわけにはいかない」と述べた。段は憤慨して、「そのように言うことは責任内閣の精神にもとります。これでは総理として責任を負えません」と言い（「外電」〔『申報』一七年三月六日〕）、北京を離れて天津へ去った。

黎は周囲から責任内閣制に背いたとの批判を浴びた。そこで北京にいた副総統馮国璋《ふうこくしょう》に天津へ行って段祺瑞を呼び戻すことを頼んだ。その際、①国務会議が決定した今回の外交方針に反対しない、②国務院が出そうとする命令への捺印を拒まない、③各省および各国駐在の公使への訓電に異議を挟まない、の三点を誓約した。段はこれを受け入れ、六日に北京へ戻った（「専電」および「外電」〔『申報』一七年三月八日〕）。

（四）　国会の対独断交承認

三月八日、段祺瑞は再度国会各政団の議員約一〇〇名を国務院に招いて懇談した（「段総理与国会議員談話」〔『申報』一七年三月十一日〕）。段は三月九日夜にも衆参両院の議員四五〇名あまりを迎賓館に招いて茶話会を開いた（「専電」〔『申報』一七年三月十一日〕）。

翌十日午後、衆議院は段祺瑞と閣僚の出席のもとで対独断交案を審議した。民友社系の呉宗慈議員からは、日本が中国の参戦を歓迎しているのが不可解だとの疑問が出された。段は、寺内内閣は早くから中日親善を宣言しているが、これは専ら経済の親善であり、今回の中国の外交政策により日本が間接的に経済的利益を得るとしてもそれは反対するべきものではないと答えた（「十日両院討論外交情形」〔『申報』一七年三月十三日〕）。採決では出席議員四五四名のうち三三一名が賛成し、対独断交案は衆議院を通過した〔「専電」（『申報』一七年三月十二日）〕。

同日続いて参議院も対独断交案を審議した。段祺瑞と閣僚はこちらにも出席した。審議は翌十一日に持ち越され、採決の結果、出席議員二〇二名のうち一五八名が賛成し〔「外電」（『申報』一七年三月十二日）〕、対独断交案は両院を通過した。

三月十四日、中国は対独断交を宣言した。

二　参戦案の国会提出と公民団事件

（一）　参戦問題の停滞と段祺瑞の「国会解散」方針

対独断交前の三月八日、中国政府は日本、イギリス等に対し、義和団事件賠償金の支払いの一〇年延期、公使館護衛兵の撤退など従来以上の対独断交の見返り条件を求めた(8)。しかし三月二十一日、日本を含む協商国公使団は伍廷芳《ごていほう》外交総長を訪問し、「国交断絶より進んで必要なる拡張」すなわち「開戦」を行わなければ、中国の提議に対して「好意的考慮」を払えないと伝えた(9)。

協商国からの見返り条件が不確定であることは、段祺瑞の国内に対する説得を困難にした。国務院の閣僚も参戦では意見が一致しなかった。また張勲など各省の有力軍人たちも参戦に反対していた〔「中徳国交問題之反対電」（『申報』一七年三月十五日）、「停頓中之対徳問題」（同三月三十一日）〕。このため、四月末まで参戦問題はほとんど進展しなかった。

この状況のもとで、段祺瑞に参戦問題で国会を解散する考えが浮かんだように見える。

一九一七年四月一日、段祺瑞は北京の日本公使館書記官船津辰一郎に政局について語った。段は、「民党黎派側は事毎に現内閣に反対して其顚覆を企て居れり」と国民党系国会議員と黎元洪を非難した。そのうえで段は、「国会さへなければ万事都合好く運ばれ得るならんと思はるるに付、大総統さへ同意されれば時宜に依りては国会を解散せむかと迄思う事ある」と述べたという(10)。

四月十七日、段に近い交通銀行総理曹汝霖《そうじょりん》も船津書記官に対し、段祺瑞は国会が参戦案を「否決する場合は断然国会を解散する位の決心ある」と語った(11)。

（二）　軍事会議の開催

四月六日、アメリカがドイツに宣戦布告した。すると閣内では伍廷芳外交総長が態度を変えて、対独宣戦に賛成したという。しかし閣内の意見は依然一致せず、段祺瑞は先に各省の督軍らから参戦への支持を得ようとした。

段祺瑞政府は四月十三日に各省に通電し、対独宣戦不可避の理由を伝えた。それは第一に、断交にとどまるのは協商国が喜ばず、講和会議で中国は孤立する、第二に、中国は「名目上協商国に加わるだけで実際には戦闘に参加せず、物品と便宜を提供するのみ」で、それらの供給は国民に不便を感じさせるほどのものではない、第三に、中国は「アメリカと一致した態度をとる」と声明したので、宣戦しないと「国の信用を失う」、というものであった（「外電」（『申報』一七年四月十五日））。

四月二十五日、段祺瑞は北京に各省の督軍らを集めて軍事会議を開催した。同会議は軍制改革なども課題としていたが、段の最大の目的は参戦への同意取り付けであった。この日会議は参戦問題を取り上げ、各省区代表二五名の多数が政府の方針を承認した（「外電」（『申報』一七年四月二十七日））。

軍事会議は当初毎週月水金に開催し、会期は最長三週間とされていたが、段祺瑞は各督軍と密議し、軍事会議を「永久機関」とすることを決めた（「専電」（『申報』一七年四月二十七日）、「専電」（同五月三日）、「軍事会議与各督軍」（同五月六日））。国民党系議員はこれを「国会を恫喝する行為」と見なしたという（「外電」（『申報』一七年五月八日））。軍事会議の恒久機関化は、その後督軍やその代表が北京に常駐して段祺瑞と緊密に連携しつつ政治活動を行うことを可能にした。

（三）　国会解散への協商国の了解

四月二十九日、曹汝霖は林権助公使を訪問し、段祺瑞が参戦実現のために「非常手段に依り大総統に迫りて退職せしめ、又は議会の解散を断行」した場合、日本は段祺瑞「政府側に moral support を与えらるること出来得べきや」と尋ねた[12]。

林公使がこれを本野外相に報告すると、本野は林に対し、林の「私見として」、段祺瑞のそれらの行動が「必ず帝国政府の真摯なる同情を期待し得べしと信じる旨を極内密に述べ置かるるも差支なし」と電訓した[13]。

段祺瑞はイギリスに対しても国会解散に対する承認を求めた。五月八日、段はイギリス公使館通訳官に対し、参戦のために国会を解散する場合に、「聯合側に於て moral support を与えられたき旨」を述べたという。そしてこの話をイギリス代理公使から聞いた林公使は、段の行動に対して「好意を以て之に応ずること然るべしと思考する旨」を回答し、同代理公使は「至極同感」と述べたという[14]。

五月十八日、曹汝霖は来訪した日本公使館の出淵勝次書記官に対し、段祺瑞は国会の「解散を断行することに内定し居れり」と語った。また出淵に対し、黎元洪が解散を拒んだ場合、黎も辞めさせることになり、その結果「多少の騒擾を来し、或は一時雲南、四川二省位の独立を見るに至るべきが、斯る場合、日本は如何なる態度に出でらるべきや」と質問した。

出淵はこれに対し、「一己の見解」と断りつつ、日本は「日本の利益」が「侵迫せらるるが如きことなき限り、暫く観望の態度を執る」だろうと回答した(15)。これにより、段祺瑞は国会解散が各協商国の干渉を招かない見通しを得たと言えよう。

（四）参戦案の国会提出

五月一日、段祺瑞は国務会議に参戦案を諮った。この時長江巡閲副使と安徽省長を兼任する倪嗣冲《げいしちゅう》、山東督軍張懐芝、福建督軍李厚基《りこうき》ら軍事会議メンバーが来訪して閣僚との面談を求め、閣議に加わった。四名の閣僚は、伍廷芳外交総長、程璧光《ていへきこう》海軍総長、谷鍾秀《こくしょうしゅう》農商総長が参戦に賛成し、張耀曾《ちょうようそう》司法総長は「意見なし」と言った。段は参戦が決定されたとして、四名の閣僚を伴って総統府を訪れ、黎元洪に参戦案の国会提出を求めた。黎は督軍が閣議に来たと聞いて「督軍は何をしているのだ」と憤ったが、国会提出に同意した〔「対徳宣戦問題已通過国務会議」（『晨鐘報』一七年五月二日）。『晨鐘報』は北京の憲法研究会系の新聞で、人民出版社、一九八〇―八一年刊の影印版を使用〕。

この時、国会が参戦に同意しなかった場合の解散が話題となった。黎元洪から意見を求められた張耀曾は、「現在は国会の解散は約法上根拠がないので、もし行えば謀反となる」と答えた。黎はこの回答を誉めて「解散は造反だ」と言い、段の見解も黎と同じだったという〔「対徳宣戦問題之各方面疎通」（『申報』一七年五月五日）〕。

段祺瑞は五月三日に国会議員数百名を茶話会に招き、外交の情勢を説明した〔飄萍「北京特別通信（六十九）」（『申報』一七年五月六日）〕。督軍グループも五月四日に数百名の国会議員をもてなし、李厚基が主催者を代表して議員たちに政府の方針への同意を求めた〔「各督軍招待両院議員」（『申報』一七年五月七日）〕。五月六日、段祺瑞は、王正廷、宋淵源ら国民党系を含む九議員を国務院に招いて参戦について説明した〔「専電」（『申報』一七年五月八日）、「対徳宣戦案将交議」（『申報』一七年五月九日）〕。

五月七日、国務院は対独宣戦案を国会に提出した〔「専電」（『申報』一七年五月九日）〕。

当時国会議員は衆議院が約五五〇名、参議院が約二六〇名、合わせて約八一〇名いた。党派では旧国民党系が最も多く、両院で約四〇〇名いた。彼らはおおよそ益友社（張継、呉景濂ら）、政学会（張耀曾、谷鍾秀ら）、民友社（旧丙辰倶楽部馬君武らと旧韜園系丁世嶧ら）、政余倶楽部（益友社を出た褚輔成、王正廷ら）の四政団に分かれていた。これら旧国民党系に次ぐ勢力が梁啓超を頭とする旧進歩党系の憲法研究会（湯化龍、王家襄ら）で、約一六〇名いた。このほかに「研究系の別働隊」と言われた約七〇名の憲政討論会（孫潤宇、陸宗輿ら）、段の重臣である靳雲鵬が小政団をまとめて作った約一二〇名の中和倶楽部（楊士聡、張伯烈ら）があった(16)。

民友社と政余倶楽部は反北洋派意識が強く、多くが参戦反対であったと思われる。益友社と政学会には参戦支持の者も反対の者もいた（「宣戦問題之討議」『申報』一七年五月十一日）。憲法研究会は段祺瑞政権の与党で、参戦支持であった。憲政討論会と中和倶楽部は段政権に近く、参戦支持と見られていた。

段祺瑞は宣戦案提出後の五月八日にも一〇〇名近い議員を国務院に招き、茶話会を開いた（「国務院茶話会情形」『申報』一七年五月十一日）。

（五）　公民団事件

宣戦案が衆議院に提出された頃より、「上海政商軍学各界同人」「北京軍商学各界」「五族公民請願団」（「宣戦案提出時之議員態度」（『申報』一七年五月十日）、「又有両起請願宣戦団」（同五月十一日））といった団体から宣戦案への賛成を求める請願書が衆議院、参議院に届くようになった。

五月十日、衆議院では参戦案を審議する全院委員会の開催が予定されていた。その建物の周辺に「陸海軍人請願団」「五族公民請願団」「政学商界請願団」「学軍商界請願団」などの旗を掲げた千数百名の群衆が集まった。彼らは参戦案への賛成を求めるビラを登院した議員に配り、受け取らなかった鄒魯、呉宗慈らに暴行を加えた。二時頃これら「公民団」の「代表」六名が衆議院議長の湯化龍に面会し、「本日宣戦案を可決しなければ外には出さない」と脅迫した。議長から連絡を受けた段祺瑞は午後七時頃にようやく現れ、「事前には知らなかった」と釈明した。九時半になってようやく騎馬隊や軍警が公民団を解散させた（「公民団大鬧衆議院紀」『申報』一七年五月十三日）。

公民団の実態は金銭で雇われた兵士、人力車夫、児童らであり、それを陸軍軍人らが指揮していた（「公民団内容之観察」（『申報』一七年五月十三日）、「英文京報之公民団観察」（同五月十四日））。一九一三年に袁世凱は公民団を雇って国会に対し自身を大総統に選出するよう圧力を掛けたが、今回の公民団の出現はそれから数えて四回目だと言われた（「公民団解散後之時局」（『申報』一七年五月十四日））。

当時国務院秘書長であった張国淦《ちょうこくかん》は、公民団は陸軍部次長の傅良佐に雇われていたと回想している。[17]これは信頼できようが、張国淦は傅良佐一人を挙げるだけで、段祺瑞に触れていない。傅良佐は段祺瑞の腹心であり、このような計画を段に相談せずに手配するとは思えない。張は段の関与を知りながら、そのことを伏せた可能性がある。

公民団事件に衝撃を受けた国民党系の谷鍾秀、程璧光、張耀曾の三閣僚は、十一日までに辞表を提出した（「外電」（『申報』一七年五月十二日））。翌十二日の定例の国務会議は欠席者もいて閣僚が一人も現れなかった。段祺瑞は辞意を漏らしたが、督軍らが慰留し、思いとどまったという（「専電」（『申報』一七年五月十二日））。

（六）　国会の参戦先送り

公民団事件後、国会の野党には、参戦案の審議の前に内閣の交代を求める声が上がった（「専電」（『申報』一七年五月十四日））。益友社は、十五日に会議を開き、段内閣打倒を議決したという（「外電」（『申報』一七年五月十八日））。

段祺瑞と督軍グループは、事件後も比較的関係の深い国会議員への働き掛けを継続した。十三日、数名の督軍らがそれぞれ自省選出の国会議員を宴会に招き、公民団事件への政府の関与を否定し、宣戦案への同意を求めた（「専電」（『申報』一七年五月十五日））。十五日、李厚基らは一日に二回の宴会を開き、それぞれ与党を中心とする両院議員二一〇〇名あまりと江蘇、福建両省選出議員四〇名あまりを招いた（「外電」（『申報』一七年五月十七日）、「内閣問題与各督行動」（同五月十八日））。

五月十九日、衆議院は段祺瑞から催促を受けて宣戦案を審議した。政余倶楽部の褚輔成は、現内閣はほとんど段総理一人しか残っておらず、このような内閣は信任できないとして、内閣の改組まで審議を延期することを提案した。この提案は半数あまりの賛成を獲得し、参戦案の先送りが決まった（「専電」（『申報』一七年五月二十日））。

三　国会解散

（一）　制憲の進展と徐州会議

さて内政に目を向けると、当時国会が最も力を入れて取り組んでいたのは正式憲法の制定であった。国会は一九一三年に憲法草案いわゆる「天壇憲法草案」を起草したが、翌一四年に袁世凱によって解散させられ、制憲作業は停止された。

国会は一九一六年八月に回復されると、間もなく制憲作業を再開した。両院議員によって構成される憲法審議会は、同年九月十五日から一七年一月十日まで天壇憲法草案の「初読」を行った。続いて憲法会議が同年一月二十六日から四月二十日まで「二読」(逐条の討論と議決)を行った[18]。

この間の審議で最大の争点となったのは、天壇憲法草案にない地方制度、具体的には省自治制度を憲法に組み入れるかどうかであった。この組み入れは、国民党系の憲法商権会《しょうかく》から提案され、政府与党の憲法研究会は中央集権推進の立場からこれに反対した。組み入れ賛成派は半数を超えていたが、議決に必要な三分の二には達していなかった。一九一六年十二月にはこの問題をめぐって国会で議員同士の暴力事件が起きた。

一九一六年末、中立的政団が主導して地方制度草案を一章一六条にまとめた。一七年一月七日、中立的政団が会議を開き、憲法討論会の孫潤宇らが、益友社と憲法研究会の一六条案への原則承認を取り付けた(「地方制協商之結果」『申報』一七年一月十一日)。十日の憲法審議会はこの一六条案について、条文討議は二読会に回し、憲法に盛り込むことのみを出席四六〇名、賛成四四六名で決定した(「審議会通過省制案」『申報』一七年一月十四日)。

一九一七年四月二十五日、地方制度案一六条は憲法会議二読会に掛けられた。しかし第一条が原案も修正案も承認されず、結局一六条すべてを再度憲法審議会に掛けることになった(「専電」『申報』一七年四月二十七日)。このため制憲には遅れが生じる見通しとなった。

制憲が初読を終えようとする一九一七年一月初め、反国民党色の強い督軍たちは国会と憲法案への敵意を示す行動に出た。

一九一七年一月九~十日、張勲は、倪嗣冲、段祺瑞腹心の曲同豊らを徐州に集めて政局に関する会議を開いた。張勲らはその四項目とも五項目とも言われる決議内容を公表しなかったが、一説によれば、①約法の修正、②国会の解散、③内閣の一部の改組、④総統府の改組であった(「発起徐州二次会議之内幕」『益世報』一七年一月十四日)、「徐州会議之続聞」(『申報』一七年一月十四日)。『益世報』は天津の新聞で、南開大学出版社・天津戸籍出版社・天津教育出版社、二〇〇四年刊の影印版を使用)。このうち①「約法の修正」は立法府優位の臨時約法の修正を、③「内閣の一部の改組」とは国民党系の総長の罷免を、また④「総統府の改組」とは段祺瑞と反目する黎元洪の幕僚の更迭あるいは黎元洪本人の打倒を指していた。

②の「国会の解散」は、国会が約法同様の立法府優位の憲法を制定しつつあることに危惧を感じ、制憲を止めるために国会を解散しようとするものであっただろう。軍人が制憲に口出しすれば非難されるので、このような表現にしたと思われる。

（二）　北洋派督軍集団の国会解散、憲法案修正の要求

北洋派の督軍たちは公民団事件によって参戦案の国会通過が困難になったと判断し、五月十九日の衆院審議を待たずに、国会を解散させる行動に出た。五月十八日、李厚基と倪嗣冲は督軍グループの代表として黎元洪を訪ね、国会の解散を要求した。解散しないなら衆参両院を焼き払うという剣幕だったと言われるが、黎は拒絶した〔「外電」（『申報』一七年五月二十日）〕。

五月十八日、吉林督軍孟恩遠《もうおんえん》、湖北督軍王占元ら在京の督軍グループは会議を開いて大総統に国会の解散を求める要望書を送ることを決め、要望書を作成し、督軍らから同意を得た。要望書は督軍らとその代理人計二二名の連名で、翌十九日未明に各省へ通電され、十九日夕刻までに国務院を経由して総統府に届けられた〔「督軍呈遞公文始末」（『盛京時報』一七年五月二十三日）。『盛京時報』は奉天の日系新聞で、盛京時報影印組、一九八五―八八年刊の影印版を使用〕。

その内容は、二読会を通過した憲法案に三つのとりわけ重大な問題があり、早くそれらを取り除かないと三読会では文字の修正だけで条文の趣旨は変更できず、三読会が終われば、その日に憲法が制定施行されてしまうとして、もし修正ができないのであれば即刻両院を解散して、別に国会を組織するよう求めるものであった〔「各督軍為制憲問題之文電」（『盛京時報』一七年五月二十二日）〕。

督軍らが問題とした三点の第一点は、衆議院の解散に関する憲法案第七五条「大総統は国務員が不信任決議を受けた時、国務員を罷免するか、もしくは衆議院を解散する。ただし衆議院を解散するには参議院の同意を得なければならない」で、衆議院の解散に参議院の同意という条件を付けるのは内閣と国会の権力均衡を破壊するというものである。同条項は一九一七年五月十六日に憲法審議会を通過した〔「憲法会議之前途」（『申報』一七年五月十九日）〕。

第二点は、同第八一条第二項「大総統が発する命令およびその他の国務関係の文書は国務員の副署がなければ効力を生じない」に「ただし国務総理の任免はこの限りではない」という但し書きがついていることで、この但し書きは大総統個人の意向で国務総理を罷免する事態を招くという批判である。この文言は一九一七年五月九日に憲法審議会を通過した〔「紀九日之憲法審議会」（『申報』一七年五月十三日）〕。

第三点は、同第九三条の次に「国会が議定した決議案は法律と同等の効力を持つ」という一条を置く案が出されていることについて、これは「議会専制」を匂わせるという

ものである。しかしこの条文追加案は当時審議中で、一九一七年五月九日の憲法審議会には「国会が議定した決議案は、覆議（大総統が国会に再審議を求めること）の際には法律案の覆議の規定を適用する」と改めるという修正案が出されていた。[19]

第一点は、確かに衆議院の解散を困難にするもので、行政と立法の均衡を重視する観点からは問題があった。第二点は、大総統と国務総理が信任、被信任の関係であれば問題はない規定である。第三点は、まだ審議中の条文に異を唱えたものである。

こうして見ると、督軍グループの憲法案に対する批判は、国会の解散を求めるほどの正当性を持つとは言えない。段政権や督軍らにとってこの三点より脅威だったのは、省議会などの権力を強化することで中央集権推進の妨げとなる地方制度の憲法組み入れではないだろうか。ただ地方制度の組み入れ自体は憲法研究会など段政権の与党がすべて同意しており、また地方制度は二読会での審議が始まっていなかったから、国会解散の理由にしにくかったと思われる。

では、督軍グループはなぜ参戦案の審議先送りではなく憲法案を国会解散の理由にしたのであろうか。

奉天の『盛京時報』は、在京督軍グループのある人物が「国会が宣戦案の審議を遅らせていること」を理由とすることを提案したのに対し、別の人物が「人民の多くは宣戦案に対して懐疑的であるから、憲法がよくないことだけを理由とするのがよい」と「献策した」と伝えている（「督軍団遁呈府院情形」『申報』一七年五月二十二日）、「督軍呈遁公文始末」（『盛京時報』一七年五月二十三日））。一方張国淦は、在京の督軍が、「公民団により審議延期の行き詰まりが発生したのだから、参戦案を理由にして国会解散を言うことはできない」と述べて、「憲法案に非難すべき点があることのみを理由」にしたと回想している。[20]

張国淦のほうが、公民団に責任のある政府側が参戦問題を理由にすることができないことを明確に述べている。ただ、張は段祺瑞らが国会解散を以前から意図していたことに触れていない。上司であった段をかばったのであろうか。

（三）憲法研究会の制憲阻止行動

憲法研究会は督軍らが要望書を出すのに先だって憲法の成立を妨げる行動を開始した。同会は五月十七日、所属の議員に対し、「政争が激化し、感情が高ぶっているので、軽率な憲法審議は非常に危険だ」という理由で、十八日から一週間憲法会議に欠席するよう指示した（「本日憲法会議不成会之預聞」『晨鐘報』一七年五月十八日））。憲法討論会もこれに同調したため、十八日の憲法会議は欠席者多数で流会となった。国民党系の議員はこれについて「憲法を破壊する意図あり」と怒った〔「昨日憲法会議果然不成会」(『晨鐘報』一七年五月十九日)、「制憲与同意案之各派趨勢」(『申報』一七年五月二十一日)〕。

黎元洪は督軍要望書を受け取った翌日の五月二十日、湯化龍、谷鍾秀、呉景濂、王正廷ら各政団幹部を招いて、督軍グループから批判された憲法案の問題点が修正可能かどうかを相談した〔「専電」(『申報』一七年五月二十二日)〕。

憲法研究会は同日会議を開き、三点中の二点を修正するとともに地方制度を今回の憲法からはずす修正案をまとめた〔「憲法研究会対於憲法之最後表示」(『晨鐘報』一七年五月二十一日)〕。憲法研究会などの与党、中立的政団および政学会は二十二日に同案を協議したが、益友社、民友社などは参加しなかった〔「昨日各政団対於憲法之協商」(『晨鐘報』一七年五月二十三日)〕。国会側からの条文修正は不可能となった。

五月二十四日、憲法研究会は百数十名の会議を開いた。この会議で二名の衆議院議員が、同会の修正案が認められないのであれば議員を辞職すると表明した。リーダーの湯化龍も「前回議決の修正案は本当に最後の譲歩案だ」として、同案が他会派に受け入れられなければ辞職すると述べた〔「研究会関於憲法之会議」(『晨鐘報』一七年五月二十五日)〕。

五月三十一日、衆議院では議長湯化龍、副議長陳国祥ら憲法研究会の四名の議員が議員辞職を届けた。同院は湯化龍の辞職のみ認め、呉景濂を新議長に選んだ〔「政潮中之衆院辞職声」(『申報』一七年六月四日)〕。六月一日には、研究会系の議員五〇名あまりが辞職したという〔「専電」(『申報』一七年六月三日)〕。この大量辞職により、憲法会議は定足数に達することがほとんどなくなり、憲法審議は困難となった。

(四) 黎元洪の段祺瑞罷免と督軍の独立

黎元洪は五月十九日の督軍要望書を受け入れなかった。二十一日、黎は孟恩遠、王占元の二督軍を総統府に招き、国会の解散は約法に規定がないので、時局の解決のためには段が辞職するしかないと提案した。孟と王はこれを持ち帰って在京の督軍らと協議し、段内閣擁護を決定して、黎元洪に拒否を回答した〔「専電」(『申報』一七年五月二十三日)〕。

二十三日、黎元洪は段祺瑞を免職し、伍廷芳外交総長を暫行代理国務総理とする命令を下した〔「命令」(『申報』一七年五月二十四日)〕。段は天津へ去ったが、同日、免職令は総理の自分が副署していないので無効だとの声明を各省の督軍、省長に通電した〔「公電」(『申報』一七年五月二十七日)〕。

段祺瑞に代わる国務総理の候補者は、天津在住の国務卿経験者徐世昌、参謀総長王士珍、および李鴻章の甥で天津在住の財政総長李経義《りけいぎ》であった。前二者が辞退したため、黎元洪は李経義を国務総理にしようと、二十五日に各政団の幹部を呼んで国会での協力を依頼した（「専電」（『申報』一七年五月二十七日））。衆議院は二十七日に、参議院は二十八日にいずれも李経義の国務総理任命案に同意した（「専電」（『申報』一七年五月二十八日）、「専電」（同五月二十九日））。

すると督軍グループは強硬手段に出た。二十八日以降倪嗣沖、奉天督軍張作霖、浙江督軍楊善徳らは独立して中央政府との関係を断つと宣言し、段祺瑞の復職や国会の解散を求めた（「専電」（『申報』一七年五月三十一日）、「専電」（同六月一日）、「張作霖倪嗣冲致中央原電」（同六月二日））。李経義は督軍グループの標的となることを恐れ、入京して国務総理に就任するのを取りやめた。

徐州の張勲は三十日に黎元洪に電報を打ち、督軍を憲法会議に参加させ、段祺瑞を復職させるなどの措置をとれば、総統と督軍グループの「調停」を引き受けると伝えた（「外電」（『申報』一七年六月一日））。黎元洪は六月一日、大総統令を発して張勲に「早急に来京して国是を相談する」ことを求めた（「命令」（『申報』一七年六月三日））。

六月二日、督軍グループは天津に「軍務総参謀処」を設置した（「専電」（『申報』一七年六月四日））。これは別の政府を建てることに近く、黎元洪と国会に圧力を掛けるものであった。

（五）国会の解散

アメリカは中国の政局の混乱を憂慮し、六月六日、駐華公使ポール・ラインシュ（Paul S. Reinsch）を通じて中国外交部に対し、対独参戦を行うかどうかは二義的な問題であり、最重要の問題は政治上の統一を回復し維持することであると勧告した（「美日対我時局之告言」（『申報』一七年六月十日））。アメリカは同時に日本、イギリス、フランス三カ国に対し、同趣旨の共同勧告書を中国政府に提出することを提案した(21)。

これに対して日本は十一日にアメリカに対し、アメリカが中国の「政治問題に干与するは日本の看過し能わざる所」と伝え、さらに十五日に、こうした行為が「対立する党派のいずれかの敏感な心に不安を生じさせ、利よりも害となりやすい」ことを批判する覚書を送付した(22)。イギリスもフランスもアメリカには同調しなかった。

六月八日、張勲配下の兵約一、五〇〇名が北京に入った。同日張勲が兵二、〇〇〇名を従えて天津に到着した。張勲は黎元洪にいくつかの要求を出した。そのうち交渉の余地なしとされたのが国会の解散であった。張は四八時間以内すなわち十日までに国会を解散することを求め、それが実行されなければ北京へは行かず、黎らの安全を保証しないと言った(「専電」および「外電」(『申報』一七年六月十日))。

黎元洪は八日深夜に国民党系の呉景濂、王正廷ら一一名の議員を招き、国会が自発的に解散することを求めたが、できないと言われた。黎は九日午後に外国人顧問二名を招いて相談した。ジョージ・モリソン(George E. Morison)は約法に明文がないので解散を命令することはできないと言った。しかし有賀長雄は、一九一六年の国会再召集も約法に従えば違法となるのであり、「政治解決」として解散が可能だと述べた(飄萍「中央特別通信(八十二)」(『申報』一七年六月十二日))。

黎は国会を解散することを決意し、十日に代理総理の伍廷芳に命令書への副署を求めたが、伍は拒否した(「専電」(『申報』一七年六月十一日))。黎は天津にいる李経義に副署を依頼したが、断られた(「国会問題之解決難」(『申報』一七年六月十三日))。黎は翌十一日に再度伍廷芳に副署を求めたが、伍は応じなかった(飄萍「中央特別通信(八十三)」(『申報』一七年六月十四日))。十二日、張勲は黎元洪に対し、十二日中に国会を解散しなければ「各軍は自由に行動する」と脅した(飄萍「中央特別通信(八十四)」(『申報』一七年六月十五日))。同日、黎は伍廷芳を免職し、歩軍統領(北京の治安維持部隊の長官)江朝宗を暫行代理総理として国会解散令に副署させ、「参衆両院の解散と期日を決めての選挙実施」を命令した(「命令」(『申報』一七年六月十五日))。

四 段祺瑞政権の復活と参戦

(一) 黎元洪の辞職と段祺瑞政権の復活

張勲は六月十四日に入京した。李経義も入京して国務総理に就任した。張勲は兵士を伴っての入京を好機として七月一日に復辟を行い、溥儀《ふぎ》を清朝宣統帝に再即位させた。七月二日、張は黎元洪に対し、二四時間以内に総統府から退去しなければ、兵士に総統府を包囲させると迫った。黎は同日李経義を罷免して段祺瑞を国務総理に任命した(飄萍「中央特別通信(九十)」(『申報』一七年七月七日))上で、日本公使館内の武官官舎を訪れ、保護を求めた。黎は同十四日に大総統の辞職を通電した。自身の地位を守るために国会を解散した黎元洪も結局その地位を追われた。

段祺瑞は張勲ら督軍グループを使って国会を解散したが、それは総理に復職して政権を強化するためであり、復辟には反対であった。段は七月三日に天津に「討逆軍総司令部」を設置し、北京に軍を進めて張勲軍を破り、十二日に溥儀を退位させた。張勲はオランダ公使館に逃げ込んだ。七月十九日に段祺瑞内閣が復活し、三十日に副総統の馮国璋が大総統に就任した。

（二）　ドイツ、オーストリアへの宣戦

八月十四日、中国はドイツ、オーストリアに宣戦した。これを受けて、日本、イギリス等は、九月八日、義和団事件賠償金の支払いの無利子五年延期と関税の実質五パーセントへの引き上げを骨子とする参戦への見返り条件を九月七日付覚書にて中国政府に提示した[23]。中国はこの覚書をおおむね受け入れ、義和団事件賠償金の支払い延期期間は、一九一七年十二月からの五年間と決まった。

一九一八年五～六月に国会選挙が行われ、八月に第二回国会が成立した。十一月二日、第二回国会が前年の宣戦を追認した。その九日後の十一月十一日、第一次世界大戦が終結した。

第二回国会も制憲を進めた。一九一九年八月に完成した憲法草案では、一七年五月に督軍グループが批判した三点は、第一点は衆議院の解散に参議院の同意が不要となり、第二点と第三点は問題とされた条文が削除された。ここに督軍グループの要求がほぼ実現した。省制度も除外された。しかし草案の完成にとどまり、憲法の制定には至らなかった。

おわりに

段祺瑞と結んだ督軍グループの国会解散要求は、前から準備されていたものであった。段祺瑞らは表では、対独参戦を実現するために国会議員らへの硬軟両様の説得を進めていたが、裏では国会が参戦に反対すればその機会に国会を解散しようとして、協商国に国会解散への了解を求めていた。

国会が解散された原因は国会にもあった。国会議員とくに旧国民党系議員には国内のさまざまな社会勢力に受け入れられやすい憲法を作るという意識が薄かった。法的には解散される恐れのない国会が国会優位の憲法案を作成したことは、北洋派軍人グループや研究系の不満を引き起こした。省自治的内容を持つ地方制度を憲法に組み入れようとしたことも段祺瑞と督軍らを不安にさせた。

旧国民党系議員は参戦問題でも党派主義的な態度をとった。これが参戦案審議の停滞を招き、段祺瑞と督軍グループに協商国の暗黙の支持のもとで強権的方法をとる機会を与えたと言えよう。

註

（1）　日本における近年の研究に、①安田淳「中国の第一次世界大戦参戦問題」（『慶應義塾大学大学院法学研究科論文集』第二十二号、一九八五年）、②楊海程「第一次世界大戦期における中国の参戦問題と日中外交」（『東アジア近代史』第十六号、二〇一三年三月）がある。

　中国の研究は多くあり、一九八〇年代以降では、①来新夏主編『北洋軍閥史稿』（湖北人民出版社、一九八三年）、②張憲文主編『中華民国史綱』（河南人民出版社、一九八六年）、③劉景泉『北京民国政府的議会政治』（天津古籍出版社、一九九六年）、④来新夏ほか『北洋軍閥史』（上、下）（南開大学出版社、二〇〇〇年）、⑤張憲文ほか『中華民国史』第一巻（南京大学出版社、二〇〇五年）、⑥李新・李宗一主編『中華民国史』第三巻（中華書局、二〇一一年）、⑦谷麗娟・袁香甫『中華民国国会史』（上、中、下）（中華書局、二〇一二年。以下『民国国会史』（中））などで論じられて来た。最近の論文に、汪朝光「北京政治的常態和異態――関於黎元洪与段祺瑞府院之争的研究――」（『近代史研究』二〇〇七年三期、二〇〇七年五月）がある。

（2）「閣議決定」一九一七年二月九日――以下西暦年は下二桁のみを示す――（外務省編『日本外交文書』大正六年第三冊（外務省、一九六八年）第一八九文書。以下『文書』大正六―三冊一八九号のように略す）二一七頁。『日本外交文書』については、原文のカタカナを現代ひらがなに改め、適宜句読点をつけた。

（3）「本野外相より在米国佐藤大使宛第五二号」一七年二月十二日（『文書』大正六―三冊二〇八号）二四二頁。

（4）「石井外相より在英、在中、在露三大公使宛第三五三号ほか」一五年十二月六日（『文書』大正四―三冊八一〇号別電）九六六頁。

（5）「在日英国大使より本野外相宛通知書」一七年二月十六日（『文書』大正六―三冊六七三号）六四四頁、「在日仏国大使館より日本外務省宛通知書」同三月一日（同右、六八二号）六五六頁、および「在日露国大使館より日本外務省宛通知書」同三月五日（同右、六八三号）六五七頁。

（6）「本野外相より在英国珍田大使宛第九一号、在露国内田大使宛第一一〇号、在中国芳沢臨時代理公使宛第一三一号」一七年二月十五日（同右、二三二号）二五七頁。

（7）「本野外相より在中国芳沢臨時代理公使宛第一三八号」一七年二月十八日（同右、二四二号）二六五頁。

（8）「在日中国公使より本野外相宛覚書」一七年三月八日（同右、三三四号）三四五―四六頁。

（9）「在中国林公使より本野外相宛第三九九号」一七年三月二十二日（同右、三九五号）三九九頁。

（10）「在中国林公使より本野外相宛第四五六号」一七年四月一日（同右、四一九号）四二七―二八頁。

（11）「在中国林公使より本野外相宛第五一八号」一七年四月十八日（同右、四四〇号）四五四頁。

（12）「在中国林公使より本野外相宛第五五二号」一七年四月二十九日（同右、四五二号）四六三頁。

（13）「本野外相より在中国林公使宛第三五三号」一七年四月三十日（同右、四五三号）四六四頁。

（14）「在中国林公使より本野外相宛第五八一号」一七年五月九日（同右、四六六号）四七四頁。

（15）「在中国林公使より本野外相宛第六三四号」一七年五月十八日（同右、四七八号）四八四頁。

(16)『民国国会史』(中)、八四八―五四頁、および「十一政団組成中和倶楽部」(『申報』一七年三月三十一日)。
(17) 許田(張国淦)「対徳奥宣戦」(中国科学院歴史研究所第三所編輯『近代史資料』総二号、科学出版社、一九五四年十月)七三頁。
(18)『民国国会史』(中)、九三八頁、九四四頁。
(19)「紀九日之憲法審議会」(『申報』一七年五月十三日)、「紀十四日之憲法会議」(同十七日)、「憲法会議之前途」(同十九日)、「各督軍為制憲問題之文電」(『盛京時報』一七年五月二十二日)。
(20) 許田「対徳奥宣戦」七三頁。
(21)「在日米国代理公使より本野外相宛」一七年六月六日(『文書』大正六―三冊七三五号)七一九頁。
(22)「本野外相より在米国佐藤大使宛第一七七号」一七年六月九日、「在米国佐藤大使より本野外相宛第二二〇号」同十二日、「本野外相より在米国佐藤大使宛第一八四号」同十三日、「在米国佐藤大使より本野外相宛第二二五号」同十五日(同右、七三八、七四二、七四五、七四七号)七二三頁、七二七頁、七三一頁、七三二頁。
(23)「在中国林公使より本野外相宛機密公第三〇三号」一七年九月十二日(同右、五六〇号)五五二―六〇頁。

一九一四～一八年の「欧州大戦」と大倉組の「対露時局商売」

エドワルド・バールィシェフ

はじめに

第一次世界大戦中、日本が泰平組合という武器輸出コンツェルンなどを通じて、伝統的な「仮想敵国」ロシアに向けて武器軍需品の供給を大量に行なったことはよく知られている事実である。この方面での先覚的な研究の一例として、防衛庁（当時）防衛研究所所員の芥川哲士が一九八五～九二年に『軍事史学』に載せた一連の論考が挙げられる。防衛研究所や外務省外交史料館所蔵の資料の丹念な検討に基づいて実施されたこの研究は長らく空白となっていた日本の政治・軍事史や日露関係の重要なエピソードを解明した[1]。近年、芥川の研究を展開させたものとして、対露武器供給に関する日本側のデータを分析し、武器輸出事業をより広範な文脈のなかで位置付けようとしている名古屋貢の博士学位論文「泰平組合の研究」（二〇一〇年）が挙げられる[2]。日本側の史料を頼りにして、泰平組合の武器輸出活動を焦点にしているこれらの研究は当然なことに、基本的に日本の政治史や軍事史の枠内で行なわれているので、ロシア側の動きが鮮明に描かれていないほか、日本の対露政策と資本の動向、実業界の対露貿易と日本経済などといった諸側面もやや軽視されているように思える。象徴的なことに、「対露時局商売」（この用語は三井物産の資料に一般に使われるものであるが、同時代の情勢および資本の姿勢を鮮明に表しているものとして、本論のなかで戦時対露貿易という意味で使用する）が中核的な位置を占めていた「大戦景気」こそが日本社会の容貌を大きく変えてしまったにもかかわらず、芥川の研究のなかでは日本政府の「カントリー・リスクを無視し」た「武家朴訥商法」および日本経済界へのその悪影響が強調されている[3]。

経済史的な観点から芥川・名古屋らの研究を補完する研

究書として、坂本雅子の『財閥と帝国主義――三井物産と中国――』(ミネルヴァ書房、二〇〇三年)という著作を挙げることができる。この研究書の第三章「第一次大戦期の対ヨーロッパ資本輸出と武器輸出」のなかで、坂本は日本の多種多様な史料に基づいて、対露武器供給プロセスおよび借款設定プロセスを丹念に検討している。[4] 坂本のテーゼは、三井物産を始めとした資本は大日本帝国が推進した帝国主義的な対外政策から切り離すことはできないものであったということころにあるが、それは日露関係史という観点からより実証的に裏付けることができるであろうか。陸軍当局と泰平組合を構成した三井物産・大倉組・高田商会の関係はいかなるものであったろうか。第一次世界大戦期の対露武器軍需品供給はもっぱら、山縣有朋を中心とした軍部の対露戦略方針で説明しうるであろうか。大倉組を始めとした日本の資本は「対露時局商売」にいかなる態度を示し、日本の対露政策にどれだけの影響を与えていたであろうか。この論考において、右記のような問いかけを念頭に置きながら、軍部と資本の関係に光を当てる数少ない日露双方の史料を頼りにして、泰平組合のメンバーのひとつであった株式会社大倉組の「対露時局商売」に焦点を絞り、その活動の特徴と性格を明確化したい。[5] 大きく言えば、本論をもって、日本政治史・外交史や日露関係史という分野の研究にみられる理解[6]を同時代の軍事的および経済的な現実と照らし合わせ、より適切でバランスのとれた歴史認識に近づきたい。

一　「欧州大戦」の勃発と大倉組の「対露時局商売」の端緒――梅田潔の出番――

大倉財閥を築き上げた大倉喜八郎(一八三七～一九二八)[7]は明治初期から「元勲」に近い「御用達」であり、大倉組は戦時中の「対露時局商売」に深く関わっていた。「死の商人」とも称された大倉は戊辰戦争、台湾出兵、日清・日露戦争によって大儲けし、日本の実業界では三井・三菱に肩を並べるほどの力をつけた。当然なことに、日本陸軍の御用商人としての大倉の活動は政治的な色彩を帯びており、日本の大陸進出の軌道に乗っていたのである。日露戦争の結果、第一銀行の釜山支店(後の朝鮮銀行)や台湾銀行の設立に携わった大倉は、鴨緑江沿岸の森林伐採権や遼寧省の本渓湖炭鉱を手に入れたりして、満州市場で地歩を固めた。大倉は本渓湖煤鉄有限公司(現在の本渓鋼鉄有限責任公司)、日本化学工業(この名称で現存)、王子の東京製絨、日本皮革(現在の「ニッピ」)、日本製靴(今日の「リーガル・コーポレーション」)、東京製網(この名称で現存)などの大企業をその傘下に置き、一九一一年に合名会社大倉組を持株会社にして、設立資本一〇〇〇万円の株式会社大倉組をつくり上げた。一九一四年七月二十八日に勃発した「欧州大戦」という「天祐」も大倉によって見逃されることはなかった(8)。

日本政府が始まったばかりの「欧州大戦」に対してその態度を定めていなかった八月初め頃、山縣有朋の鼻息をうかがっている参謀本部やそれと癒着関係を築き上げた日本の経済界は、ロシア政府当局に対して武器・軍需品・軍用物資の供給を提案した。八月六日、泰平組合を構成する三井物産、高田商会および大倉組という三社の代表者には、駐日ロシア陸軍武官ウラジーミル・サモイロフ(Vladimir Konstantinovich Samoilov 一八六六～一九一六)少将から特別な推薦状が手渡された(9)。一週間後の八月十三日、日露戦争時に大倉組の初代ニューヨーク支店長として軍需品輸入に当たっていた山田馬次郎(一八七〇～?)を団長とした株式会社大倉組の事務員たちはウラジオストーク要塞司令部を訪ね、同社が供給できる武器軍需品軍用物資の見本、カタログおよび「陸軍のあらゆる需要を満たしうる」明細目録を提出した。明細目録には大砲・小銃などの陸軍用の武器、軍需産業用の金属類、あらゆる軍艦と軍艦用の大砲、亜鉛・銅・更紗と毛布、軍靴と軍用皮革、穀物類・缶詰などのような食料品・織物類・衣料品・鉄道材・石炭などの軍用品が記載されていた(10)。

ロシアにおける大倉組の「水先案内人」となったのは、梅田潔(一八七三～一九五五)という特筆すべき人物である。青森県出身の梅田は東京商業学校(現在の一橋大学)を卒業してから、一八九七年に駐露公使に任命された林董(一八五〇～一九一三)の「秘書」としてペテルブルグに向かい、ロシア事情を研究することができた。九九年に帰国してから、彼は「丸三商会」に入り、ロシアが地歩を固めようとした遼東半島で実業的な活動を始めた。一九〇一年に梅田商会を設立して、大連を拠点にしてホテル業、輸出入業、海運業に従事するようになり、東清鉄道の下請け事業を中心に、石炭・セメント・木材や他の物資をロシア側に供給したりした。〇二年から日露戦争が起こるまでの間、日本の当局や民間人から大きな信頼を受けていた梅田は大連の居留民会々長(日本の非公式な領事)を務めた。日露戦争中、大倉組に雇われた梅田は「佐渡丸」に乗り、再び満州に向かったところ、汽船がロシアの軍艦によって拿捕された結果、〇五年十一月中旬まで捕虜としての日々を過ごさなくてはならなくなった(11)。

日露戦争後の一九〇六年の夏、梅田はウラジオストーク＝敦賀の航路を開設したロシア東亜汽船会社の敦賀支店長となり、再び日露関係の前線に現れた。〇七年にこの航路はロシア義勇艦隊に譲渡された後も、梅田は同支店長を務め続ける傍ら、三菱合資会社からの依頼でペテルブルグを訪ね、ロシア義勇艦隊と交渉を行ない、石炭供給に関する大規模な契約を結ぶことができた。〇九年、義勇艦隊は敦賀支店長としてニコライ・フョードロフ（Nikolai Dmitrievich Fyodorov）を任命したため、梅田は敦賀支店を構えながらも、本部を東京に移し、大阪とハルビンに支店を開設して、事業活動を再編した。ところで、梅田商会ウラジオストーク支店は事実上、石炭販売をする三菱合資会社の代理店にすぎなかったため、一四年七月に正式に三菱の支店となる一方、ハルビンなどでは主に関西で生産されたロシア市場向けの商品（衣料品・医薬品）の販売がなされていた。(12)

泰平組合の一員である三井物産はその「対露時局商売」においてウラジオストークのブリネル＆クズネツォーフ商会（Bryner & Kuznetsov Co.）を当てにしていた一方、大倉組は梅田の在露人脈を生かし、露都当局との関係を緊密にしようとした。梅田の考えでは、ロシア当局との交渉をペテルブルグで推進すべきであったから、八月二十日、大倉組の取締役門野重九郎（一八六七〜一九五八）はウラジオストークにいた山田宛に、露都に向かって交渉するようにという指令を送った。この書類によって、山田には一〜二％の契約締結の手数料が約束された。日本参戦が迫っているなかで、山田や梅田らは皆川多三郎（後の大倉商事株式会社の取締役など歴任）や三田村久雄という同社の事務員をウラジオストークに残し、ペテルブルグに向かった。(13)

ロシア陸軍省砲兵本部のゲルモニウス（Eduard Karlovich Hermonius　一八六四〜一九三八）遣日使節団との交渉は、その派遣を準備した三井物産によってほとんど独占されていたが、当然なことに、大倉組は泰平組合の一社としてその交渉に密接に関係した。九月八日、ゲルモニウスらはウラジオストークで大阪商船の「鳳山丸」に乗り換え、日本に向かったが、敦賀でロシア人を出迎える人たちのなかには三田村事務員の姿もみられた。(14) この後、暫くの間、皆川と三田村らはウラジオストークやハバロフスクなどでロシア軍事当局との交渉に当たっているが、大倉組の在露経済活動の中心は梅田・山田とともにペトログラードに移った。露都に着くや否や、山田らはトロイツカヤ通り一番地（現在、ルビンシュテイン通りがネーフスキー大通りに交差するところ付近）に大倉組の出張所を創設し、本格的な戦時対露貿易体制の構築に着手したが、この際、十数年前からロシア極東行政、東清鉄道会社、義勇艦隊内でできた梅田の人脈が大いに生かされたに違いない。山田・梅田の重要な補佐役となったのは、一〇年以上前から露都を拠点として商売を営んでいた実業家の白鳥庸三（一八八〇〜？）および一九〇七年に東京外国語学校を卒業してからハルビンや露都で大阪毎日新聞社の特派員などとして活躍した布施勝治（一八八六〜一九五三）というロシア通の二人であった。[15]

九月二十八日、ロシア陸軍省経理本部には契約締結などに関わる山田の権限を証明する駐露日本大使本野一郎（一八六二〜一九一八）の推薦状が届いた。三井物産と同じく、ロシア当局との交渉において、大倉組はロンドンでのポンドによる支払いを求め、銀行保証と引き換えに金額総額の半分を前払金として得ようとした。十月十二日、山田および梅田はペトログラード軍管区経理部を相手にして、総額約三〇〇万円に及ぶ第一四七五三号（帯皮三〇万本および弾薬盒六〇万個）、第一四七五四号（軍鞍一万組）および第一四七五五号（保護色更紗九三万アルシーン。一アルシーンは七一・一二センチメートルに相当する）という三つの契約を締結した。[16] ロシアの経理当局はウラジオストークやペトログラードにおいて、日本の貿易商社を相手にあらゆる軍用物資を発注できたため、十一月中旬、日本にはポポーフスキー（Feodosii Amvrosievich Popovskii　一八七九〜？）大佐を団長とする特別検査委員会が派遣された。翌十二月、発注された軍需物資はロシアの義勇艦隊や大阪商船の蒸気船でウラジオストークに届き始めた。[17]

二　大倉組の「対露時局商売」の拡大とそのパートナーたち

経理本部と日本の貿易会社との交渉は順調に進んでおり、一九一四年十二月から一五年一月にかけて、ペトログラード、ハバロフスクや東京ではいくつかの大規模の契約が結ばれた。この際、大成功を収めたのは、総額四五〇万円に及ぶ発注を引き受けた大倉組であった。十二月一日に契約第五八九八一号（保護色更紗五一万三〇〇〇アルシーン、総額八四万六四五〇円）および契約第五八九八二号（日本式騎兵軍鞍一万組、総額九五万四五〇円）、同十五日に契約第六二五三四号（ロシア式弾薬盒六〇万個、総額六三万円）、同二十九日に契約第六六〇一九号（ロシア式弾薬盒四〇万個、総額四三万二〇〇〇円）、翌一五年一月三日に契約第六七三一九号（軍靴二〇万足、総額一七七万四〇〇〇円）、同二十日に契約第一一〇七号（ロシア式弾薬盒一〇〇万個、総額一〇八万四六二円）が調印された。[18] 一五年に入ってから、ロシア陸軍当局は武器軍需品供給をめぐる交渉を推進させるために、経理部が必要とする軍用物資を商社ではなく、日本陸軍省から直接に購入することにしたものの、大倉組は今後も信頼できる供給者として取り扱われ、多くの注文を受けることになった。その結果、戦時中、経理部によって大倉組経由で発注された軍用物資の金額は三二〇〇万円を超え、経理当局が日本で調達した軍用物資総額の約四三・四％となっていた。三井物産に比べて、大倉組のスタートはやや遅かったものの、同社が供給した物資が高品質という評判を得たため、一五年末までに、大倉組は経理部向けの軍用物資の供給においてほぼ独占的な地位を占めることができた[19]。一方、三井物産や中谷庄兵衛商店などに発注された軍用物資の品質が劣っていたので、その授受プロセスは難航しており、ロシアの経理当局はそれらに新しい注文をする意思がみられなくなった。

大倉組は戦争初期から陸軍省経理部だけでなく、他のロシア省庁をも相手にして物資供給を行なっていた。ロシア当局との米をめぐる最初の契約はウラジオストークで三井物産によって調印されたが、一九一四年十二月十七日、農務庁移民局長グリンカ（Grigorii Vyacheslavovich Glinka　一八六二〜一九三四）と山田の間には、サイゴン米二四万三〇〇〇プード（一プードは一六・三八キログラムであるため、約四〇〇〇トンに相当）の契約が結ばれた（総額三五万七二一〇円）。代金支払いは、ロンドンにおいて英国ポンドでなされると取り決められた。ウラジオストークでの最終的な受渡し業務は東京での予備検査が実施されてから一カ月以内に、特別委員会によってなされるべきであったが、予備検査の際、害虫による汚染が発覚したので、日露間には不愉快なスキャンダルが起きた。複雑な交渉の結果、「二重的な機械的害虫駆除」という解決策がみつかり、二三万九七六九プードは八回に分けてウラジオストークに輸送され、五月中旬までに無事に受け入れが認められたが、手間がかかったこの取引によって、日本の商品物資に対する信頼が大いに損なわれた[20]。ロシア当局のなかでこうした「投機的で不利な取引」への不満を示す者さえ現れたが、問題が無事に解決された結果、一五年末、大倉組に対して再び米供給の依頼（台湾米約二、〇〇〇トン、総額は二〇万六二五〇円）が来た。米をめぐる取引の総額は軍需品や軍用物資に比べて高額ではなかったが、ロシアの国内市場で物価高騰がみられていたので、日本からの米輸入は重要な政策的な意義を有していた[21]。戦時中、大倉組だけではなく、三井物産、三菱合資会社や横浜の原商店などがロシア農務庁（一五年十一月以降は農務省）に米を供給し、その総額は少なくとも三五〇万円に達していた[22]。

一九一五年初め頃から、ロシア陸軍省軍事技術本部も日本市場で調達活動を始めた。同年一月、同本部はサモイロフ少将を通じて、日本陸軍省へ小円匙《しょうえんぴ》や手斧の発注の可能性を探り始めたが、その背景にも武器供給をめぐる交渉を促進させる狙いがあったと考えられる。ただし、日本の陸軍省はロシア側のニーズを完全に満たすことができなかったため、小円匙一一万丁以外の物資を大倉組に発注することとなった。その結果、同年の春、大倉組は軍事技術本部との間で交わされた三月十六日付の契約第四三五七号に基づいて、総額九万五九五一円に及ぶ小円匙七万丁および手斧三万丁をロシア側に供給することになった[23]。軍事技術本部の在日活動は砲兵本部や経理本部に比べると、小規模のものであったものの、それも滞りなく継続していた。一五年九月七日付の指令第一二〇七一号に基づいて、同本部は大倉組に日本電気株式会社（今日のNEC）が製造する電話機二万台（総額一〇五万五五〇〇円）を発注した[24]。

さらに、ペトログラード軍管区経理部との密接な関係のほかに、大倉組はロシア海軍省造船本部との協力的な関係を築き、一九一五年一月からワイヤロープを輸出するようになった。同三月末まで、同社がワイヤロープをめぐって造船本部と交わした契約の総額は六九万四〇〇〇円を上回った。ワイヤロープは大倉がコントロールしていた東京製綱あるいは横浜製鋼という二社で製造されていた。大倉組がロシア海軍省を相手に供給活動を始めた背景には、義勇艦隊などを通じてその方面で有力な人脈をつくった梅田の働きがあったと考えられる。ちなみに、大倉組が戦時中、ロシア海軍当局に販売したワイヤロープの総額はほぼ二〇〇万円という巨額に達した[25]。特徴的なのは、ワイヤロープの供給が次第に増加し、一七年の「二月革命」前後にそのピークに及んでいたことである。すなわち、一五年末から、ロシア政府が同年九月末にロンドンで新しく設定したクレジットの資金を日本市場で自由に使えなくなり、日露間では代金支払問題が顕在化したものの、大倉組はロシア大蔵省の証券を引き換えに輸出を増やし続けたわけである。別の観点からすれば、ロシア陸軍当局の在日発注活動は縮小する傾向にあったものの、日本製のワイヤロープに対するロシア海軍省の需要は依然と高かったと言えよう。

当然ながら、戦時対露貿易は大倉組にとって大いに儲けられる事業であった。開戦当時、ヨーロッパ諸国との貿易が大打撃を受けて不景気に陥った日本の経済界は、対露武器軍需品軍用物資の輸出に乗り出し、初めてその経済的な地位を改善できたのである[26]。ゲルモニウス特使が「沈み切った日本の経済界に多大の刺激を加えた」「景気恢復の天使」として迎えられたのも、そのためにほかならない[27]。取引に関するデータをみれば、日本皮革や日本製靴、王子の東京製絨や加古川の日本毛織、東京製綱などが受注したオーダーは大倉組にとって特に有益であったことが分かる。例えば、一九一四年度下半期（同年十月から翌年三月にかけて）の対露輸出総額は四〇〇万円を超え、会社の純益は六八万円に及んだ。最も儲けられる取引となったのは馬具（二つの取引で四四万七〇〇〇円）と更紗（二〇万八〇〇〇円）であり、対露貿易の平均純益値は約一八・五％であった。翌一九一五年度上半期の純益は六〇万円強で、その下半期は約五六万円となり、漸次的に減少していたものの、良い成果を示していた。一九一六年度に入ると、代金支払問題が浮上してきて、対露貿易が困難になったにもかかわらず、日本経済を潤わせた「欧州大戦」の一年目の好影響は極めて大きかったため、日本の工業は成長軌道に乗り、日本資本の国際的な地位が著しく高まって来た(28)。

大倉組はロシア政府の省庁だけでなく、ロシアの官営・私営の諸工場や企業に対しても積極的に物資供給を行なっていた。例えば、一九一四年度下半期の決算簿には大倉組の供給先として、ロシア帝位（ペトログラード）工廠、ランゲジッペン商会機械工場、露都の仏露工場会社および仏露造船所、ソルモヴォ製鉄鋳鋼機械工場、ニコラーエフのロシア造船株式会社、ロシア海軍工廠、ヴェリレル商会などのようなロシアの企業名が数多く登場している。大倉組が販売していた銅・亜鉛・アンチモニーなどはロシアの軍事工業に欠かせないものであり、同社の対露商売は成功を収めていた。一五年中葉、大倉組は砲兵本部からの発注に基づいても、銅・亜鉛や鉛などの金属類をロシアに大量に輸出したが、その後、古河鉱業、藤田組や大阪亜鉛鉱業などの鉱業会社がロシア当局と直接の関係を築き、対露輸出を始めると、同社による金属類の販売は減少していった(29)。

三　大倉組の戦時対露貿易の政治性

ロシア海軍省関連の取引に当たって、戦前から東亜汽船会社や義勇艦隊の幹部内でできた梅田の人脈が十二分に生かされたと推測できる。特に有利に働いたのは、当時、有数のロシア「御用商人」として知られたモイセイ・ギンスブルグ（Moisei Akimovich Ginsburg　一八五一～一九三六）との関係であったろう。ギンスブルグは一八七〇年代中葉から約三〇年にわたり、日本や極東諸地域でロシア海軍の御用達として商業活動をなし、北東アジア事情に精通する人物であった。また、日露戦争前夜の南満州において、その実業活動を通して梅田と関わりを有していたはずでもある(30)。

一九一五年三月、帰国するゲルモニウス少将に入れ替わるかのように、横浜にはギンスブルグの代表マックス・モルドゥホーヴィチ（Maks Adol'fovich Mordukhovich　一八七五～？）という元在上海ロシア義勇艦隊代理人が現れた。ギンスブルグの「時局商売」は主にアメリカに向けられていたが、梅田やモルドゥホーヴィチを通じて、日本市場における物資調達事業にも関わっていたわけである。興味深いことに、来日したばかりのモルドゥホーヴィチは大倉組と協力して日本参謀本部とのコンタクトをつくり、開戦をためらっていたイタリア政府が所有していた小銃の対露輸出案を練っていたのである(31)。

以上のように、対露武器軍需品供給への大倉組の関与はとても深くて多面的であった。しかも、大倉自身はロシアに対して軍用物資を販売していただけでなく、ロシア当局の発注を受けていた大倉財閥の関連企業との関係を通じて大きな恩恵を得ていたのである。大倉組は戦時中、軍用物資を製造する諸企業や陸軍当局への材料補給や軍需物資の包装・対露輸送などの事業にも直接・間接に携わり、巨利を得ていた。例えば、一九一五年九月十七日、砲兵本部の駐日代表ポドチャーギン（Mikhail Pavlovich Podtyagin　一八七六～?）大佐と泰平組合の代表者の間に、東京砲兵工廠が製造する三八式砲兵銃一五万挺および同実包八四〇〇万発をめぐる契約第五七八号（総額約一四五〇万円）が調印されたが、東京砲兵工廠への鋼鉄（二七万キログラム）および亜鉛（四〇〇トン）、ニッケル（一〇〇トン）、鉛（四四八トン）の供給に関する下請けをしたのは、大倉組にほかならなかった（同九月十四日付の契約、総額一三一万一六六七円(32)）。同年の夏にロシア軍が苦境に陥ると、日本の陸軍省が有する武器軍需品の余剰がほぼなくなったということもあり、三井物産が「対露時局商売」から手を引き始めた一方、大倉組が極めて積極的な姿勢を示した。一五年後半以降、ロシア側との交渉で泰平組合を代表したのは大倉組の監査役野田寛治であるということもあり、同社の方針が重要な国際政治的な意味合いを有するようになった。元老を中心とした日本の政治主導部の対外政策上の思惑もあり、大倉組は一種の「国策会社」として二カ国間関係で活躍することとなった。

大倉組の戦時対露貿易の政治性は、次のような事実からもうかがえる。二十一カ条要求にかかる日支交渉が終結したばかりの一九一五年五月中旬、サモイロフ武官に対して、同社の事務員を通じて、ロシア側が長春（寛城子駅）に至る東清鉄道南支線を日本に譲渡すれば、日本政府はその「代償」として小銃二〇～三〇万挺を供給できる旨が伝えられた(33)。それに調子を合わせるかのように、五月三十日、駐露本野大使は加藤高明外相に宛てた電報のなかで、対露武器供給を拡大することによって日露戦争の時代から残された満州鉄道問題を解決すればよいと強調した。ところで、こうした対露軍事援助は同盟国イギリスに対する援助でもあると、本野は主張した(34)。このような動きを背景にして、日本では日露同盟締結への政治的な運動が活発化し、一六年七月三日付けの「日露同盟協約」への道が開かれていった。

一九一五年の末、ロシアの在日武器軍需品調達活動が代金支払問題という暗礁に乗り上げ、行き詰ったとき、既述のように大倉組はロシア当局のニーズに応え、ロシアの大蔵省証券での支払いを承諾した。ちなみに、この五分利の大蔵省証券は自由に市場で取り扱われるようなものではなかったので、その発行は事実上、一年半の支払執行猶予を意味しただけである。大倉組は二〇〇〇万円を超える陸軍省経理部の契約、そして約一八〇〇万円に相当する海軍省造船局の契約に対して証券支払いを認めたことから、総額一八三〇万円に及ぶ証券やロシア大使支払証明書は革命後、支払未済のものとなってしまった[35]。

その他、大倉組はロシア大蔵省が進めた日本における銀貨鋳造計画にも直接に参画し、ロシア当局に少なくない便宜を与えた。銀貨鋳造とは、一九一六年三月から同年末にかけて、ロシア大蔵省の発注に応じて大阪造幣局で行なわれたロシア銀貨（一五コペイカ、一〇コペイカの二種類の硬貨。額面総額二二五〇万ルーブル）の鋳造作業のことである。この取引はロシア国内における硬貨不足の補充を目的にして、同年二月九日に大阪造幣局長池袋秀太郎（一八七二～一九二四）とロシア大蔵省ペトログラード造幣局の代表マーグラ（Dmitrii Antonovich Magula　一八八〇～一九六七年以降）の間で調印された契約に基づいて実施された。ちなみに、取引の合理性を考え、銀は日本大蔵省が所有していたもの、銅はロシア側が大倉組を通じて発注したものが使われることとなった[36]。

当時の日露交渉の経緯からすれば、銀貨鋳造問題は代金支払問題、そして一九一五年末から本格化した借款設定をめぐる交渉に直結していたことが分かる。日本政府は同年九月中旬に自ら持ち出して来た対露借款設定案をめぐる談判のなかで、日本へのロシア金貨の現送を求めていた一方、ロシア政府はそれを受け入れられない状況にあったと同時に、銀貨鋳造という必要性に迫られていた。そこで日本政府は国内でロシア補助銀貨を鋳造するという計画案を準備し、ロシア当局に提出した。結果として、こうした取引が成立することによって、一時的に日本政府の保有となったこのロシア銀貨は一種の担保金の役割を果たすこととなった[37]。なぜかと言えば、銀貨鋳造に対する代金（一五〇〇万円）は一六年二月七日に設定された五〇〇〇万円の対露借款から支払われることとなったからである。この意味では、約一〇〇〇万円に相当するロシア銀貨の現送を報じた同年一月十一日付けの『大阪毎日新聞』に掲載された記事の内容はどこかで辻つまが合っていたのである[38]。重要なのは、二月九日に銀貨鋳造をめぐって成立したこの取引は、借款設定交渉と不可分な関係にあった一方、マーグラ代表と大倉組の間で同日に調印された契約と連結していたことである。

事実上、鋳造事業に使用された銀地金および旧銀貨（契約上は一九四・八九一トン。供給済みは一七七・九三七トン）および銅の一部（四四・四一トン）は、直接日本政府からではなく、大倉組経由でロシア大蔵省によって購入され、大倉は総額約七九〇万円に相当するこの大取引をもって、一三万四二四〇円の純益を得ることができた。ロシア当局が大倉組に対して手数料を支払ったということを知った当時の大蔵大臣武富時敏（一八五六～一九三八）は、それをロシア当局の腐敗や汚職の印として受け止めたらしい。真相は明らかではないが、ロシア側が大倉組を信頼できるパートナーとして「奨励」することによって日本の民間資本の協力を得て、当時日露両国の政界や論壇で唱えられていた両国間の「兵器同盟」[39]の枠組みを拡大させようとしただけであると考えられる。武富蔵相によれば、銀地金の売買取引から得られた約一割の儲けはロシア当局者と大倉組の間で折半されたが、それを裏付ける資料は見当たらない。確かなのは、一九一五年末に梅田を始めとした大倉組の代表者たちはロシア大蔵省信用部門特別事務局との緊密な関係をつくり、十一月二十三日付けの依頼に基づき、銅一、〇〇〇トン（総額八七万二〇〇〇円）の供給を行なっていたことである。要するに、「黒幕の梅田」は銀貨鋳造にかかるこの取引にも密接に携わり、それによって五、五〇〇〇円の手数料を手に入れた。[40]こうして、銀貨鋳造事業は対露借款の設定問題に直接に関連していた一方、借款設定なしでは「暴利を約束する」対露武器軍需品輸出は不可能であったため、泰平組合の一員としての大倉組は積極的に両国政府の間で調整役として動いていたのである。

大倉組の対露取引は梅田潔というロシア通の実業家を頼りにして、山田馬次郎を所長とするペトログラード出張所を中心に進められていた。一九一五年以降、同出張所は東京外国語学校でロシア語をマスターした甘利四郎（一八八〇～？）、東京のニコライ堂付属神学学校を卒業した真鍋理従（後の同神学校教授）、一六年五月にペトログラードの工科大学を卒業してから満鉄での短期間の勤務を経て大倉組に入社した吉田薫（一八八七～？）などの優秀な人材によって補強された。[41]一七年の春、山田は株式会社大倉組の取締役に任命されて帰国したほか、布施勝治や甘利四郎らが退社した。さらに、今までウラジオストークで活躍した皆川多三郎は同出張所の首席事務員になった。[42]露都出張所は一八年二月まで存在したが、その活動ぶりは梅田の個人的な手数料額にも鮮明に反映されていた。大倉財閥資料室の対露貿易関連史料を参照すると、梅田が手にした仲介手数料は四六万円を超えていたことが分かる。[43]対露貿易事情に精通していた同時代人の主張では、ペトログラードで「対露御用商売」を実施していた三井物産、高田商会、原商店、久原鉱業などの諸商社の引受総額は、七五〇〇万円で梅田一人が引き受けた巨額注文には及ばなかったという。本野大使の言葉では「露都は梅田君の独舞台」となったほどである。(44)

終わりに

第一次世界大戦は日本経済に好景気をもたらし、産業・商業資本の蓄積プロセスを加速化させ、販路拡大や天然資源の獲得を狙った大日本帝国の海外進出を一層促進させた。一九一七年にコンツェルン化された大倉組は戦時中、三井物産や三菱合資会社と同じように、中国市場におけるその地歩を固め、日本有数の財閥となった。大倉組が行なった「対露時局商売」は同社の国内事業の拡張や更なる大陸進出を可能にした背景のひとつであり、同社がロシア側から個別に受注した軍需物資総額は七〇〇〇万円に近づいていた。さらに、泰平組合を通じて行なわれた武器軍需品の対露輸出(販売総額約二億円)に大倉組が加わっていたことを考えれば、約四億五〇〇〇万円に達した戦時中の「対露時局商売」において、同社が中核的な位置を占めていたことが分かる。当然なことに、対露貿易から得られた遊休資本は、国際金融市場が大いに縮小して、ヨーロッパ諸国の資本が東アジアから引き上げられたという好機に乗じて、同社の経済的な活動のなかで直ちに生かされて来たのである。大倉組が推進していた対露軍用物資輸出は、リスクを伴う事業であったが、泰平組合の構成メンバーであった同社は日本の軍部から理解を受けながら、日本の軍需産業の発展、そして当時元老を中心にして練られていた日露協商計画の実現に寄与したりして、「国策会社」としての地位を強め、自社の海外進出への必要な基盤を準備することができた。

泰平組合を構成する三社の自主的な活動に関わる日本語の史料がほぼ皆無であるということもあり、芥川を始めとした日本側の先行研究のなかでは、日本政府→泰平組合といった上下関係の縦軸が重要視されて来たが、ロシア側の史料を参照すれば、少なくとも対露政策において、参謀本部を拠点とする日本の軍部と、泰平組合の三商社との間には相互補完的な関係が成立したという結論に達しうる。開戦後、参謀本部は山縣元老が抱く日露接近構想を推進し始める一方、泰平組合の背後にある「御用資本」はその動きを巧みに利用しようとし、「対露時局商売」に乗り出した。当初、大隈内閣がその対露イニシアチヴに全く関わっていなかったことに鑑みれば、日本ではまさに「二重政府」の状態が存在していたことが分かる。すなわち、天皇の顧問として位置付けられた元老たちが「天皇大権」、特に「統帥権」を活用する機会を手に入れ、内政や外交に干渉できるようになったわけである。(45) 今日の日本社会では軍部と財界・産業界の利益が恰も相反していたかのような捉え方が広く存在しているが、むしろ泰平組合という武器輸出コンツェルンのなかでは両者の利害関係が一致していたのである。ロシア当局がこうした日本の政界＝資本の癒着関係〔駐日ロシア大使マレフスキー・マレーヴィチ（Nikolai Andreevich Malevsky - Malevich　一八五五〜?）が言うように、「軍人の野心家たち」の後ろには「供給者や銀行家たちが立っている」こと〕を十二分に意識しながら、それを巧みに生かそうとしたこと自体は泰平組合を構成する三社の政治的な関与を間接的に物語っている。(46)

言うまでもなく、三井物産や大倉組を始めとした商社の個別な「対露民間貿易」は泰平組合を通じて行なわれた対露武器軍需品輸出と不可分な関係にあった。泰平組合を構成する三社は軍部との緊密な関係を巧みに利用しながら、自社の対露貿易を拡大させようとしたが、こうした民間貿易は対露武器軍需品供給の成長ぶりに左右されていた。なぜかと言えば、ロシア政府は意図的に日本との民間貿易を発展させることによって、日本からの武器供給を奨励しようとしたからである。泰平組合内の関係は極めて不透明ではあるが、三商社の利益は具体的な武器供給案件への関与度によって異なることもあったから、対露武器輸出は商社の自主的な方針によって方向付けられていたように思える。(47) 特に、一九一五年後半以降、戦時対露貿易で先駆者となった三井物産は経済的・財政的な思惑から「対露時局商売」に関心をみせなくなったなか、対露武器軍需品輸出事業は泰平組合の他の一員である大倉組の積極的な活動によって推進されるようになった。高田商会も山縣有朋らからの後援を生かし、対露貿易に乗り出そうとしたが、その関与は三井および大倉に比べて限定的なものとなった。

註

（1） 第一次世界大戦期の対露武器供給は対外武器輸出事業のエピソードとして『軍事史学』（第二十二巻第四号、一九八七年三月および第二十三巻第一号、一九八七年六月）に掲載された芥川哲士「武器輸出の系譜――第一次大戦期の武器輸出――（上・下）」という論考のなかで取り扱われている。

（2） 名古屋貢「泰平組合の研究」（新潟大学、博士学位論文、二〇一〇年。二〇一四年に修正加筆されたものは、http://dspace.lib.niigata-u.ac.jp/dspace/handle/10191/27307 参照）。第二章および第三章には対露武器軍需品供給問題に焦点が当てられている。

（3） 例えば、芥川「武器輸出の系譜（下）」四五―五〇頁参照。

（4） 坂本雅子『財閥と帝国主義――三井物産と中国――』（ミ

ネルヴァ書房、二〇〇三年）一五八―二一四頁。

（5）この方面における今までの筆者の研究業績は以下の通りである。「第一次世界大戦期における日露軍事協力の背景――三井物産の対露貿易戦略――」（『北東アジア研究』島根県立大学北東アジア地域研究センター、第二一号、二〇一一年三月）二三―四一頁。"The General Hermonius Mission to Japan (August 1914 – March 1915) and the Issue of Armaments Supply in Russo-Japanese Relations during the First World War," *Acta Slavica Iaponica*, Vol. 30 (August 2011), pp. 21-42; "Iaponskie vintovki na russkom fronte vo vremya Pervoi mirovoi voiny (1914-1917): Maloizvestnye stranitsy dvustoronnego sotrudnichestva," *Iaponiya 2011: Ezhegodnik* (Moscow, 2011), pp. 238-54.「第一次世界大戦期の《日露兵器同盟》と両国間実業関係――《ブリネル&クズネツォーフ商会》を事例にして――」（『北東アジア研究』第二三号、二〇一二年三月）一九三―二一五頁。"The Issue of Armaments Supply in Russo-Japanese Relations during the First World War (August 1914 – March 1917)," *Shimane Journal of North East Asian Research*, No. 25 (March 2014), pp. 1-35.「第一次世界大戦期の《日露兵器同盟》とロシア軍人たちの《見えない戦い》――ロシア陸軍省砲兵本部の在日武器軍需品調達体制を中心に――」（『ロシア史研究』第九三号、二〇一三年十一月）二五―四六頁。

（6）同時代の日露接近の政治的な背景を詳細に論じた著作として、ピーター・バートンの博士論文「一九一六年の日露秘密同盟」〔P. A. Berton, "The Secret Russo-Japanese Alliance of 1916," Doctoral Dissertation (Columbia University, 1956)〕、吉村道男の著書『増補 日本とロシア』（日本経済評論社、一九九一年）一六九―三八頁（第四章「第一次大戦中における日露関係」）、エドワルド・バールィシェフ『日露同盟の時代 1914~1917年「例外的な友好」の真相』（花書院、二〇〇七年）、同じくロシア人の研究者であるユーリー・ペストゥシュコの著作『第一次世界大戦期における日露関係（一九一四～一九一七年）』〔Yu. S. Pestushko, *Rossiisko-yaponskie otnosheniya v gody Pervoi mirovoi voiny (1914-1917 gg.)* (Khabarovsk: DGGU, 2008)〕およびドミートリー・パーヴロフの著作『第一次世界大戦期における日露関係』〔Pavlov D. B., *Russko-yaponskie otnosheniya v gody Pervoi mirovoi voiny.* (Moscow: ROSSPEN, 2014)〕などが挙げられる。

（7）大倉喜八郎の生涯については以下を参照。古館市太郎、大倉高等商業学校編『鶴彦翁回顧録――生誕百年祭記念――』（大倉高等商業学校、一九四〇年）。大倉雄二『鯰 大倉喜八郎――元祖「成り金」の混沌たる一生――』（文藝春秋、一九九五年）。砂川幸雄『大倉喜八郎の豪快なる生涯』（草思社、一九九六年）。

（8）大倉財閥資料室（東京経済大学）、第21・83号「創立一〇〇周年社内報記念号原稿」（大倉商事株式会社沿革）。『日露貿易発展号（*Dlya razvitiya Yapono-Russkoi torgovli*）』（讀賣新聞社、一九一六年）和文二九―三二頁。「五十余年の奮闘努力以て天下の範とすべし――新男爵大倉喜八郎翁の高風、今尚钁鑠として壮者を凌ぐ――」（『日露実業新報』一九一六年二月号）二三―二六頁。木山実『近代日本と三井物産――総合商社の起源――』（ミネルヴァ書房、二〇〇九年）

二一一―二九頁。『国史大辞典』第二巻（吉川弘文館、一九八〇年）五五三―五五頁。中村青志「大正・昭和初期の大倉財閥――成長から停滞への転換を中心に――」（『経営史学』第十五巻第三号、一九八〇年十二月）四八―七四頁。

（9）　これについて、バールィシェフ「第一次世界大戦期における日露軍事協力の背景」二四―二七頁、大倉財閥資料室、第23・2-95号「皆川関係書類（露国軍需関係）」）参照。

（10）　ロシア国立歴史公文書館（以下、RGVIA）: F. 499, op. 5, d. 395, ll. 11-13.

（11）　梅田の経歴や人物像が最も詳しく描かれているのは、北村烏城（芳太郎）『三戸立志伝』（坂本才助発行、一九一九年）四〇―七〇頁という著作のなかである。さらに、「福井県」（「日露戦役個人損害関係法律並ニ勅令ニ基ク救恤金関係雑件／申請書／府県庁経由ノ部　第五巻」JACAR（アジア歴史資料センター）Ref.B09072818600（第2～9画像目）、外務省外交史料館）参照。

（12）　北村『三戸立志伝』五五―六六頁。「米露間定期航路開始ニ関シ在シヤトル帝国領事報告ノ件　五月」（「航路開設関係雑件　第六巻」JACAR: B11092416900、外務省外交史料館）。「露国義勇艦隊北米新航路開始ニ関シ在オデッサ領事報告ノ件　七月」（「航路開設関係雑件　第六巻」JACAR: B11092417600、外務省外交史料館）。「小樽浦塩間直通定期航路増設ノ儀ニ付請願ノ件　四月」（「航路開設関係雑件　第七巻」JACAR: B11092421400、外務省外交史料館）。三菱社誌刊行会編『三菱社誌』第二一巻（明治三十九～四十四年）（東京大学出版会、一九八〇年）一〇五七頁、一二四四頁。「対露貿易の開拓者梅田潔君――日露商人の有力なる紹介者――」（『日露実業新報』一九一六年四月号）三二―三三頁。「内外商品取扱本邦商人取調方ノ件　農商務省依頼　明治四十三年五月／分割1」（「海外各地ニ於テ信用アル内外国商人ノ営業種類及其住所等調査一件　第二巻」JACAR: B11090015000（第61～62画像目）、外務省外交史料館）。「在浦潮斯徳本邦商人名簿　在同港帝国総領事進達ノ件　明治四十四年八月」（「海外各地ニ於テ信用アル内外国商人ノ営業種類及其住所等調査一件　第三巻」JACAR: B11090016300（第7画像目）、外務省外交史料館）。*Adres-kalendar' i torgovo-promyshlennyi kalendar' Dal'nego Vostoka i sputnik po Sibiri, Man'chzhurii, Amuru i Ussuriiskomu krayu* (Vladivostok, 1914), otd. III, p. 68; *Dal'okaya okraina*, No. 2643 (July 25, 1915), p. 4.

（13）　「分割1」（「露国革命関係救恤一件／申請書（府県道庁経由ノ部）／東京府　第二巻」JACAR: B09073210200（第51～60画像目）、外務省外交史料館）。「分割1」（「露国革命関係救恤一件／申請書（府県道庁経由ノ部）／東京府　第四巻」JACAR: B09073211700（第2～15画像目）、外務省外交史料館）。北村『三戸立志伝』六六―六七頁。大倉財閥資料室、第23・2-87号「日本銀行へ提出契約書（露海軍省注文ワイヤロープ、露陸軍省注文メリヤス、他）」（以下、「日本銀行へ提出契約書」）。RGVIA: F. 499, op. 5, d. 395, ll. 33-34.

（14）　『東京日々新聞』（一九一四年九月十一日、第一三五九一号）七頁。

（15）　「分割1」（「露国革命関係救恤一件／申請書（府県道庁経由ノ部）／東京府　第二巻」JACAR: B09073210200（第61～

77、86～93画像目)、外務省外交史料館」。

(16) RGVIA: F. 499, op. 5, d. 395, ll. 42, 49, 60, 66-69; Hoover Institution Archives (California: Stanford University)（以下、HIA), Voennyi Agent (Japan) Records（以下、VAJR）: Box 7, folder 3, file 30.

(17) RGVIA: F. 2000, op. 1, d. 4058, l. 24; d. 4453, l. 51; F. 499, op. 5, d. 395, ll. 98-99, 105-06, 168, 173, 229, 231, 241; d. 429, ll. 274-275; d. 396, ll. 21-21 ob.「日本銀行へ提出契約書」参照。

(18) RGVIA: F. 499, op. 5, d. 395, ll. 147, 149, 223.「日本銀行へ提出契約書」。

(19) Eduard Baryshev, "The Issue of Armaments Supply in Russo-Japanese Relations during the First World War," *Shimane Journal of North East Asian Research*, No. 25 (March 2014), pp. 9-10.

(20) この取引の詳細は詳しくロシア国立極東歴史公文書館（以下、RGIADV）に保管されている F. 702, op. 2, d. 510（「日本での米の購入に関する文通」）に訳されている。さらに、RGVIA: F. 499, op. 5, d. 396, ll. 96-96 ob. 大倉財閥資料室、第23・2-88号「露文契約書—大正四年」（以下、「露文契約書—大正四年」)。同、第22・3-8-2号「第八期決算内訳表　大正四年上半期」(露西亜勘定決算表)（以下、「第八期決算内訳表」)。Pestushko Yu. S., *Rossiisko-yaponskie otnosheniya v gody Pervoi mirovoi voiny (1914–1917 gg.)* (Khabarovsk, 2008), p. 108 参照。

(21) 米供給問題の重要性について、RGVIA: F. 499, op. 5, d. 429, ll. 96-97 参照。

(22)「露文契約書—大正四年」。RGIADV: F. 702, op. 2, dd. 510, 516.「露国農務省へ売却ノ朝鮮米代金支払方ニ関スル件　同八月」(「穀物関係雑件　第六巻」JACAR: B11090867600、外務省外交史料館)。HIA, VAJR: Box 6, folder 4, file 28 (Otchet o likvidatsii raschetov s yaponskimi firmami za postavku predmetov voennogo snaryazheniya); RGVIA: F. 499, op. 5, d. 429, ll.96-97.

(23) RGVIA: F. 2000, op. 1, d. 4454, ll. 46, 61, 63, 93, 123, 140; d. 5801, ll. 11, 98. ロシア帝国対外政策資料館（以下、AVPRI）: F. 133, op. 470, d. 82, l. 30.「露文契約書—大正四年」。『日本外交文書　大正四年第三冊下巻』（外務省編、一九六九年）九九三—九七頁、一〇三二頁。「本邦ニ於ケル各国兵器需品其他調達関係雑件」第一巻（外務省外交史料館、第5.1.5.17-7号）一二一—二四頁、一四二—五一頁。

(24) RGVIA: F. 2000, op. 1, d. 5801, ll. 191, 206 ob., 247; d. 5404, l. 143. ロシア連邦国立公文書館（以下、GARF）: F. R-5980, op. 1, d. 4, ll. 385-386; 大倉財閥資料室、第22・3-10-2号「大正五年　第九期決算」（露西亜勘定決算書）。「露文契約書—大正四年」。

(25)「露文契約書—大正四年」。

(26) 坂本『財閥と帝国主義』一六五頁。三井文庫編『三井物産支店長会議議事録（九）大正四年』（丸善株式会社、二〇〇四年）一〇七—〇八頁。

(27)「佳賓退京——露国特使の帰国——」(『報知新聞』一九一五年三月二日、第一三六四六号)四頁。

(28) 大倉財閥資料室、第22・3-7-3号「第七期決算内訳表」「第八期決算内訳表」。同、第22・3-9-2号「第九期決算内訳表」（以下、「第九期決算内訳表」）。同、第22・3-10-2号「第一〇期決算内訳表」（以下、「第一〇期決算内訳表」）。

(29) 「第七期決算内訳表」。「第八期決算内訳表」。「露文契約書—大正四年」。

(30) ギンスブルグの経歴については以下を参照。*Chasovoi* (Paris, July 1936), No. 36, pp. 15-16; *Morskoi zhurnal* (Praha, July 1936), No. 103 (7), p. 20; *L' Universe Israélite* (Juillet, 1936), p. 654.

(31) RGVIA: F. 2000, op. 1, d. 4454, ll. 96, 106; AVPRI: F. 150, op. 493, d. 1890, ll. 62, 70; *Vospominaniya Sykhomlinova s predisloviem V. Nevskogo* (Moskva-Leningrad, 1926), p. 264.

(32) RGVIA: F. 2000, op. 1, d. 5801, ll. 74, 76, 78-78 ob., 106, 366; GARF: F. R-5980, op. 1, d. 6, l. 143.「露文契約書—大正四年」。

(33) RGVIA: F. 2000, op. 1, d. 4454, ll. 173, 175.

(34) 「本邦ニ於テ各国兵器需品其他調達関係雑件—英仏露ノ部」（外務省外交史料館、第5.1.5.17-4号）一四四頁。

(35) AVPRI: F. 133, op. 470, d. 82, l. 257, 277; F. 150, op. 493, d. 1876, ll. 5-8, 15-35; HIA, VAJR: Box 6, folder 4, file 28 (Otchet o likvidatsii raschetov s yaponskimi firmami za postavku predmetov voennogo snaryazheniya).「対露債権及請求権関係雑件」（対露債権竝ニ之ニ対スル臨時国庫証券発行高調；本邦政府対露国政府債権明細表）（外務省外交史料館、第3.4.4.54号）。

(36) 『造幣局長第四二年報告（大正四年度）』（三有社、一九一六年）一頁、五—六頁、四六—四七頁。『造幣局長第四三年報告（大正五年度）』（三有社、一九一七年）一—二頁、七頁。AVPRI: F. 133, op. 470, d. 82, l. 222-223 ob., 259-60.

(37) この交渉の経緯に関して、『日本外交文書　大正四年第三冊下巻』一〇八四—一〇八八頁。「本邦ニ於ケル各国兵器需品其他調達関係雑件」第二巻（外務省外交史料館、第5.1.5.17-7号）六六二—六四頁、七四七—四八頁、七五二—五八頁、八一二頁、八三一—三二頁、八七五頁、一〇二二—〇二六頁。「各国軍ニ軍器供給ニ関スル綴」（防衛省防衛研究所資料室、第T3-6.39号）二三五—四四頁。*Mezhdunarodnye otnosheniya v epokhu imperializma*（以下、*MOEI*）, Ser. 3, Vol. 8, Ch. 2 (Moskwa, 1935), pp. 469-70; *MOEI*, Ser. 3, Vol. 10 (Moskwa, 1938), p. 145; AVPRI: F. 133, op. 470, d. 82, ll. 170, 176-77, 198, 200, 202-03; Sidorov A. L., *Finansovoe polozhenie Rossii v gody Pervoi mirovoi voiny (1914-1917)* (Moskwa, 1960), pp. 397, 399 参照。

(38) Sidorov, *Finansovoe polozhenie Rossii*, p. 400.「露国貨幣鋳造内容——我国に於て——」（『大阪朝日新聞』一九一六年一月十一日号（神戸大学付属図書館新聞記事文庫））。ロシア政府は借款設定の条件として、日本への金貨の現送を拒絶したが、日本海軍は一九一五年九月三十日付の露英金融協定に基づいて実施されたウラジオストークからバンクーバーへの四億円に相当する金貨金塊の輸送が任かされたため、その二割ほどがイギリス政府によって日本に譲渡された。ロシア金貨の現送も対露借款設定交渉の重要な背景であったが、それについて、斎藤聖二「日本海軍によるロシア金塊の輸送、1916・17年」（『国際政治』第九七号、一九九一年五月）一五四—七七頁参照。ちなみに、ロシア大蔵省造幣局のマーグラ氏は一月八日、正貨が積み上げられた「千歳」「常盤」両軍艦に乗っていたロシア財務官のひとりとして舞鶴港から入国した。

(39) 大庭柯公「日露新協約と兵器同盟」（『太陽』第二二巻第一〇号、一九一六年八月一日）一〇六—一〇頁。さらに、拙著『日露同盟の時代　一九一四〜一九一七年』一三一—四二頁、Pavlov, *Russko-yaponskie otnosheniya v gody Pervoi mirovoi voiny*, pp. 198-208 参照。

(40) RGVIA: F. 2000, op. 1, d. 5801, l. 177; AVPRI: F. 134, op. 473, d. 152, l. 5. 大倉財閥資料室、第23・2-35号「銀塊売買契約書」。「第九期決算内訳表」。「第一〇期決算内訳表」。同、第23・2-89号「海軍契約書写」。澁谷作助『武富時敏』（武富時敏刊行会、一九三四年。付録：武富時敏「大隈内閣財政回想録」）三六—三八頁。RGVIA: F. 499, op. 5, d. 429, l. 114. 北村『三戸立志伝』六八頁。

(41) 「分割1」（「露国革命関係救恤一件／申請書（府県道庁経由ノ部）／東京府　第二巻」JACAR: B09073209700（第39〜46画像目）、外務省外交史料館）。「分割3」（同、JACAR: B09073210400（第90〜96画像目）、外務省外交史料館）。「此男疑ふべし——牧野君が動議を出したわけ——」（『大阪毎日新聞』一九二六年三月十九日号。神戸大学付属図書館新聞記事文庫）。「本邦ニ於ケル反共産主義運動関係雑件3　新東亜会関係」（「本邦ニ於ケル反共産主義運動関係雑件」JACAR: B04012987000、外務省外交史料館）。

(42) 「日本銀行へ提出契約書」、大倉財閥資料室、第23・2-95号「皆川関係書類（露国軍需関係）」参照。

(43) 「第七期決算内訳表」「第八期決算内訳表」「第九期決算内訳表」「第一〇期決算内訳表」参照。

(44) 北村『三戸立志伝』六八頁。さらに、「分割3」（「露国革命関係救恤一件／申請書（府県道庁経由ノ部）／東京府　第二巻」JACAR: B09073210400（第48〜69画像目）、外務省外交史料館）。「分割1」（「露国革命関係救恤一件／申請書（府県道庁経由ノ部）／東京府　第四巻」JACAR: B09073211700（第2〜15画像目）、外務省外交史料館）。

(45) それについて、梅津和朗『成金時代——第一次世界大戦と日本1——』（教育社、教育社歴史新書、一九七八年）一九頁参照。

(46) 例えば、以下を参照。Pavlov, *Russko-yaponskie otnosheniya v gody Pervoi mirovoi voiny*, p. 174; *MOEI*, Ser. 3, Vol. 6, Ch. 2 (Moskva, 1935), p. 316; AVPRI: F. 133, op. 470, d. 82, l. 50.

(47) 本文に言及されている事柄のほかに、象徴的な例として、三井物産が戦争初期に独自にロシア側に小銃三万五〇〇〇挺を売却したこと、大倉組が一九一五年の秋以降、小銃一五万挺の生産に必要な金属類を東京砲兵工廠に供給したことなどが挙げられる。

第一次世界大戦による被害に対する追加救恤、一九二九年

井竿富雄

はじめに

本論文の目的は、一九二九年に行われた第一次世界大戦被害者に対する日本政府の「追加救恤」について明らかにすることにある。

戦争において、民間人も各種の損害を被ることがあった。日本の国土が戦場になることは第二次世界大戦中まで存在しなかったが、日本人が世界の各地で被害を被ることはあった。例えば、在留邦人が、居住している国が敵国になってしまったため退去させられたり、私有財産を没収されたりしたこともあった。在留邦人の中には、退去することもかなわず、抑留されてしまうこともあった。また、日本の船舶が航行中攻撃され沈没し、船員が死亡したり、積載貨物が失われたりすることもあった。

このような民間人の戦争被害に対して、当時の国際法は政府による補償を考えていなかった。日本政府も、個別の民間人の戦争被害に対する補償はしないというのが建前であった。しかし、日露戦争後の一九〇九年、日本政府は初めて地理的・時間的な制約と資金の上限を決め、民間人戦争被害者に対して、「救恤金」を支払うことを決定した。この時の法令制定を皮切りに、日本政府はこののち各種の戦争・出兵などでの戦争被害に対して、「救恤金」を支払ってきた。救恤という言葉でもわかるように、これは損害賠償ではない。また、権利性も持っていない。被害者は当然の権利として日本政府に金銭的な補償を求めることはできない、とされる。しかし、日本政府は国民に対して、被害に対する見舞金という形を取ることで、国民の戦争被害に対する経済的な救済措置を取ってきた。

この戦争被害に対する救恤金の制度については、最初にシベリア出兵の際の尼港事件被害者に対する救恤金を扱っ

た清水恵氏の研究がある。[1] 清水氏は尼港事件の救恤金要求運動の先頭に立った島田元太郎を扱うことを通じて、このような制度が存在していたという事実を明らかにした。残念ながら清水氏は二〇〇四年に逝去し、この研究を深化させることはできなかった。

筆者はこの清水氏の研究に触発され、近代日本の戦争被害に対する「救恤」の制度について少しずつ論文を書いてきた。[2] この過程でわかってきたことは以下のとおりである。すなわち、日本政府は日露戦争後、在ロシア・朝鮮・満州の居留民の引揚損害に対する救済要求に直面し、戦争終結から四年経過した一九〇九年、議会で法令を制定して居留民の一部（全部ではない）の救済に踏み切った。地理的範囲を限定し、開戦以前の引揚者に限って救済する、としたものである。この時創られた、戦争被害者への「救恤」の仕組みの骨格は、このの長期間にわたって踏襲されることになる。ただし今後述べていくように、救恤内容・対象などは、時代の変化に応じて実に大きく変わっていくことになった。

本格的にこの制度が用いられたのは、ロシア革命・シベリア出兵の被害においてである。シベリア出兵においては、ロシア革命勃発時から、尼港事件・シベリア出兵の撤退に伴う在留邦人引揚など、民間人に各種の膨大な損害が発生した。そのため、そのたびごとに個別の救恤法令を制定して対応しなければならなかった。特に尼港事件は規模の大きな在留邦人虐殺事件であったため、一九二二年の救恤のあと、二六年に再度救恤金が交付されることとなった。

ここで扱われる第一次世界大戦については、一九二五年に一度救恤が行われていた。しかし、わずかこれから四年後、「追加救恤」という名目でもう一度救恤金が交付されることになったのである。しかも、この救恤金の交付は、ほかの戦争被害に対する救恤金交付とはかなり異なったものとなっていた。日露戦争被害の救恤金は、船舶損害には支払われなかった。こののちも、救恤金は個人の生命・財産損害の救済を主としていた。ところが今回の「追加救恤」は、個人損害については二五年に申請できなかった分だけが申請できた。「船舶損害」のみに二度目の救済が認められ、引揚損害に至っては対象から外れていた。以下、法案作成や議会での論戦、そして現実の救恤金交付までのプロセスを追うことによって、この法律が持った特徴などを明らかにし、戦争被害に対する「救恤」の制度的変遷の一端を明らかにしていくことにしたい。

一　救恤法令の制定

まずここでは、すでに旧稿で論じたことも含めて、[3] 重ねて日本による第一次世界大戦被害の救恤法令制定を考えていかなければならない。

第一次世界大戦で、日本は自国の領土が戦場になったわけではなかった。しかし、在留邦人に関して言えば、数多くの被害が生じた。ドイツにいた在留邦人は抑留された。[4]また、日本の船がドイツ軍によって襲われ、船が沈没して積載貨物が失われることもあった。その際、船員も命を落とすことがあった。沈まなくても船がドイツ軍に捕獲され、別の目的で利用され、日本人船員がその際に強制労働させられることもあった。何より、第一次世界大戦で急速に国際的需要が高まった船舶関係企業が、この戦争では大きな被害を被った。撃沈されたりすることで、船や船員を喪失したからである。

そのため、特に船舶関係者が、喪失した船舶(その船舶の積み荷や船と運命を共にした船員のことも含めて)に対する国家の補償を求めて運動することになった。

一方、日本政府は、第一次世界大戦で戦勝国の立場に立ったため、ヴェルサイユ条約第八編(第二三一条以下)に基づき、敗戦国であるドイツから賠償金を受け取れる立場にあった。日本政府は一九二〇年五月、国民に対して「外務省令第三号」を布告し、国民から第一次世界大戦時に被った戦争被害を申告させていた。この申告に基づくデータを、日本政府は損害額の総額を算定する資料として利用した。ただし、この申告はドイツからの賠償を個人に受け取れる権利を保障するものではないとされた。[5]その後開催された「スパー会議」で、日本は賠償金額の〇・七五%を受け取る権利を獲得し、受け取った賠償(金銭とは限らない)は「賠償金特別会計」に組み込んでいた。この賠償金を管理するために、日本政府は二〇年八月、「賠償金特別会計法」を制定した。船舶関係者は、この賠償金をもとにした金銭的救済を求めて運動した。

ヴェルサイユ条約には、個人が戦争被害に対する補償を求める権利を明記した条文が現れていたが、日本政府は「対独平和条約第八編ノ規定ニ依リ独逸ヨリ受クル賠償金品ハ国家ノ取得スル所ニシテ被害個人ハ之ニ対シ該条約ノ規定上何等請求権ヲ有スルモノニアラザルコト」という主張を堅持して動かなかった。[6]しかし日本政府は他の連合国が賠償金を使って国民の戦争被害をどのように救済しているかを研究していた。そして、政府は第一次世界大戦で被害を受けた日本国民に対する救済に乗り出すことにした。それは「条約ニ於テ右要償ノ範囲ヲ定ムルニ付普通人民ノ被リタル損害ヲ標準トナシタル精神ニ鑑ミルトキハ国家ニ於テ独逸国其ノ他ノ旧敵国ヨリ取得シタル賠償金品ヲ以テ被害人民ニ対シ適当ナル救済方法ヲ講スルノ責務アルコトモ亦否定スヘカラサルノミナラス戦争カ国民全体ノ共同責任ニ於テ行ハレサルヘカラサル点ヨリ見ルモ被害者ノミヲシテ其ノ損害ヲ負担セシムルノ不可ナルハ明ナリ」という認識が出てきていたからである。(7)そして一九二五年三月、当時の加藤高明内閣は「同盟及聯合国ト独逸国及其ノ同盟国トノ戦争ニ因リ損害ヲ被リタル帝国臣民ノ救恤ニ関スル法律」を制定し、総額五〇〇〇万円という膨大な金額の救恤金を用意して戦争被害に対する救済に乗り出した。この法案が議会で審議された時、衆議院では「政府ハドーズ案実施後相当期間ノ経過ニ鑑ミ独逸国ヨリ収得スル賠償金ノ処理ニ関シ被害者ニ対スル追加支出ニ付相当ノ考慮ヲナスヲ当然ト認ム」という附帯決議が加わり、ドイツの賠償金支払い状況では追加支出を認めるべきであるという主張があった。(8)二五年のこの法律は、これ以前の救恤法令にはなかった特徴があった。ひとつは財源が戦争賠償金である、という点である。そして、もうひとつは船舶損害に救恤金が交付されたという事実である。日露戦争においては、ロシア軍によって攻撃され沈められた日本の船舶に対して、当時の日本政府は救恤の対象に絶対に加えようとしなかった。(9)

法律は制定され、救恤金が交付されたにもかかわらず、船主たちには不満が鬱積していたようである。とはいえ、船舶損害にだけ再度の救恤金支払を認めることは、他の戦争被害者たちから不満が出てくる可能性があることは予想できたことであった。実際に、第一次世界大戦の最初の救恤法令での死亡者に対する救恤金額が相対的に高くなったことで、尼港事件被害者たちの救恤金積み増しの運動が高まり、一九二六年に尼港事件に対する第二次の救恤金交付が決定された。(10)

船舶損害への救恤金は金額自体が大きいので、国民から不満をぶつけられる可能性はあった。政府側が「追加救恤」の案を策定していく段階の文書に、以下のような文章が残っていることでも明らかである。(11)

一、政府ハ第五十議会ニ賠償特別会計ノ廃止及ヒ同特別会計ヨリ五百万円以内ノ現金ヲ支出シテ日独戦争ニ依リ損害ヲ蒙リタルモノノ救済ニ当テントスル法律案ヲ提出セリ

右救恤法案審査ノ委員会ニ於テハ救恤総額五百万円カ被害ノ損害額（救済ノ申請総額約二億一千万円内一億九千二百万円ハ船舶ニ関スル損害）ニ比シ僅少ニ失ストノ論強ク賠償金特別会計廃止法案ハ握リ潰シトナレリ。救恤法案ニ就テハ貴族院ノ委員会ニテ政府ハ今後ドーズ計画実行ノ実蹟《ママ》ヲ見タル上更ニ考

量ヲ与フヘキコトヲ声明シタリ。

二、第二回ノ救恤問題トシテ最モ困難ナル問題ハ日独戦争ニ依リ救済ノ割合カシベリヤ事件、尼港事件ノ救済ニ比較シテ既ニ多額ナルヲ以テ日独戦争ニ依ル被害者ニ対シ更ニ第二回ノ救済ヲ為サハ他ノ救恤ト著シク権衡ヲ失スルコトトナルヘシ。

三、船舶ニ関スル損害ノ申請額ハ喪失船舶ノ価額ニ右船舶ノ運用ニ依リ得ヘカリシ予想利益ヲ加ヘ是ヨリ受領保険金ヲ差引タルモノナルカ船舶ノ価格ハ最モ高キ時ヲ標準ト為シ居リ又予想利得ノ如キハ独逸ヨリ賠償ヲ受クヘキ性質ノモノニ非ス従テ実際ノ損害額ハ右金額ヨリ遥ニ少額ナルヘキコトハ予想スルニ難ラス

英国ノ対独賠償受領分配率ハ二割二分ニシテ我国ノ分配率七分五厘ニ比シテ二十九倍ナルニ拘ラス英国ノ救恤額ハ五百万磅ニシテ本邦救恤額五百万円ノ十倍ニ過キサルカ故ニ英国ノ実例ニ徴スル時ハ五百万円ハ少額ニ失スルモノニ非ス。

船舶業者は、賠償金からの補償を求めて運動した。日本政府は賠償金特別会計を廃止して一般会計化しようとしたが、業者はこれに反対して賠償金特別会計法廃止法案を貴族院で審議未了廃案に追い込んだ。しかし反面、三項目目を見ると、船舶業者に対して交付された救恤金は高すぎるのではないかという批判があったことがわかる。実際に、一九二五年の救恤法で交付された救恤金総額五〇〇万円のうち、わずか二二件の船舶損害に対して二九五万円もの救恤金が支払われていた[12]。そのこともあって、政府内部では日本の支払った救恤金は決して少ない額ではない、ということを強調する考えがあったことがわかる。

しかしこれはあくまで政府内部の考えであった。議会では、ドイツからの戦争賠償金に関するドーズ案の履行次第で、救恤金の積み増しをすべきであるという意見も存在した。現実に、尼港事件については、第一次世界大戦の生命損害の救恤金が引き上げられたことをきっかけにして、一九二六年に「再救恤」が行われるという事態が発生していた。とはいえ、社会的には船舶業者は、「戦時下に利潤をあげたにもかかわらずさらに救恤金を取ろうとする」という批判もあったことは旧稿でも論じたところである。

結局、当時の田中義一内閣は、第一次世界大戦の戦争被害に対する「追加救恤」という名前で、主として船舶業者を対象とした救恤金を再交付することを決定した。この「追加救恤」法案は、第一条で以下のように救恤金交付対象者を定めていた。

同盟及聯合国ト独逸国及其ノ同盟国トノ戦争ニ因リ同盟及聯合国ト独逸国トノ平和条約第八編第一款第一附属書第一号乃至第三号又ハ第八号乃至第十号ニ該当スル損害ヲ被リタル帝国臣民ニシテ左ノ各号ノ一ニ該当スル者ニ対シテハ本法ニ依リ救恤金ヲ交付スルコトヲ得

一　船舶ノ損害ニ付大正十四年法律第三十九号ニ依リ救恤金ノ交付ヲ受ケタル者

二　同法第四条ニ規定スル期日迄ニ申請ヲ為サザリシ為同法ニ依リ救恤金ノ交付ヲ受ケザリシ者

一九二五年の第一次世界大戦被害者に対する救恤法では、ヴェルサイユ平和条約の該当条文に適合するもの、および敵国の「領土、租借地、占領地又ハ侵入地」からの引揚損害を救恤金交付の対象者として認定していた[13]。それに比べると、引揚損害の部分は対象から外され、船舶以外の損害については「期限までに申請しなかった者」だけにしか救恤金の申請を認めない、というきわめて対象の限られたものであった。このような法案が議会に出てきた時、どのような反応があったか、次は議会でのやりとりを中心に検討していくことにしたい。

二　議会での審議

田中内閣による「同盟及聯合国ト独逸国及其ノ同盟国トノ戦争ニ因リ損害ヲ被リタル帝国臣民ノ追加救恤ニ関スル法律」という長い名前の法律案は、一九二九年の帝国議会に提出されることになった。この法案については、政府による想定問答集と考えられるものが残されている[14]。ここには以下のようなものがあった。まずは「救恤金総額が四〇〇万円というのは少ない」というものであった。これに対しては「前例に照らして少ないとは言えない」と返すことが予定された。ここでも船舶業界からの抗議がくることを考え、このような一言がついていた。「多数ノ船主ハ世間周知ノ通救恤ノ目的トナレル喪失船舶ニ依リ巨利ヲ占メ且其ノ喪失ニ対シテハ大部分戦時保険金ノ塡補ヲ得タルヲ以テ船舶ニ付テノミ予想利得ニ関スル救恤ノ如キ特例ヲ認ムルコトヲ為ササリキ」。また、公式には査定された損害額の二〇分の一が救恤金額とされたが、これが少ないというものもあった。これに対しては「救恤金ハ被害帝国臣民ニ要償権ヲ認メタル結果トシテ交付セラレタルモノニ非ス諸汎ノ見地ヨリ考慮シ救済ノ意味ニテ交付セラレタルモノナリ」としていた。救恤金額の決定は財政上の見地から行われる必要がある、と述べていた。

さらに予想されたのは、外務省令第三号で被害申告をさせ、ドーズ案の実行状況で考慮をすると言いながら、今後継続して支払いが予測されるドイツの賠償金から支出される救恤金を今回で打ち切るというのは納得できない、というものであった。

また、平和条約に基づく個人の戦争被害の賠償請求権を日本政府は否認していた。それにもかかわらず今回の救恤金は平和条約の規定に従って救済されるのはなぜか、という質問が予想されていた。これは「救恤ノ範囲ハ適当ニ之ヲ限定セサレハ事実上救恤不可能トナル」ためであるという苦しい回答が考案されていた。

なぜ船舶だけが二度目の救恤を受けられるのかについては、「法律第三十九号ノ場合ニ船舶ハ予想利得等ヲ除キ審査委員会ニ於テ損害額ト認メラレタル金額（約四千九百万円）ト救恤金（約二百九十五万円）トノ割合カ僅々六分ナルニ対シ船舶以外ノ普通財産及船舶載貨ト救恤金トノ割合カ夫々九割二分及三割七分六厘ナルニ比シ大ニ少キ」ことを理由とした。金額は大きいが、損害額に見合う救恤金額を支払っていなかった、ということである。前回の救恤金申請ができなかったものに対しては「同情ニ価ヒスヘキモノアルヘキヲ思ヒ」これに加えたという。

ところが、これには一九二六年の尼港事件被害者に対する第二回目の救恤金交付という事実が前例として存在した。どうして尼港事件の救恤金には二度目があるのか。これには「尼港事件ノ損害ニ対スル賠償ハ遂ニ『ソヴィエット』政府ヲシテ応諾セシムルコト能ハサリシ処他方被害者ノ窮状甚シキモノアルト共ニ被害其ノ物ノ惨憺タルモノアリ且第五十議会ニ於テ衆議院全会一致ノ希望モアリタルニ因リ之カ救恤ヲ行ヒタル次第ニテ本件ハ帝国政府ハ『サカレン』州内必要地点ノ占領ヲ行ヒタル程ノ大事変」だったからである、と説明することになっていた。また、引揚損害を救恤対象から外したのは、二五年の救恤金で丁寧な審査を行ったことなどが理由に挙げられていた。

このようなシミュレーションをしたうえで法案は議会にかけられた。議会では、確かにここで想定されているような質問も出ていたが、議会では予測と異なる質問が飛ぶことがあった[15]。

一九二九年二月十四日、衆議院本会議に法案が提出された時、既に原夫次郎議員が、船舶損害だけ二度目の救恤金が交付されることは納得ができない旨の発言をしていた。これは確かに政府側の予想した反応であった。しかし、委員会審議などを通じて、この時期に出ていた各種の問題が現れるのである。この法案は、賠償金特別会計法改正案などと同じ委員会に付託された[16]。

二月十八日の衆議院「賠償金特別会計法中改正法律案外二件委員会」では、原夫次郎議員が、「今度ノ斯ウ云フ法案ヲ出スコトヲ現内閣デ決定シタ理由ハ、唯先例ニ依ルト云フダケ以外ニ於テ何カ理由ガアルカドウカ」、ヴェルサイユ条約では個人への賠償を認めているのに、日本政府は救恤金という形で給付をするにとどまっていると批判した。富田雄太郎政府委員（大蔵省理財局長）はこれに対して「今回政府ガ賠償ノ会計ノ金ヲ以テ救恤ヲスルト云フコトハ、既ニ大正十四年ニ実行シマシタル救恤ノ追加ノ問題デアリマシテ、只今ノ原サンノ御言葉ノ点ハ既ニ大正十四年ニ於テ決定ヲシテ居ル既定ノ事実デアリマス」と切り返した。さらに前田米蔵政府委員（法制局長官）は、これは加藤高明内閣時代に決定したものを踏襲しているだけであり、「現内閣ニ於キマシテモ前内閣ノ其遣口ヲ強ヒテ改ムル理由ヲ認メナイ」と断じた。原議員と政府との間には、賠償金は個人の申告をもとにして算定したものである以上、個人賠償にすべきではないのかということに対する認識の違いがあった。この時点まではあまり論戦と言えるものではない。

この後原議員は、一九二五年の救恤法令の申請を出し損ねた人にここで救恤金申請の権利が発生したことについて、「本法ノヤウナ金ニ付テ、救済金ヲ大正十四年ノ七月三十一日マデニ申請シナイト云フト、後カラモウ救済金ヲヤラヌゾト、斯ウ云フ法律ガアルノニ、大正十四年カラ今日迄数年経過シタ今日、突如トシテ一旦喪失シタ所ノ権利者ニ対シテ、更ニ又金ヲヤルト云フコトデハ、法律ヲ弄ブヤウナ嫌ノアルコトハ蔽フベカラザルコト、思フノデアリマス」と批判した。この、「船舶損害以外、以前出さなかった人にのみ救恤金を出す」という政府の姿勢に対する批判は、さらに別の議員によっても追及された。堤康次郎議員は、救恤金を出すことについて異存はないが、「今日マデ権利ノ上ニ眠ッテ居ッタ者ハ誰とデアッテ、其金額ガドノ位デアルカ伺ヒタイ」と切り込んだ。政府側委員である植原悦二郎は、この点はこれから出てきたらわかると答えたのだが、堤議員は船舶損害と絡めて「今ノ御答弁ニ依テ見ルト、大体分ッテ居ルヤウデアリマスカラ、其分ッテ居ル点ダケヲ御発表ニナッテハ如何デアリマスカ」とさらに迫った。富田政府委員はこれに対して、「此際船舶業者ノ損害額ヲ公表スルト云フコトハ、対独賠償ノ関係上差控ヘタ方ガ宜イカト思ヒマスカラ、左様御承知ヲ願ヒマス」と救恤金額の公表を拒絶した。理由としては、実際に支払われた救恤金額などとの関係で、日本が過当な対独要求をしたのではないかという疑いを持たれるからであると答えている。

しかし、この「以前救恤金を申請しなかった者」については、次に質問に立った鈴木文治議員も「此法案ノ第一条ノ一、二ト書イテアリマス、即チ既ニ救恤金ノ交付ヲ受ケタル者竝ニ所謂権利ノ上ニ眠ッテ居ル者ト云フモノ、金額竝ニ氏名ヲ是非御示シヲ願ヒタイ、之ヲ御示シ願ハナケレバ、私ハ本案ノ審査ヲ円滑ニ進行シ得ナイ虞ガアルト思ヒマス、故ニ是ハ此審査ノ円滑ヲ図ル意味ニ於テ、是非トモ御発表アランコトヲ強ク私ハ要求致シテ置キマス」と強い態度で迫った。植原政府委員が、前回未申請者のことは申請が出てこなければわからないと返答しても「分ッテ居リマスコト、竝ニ凡ソノ見込ガアルダラウト思ヒマスカラ、其見込ノ点ダケヲ明ニ致シテ戴キマセヌト、四百万円カラノ金ノ支出ニ関スルコトヲ、私共ハ曖昧ナ疑問ノアル状態ニ於テ審査ヲ進メルコトハ、私共国民ニ対シテ親切ナル所以デナイト信ズル」と強硬な態度を崩さなかった。結局山口義一政府委員（大蔵参与官）が船舶損害については公表すると約束するに至った。審議の内容から見て、議員側は、未申請者というのは、前回救恤金を申請しそこねた船舶業者のことではないかと疑っていた可能性がある。結局政府側は二月二十日、一九二五年の救恤金のうち、船舶業者についてのリストと交付金額を議会に示すことになった。

議員側がこれほどこの法案に対して厳しい態度を示していたのは、その他の軍事衝突などに対しての救済請求が殺到していたからであろう。シベリア出兵の際の尼港事件、そしてこれに続いて中朝国境で発生した琿春事件[17]、さらに日ソ国交樹立に伴い発生した北樺太保障占領の解除など、在留邦人が何らかの被害を受ける事件が多発した。日本軍が占領した青島も、中国側に還付される段階で居留民が撤退するという事態になった。二月二十七日の審議[18]では、石坂豊一議員が、シベリア出兵や琿春事件の被害者に対する救済をどう考えているのかただした。これに対して、松永直吉政府委員（外務省条約局長）は「各場合ノコトヲ研究致シマシテ、其上デ考慮スベキモノハ考慮スル、考慮スルコトノ出来ナイモノハ考慮シナイト云フコトニナル」などというあいまいな回答しか与えなかった。石坂議員は「余リ又事情バカリヲ斟酌セラレルガ為ニ、所謂本件、只今上程サレテ居リマス追加救恤ノ如キハ大キナル船持ノ如キ者ガ、最モ被害ガ多カッタカラデモアリマセウガ、賠償金ヲ得ラル、ニ従テ追加救恤ヲ受ケテ居ル、ソレ等ヨリ殆ド今日食フカ食ハズニ居ル者ガ相手国カラ賠償金トシテ、又此方ノ要求スル筋道ガ通ッテ行カナイガ為ニ、国家ガ被害者ニ対シテ何等救済ノ実ヲ挙ゲナイト云フコトハ、洵ニ不公平ナル処置デハナカラウカト考ヘテ居リマス」と不満をあらわにし、「国民思想善導ノ上ニ於テモ然ルベカラザルコトデアル」と述べた。志波安一郎議員も、尼港事件の被害者に対する救恤金交付について「兎ニ角一時ニ渡シテ下サルト宜カッタケレドモ、当場ノ事ダト云フノデ第一回ヲ出シ、次ニ又此位デ財政ノ都合ダカラ宜カラウト云フノデ渡サレタガ、併シ彼等ハ債鬼ニ迫ラレテ其日暮ノ人間ダカラ、全部呉マセヌカラ殆ド手カラ手ニ飛ンデ行ッテ、其身ニ残ルモノハ全ク無イト云フヤウナ有様ニ陥ッテ居リマス、其時ニ一時ニ下スッテ居レバ、借金モシナイデ宜カッタカモ知レマセヌ、利息払モシナイデ宜カッタカモ知レマセヌケレドモ、今トナッテハ与ヘタモノガ其人ノ手ニ落チナイト云フコトニナッテ居リマス」と、五月雨式に給付されても経済的な困窮には役に立たないことを指摘した[19]。さらに、板谷順助議員は、北樺太からの引揚者について、第一次世界大戦関係でも、「一部ノ者ハ之ヲ救済シ、一部ノ者ハ申請ヲシテモ、或ハ調査中ト云フコトニ名ヲ藉ラレテ居ルカ知ラヌガ、何年モ前カラ外務或ハ陸軍ノ当局ニ色々陳情シテ居ルニモ拘ラズ、一向其運ビニナッテ居ラヌト云フコトニ付テハ、甚ダ不公平ヂャナイカト思フ」と不満を述べていた。

しかしこれらの質問や意見に対しても、政府側は確答を与えなかった。松永政府委員は「此際尼港事件ノ方ヲ更ニ救恤シテヤルト云フコトハ、余程困難デアルト考ヘテ居リマス」と答えて尼港事件被害者に対するこれ以上の救済を拒絶した。森恪政府委員は、救恤自体は否定していない、方針決定ということになれば考えてみたいと述べたのだが、陸軍側の竹内友治郎政府委員（政務次官）は「救済ト云フコトノ一段ニナリマスルト云フト、是ハ決シテ責任逃レヲ申ス訳デハアリマセヌガ、所管ガ外務省ニ移ルノデゴザイマスカラ、此意味ニ於テ政府ノ全体ノ機関ヲ通ジテ篤ト考慮スルニ非ズンバ、解決出来ヌノデゴザイマスカラ、事態其モノヲ陸軍ガ明ニシテ居ルガ為ニ、直ニ結果ヲ現スト云フ迄ニ陸軍省限リト致シマシテハ、御答ヲ致シ兼ルノデアリマス」と回答を避けた。政府側としては、金銭の支給を伴う救恤について、容易に返答はできなかったのである。政府側のこのような態度に対して、青島からの引揚について述べた竹内鳳吉議員は「要スルニ此法律ト云ヒマスルノハ、日本郵船会社以下二十二ノ汽船会社ダケヘ救恤ヲスルト云フ意味ノ法律ノミデアリマスカ」と単刀直入に問いかけざるを得なかった。このように、今回の救恤法案は、第一次世界大戦・シベリア出兵関係で幅広く在留邦人の被害を救済すべき時に、船舶業界だけを救済する法案であると受け止められていた[20]。

とはいえ、衆議院の委員会では、原夫次郎議員からの、救恤審査会（後述）メンバーに帝国議会議員を加えること、石坂議員からの「本法追加救恤ト共ニ尼港、琿春事変、青島農業団竝薩哈連引揚被害者等ニ対シ速ニ救恤ノ途ヲ講ジ今期議会ニ提出セラレムコトヲ望ム」という附帯決議をつけて法案は全会一致で可決された。衆議院本会議は、緊急勅令による治安維持法改正の承認という大事件の日（一九二九年三月五日）であったが、この法案はすぐに可決された。貴族院ではさほどの議論もなく法案が可決され、ここに法律が制定されることになった。

次の節では、この法律に基づいてどのように被害者の認定と救恤金の決定が行われたかについて扱うことにする。

三　被害の査定と救恤金額の決定

一九二九年三月三十日、「同盟及聯合国ト独逸国及其ノ同盟国トノ戦争ニ因リ損害ヲ被リタル帝国臣民ノ追加救恤ニ関スル法律」が法律第三六号として公布され、即日施行された。この法律に基づいて救恤の可否、救恤金額の算定を行うための手続きや機関を定めた勅令第一〇三号はその一カ月後、一九二九年四月三十日に公布された。

法律に基づき、被害者は一九二九年九月十五日までに必要な書類・証拠を揃えて、住所を管轄する道府県庁・植民地統治機関および在外公館を通じて提出することが求められた。この書類を受け取った機関は、この書類に対して「副申書」を添えて後述の救恤審査会に送付した。「副申書」は申請者の状況を調査し、申請が法的に適合するか、また申請者の状況から申請内容は適正なものと認められるかどうかの判断をつけたものである。そして、これらの書類・証拠物件をもとにして申請者に対する救恤の可否、実際の損害額の査定、さらに救恤金額を決定する機関として「救恤審査会」が発足した。救恤審査会は、外務次官を長とし、関係省庁の官僚が審査員・幹事として任じられた。これらの手続きは、日露戦争の救恤法令以後ほとんど同じ形が踏襲された。しかし、二九年の救恤法では、救恤審査会の人員が若干異なっていた。衆議院の委員会で出された、「帝国議会議員を救恤審査会のメンバーに加えること」が通ったのである。この結果、衆議院議員柵瀬軍之佐、貴族院議員二荒芳徳が審査員とされた。

この「救恤審査会」について、救恤審査会の議事録・救恤審査会の審査報告書などが残されている[21]。これらの史料を基にして、被害の査定・救恤金額決定などについて明らかにしてみたい。

救恤審査会審査員は、所轄する外務省のほか、大蔵省、逓信省（船舶損害は逓信省の管轄）、司法省から委員が選出された。帝国議会議員が選任されたのは前述のとおりである。また、審査員のほかに、外務省・大蔵省・逓信省から「幹事」が任命されていた。

一九二九年十月二十八日、第一回の救恤審査会が開催された。この席で、吉田茂外務次官（救恤審査会会長）は、以下のように述べた。

今回ノ対独戦争被害者ニ対スル追加救恤ノ審査ハ前回ニ比ヘマスト被害ノ範囲狭ク従テ被害件数及申請額モ少イ点又可成前回救恤審査会ノ審査方法ニ倣フコトガ最モ適当ト認メラルル事情ニアル点カラ申シマシテ容易ノ様デアリマスガ他方又今回ハ前回ノ被救恤人カラ理由ヲ異ニスル再申請等ノ新問題モアリ被害事項ノ審査ヲ初メ損害額ノ査定等ニハ少ナカラザル困難ヲ伴フコトハ明デアリマス

今回の救恤金審査は、救恤金交付を受けた者が、別の損害を「申請していなかった」と再申請した場合ぐらいしか問題にはならないということであった。現実に、再度の申請を認められるのは船舶損害だけであり、船舶以外の損害は再度の申請は認められなかった。さらに、前回救恤金を申請しなかった者にあっても、引揚損害だけは新法では申請できなかった。

救恤審査会では、毎回「決議」と呼ばれる審査に関する了解事項を決め、それに従い審査を行った。まずは審査員から選任された者と幹事全員が「主査会」という作業委員会を作った。これが書類を審査し、被害額を査定し、救恤金額を決定していった。「主査会」に帝国議会議員は入らなかったので、実質的な細かい審査については関与しなかった。

決定の了解事項である「決議」は、大枠では前例に従っていた。しかし今回の申請では、通らなかった「決議」もあった。当初、期日までに全部の書類が揃わなかった者に関しては「仮申請」を認め、締切期限後二カ月以内に本申請をするか代理による申請を認めるとする案が救恤審査会に提出された。ところが、これまでは問題なく承認されていた事前の案に、柵瀬委員によって異議が唱えられた。この時点の議論は多少紛糾し、結局吉田茂救恤審査会会長が問題を引き取り、この案については保留された。この法律が、やはり船舶業界の強い要望で作られたと考えられるやり取りもあった。松永直吉審査員（外務省条約局長）が、船舶損害への救恤金分配（船舶はそれ以外の救恤金総額が決まってから分配する）について「前回の救恤金分配で不満は出たか」と聞いたところ「苦情百出デアリマシタ」と答えている[22]。

この後は、主査会は五回にわたって会議を開き、一件ずつの書類を審査した。審査記録を確認すると、まず申請内

第一次世界大戦追加救恤法の被害別救済者数および救恤金額

損害の種類	申請者数(件)	救恤者数(人)	救恤金額(円)	査定額との割合
船舶損害	22	22	3,941,960	0.08
死亡・行方不明	13	2	3,351	0.148
負傷・疾病	23	18	4,038	0.187
抑留・監禁・強制労働	59	5	4,010	0.153
一般財産	116	75	38,514	0.973

「昭和四年法律第三十六号ニ依ル救恤審査会報告書」JACAR（アジア歴史資料センター）Ref. B02032309800「欧州、日独戦争関係一件　昭和四年法律第三十六号戦争ニ因ル損害救恤関係　第二巻」(A-7-0-0-1_1_002)（外務省外交史料館）より筆者作成。

容が法律での救済対象に当たるかどうかを確認した。救済対象に当たる者は、次に申請書を提出した経由官庁の副申書などを確認して、誤りの訂正・疑問点についての調査をした[23]。

とはいえ、救恤申請書類については、かなりの問題も含まれていた。「申請書ニ依ル損害ノ申告ハ比較的自由ナルト共ニ往々申告方法ノ正確ヲ欠クモノアリ蓋シ大戦ヨリ今日ニ至ル迄既ニ経過セル時日ノ長キニ照シ被害者自身ニ於テスラ損害事実ヲ明ニシ得サルモノアルヘク況ヤ被害者ノ遺族等ニアリテハ申告スヘキ損害ヲ明瞭ニ記述スルヲ困難トスルモノアルハ数ノ免レサルトコロナレト中ニハ悪意ヲ以テ虚構又ハ誇大ノ記述ヲ為セルモノアリ」という記録が残っている。戦争被害の認定と、法的な適合性の両方を調べるという作業はやはり困難であった。査定には、「被害ノ性質、被害者ノ社会的及家族的地位等ヲモ考慮」されたと記されている[24]。

とはいえ、救恤金を二度申請できるのは船舶損害だけであったから、大半の申請者は申請を却下された。二一二件の申請に対して、一一六件の申請が却下された。詳細は表に譲る（件数や人数の数字が合わないのは、一人の申請者が複数の損害を申請している場合があるからである）。議会でも説明された今回の「追加救恤」の公式理由は、一九二五年の救恤法では、財産損害（査定額の九二％）に比して船舶損害（査定額の六％）の救済の割合が低いということだった。だが、これにはいくつかの理由があった。一つには、救恤金額は、査定金額が低いほど実際に払われる救恤金額との差が小さくなる仕組みになっていたからである。一定金額まではほぼ全額が救済され、それを超えた場合は金額を区切り査定額の一定割合しか支払われない「逓減法」が採用されていた。さらに、二五年の法律では救恤対象になった「引揚損害」が対象から外れたこともある。そのため、引揚損害を申請した者は全部却下された。そのうえ、船舶損害は最初から実際の被害額が大きかった。そうなれば、逓減法を採用したところで、支払われる金額はかなり大きくなることは疑いなかった。結果として、四〇〇万円の救恤金総額のうち、三九四万円は船舶損害に払われるということになったのである。

小括

第一次世界大戦自体は大変大規模な戦争だった。日本も参戦国であった。しかし、日本自身はそれほど戦争に巻き込まれることもなかった。それでも、民間人には各種の戦争被害が出た。既に日露戦争・シベリア出兵、シベリア引揚に関して、日本政府は民間人の被害に対する救恤金交付を行ってきていた。また、第一次世界大戦後には、戦争は国家的に遂行される以上、戦争被害に対して自己責任で放置することは適切ではないと考えられるようになっていた。一九二五年に第一次世界大戦損害で救恤金を出す法律が通ったのは、このような政策の延長線上ともいえる。

とはいえ、今回の「追加救恤」は、もっぱら船舶損害の救済のためだけに出されたとしかいえないものであった。確かに尼港事件の被害者に対しては、一九二六年に二回目の救恤金が支払われていた。だが、特定事件の特定損害だけを主たる対象にした救恤金の支払いはこれ以後もない。船舶損害への救済については、日露戦争で初めて救恤金の仕組みができた時には否定されていた。そのことを考えると、今回の「追加救恤」はかなり異例である。第一次世界大戦後、不況で打撃を受けたとはいえ、船舶業界の政治力が発揮された結果であるといえるだろうか。この間、政権交替も起こっているのだが、救恤政策自体を改めるというような対応をしているわけでもない。議会においても、追加救恤が船舶業界の救済ではないかという危惧は示されているが、結果として衆議院の委員会は全会一致で法案を通している。

また、この時期は、第一次世界大戦と、これに付随して発生したシベリア出兵に関する事後処理としての民間人戦争被害救済申請が殺到していた。議会で出てきたように、一九二五年に日ソ基本条約締結で終了した「北樺太保障占領」の救恤法令制定要求も出ていた（北樺太占領地に移住していた日本人が、占領の終了と共に引き揚げた）。しかし結局、この時点ではこれらの救恤申請はほとんど動き出すことはなかった。琿春事件のための救恤法令は出されなかった。北樺太保障占領終結に伴う民間人被害者のための救恤は、三七年まで待たなければならないのである。[25]

また、この第一次世界大戦に対する「追加救恤」をもって、法律制定によって被害者に対する救恤を行うという方法は終了する。こののちに行われたのは、満州事変および第一次上海事変の被害者に対するものである。この時には、議会で予算を確保し、法律ではなく勅令を発布するだけで救恤が行われた(26)。このように制度的なプロセスが省略されたのはなぜなのか、この点は考慮する必要があると考えられる。

註

(1) 清水恵「ロシア革命に巻き込まれた日本人」(『日本の北方史と北東アジア』北海道・東北史研究会函館シンポジウムⅡ実行委員会、二〇〇三年)五四—五九頁、同「『尼港事件』と殉難碑、そして函館」(『挑水』創刊号、地域の情報を語る会、二〇〇三年)二三—三三頁。どちらも今は『函館・ロシア　その交流の軌跡』(函館日ロ交流史研究会、二〇〇五年)に収録されている。

(2) 井竿富雄「ロシア革命、シベリア出兵被害者への『救恤』、一九二二年」(『山口県立大学国際文化学部紀要』一三号、二〇〇七年)一—一二頁、同「シベリア引揚者への『救恤』、一九二三年」(同右、一四号、二〇〇八年)一—一四頁、同「日露開戦に伴う引揚者に対する『救恤』、一九〇九年」(広島大学平和科学研究センター編『松尾雅嗣教授退職記念論文集　平和学を拓く(IPSHU研究報告四二号)』広島大学平和科学研究センター、二〇〇九年)四七二—九三頁、同「『救恤』政策から見るシベリア出兵史」(『ロシア史研究』八四号、二〇〇九年)一四—二三頁、同「尼港事件・オホーツク事件損害に対する再救恤、一九二六年」(『山口県立大学国際文化学部紀要』一六号、二〇一〇年)一—一二頁、同「第一次世界大戦に伴う被害に対する『救恤』、一九二五年」(同右、一八号、二〇一二年)一九—三〇頁、同「満州事変・第一次上海事変被害者に対する救恤、一九三二—一九三五年」(同右、二〇号、二〇一四年)一—一一頁。

(3) 井竿「第一次世界大戦に伴う被害に対する『救恤』、一九二五年」。

(4) これについては、奈良岡聰智『「八月の砲声」を聞いた日本人』(千倉書房、二〇一三年)が、実際に開戦直後ドイツに抑留された日本人の手記などを用いて描いている。

(5) 「賠償金分配問題ニ関スル省令及閣議決定」JACAR(アジア歴史資料センター)Ref.B09073155800(第2～3画像目)、「日独欧州戦争関係救恤一件　法律制定ニ関スル経過及法令関係」(5-2-17-0-30_28)(外務省外交史料館)にある。

(6) 『日本外交文書』大正九年第三冊下巻、九三三頁。これは原敬内閣の閣議決定である。

(7) 「同盟及聯合国ト独逸国及同盟国トノ戦争ニ因リ損害ヲ被リタル帝国臣民ノ救恤ニ関スル件」JACAR:Ref.B09073155800(第31～32画像目)、「日独欧州戦争関係救恤一件　法律制定ニ関スル経過及法令関係」(5-2-17-0-30_28)(外務省外交史料館)。

(8) 帝国議会衆議院、一九二五年三月二十日の議事録。現在は国立国会図書館「帝国議会会議録検索システム」http://teikokugikai-i.ndl.go.jp/ で確認することができる。

(9) 井竿「日露開戦に伴う引揚者に対する『救恤』、一九〇九年」を参照。

(10) 井竿「尼港事件・オホーツク事件損害に対する再救恤、一九二六年」を参照。

(11) 作者不明の文書。表題なし。JACAR:Ref.B02032312300（第1画像目）、「欧州、日独戦争関係一件　昭和四年法律第三十号戦争ニ因ル損害救恤関係　法令関係」（A-7-0-0-1_1_2）（外務省外交史料館）。

(12) 被害別の救恤金配分額などの表。JACAR:Ref.B09073151900（第58画像目）、「日独欧州戦争関係救恤一件　審査会報告書」（5-2-17-0-30_21）（外務省外交史料館）を参照のこと。

(13) 「御署名原本・大正十四年・法律第三十九号・同盟及聯合国ト独逸国及其ノ同盟国トノ戦争ニ因リ損害ヲ被リタル帝国臣民ノ救恤ニ関スル法律」JACAR:Ref.A03021544400（国立公文書館）。

(14) 「第二回対独救恤ニ関シ考慮スヘキ諸点」と題された文書の続きか。JACAR:Ref.B02032312400（第18画像目以降）「欧州、日独戦争関係一件　昭和四年法律第三十号戦争ニ因ル損害救恤関係　法令関係」（A-7-0-0-1_1_2）（外務省外交史料館）所収。

(15) 議会議事録については、JACAR:Ref.B02032313300, B02032313400, B02032313500「欧州、日独戦争関係一件　昭和四年法律第三十六号戦争ニ因ル損害救恤関係　法令関係」（A-7-0-0-1_1_2）（外務省外交史料館）にも綴じこまれている。また、「帝国議会会議録検索システム」も参照した。当時の政府内部では、議会の行方に関心が持たれていたことがうかがわれる。

(16) 賠償金特別会計法改正案は、ドイツからの賠償金の使途の部分が改正されるものである。第三条に、以下のような「第三条の二」を追加した。

「本会計ノ資金ハ予算ノ定ムル所ニ依リ之ヲ国際聯盟、移殖民及航空施設ニ関スル経費ニ使用スルコトヲ得

前項ノ規定ニ依リ本資金ヲ使用セントスルトキハ其ノ金額ヲ一般ノ歳入ニ組入レ一般ノ歳出トシテ払出スヘシ」

(17) 琿春事件については、林正和「琿春事件の経過」（『駿台史学』一九号、一九六六年）一〇七―一二六頁、東尾和子「琿春事件と間島出兵」（『朝鮮史研究会論文集』一四号、一九七七年）五九―八五頁、佐々木春隆「『琿春事件』考　上」（『防衛大学校紀要　人文・社会科学編』三九号、一九七九年）二九三―三三二頁、同「『琿春事件』考　中」（同右、四〇号、一九八〇年）二三三―七五頁、同「『琿春事件』考　下」（同右、四一号、一九八〇年）三六一―八八頁がある。

(18) 「帝国議会会議録検索システム」より、一九二九年二月二十七日の衆議院「賠償金特別会計法中改正法律案外二件委員会」の議事録を参照した。

(19) 志波議員は長崎県選出であった。そのため、尼港事件の被害者を数多く見ることがあったのである。尼港事件の被害者に対する救恤金のために奔走した島田元太郎も長崎出身であった。

(20) この議会では、のちに「膠州湾旧租借地引渡ニ関スル条約実施ニ伴フ損害ノ補償ニ関スル法律案」と「琿春事変頭道溝事変ニ因ル損害ノ補償ニ関スル法律案」という

法案が議員によって提出された。今回の救恤法令で対象から外された青島の引揚者と、琿春事件での被害者に対する救恤を目的とする法案である。しかしこれは、政府側が努力を申し出ると、三月二十五日に法案審議が停止された。

(21) 救恤審査会の審議議事録については、JACAR:Ref.B02032311300「欧州、日独戦争関係一件　昭和四年法律第三十号戦争ニ因ル損害救恤関係　救恤審査会関係」（A-7-0-0-1_1_1）（外務省外交史料館）、「救恤審査会報告書」はJACAR:Ref.B02032309800「欧州、日独戦争関係一件　昭和四年法律第三十六号戦争ニ因ル損害救恤関係　第二巻」（A-7-0-0-1_1_002）（外務省外交史料館）に収録されている。

(22) 「第一回審査会議ノ経過」JACAR:Ref.B02032311300「欧州、日独戦争関係一件　昭和四年法律第三十号戦争ニ因ル損害救恤関係　救恤審査会関係」（A-7-0-0-1_1_1）（外務省外交史料館）。

(23) 「救恤金査定経過要領」JACAR:Ref.B02032311500（第5画像目以下）「欧州、日独戦争関係一件　昭和四年法律第三十号戦争ニ因ル損害救恤関係　救恤審査会関係」（A-7-0-0-1_1_1）（外務省外交史料館）。

(24) 「救恤審査会報告書」JACAR:Ref.B02032309800「欧州、日独戦争関係一件　昭和四年法律第三十六号戦争ニ因ル損害救恤関係　第二巻」（第20画像目）（A-7-0-0-1_1_002）（外務省外交史料館）。

(25) ただし、琿春事件被害者に対しては、法律は制定せずに現場で被害申告をさせ、救恤金を支払うという決着が図られている。これは田中義一内閣の行った山東出兵で発生した「済南事件」の日本人被害者に対してもそうだった。法律を制定せずに被害救済ができたのはなぜか、など、詳しい点はこれからの検討をしなければならない。

(26) 井竿「満州事変・第一次上海事変被害者に対する救恤、一九三三—一九三五年」。

註記

本論文は、平成二十六年度山口県立大学研究創作活動助成事業、ならびに平成二十五—二十七年度科学研究費補助金（基盤研究B）「サハリン（樺太）島における戦争と境界変動の現代史」（研究課題番号25285050、研究代表者・原暉之北海道大学名誉教授）の研究分担者として受けた補助金による研究成果の一部である。

第一次世界大戦が我が国の戦争経済思想に与えた影響

——中山伊知郎の思想を中心に——

小野圭司

はじめに

一九世紀半ば以降、所要戦費と動員兵力の点で最大の戦争は南北戦争（一八六一〜六五年）であった。また第一次世界大戦開戦の一〇年前に勃発した日露戦争（一九〇四〜〇五年）では新しい戦術や科学技術が活用され、南北戦争や普仏戦争（一八七〇〜七一年）よりもむしろ第一次世界大戦に近い「第〇次」世界大戦であると評される場合がある。[1] しかし第一次世界大戦は日露戦争以上の新兵器や新戦術の導入はもとより、動員兵力や所要戦費の点でそれまでとは全く次元の異なった戦争であった。次元の異なる戦争は、次元の異なる経済負担を必要とする。これは当然ながら経済学者の大きな関心を呼び、欧米では戦争経済学に関する研究が多く現れた。この中で代表作と目されるのは、ピグー（Arthur C. Pigou）の『戦争の政治経済学（*Political Economy of War*）』（一九二一年、改訂版一九四〇年）である。メンデルスハウゼン（Horst Mendershausen）は自身が戦争経済学を論じる中で、「英文で出版された戦争経済全般に関する理論研究としては、ピグー教授の『戦争の政治経済学』が唯一である」と述べており、この書は日本も含めて各方面に大きな影響を与えた。[2]

日本でも第一次世界大戦中から総力戦への関心は高まり、陸軍は大正四（一九一五）年に欧州各国の戦時体制について本格的な調査を始めている。[3] もっとも経済学界でこの分野への取り組みが本格化するのは昭和に入ってからであり、日華事変勃発が一つの契機となった。このため日本の戦争経済思想の多くは、第一次世界大戦の教訓を日華事変や第二次世界大戦の実際と比較する形を採っている。このような中で完成の域に達した上に当時多くの議論の対象となったのが、中山伊知郎の戦争経済思想である。[4] 本稿の関心は、第一次世界大戦がこのような中山を中心とする日本の戦争経済思想に与えた影響を考察することにある。第一次世界大戦当時の欧州と日華事変・第二次世界大戦当時の日本では、戦争そのものの様相や経済環境も大きく異なる。しかし日本において総力戦に対処する経済理論を構築するに際して、参考となるのは第一次世界大戦当時の欧州各国の実情とそれに基づく戦争経済論しかなかった。またこれら議論の軸は、経済統制（ミクロ経済政策）に置かれていた。ただし経済統制論については先行研究でも論じられているので、ここでは財政・金融政策（マクロ経済政策）に対する考え方を主として考察する。さらにはその対象として大学所属の（そして比較的政府に近かった）経済学者だけではなく、民間のエコノミストの論調も取り上げることとした。

一　第一次世界大戦の規模と経済負担

戦争は経済活動の側面も有するが、第一次世界大戦以前の経済学において戦争は、「一時的な病理現象」として捉えられるにすぎなかった。[5] 例えば戦費の経済負担を見ると、一九世紀半ば以降、英仏両国においては歳出の三～五割が陸海軍費で占められていた。[6] 具体的にはクリミア戦争中（一八五六年）の英国では、陸海軍費は歳出の五〇パーセントを占めていた。[7] また第二次ボーア戦争（一八九九～一九〇二年）中の英国では、陸海軍費が歳出に占める比率が一九〇一年には六三パーセントに達した。しかしいずれの年も、陸海軍費の対国内総生産（GDP）比率は七パーセント止まりである（表1）。戦費の他に、経常的な支出を含む陸海軍費全体の比率でもこの程度でしかない。なおそれぞれ戦争終結後には陸海軍費は四割から六割減少しており、その減少分が大体戦費に相当すると推察される。さらには一九世紀最大規模の戦争である南北戦争を経験した米国（北）でも、戦費の対GDP比は戦争期間中の最大値で一一パーセントであった。このように第一次世界大戦より以前においては、確かに戦争は経済活動にとって「一時的な病理現象」であった。つまり陸海軍費は国家財政において大きな割合を占めていたが、財政規模そのものはGDP（または国民所得）対比が小さいので、戦争の経済負担は大きくならなかったのである。ところが日本にとっては総力戦に近かった日露戦争では、日本の戦費（臨時軍事費と各省事件費の合計）は明治三十七～三十八（一九〇四～〇五）年で国民総生産（GNP）の二二パーセントに達しており、それまでの欧米での戦争とは経済負担の点で大きな違いがあった。[8]

しかしながら第一次世界大戦では、欧州参戦国にさらに大きな経済負担が求められた。経済規模が格別に大きい米国を別にすると、欧州の主な参戦国四カ国の中で最も戦争

表 1　戦費の対 GNP 比

英国	(1914－18 年)	39%	第一次世界大戦
フランス	(1914－18 年)	55%	
米国	(1917－18 年)	17%	
日本	(1914－18 年)	0.5%	
ドイツ	(1914－18 年)	33%	
オーストリア＝ハンガリー	(1914－18 年)	23%	
英国 *	(1856年)	(7%)	クリミア戦争
米国(北) *	(1865 年)	11%	南北戦争
英国 *	(1900 年)	(7%)	第二次ボーア戦争
日本	(1904－05 年)	22%	日露戦争
日本	(1937－41 年)	22%	日華事変
日本	(1942－44 年)	69%	第二次世界大戦

註：* の値は、対 GDP 比を示す。またフランスとドイツの各年の GNP は、1913 年の GNP の値に、GDP の成長率をかけて近似値とした。なお英国の 1856 年と 1900 年の値は、戦費ではなく陸海軍費の対 GDP 比を示す。因みにクリミア戦争は 1856 年 3 月に終結しているが、この時期の英国の陸海軍費は 1856 年に極大値となっている。

S. Broadberry, *et al., The Economics of World War I* (Cambridge: Cambridge University Press, 2005), pp.44, 84, 171, 219 ; Ernest L. Bogart, *Direct and Indirect Costs of the Great World War* (New York: Oxford University Press, 1920), p.267; Stephen Daggett, 'Costs of Major U.S. Wars,' *CRS Report for Congress*(June, 2010), p.1, アメリカ合衆国総務省編『アメリカ歴史統計』第 I 巻、斎藤眞他翻訳監修（原書房、1986 年）224 頁、ペーター・フローラ編『ヨーロッパ歴史統計 国家・経済・社会 1815－1975』上巻、竹岡敬温訳（原書房、1985 年）445 頁、大蔵省編『明治大正財政史』第 5 巻（財政経済学会、1937 年）705-09 頁、B. R. ミッチェル『イギリス歴史統計』犬井正監訳（原書房、1995 年）588 頁、836 頁、大川一司他『長期経済統計 1　国民所得』（東洋経済新報社、1974 年）200-01 頁より作成。

の経済負担が小さかったオーストリア＝ハンガリーでも、戦費の対ＧＮＰ比は日露戦争時の日本よりも大きかった。この値はドイツが三三パーセント、英国が三九パーセントであり、フランスに至っては五五パーセントとなっている。さらに日露戦争は継戦期間が一九カ月であったが第一次世界大戦ではそれが五二カ月となり、参戦各国は日露戦争の三倍近い期間、それを大きく上回る経済負担を強いられた。そして所要戦費は連合国・同盟国の合計で二〇〇〇億ドルを超え動員兵力は約六五〇〇万人に上るなど、文字通り桁違いの規模の戦争となった（表2）。未曽有の戦争による経済負担を、四年を超える長期にわたって負った結果は表3に示す通りである。敗戦国（ドイツ、オーストリア＝ハンガリー）はもとより、連合国側でも戦場となったフランスやロシアは、戦争期間中に二〇～三〇パーセント実質ＧＤＰが低下している。結果としてロシアとドイツは革命で帝政が倒れ、トルコでも戦後間もなく帝政が崩壊するなどの社会混乱を招いている。戦後、莫大な賠償がドイツに課せられた理由が、この数値からも窺い知ることができる。ただし第一次世界大戦時の欧州各国とは比較にならない戦争の経済負担を余儀なくされた第二次世界大戦時の日本は、対米英戦が始まっ

表２　19世紀半ばから第一次世界大戦までの主な戦争の規模

			所要戦費(名目値)(ドル)	動員兵力(人)
クリミア戦争		(1853－56年)	17億	35万
南北戦争	(北)	(1861－65年)	47億	266万
〃	(南)		26億	110万
普墺戦争		(1866年)	3億	54万
普仏戦争	(仏)	(1870－71年)	25億	60万
〃	(普)		7億	63万
露土戦争(露)		(1877－78年)	5億	41万
日清戦争(日)		(1894－95年)	1億	10万
第二次ボーア戦争		(1899－02年)	14億	30万
日露戦争		(1904－05年)	25億	148万
第一次世界大戦	(連合国)	(1914－18年)	1453億	4219万
〃	(同盟国)		630億	2285万

E. Crammond, 'The Cost of War,' *Journal of the Royal Statistical Society,* Vol. 78 (May, 1915), pp.361-62; Patrick K. O'Brien, ed., *Philip's Atlas of World History* (London: Philip's, 2007), p.219,『東洋経済新報』第198号(1904年3月)より作成。

表３　主要参戦国の開戦前の経済力(名目GNP)と実質GDP推移(1913年=100)

(1913年のGNPは単位10億ドル)

		英	仏	伊	日	露	米	独	墺	土
1913年のGNP		12.0	7.5	4.3	2.5	14.3	39.6	13.6	7.1	1.4
		(13.6)	(1.7)	***	(0.5)	***	(0.8)	(0.4)	***	***
実質GDP推移	1913	100	100	100	100	100	100	100	100	n.a.
	1914	92	93	100	95	95	96	85	84	n.a.
	1915	95	91	112	100	96	95	81	77	n.a.
	1916	108	96	125	123	80	102	82	77	n.a.
	1917	105	81	131	171	68	103	82	75	n.a.
	1918	115	64	133	236	n.a.	116	82	73	n.a.

註：(　) 内の値は、植民地・保護領のGNP概数を示す。オスマン＝トルコと各植民地・保護領の値は、GNPとGDPが等値であることを前提に算出している。このため厳密な正確さには欠けるが、国際比較の参考値としては有用である。またイタリアの経年推移については、高すぎるのではないかという懸念が引用元でも示されている〔Francesco Galassi and Mark Harrison, 'Italy at war, 1915–1918,' in: S. Broadberry, *et al., The Economics of World War I* (Cambridge: Cambridge University Press, 2005), pp.305-06〕。

Broadberry, *et al., The Economics of World War I*, pp.7, 10, 306、小野圭司「第1次大戦・シベリア出兵の戦費と大正期の軍事支出――国際比較とマクロ経済の視点からの考察――」(『戦史研究年報』第17号、2014年3月) 32頁より作成。

た昭和十六（一九四一）年から昭和十九（一九四四）年まででGNPが四パーセントしか低下していないことを考えると、第一次世界大戦当時の各国は経済の戦争に対する耐性が弱かったとも言えよう。(9)ところで主戦場となった欧州から遠く離れた日本や米国でも、開戦直後は実質成長率がマイナスとなっているが、これは大戦勃発直後に貿易が大きく減退したことが影響している。

二　第一次世界大戦後の欧米の戦争経済思想

第一次世界大戦は前例のない規模の長期総力戦という特徴があり、欧米ではこれを契機とした戦争経済学の研究が進められた。ここでは当時の戦争経済学研究を代表するピグーの著作を始め、欧米の研究成果をいくつか取り上げ、その第一次世界大戦の影響とマクロ経済政策に関する見方の特徴を明らかにする。

（一）　ピグーの戦争経済思想

ケンブリッジ大学の教授であったピグーは、戦争経済に関して戦争中の一九一六年に『戦争の経済と財政（*The Economy and Finance of the War*）』を、大戦終結三年後の一九二一年に前述の『戦争の政治経済学』をそれぞれ著している。両者の内容は類似しているが、後者の方が戦争経済の問題をより体系的にまとめており、一般にこちらがピグーの戦争経済論として取り上げられる。『戦争の政治経済学』の記述内容は、戦争の経済的原因、経済力動員、戦費調達、経済統制の大きく四つに分類される。この中で最も分量を割いているのは経済統制であり、物価統制、配給、生産割り当て、補助金、貿易・為替管理等にわたって言及している。要するに『戦争の政治経済学』の議論の中心は、大規模戦争遂行のための技術的な経済政策論である。もっとも中山伊知郎は、本書におけるピグーの論を「戦時動員をもって行政技術の問題とし、戦争経済の問題領域を、単に戦争の経済に及ぼす影響という側面に限ることは、もって戦争経済学の全貌をつくしたるものとはいえない」と評している。(10)以下では『戦争の政治経済学』（改訂版）における、ピグーの「長期総力戦」に向けたマクロ的・長期的な視点での経済思想を概観する。

まずピグーは戦費の源泉として、労働強化、個人消費の縮小、新規設備投資の抑制、そして既存設備の減価償却の四つを挙げる。(11)第一の点は、『戦争の政治経済学』の中では「生産の増大（augmented production）」と記しているが、その具体的な方策として述べられているのは、非生産階級の者・高齢者や少年少女の労働投入や、労働者の労働時間延長・労働密度向上等であり、むしろ「労働強化」と呼ぶべき内容である。なおこれら四形態は、国民所得の恒等式から導くことができる。[12] これらは総力戦に対する経済政策としては相応しいものであるが、長期戦に対しては必ずしもそうではない（表4）。新規設備投資の抑制と既存設備の減価償却（両者は基本的に同一である）は、資本設備を縮小させて所得の減少を招く。また個人消費の縮小は所得増加や戦費調達には関係ないが、労働強化と共に長期にわたって継続すると一般国民の士気を低下させ長期戦遂行の障害となり得る。[13] 因みにピグーは、労働強化で二割（生産増加）、個人消費の縮小で二割（振替）、新規設備投資の抑制・既存設備の減価償却で一割（振替）、国民所得から戦費支払いへの充当が可能であると述べている。[14] 労働強化で所得が二割増加しているので（労働強化による所得増加は全額戦費に充当される）、戦争前の所得水準を基準にすると、その一二分の五（四二パーセント）が戦費に転用可能となるが、この値は表1の値（三九パーセント）とほぼ合致する。

表4　ピグーの示す戦費の源泉（4形態）とその効果

	所得増加	戦費調達
労働強化	○	○
個人消費の縮小	−	○
新規設備投資の抑制 既存設備の減価償却	×	○

『戦争の政治経済学』では、戦費調達は税収と公債の政策選択の問題として第七章で扱われている。まず公債の利息は将来の税収によって賄われるが、税収によって戦費が賄われる場合に比べると利息と課税の関係が間接的である。このため戦費を公債で調達した場合、国民は戦費源泉の確保に向けた努力（労働強化や個人消費の縮小）を怠るようになる。その結果、戦費の源泉は新規設備投資の抑制と既存設備の減価償却により大きく依存することになり、長期的には所得の減少を招くとしている。[15]

さらにピグーは公債による戦費調達について、それがもたらす所得再分配の歪を指摘する。もっとも政府の借り入れ（公債）は政府が戦費として国内物資を消費する限り、国民所得勘定の上では将来世代の所得の利用とはならない。[16] 公債の購入は富裕層が中心となり彼等は利息を受け取るが、公債利払いに充当される課税は累進制にしたところで限界があるために、富裕層は利息収入以上の税金を払うことがない。逆に庶民や貧困層は、公債購入額が小さい上に公債利息収入以上の課税を強いられるので、庶民・貧困層から富裕層への所得移転が生じる。[17] これはピグーの第二命題の観点から、経済的厚生を悪化させる。[18] 同様の議論は、『戦争の経済と財政』の中でも展開されている。[19] しかしながら第一次世界大戦は「長期総力戦」であり、この戦費調達を税収のみで行うならば、長期的には所得および税収（所得

×税率）の減少を招いて戦費が賄えなくなる[20]。なおピグーは、通貨増発による戦費調達はインフレの生起とそれに伴う経済混乱を招く恐れがあり、公債発行や増税措置が固まるまでの、戦争初期の便宜的な手法に限るべきであるとしている[21]。この開戦当初の通貨増発（日銀による政府貸し上げや金融緩和の先行）による戦費調達という手法は、日本においても日清戦争や日露戦争の時に用いられた。後にピグーは緩やかなインフレによる戦費調達を、増税よりは民衆に受け入れられるという理由から肯定的に評価している[22]。

（二）その他欧米の戦争経済思想

ピグー以外にも、第一次世界大戦や長期総力戦一般について経済面からの分析は多く出されている。ケンブリッジでのピグーの弟弟子であるケインズ（John M. Keynes）は、一九三九年に『ザ・タイムズ（*The Times*）』紙上に戦費調達に関する論稿を掲載し、翌年『戦費調達論（*How to Pay for the War*）』として出版した。ケインズは学説史的には古典派のピグーと対立軸に置かれるが、戦争経済学に関してはピグーに近いところも見られる[23]。先ずケインズはケンブリッジの論客らしく、戦争およびそれに対する強制力を備えた経済政策に社会的厚生増大（不平等の縮小）効果も期待する[24]。またピグーと同じように、国民所得の増大や政府支出（＝戦費）の源泉については労働強化、政府・民間消費の縮小、新規投資・減価償却の削減等を挙げている。ところでケインズはこれら国内のフローに加えて、国内のストック（金）と国外からのフロー（海外資産・海外からの借り入れ）も政府支出の充当に可能であるとする[25]。さらに第二次世界大戦のような総力戦においては、富裕層だけではなく国民各階層による負担受け入れが不可欠と説く。そして負担の具体策として課税の他に、公債発行よりも強制的な封鎖預金を提案する[26]。この封鎖預金は、戦後不況の際に解除されると有効需要の創出に貢献する。社会的厚生向上の観点からこの強制的な封鎖預金は、労働者階級にとって不利となるインフレの発生を予防することにもなる。一方でケインズは政府支出の原資として高所得者に対しては課税、低所得者に対しては貯蓄の割り当てを提案している[27]。これに対してはメンデルスハウゼンが、封鎖預金の払い戻し原資が逆進税制によるものであると社会的厚生向上の効果が相殺される、また広範な配給制導入は消費を抑制して「自発的に」貯蓄を増大させるので強制的な貯蓄を行う必要がない、などの反論を紹介している[28]。

米国ではコロラド大学（全米経済研究所にも所属）のメンデルスハウゼンが、一九四〇年に『戦争の経済学（*The Economics of War*）』を著している。その中では戦争の負担として、生産増大への取り組み、個人消費の削減、新規投資／減価償却の抑制、人的損害とその補填を挙げる[29]。これは最後の「人的損害とその補填」を除くと、ピグーの唱える「戦費の源泉」に一致する。ただしメンデルスハウゼンは現世代だけではなく将来世代の負担として、国富の消費(将来への遺産削減)と対外債務(将来世代による債務返済)による戦費調達にも触れており、ピグーに比べると考察の時間軸は長い。また課税による戦費調達は第一次世界大戦でのフランスの経験(大戦中の経済混乱から税収が低迷)を指摘する一方、公債による調達はピグーと同様に所得再分配の歪が生じる点を問題視している[30]。同じようにインフレによる戦費調達も逆進性を強く非難するが、ケインズの強制的な封鎖預金案については所得再分配効果に理解を示している。

ケインズやメンデルスハウゼンは戦時財政についてピグーに近い考え方に立つが、それと異なる見方も存在した。ボルドー大学のピアティエ(André Piatier)は、一九三九年に『戦争経済学(*L'économie de guerre*)』を発表した。その中でピアティエは、総力戦時には軍需に向けた生産転換や兵力動員による労働人口の減少で国民所得の減少は回避できず、このため課税のみによる戦費調達は不可能であると主張する[31]。さらには課税以外の手段として、公債の発行と通貨増発(インフレ政策)の二つを挙げている。社会的厚生の向上には反する政策である通貨増発を、戦費調達の手段として取り上げている点は、ケンブリッジ学派と大きく異なっている。もっともこの通貨増発は、第一次世界大戦中にフランスが採用している[32]。加えてピアティエは第一次世界大戦を振り返って、「すべての人は、財政問題の重要性を信じていた。併しまた、資金は無くとも、一国に労働力、兵器、食糧がある限り、戦争は可能である」と述べている[33]。

この見方も、戦費調達(そのための所得増加・経済統制)を議論の中心に置いていたピグーのそれとは明らかに異なっている[34]。ドイツでは、第一次世界大戦末期に参謀次長であったルーデンドルフ(Erich Ludendorff)が一九三五年に『国家総力戦(*Der totale Krieg*)』を出版しているが、そこで経済問題を扱っているのは七章構成で第三章のみである。その中でルーデンドルフは、金本位制が戦時における財政政策の自由度を奪っていると認識し、第一次世界大戦時にドイツが金本位制を脱したことを高く評価している(ドイツ以外の各国も金本位制を脱した)[35]。この他にも帝国銀行(中央銀行)の独立性が制限を受け、財政当局の統制下に入ったことも肯定的に述べているが、これは日本も日露戦争時に採った策である[36]。ただし日露戦争は第一次世界大戦ほど規模が大きくなかったこともあり、金融緩和はインフレに結びつかなかった。

三　第一次世界大戦後の日本の戦争経済思想

　第一次世界大戦は、日本の経済学者にも思想面で大きな影響を与えずにはおかなかった。河上肇は第一次世界大戦中に当時のドイツを引き合いに、社会的厚生の改善（貧乏退治）が総力戦の遂行に資すると述べている。[37] これは社会的厚生向上と総力戦対応の因果関係が逆になってはいるものの、両者を結びつけている点でピグーやケインズの考え方に類似する。もっともピグーやケインズは政府による経済介入を想定するが、河上の言う経済統制は全面的なものである。このような河上の視点は、その後の日本における戦争経済思想の先駆的存在とする見方がある。[38] なお戦争経済の研究は、日華事変の頃まで本格化することはなかった。この理由として大正十二（一九二三）年に改訂された「帝国国防方針」では、大正七（一九一八）年「帝国国防方針」の長期総力戦思想を改め、短期決戦思想を採用したことが大きく影響していると考えられる。[39] つまり戦争経済は戦時・準戦時の経済力動員を議論の対象とするが、軍が短期決戦主義を採る限りは経済力動員の優先度は必然的に低くなった。さらにワシントン会議（一九二一年）やロンドン海軍軍縮会議（一九三〇年）が開催されるなど軍縮に向けた国際世論の高まりもあり、ピアティエが指摘するように欧米でも「欧州諸国間に戦争が起こりさうになかつた間は、経済学者の研究は戦争以外の問題に向」った。[40]

　しかし日華事変では、蔣介石軍が後退を繰り返し長期戦の様相を見せた。同時に一九三〇年代には、防共協定の締結相手国であるドイツで「平時の戦争経済化」が進んだ。[41] その影響を受けて昭和期に入ってからの日本の戦争経済思想は、長期総力戦に向けた経済統制に関する議論が中心となる。第一次世界大戦後半に欧州各国が導入した経済統制を、開戦当初もしくは開戦前の準戦時や平時から導入すべきという意見である。[42] 昭和十五（一九四〇）年に陸軍省経理局主計課別班（秋丸機関）が設置されるが、そこで中心的な存在となった有沢広巳の戦争経済に関する主著『戦争と経済』（一九三七年）は第一次世界大戦でのドイツの経済統制に影響を受けた、産業政策や資源配分に関する統制経済論である。[43] 秋丸機関にも関わった赤松要は、第一次世界大戦や第二次世界大戦のような長期総力戦に対しては、事前の計画に基づく「計画潜在国防力」を越える、「想定潜在国防力」による対応を主張する。[44] ここで言う「国防力」とは経済力を意味しており、この両者の大きな相違点は後者が戦争期間中の生産力拡大（新規設備投資の他に資源開発を含む）を含む点にある。それに加えて戦時における軍需品の需要拡大と民需品の需要縮小、それに伴う供給調整は価格メカニズムでは対応不可能であるため、赤松は経済統制による調整を提唱する。[45] 柴田敬も「日本的なる共同的全体主義の経済論理の方が資本主義の経済理論よりも高き生産性を有する」と主張するが、そこで言う「日本的なる共同的全体主義」とは価格メカニズムに依らない経済統制を指している。[46] また永田清は、利潤追求を基準とする資本主義的な調整では経済力の極大化は達成できないとする。[47] これはミクロとマクロの間の合成の誤謬の問題を解決するために、人為的な経済統制が必要であるとする考え方である。このように経済統制論は戦争という外的ショックに対して、価格メカニズムが有効に機能しないという前提に立っている。この点について河田嗣郎は、需給関係から乖離した統制価格は短期的な対応であればともかく、長期的には持ちこたえられないとする。このため価格統制は、非常時の経済混乱を防止する目的に限って導入するべきと述べ、広範な価格統制には否定的な立場を採っている。[48] また有沢広巳も悪性インフレーションには否定的であるが、一定の価格高騰は節約と必要な生産を促進するとして、戦時においても価格メカニズムが果たす機能を評価する。[49]

他方戦時のマクロ経済政策論においても、第一次世界大戦の影響が観察される。高木寿一は、第一次世界大戦の英仏独の戦時財政を比較した上で、戦時財政金融を論じる。戦費の調達についての見方はピグーに準じているが、外債については「外国の生産物生産力を、自国の戦争遂行に利用する手段」と述べており、戦費に関する国民勘定の上での議論がピグーより深まっている。[50] なお高木は戦費調達の手段について、課税強化は消費（個人消費と政府消費の和）の総量は不変であるが（従って所得も変わらない）、その構成と方向を変化させる一方、公債発行はインフレを伴うと生産が刺激され所得増加をもたらすと考える。[51] そして課税強化は現状の所得水準の制約を受ける（税収＝所得×税率）ので、所得自体の増大が期待できる公債発行の方が戦費調達手段としては優れているとしている。この視点は、先に述べたピアティエに近い。また沖中恒幸は所得分配の観点から、高所得者の貯蓄性向は低所得者よりも高いので、経済統制（消費配給等）が不徹底な場合の所得不平等は貯蓄（戦費と資本設備の原資）を増加させる効果があるとする。[52]

この時期は大学に在籍する経済学者以外にも、民間のエコノミストも戦争経済を論じており、マクロ経済政策に比較的多くの提言を残している。大阪毎日新聞社の『エコノミスト』編集部に所属していた正木千冬は、戦費調達方法（課税強化か公債発行かの選択）について、普遍的な正解があるのではなく戦争の規模によって回答は異なるとする。[53] もっとも第一次世界大戦規模の総力戦では公債発行とインフレの組み合わせに依らざるを得ないとするが、インフレは戦時には加速度的に進行し、国民生活を圧迫するとしてインフレへの過度の戦費調達依存を批判する。時事新報景気研究所長(元野村証券調査部長)の勝田貞次も、経済統制がインフレの原因になる点を強く批判する。[54] 予備海軍少佐で斎藤経済研究所を主宰していた経済評論家の斎藤直幹は、正木や勝田とは反対に長期戦の場合には公債の累積とそれがもたらすインフレの進行を避けるために、課税強化による戦費調達を推奨する。[55] この中で、ドイツが第一次世界大戦では当初公債による戦費調達を行い、長期戦後半になって増税止むなきに至った経緯を紹介している。ただし石橋湛山は、課税強化・公債発行・通貨増発による戦費調達に関しては比較的楽観視している。[56] むしろ戦時における民需産業の軍需転換が、それほど容易なものではないことを強調する。[57] 高橋亀吉は戦時公債増発やその優遇税制(金融統制策であり経済統制策としてはマクロ経済政策に近い)は、民間の経済活力(=継戦能力の基盤)を蝕むとして強く反対する。[58] なお高橋には第一次世界大戦後の欧米の経済と日華事変当時の日本の経済は発展段階が異なっているという認識があり、このため第一次世界大戦は高橋の戦争経済思想に大きな影響は与えなかった。[59] このように経済学者には経済統制推進論者が多いのに比べると、民間エコノミストの経済統制に対する見方は分かれている。

四　中山伊知郎の戦争経済思想

第一次世界大戦以降、特に日華事変が勃発してから盛んになる日本の戦争経済に関する研究は、経済統制(ミクロ経済政策)を中心に進められた。このような中で、中山伊知郎は集中(ミクロ経済政策)と育成(マクロ経済政策)の均衡を軸とする議論を展開する。[60] ここに日本の戦争経済思想は、一種の完成の域に達したと言えよう。以下では、第一次世界大戦がその中山の思想に与えた影響を考察する。

(一)　中山の第一次世界大戦観

中山伊知郎は明治三十一(一八九八)年に三重県で生まれ、神戸高商予科を経て大正十二年に東京商大(福田徳三ゼミナール)を卒業した。[61] 卒業と同時に同大助手に就任、昭和二(一九二七)年には文部省留学生として米英独に派遣され、ボン大学ではシュンペーター(Joseph A. Schumpeter)の指導を受けている。昭和十二(一九三七)年に東京商大教授、昭和二十四(一九四九)年に同大学長となった彼の学問上の関心は数理経済学に始まり、昭和八(一九三三)年『純粋経済学』の出版により均衡理論を体系化し完成させるに至った。戦後は一橋大学で教鞭を執る傍ら、労働問題や経済政策その他に関する公職を多く歴任している。戦争との関わりでは、日華事変が始まった翌年の昭和十三（一九三八）年に戦争経済関連の論稿を発表し始めている。そして昭和十五年には秋丸機関の国内経済担当主査として、日本の経済戦力分析に従事した。対米戦勃発約一年前の昭和十六年初めに、秋丸機関での対米戦実行可能性の研究結果について偕行社で報告を行い、「対米戦は実行不可能」という結論を説明している。(62)なお中山が昭和十三〜二十二（一九四七）年にかけて発表した戦争経済関係の論文は、ほとんどが『中山伊知郎全集』第十集に所収されている。

中山は、ピグーの戦争経済観は第二次世界大戦の時代には適応しないと批判的である。(63)つまり第一次世界大戦より前では政府にとって戦争は財政問題であったが、ピグーの戦争経済論においても対象となる戦争（戦費）が大きくなっただけで、依然として経済力動員や経済統制も戦費調達が最終的な目的である。これに対して中山が賛同するのは、総力戦に際しては財政政策よりも物資・労働力の統制を重視するピアティエの概念である。この根底には、戦費調達の優先順位を下げるというよりは、むしろ戦争遂行に必要な物資供給を市場の価格調整に任せることができないという考え方がある。具体的には、「兵器、弾薬、糧食、器具一切は、もはやその貨幣換算価値に従って評価されてはならぬ。その効用、更新の可能性、製造速度に従い、これに要する労働力及原材料費等々に応じて、夫々価値を定め」ることになる。(64)このため平時から、戦時経済（統制経済）の準備をしておくことの必要性を強調する。(65)この点は、戦時経済を脱して広く国防経済を唱える土屋喬雄と同じである。

中山の主張では、第一次世界大戦までは一国の経済的抗戦力は財政的能力で測定されていたが、第二次世界大戦においては人的・物的資源量、技術力を見据えた上での財政状態で把握されるべきである。(66)換言すると第一次世界大戦はそれまでの戦争が単純に規模を拡大したものであるが、第二次世界大戦もしくは日華事変の段階で既に総力戦としての次元が第一次世界大戦とは異なっている。(67)例えば第一次世界大戦では事後的に総力戦としての性格を帯びるようになり、戦費の調達以外に「経済の態勢を戦争の目的に従って再編」されるようになった。(68)これには、第一次世界大戦ではドイツの当初作成計画の重点が即戦即決主義に置かれていたことも関係している。(69)しかし第二次世界大戦（および日華事変）では、必然的に当初から総力戦としての経済活動（建設＝所得増加）を包有することになる。

（二）　戦費の確保と生産力の育成

中山は戦費の源泉についてはブルクハイザー（Karl

Burkheiser）を引用して、社会生産物、国富、外国物資の三点を挙げている。[70] ピグーは、国民経済のフロー（経済活動により生じる付加価値）のみを戦費の源泉として捉えた。個人消費の縮小、新規設備投資の抑制と既存設備の減価償却は、一定の所得水準の下で政府支出（戦費）を増大させるものであり、労働強化は所得水準そのものを引き上げる効果がある。このようにピグーの戦費源泉論は、所得水準を増加させた上で政府支出の比率を引き上げるという、飽く迄もフローの視点に立った議論である。しかし中山は（そしてブルクハイザーも）、フローに加えてストックの利用も主張する。ところがストックの利用は原則「使い切り」であり、中山自身も国民所得（フロー）による戦費確保の重要性が次第に大きくなっていると認識している。なおここで挙げられている外国物資は輸入（フロー）であり、国民所得勘定上はマイナス要因であるが、政府が利用できる戦費の源泉を考える場合にはプラス要因となり得る。これが対外債務で決済される場合には、将来の国民所得（対外債務の返済原資）で今日の戦争を賄うことになる。日露戦争時の日本やロシアはその典型的な例であり、ロシアは所要戦費の三〇パーセントを、日本に至っては四〇パーセント[71]（臨時軍事費特別会計のみ）を外債の発行で調達している。このようにピグーは戦費の源泉として現時点での国民所得のみを対象としていたが、中山はケインズやメンデルスハウゼンと同様、それに加えて過去（国富）と将来（外国物資）の国民所得も視野に入れていた。

戦費について問題となるのが、どの程度負担が可能かということである。中山は営団経済研究会での講演（昭和十九年一月）で、第一次世界大戦では国民所得の約五〇パーセントが軍需として負担可能であったと述べている。[72] ここでの軍需は政府支出としての軍事支出であり、戦費の他に経常的な軍事支出も含まれる。加えて国民所得はGDPより小さい値であることに鑑みると、「国民所得の約五〇パーセントの軍需」と、表1の特に英仏独の戦費の対GNP比（三三〜五五パーセント）は、ほぼ同一の内容であると言えよう。さらに中山は、第二次世界大戦時では第一次世界大戦時に比べて戦争経済体制が整っているので、より大きな戦費の負担に耐えられると主張する。

次に、所得増加について検討する。ピグーは、労働強化による所得増加（＝生産増加）を戦費の主な源泉の一つと位置付けていた。もっとも第一次世界大戦中、欧州主要参戦国の所得水準は大きく低下した（表3）。一方で第二次世界大戦においては、戦場とならなかった米国は勿論のこと日独両国も一九四四年まで実質成長を継続し、英国も一九四三年まで実質成長が続いていた。[73] 東部戦線での激しい戦

表５　ピグーの「戦費の源泉」と中山伊知郎の所得増加策の対象

	所得増加の効果	ピグーによる「戦費の源泉」	中山伊知郎の挙げる所得増加策の対象
原材料投入	○		生産的消費
労働力投入	○	労働強化	
減価償却	×	既存設備の減価償却	

闘で国土が荒廃したソ連も、ドイツ軍の侵攻直後はマイナス成長となったものの、一九四二年以降は大きな経済成長を記録している。この事実については、昭和十九年当時既に中山も承知していた[74]。そこで所得増加のための施策として、「生産的消費」の効率化を挙げる。生産的消費には、原材料投入・労働力投入・減価償却が含まれる。この中で労働力投入と減価償却は、それぞれピグーが戦費の源泉として言及した労働強化と既存設備の減価償却に相当する（表４）。ただしピグーは国民所得（その支出面）に焦点を当てており、生産に関わる議論はしていないために、原材料投入については議論の対象としていない（表５）。

　ところで、この議論を簡単に検証してみよう。大川一司およびロソフスキー（H. Rosovsky）の研究によると、昭和初期（昭和七〜十三年）の民間非農部門のGDPの年平均実質成長率は六・七三パーセントである[75]。この要因別の寄与度は、資本設備の増加が一・七三パーセント、労働力投入の増加が一・一九パーセント、そして生産性の向上が三・八一パーセントである。このように同時期の非農部門の成長の半分以上が、生産性の向上によるものであった。中山の言う「生産的消費」の効率化は生産性の向上に相当するので、成長率への寄与度が最も大きい要因を所得増加の施策として取り上げたことになる。なお戦時には兵力動員のため、労働力の増加は望めない。そうなると所得増加の施策として残るのは、資本設備の増加になる。ところが個人消費が節約されて預貯金が積み上がっても、昭和初期には設備投資に資金が回らない状況が続いた[76]。これは資金不足よりも資本財不足によるものと理解され、中山は経済統制による資本財の供給強化を提唱する。この資本財供給重視の姿勢は、戦後復興期の傾斜生産方式を彷彿させる（同方式の提唱者は有沢広巳）。

（三）　軍需に向けた経済力の集中

　生産力の育成が量の問題とすれば、経済力の集中は質の問題である。しかしこの両者は、先に設備投資のところでも述べたように背反の関係がある。つまり経済力集中のためには貯蓄は公債で吸い上げられ戦費（政府による消費活動）

に充当されることになるが、これは中長期的な生産力の向上を蝕むことになる。このため両者の調和が必要となるが、「戦争経済の直接の目的からいえばもちろん集中に重点がおかれる」[77]。第一次世界大戦より以前の戦争においては、経済力集中の問題は「平時経済の余剰をいかに戦争目的のために吸収するかの問題」であった[78]。このため経済力の集中も含めて、経済を戦時体制に組み替えること自体が議論されてこなかった。しかし第一次世界大戦により、このような状況に変化が現れる。中山はその契機を、ドイツの「ヒンデンブルク綱領」(一九一六年八月施行)であるとする[79]。これは資源配分から労働強化に至る強力な経済統制により、大規模な軍需生産と兵力動員を達成することを目論むものであった。経済力は精神力・政治力・地理的条件と並ぶ潜在的戦争力の構成要素の一つであるが、中山によると戦時になっても経済は自律的にその潜在性を顕在化させることはない[80]。このため長期総力戦に際しては、「ヒンデンブルク綱領」のような強力な経済統制が必要となる。

そうすると何が集中されるべき経済力かということと、集中の程度と速度が問題になる[81]。集中の程度については、第二次世界大戦では第一次世界大戦時よりさらに強力な経済力の集中が必要となっており、第一次世界大戦の経済力集中の経験は第二次世界大戦の参考としては不十分である。さらに集中の速度であるが、戦時の経済力集中では価格メカニズムによる調整よりも素早い対応が必要となる。このためには、政府による経済統制が欠かせない。ただし経済力集中の程度と速度は大きなものが求められる一方で、経済は集中の限度に直面する。そして集中の限度は、「集中されるべきもの」に起因する。ここで指摘される限度とは第一に国民生活水準を最小限確保することであり、第二に軍需生産力の維持(軍需生産への設備投資)である。前者は個人消費であり、後者は新規設備投資の抑制と既存設備の減価償却となる。これらはいずれもピグーが戦費の源泉として、節約の対象に挙げていたものである。中山は経済力集中について、程度と速度の議論の前に失業資源(失業者と遊休設備)の起用についても取り上げている。これもピグーが労働強化として、戦費の源泉の一つとしているものに相当する。つまりここでは、ピグーと中山の間での議論の展開に類似性が観察されるが、これは国民所得勘定の観点からはむしろ当然である。ただし先にも述べたように、ピグーは現在のみを対象としたが中山は過去・現在・未来を対象にしたという視点の時間軸が異なっている。なお中山は、この「集中」と並ぶ戦争経済の基本課題に「均衡」を挙げている。長期総力戦においては、生産力の育成が不可欠であるが、既に述べたように過度の経済力集中は新規設

備投資や減価償却の削減を通じて生産力の育成を阻む。これを経済統制における、重要課題として指摘している。(82)

おわりに

第一次世界大戦はピグーやケインズを始めとして欧米に、「戦争の経済学」もしくは「戦時の経済学」を生起させる契機となり、このような欧米における流れは日本も無関係ではなかった。けだし第一次世界大戦はピグーやピアティエらの論稿を通じて、日華事変から第二次世界大戦へと突入する日本に、その実情に合わせた戦争経済思想の形成に大きな影響を与えた。結果としてその多くはミクロ経済政策（経済統制）の産業動員実務的なものとなったが、これは明らかに第一次世界大戦後半のドイツを始めとする欧州各国の経済統制・配給制度が基になっている。その一方でマクロ経済政策論については、影響は限界的だった。これには、大きく三つの理由が考えられる。まず我が国で戦争経済思想が本格的に論じられるようになるのは、日華事変・第二次世界大戦の時期である。両者を合わせると継戦期間は第一次世界大戦の二倍であり、戦費の負担も対米戦が始まると第一次世界大戦時の欧州各国を大きく上回った（表1）。要は総力戦としての規模が第一次世界大戦を大きく上回ったので、その経験が参考にならなかったということである。第二の理由は高橋亀吉が指摘しているように、経済の発展段階そのものが日本と欧米では異なるので、適用されるべき経済理論も異なるというものである。そして第三に当初欧米からの輸入で始まった日本の経済学の研究水準が、この時期には欧米に肩を並べる水準になったことも理由として挙げられよう。(83)

戦時のマクロ経済政策論にも比較的言及の多かった中山伊知郎や赤松要の戦争経済思想の根底には「集中と育成」の概念があり、二律背反の関係にある両者の「均衡」を目指していた。第二次世界大戦規模の長期総力戦では、単に「集中（経済統制）」や現在保有している資産の転用（ストックの消費）だけでは全く対応不可能であり、戦争に経済資源を可能な限り投入しながら生産拡大を試みる必要があった。このような思想は、ピグーには見られなかったものである。前節で述べたように、中山の戦争経済思想には「集中と育成」とその限度（国民生活と軍需生産）を明示した上で、その「均衡」を図るという理論的な方向性が示されている。(84) ここから先は、理論の手を離れた政策実務の話となる。実際のところ日本も特に第二次世界大戦末期には、経済力「集中」だけで精一杯の経済力根こそぎ動員の状態となり、「育成」は放置されたと言っても良い。(85) 反対に中山も含めて日本の経済学者・エコノミストには、ケンブリッジ学派ほど明確に戦時においても社会的厚生を考慮するという姿勢は見られなかった。もっともこれに関しては、GNPの七割近くを四年間も戦費に費やしていた当時の日本には社会的厚生を顧みる余裕はなく、戦争経済思想もその制約下にあったという方が適切であろう。

註

(1) 例えば John W. Steinberg, *et. al.*, "Introduction," in: John W. Steinberg, *et. al.*, eds., *The Russo-Japanese War in Global Perspective: World War Zero* (Leiden: Brill, 2005), pp.xx-xxi.

(2) Hans Mendershausen, *The Economic of War* (New York: Prentice-Hall, 1940), p.vii.

(3) 纐纈厚『総力戦体制研究――日本陸軍の国家総動員構想――』（社会評論社、二〇一〇年）三三―三七頁。また当時の陸海軍の戦争経済研究については、荒川憲一「戦間期の戦争経済研究について――持久戦問題を中心に――」（『軍事史学』第三十五巻第三号、一九九九年九月）六―一六頁も参照。

(4) 泉三義「後記」（『中山伊知郎全集』第十集、講談社、一九七三年）四八九―五一〇頁。

(5) 中山伊知郎『戦争経済の理論』（日本評論社、一九四一年（『中山伊知郎全集』第十集所収））八頁。

(6) B・R・ミッチェル『イギリス歴史統計』犬井正監訳（原書房、一九九五年）五八九頁、八三六頁。もっとも一八世紀の絶対王政の時代にまで遡ると、欧州各国の歳出の五割から九割近くが戦争関連公債の利払いも含めた軍事関係の支出であった〔John Brewer, *The Sineus of Power* (Cambridge MA: Harvard University Press, 1988), p.40.〕。

(7) 同右、五八八頁、八三六頁。

(8) GDPに海外からの所得を加えたものがGNP。GNPから固定資本減耗（減価償却）と間接税を除き、補助金を加えたものが国民所得。日露戦争の戦費については、小野圭司「日露戦争の戦費と財政・金融政策」（日露戦争研究会編『日露戦争研究の新視点』成文社、二〇〇五年）一〇四―二〇頁を参照。

(9) 小野圭司「総力戦に向けた日本の経済力動員――国民所得と軍事支出の観点から――」（三宅正樹ほか編著『検証　太平洋戦争とその戦略1巻　総力戦の時代』中央公論新社、二〇一三年）二〇六頁。

(10) 中山『戦争経済の理論』一三頁。

(11) Arthur C. Pigou, *The Political Economy of War: A New and Revised Edition* (London: Macmillan, 1940), p.30.

(12) 国民所得の恒等式と戦費の関係については、小野「総力戦に向けた日本の経済力動員」二〇二―〇三頁を参照。

(13) 長期総力戦である第二次世界大戦時の日本の個人消費（民間消費支出）縮小については、同右、二一一―一四頁を参照。

(14) Pigou, *The Political Economy of War*, pp.42-43.

(15) *Ibid.*, pp.78-79.

(16) 公債による歳入であっても、政府は現在の国民所得を戦費として利用する。公債による歳入で軍需品を輸入する場合には、国民所得以外の外国の所得（生産物）を戦争に用いるので、公債の返済原資（将来の国民所得）を現在において「輸入軍需品」の形で用いることになる。

（17） Pigou, *The Political Economy of War*, pp.78-79.

（18） Arthur C. Pigou, *The Economics of Welfare* (London: Macmillan, 1920), p.v. ピグーの第二命題については、千種義人『経済学者と現代7　ピグー』（日本経済新聞社、一九七九年）七〇—七五頁も参照。

（19） Arthur C. Pigou, *The Economy and Finance of the War: Being a Discussion of the Real Costs of the War and the Way in Which They Should be Met* (London: J. M. Dent and Sons, 1916), pp.66-83.

（20） Pigou, *The Political Economy of War*, pp.85-86.

（21） *Ibid.*, p.111.

（22） Arthur C. Pigou, "War Finance and Inflation," *The Economic Journal*, Vol.50, No.200 (Dec. 1940), p.463.

（23） ピグーとケインズの学説史上の対立については、杉本栄一『近代経済学の解明』下（岩波書店、岩波文庫、一九八一年）一〇一—一〇頁、本郷亮『ピグーの思想と経済学——ケンブリッジの知的展開のなかで——』（名古屋大学出版会、二〇〇七年）三一—六四頁を参照。またピグーとケインズの戦費論比較については、武藤功「戦争とピグー、ケインズの経済学——戦費調達をめぐって——」（村井友秀・真山全編著『リスク社会の危機管理』明石書店、二〇〇七年）一七八—九六頁も参照。

（24） John M. Keynes, *How to Pay for the War* (London: Macmillan, 1940), p.1.

（25） *Ibid.*, p.15.

（26） *Ibid.*, pp.44-51.

（27） *Ibid.*, pp.35-36.

（28） Mendershausen, *The Economic of War*, pp.141-42.

（29） *Ibid.*, pp.121-25.

（30） *Ibid.*, pp.129-33.

（31） アンドレ・ピアティエ『戦争経済学』松岡孝兒訳（三省堂、一九四三年）八九頁、一九四頁。

（32） 同右、二〇四頁。

（33） 同右、二三頁。

（34） ただしピグーも戦時には「通貨は財・サービスの交換切符に過ぎなくなる」として、金融政策を通じた実物経済への影響が効かなくなることは認識している〔Arthur C. Pigou, *A Study in Public Finance* (1928), in: *A. C. Pigou Collected Economic Writings*, Vol.7 (London: Macmillan, 1999), p.2.〕。

（35） エーリヒ・ルーデンドルフ『国家総力戦』間野俊夫訳（三笠書房、一九三八年）六七頁。

（36） 小野「日露戦争の戦費と財政・金融政策」一一二頁。

（37） 牧野邦昭『戦時下の経済学者』（中央公論新社、中公叢書、二〇一〇年）一四—一六頁。

（38） 同右、一七—一八頁。

（39） 大正十二年の「帝国国防方針」における短期決戦思想については、黒野耐『帝国国防方針の研究——陸海軍国防思想の展開と特徴——』（総和社、二〇〇〇年）二一六—一七頁、黒川雄三『近代日本の軍事戦略概史——明治から昭和・平成まで——』（芙蓉書房出版、二〇〇三年）一三六—四三頁を参照。

(40) ピアティエ『戦争経済学』四頁。
(41) 一九三〇年代におけるドイツでの「平時の戦争経済化」については、工藤章「ナチス戦争経済論ノート」(『信州大学経済学論集』第一六号、一九八〇年三月)を参照。
(42) 土屋喬雄はこれを戦時経済に対して、「国防経済」と表現した(土橋喬雄『国家総力戦論』(ダイヤモンド社、一九四三年)一一〇頁)。
(43) なお有沢はマルクスの再生産表式を用いたモデルで、過度の軍需偏重は経済的に長期総力戦に不利に働くことを証明している(荒川憲一『戦時経済体制の構想と展開——日本陸海軍の経済史的分析——』(岩波書店、二〇一一年)四五—四七頁)。
(44) 赤松要「国防経済学の総合的弁証法」(赤松要・中山伊知郎・大熊信行『国防経済総論(国防経済学大系)』巌松堂書店、一九四二年)九二—一〇四頁。赤松の秋丸機関やその他戦争経済政策への関与に関しては、池尾愛子『赤松要——わが体系を乗りこえてゆけ——(評伝・日本の経済思想)』(日本経済評論社、二〇〇八年)一四七—六七頁を参照。
(45) 赤松「国防経済学の総合的弁証法」一〇八—一〇頁。
(46) 柴田敬『新経済論理』(弘文堂書房、一九四二年)四頁、一一二—一三頁。
(47) 永田清『戦争経済の潮流』(日本評論社、一九四〇年)一三九—四〇頁。
(48) 河田嗣郎『国防経済概論』(日本評論社、一九四一年)五四—五六頁。
(49) 有沢広巳『戦争と経済』(日本評論社、一九三七年)六八—六九頁。
(50) 高木寿一「戦時財政の基本問題」(金原賢之助ほか『戦争と財政金融』時潮社、一九三七年)一〇頁。
(51) 同右、一二頁。
(52) 沖中恒幸『戦争経済学』(巌松堂書店、一九四三年)二六六—七二頁。
(53) 正木千冬『戦争経済学』(一元社、一九三二年)一五三—六七頁。
(54) 勝田貞次『戦争の経済学』(春秋社、一九三七年)三一九—五〇頁。
(55) 斎藤直幹『戦争と戦費』(ダイヤモンド社、一九三七年)二九—三五頁。
(56) 石橋湛山「日清・日露両戦役の回顧と今次事変の経済」(一九三八年。『石橋湛山全集』第十一巻(東洋経済新報社、一九七二年)所収)三〇—三三頁。
(57) 中山伊知郎は、第一次世界大戦が長期戦となった理由の一つに、経済の戦時体制への転換が緩慢であったことを理由に挙げている(中山『戦争経済の理論』七八頁)。同様の主張は、ピグーにも見られる(Pigou, *The Political Economy of War*, p.71)。
(58) 高橋亀吉『長期戦化の財政経済』(千倉書房、一九三八年)三四三—六六頁。
(59) 同右、七五—七九頁。
(60) 中山伊知郎「総力戦と経済戦略」(東京商科大学経済指導者研究室編『経済戦略と経済参謀』ダイヤモンド社、一九四四年)四一—四四頁。同「戦争経済の均衡理論」(一九四二年。『中山伊知郎全集』第十集所収)三六八—九一頁。

(61) 中山知子編『一路八十年――中山伊知郎先生追悼記念文集――』(中央公論事業出版、一九八一年)三八四―四一七頁。
(62) 中山伊知郎「第十集への序文」(『中山伊知郎全集』第十集)I―II頁。
(63) 同「国家資力と国民所得」(一九四二年。『中山伊知郎全集』第十集所収)三三〇頁。
(64) ピアティエ『戦争経済学』二四頁。
(65) 中山『戦争経済の理論』八二頁。
(66) 同右、一四頁。
(67) 同右、二一―二二頁。
(68) 中山「戦争経済の均衡理論」三七〇頁。
(69) 同右、三五五頁。
(70) 中山「国家資力と国民所得」三四三頁。
(71) ゼー・リーサー『国家財政の戦備と作戦』石井忠訳(慶応書房、一九三八年)二一七―三三頁。小野「日露戦争の戦費と財政・金融政策」一一一頁。
(72) 中山伊知郎「軍需と民需」(一九四四年。『中山伊知郎全集』第十集所収)四二一頁。営団経済研究会については、営団経済研究会『営団経済研究会講演集』第一輯(営団経済研究会、一九四三年)一―二頁を参照。
(73) 小野「総力戦に向けた日本の経済力動員」二〇六頁。
(74) 中山「軍需と民需」四二一―四二二頁。
(75) 大川一司、H・ロソフスキー『日本の経済成長――20世紀における趨勢加速――』(東洋経済新報社、一九七三年)五六―五九頁。
(76) 中山『戦争経済の理論』一八二―一八五頁。
(77) 同右、七五頁。
(78) 中山「戦争経済の均衡理論」三六九頁。
(79) 同右、三七〇頁。「ヒンデンブルグ綱領」については、有沢『戦争と経済』三九―四三頁、室潔『ドイツ軍部の政治史 1914～1933』(早稲田大学出版部、二〇〇七年)一八―一九頁を参照。
(80) 中山『戦争経済の理論』七一―七三頁。
(81) 同「戦争経済の均衡理論」三七二―八一頁。
(82) 同右、三九一―九八頁。
(83) 池尾愛子『日本の経済学――二〇世紀における国際化の歴史――』(名古屋大学出版会、二〇〇六年)八三―一一一頁。森嶋道夫『NHK人間大学　思想としての近代経済学』(日本放送出版協会、一九九三年)一〇―一七頁。
(84) なお均衡理論について中山は『経済発展の均衡過程』(一九三九年。『中山伊知郎全集』第五集(講談社、一九七二年)所収)で完成させており、戦争経済学にあっては新しい要素として経済統制が加わることになる。
(85) 小野「総力戦に向けた日本の経済力動員」二〇五―一五頁。

総力戦時代の哲学
——ハイデガーと京都学派——

轟　孝夫

はじめに

　第一次世界大戦によってもたらされた新たな戦争遂行の形態は、総力戦と呼ばれるようになった。この総力戦とそれを支える総動員体制は、戦争終結とともに消え去るどころか、むしろ平時においてこそ来るべき総力戦への対応が意識されるようになり、そうした準備の努力そのものがある意味、総力戦体制の継続という性格を帯びるようになった。二〇世紀は、単に二度の世界大戦において総力戦が遂行されたというだけでなく、そのような総力戦の生起の可能性が、諸国家の体制をそれに適合したものへと不可逆的に変化させてしまったという意味で、総力戦の時代と呼ぶことが許されるであろう。総力戦体制が戦時、平時にかかわらず、国家のあり方を規定するものとなり、また現存する多くの社会制度がもともと総力戦を意識して整備されたものであることが、近年、「総力戦体制論」として盛んに議論されている。[1]

　このように軍事だけでなく、政治、経済、学問、文化といった社会のいかなる領域も戦争遂行と無関係なものにはとどまりえないという総力戦の本質にしたがって、筆者の研究分野である哲学も総力戦と無縁であることはできなかった。[2]二〇世紀の哲学は、次に述べる二重の意味で「総力戦時代の哲学」と特徴づけることができる。その第一の意味は、二〇世紀を代表する哲学者たちが、だいたい一九世紀終わりから二〇世紀初頭に生まれ、初の総力戦としての第一次世界大戦を一〇代、二〇代で経験し、それゆえに大戦とそれによってもたらされた大戦後の時代状況が彼らの思想形成の前提とならざるをえなかったということである。「総力戦時代の哲学」の第二の意味は、哲学者たちが第一次世界大戦後から第二次世界大戦に至る諸国家による総力戦体制の構築のために「動員」されつつ、同時にそうした総力戦の本質をめぐる哲学的考察を展開し、またそれに基づいて自身の総力戦に対する関わり方を定めていたということである。これが総力戦への積極的な協力という形を取った場合は、戦後、「戦争協力」として厳しく指弾されることになった。

本稿では二〇世紀の哲学と総力戦の関係を示す典型的な事例として、とくにドイツの哲学者マルティン・ハイデガー（Martin Heidegger　一八八九〜一九七六）と日本の京都学派の哲学者たちを取り上げることにする。京都学派とは日本近代哲学の中心的人物である西田幾多郎（一八七〇〜一九四五）と西田が教鞭を執った京都帝国大学におけるその同僚や弟子たちによって形作られた学派を指している。(3) ハイデガーと京都学派の思索はともに西洋近代に対する批判を根本モチーフとしているが、彼らの近代批判はどちらも究極的には総力戦体制の評価に帰着している。つまり、両者の総力戦体制についての解釈のうちに、それぞれの哲学の根本的立場が反映されている。そして、彼らの総力戦体制についての解釈の違いが、彼らが実際に総力戦にどのように関わっていくかという態度の違いとして現れている。こうして以下では、ハイデガーと京都学派が総力戦体制を哲学的にどのように解釈したかを思想史的に概観することにしたい。まず「一　ハイデガーの総力戦体制批判」では、ハイデガーが総力戦体制をどのように解釈し、また批判したかを明らかにする。そこで示されるのは、彼の近代技術に対する批判が実は総力戦体制に対する批判そのものだということである。「二　京都学派と『総力戦の哲学』」では、京都学派の哲学者たちが日本海軍のブレーントラストのメンバーとして展開した大東亜共栄圏の理念的基礎づけ、ならびに彼らが提示した「総力戦の哲学」を検討する。「三　総力戦に対する態度——ハイデガーと京都学派の比較——」では、一、二で概観したハイデガーと京都学派の総力戦に対する解釈を比較し、そのことをとおして両者の哲学の特色を際だたせることを試みたい。

一　ハイデガーの総力戦体制批判

（一）　近代国家と技術

一九二七年に『存在と時間』の刊行によって一躍、ドイツ内外の哲学界に名を馳せたハイデガーは、三三年一月のナチス政権掌握後、四月にナチス支持派としてフライブルク大学の学長に就任した。しかし、彼自身の哲学に基づいた大学改革構想は、ナチスの路線とは相容れず、結局一年足らずで学長職を辞任することになった。(4) 一般には、ハイデガーはその後、政治からはすっかり手を引き、ドイツの詩人フリードリヒ・ヘルダーリン（Friedrich Hölderlin）の詩作品の解釈などによって特徴づけられる「存在の思索」に沈潜していったというイメージが流布されてきた。[5] しかし、このような没政治的な「後期ハイデガー」像は、九〇年代以降、ハイデガー全集として徐々に刊行された、それまで未発表であった三〇年代後半から四〇年代前半にかけての草稿群によって修正を余儀なくされつつある。彼は学長を辞任したのちも、総力戦体制に対する哲学的批判を遂行し、またそれをとおしてナチス体制そのものを批判するといったように、彼の思索はある意味いっそう政治性を強めている。

ハイデガーは学長就任前から、近代科学が専門化、領域の細分化の傾向を強め、存在者の技術的操作を自己目的化していく事態を問題視していたが、一九三三年に学長職を引き受けるとともに、まさにそうした事態を学問の変革によって克服することを試みた。彼は学長就任演説「ドイツ大学の自己主張」で、古代ギリシアにおける存在の原初的な開示に範を取り、学問の本質を「民族の精神的世界」の開示として規定し、そうした知の守護者の育成を大学の責務であるとした。[6] 学長としての大学改革の試みが失敗に終わったあと、彼は右で述べたような近代科学の動向を、総動員体制下における存在者の技術的な動員のひとつの現象形態と見なし、さらに「国家」をその担い手として捉えるようになった。

このような技術と国家の本質的な連関が、一九三八／三九年に記された草稿『省察』（九七年刊行）では次のように語られている。そこでは、技術は「存在者（自然と歴史）を計算できる作成可能性のうちへと立てること」、すなわち「作為性（Machenschaft）」であると規定される。[7] 通常われわれは「技術」ということで、まずは機械などの事物的なものを連想するが、ハイデガーは技術を根本的には「知」のあり方として、すなわち存在者を対象化し、操作可能なものとして開示する態度として捉えている。次いで彼は「人間がその本質において『主体』として決定されている限り、技術の使用は人間の意志や不意志の及ぶものではない」と述べているが、これは近代的な「主体」が存在者の技術的操作をその本質とすることを意味し、つまり主体は技術と不可分だということである。そして同じところで、このような主体は「国家」において純粋に具体化されることが指摘される。「人間存在の主体性は諸国家においてもっとも純粋に具体化される。国家の共同体は人間の主体性への孤立化を極限にまで推し進める」。[8] つまり、国家によって人間が技術を担う主体になることが要請され、また促進されるというのである。

前述したように、技術とはハイデガー的な用法では、機械などの技術的産物を意味するわけではなく、むしろ機械をも可能にするような仕方で自然を対象化すること、すなわち自然を因果的—機械論的メカニズムとして表象することを指している。しかしまた、技術はそのように自然だけに関わるだけでなく、先ほどの引用にも暗示されていたように、歴史の「作成」も技術に数え入れられている。こうした歴史の技術的な確保に携わるのが、次に述べられているように歴史学である。「歴史も歴史学によって、はじめて確保された『現実的な』歴史となるのであって、その歴史学の近代の最高の形態はプロパガンダである」[9]。歴史が技術の産物だというのは、近代国家による「国史」編纂が、国家の存在そのものを正当化するという観点から、材料の取捨選択の恣意性を本質的に免れないことのうちに端的に示されている。

このようにハイデガーの思索において、技術は自然と歴史を含む存在者全体を開示する人間のあり方を指しており、すなわち技術の本質は、あらゆる存在者を対象化によって作成可能、計算可能なものとして捉えることに存している。このような技術の根本動向をハイデガーは「動員（Mobilisierung）」ともいいかえている。この動員は、ハイデガーによると、「ただ単にこれまで利用されなかったものや、作為性にとってまだ役立ちえないものを『作動』させるだけでなく、『動員』は存在者を最初に全体として、またあらかじめ作為的なものへと変化させる」[10]ものである。

（二）　近代国家と力

以上で見たように、ハイデガーは技術の本質を、あらゆる存在者を対象化し「動員すること」として捉えている。こうした技術の規定に示されているように、彼の技術論は基本的に現代国家の総動員体制の経験から汲み取られている。したがって技術はそこでは必然的に、国家との密接な結びつきにおいて捉えられることになる。技術は国家によって要請され、促進される。より正確にいうと、国家そのものがこのような技術の集合体として存在している。主体性の本質が存在者の技術的な開示であることはすでに指摘したが、今述べたように国家は技術による存在者の動員の集合体として、それ自身が主体という性格をもつことになる。ハイデガーは一九三〇年代後半から、一七世紀にデカルトによって明確に定式化された近代的な主体性に対する批判を先鋭化させていくが、このとき主体性として彼が念頭に置いているのは、基本的には国家の本質的動向そのものである。

ハイデガーは一九三八～四〇年の論考「存在の歴史」（『存在の歴史』所収）において、主体性の本質を「力（権力）」と捉えた上で、その詳細な分析を展開している。すでに見たように主体性とは存在者の対象化をその本質とするが、そのような対象化は存在者を支配し、おのれの意のままにすること、しかもその支配の範囲をつねに拡張することを目指すという点で、「力」という性格をもつという。つまり、技術による存在者の動員は究極的にはこの「力」の伸長を目的とするものである。そして彼は右の論考「存在の歴史」において、主体性が「ナショナリズム」と「社会主義」をもたらすと指摘している。「主体性の本質的帰結は、諸国民のナショナリズムと国民の社会主義である。権力要求はそのつど、力そのもののためになされ、したがって権力要求はこの本質的に度を越して強まる力によって、そのつど高められ強化される[11]」。存在者の技術的な動員を担う国家はみずからの本質に即して、存在者の支配を確保し、さらにその範囲を拡張することだけを目指すものである。このような国家の性格が、対外的には諸国家の権力要求としての「ナショナリズム」という形で現れ、また対内的にはすでに見たようにあらゆる成員を動員し、彼／彼女らを「国民」として平等化し、均質化する「国民の社会主義」という形を取るというのである。

さて、ハイデガーは右で引用した箇所の続きで、国家という形態を取る主体性の「力（権力）」という本質の全面的な肯定が、戦争の常態化をもたらすことを指摘している。「主体性のこうした歴史の本質的帰結は、力の確保のための無制約的な闘いであり、それゆえ力への全権付与を引き受ける際限ない戦争である。この戦争は形而上学的にかつてのすべてのそれとは何か本質的に別のものである[12]」。ハイデガーは第二次世界大戦の勃発直後に執筆した論文「コイノン――存在の歴史から――」（『存在の歴史』所収）では、現代の戦争の特異性として、戦争と平時の区別が抹消されてしまった点を指摘する。「平和においては、戦争がそうでありうるようなものがもつ不可視の不気味さが一段と脅威を与えつつ支配しているので、平和は戦争の除去となる。『総力』戦争は平和を含み込み、このような『平和』は『戦争』を締め出す。戦争と平和の区別が無効になる[13]」。総力戦の時代においては、「平和」と「戦争」の区別が無化されてしまう。平和状態においても国家の覇権獲得競争は続いており、その意味で平和が戦争の本質を取り込んでしまうため、逆に「戦争」そのものが特別の事態という意味を失ってしまう。平時も総力戦の一部になってしまう……。

ハイデガーによると、このような戦争の常態化、すなわち平和の戦争化は、近代国家が「力」を本質とすることの帰結である。自己の拡大のみを無条件に目指す「力」が国家の本質となることにより、戦時と平時の区別がなくなってしまう。列強の覇権競争が明確に示しているように、「力は……単にいかなる目標ももたないというだけでなく、あらゆる目標設定に抗して、おのれ自身への純粋な全権付与を貫徹するものとしてあらわになる」[14]。つまり力はおのれの勢力の伸長という以外の目標を一切認めようとしない。列強同士の覇権獲得競争において、たとえば「道徳性」や「自由」「民族性の擁護やその永遠的な人種的存続の確保」といったものが目標として掲げられることもあるが、ハイデガーによると、そうした「目標設定（『道徳性』の確保、『民族的実体』の救出）はつねに事後的なものでしかなく、この事後的なものは知と意志に反して、力への全権付与に対する奉仕に駆り出されており、世界列強の地位をめぐって争うかのものどもの決定によるものではない」[15]。というのも、「そもそもかの目標の実現が問題ではなく、そのつどもっとも実効的な目標設定による力への全権付与、さらには有能な人材と暴力の、そうした目標設定によって導かれた覚醒と拘束による力への全権付与が問題だからである」[16]。つまりそのつど掲げられる目標は力の拡大に役立つ人材や暴力を覚醒させ、拘束するのにもっとも効果的なものでなければならず、その意味では、目標は何であってもよいというものではない。しかし、そこでは目標の実現が目指されているわけではなく、それは力の伸長のために、状況に応じてより効果的なものに取り替えられるべきものにすぎない。

（三）コミュニズム論

これまで見てきたように、ハイデガーは近代国家を「力」という本質をもつものとして捉えている。力はただひたすらおのれの持続と拡大だけを目指し、そのためにあらゆる存在者を操作可能なものとして自己の支配下に置くことを試みる。「力はあらかじめ存在者を、それがただ操作可能である限りにおいてのみ存在者として認めるのである。操作可能性は、存在者が計画・計算可能であり、またそのように表象されたものとしてつねに制作可能であるということに存する」[17]。ハイデガーはこのような「力」を本質とする近代国家の体制を「コミュニズム（Kommunismus）」と名づけている。ハイデガーによると、すべての存在者を作為性の支配のもとに置くことを貫徹することが「コミュニズムの本質」である[18]。

　コミュニズム、すなわち共産主義はその語の一般的な理解では、以前からすでに存在していたプロレタリアートが権力を奪取することとして理解されている。それに対してハイデガーは、平均化、一様化された存在としてのプロレタリアートこそ、コミュニズム、すなわち近代国家の総動員体制によって生み出されたものであると主張する。「……『コミュニズム』は、すでにそれ自体で存在していると誤解された『万国のプロレタリア』を結集するのではなく、コミュニズムが卑俗化のあの一様性の実現へと人間を無理強いすることによって、それをまずもって『プロレタリアート』にするのであって、この一様化が『国民(Volk)』の権力掌握として現れている」[19]。ハイデガーの考えでは、「党」はすでに存在した大衆を糾合するのではなく、むしろ人々に対して望ましいふるまいの型を押しつけ、そのことにより一様化された大衆的な存在を生み出すものである。いいかえれば、コミュニズムにおいて人間は「力」の伸長に貢献すべき存在としてのみ捉えられ、そのような存在へと一様化されていく。ハイデガーによると、われわれが「労働者」や「兵士」と呼んでいる存在者は、このように力によって一様化され、技術に適合した人間類型を指している[20]。

プロレタリアートはブルジョワジーから権力を奪取して、今や「階級意識」「一党支配」「生活水準の統制」「進歩の促進」「文化の創造」等々、すべてを掌握していると考えている。しかしそのことも、ハイデガーによると力の本質を見誤った「仮象」にすぎない。プロレタリアートは権力を握っているようでいて、実は力の高揚のために動員されているにすぎないのである。「……押し迫る力は、コミュニズムにおいてはあらゆるものの一様性と均質性という魔法へと、あらゆるものをとりこにして陥らせるものである。プロレタリアートの本質根拠をなすこの力に対してプロレタリアートは無力であって、しかもこのことはあまりに決定的であって、かの力がおのれの本質に対する全権付与を確保し、高揚させていくためにこの無力を利用するまでに至る[21]。」

ハイデガーが右でコミュニズムと呼んでいるものは、要するに、国家の権力強化のためにあらゆる存在者を総動員していく体制そのものである。したがって、このコミュニズムは通常われわれが共産主義と呼んでいる政治的立場だけを問題にするものではなく、「形而上学的構造であって、近代の完成がその最後の段階を開始するやいなや近代的人間はそこにおのれを見出す[22]」ところのものである。つまり、ソビエト連邦のみならず、ナチス・ドイツやイギリス、アメリカなどに至るまで、近代国家はまさに近代国家であるという点において、コミュニズムという本質をもつというのである[23]。「自由主義的」な国家も、戦時中はむしろファシズム的、全体主義的国家以上に徹底した総力戦体制を築きえたことにも示されているとおり、ハイデガーがコミュニズムと呼んだ体制と無縁ではありえない。

これまで見てきたように、ハイデガーは主体性、技術、力、コミュニズムといった語によって基本的には同じ事柄を指しており、すなわちそれらによって、総力戦がもたらした総動員体制の根本動向を示そうとしている。彼のこのような技術に対する捉え方は、よく知られた彼の第二次世界大戦後の技術論にも引き継がれていく[24]。本稿の冒頭でも指摘したように、既存の研究においてはハイデガー哲学の政治性にはあまり注意が払われてこなかった。しかし、以上で見てきたことによれば、彼の近代批判はまさに近代国家のナショナリズムを俎上に載せており、その意味で彼の哲学は徹頭徹尾、政治的である。

二　京都学派と「総力戦の哲学」

（一）　京都学派と日本海軍

一九二〇年代初頭にハイデガーのもとで学び、日本でもっとも早くハイデガーの思想を紹介した田邊元（一八八五〜一九六二）は、ハイデガーが三三年にナチスの支持者としてフライブルク大学の学長に就任した際の演説について批判的な論評（「危機の哲学か哲学の危機か」）を発表した[25]。彼はハイデガーが運命に対する知の諦観を説いているとして、それがアリストテレスの「理観説」と立場を等しくすることを指摘し、次のように批判した。「実践的に参与することなく単に運命的なる存在に従属するならば、如何に自覚の優越を主張するも哲学の否定である。ハイデッガーの哲学は危機の哲学たる代わりに、哲学の危機を誘致するものではなかろうか[26]」。田邊はこのようなハイデガー＝アリストテレス的な立場に対してプラトン哲学を積極的に評価する。「政治的危機に際して人間理性に依る国家の改造、立法と教育に依る国民の秩序更改、を企図したプラトン哲学の如きを措いて、何処に危機の哲学を求めることが出来るか[27]。」

すでに述べたように、ハイデガーはナチスの大学政策に何ら影響を及ぼすことはできず、一年足らずで学長を辞任した。その後の思索の展開の一端はすでに前節で示したとおりである。ハイデガーがこのようにナチスから離反して数年後、今度はまさに田邊が自身の「危機の哲学」の真価を問われる状況が訪れることになった。田邊は日本海軍から、そのブレーントラストへの協力を要請され、京都大学における自身の弟子でありまた同僚でもあった京都学派の哲学者たちとともに、ブレーントラストの会合に参加し、やがて日本の戦争遂行に協力していくことになった。

ブレーントラストは当時、海軍省調査課長であった高木惣吉（一八九三～一九七九）の発案によって一九四〇年に組織された。ブレーントラストは思想懇談会、外交懇談会、政治懇談会、総合研究会という各部門に分かれており、これに加えて京都学派のメンバーによって構成された研究会が独立して存在した。(28) 高木惣吉がこのブレーントラストを組織した背景には、海軍の意向を国民に紹介してもらい、陸軍に対して劣勢であった政治力を補おうという意図があった。高木は三九年九月に西田幾多郎の鎌倉の自宅を訪れ、海軍への京都学派の協力を要請した。(29) 西田は高木に対して、高山岩男（一九〇五～九三）を連絡係として推薦し、当時の京都大学の哲学科の主任教授であった田邊元を通じて依頼すべきだと助言した。(30) 田邊と高山は海軍の依頼に応じ、高坂正顕（一九〇〇～六九）、西谷啓治（一九〇〇～九〇）、鈴木成高（一九〇七～八八）らもそれに加わり、海軍に協力する体制ができあがった。具体的には彼らは定期的に秘密会合を開き、海軍から提供された資料に依拠しつつ、当時遂行されていた戦争の理念や戦局、外交や内政の問題などについて話し合い、その結果は海軍省に送られた。(31)

同時期に京都学派の学者たちは、おもに歴史哲学に関する著作を数多く出版しているが、これも海軍への協力という枠内に位置づけることができる。その中でもとくに重要なものが、西谷、高坂、鈴木、高山が参加した、雑誌『中央公論』に掲載された三つの座談会である。「世界史的立場と日本」と題された最初の座談会は、まさに太平洋戦争が始まる一〇日ほど前の一九四一年十一月二十六日に行われ、翌年の一月に雑誌に掲載された。これは二番目の座談会「東亜共栄圏の倫理性と歴史性」（四二年三月）、三番目の座談会「総力戦の哲学」（四二年十一月）とあわせて、四三年に『世界史的立場と日本』という単行本として刊行された。(32)

これらの座談会において京都学派の哲学者たちは、多元主義的な「世界史の哲学」に立脚して、当時の世界における日本の立場、とりわけ日本がアジアに築くべき新しい秩序を示そうと試みている。以下では本稿の主題に即して、『世界史的立場と日本』の内容を手がかりに、京都学派が「近代の超克」をどのように特徴づけ、またその議論の中で総力戦をどのように位置づけたのかを明らかにしたい。(33)

（二）　大東亜共栄圏の理念

書物の題名と同名の座談会「世界史的立場と日本」は、前述のように太平洋戦争の勃発の直前に行われた。この座談会では最初に、現代の世界史的状況における日本の使命を提示するような「世界史の哲学」の構想の必要性が説かれている。それによると、オスワルト・シュペングラー（Oswald Spengler）の著作によって人口に膾炙した「西洋の没落」は、西洋の優位という観念を支えた進歩主義的な歴史観の行きづまりを示すものであるが、これに代わる新たな歴史哲学を自分自身で生み出すことが日本人の現下の課題である。(34) ヨーロッパ人がアジア、とりわけ日本の台頭を「危機」として否定的にしか捉えないのに対して、日本人は新しい世界史の哲学によってそれを積極的に根拠づける必要があるというのである。京都学派の哲学者にとって世界史の認識は単なる過去の事実の集積といったものではない。むしろ現在形成されつつある、またこれから形成されるべき世界秩序の認識そのものである。京都学派はこの世界秩序を「多元的な世界秩序」と特徴づけている。この多元的世界秩序はいくつかの広域圏から成り立っており、さらにそれぞれの広域圏がその内部にいくつかの国や民族を含むものとされる。東アジアにおいては大東亜共栄圏がそうした広域圏に当たる。

ここの大東亜共栄圏がどのような構造をもつべきかについては、二番目の座談会「東亜共栄圏の倫理性と歴史性」で詳しい考察が展開されている。(35) 彼らはまず大東亜共栄圏が資源獲得を目的とする単なる経済共同体にとどまらない、「道義的」共同体であることを強調する。彼らはその道義性を「万邦をして所を得しむる」こととして表現する。こうした大東亜共栄圏の理念について、西谷は西洋列強の植民地政策と対比して次のように述べている。

そういうもの〔引用者註：発展の度合いの低い民族〕を引っ張って育ててゆき、民族的な自覚をもたす。そして大東亜圏というものを自発的・主体的に担うような力たらしめるということが、大東亜圏における日本の特殊の使命になるわけだと思う。その点で大東亜圏内の諸民族に対する日本の態度は、欧米の態度と根本的な精神の違いがなければならない筈だ。それで、一方では各民族に民族的な自覚を喚び覚し、自主的な能動力をもったものに化す。他方ではその際日本が指導的な位置を保持してゆく。(36)

このように西谷は、各民族を自立させ、大東亜圏を自発的に担う主体たらしめるという日本の姿勢のうちに、大東亜共栄圏の道義性を求めている。京都学派はこうした大東亜共栄圏の倫理性を、既存の帝国主義的・植民地主義的な世界秩序に対置する。この既存の国際秩序の問題点について、高山は次のように述べている。

近代の国際関係の中には、さっき鈴木君がアトミスティック（原子論的）といったような思想が支配している。……大国も小国も、強国も弱国も、皆権利上は平等であるというような倫理があった。これは勿論近代社会の原子論的な思想の延長なんで、個人主義の思想の国際関係へのそのままの延長なわけだ[37]。

しかし高山によれば、このような平等は実際にはけっして実現しない。というのも、形式的には平等であっても「実際には強い国が弱い国を服従せしめる。国際的な弱肉強食だ[38]」。高山はこうした弱肉強食が自由主義の必然的な帰結であることを指摘する。自由主義は国内社会においても自由競争という形で、強者が弱者を支配するという事態を生み出し、これが階級闘争をもたらす。つまり、国際的な帝国主義と国内的な自由競争の原理は、ともに自由主義に由来し、それらは結局のところ、弱肉強食という状況を生み出すのである。

さて、自由主義に基づいたこれまでの民族自決主義的な世界秩序に対して、高山が対置するのが「……日本が今世界に宣言している万邦各々その所を得るという原理」である。彼によると、「この原理は世界新秩序の原理であると同時に、国内における社会新秩序の原則になるもの[39]」である。こうして座談会の議論はこの「世界新秩序の原理」の解明に向かっていく。

大東亜共栄圏においては、まずは個々の主体による自己利益の追求を是認する個人主義が克服されなければならない（ここでいう個人主義には、個々の民族による自己利益の追求も含まれている）。しかし、他方では全体主義も退けられるであろう。というのも、全体主義は個々の主体から自立性、自主性を奪ってしまうからである。このような意味で西谷は、個人主義と全体主義をともに「止揚する」倫理が必要だとし、それについて次のように述べている。

例へば或る民族の独立を認めるといふ時、その独立といふ意味が従来と非常に違ってこなければならぬ。つまり、大東亜といふものの中での独立、その中での共存のために共同責任をもつといふ連帯的独立とでもいふやうな意味をもたねばならぬ。一方では主体としての徹底した独立性、同時にその徹底的な独立の底から生じてくる共同責任性。さういふところに倫理の問題がある[40]。

西谷はこのように各主体が独立を維持しつつ、共栄圏をともに支える責任を担うような秩序を構想する。このような秩序において、主体的個体性と共同体的全体性との調和が実現されるというのである。

ここで高山は大東亜共栄圏の新しい秩序を「家」の構造をモデルにして説明している。家の中には、親子、兄弟、夫婦といったように世代、性別、機能の異なった存在が含まれている。そしてこのように「各々違った技能・職分・天分で、違った能力が与えられていて、しかもそれが一つの全体的な統一を完成するものとして各々調和する、単に同じものがアトミスティックに集まって加算的な総体をなすというのでなくして、違ったものが結びつきながら補足し合って一つの調和ある全体を造っていく」ということが、「家……の根本の原則になるので、やはり本当の和というものはそういう形のものでできるのではないか」[41]。高山は家の構造について以上のように述べ、それが個人主義でも全体主義でもないこと、したがって世界新秩序はこのような家の原理に基づくべきだと主張する。

より具体的にいえば、こうした家の原理によって、大東亜共栄圏において日本が他国を指導するといったような、共同体の各成員が単に平等であるのとは異なった関係が正当化されることになる。この点について高山は以下のように説明する。

今日の所与的事実には不平等のものがあっても、その間に全体の組織から見て彼是の差のない平等が保持されていく。賢哲に当るものが道義的責任の主体として指導者となり、各民族が皆それぞれの仕方で道義的主体性を自覚するように開発してゆく。世界の秩序を力づくで決めるのでもなく、又形式的な平等思想で取り扱うのでもなく、今日の世界史的状況から見て指導力のある国が、そうでない国を指導して開発するというような秩序、こういうことで本当に深い倫理的意義をもつ秩序というものが現出される。[42]

国際社会において自由主義は「民族自決主義」という形で現れるが、京都学派はこの民族自決の理念が、家の原理に基づいた大東亜共栄圏の理念によって克服されねばならないとする。この民族自決の理念が克服されねばならないのは、すでに述べられたように、それが実際的には弱肉強食の世界をもたらすものでしかないからである。

鈴木はこの民族自決の理念が、実際上は近代ヨーロッパ的な国家を目標とする進歩主義的歴史観と表裏一体であることを指摘している。それゆえ鈴木は、民族自決主義の克服は「発展段階説」「歴史に於けるエヴォルチオンス・レーレ〔引用者註：進化論〕」の克服でなければならないと主張する。「どこの世界も皆ヨーロッパが経過してきたのと同じ歴史発展の法則によって発展するものだという考えがある」が、そうすると「他の世界はそれと同じ方向に於て後を追ってゆくことに進歩があるのだということになる」。しかし、そうした考え方からは「東亜独自の立場も出てこないし、世界史の転換も出てこない」[43]。このように京都学派は民族自決的な国家によって構成される世界秩序を否定し、それに代わる共栄圏という秩序を唱えることにより、同時に西洋を理想とする進歩主義的歴史観の克服を目指したのであった。

（三）　総力戦の哲学

本稿ではこれまで、京都学派が新しい世界秩序の理念をどのように特徴づけたのかを概観してきた。この世界新秩序の理念はそれ自身、欧米主導の世界秩序を否定するものとして提示されていたが、それが当時の状況においては、「大東亜戦争」の正当化を意味していたことはいうまでもない。この点について鈴木は第三番目の座談会「総力戦の哲学」で次のように明確に述べている。

大東亜戦争は世界秩序の転換の戦争として深い根底的な思想性をもっている。……今度の戦争の目的は極めて明瞭であって、我国が中外に宣言しているとおり、東亜の新秩序のために戦っている。すなわち利害のための戦争でなく、秩序のための戦争だ。秩序と秩序の戦争なんだから、このような戦争は必ず一定の秩序観念というものによって支えられていなければならないが、この秩序観念は結局歴史観に帰着する。すなわち、秩序の変革が歴史的な必然だと確信するわれわれの歴史観と、そういう秩序変革の必然性を理解し得ない米英の歴史観と――この歴史観と歴史観との戦争だという意味を……もっているんだと思う[44]。

鈴木によれば、「大東亜戦争が世界史的戦争だ」[45]ということは、歴史観と歴史観の衝突という、以上のような意味において理解されねばならない。このように京都学派の哲学者たちは世界秩序の転換を必然とするような歴史解釈によって戦争を正当化する。そして、鈴木は今回の戦争がこのような世界秩序の全面的な転換であるために、不可避的に「総力戦」にならざるをえないことを指摘する。

世界のすべての秩序が全面的に行詰まってくる、全面的に変ってゆく、その全面的変革として総力戦があるんだと思う。経済秩序も自由主義経済から計画経済へと変り、国家の構造も変り、体制も変っている。世界観も変ってゆく。一九世紀のすべてが根本的に崩壊してゆく。その移り変りはすべて必然的なもので、その変革の変り目が、戦争という形を取って現れてきたのが今の現実で、そこに総力戦というものがあるのだ(46)。

このように京都学派の哲学者たちは、総力戦を世界秩序の全面的転換という意味をもつものとして捉える。その上で彼らはこの総力戦がいかに遂行されるべきか、すなわちこの「総力戦の理想的構造」についての考察を展開している。彼らはそこで、これまでばらばらに存在していた武力、経済、外交、政治、思想といったものを、総力戦の遂行という観点から一元的に統制する体制を構想する。西谷の説明を見てみよう。

……世界新秩序の原理、主体的な原理としてのモラリッシェ・エネルギーと言ってもいい、そういうモラリッシェ・エネルギーが政治を内から動かしてゆく。その政治力がまた経済力を内から動かしてゆく。そういう風に経済力・政治力・精神力という層を重ねたものがいわば立体的に一つになって、……国家が物心一如の働きをなし得るということ、それが総力戦の根本ではないか(47)。

このように西谷は、共栄圏という理想が「モラリッシェ・エネルギー」、つまり道義的エネルギーとして国家の政治、経済を規定していくことが総力戦の意味であるとする。まずは経済的自由主義が政治によって統制され、この政治がさらに大東亜共栄圏の樹立という道義的目標によって規定されなければならないというのである。この共栄圏の理想の実現のために、各人が不承不承ではなく自発的、積極的に経済的自由の制限に服するということが「物心一如」の意味であろう。

この総力戦の遂行のための「物心一如」は、その一面として、共栄圏の実現のために物質的力、すなわち近代科学と近代技術を利用することのうちにも見て取られている。この意味での「物心一如」をもっとも純粋に実現したものとして、高山は二つ目の座談会「東亜共栄圏の倫理性と歴史性」で太平洋戦争の緒戦で活躍した将兵を称揚し、この例のうちに「日本精神」が近代科学と矛盾しないことが示されていると主張する。

精神主義だ、知育偏重だと、下らぬ屁理屈をこねる前に、ハワイ海戦を見ろ。マレー沖海戦を見ろ。一切を解決した絶対的な実例がそこにある、科学と日本精神とがいかに調和しているか、僕の思想がたとえ君等を十分納得させることができんでも、ここに君等を納得させる実に立派な事実がある、この立派な事実こそが精神と科学との調和している歴史上最上の事実で、これこそ知育偏重が日本精神に反するとか、精神力さえあれば科学もいらぬとか、凡そ下らぬ世迷い言を凡て粉砕した世界史的事実だ。(48)

こうした議論において、高山は日本精神が西洋の近代科学に優越するという国粋主義者の非合理的な主張を論駁し、両者は決して矛盾しあうものではないことを示そうとしている。(49)こうした点も含めて、京都学派の議論は総じて右翼、国粋主義者の独善的な言説を牽制しつつ、日本の立場を理性的、哲学的に基礎づけようとする意図をもつものであったが、そうした姿勢は陸軍からは「自由主義的」であるとして不興を買い、(50)また蓑田胸喜(一八九四~一九四六)を中心とする国粋主義者たちには雑誌上で激しく攻撃されるなど、(51)その言論活動には陰に陽に圧力が加えられた。こうして右の座談会をはじめとする京都学派の論考がしばしば掲載された『中央公論』も、当時言論統制を取りしきっていた内閣情報局の圧力によって一九四四年に廃刊となり、中央公論社そのものも廃業を余儀なくされたのであった。(52)

三　総力戦に対する態度
――ハイデガーと京都学派の比較――

本稿では以上で、二〇世紀を代表する哲学者、ハイデガーと京都学派が、第一次世界大戦においてはじめてその姿を現し、それ以降、社会のあり方を一変させた総力戦と、自己の思索においてどのように向き合ったのかを概観した。どちらにおいてもその総力戦についての議論は、彼らの哲学の中心的なモチーフである近代批判と密接に結びついたものであった。

京都学派は近代的世界秩序が自由主義ないしは個人主義によって規定されていると捉え、それらの克服を近代の超克と同一視する。そうした近代的原理に代わって彼らが提起したのが「責任主体の倫理」であり、すなわちそれぞれの主体が独立を保ちつつ、自発的に共同体に貢献する責任を担うといったあり方である。この倫理が大東亜共栄圏の原理となるべきであり、アメリカやイギリスとの戦争はこの新たな世界秩序と旧来の欧米中心の世界秩序との戦いとして位置づけられた。ここでは総力戦は、そうした新世界秩序の樹立を目指す道義的エネルギーが軍事、政治、経済、文化などの各領域に浸透し、それらが一体化して力を発揮する事態として捉えられ、それ自身が近代の超克と見なされたのである。

　ハイデガーはこれに対して、技術の支配のうちに近代の本質を見て取っていた。この立場にしたがえば、技術の本質に対する十分な相対化が近代の克服の前提を形作ることになる。その点からすると、総力戦体制のもとでの科学技術の徹底的な活用を説く京都学派の立場は、近代の主体主義をかえって強化するものでしかなく、近代の超克という観点からはむしろ反動的であると見なされるであろう。ハイデガーは単に自由主義や個人主義を否定しても、技術の本質に対する根本的な反省を欠く場合、必ずしも近代の超克にはならないと考えていたし、まさにそのような観点からナチズムを批判していた[53]（ところで京都学派は陸軍や国粋主義者たちから自由主義的だと非難されていたが、実は彼らもすでに見てきたように自由主義経済から計画経済への移行を説いており、その点では統制経済を推進しようとした陸軍と立場が異なるわけではない。また計画経済という発想はもとより左翼とも親和的である。このような事態が結果として、近代国家が表向き標榜する体制の相違を越えて、あらゆる存在者の技術的な動員を旨とする「コミュニズム」に帰着するというハイデガーの主張を裏書きしている）。

　結局、ハイデガーは総力戦体制そのものを近代的主体性の帰結と見なし、克服されるべきものとして捉えた。それに対して、京都学派は総力戦をその本質にしたがってもっとも純粋に遂行することこそが近代の超克であるとした。このように両者の立場は異なるが、どちらにおいても総力戦についての考察がその近代批判の思索の根幹に位置することには変わりがない。その意味で、彼らの哲学は第一次世界大戦がもたらした時代状況を前提とし、しかもその時代状況をもっとも深い根底から捉えようとする試みであったといえるであろう。

註

（1）山之内靖、ヴィクター・コシュマン、成田龍一編『総力戦と現代化』（柏書房、一九九五年）などを参照。

（2）日本における哲学も含む人文科学の戦時下における動員に関する具体的様相については、駒込武・川村肇・奈須恵子編『戦時下学問の統制と動員――日本諸学振興委員会の研究――』（東京大学出版会、二〇一一年）を参照されたい。とりわけ哲学研究者の動員については同書の四一一―五五頁を参照。またナチス・ドイツの大学政策に関しては、山本尤『ナチズムと大学――国家権力と学問の自由――』（中央公論社、中公新書、一九八五年）などを参照。

（3）現代における京都学派研究の第一人者の大橋良介は京都学派を「西田幾多郎と田辺元、およびこの二人のもとで何らかのかたちで〈無〉の思想を継承・展開した哲学者のネットワーク」と定義している（大橋良介編『京都学派と日本海軍――新史料「大島メモ」をめぐって――』（ＰＨＰ

研究所、ＰＨＰ新書、二〇〇一年）一三頁〕。

（４）　ハイデガーの学長就任からその挫折に至るまでの経緯については、歴史学者フーゴー・オットによる実証的研究〔『マルティン・ハイデガー――伝記への途上で――』北川東子・藤澤賢一郎・忽那敬三訳（未来社、一九九五年）〕を参照。

（５）　木田元『ハイデガーの思想』（岩波書店、岩波新書、一九九三年）二〇六頁以下などを参照。

（６）　轟孝夫「学長ハイデガーの大学改革構想」（秋富克哉・安部浩・古荘真敬・森一郎編『ハイデガー読本』法政大学出版局、二〇一四年）一二五頁以下。

（７）　Martin Heidegger, *Besinnung, Gesamtausgabe,* Band 66 (Frankfurt am Main: Vittorio Klostermann, 1997), S. 173.

（８）　*Ebenda,* S. 173f.

（９）　*Ebenda,* S. 174.

（10）　*Ebenda,* S. 176.

（11）　Martin Heidegger, *Die Geschichte des Seins, Gesamtausgabe,* Band 69 (Frankfurt am Main: Vittorio Klostermann,1998), S. 44.

（12）　*Ebenda,* S. 44.

（13）　*Ebenda,* S. 181.

（14）　*Ebenda,* S. 182.

（15）　*Ebenda,* S. 183f.

（16）　*Ebenda,* S. 184.

（17）　*Ebenda,* S. 185.

（18）　*Ebenda,* S. 191.

（19）　*Ebenda,* S. 192.

（20）　Martin Heidegger, *Grundbegriffe, Gesamtausgabe,* Band 51 (Frankfurt am Main: Vittorio Klostermann, 2. Aufl., 1991), S. 36.

（21）　Heidegger, *Die Geschichte des Seins,* S. 193.

（22）　*Ebenda,* S. 206.

（23）　Vgl. *Ebenda,* S. 208.

（24）　マルティン・ハイデッガー『技術への問い』関口浩訳（平凡社、二〇〇九年）を参照。

（25）　田邊元「危機の哲學か哲學の危機か」（『田邊元全集』第八巻、筑摩書房、一九六四年）。

（26）　同右、六頁以下。

（27）　同右、六頁。

（28）　海軍のブレーントラスト結成の経緯については、高木惣吉『太平洋戦争と陸海軍の抗争』（経済往来社、一九八二年）一八九頁以下を参照。また伊藤隆『昭和十年代史断章』（東京大学出版会、歴史学選書、一九八一年）にもブレーントラストの中心メンバーであった東京帝国大学法学部教授矢部貞治の日記に依拠したブレーントラストの活動についての叙述がある。なおこのブレーントラストが海軍の政治力に与えた影響についての詳細な吟味は、手嶋泰伸『昭和戦時期の海軍と政治』（吉川弘文館、二〇一三年）七四頁以下を参照。海軍のブレーントラストは実質的な政治的影響力をもたなかったというのが手嶋の評価である。

（29）　高木と西田双方の日記に、高木が九月二十八日、海軍嘱託天川勇を伴い、鎌倉姥谷の西田邸を訪問したとの記事が見いだされる〔伊藤隆ほか編『高木惣吉　日記と情報

上』（みすず書房、二〇〇〇年）三七七頁、西田幾多郎『西田幾多郎全集　第一八巻　日記Ⅱ』（岩波書店、二〇〇五年）三一五頁）。

(30) 高木『太平洋戦争と陸海軍の抗争』二〇一頁。

(31) この会合に書記として参加した大島康正のメモが近年大島の遺品の中から発見され、大橋良介の編集によって刊行された（大橋編『京都学派と日本海軍』参照）。

(32) 西谷啓治・高坂正顕・高山岩男・鈴木成高『世界史的立場と日本』（中央公論社、一九四三年）。

(33) 京都学派の「近代の超克」論の哲学的評価については、廣松渉『〈近代の超克〉論――昭和思想史への一視角――』（講談社、講談社学術文庫、一九九四年）、酒井直樹・磯前順一編『「近代の超克」と京都学派――近代性・帝国・普遍性――』（以文社、二〇一〇年）などを参照。廣松は自身の「近代知の地平の超克」の立場から、同じく「近代の超克」を唱える京都学派の哲学者（ここでは高坂と高山）の所論を吟味しており、その点で議論の方向性がハイデガーとの比較で京都学派の近代批判の特徴を明らかにしようとする本論の試みと重なっている。

(34) 西谷・高坂・高山・鈴木『世界史的立場と日本』四頁。

(35) 京都学派が「大東亜共栄圏」概念を一般国民に流布した役割、ならびに彼らの言説に対する反応の一端については、河西晃祐『帝国日本の拡張と崩壊――「大東亜共栄圏」への歴史的展開――』（法政大学出版局、二〇一二年）一八一頁以下を参照。

(36) 西谷・高坂・高山・鈴木『世界史的立場と日本』二〇五頁。〔　〕内は引用者による補足。なお旧字体は新字体に、旧仮名づかいは新仮名づかいに改めた。

(37) 同右、二〇八頁。

(38) 同右。

(39) 同右。

(40) 同右、二一三頁。

(41) 同右、二三五頁。

(42) 同右、二二二頁。

(43) 同右、三四四頁。

(44) 同右、四二五頁以下。

(45) 同右、四二五頁。

(46) 同右、二九〇頁。

(47) 同右、四〇九頁。

(48) 同右、二五九頁。

(49) この論調は、下村寅太郎が野々宮朔というペンネームで一九四三年から翌年にかけて雑誌『知性』に連載した「東郷平八郎――近代日本海軍の形成――」（下村寅太郎『精神史の中の日本近代　京都哲学撰書4』燈影舎、二〇〇〇年所収）にも共通に見られるものである。そこではたとえば、近代日本海軍の形成は「精神史的にいえば、これはまさしく近代の科学技術の掌握と伝統的な日本精神との典型的な融合統一を示すものである」（同右、一〇八頁）と述べられている。また矢部貞治と高山岩男が海軍大学校の依頼を受けて四四年に別々に執筆した報告を海軍大学校側でまとめ上げた論文「陸海軍人気質ノ相違――主トシテ政治力ノ観察――」には、「海軍軍人ハ一般ニ近代技術ヲ尊重シ、機械力ヲ重視スルニ至ル之ニ對シ陸軍軍人ハ近代技術ヲ尊重セス機械力ヲ輕視スル傾向アリ。……海軍ガ物心双方ヲ重視シ物心一如ヲ念トスル健康ナル思想ヲ維持スルニ對シ、陸軍ハ物心分裂ノ上ニ空虚ナル精神主義ヲ高調スルニ至ル」〔海軍大学校研究部「陸海軍人気質ノ相違――主トシテ政治力ノ観察（続）――」（『軍事史学』第二十四巻第二号、一九八八年六月）七六頁〕とあり、ここから座談会での高山の「物心一如」の強調が陸軍の精神主義に対する批判を含意していた。この論文の成立の経緯については、矢部貞治『矢部貞治日記　銀杏の巻』（読売新聞社、一九七四年）七二八頁を参照。

(50) 一般に陸軍が京都学派やそれに近い哲学者に対してどのような反感を抱いていたかについては、佐藤卓己『言論統制――情報官・鈴木庫三と教育の国防国家――』（中央公論新社、中公新書、二〇〇四年）三三五頁以下の、内閣情報部情報官・鈴木庫三陸軍中佐と和辻哲郎の対決についての記述を参照。

(51) 蓑田による京都学派批判については、植村和秀『「日本」への問いをめぐる闘争――京都学派と原理日本社――』（柏書房、二〇〇七年）を参照。陸軍情報部と蓑田グループによる京都学派に対する攻撃と、それに対する海軍の介入については、矢部の日記にも関連する記述が見られる（『矢部貞治日記　銀杏の巻』六三〇頁、六三五頁、六四〇頁）。

(52) 戦時中の言論弾圧と中央公論の廃業の経緯については、『中央公論』の編集者であった黒田秀俊『昭和言論史への証言』（弘文堂新社、一九六七年）一一五頁以下を参照。

(53) 彼の一九三八年の講演「世界像の時代」（『ハイデガー全集第五巻　杣径』所収）の註に見られる次のような議論を参照。「主体的エゴイズムにとっては、たいていの場合そうと知ることなく、私（das Ich）があらかじめ主体として規定されているが、そうした主体的エゴイズムは私的なものをわれわれ（das Wir）へと組み込むことによって克服されうる。このことによって主体性はただ力を増すだけである。技術的に組織された人間による惑星規模での帝国主義において、人間の主体主義はその頂点に達するが、ここから人間は組織された均質性の平面に腰を据え、そこでやっていくことであろう。この均質性は大地に対する完全な、ということは技術的な支配のもっとも確実な道具となる。」〔M. Heidegger, Die Zeit des Weltbildes, in: *Holzwege, Gesamtausgabe,* Band 5 (Frankfurt am Main: Vittorio Klostermann , 1977), S.111.〕。

本研究はＪＳＰＳ科研費 24520036 の助成を受けて行われたものである。

書評

ジャン＝ジャック・ベッケール、ゲルト・クルマイヒ著
剣持久木、西山暁義訳
『仏独共同通史　第一次世界大戦（上下）』

鍋谷郁太郎

二〇一四年は、第一次世界大戦開戦から一〇〇年目の節目であった。我が国において第一次世界大戦研究は、第二次世界大戦研究と比較して「忘れられた戦争」[1]の感があり、これまで全体を俯瞰した信頼に足る大戦通史すらほとんど存在していなかった。一四年は、このような研究の空白を埋めるべく多くの概説書や研究論文集が刊行された[2]。ここで取り上げる翻訳書『仏独共同通史　第一次世界大戦（上下）』は、その嚆矢として一二年に岩波書店から出されたものである。

この本は五部構成となっている。まずは、目次をあげてみたい。

第1部　なぜ仏独戦争なのか？
第1章　世紀転換期におけるフランスとドイツの世論
第2章　一九一一年以降の独仏関係の悪化
第3章　一九一四年七月の危機
第2部　国民間の戦争？
第4章　フランスの「神聖なる団結」とドイツの「城内平和」
第5章　戦争の試練に立つ政治体制
第6章　「神聖なる団結」と「城内平和」の変容
第7章　メンタリティーと「戦争文化」
第8章　士気とその動揺
第3部　前代未聞の暴力を伴う戦争？
第9章　人間の動員
第10章　産業の動員
第11章　戦場の暴力
第12章　民間人に対する暴力
（以上上巻）
第4部　なぜかくも長期戦になったのか？
第13章　神話となった短期戦
第14章　勢力均衡
第15章　講和の試み
第5部　やぶれた均衡
第16章　ドイツ優位への均衡解消
第17章　勝利と講和
第18章　戦後
（以上下巻）

本書の最大の意味は、第一次世界大戦における宿敵であったフランスとドイツの歴史家が、自国における大戦史解釈の違いを乗り越えて歩み寄り、第一次世界大戦への共通の歴史認識を提示したことにある。本の帯に刻まれた「国民国家の枠組みを超える画期的通史」というキャッチコピーへの評価はここではいったん置くとして、第一次世界大戦期におけるドイツ・フランス社会の比較検討が、それぞれの国を代表する二人の歴史家による共同作業から生まれた意義は大きい。その二人とは、一九二八年生まれのフランス人ジャン＝ジャック・ベッケールと、四五年生まれのドイツ人ゲルト・クルマイヒである。もっとも、この二人には、第一次世界大戦に対する歴史認識において大きな共通点がある。書評をする上でこのことは大きな意味を持つので、初めに指摘しておきたい。

ベッケールとクルマイヒは、所謂「ペロンヌ派」に属する歴史家である。「ペロンヌ派」とは、「戦争文化」を提唱する歴史家集団を指す。フランス歴史学界において、一九九〇年代中頃から「戦争文化」論争が起こった。簡単に言うならば、前線兵士や銃後の国民が四年間にわたる総力戦に「耐え抜いた」のは、積極的に戦争を肯定する心性が兵士や国民にあったのか、あるいは国家や軍による様々な強制の結果なのかを巡る論争であった。前者を主張する歴史家は、敵を憎みそして敵を倒したいという兵士の心性を「戦争文化」と呼び、兵士の中に強く存在したと主張した。(3) ベッケールとクルマイヒは、明白に「戦争文化」を肯定する。従って、この通史は、国境を越えて「戦争文化」論で合致した二人の歴史家の共同作品であると言える。

ベッケールとクルマイヒは、第一次世界大戦通史を書くにあたって、「心性の政治史」(上巻 xiii頁)を基軸に設定する。つまり、事件史と国民——兵士と民間人——の世論や心性との融合を彼らは、重視していく。その融合の手段が「戦争文化」であり、「戦争文化」が兵士や国民の間に存在したことが大前提で叙述が展開されていく。「第一次世界大戦を理解するためには、何よりもまず、戦争を引き起こしたメンタリティーの変化と、ドイツ人とフランス人に与えた『戦争文化』の性質について考察することが必要である。これらのことが、この戦争を以前の戦争とはまったく異なるものにしたのであり、両陣営の勝利の意思の強さを説明するものでもある」(上巻 一三六頁)。このような「戦争文化」への肩入れは、時としてそのパラダイムを否定する歴史家へのヒステリックなまでの批判となって現れる。例えば、フレデリック・ルソーを「売名を狙う広告業者」と扱き下ろし、次のように続ける。「数百万の兵士たちが四年以上もの間、単に軍隊ヒエラルヒーへの恐怖から、あるいは一握りの憲兵を恐れて、戦い、殺されることを受け入れたのだと信じ込ませようとするのは、明らかにまったく不条理であり、不誠実でさえある」（下巻　九七頁）。

評者が本書を読んで違和感を強く覚えたのは、ベッケールとクルマイヒによる「戦争文化」への信仰に近い思い入れである。既にバウアーケンペルとユーリエンが指摘しているように[4]、兵士の同意と兵士への強制の間には、それほど大きな差は存在していないのではないだろうか。強制と同意は排除し合うものではなく、繋がっており、補完し合う関係にあったのではないか。ベッケールとクルマイヒは、戦争に負けることを兵士が認めなかったことが大事であり、「兵士たちは強制されたのではなく、同意したのである。『大いなる同意』が兵士たちの行動の基本的側面である」と言い切る（下巻　九九頁）。しかし、オッフェンシュタットも指摘するように[5]、このような言明は、実証的研究に基づいていない一種の信仰告白のようなものである。例えば、ベッケールとクルマイヒは、一九一七年にフランス軍で起こった反乱に参加した兵士の割合が五％にも及んだことを指摘する。しかし、彼らは五％を取るに足らない数字であり、反乱に参加しなかった九五％の兵士の存在を重視するべきであると主張する。つまり、九五％の兵士が反乱に参加しなかったことが、「大いなる同意」の証とするのである（下巻　一〇一頁）。しかし、反乱に参加した五％の兵士の背後には、積極的であれ消極的であれ多くの兵士の支持があったと考えることも出来るのではなかろうか。また、ベッケールとクルマイヒは、反乱兵士の意図が戦争に対する抗議ではなく、無為に戦死させられるやり方への抗議であるとする。しかし、無為に戦死させられることへの抗議と戦争に対する抗議が、底流で強く繋がっていると考える方が、妥当ではないのか。ベッケールとクルマイヒは、「戦争文化」に拘泥するあまり、「心性の社会史」の切れ味を削いでしまっている感があると言えよう。

目次から分かるように、この大戦通史の中心にあるのは、あくまでもドイツとフランスという国民国家である。もちろんベッケールとクルマイヒは、「世界のさまざまな地域がこのヨーロッパの戦争に関与したのだ、という主張は間違っているわけではない」（上巻　ix頁）として、大戦のグローバル性を認める。しかし、彼らは大戦とは何よりもまず「ヨーロッパ大戦」であり、フランス人にとっては対独戦争であったという認識から、叙述の対象をあくまでもドイツとフランスという国民国家の枠に絞り込んだ。このような対象設定は、「本書の中核である仏独戦争に参加していたはずのアフリカ植民地兵や中国人労働者の存在すら、後景に退いている[6]」という批判を受けることになるが、

「心性の政治史」を目指す本書に対してないものねだりの感がある。むしろ「戦争文化」――その有効性の可否はひとまず置くとして――論に立脚した「心性の政治史」を叙述しようとするなら、国民国家の枠という設定は有効だと評者は感じた。つまりベッケールとクルマイヒは、戦略的に国民国家の枠の中に留まることを選択したのである。しかし、この本の画期的なところは、国民国家の枠を基盤としながらも、ドイツとフランスの間に横たわっていた国民国家の高い壁を乗り越え、両国民の心性を比較検討した点にある。もっとも国民国家の枠を設定することで、ベッケールとクルマイヒが第一次世界大戦の世界史的意味付けをどのように考えているのかが見えなくなってしまった感は否定出来ない。ホブスボームのように「短い二〇世紀」の出発点として第一次世界大戦を位置付けるのか、アリギのように「長い二〇世紀」の射程の中で第一次世界大戦を覇権構造が変化する過程として見るのか[7]、あるいは新たな二〇世紀像の中で第一次世界大戦を考えていくのか。その点を、聞きたい気がする。

フランス軍やドイツ軍に徴用されて兵士として戦争を戦った植民地人や外国人の意識を、「戦争文化」概念を使うか使わないかはここでは問わないとして、解明していくのは、これからの課題であろう。実際、植民地人の動員兵士に関する研究は、始まったばかりである[8]。

本書の内容で評者が一番興味深く読んだのは第5部であり、とりわけ戦後を扱った最終章であった。その中でも「服喪の場」は、多くのインスピレーションを与えられた。戦勝国フランスにおいては、戦後公費よりも私費によって戦死者の記念碑が各地に夥しい数で建てられていき、市民生活の中心になっていく。フランスは国民的服喪共同体を作ることに成功し、戦時中の「神聖なる団結」は戦後も継続していく。また政治体制も変化しなかった。これに対して、敗戦し革命に見舞われたドイツにおいては、地元の戦死者の記念碑も無名戦死者の記念碑も作ることは出来なかった。一九二五年まで、フランスの戦場に出向いて、身内の戦死者の追悼をすることすら許されなかった。新しいヴァイマル共和国は、服喪の共同体を作ることが出来なかった。つまり、二〇年代のドイツでは、死者崇拝が国内の対立を鎮めることが出来なかったのである。戦争の記憶を死者崇拝によって体制の安定化に結び付けることが出来たフランスと、それが出来なかったドイツという指摘は、ファシズムを押さえ込めたフランスと押さえ込めなかったドイツの差を考えていく上で極めて有効な枠組みを提供してくれる。「ドイツ特殊な道」を改めて再考する上でも、生産的である[9]。しかし戦後に関して、ベッケールとクルマイヒに対して次のことを問いたい。「戦争文化」のパラダイムに立脚するならば、戦後にフランスとドイツにおいて兵士や国民の間で「戦争文化」がどのように解体化していくであろうか。あるいは解体化しないのなら、如何に変貌していくのだろうか、と。

註

(1) 山上正太郎『第一次世界大戦――忘れられた戦争――』(講談社、講談社学術文庫、二〇一〇年)。

(2) 二〇一四年に出版されたものとしては、以下の著書、論文集、翻訳をあげておく。池田嘉郎編『第一次世界大戦と帝国の遺産』(山川出版社)、小野塚知二編『第一次世界大戦開戦原因の再検討――国際分業と民衆心理――』(岩波書店)、木村靖二『第一次世界大戦』(筑摩書房、ちくま新書)、山室信一・岡田暁生・小関隆・藤原辰史編『現代の起点 第一次世界大戦』全四巻(岩波書店)、アンリ・インスラン『マルヌの会戦――第一次世界大戦の序曲 1914年秋――』『第一次世界大戦の終焉――ルーデンドルフ攻勢の栄光と破綻 1918年春――』渡辺格訳(中央公論新社)、マイケル・ハワード『第一次世界大戦』馬場優訳(法政大学出版局)、フォルカー・ベルクハーン『第一次世界大戦――1914―1918――』鍋谷郁太郎訳(東海大学出版部)。

(3) さしあたって、以下のものを参照。Gerhard Hirschfeld/Gerd Krumeich, „Wozu eine »Kulturgeschichte« des Ersten Weltkriegs?", in: Arnd Bauerkämper / Elis Julien (Hg.), *Durchhalten! Krieg und Gesellschaft im Vergleich 1914-1918* (Göttingen, 2010), S. 31-53; Wencke Meteling, „Neue Forschungen zum Ersten Weltkrieg. Englisch- und fränzöischsprachige Studien über Deutschland, Frankreich und Großbritannien", *Geschichte und Gesellschaft*, 37-4 (2011), S. 614-48. 平野千香子「フランスにおける第一次世界大戦研究の現在」(『思想』一〇六一号、二〇一二年)七―二七頁。

(4) A. Bauerkämper / E. Julien, „Einleitung. Durchhalten! Kriegskultur und Handlungspraktiken im Ersten Weltkrieg", in: Bauerkämper / Julien (Hg.), *Durchhalten! Krieg und Gesellschaft im Vergleich 1914-1918*, S. 18-19.

(5) Nicolas Offenstadt, " Der Erste Weltkrieg im Spiegel der Gegenwart. Fragestellung, Debatten, Forschungansätze", in: *ebd.*, S. 61.

(6) 板橋拓己「書評 ジャン・ジャック=ベッケール、ゲルト・クルマイヒ著(剣持久木・西山暁義訳)『仏独共同通史 第一次世界大戦』」(『西洋史学』二四五号、二〇一二年)、五三頁。

(7) 参照、エリック・ホブズボーム『20世紀の歴史――極端な時代――(上下)』河合秀和訳(三省堂、一九九六年)、ジョバンニ・アリギ『長い二〇世紀――資本、権力、そして現代の系譜――』土佐弘之監訳(作品社、二〇〇九年)。

(8) さしあたっては、次の研究書をあげておく。Michael Pesek, *Das Ende eines Kolonialreiches. Ostafrika im Ersten Weltkrieg* (Frankfurt / NewYork, 2010).

(9) 「ドイツ特殊な道」論争の総括としては、次を参照。Helmut Walser Smith, „Jenseits der Sonderweg-Debalte," in:

Sven Oliver Müller / Cornelius Torp (Hg.), *Das Deutsche Kaiserreich in der Kontroverse* (Göttingen, 2009), S. 31-50.

（岩波書店、二〇一二年、四六判、上巻：二四二頁・下巻：二七八頁、本体各三二〇〇円）

横井勝彦編著

『軍縮と武器移転の世界史

―「軍縮下の軍拡」はなぜ起きたのか―』

横山久幸

一　本書の特徴と構成

著者らは、主に経済史を専門とする研究者グループであり、「国際的な兵器取引の実態や兵器生産と産業発展の関係など」を国際政治学の概念である「武器移転」(1)を援用して、これまでの歴史研究では解明されることがなかった研究領域を開拓することを試みている。こうした研究の成果として、本誌第四十八巻第二号（二〇一二年九月）の書評で取り上げた横井勝彦・小野塚知二編著『軍拡と武器移転の世界史――兵器はなぜ容易に広まったのか――』（日本経済評論社、二〇一二年）があり、本書はその続編である。しかし、前作と異なり、本書が対象とする期間は、主にワシントン海軍軍縮条約の成立からロンドン軍縮条約破棄までのいわゆる「軍縮期」であり、敢えて前作の「軍拡」の対義語を用いて二編としたところに著者らの「こだわり」がある。それは「軍拡と軍縮を一体の歴史過程として捉え、そこにおける武器移転の持った歴史的意味をトータルに議論したい」との意図からであり、本書と前作は「相互に密接な関係を有している」とのことである。本書の副題が「軍縮下の軍拡」であることからも分かるように、国際政治史・外交史・軍縮交渉史、あるいは軍事史がこの「軍縮期」を「海軍の休日」とする捉え方に異議を唱え、前作同様、「軍拡と武器移転」を中心命題としているところに最大の特徴がある。こうした視点は、本特集号がテーマとする「第一次世界大戦とその影響」と密接に関わるものであり、戦間期の軍縮の意味付けに再考を迫ることになるであろう。しかも、本書は長年にわたる共同研究を踏まえた最新の研究成果であり、タイトルの「世界史」という通史的なイメージとは異なり、説得的に実証されかつ重層的な分析が行われた論文集であり、本特集号掲載の論文と併せて読むことを勧めたい。

次に、本書が主題とする「軍縮下の軍拡」について若干触れたい。本書では、「軍縮下の軍拡」に関し、「補助艦艇での建艦競争の新たな展開」（第一の側面）、魚雷や航空機などの「新兵器製造分野の拡大」（第二の側面）、そして「兵器生産国と兵器輸入国の増大、つまり武器移転の拡大」（第三の側面）という「軍縮期」の三つの側面に注目した概念としている。そして「戦間期の海軍軍縮の限界性」（第一と第二の側面）と「軍縮に伴う武器移転拡大の必然性」を明確にして、「従来の研究が無条件に『軍縮期』と位置付けてきた戦間期の捉え直しを企図している」とのことである。この時期を「軍縮期」とする見方は、ワシントン体制下の国際協調に注目したものであり、これまでの研究は決して「無条件」に軍縮の成功を評価していた訳ではない。例えば、第一の側面はロンドン軍縮会議や日本の帝国国防方針の改定、第二の側面は航空戦力の拡大や「タンク」の発達、そして少なくとも日本陸軍は「軍縮期」とは捉えていなかったことを指摘しておきたい(2)。その上で本書の価値は、第一と第二の側面によって海軍軍縮の本質に迫っていることであり、第三の側面で第一次世界大戦後の世界に、武器移転を通じた国家間の相互作用がより強く働いていたことを、多面的に証明している点であろう。このため読者の知的好奇心によっては、初めて見えてくる「軍縮期」があることに気付かされるであろう。

本書は、「軍縮・軍備管理と武器移転との関係解明」を試みることによって「軍縮下の軍拡」を証明することから、上記の三つの側面を意識した次のような三部構成となっている。本書は、こうした構成となっていることから、「はしがき」において問題提起と分析の視点を提示し、さらに各部に「序」を設けて、それぞれの部に収録された論文の概要と課題を記し、読者の興味によって読み進むことができるよう配慮されている。以下、個々の内容紹介に入る前に、本書の目次構成と著者を示しておきたい。

二　各章の概要

それでは各章の概要を紹介し、若干のコメントを加えたい。但し、本書が対象とする分野や地域は多岐にわたり、評者の能力をはるかに超えることから、主として軍事に関連してコメントしたい。

第1章では、戦間期の海軍軍縮会議、特にジュネーヴ会議に注目することによって、ワシントン会議において対象とならなかった補助艦、なかでも巡洋艦の建艦に対する日米英の対応と三カ国の角逐を浮き彫りにしてロンドン軍縮会議の本質に迫っている。特に、軍縮会議のなかでも成功しなかったジュネーヴ会議に焦点をあてたことは、ワシントン・ロンドン両軍縮会議にわたる三カ国の建艦競争の連続性を浮き彫りにする効果があり、豊富な一次史料を駆使した論述も含めて興味深い。

第2章では、アメリカ大統領ウィルソンとフーヴァーの軍縮思想を中心にウィルソンの一四カ条から説き起こし、主力艦を制限したワシントン軍縮、軍縮会議準備委員会などによる国際連盟の一連の軍縮努力、補助艦を対象としたロンドン軍縮までを丹念にたどっている。ここで興味深いことは、ウィルソンが一四カ条で軍備の「削減（reduction）」を用いたのに対し、ワシントン軍縮においてハーディングが「制限（limitation）」という言葉遣いに注目した点である。この「削減」と「制限」がアメリカ主導の軍縮を読み解くキーワードとしていることが斬新であり、「戦間期」の軍縮だけでなく、戦後に行われたさまざまな軍縮の性格も理解しえるといえよう。

第3章では、イギリスが一九一九年のサンジェルマン条約を受けて二一年に武器輸出禁止令を制定して武器輸出をライセンス制としたものの、その主務官庁が輸出を奨励する商務院であったため、武器禁輸の主旨が形骸化していったことを明らかにしている。その際、武器輸出に対する陸海空「軍の論理」、商務局による「産業・企業の論理」、規制の厳格化を求める外務省の「外交の論理」を視点として、三者の対抗と連携を十分な資料的裏付けをもって説得的に論じていることが特徴である。しかし、この三者の論理はいずれも輸出国側に立ったそれであることから、輸出市場における「輸入国の論理」、地域の軍事バランスからの「周辺諸国の論理」も加味して三者の論理が展開されればより説得力に富むものとなろう。

第4章の（1）では、大戦後の東欧新興諸国が武器輸入国として登場し、そこで展開される英仏の売込み競争（武器移転の「送り手」）についてフランスが優位に立つ様を「政府と兵器企業との関係」から説き明かしている。その際、膨大な一次史料を読み込んで国際関係史・経済史の観点から詳述されていることが特徴である。続く（2）では、一九三〇年代の東欧、特に武器移転の「受け手」としてのトルコと「送り手」としての英仏独との駆け引きを、やはり「政府と兵器企業との関係」から論じている。本章は、英仏が東欧を舞台に武器の売込み競争を展開していることを明らかにすることによって、「送り手」自身が一方で軍縮交渉を行っている矛盾を指摘することによって、「軍縮期」がある一面でしかないことを示唆しているのではないだろうか。また、こうした東欧での英仏独の活動は、評者が研究テーマとする極東、特に中国での兵器売込み競争と比較すると極めて類似性があることに驚く。

第5章では、一八六〇年代に登場した魚雷によって主力艦（装甲巨艦）が第一次世界大戦以前にすでに戦術的に無意味な存在と化していたにもかかわらず、「ワシントン海軍軍縮条約とは、戦術的には無意味となった兵器体系を削減することを、国内世論・国際世論の前には意味あることと見せつける装置であった」という仮説を提示している。そして、無条約時代の日独に「偶像をつくるために無視しえぬ資源を投入させる効果があったと考えても大過ないのではないか」と結んでいる。こうした仮説と結論は、ワシントン軍縮の価値の再考を迫るもので極めて重要な指摘であろう。また、本章は魚雷という戦術兵器に着目したことによって、装甲巨艦の存在を前提としたこれまでの「軍縮期」の議論に一石を投じようとした意図を窺うことができる。しかし、魚雷は戦術的には海上交通破壊戦で用いられるものの、その発達過程からも主力艦を中心とした水上艦への攻撃兵器としてその有効性を付与された兵器であり、魚雷の登場をもって、主力艦の存在を否定することは論理的飛躍といえよう。また、近現代の軍事を運用のニーズに合わせて兵器が開発される目的＝手段の関係と規定して、これに対する疑問として「新種の兵器の可能性が新たな戦術の可能性を開拓し、そこから新しい戦略が発見されるという因果関係も無視しえない」としている。こうした軍事技術と戦術・戦法の関係はニーズが先か、シーズが先かという兵器開発上の長年の命題であり、評者もこれまでの研究で指摘していることである。(3)こうした視点から兵器開発を検討するのも面白い。

第6章では、「軍縮期」の艦艇建造と明治前半、特に日清戦争以前のそれと比較すると、予算的制約及び建造規模の制限下で新しい技術を適用しながら重武装の艦船を建造する工夫が求められたという相似した状況であったとの前提に立っている。海軍形成期にフランス海軍から招聘した技術顧問エミール・ベルタンと日本海軍の艦船設計上の角逐を通じて、造船技術者の建艦姿勢から制約下の艦船建造が抱えた問題を炙りだしている。しかし、ベルタンの場合、彼の建艦思想と日本海軍の戦術・戦法上の要求との対立が中心であったのに対し、「軍縮期」は外的制約要因が主であったことから、戦術・戦法上の要求に関わる技術的課題の克服に向けた技術者と用兵者の連携にも当然違いがあったと思われ、そうした面にも踏み込んで解明されれば一層説得力が増すと思われる。

第7章では、急激に生産が落ち込んだ大戦後の軍需産業の生き残りに関し、軍用光学機器の製造によって成長したイギリス光学産業を対象として、産業保護法や輸出規制のなかにあって、海軍省との緊密な関係で生き残ったバー＆ストラウド（B&S）社と他社との相違を比較分析している。そして「戦間期とは、統制と放任の交錯した時代であり、『平時に戻ることは、戦争よりも大きな試練であった』」と結論付けている。光学産業はその精密さが軍事技術として価値があるものの、軍需産業としては決して中心的存在ではなく、しかも民需への転換が容易と思われる。しかしこの産業に着目したことによって、「軍縮期」が次にくる「軍拡期」をにらんだ政府の保護政策や軍産関係の如何によって企業の明暗を大きく左右していた点を明らかにしたことは興味深い。特に、後に続く日本の軍需産業（第9章、第10章）は本章との相違を意識して読み進めることを勧めたい。

第8章では、第一次世界大戦以降、特にワシントン軍縮を契機として各国の兵器体系における航空戦力の比重が増し、欧米各国は民間航空機産業に大きく依存していくなかで、「政府と兵器産業との関係」がその将来性からとりわけ緊密であったことを指摘している。「軍縮期」にあって、各国とも航空機産業の発展を自国の需要だけで支えることが不可能であり、信用保証による輸出奨励策、航空使節団の派遣、現地での航空教育機関の開設、さらにライセンス生産などによって輸出市場の拡大を目論んだ。本章は、こうした動きを英米独の航空機産業と政府の関係、さらには日独の武器移転について、一九三三年にイギリスの帝国国防委員会のなかの海外産業情報委員会が提出した「海外兵器産業に関する調査報告」などに注目して、イギリスの視点から詳細に分析している。こうした英米独の航空機輸出の状況に関し「極東兵器市場における兵器生産国間の競争激化もそうした背景によっていた」との指摘は、戦前の日本の武器輸出を研究する際に大いに参考となろう。

第9章では、ワシントン軍縮が日本海軍の兵器生産に及ぼした影響を概観し、海軍工作庁と民間製造所との関係及び海軍工作庁の製造で中心的な存在であった呉海軍工廠の兵器生産における役割とその意義について論じている。その結果、主力艦の建造に代わって大型巡洋艦や潜水艦、航空母艦や航空機の生産など製造兵器の種類の転換を図ったこと、その際、艦艇建造実績において民間製造所が海軍工作庁を上回り受注企業数も増加したこと、それでも1号艦を海軍が建造することによって、その設計と製造技術を民間に「移転」する関係が維持されたこと、そして、呉工廠が新技術の開発、科学的管理法の導入、組織の改編や職工の待遇改善などによって、艦艇建造の先導役となったことを導き出している。軍縮後の日本における艦艇建造の全体像を示しており極めて興味深い。その際、科学的管理が本来有していた量産化と生産費の低減は限定されたものとなったと指摘しているが、量産が求められる航空機とは異なり、艦艇建造は本来「手作り」であり、それ故に欧米の製造技術に伍していち早く「兵器独立」の国産化を達成したことを想起すれば当然といえよう。

第10章では、八八艦隊建設計画により生産が拡大した海軍兵器関連の民間企業、特に財閥系企業がワシントン軍縮に伴う受注減に対して、それを補う海軍による「軍縮補償」によってどのように生き残りを図ったか、また「軍縮補償」を行った海軍の意図は何であったのかについて検討している。その結果、八八艦隊建設に呼応して拡張した民間企業はワシントン軍縮による打撃を「軍縮補償」により緩和し、しかも八八艦隊建設以前に計画された設備であっても用途によっては補償対象としたこと、また、そうした措置を講じた海軍の意図は「後の軍拡の際には再稼働を要請すると認識していたこと」であったとしている。それゆえ査定歩率が低い三菱・川崎両造船所の場合には、補償単独ではなく軍縮後の補助艦の発注なども加味して評価する必要があることも指摘し、踏み込んで海軍による補償の全体像を提示したことは興味深い。また、大倉鉱業の補償に関連して「資源自給圏」の確保・拡大の要求が海軍にあったことを指摘しているが、そうであれば一九三〇年代の海軍による艦艇の重油専焼化に伴うアメリカ石油への依存の深化を如何に説明するかが課題となろう。

本書は、これまでワシントン軍縮が検討の対象であったことから、主に海軍の対応が論じられてきたが、第11章では、日本陸軍における山梨・宇垣両軍縮を対象とした兵器生産の展開が論じられている。陸軍は総力戦となった第一次世界大戦の教訓から動員用の兵器を貯蔵して戦争に備えるだけでは不十分であり、民間企業を動員する必要性を学び、砲弾・信管を手始めに火砲・自動車・航空機への民間委託が拡大していったことを明らかにしている。さらに民間の育成を進めながらも明らかに官民分担が見られたことに関し、砲兵工廠が戦時の「素人職工」を募集して操業するために「熟練せる基幹的職工」を平時から維持し、「民間工業を指導」すると位置付けられていたとしている。そして、こうした陸軍の兵器生産に対する姿勢は、第一次世界大戦を契機としてそれまでの兵器工廠一辺倒の生産体制から、海軍のそれに類似してきたことを明らかにした点で極めて意義深い分析である。しかも、こうした民間委託の深化にもかかわらず、宇垣一成がそうであるように技術や補給に疎い陸軍大学校出身の歩兵将校が陸軍首脳を独占し続けたことが「第一次大戦への技術的対応が不十分な中で軍縮を進める局面で同時に起こったことは、陸軍の軍事技術の進歩への対応に影を落とした」と結論付けている。こうした歩兵将校の技術への不理解があったことは確かであろう。しかし、軍需工業動員を進めつつも、山梨・宇垣軍縮共に日本の国力では総力戦は戦えないとの認識から短期決戦、あるいは長期持久戦を想定したものであったことを想起すれば[4]、歩兵将校の総力戦意識とその対応としての軍事技術に対する認識を改めて問う必要があろう。

三　今後の課題

以上、本書の内容を概観して分かるように、「軍縮下の軍拡」を主題として武器移転の視点から、「軍縮期」の意義を再検討すると極めて多面的かつグローバルな広がりもって影響していたことが理解できよう。しかもウィルソンが一四カ条で示した集団安全保障の考え方から設立された国際連盟が機能せず、連盟規約第八条に発する武器輸出の制限もまた有効でなく、第二次世界大戦へ至る経緯を知る我々にとって、戦間期における軍縮の意義を改めて考える契機として、さらには武器移転の抑制が多発するテロを抑止し得るか、という今日的課題を考察する上でも本書が出版された意義は大きいといえよう。

ここで、本書が提示する課題に関連して軍事史の視点から若干コメントしたい。本書が対象とする第一次世界大戦後は、総力戦を想定した生産力（製造技術と製造ライン）の維持と新兵器の登場に伴う技術革新への対応が求められ、その一方で、ワシントン軍縮に象徴されるように国際社会が軍縮の潮流にあった。それにもかかわらず、大戦後に生まれた新興国の軍備充実の欲求に伴う武器移転が盛んとなる一方、大戦後の新兵器の登場は各国に軍事技術の革新による軍備の「質的優位」を求め、あるいは地域紛争抑制の手段として武器輸出禁止政策や国際的な禁輸協定が成立するなど、国家が武器輸出をコントロールする兵器市場へと変化した時期でもある。こうした混沌とした時期を本書は「軍縮下の軍拡」と表現しているが、「軍縮下」とはあくまでも海軍戦力の一部を対象としたものであることに留意する必要があろう。すなわち「ワシントン海軍軍縮の会期中、航空委員会は飛行機の戦時使用を統制する原則を制定しようと試みたものの不発に終わり」それ以降の議論も何ら成果をみなかった（本書二七四頁）のであり、少なくとも日本にあっては「海軍が、その国産主力艦の性能が欧米列強のそれらに匹敵していることを前提として国際協調による軍縮を迎えたのとは大きく異なり、陸軍は近代兵器の装備と生産の立ち遅れの中で……国内世論に対応して山梨軍縮・宇垣軍縮を進めた」（本書三九三、三九四頁）ことが実態であり、海軍以外の兵器に関して「軍縮期」という概念が適応し得るか否かの検討が必要であろう。

また、「軍縮期」は際限のない海軍の軍拡を抑制し、国際・国内世論の後押しもあって軍事費の一定の削減に効果があったことは確かである。しかし、その一方で対象となったのは海軍の主要戦力のみであり、しかも「全廃」や「削減」を目指したものではなく、「制限」であったことから、従来の主力艦を中心とした兵器体系による海軍戦術思想が維持されることになった。しかも、その「制限」が「比率主義」に基づくものであったことから、割り当てが少ない国や相対的に劣ると思われる艦種に関して、ある種セキュリティ・パラドックス（Security Paradox）、あるいは安全保障のジレンマ（Security Dilemma）に近い感覚が軍縮参加国に生じ、それが新たな兵器による軍拡を生起させたことは当然といえるかもしれない。こうした見方からすれば、「軍縮期」に軍拡を生起したのは当然といえよう。

　最後に、多岐にわたって貴重な示唆に富む各章を踏まえた上で、著者らの共同研究に対する武器移転と兵器産業に関連する期待について述べたい。それは各章が取り上げた課題が当該の部を越えて関連していることである。例えば、第3章と第8章の戦間期におけるイギリスの武器輸出政策、第7章と第9章・第10章の政府補償と産業育成の国際比較、第5章と第9章の海軍の兵器体系の変化の可能性と兵器産業、さらに第11章に関連して他軍種と「軍縮期」との関連などである。こうした課題が今後の共同研究のなかで一層解明されることを期待したい。

註

（1）日本の武器輸出に関する議論は、最近の武器輸出三原則の緩和をめぐって盛んに行われるようなってきたが、それ以前はこの三原則もあって、武器の輸出入のみならず、「移転」「拡散」「抑制」といった現象も包含しうる「武器移転」の概念をもちいた研究は、必ずしも活発とはいえなかった。こうした背景から、『国際政治』（日本国際政治学会）がこの特集号を編纂したのは一九九五年三月刊行の一〇八号であった。

（2）日本陸軍が行った山梨・宇垣軍縮は、当時「軍備整理」と呼ばれ、"scrap and build"によって立ち遅れている軍備の近代化を目指したものである。

（3）横山久幸「日本陸軍の兵器研究思想の変遷」（『軍事史学』第四十六巻第四号、二〇一一年三月）。

（4）同「日本陸軍の軍事技術戦略と軍備構想について――第一次世界大戦後を中心として――」（『防衛研究所紀要』第三巻二号・三号、二〇〇〇年・二〇〇一年）。

（日本経済評論社、二〇一四年、A5判、四三四頁、本体四八〇〇円）

あとがき

二〇一四年七月は、第一次世界大戦開戦百周年でした。一方、本学会は二〇一五年三月に創立五十周年を迎え、機関誌『軍事史学』は第五十巻第四号（二〇一五年三月号）をもって、通巻二〇〇号となりました。そこで、第三号と第四号を合併特集号として、本号『第一次世界大戦とその影響』を刊行することにしました。

本書には、海外からも多くのご寄稿がありました。巻頭言は日本の軍事史に造詣が深いフィリップ・トウル氏にお願いし、黒沢文貴本学会会長が特集にあたり「近現代日本と『四つの開国』」を寄稿しています。また、特別寄稿として、トウル氏のほか、中井晶夫氏、ゲハルト・ヒルシュフェルト氏、フォルカー・R・ベルクハーン氏、ジャン＝ミシェル・ギウ氏から玉稿をいただきました。

本書の特徴は、諸外国における「第一次世界大戦研究の現段階」を取り上げたことにあります。第一篇では、鍋谷郁太郎氏、松沼美穂氏、笠原孝太氏および馮青氏がそれぞれドイツ、フランス、ソ連・ロシア、中国の研究動向を紹介し、またステファヌ・オードワン＝ルゾー氏が百周年記念行事をとおしてフランスの現状を分析しています。

総力戦の実相とその戦術、経済、思想等への影響については、第二篇で、まず海軍を取り上げました。山口悟氏のジュトランド海戦をめぐるイギリス国内での論争、荒川憲一氏の日本海軍による通商破壊戦の評価と第二次世界大戦での潜水艦の運用、吉田靖之氏の国際法の観点からみたイギリスの海上封鎖とドイツ潜水艦による敵国・中立国商船の撃沈、千田武志氏の大戦後における日本海軍の兵器生産体制と呉工廠の労働面の諸変化に関する論説を掲載しています。

第三篇では、陸軍を取り上げました。吉本隆昭氏がヒトラーの戦場体験が第二次世界大戦での作戦指導に及ぼした影響、葛原和三氏が日本陸軍による新兵器「タンク」の戦訓の受容とその限界、石原豪氏が日本陸軍の世論対策を担った陸軍省新聞班の活動、辻田真佐憲氏が日本陸軍における思想戦の専門家の系譜と研究の深化、そして野村佳正氏が満州事変以降の日本の占領地行政を大戦がどう変えたかについて論じています。

第四篇では、「第一次世界大戦の諸相」として、菅原健志氏が大戦前のイギリスの対ドイツ外交、味岡徹氏が中国の参戦問題と国会解散をめぐる政争、エドワルド・バールイシェフ氏が大倉組によるロシアへの武器軍需品売却の特徴と性質、井竿富雄氏が日本民間人の戦争被害に対する日本政府の補償問題、小野圭司氏が日華事変以降の日本の戦争経済思想形成に大戦が与えた影響、轟孝夫氏がハイデガーと京都学派による総力戦体制の哲学的解釈について論じています。

このほか、二冊の共同研究書の書評を掲載しています。

国内外から寄せられたオリジナリティのあふれる論考をお読みになって、第一次世界大戦とそれが第二次世界大戦に及ぼした影響についても、多角的にご理解いただけたのではないでしょうか。

最後に、力作をお寄せ下さった先生方に篤く御礼申し上げます。

（編集担当　喜多義人・河野 仁・河合利修・駄場裕司）

GUNJISHIGAKU

(Quarterly)

Vol. 50 March 2015 No. 3 & 4

The First World War and Its Influence

Edited by GUNJISHI GAKKAI (The Military History Society of Japan)

Table of Contents

総目次（第50巻）

第五十巻総目次

総目次（第50巻）

執筆者一覧

（掲載順）

フィリップ・トウル（ケンブリッジ大学名誉准教授）
河合《かわい》 利修《としのぶ》（日本赤十字豊田看護大学教授）
黒沢《くろさわ》 文貴《ふみたか》（軍事史学会会長　東京女子大学教授）
中井《なかい》 晶夫《あきお》（上智大学名誉教授）
ゲルハルト・ヒルシュフェルト（シュトゥットガルト大学名誉教授）
尾崎《おざき》 修治《しゅうじ》（上智大学非常勤講師）
フォルカー・R・ベルクハーン（コロンビア大学教授）
鍋谷《なべたに》 郁太郎《いくたろう》（東海大学教授）
ジャン＝ミシェル・ギウ（パリ第一大学准教授）
松沼《まつぬま》 美穂《みほ》（群馬大学准教授）
末次《すえつぐ》 圭介《けいすけ》（翻訳・通訳者）
ステファヌ・オードワン＝ルゾー（フランス国立社会科学高等研究院教授）
剣持《けんもち》 久木《ひさき》（静岡県立大学教授）
笠原《かさはら》 孝太《こうた》（日本大学大学院生）
馮《ふう》 青《せい》（明治大学非常勤講師）
山口《やまぐち》 悟《さとる》（大阪学院大学准教授）
荒川《あらかわ》 憲一《けんいち》（東京国際大学大学院非常勤講師）
吉田《よしだ》 靖之《やすゆき》（海上自衛隊幹部学校）
千田《ちだ》 武志《たけし》（広島国際大学非常勤講師）
吉本《よしもと》 隆昭《たかあき》（日本大学教授）
葛原《くずはら》 和三《かずみ》（靖國神社靖國偕行文庫室長）
石原《いしはら》 豪《すぐる》（明治大学大学院生）
辻田《つじた》 真佐憲《まさのり》（軍事史学会会員）
野村《のむら》 佳正《よしまさ》（防衛省防衛研究所戦史研究センター主任研究官）
菅原《すがわら》 健志《たけし》（イースト・アングリア大学大学院生）
味岡《あじおか》 徹《とおる》（聖心女子大学教授）
エドワルド・バールィシェフ（筑波大学助教）
井竿《いざお》 富雄《とみお》（山口県立大学教授）
小野《おの》 圭司《けいし》（防衛省防衛研究所社会・経済研究室長）
轟《とどろき》 孝夫《たかお》（防衛大学校教授）
横山《よこやま》 久幸《ひさゆき》（防衛大学校教授）

『軍事史学』(第50巻第3・4合併号)

第《だい》一《いち》次《じ》世《せ》界《かい》大《たい》戦《せん》とその影《えい》響《きょう》

平成二十七年三月一日　第一刷発行

編集　軍《ぐん》事《じ》史《し》学《がっ》会《かい》
URL http://www.mhsj.org/

代表者　黒沢文貴

発行・発売所　㈱錦正社

発行者　中藤正道

〒一六二―〇〇四一
東京都新宿区早稲田鶴巻町五四四―六
電話　〇三(五二六一)二八九一
FAX　〇三(五二六一)二八九二
URL http://kinseisha.jp/

印刷　㈱平河工業社

製本　㈱ブロケード

ISBN978-4-7646-0341-7

軍事史基本資料翻刻

大本営陸軍部
戦争指導班
機密戦争日誌　全二巻

〈防衛研究所図書館所蔵〉
軍事史学会編

定価：本体二〇〇〇〇円

大本営陸軍部
作戦部長
宮崎周一中将日誌

〈防衛研究所図書館所蔵〉
軍事史学会編

定価：本体一五〇〇〇円

元帥畑俊六回顧録

伊藤隆・原剛監修
軍事史学会編

定価：本体八五〇〇円

論集（軍事史学合併号）

第二次世界大戦(一)——発生と拡大——
軍事史学会編　定価：本体三九八一円

第二次世界大戦(三)——終戦——
軍事史学会編　定価：本体四三六九円

日中戦争の諸相
軍事史学会編　定価：本体四五〇〇円

再考・満州事変
軍事史学会編　定価：本体四〇〇〇円

日露戦争(一)——国際的文脈——
軍事史学会編　定価：本体四〇〇〇円

日露戦争(二)——戦いの諸相と遺産——
軍事史学会編　定価：本体四〇〇〇円

PKOの史的検証
軍事史学会編　定価：本体四〇〇〇円

日中戦争再論
軍事史学会編　定価：本体四〇〇〇円

〔ご注文・お問い合わせ〕　錦正社　電話〇三（五二六一）二八九一　※表示価格は税別です